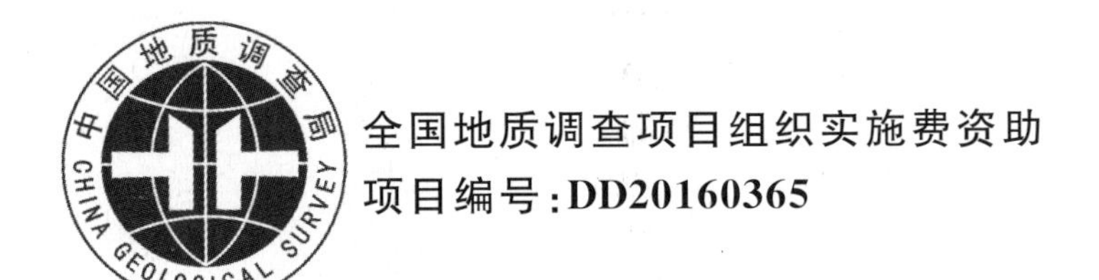

中南地区地质调查项目成果汇编

(2015—2016年)

ZHONGNAN DIQU DIZHI DIAOCHA XIANGMU CHENGGUO HUIBIAN

万勇泉 李珉 王江立 李莉
陈州丰 李继涛 段蔚 庞迎春 主编
董好刚 杜小红 马敏

图书在版编目(CIP)数据

中南地区地质调查项目成果汇编·2015—2016年/万勇泉等主编.—武汉：中国地质大学出版社，2017.12

ISBN 978-7-5625-4130-1

Ⅰ.①中…

Ⅱ.①万…

Ⅲ.①区域地质调查-成果-汇编-中南地区-2015—2016

Ⅳ.①P562.6

中国版本图书馆CIP数据核字(2017)第264339号

中南地区地质调查项目成果汇编
(2015—2016年)

万勇泉　李　珉　王江立　等主编

责任编辑：陈　琪　　选题策划：张晓红　　责任校对：张咏梅

出版发行：中国地质大学出版社(武汉市洪山区鲁磨路388号)　　邮政编码：430074

电　话：(027)67883511　　传　真：67883580　　E-mail：cbb@cug.edu.cn

经　销：全国新华书店　　http://cugp.cug.edu.cn

开本：787毫米×1092毫米　1/16　　字数：800千字　　印张：31.25

版次：2017年12月第1版　　印次：2017年12月第1次印刷

印刷：武汉市籍缘印刷厂　　印数：1—500册

ISBN 978-7-5625-4130-1　　定价：158.00元

目 录

第三章 矿产资源类………………………………………………… (101)

第六章　基础研究与综合研究类 ……………………………… (385)

第一章　绪　论

中国地质调查局中南地区地质调查项目管理办公室 2015 年度共接受中南地区地质调查项目完成单位提交的地质调查项目成果报告 77 份，分别由 18 家地质调查项目提交单位完成，2016 年度共接受项目成果报告 153 份，分别由 44 家地质调查项目提交单位完成，具体数据如表 1-1 所示。

表 1-1　2015—2016 年提交单位成果完成情况统计表

提交单位	完成数量(份)
安徽省地质调查院	1
北京大学	1
成都理工大学	1
广东省地质环境监测总站	1
广东省地质局第四地质大队	2
广东省地质调查院	18
广东省佛山地质局	2
广东省水文地质大队	1
广东省有色金属地质局	1
广西壮族自治区地球物理勘察院	2
广西壮族自治区地质环境监测总站	3
广西壮族自治区地质矿产勘查开发局	1
广西壮族自治区地质调查院	15
广西壮族自治区区域地质调查研究院	4
海南省地质环境监测总站	2
海南省地质调查院	11
海南水文地质工程地质勘察院	1
杭州师范大学	1
河南省地质矿产勘查开发局第三地质矿产调查院	1
河南省地质矿产勘查开发局第一地质勘查院	1

续表 1-1

提交单位	完成数量(份)
核工业二九〇研究所	1
湖北省地质实验研究所	2
湖北省非金属地质公司	1
湖北省地质环境监测总站	7
湖北省地质调查院	19
湖南省地球物理地球化学勘查院	2
湖南省地质环境监测总站	2
湖南省地质矿产勘查开发局四〇二队	2
湖南省地质矿产勘查开发局四〇五队	1
湖南省地质调查院	28
湖南省国土资源规划院	1
湖南省煤田地质局第二勘探队	2
湖南省有色地质勘查局	3
有色金属矿产地质调查中心	1
有色金属矿产地质调查中心南方地质调查所	1
中国地质大学(北京)	3
中国地质大学(武汉)	12
中国地质科学院地球物理地球化学勘查研究所	1
中国地质科学院矿产资源研究所	3
中国地质科学院岩溶地质研究所	3
中国地质调查局发展研究中心	1
中国地质调查局南京地质调查中心	3
中国地质调查局武汉地质调查中心	55
中国煤炭地质总局广西煤炭地质局	1
中国人民武装警察部队黄金第九支队	1
中国冶金地质总局地球物理勘查院	1
中国冶金地质总局中南地质勘查院	2
重庆市地勘局南江水文地质工程地质队	1
合计	230

2015 年第一季度完成成果提交的有 16 项，第二季度完成成果提交的有 6 项，第三季度完成成果提交的有 12 项，第四季度完成成果提交的有 43 项。2016 年第一季度完成成果提交的有 24 项，第二季度完成成果提交的有 40 项，第三季度完成成果提交的有 44 项，第四季度完成成果提交的有 45 项(图 1－1)。

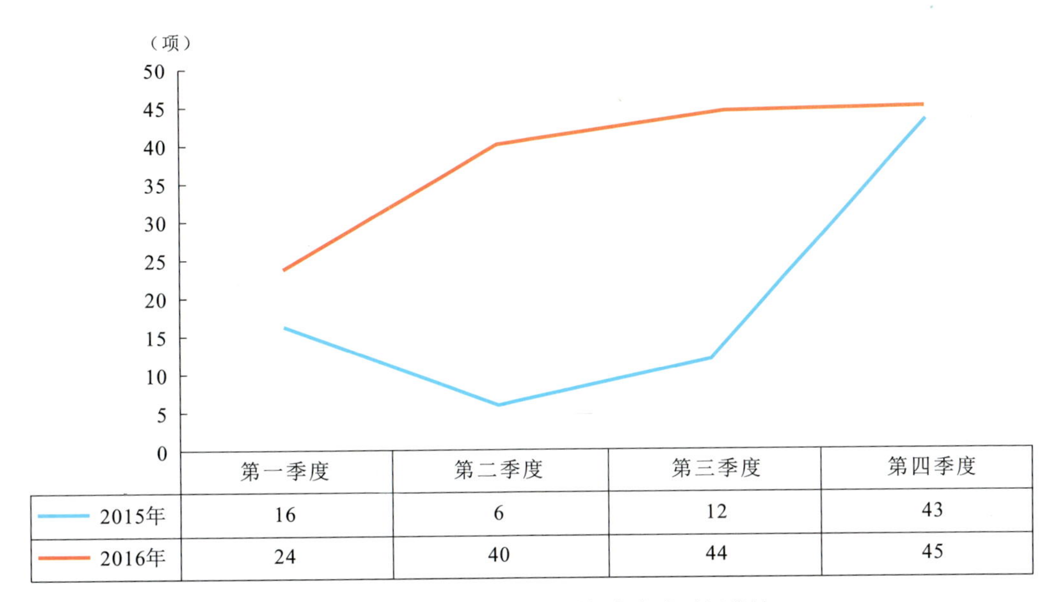

	第一季度	第二季度	第三季度	第四季度
2015年	16	6	12	43
2016年	24	40	44	45

图 1－1　2015—2016 年成果提交完成时间统计

2015 年，77 个工作项目成果的平均工作周期为 2.96 年，最长为 8 年，最短为 1 年。工作周期为 1 年的有 3 个项目，工作周期为 2 年的有 12 个项目，工作周期为 3 年的有 55 个项目，工作周期为 4 年的有 4 个项目，工作周期为 5 年、7 年、8 年的项目都分别为 1 个。2016 年，153 个工作项目成果的平均工作周期为 2.86 年，最长为 6 年，最短为 1 年。工作周期为 1 年的有 21 个项目，工作周期为 2 年的有 21 个项目，工作周期为 3 年的有 86 个项目，工作周期为 4 年的有 16 个项目，工作周期为 5 年的有 7 个项目，工作周期为 6 年的有 2 个项目(图 1－2)。

在正常情况下，项目最后一个年度的 12 月 31 日前应完成成果报告的编写，从项目结束到成果报告编写完成时间为成果报告编写延迟时间。2015 年有 4 个项目按期完成了报告编写，剩下 73 个项目报告的平均编写延迟时间为 15 个月，延迟最少的 3 个月，最多的 57 个月。2016 年有 22 个项目按期完成了报告编写，剩下 131 个项目报告的平均编写延迟时间为 19 个月，延迟最少的 1 个月，最多的 180 个月。

从成果报告编写完成至完成成果报告提交这段时间为成果提交延迟时间。2015 年，77 项成果提交延时最长的为 63 个月，最短的为 1 个月，平均为 19 个月。其中，延时 6 个月以内的有 8 项，7～12 个月的有 23 项，13～24 个月有 27 项，25～36 个月的有 10 项，37～48 个月有 3 项，49 个月及以上的有 6 项。2016 年，153 项成果提交延时最长的为 187 个月，最短的为 3 个月，平均为 28 个月。其中，延时 6 个月以内的有 5 项，7～12 个月的有 19 项，13～24 个月有 53 项，25～36 个月的有 42 项，37～48 个月有 25 项，49 个月及以上的有 9 项(图 1－3)。

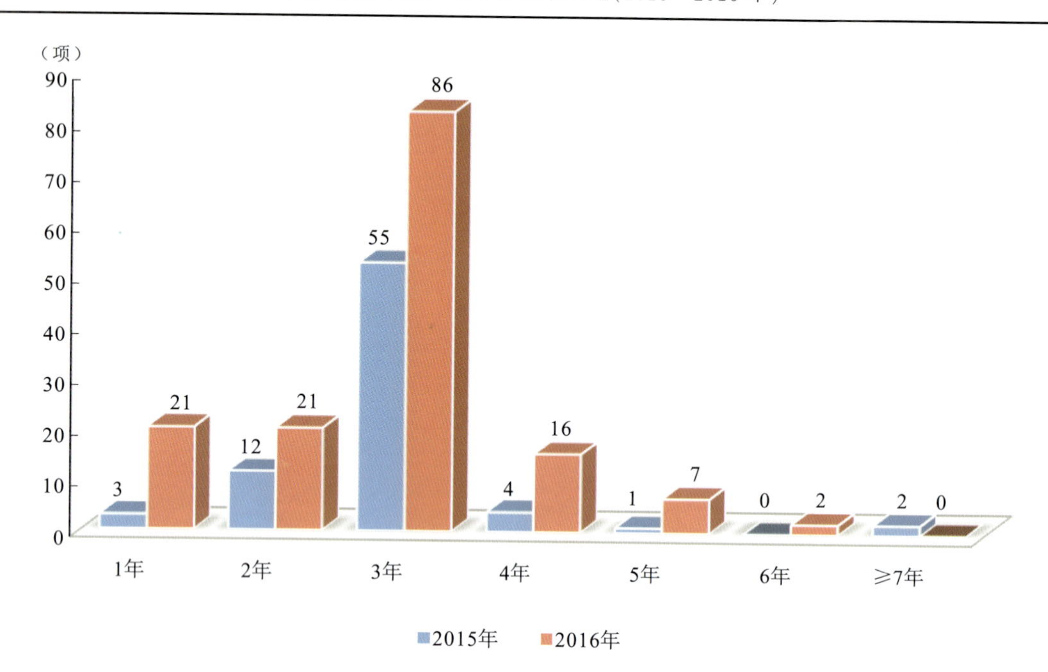

图 1-2　2015—2016 年成果产出周期

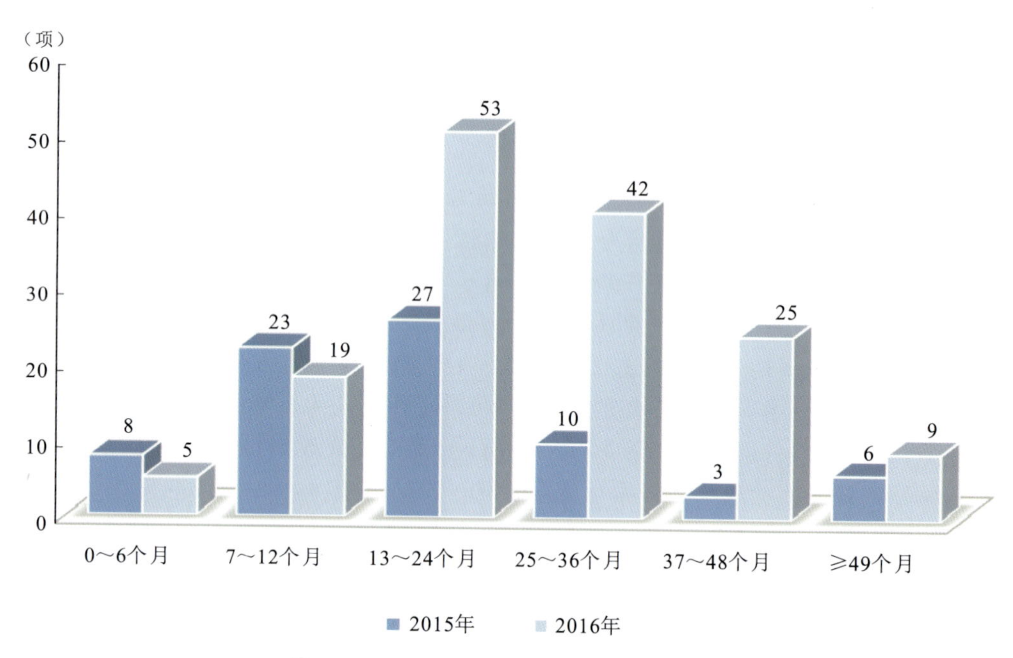

图 1-3　2015—2016 年成果提交延时统计

将成果按区域地质调查类、矿产资源类、水工环地质类、地球化学类、综合研究类分成了五大类。2015 年的 77 份成果中区域地质调查类 16 项，包括 1∶5 万和 1∶25 万的地质调查；矿产资源类 23 项，包括固体矿产和能源矿产的调查与评价等方面；水工环地质类有 15 项，包括环境地质、地质灾害、水文地质、工程地质的调查、评价和开发等方面；物化遥类 3 项，主要是土地质量地球化学评估；综合研究类有 20 项，包括能源综合利用的研究、成矿带的综合研究、地质遗迹的保护和利用及项目管理等方面。2016 年 153 份成果中区域地质调查类 19 项，包括 1∶5 万和 1∶25 万的地质调查；矿产资源类 66 项，包括固体矿产、能源矿产和页岩气的调查与评价等方面；水工环地质类有 31 项，包括环境地质、地质灾害、水文地质、工程地质的调查、评价和开发等方面；物化遥类 14 项，主要是遥感、物探、磁法、重力；综合研究类有 23 项，包括能源综合利用的研究、成矿带的综合研究、地质遗迹的保护和利用以及项目管理的方面（图 1－4）。

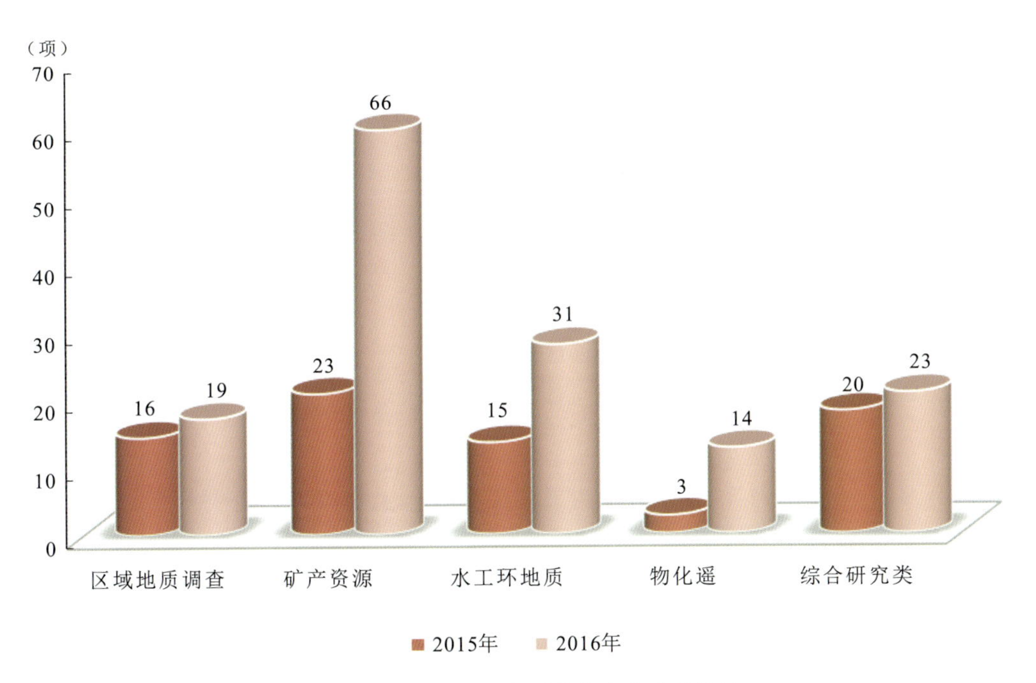

图 1－4　2015—2016 年成果按专业分类统计

2015 年 77 份项目成果报告正文总共有 20 245 页，平均每份报告正文有 263 页，最多的有 1053 页，最少的只有 54 页。其中，在 99 页及以下的有 3 项，在 100～199 页的有 21 项，在 200～299 页的有 29 项，在 300 页及以上的有 24 项。2016 年 153 份项目成果报告正文总共有 35 950 页，平均每份报告正文有 235 页，最多的有 667 页，最少的只有 21 页。其中，在 99 页及以下的有 13 项，在 100～199 页的有 52 项，在 200～299 页的有 52 项，在 300～399 页以上的有 21 项，在 400 页及以上的有 15 项（图 1－5）。

2015 年 77 项项目成果共有附图、附表、附件 3286 个，平均每项成果有 42.67 个。最多的 284 个，最少的也有 1 个。其中，有 1～9 个的成果为 32 项，有 10～49 个的成果为 24 项，有 50～99 个的成果为 8 个，有 100 个及以上的成果有 13 项。共有附图 2962 张，平均每项成果 38.46 张，最多的 265 张。有 6 项成果的附图数量为 0，1～9 个附图的成果为 35 个，有 10～49 个附图的成果为 15 个，有 50 个及以上附图的成果为 21 个。共有附件 252 件，平均每项成果 3.27 件，最多的 17 件。有 16 项成果的附件数量为 0，有 1 件附件的成果为 14 个，有 2～5 件附件的成果为 29 个，有 6 件及以上附件的成果为 18 个。共有附表 72 张，平均每项成果

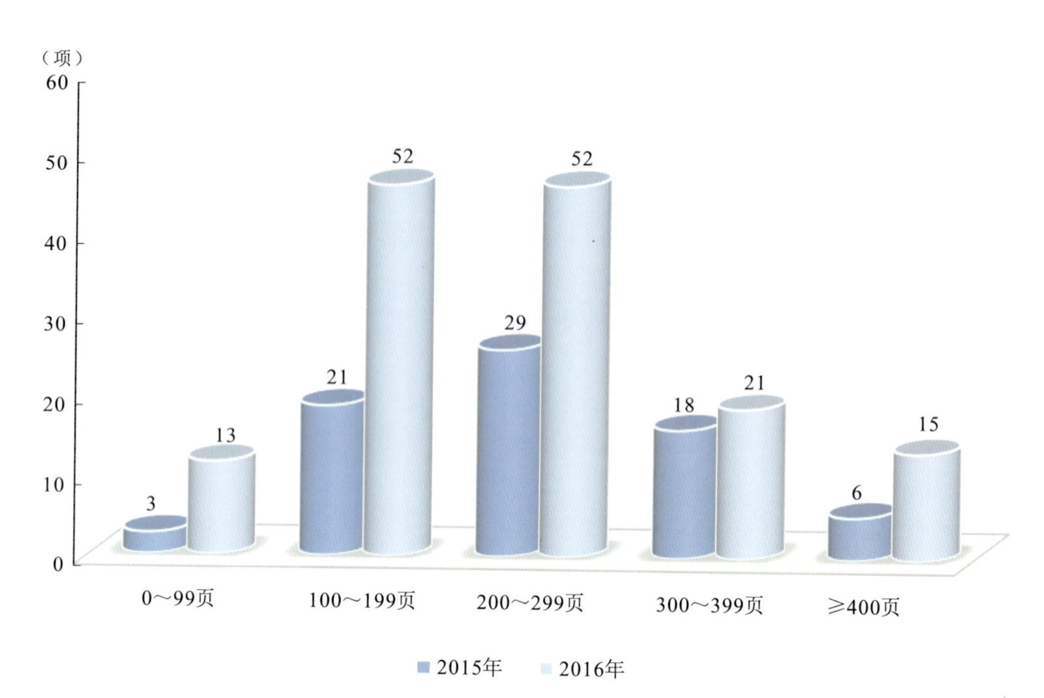

图 1-5　2015—2016 年成果报告正文页数量统计

0.93 张,最多的 12 件。有 55 项成果的附表数张量为 0,有 1 张附表的成果为 11 个,有 2 张及以上附表的成果为 11 个。

2016 年 153 项项目成果共有附图、附表、附件 9748 个,平均每项成果有 63.71 个。最多的 3399 个。其中,有 8 个成果无附图、附表、附件,有 1～9 个的成果为 39 项,有 10～49 个的成果为 64 项,有 50～99 个的成果为 20 项,有 100 个及以上的成果有 22 项。共有附图 9104 张,平均每项成果 59.50 张,最多的 3395 张。有 14 项成果的附图数量为 0,1～9 个附图的成果为 53 个,有 10～49 个附图的成果为 45 个,有 50～99 个附图的成果为 23 个,100 及以上附图的成果为 18 个。共有附件 502 件,平均每项成果 3.28 件,最多的 25 件。有 39 项成果的附件数量为 0,有 1 件附件的成果为 27 个,有 2～5 件附件的成果为 50 个,有 6 件及以上附件的成果为 37 个。共有附表 142 张,平均每项成果 0.92 张,最多的 13 件。有 81 项成果的附表数张量为 0,有 1 张附表的成果为 52 个,有 2 张及以上附表的成果为 20 个。

2015 年 77 项成果中涉及国家机密的有 42 项,涉及国家秘密的有 10 个,公开的有 25 个,含有数据库的有 32 项,没有数据库 45 项。2016 年 153 项成果中涉及国家机密的有 90 项,涉及国家秘密的有 14 个,公开的有 49 个,含有数据库的有 84 项,没有数据库 69 项。2015 年 77 项成果全部包含电子文档或数据,数据总量为 514GB,平均数据量为 6 684.07MB,最少的有 14.9MB,最多的有 35 635MB。500MB 以下的有 9 项,500～999MB 的有 7 项,1000～1499MB 的有 4 项,1500～1999MB 的有 5 项,2000～2999MB 的有 7 项,3000～5999MB 的有 17 项,6000～14 999MB 的有 18 项,15 000MB 及以上的有 10 项。2016 年 153 项成果全部包含电子文档或数据,数据总量为 1360GB,平均数据量为 8 887.09MB,最少的有 7.49MB,最多的有 141 312MB。500MB 以下的有 14 项,500～999MB 的有 16 项,1000～1499MB 的有 13

项,1500～1999MB 的有 9 项,2000～2999MB 的有 18 项,3000～5999MB 的有 26 项,6000～14 999MB 的有 35 项,15 000MB 及以上的有 22 项(图 1-6)。

图 1-6 2015—2016 年成果的电子文档数据量统计

本汇编按工作项目成果为单元集成,每一项成果介绍包含成果名称、承担单位、项目负责人、档案号、工作周期及主要成果。每项成果的内容均引自各自的成果报告,突出表达项目的工作内容、最新研究成果与应用前景,目的是向各级政府管理部门、地质业务管理部门、地质科技工作者及社会公众介绍中南地区 2015—2016 年度地质调查所取得的进展与成果,并为检索和查找这些成果与资料提供方便。

本成果汇编资料来源于中国地质调查局中南地区地质调查项目管理办公室接收中南地区地质项目提交单位 2015—2016 年提交的 230 份报告,报告名称列于文后参考文献,在此向各项目组表示衷心的感谢!

第二章　区域地质调查

湖北 1:5 万秦口幅、房县幅、土城幅、西蒿坪幅、上龛幅、松香坪幅区域地质调查

承担单位:湖北省地质调查院
项目负责人:邓乾忠,石先滨
档案号:0752
工作周期:2010—2012 年
主要成果

(一)地层

(1)运用现代沉积学、地层学、岩石学及构造地质学等理论与方法,通过剖面测制与填图,查明了测区各时代地层分布与产出特征、岩石组合类型,系统清理了测区地层系统,建立了测区造山带南华纪—志留纪中浅变质岩构造(岩石)地层序列、中生代陆相红色盆地构造地层序列和扬子陆块中元古代—志留纪、二叠纪岩石地层系统。

(2)首次在神农架穹隆东北部宋洛蚂蝗沟一带发现南华系莲沱组、古城组、大塘坡组、南沱组的连续地层剖面(图 2-1),查明该剖面南华系物质组成与沉积环境显示与三峡地区及其他地区的差异特点。莲沱组为一套灰色碎裂砂质白云岩硅质岩砾岩、灰红色褐铁矿化硅化白云岩角砾岩、褐红色砂质硅质白云岩砾岩组合,厚仅 1m,不整合于神农架群白云岩之上。古城组具 3 次冰伐作用:第一期以灰黑色冰碛砾岩、灰黑色薄层状含碳粉砂岩、灰色粉砂质泥岩组合为特征,第二期以灰色冰碛砾岩、灰绿色粉砂质泥岩组合为特征,第三期以灰色冰碛砾岩、灰色中厚层状含砾粉砂岩、灰绿色含砾粉砂质泥岩组合为特征,且在第一次冰碛砾岩之上发育一套灰黑色、黑色薄层状碳质粉砂岩、粉砂质泥岩,厚 20 余米,代表了第一次、第二次冰伐作用的间冰期沉积,并于灰黑色冰碛砾岩中发现了海绿石。在第三层冰碛砾岩上部发现灰绿色纹层状含砾粉砂岩和冰碛纹泥层,进一步论证了古城组冰碛岩为海洋环境冰碛成因性质,为扬子陆块北缘南华纪冰冷时期沉积物质结构序列及环境的研究提供了新资料。

(3)对分布于测区的神农架群石槽河组,根据路线填图与剖面研究,发现一套深灰色砂板岩、泥板岩、页岩岩性组合,显示其地层序列与 1:25 万神农架林区幅划分方案有所不同,自下而上可划分出 3 个岩段,一段、二段由白色—灰白色厚—巨厚层块状白云岩向紫红色、灰白色中厚层、中薄层含砂质白云岩过渡,显示退积型结构特点,而三段以砂板岩、泥板岩、页岩组合为特征,显示了浅海陆棚进积型结构特点,其顶部还发育一套厚 8~10m 的深灰色—烟灰色

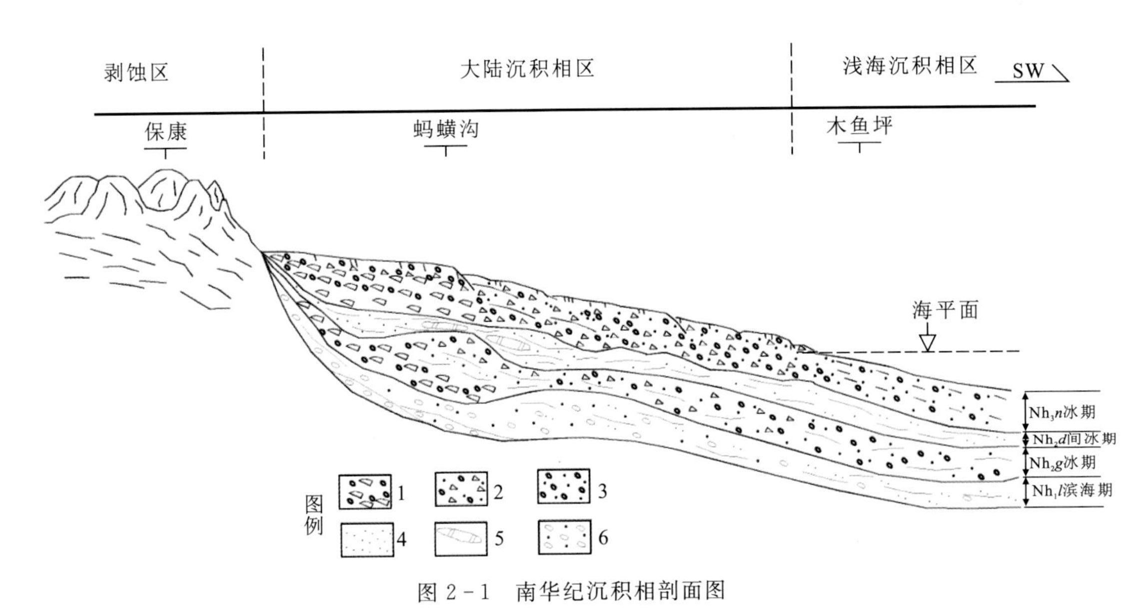

图 2-1　南华纪沉积相剖面图

1. 冰川底碛相；2. 冰川消融相；3. 冰川前缘相；4. 潟湖相；5. 局限台地相；6. 滨海相

中—厚层状藻迹微晶白云岩、砂质粉—细晶白云岩组合。区域上，不同地段南华系莲沱组、南沱组和震旦系陡山沱组分别与神农架群石槽河组一段或三段呈角度不整合接触，这一发现与认识为神农架群地层划分与序列重建及该时期古地理环境的恢复提供了新资料。

(4)开展了震旦系岩相古地理与成矿地质背景专题研究，通过地质填图、剖面测制、地球化学剖面采样、沉积界面及层序地层研究，查明了各个岩段岩石组合特征、沉积界面特征、含矿性特征、地球化学背景、成矿地质条件；对陡山沱组的沉积环境进行了探讨，为铅锌矿、磷矿等层控矿产的找矿及开发利用提供了基础地质资料；提出震旦系陡山沱组—灯影组层序界面具有3种类型，分别为Ⅰ型、Ⅱ型和Ⅲ型，划分为5个层序，均发育海侵体系域和高水位体系域，凝缩段不发育。铅锌矿赋存于陡山沱组第四岩性段和灯影组地层中，层序界面附近矿化特征明显，为矿源运移提供通道，铅锌矿与浅海盆地碳酸盐岩亚相关系密集；磷矿的赋矿层位主要为陡山沱组第二岩性段和第四岩性段，磷矿的赋矿层位从东往西、从北向南逐渐变新，从陡山沱组第二岩性段过渡到第四岩性段；从岩石类型方面看，磷矿化在白云岩或硅质岩较高，而粉砂岩或页岩中磷矿化相对较低；另外，陡山沱组磷矿化在低水位体系域内、古氧相为缺氧环境较为发育，并且与浅海台地台坪亚相、浅海台地边缘斜坡亚相等沉积环境有着密切的关系，这对于测区和邻近地区找矿工作具有重要的指导意义。

(5)运用层序地层学的理论和方法，系统开展了扬子克拉通前陆过渡区震旦系—二叠系层序地层调查研究工作，查明了各岩石地层单位基本层序组成与结构特点，识别出Ⅰ型、Ⅱ型等沉积层序界面20个，划分了20个层序地层系统，建立了震旦系—二叠系层序地层序列。

(6)测区内查明了震旦系与寒武系的接触关系，发现接触界面处发育黏土质风化壳，为岩石地层和层序地层界面划分提供了证据。

(7)首次于测区燕子垭一带牛蹄塘组碳质页岩之上发现了大套的含碳含磷白云岩，显示该时期岩相古地理格局与其他地区存在一定的差异，为该区下寒武统古地理环境研究提供了新的资料。

(8)开展了房县中新生代红色盆地沉积充填物质的研究,根据岩石组合特征、地层接触关系及沉积体系的空间配置和变化规律,重新厘定了盆地地层系统,自下而上划分为上白垩统寺沟组,古近系玉皇顶组、大仓房组、核桃园组、上寺组和新近纪沙坪组等 6 个组级岩石地层单位。应用陆相盆地构造层序工作方法,在盆地内识别出古构造运动面、侵蚀冲刷面和岩性岩相结构转换面等层序界面的基础上,归纳为 2 个构造层序系列,3 个层序地层系统。为研究盆地生成发展与演化,建立盆地沉积充填序列和充填模式提供了丰富的第一性地质资料。

(二)岩浆岩

(1)通过地质填图与剖面研究,查明了造山带区域变质岩基本岩石类型与特征,进行了原岩恢复,讨论了变质作用类型与期次;总结了区内动力变质岩类型与岩石学特征及分布规律,丰富和深化了变质岩岩石学研究。

(2)在南秦岭造山带南缘武当岩群变酸性火山碎屑岩与黏土质云母片岩、滑石片岩分布区内分别新发现花岗斑岩、碳酸岩(大理岩)等。采用锆石 U-Pb 同位素测试分析该岩体 $^{206}Pb/^{238}U$ 加权平均年龄为(722.9±6)Ma。该花岗斑岩的发现为重新认识南秦岭造山带新元古代时期地质发展与构造演化提供了新的资料和依据,意义重大。

(三)构造

(1)查明了测区主要构造变形特征,归纳并分别建立了秦岭造山带早期脆—韧性剪切变形→陆内俯冲褶皱造山→脆性走滑断层→断陷盆地→喜马拉雅期高角度由南向北逆冲推覆作用的变形序列和扬子克拉通古老基底隆升→前陆褶冲构造→北东向走滑断层→东西向正断层→由南向北挤压逆冲→晚近时期差异升降运动的变形序次。

(2)查明了区内青峰断裂构造、阳日断裂构造、竹山断裂构造等区域性深大断裂构造地质特征。系统总结了青峰断裂构造等发生发展及其演化历程,认为青峰断裂构造主要经历了早期拉张(印支期初始活动)—主期(燕山期)由北向南逆冲,形成造山带南缘—前陆过渡区的区域性逆冲推覆构造系统→伸展拉张(控制陆相盆地)→挽近时期(喜马拉雅期)断裂复活由南向北高角度逆冲推覆(老地层由南向北逆冲于中新生代红层之上)的发展演化历史。

(3)以板块构造理论及构造解析方法为指导,总结讨论了区域地质构造基本特征,从沉积建造、岩浆活动、变质作用、构造变形事件对比研究,建立了测区地质事件演化序列,将区内构造划分为 4 个发展演化阶段。晋宁运动时期,洋壳俯冲消减,北部南秦岭地层区形成弧后盆地,并发育一套沉积—火山—沉积地层序列;扬子陆块则抬升成陆,并受南北向挤压作用,形成基底剪切褶皱。加里东—海西期,测区扬子地块早古生代接受浅海盆地碳酸盐、碎屑物质连续沉积和晚古生代抬升剥蚀,造成泥盆纪、石炭纪、二叠纪多个地层单位缺失沉积;而造山带志留纪时期发生南北向陆内拉裂,强烈岩浆活动,形成北西西向基性、超基性、碱性岩带产出。印支—燕山时期扬子板块与华北板块南北碰撞对接,导致南秦岭地层区普遍发育滑脱形变、透入性片理、东西向韧性剪切带、糜棱岩带等变质变形地体;扬子区形成大规模的近东西向紧密褶断变形,产生多期构造变形叠加,形成以区域性深大断裂分割的叠瓦扇式逆冲推覆构造改造前期构造为特征。喜马拉雅期印度板块向扬子板块俯冲,导致扬子前陆向造山带的仰冲,造成扬子前陆褶冲带震旦纪—古生代地层高角度逆冲于造山带中—新生代红色盆地沉积之上,破坏了早期构造的和谐性和稳定性。

(四)矿产地质

(1)全面系统收集了测区已有铅锌、铜、铁、磷、铌稀土等矿产调查评价新资料,获取了测区找矿信息,发现了一些新的找矿线索。

(2)区调中注意了野外地质找矿工作,选择了巴竹园、蛇草坪等磷矿成矿有利地段,开展了矿产踏勘检查,在巴竹园—铁炉沟一带圈定出陡山陀组含磷层位,为区域磷矿勘查提供了新的靶区。

(3)开展了测区成矿预测与成矿规律研究,结合测区已知矿产分布及异常特征,圈定了铅锌、磷、铌稀土等矿产成矿远景区 6 个,明确了该区找矿方向。

(五)其他地质工作

(1)区调中加强了遥感地质解译工作,在利用 ETM 影像进行 1∶5 万初步地质解译形成地质草图的基础上,根据不同地质体、地质构造、矿化异常等解译标志,再应用高分辨率的 SPOT5 影像进行地层组、段、侵入体及地质界线、不同性质断层详细解译和矿化异常信息提取。分别编制了 1∶5 万解译地质图和羟基异常图与铁染异常图,并对军事禁区、高山深切割区编制了 1∶2.5 万详细解译地质图,提高了测区路线地质调查的预见性和控制程度。

(2)根据测区地质灾害发育特点,在收集有关资料基础上,结合本次区调成果,总结了测区主要地质灾害分布、类型及特征,针对区内主要地质灾害类型——滑坡、崩塌、泥石流等的形成机制进行了分析,总结了与地质条件相关的控制因素及形成规律,提出了地质灾害防治建议措施,为地质灾害的防治工作提供了地质依据。

(3)全面系统总结了测区地质旅游资源及自然生态旅游资源概况,对区内及神农架地质旅游资源与自然生态旅游景观特征作了详细总结,系统介绍了测区及神农架地区地质旅游资源景观特征和自然生态旅游景观特征。对正在开发或有待开发的地质旅游景观特征和自然生态旅游景观特征亦进行了总结,为该区旅游经济的可持续性发展提供了资源保证。

湖北 1∶5 万通城县幅、月田幅、陈家坝幅区域地质调查

承担单位:湖北省地质调查院

项目负责人:李雄伟,张旭

档案号:0753

工作周期:2010—2013 年

主要成果

(1)充分运用最新的花岗岩理论方法开展野外填图工作,进一步总结了测区晋宁期和燕山期花岗岩成因及演化规律。在野外填图过程中十分注重花岗岩的物质成分及结构构造的变化、产出状态、相互间的接触关系等特征,按照岩性及结构构造填制了详细的岩性图。将新元古代花岗岩划分 2 个岩体,燕山期花岗岩划分 7 个岩体,15 期侵入体,具石英二长岩—英云闪长岩—花岗闪长岩—二长花岗岩—(钾长)花岗岩演化规律,为多期次侵入叠加形成的复式岩

体。针对测区花岗闪长岩体、黑云母二长花岗岩体及二云母二长花岗岩体等主期侵入岩体重点开展调查研究,发现由 11 次侵入活动组成测区燕山期花岗岩的主体,岩体相互之间侵入接触关系清楚,岩体从早期到晚期演化过程具有黑云母矿物减少,白云母增多的规律。单个岩体从早期到晚期均有细粒—中细粒、细中粒—中粒、粗中粒—中粗粒等岩石结构变化的特征,并且侵入体边缘—中心亦具有粒度由细变粗的结构变化,侵入体相互之间接触关系清楚,多表现为涌动或脉动型侵入接触关系。接触带之间发育的叶理化带,流动面理、线理、韧性剪切带构造发育。

(2)通过现代高精度同位素测试方法(LA - ICP - MS)对测区不同岩体进行锆石 U - Pb 测年,取得一批花岗岩同位素精确年龄。燕山期花岗岩在测区初期侵入细粒黑云石英二长岩($J_3^1\eta o$)年龄(157.9±2.4)Ma;主期侵入的黑云母二长花岗岩体($J_3^2\eta\gamma$)年龄 153.7～152.2Ma、二云母二长花岗岩体($J_3^3\eta\gamma$)年龄 146.2Ma;补充期侵入的细粒二云母二长花岗岩体($J_3^4\eta\gamma$)年龄 145.5Ma。总体属于晚侏罗世侵入花岗岩,与划分的侵入岩序次吻合。这批年龄样中捕获的早期锆石,记录了幕阜山地区华南活动带演化的丰富信息,捕掳锆石的年龄包括以下几组:1322～1065Ma(3 颗锆石,四堡期)、941～802Ma(6 颗锆石,晋宁期)、755～684Ma(3 颗锆石,震旦期)、297～251Ma(3 颗锆石,海西期)、208～205Ma(3 颗锆石,印支期)。这些花岗岩体的锆石年龄值,为测区区域构造-岩浆演化研究补充了重要依据。

(3)晚侏罗世斑状黑云二长花岗岩($J_3^2\eta\gamma$)中含有早期基性物质包体,其颜色比寄主岩石深,粒度更细,呈渐变过渡关系,混熔明显,为塑性状态下混熔不完全的产物,存在物质的交换,包体比寄主花岗岩浆更基性,过冷度更大,显示测区晚侏罗世花岗岩形成过程中存在部分深层的基性物质的加入。岩石中出现较多的早侏罗世—晚三叠世锆石,年龄(208～174Ma),锆石的环带不清晰,反映测区在晚三叠世—早侏罗世已经有岩浆活动,晚侏罗世岩浆的来源具有一定的继承性。

(4)综合岩石地球化学特征、Nd - Sr 同位素及继承锆石等方面的信息,测区花岗岩类的物源主要为新元古代冷家溪群贫黏土的砂屑岩、富黏土的泥质岩,此外还有古老结晶基底及晋宁期变火成岩的参与。

(5)幕阜山富集岩石圈地幔性质的镁铁质岩浆的上升侵位极可能代表了湘东北地区由陆内汇聚挤压向伸展走滑转换的启动时间,伸展的动力学机制可能与太平洋板块的西向俯冲消减作用有关,为其远程效应。

(6)燕山期花岗岩与元古宙接触带上片麻状混合岩的发现意义重大。该套物质沿月田—板江一线及冬塔乡零星出露,前人将该套物质成因归为接触变质混合岩化的产物,通过本次调查发现,在接触带附近细粒黑云母二长花岗岩中获得 1322Ma、941～831Ma、475Ma 等锆石年龄信息反映了该套物质为多期重熔的产物。因此,该套物质变质不是燕山期花岗岩边缘接触变质的产物,应为更早期的一期中—深层次的变质,只是后期遭受叠加改造形成了目前的状态,多个捕掳锆石的年龄信息即是印证。该套物质与湘东北地区连云山杂岩具有很大的相似性,在 1900Ma,由于碰撞地壳明显加厚,板块俯冲使连云山杂岩深埋到地下 33km 深处,接受了近高压变质作用。Nd 同位素示踪和递增变质作用的热历史反映出圈间、壳幔间的相互作用强烈。连云山杂岩经岩石圈地幔拆沉、多期底侵和基底活化而折返至地表。测区的种种信息与这个观点不谋而合。

(7)晚侏罗世早期侵入的石英二长岩的发现对幕阜山岩基形成的构造背景具有一定的指

示意义。细粒黑云母石英二长岩中暗色矿物定向顺片麻理分布，具强烈的塑性流变，呈扁豆状，岩石中暗色包体形成流线，流线产状 230°∠42°，这种强烈的韧性变形指示该套物质来源于深层次地壳。同位素年龄显示主期岩浆结晶年龄为 158Ma，捕掳锆石显示了多期次构造活动的信息记录(1195Ma、859～802Ma、722Ma)。可以认为区域上中晚三叠世印支期扬子板块和华北板块的碰撞拼贴后，早侏罗世时的古太平洋板块向北西俯冲，与欧亚陆缘产生斜向俯冲作用，对大陆造成强烈的挤压，这种挤压应力在陆内的响应，导致沿月田—板江一线由南向北逆冲推覆，使因板块的碰撞导致加厚的下地壳向角闪岩-榴辉岩相转变，并在后期岩石圈伸展减薄和软流圈上涌环境下部分融熔产生该期侵入岩。

(8)寒武纪地层中发现斜坡相沉积物质组成。中寒武世华严寺组出现块状砾屑灰泥岩，并见砾屑拉长、拉断和角砾化及纹层拉断、弯曲，形成滑塌褶皱、包卷层理，这是形成于台地缓坡沉积环境的沉积物在半固结状态下，因为重力作用顺坡滑动的结果，显示测区寒武纪为台地边缘斜坡的古地理环境。

(9)测区发现云斜煌斑岩脉顺北北东向断层侵入到黑云母二长花岗岩体第Ⅲ期($J_3^{2c}\eta\gamma$)中粒斑状黑云母二长花岗岩中，该岩脉的形成与岩石圈拉张有密切成因联系。本区云斜煌斑岩的出现显示测区燕山晚期为陆内拉张环境。

(10)依据物质组成、沉积构造和变形特征，重新厘定了冷家溪群地层序列，划分为 3 个组、6 个段及 3 个岩性标志层，地层具浅变质，表现为强烈顺层剪切变形，原生层理发生明显的构造置换，露头上出现层理(S_0)与板理(S_1)平行。总体呈现组级地层有序，组内无序的构造地层特征。

(11)查明了测区构造变形序次，确认了区内的主要构造期次，按其形成时代、规模、变形特征划分了 5 个构造旋回，7 期构造变形。

(12)对 1∶20 万化探数据进行再处理，利用克里格法编制等值线图，根据确定的异常下限，重新圈定全区的各元素异常。发现在测区的北东部，Sb、Hg、As、Au、Ag、Cu、Zn、B 等元素套合较好，可能存在热液充填交代型多金属矿、锑矿和汞矿；在测区的东南部，Sn、Be、Mo、Bi、F 等元素套合较好，可能形成热液型或伟晶岩型锡矿；在测区的西南部黑云二长花岗岩体与二云二长花岗岩体接触部位，La、Y 等元素套合较好，表明此区可能形成稀土矿。

(13)测区新发现 2 处金矿点，1 处钨矿化点，1 处铜矿化点。综合地质、矿产、物化探、遥感等信息，总结了测区成矿规律，成功圈定了 8 个成矿远景区，为后续找矿指明了方向。

湖北 1∶5 万木瓜河、寺坪、马桥、欧家店、峠峪幅区域地质调查

承担单位：湖北省地质调查院

项目负责人：何仁亮

档案号：0755

工作周期：2010—2012 年

主要成果

(一)地层

(1)运用现代沉积学、地层学、岩石学等理论与方法,通过剖面测制与填图,查明了测区各时代地层分布与产出特征、岩石组合类型及区域变化特征,建立了测区地层系统,并进行了多重地层划分对比。共划分出 31 个组级,18 个段级,7 个非正式填图单位。重点加强层序地层学方面的研究,对测区岩石地层进行层序地层划分,共识别划分出 32 个地层层序。

(2)在区内出露的神农架群石槽河组中,经过剖面测制及路线调查,将其划分 3 个岩性段,其中一段、二段与 1∶25 万神农架林区幅划分的石槽河组岩性组合基本一致,三段主要为一套灰色—深灰色粉板岩、泥板岩夹细砂岩、杂砾岩透镜体,向上为灰色—浅灰色泥质条带白云岩、白云岩夹颗粒白云岩、纹层状白云岩;该套碎屑岩-碳酸盐岩组合,总体显示由陆棚相—碳酸盐台地相过渡沉积演化过程,组成一完整沉积旋回。该套岩石组合在空间上展布有一定的规模,向西延伸至西蒿坪幅。该套岩系的发现对建立神农架群的地层层序,认识其沉积演化过程具有重要意义。

(3)通过剖面研究和地质路线填图,查明了区内南华纪南沱组为大陆冰川沉积环境,呈角度不整合覆于神农架群不同层位之上,呈现由南向北、向北东变薄趋势;根据南沱组冰碛岩中花岗岩砾石的发现,初步推断物源来自黄陵地区。结合区域资料初步总结出岩相古地理特征及沉积模式。以上研究为神农架基底在晋宁运动之后,第一个沉积盖层初期古地理面貌研究提供了重要地质信息。

(4)基本查明了晚震旦世—早寒武世灯影组与上覆寒武纪牛蹄塘组接触关系及震旦纪各岩石地层单位在区内的变化特征。南部为平行不整合接触,北部为整合接触关系。提出了测区在震旦纪时期表现为沿白马沟—五里坡一线呈近南北向水下隆起,向东西两侧变深;在南北方向上,区内总体表现为北深南浅态势,在晚震旦世晚期,测区南部(阳日断裂以南)为隆升暴露,而北部(阳日断裂以北)继续接受沉积。查明了区内陡山沱组碎屑岩产出变化规律及磷矿赋矿层位变化特征。结合区域资料,提出神农架穹隆为水下隆起且地形起伏复杂的古地理面貌。

(5)通过对测区寒武纪岩石组合、基本层序及沉积相的研究,建立了测区寒武纪岩石地层模型,总结了埃迪卡拉系(震旦系)碳酸盐台地被淹没消亡后,寒武系碳酸盐台地的生长和发育过程。首次发现寒武纪石龙洞组中部发育一套深灰色、灰黑色薄—中层状瘤状白云岩,说明上扬子地台北部有小型台内沉积盆地(或台凹)发育。这一发现对上扬子台地的古地理格局及碳酸盐岩台地的形成演化研究具有意义。

(6)查明志留纪罗惹坪组岩石组合在测区的变化情况,测区北东寺坪至保康一带,罗惹坪组中夹较多灰泥岩、生物屑灰岩,生物屑灰岩夹层中常富含腕足、珊瑚、海百合、三叶虫等,常具有造礁生物特征,为浅海陆棚细碎屑岩-碳酸盐岩建造。测区南西、南部一带几乎不发育灰岩层,为浅海陆棚细碎屑岩-泥质岩建造。这一变化为鄂西地区志留纪岩相古地理面貌的研究提供资料。

(7)查明测区上二叠统没有下窑组分布,只发育龙潭组、大隆组。区域资料显示下窑组有相变现象,反映由台盆—台地相过渡的特征,进一步证明二叠系由于水平升降的不均一性,造成区域上形成台盆相间的古地理格局。查明受东吴运动影响,中二叠统茅口组与上二叠统龙潭组之间为平行不整合接触关系。

（二）构造

（1）基本查明了测区主要构造运动的变形特点，建立了构造变形序次。晋宁运动使神农架基底定型；加里东—海西运动在测区表现为水平升降运动，导致海水多次进退，造成不同时代地层间的平行不整合接触关系；印支—燕山运动受到南北向挤压应力场的作用，以其变革性的褶皱运动结束了测区海相沉积的历史，形成大规模的近东西向褶断变形；滨太平洋构造受南东—北西向挤压形成以北北东向断裂为主，褶皱变形为辅，叠加改造先期东西向褶皱，从而奠定了测区区域构造基本格架。将测区划分3个次级构造带，即前陆冲断褶皱带、冲断带、台褶带，查明了各构造带变形样式特征。

（2）查明测区滑脱构造的存在。初步确定：基底与盖层之间（Pt_2S/Nh_3n 或 Z_1d）；灯影组与牛蹄塘组（$Z_2\in_1d/\in_{1-2}n$）；宝塔组与龙马溪组（O_3b/O_3S_1l）3个主要滑脱面。滑脱构造具多层次性、分段性特征。

（3）初步查明阳日断裂在测区的特征：早期为滑脱—由北向南逆冲推覆—张性拉张（应力释放）—由北向南逆冲推覆（老地层由北向南逆冲到红层之上），具多期活动特征。确定阳日断裂为前陆冲断褶皱带与台地褶皱带的分界断层。

（4）通过对测区沉积建造、岩浆活动及构造变形变质事件的综合分析，将测区划分为4期构造旋回，8个构造变形事件，建立了测区地质演化序列及地质构造演化模式，总结了测区地质发展史。

（三）矿产

（1）通过剖面测制、矿点检查，查明了磷矿在区内的分布规律及产出特征，在阳日断裂北部产于 Z_1d^2、Z_1d^4，以南产于 Z_1d^2。查明可采磷矿多产在海侵体系域中，由南西向北东矿层层位有变高趋势。为进一步总结神农架地区磷矿成矿规律提供了非常重要的实际资料。

（2）通过岩石化学剖面的调查工作，对测区地层的含矿性有了初步了解。经过对部分岩石化学剖面的研究发现测区灯影组地层中铅、锌元素的背景值由南向北呈增高趋势；随着水体（相对海平面）变深，铅、锌元素的背景值增高，地层沉积序列表现为最大海泛期沉积背景值增高的特点，从而表明岩相古地理与铅锌成矿（矿源层）关系密切，为区域成矿地质条件的研究提供重要依据。

（3）调查发现罗家山、头道峡及焦家坪等处铁矿（化）点，萤石矿点及方解石矿化带。初步查明以上矿（化）点产在不同层位中，与构造有关。通过调查研究表明测区萤石矿、方解石、石英脉和铁、铅锌等低温热液矿床（点）与构造的关系密切。在对构造特征的调查及构造（活动期）与成矿研究的基础上，对测区成矿地质条件进行讨论。在此基础上，初步划分了7处找矿靶区（有利地段），为今后开展矿产工作奠定了基础。

湖南1：25万武冈市、永州市幅区域地质调查

承担单位：湖南省地质调查院

项目负责人：柏道远

档案号:0763

工作周期:2010—2012 年

主要成果

(一)年代地层

南华系由以往的二分改为三分,下、中、上统分别对应长安组-富禄组、古城组-大塘坡组、洪江组;寒武系由以往的三分改为四分,即自早至晚分别为纽芬兰统、第二统、第三统和芙蓉统;志留系由以往的三分改为四分;将石炭系与二叠系的分界下移,石炭系由以往的三分改为二分;二叠系由以往的二分改为三分。

厘定出晚泥盆世早期的台地、台盆相间的构造古地理格局,台地相区沉积棋梓桥组钙质夹白云质沉积,台盆相区先后形成榴江组硅质和硅质泥质沉积及佘田桥组泥质、泥质钙质夹钙质沉积。

厘定出中—晚二叠世的构造-岩相分异,于图区划分出东北部和西部两个沉积分区,自早至晚地层序列分别为栖霞组-小江边组-孤峰组-龙潭组-大隆组、梁山组-栖霞组-茅口组-龙潭组-吴家坪组。

(二)岩石学

新获得加里东期苗儿山岩体(428.5±3.8)Ma 和(409±4)Ma、加里东期越城岭岩体(436.6±4.8)Ma 和(430.5±4.3)Ma 的锆石 SHRIMP U-Pb 同位素年龄,结合已有(443.5±8.1)Ma 的锆石 SHRIMP U-Pb 年龄,较明确厘定加里东期花岗岩主要形成于志留纪,并可分为 445~430Ma(早志留世)和 410Ma 左右(志留纪末—泥盆纪初)2 个阶段。获得印支期瓦屋塘岩体(216.4±2.4)Ma 和(215.3±3.2)Ma 的锆石 SHRIMP U-Pb 年龄,结合五团岩体(219.8±4.4)Ma 等其他年龄数据,确定印支期花岗岩主要形成于晚三叠世。上述区域岩浆事件年代学框架的建立,为区域构造环境及演化研究提供了关键性基础资料。

(三)构造

以城步火山岩和花岗岩研究为基础,在系统收集江南造山带近些年来高精度年龄数据和岩石地球化学研究成果,首次厘定早阶段和晚阶段花岗岩时限并确定两阶段花岗岩分别形成于岛弧和后碰撞环境的基础上,重塑了新元古代中期江南造山带西段构造演化的完整过程。

针对钦杭结合带南西段构造性质和具体走向方面存在的大量认识分歧,从构造演化及其继承性出发,基于地球物理暨岩石圈结构、基底时代、武陵期构造-岩相单元配置、区域构造线走向变化及南华纪—早古生代沉积环境差异等方面证据,明确厘定了钦杭结合带湖南段构造边界的具体位置。该成果系首次基于多方面地质证据探索并提出钦杭结合带南西段的构造走向,结论可信度较高。

对雪峰造山带南段、中段和北段进行了详细的构造剖面观测和构造变形解析,在加里东期、印支期和燕山早期等不同构造运动的变形强度和构造体制,雪峰造山带构造分带及横向变形差异,不同阶段构造运动程式差异暨迁移,南段—中段构造变形强度与北段的差异及其成因,靖州-溆浦大断裂的活动历史及其构造区划意义,雪峰造山带中生代变形强度对西侧地区隔槽式褶皱成因和变形机制的制约,构造变形类型(大型膝折带)等方面均有全新发现或取得了新的认识,使雪峰造山带构造变形、构造性质及演化等研究水平上了一个新的台阶。

湖北1:5万宋埠幅、新洲县幅、淋山河幅、团风镇幅区域地质调查

承担单位:湖北省地质调查院

项目负责人:陈铁龙

档案号:0765

工作周期:2011—2013年

主要成果

(一)地层

(1)在查明岩石组合、原岩性质、变形变质作用的基础上,将原“大别群”解体为变质侵入岩及大别山岩群。根据野外标志层特征,将大别山岩群划分为3套构造岩石地层组合,并在火山岩层获得1项同位素(LA-ICP-MS锆石U-Pb)定年成果[(2481±27)Ma],形成时代归属为古元古代。

(2)在原“大别群”中识别出了含碳硅质岩,含碳、磷白云石英片岩,变长石石英砂岩和厚层状大理岩浅变质岩系组合,并从地质学、岩石学、岩石化学等方面探讨了与大别山岩群的差异,根据区域对比,时代初步归属为震旦纪。

(3)在测区南部发现了一套千枚岩、片岩组合,根据原岩建造及区域对比,厘定为武当(岩)群。在变酸性晶屑凝灰岩中获得1项同位素(LA-ICP-MS锆石U-Pb)定年成果[(738.9±9.3)Ma],形成时代归属为新元古代南华纪。进一步证实了秦岭—桐柏—大别造山带南缘在该时期稳定存在大陆裂谷型沉积-火山岩建造。

(4)在查明岩石组合、原岩性质、变形变质作用的基础上,将原“红安群”解体为变质二长花岗岩、变质基性岩、红安岩群、武当(岩)群,并从地质学、岩石学、岩石化学、同位素年龄方面论证了各自单元特征及差异,为进一步解体“红安群”提供了新资料。

(5)对原“红安群”进行了系统年代学研究,获得了红安岩群火山岩中许多高精度同位素年龄(LA-ICP-MS锆石U-Pb),其中大磊山浅粒岩年龄为(833±53)Ma,大磊山片麻岩年龄为(762±16)Ma,大悟新城片麻岩年龄为(740±4.6)Ma,麻城宋埠片麻岩年龄为(739.1±6.4)Ma。结合区域红安岩群近期新发现的微体化石,将红安岩群形成时代归属为新元古代青白口纪—震旦纪。

(6)通过对新洲陆相盆地一套红色岩系的综合分析(物质成分来源、岩石组合、沉积构造、接触关系、沉积相分析及区域对比),将其解体为公安寨组(K_2E_1g)及广华寺组(N_1g),为新洲陆相断陷盆地演化提供了新的资料。

(7)对新洲盆地第四纪堆积物采用地面调查、地质钻探及露头剖面实测互相结合的工作手段,查明了区内广泛分布的第四纪堆积物的种类、厚度变化及分布特征,并进行了成因类型划分。通过物质组成分析及ESR测年,将1:20万区调更新世残坡积物解体为中更新世残坡积物及洪冲积物[ESR定年(753±70)Ma]、晚更新世冲积物[ESR定年(117±10)Ma]。

(8)首次在测区长江北部举水河支流发现了一套灰白色粗粒砾石层、棕红色砾石黏土层组

合,与下伏基岩(K_2E_1g)呈典型的角度不整合关系。不同地段ESR定年有(1135±80)Ma、(935±90)Ma、(929±90)Ma、(823±80)Ma,形成时代属早更新世,为长江两岸支流河道变迁及演化提供了重要证据。

(9)通过地质钻探揭露,在长江北岸发现了厚28m左右的湖积物,^{14}C测年自下而上为(28.08±0.17)Ma、(11.35±0.06)Ma;(11.22±0.05)Ma、(9.14±0.05)Ma、(3.36±0.03)Ma、(2.73±0.03)Ma,形成时代属晚更新世—全新世,为第四纪末次冰期以来的古气候、古环境演化提供了重要信息。

(二)岩石

(1)对原“大别群”解体出来的侵入岩进行了详细研究,根据结构构造、变质变形特征及相互包裹关系,结合同位素测年,查明了侵入岩分布及产出特征,厘定了侵入岩相对序列。其中,以大规模的新元古代钙碱性变质花岗岩为主体,并进一步划分为TTG花岗岩组合和石英闪长岩-花岗闪长岩-二长花岗岩组合。对其物质成分、形成构造环境、同位素年龄进行了详细分析(LA-ICP-MS锆石U-Pb),获得了英云闪长质片麻岩同位素年龄(841±17)Ma,石英闪长质片麻岩同位素年龄(790±25)Ma,二长花岗质片麻岩同位素年龄(816±9.1)Ma、(815±28)Ma,为桐柏-大别造山带形成和演化研究提供了重要信息。

(2)根据野外地质特征,在广泛发育的新元古代花岗岩中识别出了中生代早白垩世花岗岩,并进行了物质成分、形成构造环境、同位素年龄详细分析(LA-ICP-MS锆石U-Pb),获得了细粒花岗闪长岩同位素年龄(131.6±5.3)Ma和中细粒含斑二长花岗岩同位素年龄(136.3±6.3)Ma、(134.0±2.7)Ma,丰富了测区造山演化过程中的物质记录。

(3)查明了测区区域变质岩基本岩石类型与特征,进行了原岩恢复,总结了区内动力变质岩类型与岩石学特征,讨论了变质作用类型与期次,建立了测区变质作用序列,丰富和深化了测区变质岩岩石学研究。

(三)构造

(1)确认了团(风)-麻(城)断裂在测区构造及运动学特征,为北东向右行走滑兼正向滑脱,识别出了不同构造层次的伸展性断裂活动:早期韧性滑脱剪切—中期脆韧性滑脱剪切—晚期高角度正断层。其中,晚期北东东向高角度断层控制了新洲盆地的形成和演化过程。

(2)通过新洲陆相红盆物质成分、充填样式及盆缘性质分析,认为新洲陆相红盆为走滑型伸展盆地,具东断西超特点。其盆地演化经历了裂陷充填阶段、萎缩封闭阶段和抬升剥蚀阶段。

(3)详细研究了测区北西向剪切带构造变形特征及变质环境,确认了北西向淋山河韧性剪切带具多期活动特点。早期为北西向右行韧性走滑剪切,兼由南向北逆冲特征;中期为由南向北伸展滑脱;晚期为脆性断裂改造。

(4)在正确区分不同性质面理线理及不同层次、不同尺度、不同变形机制的基础上,建立了测区构造变形序列。

(5)通过对测区沉积事件、岩浆事件、变形变质事件的综合分析,建立了测区地质演化序列。

湖北1∶5万高店子幅、野三关幅、清太坪幅、枝柘坪幅区域地质调查

承担单位：湖北省地质调查院
项目负责人：周向辉
档案号：0772
工作周期：2011—2013年
主要成果

（一）地层

（1）以最新的国际地层表为指南，厘定了调查区地层序列，最终确定划分了29个组级正式岩石地层单位，26个非正式岩石地层单位，其中，段级20个，特殊岩性层6个。

（2）运用现代沉积学理论和方法，对区内寒武纪以来的稳定地台型沉积，特别是晚古生代泥盆纪、石炭纪及三叠纪地层进行了系统的研究，建立了多重地层划分对比系统。重点加强层序地层学方面的研究，对各地层单位进行了基本层序特征研究，对晚寒武世—中三叠世地层进行层序地层划分，建立了测区晚寒武世—中三叠世地层的Ⅲ级层序系列，将该套地层共划分为44个Ⅲ级层序。

（3）查明了南津关组底部页岩在调查区内的空间展布样式，查证了志留纪罗惹坪组底界在调查区内缺失碳酸盐岩型沉积，仅发育碎屑岩型沉积类型，圈定了纱帽组紫红色粉砂质页岩在区域内的分布范围，同时查明了早石炭纪地层在调查区分布范围，为研究鄂西地区奥陶纪—石炭纪时期的沉积古地理格局提供了新的素材。

（4）通过野外调查和综合研究，确定测区三叠纪嘉陵江组时期，在建始杨家屋场一带为一小型台内沉积盆地之隆起部位，沉积以厚层砂屑泥晶灰岩为主，与调查区该时期以薄层灰岩为主区别明显。

（5）通过实测地层剖面测制及地质填图，研究了调查区泥盆纪地层岩石类型和特征，对泥盆纪地层进行了古地理地貌基本格局分析。云台观组时期，测区为位于黄陵古隆起和南部江南古陆之间呈北西向的指状海湾，并呈北陡南缓的不对称性滨岸环境沉积的古地理地貌格局。黄家蹬组时期，测区在云台观组古地理地貌格局基础上继承和发展，早期海侵范围有所扩展，海平面稍有上升，晚期海平面小幅波动而逐渐回落，使本区形成滨岸-漫滩沉积环境。写经寺组时期是黄家磴组晚期海平面小幅波动且逐渐回落环境的继承和发展，主要表现为早期存在于测区的小盆地至此时逐渐扩大，地壳下降，海水与华南广海相连，而东部和北部则逐渐抬升和隆起，南部仍保持早期水下隆起态势，使区内形成一近东西向向东闭合、向西撒开的指状海湾。

（二）构造

（1）查明了测区主要构造运动的变形特点，建立了构造变形序次。

（2）查明了测区印支期东西向与燕山期北北东向两组褶皱叠加构造的基本形式及特点。两者叠加复合在宏观上形成十分醒目的弧形构造，向北西方向突曲，转折部位产生“S”形弧

曲;两者交接复合则形成北北东向横跨褶皱和一系列小型裙边褶皱,并使东西向褶皱改造成短轴状似箱状褶皱形态。

(3)通过对测区沉积事件、变形事件的综合分析,结合区域资料,建立了测区地质演化序列。

(三)第四系沉积

(1)在野三关、杨家冲等地发现第四系冰碛砾石。砾石成分为石英岩状细砂岩,砾径相差悬殊,时见 1m 左右者,呈多边形、熨斗状、椭球形等,砾石表面普遍发育铁锰质薄壳,多见窝状碾磨凹坑、新月形撞击坑、条痕状刻痕、擦痕等现象。砾石成片出现,出露高程 900~1100m,基岩为三叠纪大冶组灰岩、宝塔组灰岩。经区域对比,该处冰碛砾石形成时代应为中更新世。

(2)在渔泉河发现 4 处产大量古脊椎动物化石的洞穴堆积。该处洞穴海拔高程 600 多米,堆积物具二元结构特点,局部半成岩,含两层化石层,下部化石层岩性为浅色半成岩状的钙质泥岩,化石含量最丰富,顶部化石层岩性为松散的紫红色黏土。可与相距不远的建始县巨猿洞建始直立人遗址洞穴堆积(早更新世)对比。

(四)其他方面

(1)野外地质调查工作中注重矿产调查,发现一批矿(化)点,系统调查并初步总结了成矿地质背景资料。

(2)初步分析总结了宁乡式铁矿控矿的地层因素、古构造因素及古地理因素。

(3)环境地质。以 1∶5 万区域地质调查为依托,在地质路线中主要对北部重大工程区、南部清江及其支流沿线进行调查,确认发现工作区内地质灾害发育的主要灾种有滑坡、崩塌、不稳定斜坡、危岩体、泥石流等类型,调查核实 87 处崩塌体、127 处岩溶漏斗等,分析了地质灾害沿清江及其支流呈带状分布的特征,分析了地质灾害与地层、构造、岩性及人类活动间的关系,并提出相应地质灾害防治措施。

广西 1∶25 万梧州市幅区域地质调查

承担单位:广东省地质调查院
项目负责人:卓伟华,邓飞
档案号:0775
工作周期:2010—2012 年
主要成果

(一)地层

(1)对"糯垌混合岩"及郁南县一带前人划为八村群的变质地层以构造-(岩石)地层方法进行调查研究,该套变质岩系总体有序、局部无序,变质程度达高角闪岩相,主要由变粒岩、石英岩、片岩夹大理岩类等组成,并重新厘定为云开岩群。

(2)对广宁县古水镇一带发育巨厚层状石英岩层(原岩为硅质岩)进行调查研究,其上部基本层序由块状—厚层状硅质岩、薄层状硅质岩与粉砂岩互层组成，作为区内可填性强的标志层，对填图具有重要的指导意义。同时将该套石英岩层作为老虎塘组(Z_2lh)顶部与寒武纪地层的界线，对区内前寒武纪地层进行重新厘定。

(3)通过野外调查和区域上对比后认为桂东与粤西两地寒武纪地层无论岩性组合、沉积环境、物质来源及变形变质方面均没有明显的差别，为一套浅变质的浅海类复理石碎屑岩，具有相同的物源区——华夏古陆。根据其岩性组合特征及《广东省岩石地层》的界定，将该套地层重新厘定为牛角河组($\in_{1-2}n$)、高滩组($\in_3g$)和水石组($\in_4s$)。时代暂归为底—早寒武世、中寒世及晚寒武世。

(4)以吴川-四会断裂带为界，将调查区泥盆纪地层划分为两套沉积体系。它们无论在岩石类型、沉积相及地层层序上均有明显的差异，反映了两个不同沉积相区的沉积建造。本次工作重新厘定了两个系列的岩石地层单位，北西侧由下往上分别厘定为莲花山组、贺县组、信都组、东岗岭组、巴漆组、榴江组、融县组；南东侧分别厘定为桂头群(杨溪组、老虎头组)、春湾组、天子岭组、帽子峰组。

(5)新建立了两个非正式地层单位，分别命名为糯垌基性火山岩(BN)和白板基性火山岩(BB)。

(二)岩石学

(1)对大瑶山构造岩浆岩带七星岩体进行了调查研究，并借助精准的测年数据，将其解体为7个“岩性＋时代”填图单位。本次获4个锆石U-Pb年龄，介于447～430Ma之间，结合其他年龄，时代主要为晚奥陶世，次为早泥盆世及少量晚侏罗世、早白垩世，均为酸性岩，其中以晚奥陶世粗中粒黑云母正长花岗岩为主体。

(2)从原“糯垌混合岩”中解体出一套细粒奥长花岗岩，侵入中—新元古代云开岩群($Pt_{2-3}Y.$)，其中获得LA-ICP-MS锆石U-Pb最年轻的谐和年龄为(446±7)Ma，还获得(1.0～0.9)Ga、约1.6Ga和(2.4～2.3)Ga等残留的基底锆石年龄。前者代表了其在晚奥陶世强烈的重熔改造和混合岩化事件，后者说明元古宙变质结晶基底在中元古代、新元古代、早古生代等多期的改造与再造作用下形成。

(3)沿罗定-广宁断裂带两侧分布有大量的中二叠世—晚三叠世的侵入体，如德庆岩体、广宁岩体等，岩石类型有基性岩—中性岩—酸性岩。本次获6个锆石U-Pb年龄，介于245～230Ma之间。

该系列岩石构造环境历经了碰撞期—后碰撞期的转变过程，其与大规模的中—浅层次褶皱逆冲、推覆构造及山间盆地相配套，形成于中二叠世末—晚三叠世华南陆内造山背景。

(4)对燕山期侵入体进行了总结，本次获2个锆石U-Pb年龄，为硅铝过饱和钙碱性花岗岩，构造环境属陆内碰撞阶段的伸展构造环境。

通过调查研究，认为区内燕山期不同侵入期次的侵入体与钨锡、钼、铜、铅锌、稀有金属铌钽矿床的关系最为密切。燕山期花岗岩岩浆的侵位，除了提供热源外，还提供了大量的成矿物质，而岩浆的多次活动提供了成矿物质及导矿、容矿构造等有利成矿条件。从地表热变质特征及成矿特征来看，区内还存在大面积燕山期隐伏岩体的可能。

将调查区火山岩厘定为志留纪火山岩、泥盆纪火山岩、二叠纪火山岩及白垩纪火山岩，分别属于加里东期、海西—印支期及燕山期火山活动的产物，岩性以中酸性岩为主，少量基性—

超基性火山岩。

(5)岑溪糯垌油茶林场附近的基性火山岩—糯垌基性火山岩(BN),岩性由角闪玄武岩、含石英斜长石角闪石玢岩及角闪辉长玢岩等组成。本次获 1 个最年轻的锆石 U－Pb 同位素谐和年龄(478±6)Ma,属洋中脊拉斑玄武岩,表明钦-杭结合带西南段可能存在加里东期的有限洋盆。

(6)岑溪安平白板—大爽一带的基性火山岩——白板基性火山岩(BB),岩性由火山角砾岩、玄武岩、细碧岩及角斑岩等组成。前人曾在该套火山岩中获得(261.36±5.23)Ma 的^{40}Ar－^{39}Ar 同位素年龄,属岛弧玄武岩,可能为二叠纪古特提斯洋南支的闭合在区内的体现。

(7)将调查区中生代火山岩划分为两个火山活动亚旋回,8 种火山岩相,5 个火山喷发盆地,研究了火山岩岩浆演化特征。收集到 2 个 ICP－MS 锆石 U－Pb 同位素年龄值,分别为(100±1)Ma、102Ma,并将其活动时代厘定为早—晚白垩世。

将调查区变质岩划分为区域变质岩、热接触变质岩、动力变质岩、气液变质岩四大类。阐述了各种变质岩的岩石类型及相应的变质矿物共生组合,并划分了变质相带,研究了变质岩的岩石化学、地球化学特征、变质作用的温压条件及年代学特征。

(8)重点研究了糯垌、郁南两地中—新元古代变质地层(云开岩群)的区域变质特征。对其变质程度进行了重新厘定,划分为高角闪岩相、低角闪岩相及绿片岩相,空间分布上表现为以糯垌罗同一带为中线,往东、西两侧变质程度逐渐变弱的分带特征。

(9)将区内混合岩类据成因分为 3 类:区域变质岩类-局部熔融成因混合岩类、气液蚀变岩类-渗透交代成因混合岩类和超动力变质岩类-渗透交代成因混合岩类。重点分析对比了区域变质混岩类和超动力变质混岩类的异同。

(三)构造

褶皱划分为加里东期构造层褶皱、海西期构造层褶皱和燕山期构造层褶皱,共 33 条,厘定出主干断裂 16 条,韧性剪切带 15 条,构造盆地 13 个。

(1)重点对罗定-广宁断裂带进行了归纳总结,查明了各韧性剪切带在区内不同地质体中的表现形式和空间展布特征;断裂带早期表现为宏大的韧性剪切带,晚期发生脆性活动;断裂带最初形成于加里东运动,印支—燕山早期发生右旋韧性剪切,燕山期叠加脆性拉张和左旋压扭活动。

(2)提出区内存在印支期中浅层次逆冲推覆构造。推覆构造的原地系统为泥盆—石炭纪碳酸盐岩和碎屑岩;外来系统为前泥盆纪褶皱变质基底;滑动系统主要为劈理/片理化带。认为区内推覆构造的形成与华南海西—印支期陆内造山有关,属于纵向强烈缩短造成的局部叠覆。

(3)区内存在燕山期逆冲推覆,表现为晚古生代灰岩呈低角度推覆在白垩纪红盆之上。

(四)其他重大地质问题的初步认识

(1)通过对比前泥盆纪沉积相和古老结晶基底,以及追索调查前人强调的梧州-贺街断裂,确定调查区内不存在分属不同大地构造单元的两套沉积体系,未见两类不同性质的结晶基底,梧州-贺街断裂也不是分隔不同地质单元的构造界线。据此确定区内不存在扬子陆块与华夏陆块的界线。

(2)通过对奥陶系底部罗洪组砾岩的区域调查对比，认为罗洪组砾岩不具底砾岩性质，未见其与下伏寒武系有角度不整合接触，上下变形变质一致，寒武纪—奥陶纪地层之间呈平行不整合(或微角度不整合)接触，认为“郁南运动”是地壳相对抬升运动。

(3)对调查区已有的矿床、矿点、矿化点及化探异常资料进行了系统收集，阐述了区内矿产分布特征，总结了成矿规律和成矿地质条件，并划分了5个找矿远景区。

(4)研究了区内大瑶山隆起区构造岩浆岩带不同时期中酸性侵入岩类与钨、锡等多金属的成矿关系，初步总结了其成矿序列和成矿模式。

(5)按照《数字区域地质调查技术》(中国地质调查局，2004)和《地质图空间数据库标准》(中国地质调查局，2006)有关要求进行了数据库建设。

海南1:5万番阳幅、五指山幅、营盘村幅、乘坡幅区域地质调查

承担单位：海南省地质调查院

项目负责人：林义华

档案号：0776

工作周期：2010—2012年

主要成果

(一)地层

(1)在前人工作基础之上，经过此次区调工作中剖面测制及路线地质调查，将测区地层划分为5个正式地层单位(表2-1)和1个非正式地层单位，生物地层单位和年代地层单位，建立和完善了测区多重地层系统。

表2-1　测区地层序列表

<table>
<tr><td colspan="3">年代地层</td><td colspan="2">岩石地层</td></tr>
<tr><td rowspan="3">界</td><td rowspan="3">系</td><td rowspan="3">统</td><td colspan="2">华南地层大区</td></tr>
<tr><td colspan="2">东南地层区</td></tr>
<tr><td colspan="2">五指山地层分区</td></tr>
<tr><td>新生界</td><td>第四系</td><td></td><td colspan="2">(未建组)</td></tr>
<tr><td rowspan="2">中生界</td><td rowspan="2">白垩系</td><td rowspan="2">下白垩统</td><td rowspan="2">鹿母湾组</td><td>岭壳村组</td></tr>
<tr><td></td></tr>
<tr><td>下古生界</td><td>志留系</td><td>下志留统</td><td colspan="2">陀烈组</td></tr>
<tr><td rowspan="2">中元古界</td><td rowspan="2" colspan="2">长城系</td><td rowspan="2">抱板群</td><td>峨文岭组</td></tr>
<tr><td>戈枕村组</td></tr>
</table>

(2)首次建立了分布于五指山一带火山岩的地层层序，并在室内综合对比研究基础上，将火山岩地层单位由六罗村组(K_1ll)修定为岭壳村组(K_1lk)，其岩性以英安质-流纹质熔岩及相应的火山碎屑岩为主，少量安山岩。

(3)在1∶5万乘坡幅东北部牛路岭水库一带陀烈组(S_1t)中首次发现含火山物质的岩系，对认识海南岛该时期沉积环境、构造环境、早古生代构造演化提供了新的野外一手资料，也为区域岩石地层对比提供了新的标志。

(二)岩浆岩

(1)根据野外地质接触关系和U-Pb锆石年龄测试数据，厘定了测区内的侵入岩浆序列，并建立了21个侵入岩填图单位，侵入时代从早到晚有二叠纪、三叠纪、侏罗纪和白垩纪，分为海西—印支期和燕山期两个构造岩浆旋回。

(2)在1∶5万营盘村幅长征—上安一带及1∶5万五指山幅五指山西部一带，发现一套原地—半原地的强过铝花岗岩大面积出露，该套岩石以普遍含石榴石、粒度变化较大、常见地层捕掳体和残留体(以片岩、片麻岩、混合岩、砂板岩为主)为主要特征，综合地质接触关系和同位素年龄资料，将其时代厘定为中二叠世。这套花岗岩的厘定将对认识海南岛海西—印支期岩浆活动、构造演化有重要意义，也将为造山运动的系统研究带来重要的促进作用。

(3)首次将分布于上安镇—牙代金矿一带的一套肉红色粗中粒斑状角闪黑云二长花岗岩的时代厘定为中侏罗世，并建立一个新的侵入岩填图单位——牙代粗中粒斑状角闪黑云二长花岗岩($J_2^2\eta\gamma$)。这套花岗岩与马翁岭角闪闪长岩(δJ_2^1)混染现象相当常见，构成双峰式侵入岩的组合，可能预示着中侏罗世时海南岛处于伸展环境，这对研究中侏罗世海南岛的大地构造位置和动力学背景提供了新的资料。

(4)在测区西部一带，根据接触关系，将原早三叠世尖峰花岗岩侵入时代修正为中三叠世，并修改侵入岩填图单位为阜堡笔粗中粒(含斑)黑云母正长花岗岩($T_2^2\xi\gamma$)。

(5)前人把分布于乘坡农场附近的一套早白垩世的细中粒少斑角闪黑云二长花岗岩划归为早白垩世保亭花岗岩，此次工作通过U-Pb锆石年龄测试，把其年龄厘定为(80.7±1.1)Ma，该年龄与保亭花岗岩年龄值相差较大，因此新建立一侵入岩填图单位即乘坡细中粒含斑角闪黑云二长花岗岩($K_2^1\eta\gamma$)。

(6)基本查清了测区中生代火山岩盆地中出露的岩石类型、岩性岩相特征、结构构造、产状、厚度等，为一套酸性岩为主，少量中性岩的安山岩-英安岩-流纹岩系。

(三)变质岩

(1)在长征—上安一带顺作花岗岩中普遍存在呈残留体和包体状的深变质岩系，并首次获得一批变质锆石年龄：(259.9±5.5)Ma、252Ma、281～258Ma。结合区域地质背景，可能说明海西—印支期长征一带的表壳岩系随温压条件的增加变质程度不断加深，并在熔融界面附近由深变质岩转化为熔体，形成了一套原地—半原地、常见地层捕掳体和残留体、具强过铝特征的S型花岗岩。在琼中地区海西—印支期深变质岩系的发现，对重新认识海南岛结晶基底具有重要的启示意义。

(2)首次在上安乡北东约6km的顺作花岗岩($P_3^1\gamma$)中发现加里东期[锆石U-Pb年龄(434±18)Ma]斜长透辉石岩包体，原岩为中—基性岩，说明在该时期琼中一带存在岩浆活动，并可能预示着地壳处于拉张状态。

（四）地质构造

（1）以遥感解译为先导，结合野外实地观测，并通过剖面测制和综合研究，基本查明了测区主要断裂构造形迹的形态、规模、产状、力学性质等特征，初步建立测区构造骨架。

（2）确定了测区有两个重要的不整合面，据此划分了下构造层（Ch 构造层）、中构造层（S 构造层）和上构造层（K 构造层），对各构造层变形特征作了详细阐述。

（3）首次在 1∶5 万营盘村幅、乘坡幅发现 3 条北东向韧性变形带，并对变形带的岩石学特征、变形特征、运动学特征和年代学进行了初步研究。区内韧性变形带的厘定，无疑为认识海南岛区域构造形变和海西—印支造山运动提供了新的资料依据。

（4）对分布于测区的潭爷断陷构造带进行详细的野外地质观察，查明了测区内潭爷断陷构造带构造特征，并综合分析前人资料，对潭爷断陷构造带（白沙构造带）控盆、控岩作用进行初步探讨。

（5）通过分析构造运动与沉积作用、岩浆作用和变质作用的关系，初步探讨了测区构造变形演化史。

（五）矿产

（1）此次工作新发现矿（化）点 15 处，其中贵金属矿（化）点 4 处，黑色金属矿（化）点 3 处，有色金属 2 处，稀土金属矿点 1 处，非金属矿点 2 处，宝石矿（化）点 1 处。

（2）首次在本区发现的什运-万冲轻稀土矿矿体面积约 $136km^2$，平均厚度约 2.5m，轻稀土氧化物（LREO）平均品位为 832×10^{-6}，LREO 资源量（334）达 471 715t，伴生重稀土氧化物资源量 55 517t，具有成为大型（$\geqslant10\times10^4t$），甚至特大型稀土矿床的潜力。

广西 1∶5 万水口、林溪、龙额乡、良口幅区域地质调查

承担单位：广西壮族自治区地质勘查总院
项目负责人：唐专红
档案号：0778
工作周期：2011—2013 年
主要成果

（一）地层

（1）通过开展多重地层划分对比研究，查明了测区的岩石地层、年代地层、沉积旋回和沉积相特征及构造背景，划分了 13 个组级共 22 个岩石地层填图单元，提高了测区地层的研究程度。

（2）调查研究了区内不同时代的岩石、岩相的分布规律，建立了前泥盆纪岩石地层格架，为扬子陆块东南缘（江南—雪峰山地区西南缘）盆地的成生、发展、充填序列演化研究提供了重要资料。

(3)查明了测区丹洲群岩石组合、沉积相、展布及变化特征,结合岩石学、(砂岩)岩石地球化学特征分析,确认丹洲群主体是陆缘伸展背景下的产物。

合桐组—拱洞组一段属被动陆缘火山裂谷盆地建造,沉积了一套深海相复理石浊积岩序列夹类双峰式火山岩系列特征的基性—超基性岩及中基性火山碎屑岩;拱洞组沉积于残留海盆,具深水斜坡—盆地浊积岩、等深岩组合。岩石学、地球化学特征表明:拱洞组一段砂岩富含长石,成分、结构成熟度较差,砂岩成分来源于被动陆缘,原岩中包含有大量早期(中元古代及其以前)岛弧与活动大陆边缘环境下形成的岩石;二段主体以深色泥质、粉砂质板岩为主,可能来源于活动大陆边缘,显示相对稳定的被动大陆边缘与大陆岛弧的地球化学信息。

(4)证实了测区青白口系(丹洲群)与南华系呈整合接触关系,在丹洲群拱洞组二段板岩之上连续沉积了莲沱期长安组冰海相杂砾岩,为江南—雪峰山地区西南缘新元古代叠复盆地性质、演化特征等基础地质问题的认识和解决,提供了可靠的研究资料。

(5)丹洲群拱洞组第一段类"水下"长英质岩脉、巨厚块状砂岩滑移体等灾变事件的识别、发现,为解决雪峰期沉积盆地性质、归属等地质问题提供了重要的依据。

(6)对南华系长安组一段冰水或冰融杂砂岩与正常沉积的陆源细碎屑岩相间组合、水道砂砾岩的研究,浊积岩与内波作用或等深流薄粉砂—泥岩交互叠复改造及风暴滞留砾石等的识别、发现,更新了以往单纯的浅海冰水沉积的观念,提出了华南地区莲沱早冰期冷、热交替变化频繁的新认识,对测区莲沱期早期古地理沉积环境的研究具有重要的意义。

(7)通过对富禄组两次亚冰期的发现、滨浅海相和限制台地古地理环境拟划,冷、热气候环境下的岩石组合变化的研究,提出了与黔东南富禄组(5 个岩性段,林树基等,2010)地层层序相对应的新认识,自下而上可划分 5 个沉积阶段中,分别对应于黔东南的三江间冰段、龙家冰段、烂阳间冰段、两界河冰段和大塘坡间冰段。区域上,富禄组第三段可与黔东北松桃一带两界河组相似,第四段的冰碛砾岩与松桃的铁丝坳组、鄂西长阳一带的古城组可对比,第五段含锰含碳夹碳酸岩粉砂质泥岩与湘、黔、鄂相一致即可与大塘坡组、湘锰组岩性基本一致。

(8)富禄组上部(相当于大塘坡组)黑色泥岩中疑似藻类生物化石的发现,使测区生物年代时限下延的可能性加大,这对华南地区成冰纪生物年代地层的研究具有十分重要的意义。

(9)测区东部同乐一带,黎家坡组顶部陆相冰川泥石流、冰川河—湖相杂砾岩的发现,对华南地区南沱(黎家坡)晚冰期气温回暖、冰川消融退却等地质事件的分析研究,具有重要的意义。

(10)测区南华系的化学蚀变指数(CIA)研究表明:南华系长安组一段下部中上部为 65~70,属较暖湿气候环境;顶部回落到 60~64 之间,气候干燥寒冷;长安组二段以 65~70 为主,属较暖湿气候。富禄组一段 CIA 值最高在 85~100 之间,气候炎热潮湿;往上 CIA 值主要为 65~70,以暖湿气候为主,兼杂寒冷变化。黎家坡组 CIA 值在 60~64、65~70 两区间徘徊,以干燥寒冷气候为主,间或出现暖湿气候。反映本区南华纪时期自老至新经历多次由干燥寒冷—温暖潮湿气候期的变化。测区 CIA 研究对华南地区南华系的划分、对比具有重要的意义。

(11)南华系地层层序、古地理岩相、砂岩骨架分析及地球化学等特征表明,测区南华纪属被动大陆边缘不成熟的裂谷盆地,沉积于区域断裂控制下作用的"堑-垒"沉积格局,以滨浅海相冰融杂砾岩建造、强烈活动性、无节奏的沉积旋回为主,冰融泥流、碎屑流现象发育。原岩中包含有大量早期(中元古代及其以前)岛弧与活动大陆边缘环境下形成的岩石、显示有活动大陆边缘和大陆岛弧的地球化学信息。

(12)老堡组中下部硅质岩中采获少量 *Palaeopascichnus jiumenensis*,*Horodyskia minor* 磷质壳体微体生物化石,该类化石在贵州上震旦统留茶坡组(老堡组)上部及安徽皮园村组中下部硅质岩中均有发现,属伊迪卡拉纪晚期的微体动物化石。这对晚震旦世生物年代地层的研究具有较为重要的意义。

(13)通过与扬子陆块东南缘雪峰山、湘西和黔东地区寒武纪地层层序、沉积岩相、变化特征对比研究,初步认为测区寒武纪为被动大陆边缘成熟的裂谷型次深水—深水海盆,清溪组第一、第二段属含盆地扇的深水下斜坡-盆地相,第三段为与陆源细碎屑岩混积、具深水斜坡相特点的"镶边碳酸盐岩地"碳酸盐岩建造,之上边溪组为具快速堆积特点的深水斜坡相。初步建立了区内寒武纪的年代地层格架,清溪组第一、第二段形成于早寒武世,第三段形成于中寒武世,边溪组沉积于中晚寒武世。

(14)晚石炭世大埔组超覆不整合于南华纪长安组之上的发现,对测区及其北缘自加里东造山运动以来华南联合陆块裂陷、海相沉积演化开启的时限研究,提供了明晰的地质资料,具有重要的意义。

(15)南华纪富禄组液化角砾岩、细—粉砂岩脉、晚石炭世黄龙组灰岩—白云岩沉积岩脉的新发现,初步认定为非稳定环境下的产物(可能属震裂作用而成),收集了丰富的岩石组构、空间产状特征等资料,为测区沉积相环境及其构造背景分析提供了重要的资料。

(16)特殊岩性层的圈定:南华系富禄组一段下部和上部含铁-铁质板岩或泥岩、三段上部和五段中上部层状-透镜状碳酸盐岩、黎家坡组近顶部含黄铁矿含砾砂质泥岩、早震旦世陡山沱组中上部产铅锌矿的白云岩夹层、寒武系清溪组一段底部靠上的深色含碳—碳质粉砂质泥岩或页岩和三段底部以上的碳酸盐岩,不仅丰富了图面,对测区沉积岩相、构造背景、赋矿控矿及其成因机理等方面的研究也具有重要的意义。

(二)岩浆岩

按"岩性+时代"的填图方法对测区岩浆岩进行调查,测区基性—超基性岩呈透镜体、丘状、似层状呈北北东向带状连续分布,侵入新元古代合桐组上部,与龙胜地区三门街组层位相当;水平方向岩相分带清楚:橄辉岩→辉长岩→辉长辉绿岩,具同源幔源岩浆演化的特点。与邻区龙胜地区与湘西南通道基性—超基性岩有相似的地球化学特征,类似弧玄武岩,表明岩浆来自富集的岩石圈地幔:SiO_2 含量 43.58%~44.30%,具高 MgO(18.82%~25.87%)、低 TiO_2(0.51%~0.57%)的特点,属里特曼钙碱性岩系[里特曼指数(σ)为 0.02~0.16],分离结晶程度较低,主要以堆晶作用为主。$\sum$REE 介于 17.25×10^{-6}~48.19×10^{-6} 之间,δEu 值 0.98~1.11,基本无 Eu 异常,稀土元素配分模式特点与岛弧或弧后盆地拉斑玄武岩相似,呈右倾、相对平缓的配分曲线模式。微量元素蛛网图上,部分大离子亲石元素(LILE)和高场强元素(HFSE)变化特征明显:P、Ba 富集明显,Cr、Zr、Th、K 相对富集;Nb、Sr 亏损明显,La 相对亏损,具大陆裂谷玄武岩特征,在 Ti - Zr - Y 判别图解亦表明为板内玄武岩。

区域地层学、同位素年代学特征表明,测区基性—超基性岩获锆石 U - Pb LA - ICP - MS 年龄值为(777.6±2.5)Ma、(759±5.1)Ma,形成于新元古代青白口纪。该基性—超基性岩是铜镍矿的寄主岩体,产岩浆熔离硫化物型铜镍矿床。

(三)变质岩

(1)查明了测区变质岩类型、变质矿物组合特征及分布规律,对变质作用类型及特征进行分析研究,初步建立了测区变质作用序次及其演化特征,为测区造山带变质作用及其构造背景分析提供了依据。

(2)通过本次工作发现,测区前泥盆系普遍遭受过区域变质作用改造,呈面型展布,具低温、低压特点,以绢云母-白云母、绿泥石等低变质矿物为主,属于绢云母-白云母-绿泥石变质相带低绿岩相。其中,丹洲群变质作用类型属伸展拆离机制下的埋藏型低温低压区域变质作用,在地层结构柱上,重结晶作用、板劈理化变形往上逐渐减弱,初步认为是雪峰运动的结果;南华系至寒武系则为区域动力低温低压变质作用类型,是加里东造山运动的响应。

(四)构造

(1)根据沉积建造、构造-岩浆活动、变质变形作用特征,对测区构造位置、构造区划及其演化模式进行了初步厘定划分,认为测区前泥盆纪属扬子陆块东南缘加里东造山带范畴,相继经历了青白口纪陆缘(主动)火山型裂谷盆地→南华纪继承性上叠型裂谷海盆→震旦纪一寒武纪成熟的被动边缘发展演替。

(2)对测区构造层进行了初步划分,查明了各构造层的变质变形特征,初步确立了构造格架及变形序次。其中,雪峰加里东期构造层为测区主体构造层,走向北北东向,发育轴面北西西微倾的阿尔卑斯型宽缓长轴褶皱和北西西倾的韧—脆性断层,且自西往东褶皱形态由宽缓向紧闭状变化,断裂由相对稀疏向相对密集的束状、带状发展,暗示加里东期造山带中心位于东部邻区,具由西往东的碰撞造山极性。海西—印支期构造层呈稀疏带状,具板内造山的结构样式特点,发育侏罗纪山式薄皮褶皱及继承性脆性平移-逆断层,早期为近直立宽缓的长轴状褶皱,局部叠加了晚期近东西向平缓短轴褶皱。雪峰亚构造层中顺层劈理或剪切带的发现,反映了江南、雪峰山地区的造山运动仍波及本区。

(3)查明了测区主干构造——北北东向断裂的空间产状、力学性质、构造样式,反演了不同地质时期内北北东向断裂的成生、演化过程。在加里东运动早期,它们主要表现张性拆离活动,构成地堑—地垒相间的构造沉积单元;加里东运动晚期主要表现为低角度逆断层,呈叠瓦扇、双冲构造组合样式。其中,三江-融安断裂带极有可能为扬子古陆与南华活动带的边界,控岩、控相、控矿作用明显。这为扬子陆块东南被动大陆边缘演化特征及沉积盆地性质归属、加里东造山带性质等基础问题的研究提供了基础地质资料,具有重要的参考价值。

(4)本次工作发现,测区褶皱与断层相伴发育并受断层严格控制,褶皱拉长变形,或发生错移致背、向斜叠接,指示区内以三江-融安断裂为首的主干断裂兼具左旋走滑性质,可能为扬子陆块、华夏陆块斜向汇聚的响应。

(5)通过野外填图、精细剖面工作发现,测区前泥盆系发育3期劈理构造:雪峰期伸展机制下的区域性顺层劈理、加里东造山期叠接碰撞期挤压背景下的类轴面劈理及后碰撞期伸展型带状折劈理。对分析扬子陆缘在不同地质时期的构造演化特征具有重要意义。

(五)矿产

通过矿点概略性检查,尤其是重点矿产的大比例尺填图,基本查明了测区的矿产类型、分布规律、控矿因素，对成矿地质背景、形成机理进行了初步分析，认为测区金属、非金属矿产和能源矿产主要属层控改造型矿产，受构造-地层层位控制，主要形成于前泥盆纪裂谷-被动陆缘盆地，以硅质页岩含磷建造为主，主要由白云岩、白云质磷块岩、黑色硅质岩、硅质泥岩或页岩组成，为钼、钒、铀、铅、锌、铁、磷、煤等矿。通过对重要矿产（点）概略性检查，对测区矿产进行了初步的潜力评价。

湖南1∶5万花垣县、麻栗场、禾希、夯希、古文县、溪马镇幅区域地质调查

承担单位：湖南省地质调查院

项目负责人：张晓阳

档案号：0779

工作周期：2010—2012年

主要成果

本项目工作区分属东西两片两个不连续区域（图2-2、图2-3），按设计和批复要求分别提交两个联测报告，分别介绍如下。

图2-2　湖南1∶5万花垣县、麻栗场、禾希、夯希幅区域地质调查测区

图 2-3 湖南 1:5 万古丈县、溪马镇幅区域地质调查测区

一、湖南 1:5 万花垣县、麻栗场、禾希、夯希幅区域地质调查

(一)地层、化石

(1)测区地跨扬子地层区与江南地层分区的过渡地带,震旦纪、寒武纪地层广泛发育斜坡相沉积。区内有花垣-茶洞、麻栗场-地所坪大断裂通过,大断裂的控岩、控相与控矿作用十分显著。通过地质调查与详细的剖面研究,以麻栗场-地所坪大断裂为界将区内地层划分为两个地层分区,厘定了分区地层系统(共计 34 个组级正式岩石地层单位,13 个段级岩石地层单位,5 个层级非正式岩石地层单位),基本查明了不同分区和不同时期沉积建造、岩相特征及其横向变化,大大提高了区内早古生代地层的研究程度,为扬子地层区和江南地层区早古生代地层划分对比提供了可靠的依据。

(2)采集和收集到大量的古生物化石资料,根据古生物组合特征划分出了 29 个化石带、组合带、组合,重点研究了寒武纪—志留纪的生物地层特征。

(3)重点分析研究了南华纪—早古生代奥陶纪的层序地层格架和层序特征,共划分出由 30 个高水位体系域、14 个海侵体系域、14 个凝缩段构成的 29 个Ⅲ级层序和 4 个Ⅱ级构造层序。

(4)基本查明花垣地区铅锌矿的主要赋矿层位——寒武纪清虚洞组中段为一套浅灰色中—厚层块状藻礁灰岩、藻屑灰岩、含藻砂屑灰岩及斑块状云化灰岩。含矿岩系的分布与碳酸盐台地边缘礁滩相带密切相关。

(5)将区内扬子地层区二叠纪地层由下而上划分为梁山组(含煤碎屑岩)、栖霞组(含燧石团块状灰岩)、小江边组(泥灰岩、页岩、硅质岩)、茅口组(团块状灰岩、含燧石团块状灰岩)4个组级填图单位(未到顶),大大提高了区内二叠纪地层的研究程度,为扬子地层区与江南地层区二叠纪地层的划分对比提供了可靠的依据。

(6)首次划分出花垣县境内的志留纪马脚冲组,并将它进一步解体为3个岩性段:下段以灰黑色页岩、粉砂质页岩为主,夹少量薄层状泥质粉砂岩;中段以灰黑色泥质粉砂岩为主夹少量页岩、粉砂质页岩;上段以灰绿色、黄绿色、蓝灰色泥岩为主,夹薄层状钙质页岩、泥质粉砂岩、石英细砂岩和生物点礁灰岩等。

(7)查明区内下扬子地层分区泥盆纪地层仅有云台观组分布,与下伏志留纪小溪峪组呈微角度不整合接触;二叠纪梁山组与下伏地层呈平行不整合接触。为厘定扬子陆块东南缘加里东构造运动和印支构造运动时限提供了可靠的年代学证据。

(8)通过剖面测制和开展岩性岩相及非正式填图单位地质填图,查明花垣-茶洞断裂北西和南东两侧寒武纪地层的相变规律。

纽芬兰世—第二世早期,大断裂两侧岩相古地理基本相似,牛蹄塘组、石牌组均以碳泥质沉积物为主。第二世晚期沉积岩相开始分界,沿断裂带生物礁开始发育,断裂南东侧清虚洞组可分为3个岩性段,下段为薄层状泥质条带状灰岩,中段为厚层块状生物藻礁灰岩、藻纹层灰岩、藻团粒灰岩、粒屑灰岩等,上段为薄层状灰岩、薄层状云质灰岩,中段矿化较为普遍。北西侧清虚洞组岩性单一,为一套薄层状灰岩、薄层状泥质条带状灰岩,不可分段,地表未见铅锌矿化。第三世—芙蓉世大断裂北西侧为半局限碳酸盐台地,娄山关组白云岩中含3～4套纹层状、条带状白云岩,而南东侧为开阔碳酸盐台地,娄山关组仅含1套纹层状、条带状白云岩。沿该断裂带白云岩中含似层状—透镜状角砾状白云岩。

(二)构造

(1)以花垣-茶洞大断裂和麻栗场-地所坪大断裂为界,将花垣地区划分3个构造分区,以板块构造学说为基础,以大陆动力学为线索正确厘定区内各时期构造运动的不同构造形迹、构造变形序列和相互叠加改造样式。

(2)查明花垣-茶洞断裂、麻栗场-地所坪大断裂的几何学特征、运动学特征、动力学特征,解析其构造变形历史及断裂的控岩、控相与控矿作用。

确认大断裂控制着沉积相带及含矿层的区域分布,大断裂和区域性断裂为铅锌、汞矿富集的形成提供了极为有利的成矿物质供给条件,次级断裂、节理、裂隙和褶皱同时也给铅锌矿提供了良好的容矿场所的构造控矿观点。

(3)首次发现古丈-吉首大断裂南段北西盘凉水井—高冲一带存在3个大规模的推覆岩片(飞来峰)。推覆岩片由寒武纪武陵统敖溪组薄层状白云岩组成,推覆于车夫组条带状泥晶泥质灰岩、砾屑(竹叶状)泥晶泥质灰岩之上。由此可知古丈-吉首大断裂加里东期构造运动的主要表现形式为由南东向北西的逆冲推覆构造。

(三)矿产

基本查明区内矿产资源分布特征,在总结全区矿产资源分布规律、成因类型的基础上,探讨了成矿规律,划分出了多个找矿远景区,为区内矿产资源勘查开发提供靶区。

(1)对区内铅锌矿的成矿作用深入研究认为:湘西北地区层控中低温热液蚀变型铅锌矿主要赋存于高孔隙度、高透水性的清虚洞组藻礁、藻屑灰岩中,花垣-茶洞大断裂、麻栗场-地所坪大断控制着台地边缘浅滩-藻礁相带含矿层的区域分布,大断裂和区域性断裂为铅锌矿富集的形成提供了极为有利的成矿物质供给条件,次级断裂、节理、裂隙和褶皱同时给铅锌矿也提供了良好的容矿场所。

(2)根据测区已知成矿地质特征、内生矿产地分布规律及物化探、重砂、遥感资料综合分析,测区共圈定5个成矿远景区,自北向南分别是李梅村-老鸦塘铅锌Ⅰ级成矿远景区、太阳山村-板塘村铅锌汞Ⅰ级成矿远景区、唐家-马颈坳锰汞Ⅰ级成矿远景区、红岩寨-金湾塘村铅锌锰Ⅱ级成矿远景区和鼓丈坪-纽光村汞铅锌Ⅱ级成矿远景区。根据地质构造特征、控矿地质条件,主要矿种或矿床的成因类型等诸因素的相似性和差异性,结合物化探和遥感异常特征综合分析研究,对各成矿远景区矿产资源潜力进行初步评价。

(3)新发现矿(化)点两处:凤凰县山江镇民稿铅锌矿点和贵州省长坪乡黄桶寨铅锌矿(化)点。

二、湖南1∶5万古丈县、溪马镇幅区域地质调查

(一)地层

(1)测区地跨扬子地层区与江南地层分区的过渡地带,震旦纪、寒武纪地层广泛发育斜坡相沉积。区内有古丈-吉首大断裂通过,大断裂的控岩、控相与控矿作用十分显著。通过地质调查与详细的剖面研究,以古丈-吉首大断裂为界将区内地层划分为两个地层分区,厘定了分区地层系统(共计22个组级正式岩石地层单位,7个段级岩石地层单位,4个层级非正式填图单位),基本查明了不同分区、不同时期沉积建造、岩相特征及其横向变化,大大提高了区内地层的研究程度,为扬子地层区和江南地层区地层划分对比提供了可靠的依据。

(2)采集和收集到大量的古生物化石资料,根据古生物组合特征划分出了15个化石带、组合带、组合,重点研究了震旦纪、寒武纪的生物地层特征。

(3)综合分析研究了南华纪—早古生代寒武纪的层序地层格架和层序特征,共划分出由30个高水位体系域、14个海侵体系域、14个凝缩段构成的29个Ⅲ级层序和4个Ⅱ级构造层序。

(4)重点查明南华纪地层在古丈-吉首大断两侧的岩石组合及其相变规律。确认大断裂北西侧南华系碎屑物源区为扬子地台(南沱组中常见花岗岩类砾石),而南东侧碎屑物源区为雪峰古隆起(南沱组中不含花岗岩类砾石)。

(5)首次提出古丈-吉首大断裂北西存在南华纪线状断陷海槽的新认识。以剖面测制和地质填图相结合,查明该海槽内南华纪富禄组超覆于青白口纪地层之上,其上发育富禄组、大塘坡组、南沱组。海槽两侧缺失富禄组、大塘坡组,南沱组直接超覆于青白口纪板溪群地层之上。南华纪大塘坡组沉积锰矿和震旦纪陡山沱组沉积型磷矿局限于线状断陷海槽内,这一新的认识为古丈地区优质锰矿和磷矿的勘查开发提供了新的思路。

(6)通过对古丈地区青白口纪五强溪组岩性特征与沉积相的分析与对比,确认五强溪组沉积序列由河流—河控三角洲—三角洲前缘递进,反映古水流主体方向来自北西,水体自北西向南东逐步变深的过程。区域上为一"楔状地层",以此推论它与湘北区张家湾组大致同期,沉积

时限在800Ma左右。

（二）构造

（1）地质调查与剖面测制查明区内南华纪富禄组或南沱组平行不整合—高角度不整合于青白口纪多益塘组或牛牯坪组不同岩层之上，推论雪峰运动不是单一的差异升降运动，在武陵造山带乃至雪峰造山带中应伴有较为强烈的断裂褶皱活动，经过强烈的剥蚀作用后才接受了南华纪沉积。

（2）查明古丈盘草-龙鼻咀带侵入岩呈岩墙状侵位于青白口纪多益塘组紫红色板岩中，被南华纪南沱冰碛岩沉积覆盖。详细研究了侵入体的岩石基本特征和接触关系，认为该侵入岩系是雪峰运动的产物，与区内铜矿的成矿作用关系密切。

（3）查明古丈盘草一带岩钟状分布角砾状安山质玄武岩，不整合于青白口纪牛牯坪组紫红色板岩之上，被南华纪富禄组沉积覆盖。玄武岩的岩石化学特征、地球化学特征均表明其为板内裂谷火山岩，其喷溢时代为青白口纪板溪末期—南华纪早期，是雪峰运动扬子大陆边缘裂解时期的产物。

（4）以古丈-吉首大断裂和白垩纪红层为界将测区划分3个构造分区，以板块构造演化为基础，以大陆动力学为线索厘定区内各时期构造运动的不同构造形迹、构造变形序列和相互叠加改造样式。

（5）重点查明古丈-吉首大断裂的几何学特征、运动学特征、动力学特征、变形期次。从地质构造角度论证了古丈-吉首大断裂北西线状断陷海槽的成生和发展受大断裂活动所制约，断裂的控岩、控相与控矿作用显著。

（三）矿产

（1）基本查明区内矿产资源分布特征，在总结全区矿产资源分布规律、成因类型的基础上，探讨了成矿规律，测区共圈定2个成矿远景区，即龙家寨-白岩铜镍钒Ⅱ级找矿远景区、盘草-下潭溪铜铅镍Ⅱ级成矿远景区，为区内矿产资源勘查开发提供靶区。根据地层构造特征、控矿地质条件、主要矿种或矿床的成因类型等诸因素的相似性和差异性，结合物探、化探和遥感异常特征，综合分析研究，对各成矿远景区矿产资源潜力进行初步评价。

（2）新发现矿点两处：古丈县默戎镇鬼溪铜铅矿点和古丈县白岩钒矿点。其中，鬼溪铜铅矿具有进一步研究价值。

湖南1∶25万怀化市幅、邵阳市幅区域地质调查

承担单位：湖南省地质调查院

项目负责人：王先辉

档案号：0780

工作周期：2010—2012年

主要成果

(一)地层和沉积相

(1)将怀化幅划分为76个组级岩石地层单位，并对晚古生代—三叠纪地层古生物组合进行了研究，建立54个组合带、延限带等生物地层单位；将邵阳幅划分为71个组级岩石地层单位，对晚古生代地层进行了层序地层划分研究，建立了94个组合带、延限带等生物地层单位，识别了22个Ⅲ级层序。

(2)查明了西部青白口纪板溪群(红板溪)与高涧群(黑板溪)的界线。以芷江—怀化—火马冲一带为界，北西为板溪群(红板溪)，南东为高涧群(黑板溪)。板溪群以一套河流冲积相砾岩、砂砾岩高角度不整合于冷家溪群之上，自下而上划分为横路冲组、马底驿组、通塔湾组、五强溪组、多益塘组、百合垅组、牛牯坪组等地层单位；而高涧群底部为一套火山碎屑岩与下伏冷家溪群低角度不整合接触，自下而上划分为石桥铺组、黄狮洞组、砖墙湾组、架枧田组、岩门寨组等地层单位，西南部洪江托口一带岩门寨组上部相变为百合垅组、牛牯坪组。

(3)研究查明南华纪长安期沿雪峰山与涟邵盆地的接合带存在一裂陷槽。沿雪峰山与“涟邵盆地”的接合带存在一长安期裂陷槽。沉积中心大乘山复背斜周围厚逾3000m，向西、向东厚度变薄。往西至溆浦-洪江断裂与青溪山断裂之间厚约200m，青溪山断裂以西长安组缺失，局部0～5m，往东至新宁-灰汤断裂以东厚90～150m。显示长安期古地理主要受溆浦-洪江断裂、新宁-灰汤断裂的控制。

(4)图区内志留纪地层为一套次深海相浊流沉积，槽模、槽沟等沉积构造发育，通过对区内志留纪两江河组槽模、槽沟进行系统测量统计，恢复古流向为245°～260°，说明物质来源于东南缘的华夏陆源，而非其北西缘的江南古陆。

(5)结合邵阳市资料查明奥陶纪岩相受城步-新化断裂控制，以城步-新化断裂为界两侧沉积差异显著。该断裂北西地层发育齐全，早奥陶世—晚奥陶世早期为一套浅海含粉砂质泥质、碳泥质夹硅质沉积，富含笔石及少量三叶虫化石，自下而上划分为白水溪组、桥亭子组、烟溪组、天马山组和龙马溪组；而在该断裂北南东的地区，烟溪组之上的天马山组为一套巨厚的次深海浊流碎屑沉积。

(二)岩浆岩

通过对区内岩浆岩的野外地质调查观察和室内综合分析、整理，根据同位素年龄学、岩石学、岩石化学等特征，依据同源岩浆演化规律，查明了岩浆岩在图区的地质特征，进行了岩石学、矿物学、地球化学及其与成矿作用关系的研究。

(1)依据岩体与围岩和各侵入次间接触关系，以及岩石学和岩石化学等特征，在已有和新获同位素年龄资料基础上，首次对白马山-龙山复式岩基带及其周边的中酸性—酸性花岗岩体侵入时代、火山岩系的喷发时代进行了统一厘定，火山岩系的喷发时代为武陵期；花岗岩体可归并为志留纪、中三叠世、晚三叠世和中侏罗世4个侵入时代，进一步划分为12个侵入次。建立了岩浆岩构造-岩浆期序列。

(2)新获得一批锆石SHRIMP U-Pb同位素年龄数据，其结果与已有的其他同位素方法所测年的结果及地质依据一致。

(3)原区内所划定的早侏罗世花岗岩，梱同位素年龄值，其年龄在180Ma左右，本次将它们归属为中侏罗世，也符合本区构造岩浆发展史。

(4)通过岩石学和岩石化学特征,结合构造环境地球化学判别图解,反映岩体具同碰撞期花岗岩特征,与南东侧华南洋板块向北西俯冲有关,花岗岩主要形成于碰撞构造环境,分别与加里东运动、印支运动和燕山运动陆内造山、地壳增厚之后的增温和减压熔融有关。

加里东期、印支期花岗岩就位机制表现为断裂控制→气球膨胀式→顶蚀的特征;燕山期花岗岩就位机制则表现为气球膨胀式→气球膨胀+断裂控制→断裂控制。

(5)通过对区内火山岩系、镁铁质—超镁铁质侵入岩墙(脉)的岩石学、岩石化学及岩石微量元素等特征的研究,基本查明了火山岩总体应属碱性至偏碱性玄武岩类岩石,且相对富钠,镁铁质—超镁铁质侵入岩总体仍属基性岩类。玄武岩可能形成于裂谷环境,较偏碱性的岩石可能是形成于裂谷初始拉张地壳厚度较大阶段。

(三)地质构造

(1)查明了雪峰构造带的构造变形特征。其北段构造线呈北东—北东东向,南段构造线呈北北东向,从而区域上构成向北西突出的弧形构造带。带内逆冲断裂(后期常反转为正向下滑)与褶皱极为发育,且基底和盖层一起卷入,其推(滑)覆构造样式主要表现为叠瓦式断片。造山带西侧断裂面主要倾向南东,而东侧断裂面主要倾向北西,形成向两侧背冲的正扇形构造样式。

(2)查明了雪峰构造带的构造样式。通过黄茅园—渔家冲构造剖面揭示雪峰构造带以倾向南东的北北东向溆浦-靖州断裂为界分为西带和东带。东带实际属雪峰推覆构造的根带,变形受控于较浅层次的滑脱;西带属雪峰推覆构造的中带,变形和抬升与更深层次的拆离、逆冲叠覆相关。由西往东,呈现递进变形的规律性,变形由弱到强,由简单到复杂,反映出雪峰山构造带由西往东构造层的力学性质具递变关系。

雪峰构造带西带宽200km左右,变形相对较弱。其东部主要出露板溪群,发育北东向直立开阔—平缓褶皱及同走向逆断裂与正断裂;地层层位总体自东向西渐低。其西部主要出露南华系—下古生界,构造线为北北东—近南北向。

雪峰构造带东带宽50～100km,构造变形强烈,加里东期挤压及剪切劈理极为发育。带内主要出露南华系—下古生界,南部少量板溪群。主要发育北北东向(局部北东向)褶皱和同走向逆断裂与走滑断裂。褶皱多为中常—开阔褶皱,部分为紧闭倒转褶皱。东带总体呈一背冲构造样式,西部和东部分别向西、向东逆冲。

(3)本次调查查明的邵阳坳褶带洞口-隆回主体褶皱及断裂总体倾向北西西,通过盖层变形运动学特征及动力机制分析,提出邵阳坳褶带西部主体逆冲方向可能为南东(东)向,与前人观点不一致。

(4)查明了沅麻盆地(东缘)晚三叠世—中侏罗世为类前陆盆地,白垩纪沅麻盆地转化为断陷盆地。沅麻盆地及其两侧雪峰山、武陵山构成区内盆岭构造格局,其形成应与早燕山运动的挤压、晚燕山运动的伸展作用及后期晚燕山—喜马拉雅期的挤压作用有关。

(5)根据图区各构造带的变形特征,结合区域构造背景,厘定了图区的构造变形序列,初步划分为7个构造期,11个变形期次。

(四)涟邵盆地形成演化专题研究

(1)查明了涟邵盆地的地质构造背景。涟邵盆地是一个在前泥盆纪浅变质岩系基础发展起来的晚古生代沉积盆地。盆地内晚古生代地层发育齐全,沉积类型复杂,岩相变化大。涟邵盆地现今构造面貌,以一个贯通南北、向西突出的祁阳弧形褶皱带最为醒目。弧形构造行迹主要由晚古生代地层组成,其间穿插有元古宙—早古生代地层组成的穹隆和短轴背斜,其上又叠加有中新生代的构造盆地。涟邵盆地又可进一步划分为涟源凹陷、龙山隆起、邵阳凹陷、关帝庙隆起和零陵凹陷等5个Ⅱ级构造单元,根据本区多期构造变形特点和变形结果,将3个凹陷进一步划分为8个Ⅲ级构造单元。

(2)进行了盆地分析。据据盆地的基底性质、盆地所处的板块位置、盆地形成的动力因素、盆地的岩石沉积组合及地球化学特征,以及构造—火山—岩浆主要地质时间,结合省境区域资料,得出晚古生代涟邵盆地为稳定的陆表海盆地的结论。

(3)对晚古生代盆地的性质、沉积充填序列和岩古地理特征进行了研究,并对晚古生代—早三叠世进行层序地层划分,识别了26个Ⅲ级层序,总结了盆地的形成演化研究。

湖南1∶5万腰陂、高陇、茶陵县、宁冈幅区域地质调查

承担单位:湖南省地质调查院

项目负责人:马爱军

档案号:0781

工作周期:2010—2012年

主要成果

(一)地层

(1)测区位于扬子陆块与华南板块交接部位,区内有茶陵-郴州大断裂通过,多期构造活动发育,岩浆活动频繁,岩性、岩相及含矿性复杂多变,通过地质调查与详细的剖面研究,厘定了区内地层层序,将区内地层划分为32个组、段级岩石地层单位,2个非正式填图单位,基本查明了不同时期沉积建造、岩相特征及其横向变化,大大提高了区内地层系统的研究水平,为扬子地层区与华南地层区地层划分对比提供了可靠的依据。

(2)采集和收集到大量的古生物化石资料,根据古生物门类及其组合特征,划分出28个化石带、组合带、延限带等生物地层单位,重点研究了笔石、珊瑚、腕足类、蜓等生物地层特征,为区域多重地层划分提供了基础资料。

(3)重点分析研究了区内晚古生代的层序地层格架和层序特征,划分出Ⅰ级层序1个,Ⅱ级层序3个,Ⅲ级层序13个,由1个低水位体系域、4个陆架边缘体系域、13个海侵体系域、13个高水位体系域、2个饥饿段构成,从而使区内的多重地层单位划分与研究水平得到较大的提高。

(4)首次查明了泥盆纪锡矿山组相变特征及分布范围。确认在法门期,茶陵-郴州大断裂为一条控岩、控相断裂,以此为界,断裂北西部无锡矿山组沉积记录,吴家坊组与岳麓山组直接接触,而南东部则有锡矿山组沉积,为法门期区域地层划分提供了基础资料。

(5)通过地质调查与详细的剖面研究,区内首次划分出石炭纪马栏边组和天鹅坪组,马栏边组为一套碳酸盐台地相沉积,天鹅坪组为一套含粉砂质钙泥质沉积,为区域石炭纪地层划分

对比提供了可靠的依据。

（二）岩浆岩

（1）根据岩体的接触关系、岩石特征、同位素年龄，首次对测区岩浆岩进行了详细的分解，共划分为10个侵入次，归并为志留纪、晚三叠世、晚侏罗世和早白垩世4个岩浆演化系列。其中，对锡田岩体进行了详细解体，在前人工作的基础上，根据同位素年龄、剖面测制、野外各侵入次的岩性对比、接触关系资料的综合分析研究，将锡田岩体划分为7个侵入次，圈定出42个侵入体，此成果大大提高了测区岩浆岩的研究程度，为成矿地质背景分析提供了基础资料。

（2）锡田岩体的SHRIMP和LA-ICP-MS锆石U-Pb同位素测年结果表明，锡田岩体是多期岩浆活动的复式岩体。根据岩体地质及U-Pb同位素测年结果，将锡田岩体划分为两期、四阶段，即晚三叠世第一阶段，侵位于230～224Ma间，峰值在228Ma左右；晚三叠世第二阶段，侵位于215Ma左右；晚侏罗世第一阶段，侵位于160～147Ma间，峰值在151Ma左右；早白垩世第二阶段侵位于141Ma之后。结合区域地质背景及样品中分散的单点U-Pb年龄值资料，锡田岩体可能在中三叠世开始形成，在整个白垩纪均存在断续的岩浆活动。对样品中残留锆石核的研究表明，锡田岩体在形成过程中可能将中元古代、新元古代及加里东期岩石卷入熔融源区。

（3）首次对锡田岩体中暗色微粒包体的岩相学和包体中不平衡矿物组合及暗色微粒包体岩石化学特征进行研究，结果表明暗色微粒包体是岩浆混合成因的。锆石U-Pb定年结果表明：暗色微粒包体年龄（145.09±0.63）Ma与寄主花岗岩的年龄（150.04±0.52）Ma基本一致，为岩浆混合作用的时间提供了有力的同位素年代学约束，时限为晚侏罗世。这组年龄与南岭中段的姑婆山岩体、铜山岭岩体中暗色包体形成时间相差不大，与区域上的基性岩浆活动时限有一定的重叠，表明锡田岩体中暗色微粒包体及其寄主花岗岩是在岩石圈伸展-减薄，地幔物质上涌诱发地壳物质部分熔融的环境下形成的。

（4）综合利用主量元素R_1-R_2、Maniar花岗岩形成的构造环境及Pearce微量元素构造环境图解对万洋山岩体、锡田岩体进行环境判别，显示万洋山岩体属于后碰撞花岗岩类，是在伸展的构造环境中形成的；锡田岩体印支期花岗岩形成于同造山阶段的后碰撞构造环境，锡田岩体燕山期岩石为后造山花岗岩。此次研究中得出的锡田岩体形成构造环境结论与华南印支期、燕山期花岗岩形成的构造环境结论相一致。

（5）根据测区地层记录、接触关系、岩浆活动、变质作用及同位素年代学资料等方面进行综合分析，查明该区先后经历了加里东运动、印支运动、燕山运动及喜马拉雅运动4个运动阶段，并厘定出寒武纪—奥陶纪构造层（∈—O）、泥盆纪—二叠纪构造层（D—P）、三叠纪构造层（T）、侏罗纪构造层（J）、白垩纪—古近纪构造层（K—E）及第四纪构造层（Q），共计6个构造层；建立起测区比较完整的构造变形序列，概略论述了测区地质发展史。

（三）构造

通过翔实的地质填图工作，结合区域地质资料，对测区断裂、褶皱进行了详细的描述；通过地质填图及构造剖面测制，查明了茶陵-郴州断裂为由一条主断裂及多条次级断裂组成，断裂带宽度为50～150m的构造断裂带；通过构造剖面测制，得出了该断裂至少存在4期及以上的构造变形期次；运用构造解析方法分析了该断裂可能形成于加里东运动期，随后经历了印支期俯冲、燕山早期走滑、燕山晚期拉张—短暂挤压及喜山期伸展运动阶段,且断裂在印支期及燕山早期的活动对晚三叠世和侏罗纪多期次花岗岩的侵位起着控制作用,燕山晚期及喜马拉雅期伸展作用则控制着茶永盆地的生成演化。

(四)矿产

(1)测区内构造运动强烈,岩浆岩活动频繁,成矿作用明显,通过分析总结,阐述了构造、岩浆岩及成矿间的相互关系。分析出了区内每次大的构造运动都伴随着强烈的岩浆活动;通过对构造与矿产关系的研究,总结出了区域的构造体制对区内内生矿产起着控制作用,而构造形态样式则对矿产的分布特征,矿床、矿体空间上的定位,以及成矿元素的迁聚起着直接的控制作用。

(2)通过本次工作新发现矿点 3 处,分别为老虎塘铅(铜)矿点、铁冲铅矿点和卸甲山铅矿点。对该 3 处矿点进行了检查评价,提出了下一步工作的建议。

(3)根据测区已知成矿地质特征、内生矿产地分布规律及物化探、重砂、遥感资料综合分析,圈定了 2 个找矿远景区,分别为潞水铅锌铜多金属找矿远景区和锡田钨锡钼铋找矿远景区。根据地层构造特征、控矿地质条件、主要矿种或矿床的成因类型等诸因素的相似性和差异性,结合物化探和遥感异常特征,综合分析研究,圈定 2 处找矿靶区:①潞水-卸甲山铅锌铜多金属找矿靶区(A-1);②垅上-荷树下钨锡多金属找矿靶区(A-2)。

湖南 1:25 万株洲市幅区域地质调查

承担单位:湖南省地质调查院
项目负责人:马铁球
档案号:0782
工作周期:2010—2012 年
主要成果

(一)地层

(1)对测区地层进行了系统的划分和对比研究,查明了测区岩石、岩相、古生物、层序特征,建立和完善了测区地层系统,划分出 74 个岩石地层单位和 46 个生物地层单位,大大提高了测区地层研究水平。

(2)在深入研究青白口纪冷家溪群基本层序、沉积特征的基础上,将雷神庙组一套千枚岩—千枚状板岩—浅变质杂砂岩组合进行了解体三分,由下而上划分为易家桥组、潘家冲组与雷神庙组。原雷神庙组下部一套千枚岩—千枚状板岩组合,划分为易家桥组,置于冷家溪群之最老层位;中部一套浅灰色杂砂岩与板岩、粉砂质板岩构成韵律的地层新建潘家冲组;上部的板岩与粉砂岩划分为雷神庙组,为研究湖南地区中元古代冷家溪群的沉积特征、盆地演化规律及进行区域对比提供了新的资料。

(3)用大量的地球化学资料,对冷家溪群进行了较详细的建造、岩相、岩石化学、微量元素、稀土元素等综合研究与盆地分析。探讨了新元古代冷家溪群的沉积地球化学特征与古构造环境,认为冷家溪群是属弱还原—还原、低盐度、酸碱度为中性的沉积地球化学环境,构造背景具有次稳定—非稳定型特征的活动大陆边缘-岛弧环境。

(4)首次在测区高涧群岩门寨组发现大量的凝灰岩夹层，并在凝灰岩中获得锆石 U－Pb 激光剥蚀年龄为 718Ma；同时在醴(陵)-攸(县)盆地新市玄武岩中获得锆石 U－Pb 激光剥蚀年龄为 133Ma，为测区乃至区域上两个岩石地层的时代划分提供了年代学依据。

(5)查明了新元古代青白口纪板溪群在区内的分布特征。大致以醴-攸盆地为界，区内青白口系可划分为两个相区：东部江西东桥一带(俗称“黑板溪”)，其岩性为一套凝灰质板岩、绢云母板岩为主夹大量的凝灰岩；西部茶恩寺—梅林桥一带(俗称“红板溪”)；底部为杂砾岩、杂砂岩，往上为紫红色板岩、长石石英砂岩与凝灰质板岩。

(6)大致以醴攸盆地为界，区内南华系有两个不同的沉积体系(与红、黑板溪群界线一致)：东部江西东桥一带南华系下部有长安组，在富禄组有铁矿层，俗称江口式铁矿(往东至江西称新余式铁矿)，而西部湘潭、石潭坝等地则缺失长安组，富禄组不含铁矿。查明了长安组与青白口系岩门寨组呈假整合接触关系。

(7)查明了晚泥盆世—早石炭世沉积盆地横向变化特征。大致从江西省上栗—湖南省醴陵市白兔潭—株洲市雷打石—湘潭县枚林桥—青山桥一线为界，北西侧为滨浅海相，南东侧为台盆相；又从江西省湘东区—湖南省醴陵市贺家桥镇—衡东县一线为界，北西侧为台盆相，南东侧为浅海碳酸盐台地相。当时的古地理环境为海岸线为北东走向，海水由北西向南东变深。

(二)岩浆岩

(1)通过野外地质填图、取样分析、同位素年龄的测试及室内综合分析研究，较精确地确定了测区岩浆岩的活动时间及活动规律，划分测区 5 个侵入时代，12 个岩石填图单位。

(2)查明了醴(陵)-攸(县)盆地中的玄武岩分布特征，玄武岩厚度为 35.8m，由两次喷发而成，顶底由气孔-杏仁状玄武岩组成，中部为致密块状玄武岩。玄武岩与下伏下白垩统神皇山组呈喷发接触，近火山岩处红层中常有 15cm 厚的烘烤边；与神皇山组泥岩呈沉积接触，锆石 U－Pb 激光剥蚀年龄为 133Ma。岩石类型主要是亚碱性的玄武安山岩和碱性玄武粗安岩等，形成于板内裂谷环境。

(3)基本查明了测区岩浆岩的侵入时代、序次及各岩石的岩石地球化学、同位素地球化学特征。根据较为可靠的同位素测年数据，将板杉铺、宏夏桥、吴集等岩体确定为志留纪；南岳岩体主体(原定为中侏罗世)、丫江桥岩体、邓阜仙岩体、歇马岩体的时代等准确地定为晚三叠世；白莲寺岩体、邓阜仙岩体补体定为中侏罗世；南岳岩体补体定为早白垩世。

(4)对区内岩浆岩进行了深入研究，根据构造环境的地球化学判别图解及其他地质地球化学特征，结合区域构造演化背景，对各阶段花岗岩形成的构造背景进行了深入研究。结果表明，志留纪和晚三叠世(部分)花岗岩属 H 型花岗岩，物质主要来源于地壳及地幔混合成因，形成于典型的大陆碰撞造山或同造山构造环境，且于主俯冲汇聚的峰期之后挤压松弛条件下侵位。中、晚侏罗世(部分)及早白垩世花岗岩属 S 型花岗岩，物质主要来源于地壳，形成于典型的后造山拉张构造环境。

(5)通过花岗岩的岩石地球化学、稳定同位素示踪等综合研究发现，受衡阳-双牌大断裂影响，分布于断裂两侧的南岳岩体及歇马岩体中的晚三叠世、中侏罗世、早白垩世花岗岩，相对于远离该断裂的同时代花岗岩(如丫江桥岩体、邓阜仙岩体)岩石基性程度要高许多，具有较低的锶初始值和较高的 ε_{Nd} 值，更多显示出幔源物质特征，从而也为衡阳-双牌断裂是一条区域性的深大断裂提供了岩浆岩佐证。

(6)加强了对湘东地区花岗岩与成矿作用的研究,认为湘东地区花岗岩成矿作用与湘南地区相似,成矿花岗岩的时代主要为中、晚侏罗世及早白垩世,花岗岩形成于后造山拉张构造环境,具壳幔相互作用成因。铜、钨、钼、铋矿与中侏罗世花岗岩有关,而晚侏罗世与铅、锌、锡、锑、金、稀有矿有关。矿床受构造、岩浆岩、蚀变及围岩等多重因素的联合制约。

(7)基本查明了测区基性岩脉(墙)侵入时代,用全岩 Ar - Ar 法测年,确定攸坞玄武岩(141Ma,原定为南华纪)、东桥辉绿岩(141Ma)为早白垩世产物;其意义指示测区早白垩世构造背景处于陆内伸展环境。

(三)构造

(1)根据测区大量不同时代和期次、不同方向与规模、不同性质的断裂、褶皱、构造盆地等构造形迹查明测区经历了武陵、雪峰、加里东、印支、燕山等 5 次大的构造运动。

武陵运动造成图区冷家溪群、板溪群的较强变形变质,在醴陵市洪源汤家排—浏阳市贯头寒婆坳一带雷神庙组与黄浒洞组中表现为一系列的向斜倒转的东西向褶皱。板溪末期发生的雪峰运动造成图区东桥一带南华纪长安组与板溪群之间的平行不整合接触。

加里东运动造成图区志留纪地层的整体缺失,泥盆纪地层与板溪群、冷家溪群之间呈广泛的角度不整合。同时,本次造山运动造成图区中北部板杉铺岩体、宏夏桥等志留纪花岗岩体的侵位。

印支运动在北西西—南东东向挤压构造体制下形成大量北北东向为主的断裂带与褶皱,构成区内主体构造格架,形成了界牌断裂、酒埠江断裂等大规模断裂,造成图区湘东地区晚古生代及早三叠纪地层广泛发育走向北东的中常—紧闭的倒转向斜与斜歪背斜和走向北东的逆断层。麻山镇一带晚三叠纪紫家冲组与晚二叠纪大隆组及更老地层呈角度不整合接触。晚三叠世应力松弛阶段,图区伴随有板杉铺岩体、丫江桥岩体、南岳岩体、歇马岩体等花岗岩体的侵入。

燕山运动在图区表现为控制着株洲、醴攸盆地的形成发展,中侏罗世初期构造体制反转为北北东左旋汇聚走滑造山,造成盆地边缘断裂的走滑、上升,醴攸盆地沉积中心迁移,燕山运动晚期区域东西向挤压形成株洲盆地,醴攸盆地中发育北北东向平缓褶皱。

(2)初步确定了醴攸构造盆地为剪切拉分盆地。白垩纪—古近纪,燕山构造运动为区域北东向挤压,形成盆地边界走滑断层,在盆地东缘侏罗纪高家田组中形成大规模与北北东向走滑断裂有关的近直立的石英脉;北缘醴陵市发育规模较大倾向南的一系列正断裂。另外,盆地沉积中心不断迁移,沉积速率快;盆地西缘发育一层玄武岩,其构造环境反映出盆地所处大地构造环境由挤压向引张的变化,也为拉分盆地的确定提供了依据。

(3)确定了南岳岩体北西缘“混合岩”为糜棱岩、初糜棱岩,形成于北北东向的韧性剪切带。界牌断裂可能为其北西盘,南东盘在岩体内部,宽度在 500m 左右。在界牌香花冲及白石峰北西上东湖均可见到明显的韧性剪切带标志,如糜棱岩的眼球状构造、“σ”旋转碎斑、“S - C”面理、曲颈构造等,岩体的侵位与深部的韧性剪切带有关。

(4)野外查明株潭地区新构造运动较活跃,总体特点主要表现为构造亚块体运动和新构造活动的断裂活动、地震活动与地质灾害等。根据研究区上新世以来被线状或带状构造形迹所挟持的构造亚块体在构造活动强度、变形特点、构造形态等特征的差异,将株潭地区划分出 8 个新构造亚块体,构造亚块体是被线状或带状构造所分割,并沿着线状构造或滑动面能各自进行相对运动的新构造单元，新构造运动使其发生不同程度和性质的构造变形（升降、掀斜、斜降、拱缩等）。

（四）矿产

系统总结了区内矿产资源、成矿规律及远景特征，圈定了找矿远景区。在项目实施过程中，始终注重矿产信息的收集，通过填图样品的采集分析和溪流重矿物的淘洗验证，提出了在攸县丫江桥岩体北西侧新元古代地层中有寻找石英脉型金矿的远景；醴陵市白兔潭东部北东向断裂与北西向断裂交会处，约为泥盆纪棋梓桥组灰岩，有寻找锑矿远景。

广东1∶5万大坡圩、广平圩、郁南县、建城幅区域地质调查

承担单位：广东省地质调查院
项目负责人：李出安
档案号：0794
工作周期：2010—2012年
主要成果

（一）地层

（1）采用多重地层划分方法，重新厘定了调查区内填图单位，将区内地层划分为14个组级地层单位，1个成因地层单位，4个段级地层单位。新填绘出石炭纪大赛坝组（C_1ds）、石磴子组（$C_1\check{s}$）和测水组（C_1c）；将调查区内1∶20万罗定幅区调划分的晚三叠世—早侏罗世小坪群（$T_3r—J_1$）修订为晚奥陶世兰瓮组（O_3lw）。

（2）首次在调查区内下奥陶统罗洪组（O_1l）发现树笔石、均分笔石、雕笔石及四笔石等化石，在中、上奥陶统东冲组（O_2d）和兰瓮组中（O_3lw）发现大量三叶虫、腕足类、腹足类等化石。

（3）重新厘定了调查区晚白垩世三丫江组地层，将其划分为4个段。其中一段、二段、四段为火山岩段，三段为沉积岩段，并于该段发现侧羽叶等化石。调查中发现，原1∶20万罗定幅区域地质调查时划分的新近纪华表石群（Nhb），其主体岩性为沉积砾岩夹砂岩而非火山角砾岩，根据其岩性组合、沉积结构、沉积构造及接触关系等，将该套地层划为三丫江组三段，地质时代划为晚白垩世。

（二）岩浆岩

（1）根据野外调查及精准的测年数据将调查区内面积广大的广平岩体、德庆岩体解体划分为5期11次岩浆活动形成的侵入体，并查明了各期次岩浆侵入体的岩性特征、分布范围、化学成分特征及成岩年代，时代涉及有加里东期、印支期和燕山期。

（2）重新厘定调查区内德庆岩体和内翰岩体为中三叠世黑云母二长花岗岩，获得LA-ICP-MS锆石U-Pb同位素年龄为（231±7）Ma和（240±4）Ma。

（3）对广平杂岩体的进行解体，根据岩性、接触关系等共划分了晚奥陶世片麻状花岗岩、中侏罗世闪长岩、中侏罗世二长闪长岩、中侏罗世花岗岩闪长岩、晚侏罗世黑云母二长花岗岩、晚

白垩世黑云母二长花岗岩等10个侵入期次。获得LA-ICP-MS锆石U-Pb同位素年龄介于(457±4)~(89±1)Ma之间。

(4)通过对区内中生代火山岩盆地的区域地质调查,认为中生代以中酸性岩浆喷发为主,伴有次火山岩侵出,主要分布在建城盆地一带,形成岩性包括安山岩、英安岩等熔岩、英安质角砾熔岩及中酸性火山碎屑岩。在英安斑岩中获得LA-ICP-MS锆石U-Pb同位素年龄为(102±2)Ma,将其活动时代厘定为晚白垩世早期。

(5)将区内变质岩划分为区域变质岩、热接触变质岩、气液蚀变岩、边缘混合岩和动力变质岩。研究了各种变质岩的岩石类型及相应的变质矿物共生组合。

(三)构造

(1)通过野外实测和对前人资料的收集,将调查区褶皱划为加里东构造层褶皱,梳理出5条主要褶皱构造;将区内主要断裂划分为北东向、北北东向、北西向、近东西向和近南北向5组,厘定出24条主要断裂和一条强变形带(林细坑强变形带),初步建立了调查区区域构造格架,较系统地描述了各构造形迹的构造特征和性质。

(2)填绘出郁南构造窗,推覆构造的原地系统为石炭纪碳酸盐岩和碎屑岩;外来系统为早古生代褶皱变质基底,其形成时代为海西—印支期。

(3)通过对区内早古生代地层调查和研究后认为寒武系与奥陶系为整合接触关系,罗洪组底部的砾岩不发育,而东冲组底部发育大套砾岩,并含有火山物质,前人的部分研究中将该地层作为奥陶系的底,郁南运动应该为早、中奥陶世之间的一次构造运动。

(四)矿产

本次工作新发现铜铅锌矿化点、钨矿化点、锡矿化点、银钼矿化点、银矿化点、稀土矿化点各1处。初步阐述了区内矿产分布特征、成矿地质条件及主要矿种的找矿模型,划分了平台-胜洲铁多金属和历洞铌钽锡稀土2个Ⅴ级远景区,圈定了平台-古勿塘磁铁矿和内翰稀土-铌钽-锡2个找矿靶区。

广西1:5万贵台圩、小董、陆屋圩、大寺镇、大垌圩、平吉墟幅区域地质调查

承担单位:广西壮族自治区地质勘查总院

项目负责人:周府生,张耿

档案号:0800

工作周期:2010—2012年

主要成果

(一)地层

(1)运用现代地层学理论,对测区地层进行多重划分和对比,按岩性组合、空间展布情况、岩相、层序和沉积旋回等特征对测区2个地层分区(右江-桂中、钦州)的岩石地层进行了详细

调查，划分出28个组及13个段级共41个岩石地层单位，建立了测区地层格架。

(2)本次工作进一步证实晚二叠世彭久组(P_3p)与下伏板城组(C_2P_2b)整合接触。彭久组岩性变化不大但厚度变化较大，以大直一带为沉降中心，厚度达千米，向东北及西南厚度均变薄，底部产*Gigantonoclea guichouensis*、*Pseudorhopidopsis*? sp.、*Compsopteris* sp. 等植物化石，是晚二叠世常见的植物分子。板城组硅质岩中最高层位采到的放射虫为*Albaillella protolevis*(晚二叠世长兴期早期)，说明彭久组与下伏硅质岩连续沉积，是东吴运动使台地上升为陆地，在台间盆地中形成的低水位滨岸三角洲沉积。确认钦州盆地自早泥盆世中期—早三叠世地层连续沉积。

(3)结合微体古生物化石资料，本次工作对小董镇、板城镇一带的硅质岩重新进行了厘定，细划分出石梯水库组(D_3s)、石夹组(C_1sj)、板城组(C_2P_2b)3个组级填图单位，各地层单位岩性组合特征、古生物面貌清晰，提高了测区的地层研究精度。

(4)首次于测区白垩系新隆组二段紫红色泥粉质砂岩中发现恐龙骨骼化石，并对大塘恐龙化石进行了专项调查工作。大塘恐龙属于兽脚类恐龙当中的鲨齿龙类，该类恐龙在我国的发现不多，至今仅有出土于内蒙古的吉兰泰龙和假鲨齿龙，在亚洲也仅有日本出土的福井盗龙(最近报道泰国的阿普特期地层也发现了该类恐龙化石)。大塘出土的鲨齿龙类恐龙化石头后骨骼材料较为丰富，化石彼此关联，是亚洲地区发现的为数不多的鲨齿龙类恐龙之一。同时对广西已知恐龙的岩相古地理、系统演化关系进行了初步探讨，为研究我国南方(广西)恐龙的演化、分布、形态及消亡等，提供了新的线索和证据，具有较高的科学研究价值。

(5)对测区地层采集了化学地层测试样品，并对部分层位进行了化学地层编写，为进一步开展多重地层划分提供了资料支撑。

(二)岩浆岩

(1)首次发现了台马岩体与早—中三叠世火山岩的关系为侵入接触关系，而非渐变的接触关系，从而明确了台马岩体为超浅成侵入，岩性为花岗斑岩。

(2)通过对台马复式岩体、旧州复式岩体及那丽复式岩体地质特征、地球化学特征的分析，重新理顺了各岩体的侵入期次及构造环境。得出了那丽岩体二长花岗岩(T_1，CCG)→旧州复式岩体花岗闪长岩(T_2，CCG)→旧州复式岩体花岗二长岩(T_2，CCG)→大寺岩体连斑状花岗斑岩(T_2，CCG)→台马岩体碎斑状花岗斑岩(T_2，CCG)→脉状或枝产出的正长花岗岩、二云母花岗岩(T_2，POG)的岩浆-构造演化序列。

(3)对测区岩浆岩进行了高精度的同位素测年，在台马复式岩体、旧州复式岩体中获一批锆石U-Pb同位素年龄(LA-ICP-MS)240～232Ma，进一步证实了台马复式岩体、旧州复式岩体为同源岩浆，基本同时期形成，构造演变使3个岩体具有差异。根据岩浆岩的时空分布规律、形成的构造环境及时代等，测区印支期岩浆岩可划分为3个岩浆岩带。

钦州市大直那梳一带"碎斑熔岩"(T_2bb)获取同位素年龄238.63Ma，钦州市那蒙一带碎斑花岗斑岩($T_2^{2b}\gamma\pi_{Hy}$)获取同位素年龄239.82Ma；钦州市那蒙一带连斑状花岗斑岩($T_2^{1b}\gamma\pi_{Hy}$)获取同位素年龄239.46Ma；钦州市大寺屯西一带中粒(紫苏)黑云母花岗闪长岩($T_2^{1a}\gamma\delta_{Hy}$)获取同位素年龄240.2Ma；钦州市青塘一带细中粒斑状(紫苏、石榴石)黑云二长花岗岩($T_2^{2a}\eta\gamma$)获取同位素年龄239.4Ma；钦州市青塘一带中细粒斑状(石榴石、堇青石)黑云母($T_2^2\eta\gamma_{Hy}$)获取同位素年龄237.46Ma；验证其时代均为中三叠世。

(三)变质岩

(1)在浅成—超浅成相印支期含紫苏花岗岩带南东部旧州复式岩体的南东边缘部位,发现普遍含有各种复杂的中深变质岩包体,包体类型有片岩、片麻岩、变粒岩、石英岩、斜长角闪岩、透辉石岩、大理岩和麻粒岩等,同时含有浅成岩包体。

(2)沿防城-大垌脆-韧性断裂带发育宽度为100~120m的糜棱岩带,受后旋走滑剪切作用,发育重结晶矿物、砾石被拉长并定向排列,卷入变形变质的地层为志留系—石炭系,推测形成的时代为加里东—印支期。

(四)构造

(1)根据各地块沉积建造、岩浆活动、变形变质作用的差异,将测区构造单元划分为2个Ⅱ级构造单元、2个Ⅲ级构造单元、3个Ⅳ级构造单元,以峒中-小董大断裂为界,北西侧划归南华活动带,南东侧划归华夏陆块。

(2)查明了测区各时期构造变形特征及组合样式,探讨构造成生演化发展史,调查研究大垌脆-韧性剪切带(防城-灵山)、垌中-小董断裂等区域性大断裂在本区的基本特征、活动期次、形成时代及控岩、控相、控矿作用。

(3)查明了测区大寺-久隆叠瓦式推覆构造的推覆面、构造特征、活动期次及形成时代。

(五)矿产

新发现1处金矿化点,2处重晶石矿化点,对测区内离子吸附型稀土矿的成矿母岩稀土含量进行了系统分析,并结合各自成矿条件,对测区稀土矿成矿规律、成矿远景进行了初步总结。对测区淋滤型锰矿进行了初步系统研究,对含锰硅质岩系的成岩时代、沉积环境及演化进行系统研究并取得一定的进展,初步对其成因类型、成矿规律、控矿因素进行了总结归纳。

广东1:5万坪石镇、沙坪乡、乐昌县、乳阳林业局、桂头镇幅区域地质调查

承担单位:广东省地质调查院,广东省佛山地质局

项目负责人:刘辉东

档案号:0807

工作周期:2010—2012年

主要成果

(一)地层

从多重地层划分出发,在详细调查的基础上,重新厘定调查区地层层序,将本区沉积地层划分为3个群级(乐昌峡群、八村群、桂头群),32个组级地层单位。其中,长坝组按岩性分为二段,调查区西部的天子岭组顶部局部填绘出碎屑岩段,第四系按成因类型划分为5个地层单位,黄岗组包括2~6级阶地。本区的地层调查取得了许多新认识。

1. 基本查明区内前泥盆纪地层中的硅质岩分布情况，重新定义老虎塘组

通过扎实的野外地质资料和直观的地质图件，阐明区内坝里组、牛角河组中的硅质岩分布较为局限，延伸不稳定，横向上容易尖灭，不具区域对比意义。明确本区的老虎塘组是厚12.28～20.39m的以硅质岩为主体的地质体，是震旦纪坝里组与早寒武世牛角河组之间的分界标志，其定义与湖南的丁腰河组等同。

2. 在震旦纪坝里组及早寒武世牛角河组中新发现火山岩

震旦纪坝里组的火山岩分布局限，零星出露，由数层变质凝灰质中细粒岩屑石英砂岩组成，夹于正常沉积岩中，厚10～30m不等，代表多次火山活动事件。

早寒武世牛角河组的火山岩比较发育，多处出露，以七里坑附近及柑子坪一带出露较好。岩性主要为变质凝灰质砂岩，局部见变质沉凝灰岩、变流纹质熔结凝灰岩，夹于海相类复理石建造中。

七里坑的火山岩岩性有变质沉凝灰岩、弱片理化流纹质熔结凝灰岩、变流纹质凝灰岩、弱变质凝灰质中细粒石英砂岩等，以出现多层流纹质熔结凝灰岩为特征，火山岩总厚度近160m。

柑子坪一带的火山岩岩性以变质凝灰质砂岩、变质沉凝灰岩为主，局部含火山角砾，其中夹大量正常沉积岩，说明火山活动经历了多次喷发和间歇。这一带的火山岩分布不均匀，厚度变化较大，最厚达407.9m，薄者仅十几米，横向上可快速尖灭，很难进行区域对比。

3. 区内的泥盆纪地层取得一系列新认识

(1)首次将湖南的易家湾组引进广东，修订了桂头群层型剖面，将粤北老虎头组顶部的泥岩、粉砂岩组合定义为易家湾组。

(2)查明了粤北东岗岭组与棋梓桥组为同物异名，不是上下关系。

乐昌西岗寨剖面被《广东省岩石地层》(广东省地质矿产局，1996)指定为棋梓桥组广东次层型，他们定义的棋梓桥组仅包括棋梓桥组下部层位，棋梓桥组中、上部被定义为东坪组、天子岭组，与野外实际不符。事实上，在野外露头上，剖面上的棋梓桥组以含铁矿为特色，岩性主要为泥晶灰岩、泥灰岩夹少量白云岩、白云质灰岩，其灰岩风化土或残积土中含褐铁矿，为仍在开采的铁矿区，其下伏为易家湾组粉砂岩、泥岩组合，上覆地层为不含铁的天子岭组灰岩。乐昌西岗寨剖面的地层归属应重新厘定。

(3)填绘出东坪组，由于原东坪组层型剖面没有出现碎屑岩组合，建议以本次测制的长山子-大地村剖面(PM001)当作东坪组的选层型。

(4)查明瑶山两侧存在不同的天子岭组，瑶山东侧岩性以灰色、深灰色中层至厚层状泥晶-微晶-粉晶灰岩为主，顶部与海退三角洲相的帽子峰组碎屑岩呈整合接触；瑶山西侧，天子岭组岩性以灰色、深灰色中层至厚层状泥晶-微晶-粉晶灰岩为主，常夹有白云岩、碳泥质泥晶灰岩及碳质薄膜，顶部局部地段受海退影响，出现碎屑岩段，与早石炭世连县组灰岩呈整合接触。

4. 二叠纪地层取得新认识

在栖霞组顶部，识别出小江边组，明确小江边组是整合于栖霞组厚层状—块状含燧石结核灰岩之上、孤峰组硅质岩之下的灰黑色薄层状碳质泥岩、碳质页岩或深灰色薄层—中薄层状微晶灰岩、泥晶灰岩。

5. 将晚三叠世艮口群降群为组

通过详细填图,认为晚三叠世艮口群总体岩性以细粒石英砂岩、细粒长石石英砂岩为主,夹有页岩,碳质泥岩、页岩等,局部夹有煤层,其岩性组合与《广东省岩石地层》推荐的"粗—细—粗"三分方案不同,降群为组。区域上,该组的岩石组成横上变化较大,相变过渡明显,显示物源随古地理的变化而不同,但沉积相的变化却是基本一致的,下部和上部为潟湖沼泽相的含煤碎屑岩建造,中部含大量海相双壳类化石。

6. 重新厘定早白垩世伞洞组与马梓坪组的关系

通过详细填图,认为伞洞组是以火山岩为主体的地质体,位于盆地边部,当火山活动较强时,下部为伞洞组,上部为马梓坪组;当没有火山活动时,可缺失伞洞组,马梓坪组直接不整合在桥源组之上。

(二)侵入岩

(1)解体区内的大东山复式岩体,依岩石学特征及野外接触关系划分为4个填图单位,分别为粗中粒—中粒斑状黑云母二长花岗岩($J_3^{1a}\eta\gamma$)、中细粒斑状黑云母二长花岗岩($J_3^{1b}\eta\gamma$)、细粒斑状黑云母二长花岗岩($J_3^{2a}\eta\gamma$)和细粒—微细粒黑云母二长花岗岩($J_3^{2b}\eta\gamma$),野外查明了其先后接触关系。大东山岩体中获得5个高精度年龄值,确定大东山岩体的结晶年龄集中分布于162~153Ma之间。

(2)大东山岩体是岩浆晚期演化阶段形成的偏碱性花岗岩,岩石化学特征显示其是硅过饱和的弱过铝质钾质类型的碱性岩石类型。岩浆主要来源于下地壳物质的重熔,有少量地幔物质加入,经历了高度分异结晶作用,不是典型的S型花岗岩,与铝质A型花岗岩或高分异的I型花岗岩较为相像。

(3)一六岩体为硅过饱和的强过铝质高钾钙碱性岩石系列,属S型花岗岩,一六岩体中获得LA-ICP-MS锆石U-Pb年龄为(155.8±3.1)Ma。

(4)一六岩体的稀土元素具四分组效应,说明花岗质熔体经历了高程度分离结晶作用,岩浆富挥发分(F、Cl)流体,交代作用较强。

(5)在乳阳幅东部的田寮下、禾仓栋、长溪、林家排一带多处发现辉长闪长玢岩、闪长玢岩和石英闪长玢岩,呈岩株和岩脉产出。禾仓栋岩脉群产于南北向瑶山-石牯塘断裂带中,围岩为泥盆纪碳酸盐岩或碎屑岩,围岩没有明显的接触变质现象,为冷侵位,属超浅成的岩株、岩脉。少数闪长玢岩中可见到气孔和杏仁体构造,可能为次火山岩。这些岩株、岩脉的成因可能是地幔的玄武岩浆结晶分异作用后沿断裂带上侵而成。

(三)火山岩

(1)详细研究了早寒武世牛角河组中的熔结凝灰岩,Pearce图解结果为火山弧火成岩。

(2)详细研究了早白垩世火山岩的岩性岩相特征,将区内的早白垩世火山构造命名为马梓坪S型火山构造洼地。

(四)变质岩

将区内变质岩划分为区域变质岩、接触变质岩和动力变质岩,接触变质岩又可分为热接触变质岩和气-液变质岩。研究了各种变质岩的岩石类型及相应的变质矿物共生组合。确认区内的区域变质岩形成于加里东期，变质矿物主要由绢云母、绿泥石及石英组成，局部见黑云母雏晶，属绢云母-绿泥石变质带，变质程度低，为低压相系低绿片岩相，是区域低温动力变质作用的产物。通过矿物共生组合分析，认为区内的热接触变质岩主要为纳长绿帘角岩相。气-液变质岩主要见于一六岩体周边，以矽卡岩为主，云英岩、绢英岩为次。大东山岩体周边主要发生大理岩化，矽卡岩化现象仅局部可见，局部见云英岩化现象。

（五）构造

(1)以横穿大瑶山的两条实测剖面为基础，以老虎塘组硅质岩为标志，厘定大瑶山一带加里东期褶皱由一系列轴向北北西的向斜和背斜组成，褶皱形态以中常褶皱为主，少数表现为同斜倒转，有些褶皱轴受燕山期南北挤压力及断裂影响局部发生弯曲。

(2)详细研究了印支期褶皱，以瑶山古隆起为界，西部轴向以近南北向为主，褶皱形态多表现为同斜倒转，局部表现为复式褶皱；东部轴向以北东向、近南北向为主，东西向、北西向次之。总体上，印支期褶皱组合形式复杂，既有水平挤压应力为主导的全形褶皱，又有过渡型褶皱，可能是板块碰撞的水平挤压应力及地壳隆升滑脱变形综合作用的结果。

(3)初步研究了叠加褶皱，加里东期的叠加褶皱主要见于桂头幅，有3个由老虎塘组硅质岩封闭而显示出来的短轴背皱，早期褶皱轴向北北西，晚期褶皱轴向北东向。发生在泥盆纪—二叠纪地层中的叠加褶皱，主要表现为南北向褶皱之上叠加了东西向的褶皱，其形成机制可能与郴州-怀集断裂带的右行走滑及燕山期的南北挤压作用有关。

(4)查明了区内北东向郴州-怀集断裂带和南北向瑶山-石牯塘断裂的地质特征、成生发展机制和演化历史及其控岩、控盆、控矿特征。

郴州-怀集断裂带在遥感影像上线性构造较清晰，野外露头上，由一些北东向的断裂组成，总体上露头较差，多被残坡积覆盖。秀水镇一带见有构造角砾岩、碎裂岩；在广北林场一带见有碎裂岩。断面倾向北西，倾角40°～60°。晚三叠世艮口组含煤碎屑岩沿断裂带呈线性展布，当时可能是由断裂坳陷而成的海湾。早白垩世—早古近纪断裂持续活动，以上盘下滑的张性活动为主，控制了坪石盆地的东部边界，当时可能是同沉积断裂，使沉积中心向南东迁移。由断裂南东的弧形褶皱形态分析，此断裂带在燕山期发生过右行平移，致使南东盘形成凸向西的弧形。

南北向瑶山-石牯塘断裂带分布于调查区的中西部，纵贯调查区，往北与郴州-怀集断裂带交会。断裂带由一系列近南北向的断裂组成，断裂一般具多期活动，早期表现为片理化带，有些地段见脆-韧性构造岩，力学性质为右行走滑或上盘下滑；后期叠加多次脆性断裂活动，力学性质经历了由压性到张性转换过程。大洞、湖洞一带的泥盆纪地层呈南北向展布，当时可能是断裂控制的海湾。其主干断裂——东田-大竹园断裂两侧地形高差悬殊，构成不同地貌单元的分界线，在沙坪幅中北部的磜下村一带见明显的断层三角面，沿断裂带多处有温泉涌出，证明它是活动性断裂。此断裂带控岩、控矿较为明显，断裂带南部见大量辉长闪长玢岩、闪长玢岩岩株和岩脉，中部的和尚田一带物探资料推测下面有隐伏岩体，沿断裂带地球化学综合异常、重砂综合异常呈条带状发育，分布众多金属矿矿床、矿点。

(六)矿产

(1)阐述了区内已知和新发现矿产分布特征,总结已知矿床、矿点共 88 处,其中大型矿床 2 处,中型矿床 4 处,小型矿床 17 处,矿种类型有 18 种。这 88 处矿床、矿点中,其中已知矿床、矿点共有 60 处,开展地质矿产调查过程新收录民采矿床、矿点共 16 处,新发现矿点、矿化点共 12 处。新发现的矿点、矿化点以锑矿为主,钨、银、铅、硫铁矿为次,主要分布于大东山岩体接触带、瑶山-石牯塘断裂带。

(2)收集了前人关于本区的物探、化探和重砂资料,优选出 5 处成矿地质条件好的地段开展异常查检工作。通过异常检查基本查明成矿地质背景、成矿特征,指出钨、锡、锑、多金属及石灰岩、硫铁矿为优势成矿矿种,铁矿、煤、萤石矿、大理岩等为主要成矿矿种。建议将钨、锡、锑、多金属列为今后重点找矿矿种。

(3)通过调查乐昌县和尚田钨矿区成矿地质背景,研究成矿特征后,提出矿田有环带状成矿的特点。矿田中心成矿种以钨、锡为主,云英岩-石英细脉带状产出,矿区外围有铅矿、锑矿等,沿断层破碎带蚀变、充填。

(4)总结了调查区的成矿条件,认为构造、岩浆、地层、地球化学是成矿主要因素。初步探讨了成矿规律,归纳成矿特征,在此基础上指出下一步的找矿方向。

(5)综合研究调查区内相关的各类成矿条件、已知矿床点的特征后,进行找矿远景区划分,共划分出 8 个找矿远景区,并对找矿远景区的找矿潜力进行评价与分类,对下一步找矿工作提出了具体的建议。

(七)旅游地质资源

在乳源县西北约 12km 的神凤岭一带(图 2-4、图 2-5),新发现类似湖南张家界的自然景观,系产状平缓的中泥盆世碎屑岩形成的峰林地貌,有进一步旅游开发价值。

图 2-4　乳源县必背镇方洞神凤岭的张家界地貌景观——悬崖、裂隙谷地貌(桂头幅)

图 2-5　乳源县必背镇方洞神凤岭的张家界地貌景观——台柱地貌(桂头幅)

湖南 1:5 万隆头镇、普戎、里耶、保靖县幅区域地质调查

承担单位:湖南省地质调查院

项目负责人:陈渡平

档案号:0816

工作周期:2011—2013 年

主要成果

(1)测区地跨扬子地层区与江南地层分区的过渡地带,区内出露有寒武纪、奥陶纪、志留纪、泥盆纪、二叠纪、三叠纪、白垩纪地层,以及第四纪冲洪积物。共厘定了 30 个组级岩石地层单位、6 个段级单位和 4 个非正式地层单位,进行了多重地层划分与对比,划分了 30 个生物地层带,对早古生代进行了层序地层划分,共划分 19 个Ⅲ级层序。建立和完善了调查区地层系统,基本查明了各地层实体岩性、岩相、沉积结构特征及其时空间变化,大大提高了区内地层的研究程度,为扬子地层区和江南地层区早古生代地层划分对比奠定了坚实基础。

(2)以花垣-保靖断裂带北西、南东边界的苏竹坪-柏杨断裂和他沙-牙及枯断裂为界,将区内寒武纪地层划分 3 个相区,即西北区(划分为石牌组、清虚洞组、高台组、娄山关组)、过渡区(划分为石牌组、清虚洞组、敖溪组、娄山关组)和东南区(划分为石牌组、清虚洞组、敖溪组、车夫组、比条组、娄山关组)。从寒武纪第二世早期开始,本区为浅海陆棚相,沉积以石牌组粉砂质页岩、泥质粉砂岩或细砂岩为特征；到第二世晚期，转换为碳酸盐台地区，沉积为清虚洞组碳酸盐岩；第三世开始，受保靖较深大断裂控制，测区相变特征明显，北西段依然为台地相区，沉积为高台组碳酸盐岩，而过渡南东段则在第三世开始时则为陆棚相，沉积了敖溪组下段的一套碳质泥页岩、含硅质泥页岩及钙质泥页岩，而后沉积台地边缘相兼具斜坡相的敖溪组上段薄层云质灰岩夹灰岩；至第三世晚期，过渡区与南东区开始出现分野，过渡区逐渐向北西区稳定的台地相靠近，两区均沉积娄山关组薄纹层状(含)泥质白云岩-厚层块状细—中晶白云岩，而南东区则为明显台缘斜坡相，沉积斜坡相车夫组特征的砾屑灰岩与泥质条带灰岩；直至芙蓉世早期，过渡区与南东区还兼具有部分台地边缘浅滩相沉积，表现为过渡区娄山关组该段的鲕粒白云岩与藻纹层白云岩的发育，以及南东区比条组薄层纹层或条带状白云岩的发育；到芙蓉世中晚期，3 区均达到稳定的局限台地。总体反映由西向东的台地区—台地边缘区—斜坡区的相序关系。

(3)对调查区志留系岩性组合、沉积构造、古生物化石等进行了详细调查分析，采获了大量的古生物化石，尤其新获得了龙马溪组、新滩组笔石化石。对马脚冲组中部灰岩进行了追索调查，为志留纪盆地演化及属性探讨提供了基础资料(图 2 - 6、图 2 - 7)。

图 2 - 6　D7053 龙马溪组碳质页岩及笔石化石

本次在龙马溪组获取的 *Normalograptus mirnyensis*，*N. normalis brenansi* 为志留纪鲁丹期的标准分子，以及见于鲁丹期—埃隆期初 *Monograptus revolutus* 分子，见于埃隆期 *Glyptograptus tamaiscus* 分子。补充了湖南省内 *Normalograptus persculptus* 带化石的资料，并且其时代应属于奥陶纪晚期—早志留世早期，而不是奥陶纪晚期。马脚冲组中部灰岩以拉西洞-比耳背斜为界，其厚度向西北部该段岩性较厚，在 150～300m 之间，岩性为厚层状灰

图 2-7　新滩组砂岩与泥质细砂岩韵律层

岩、生物灰岩；背斜东南部为塌积岩、内碎屑灰岩、生物灰岩，厚度 5～50m 不等。可以推定该期在拉西洞-比耳附近存在碳酸盐台地坡折。

（4）对泥盆系与志留系、二叠系阳新统与其下伏假整合界面进行了详细研究，加里东运动后，测区内自中泥盆纪开始发生新一轮海侵，沉积了云台观组滨海后滨-前滨碎屑岩，石炭纪末期发生的海西运动造成了晚泥盆世—石炭纪—早二叠世地层普遍缺失，八面山一带甚至缺失了整个泥盆纪—石炭纪地层。夯实了湘西北地区海西运动构造演化过程资料。测区云台观组底部砾岩及灰白色石英砂岩发育不连续，与下伏志留纪小溪峪组界面存在 3 种情况：①以含砾泥质粉砂岩或含砾粉砂质泥岩为底界；②以灰白色石英砂岩为底界；③以紫红色石英砂岩层的出现作为底界。区内从东向西、由南往北该组沉积厚度变薄，拔茅寨向斜南东翼云台观组底部均发育含砾泥质粉砂岩或含砾粉砂质泥岩，而在向斜北西翼缺失含砾层位，向北甚至缺失灰白色石英砂岩，直接以紫红色石英砂岩作底界。二叠纪阳新世梁山组在拉西洞—比耳一线南东与晚古生代中泥盆世云台观组呈假整合接触，在该线北西八面山地区，则直接与早古生代志留纪文洛克世小溪峪组呈假整合接触。

（5）对测区早古生代地层层序特征做了详细的研究。从寒武纪第二世早期浅海陆棚相开始，经历了碳酸盐台地、台地边缘及斜坡的转换与迁移，通过沉积物相序变化、沉积结构、岩相配置分析研究，寒武纪划分出 10 个Ⅲ级层序，其中包括 2 个Ⅰ级层序与 8 个Ⅱ级层序。奥陶纪早期，主要为碳酸盐岩开阔台地，中期开始，测区由被动陆缘浅海向前陆盆地转变，至志留纪前陆盆地的进一步演化，直至内陆海逐渐闭合，在沉积体得到充分的反映，据此，奥陶纪划分了出 6 个Ⅲ级层序，其中包括 3 个Ⅰ级层序及 3 个Ⅱ级层序。志留纪地层以兰多弗里世沉积为主，共划分为 3 个三级层序，均为Ⅱ级层序。提高了区内地层研究水平。

(6)通过系统取样分析，对调查区寒武纪—志留纪各地层岩组，进行较深入的地球化学研究。通过常量元素、微量元素、稀土元素在各地层岩组的分配，阐述了各地层岩组沉积的大地构造背景、古地理环境、物源属性及成矿条件。利用C、H、O、S、Pb等同位素分析探讨保靖铅锌矿成矿作用过程。铅源主要来自容矿地层本身，可能兼有下伏地层铅源；硫源主要来源于容矿地层及下伏地层；碳、氧同位素示踪，成矿流体主要来自海相碳酸盐岩的溶解；氢、氧同位素示踪说明成矿流体温度不是很高。成矿时代可能为加里东末期，成矿热液流体主要为地层水，还有大量雨水的加入。

(7)进行构造分区、厘定了构造层，建立了调查区构造格架。调查区位于扬子陆块东南缘，以花垣-保靖-慈利大断裂为界，划分为拔茅寨-八面山断褶带、烈夕-阳朝断褶带和保靖断裂带等3个四级构造区，查明各构造分区断裂构造和褶皱构造的变形特征及组合样式：①拔茅寨-八面山断褶带，位于石门-桑植复向斜南段，保靖断裂带以西的广大区域，自东向西依次由谭家村地堑、拔茅寨-靛房向斜、比耳背斜及核部比耳断裂带、八面山向斜组成，褶皱组合样式具典型的侏罗山式褶皱特点，背斜紧闭，发育较完整，向斜平缓开阔，背斜、向斜基本呈连续波状，规模十分显著，对应构造运动期次主要为印支期强烈的褶皱构造运动；②保靖断裂带，为鄂湘黔深大断裂带的一部分，为江南造山带的北缘断裂，总体走向为北东50°～70°。该断裂明显控制了震旦纪—奥陶纪的古地理格局，断裂以北主要为台地相沉积，而以南则为斜坡相沉积；③烈夕-阳朝断褶带位于武陵断弯褶皱带中部北西边缘，测区的南东角，该区带总体上为区域上古丈复背斜西翼，构造线走向北东30°～65°。变形强度总体较低，褶皱两翼倾角一般10°～25°，局部30°～40°，多为直立水平平缓褶皱。根据沉积建造、接触关系、构造变形及构造期次等厘定了加里东期构造层、海西—印支期构造层、晚燕山期构造层、喜马拉雅期构造层4个构造层；查明了加里东运动、海西运动、印支运动、燕山运动、喜马拉雅运动在测区的地层-构造记录特征。

(8)对花垣-保靖深大断裂进行了详细调查和深入的研究。该深大断裂是扬子陆块东南缘武陵地块与雪峰地块的重要边界断裂，在区内呈北东向弧形分布，区内长约34km，出露宽度约5km，由多条近平行、不同级别或规模的断层组成。主要断裂有5条，自东向西分别为F2他沙-牙及枯断裂、F4楠竹山-马拉吉断裂、F5花井-猫浪断裂、F6保靖县城-酒溪河断裂、F7苏竹坪-柏杨断裂。该断裂带发育有逆冲挤压、逆冲滑脱、挤压揉皱、伸展走滑等变形特征；查明了其几何学、运动学、动力学特征，解析其构造变形历史及断裂的控岩、控相与控矿特征和规律。该断裂带规模大，沿断裂带展布方向为一重磁梯级带。重磁资料表明该断裂为地壳深大断裂。保靖断裂带断面总体倾向南东，定型成主干逆冲断裂带和分枝断层叠瓦式的反转逆冲压扭性构造，以南东→北东挤压逆冲为主，倾角一般较陡，为40°～80°。沿断裂带内常可见到强烈挤压形成的滑脱构造层，滑脱软弱层界面原岩主要为清虚洞组上段薄层云质灰岩夹碳质页岩及敖溪组下段碳质页岩-泥岩夹薄层碳质泥质灰岩层。断面上多见有水平擦痕，说明本断裂具有挤压逆冲外，尚有右行平移为主的拉张活动，该拉张对应构造期次为测区晚期的燕山—喜马拉雅期拉张-走滑构造作用。

(9)区内发育5个滑脱拆离层，即寒武纪清虚洞组-敖溪组滑脱拆离层、奥陶纪—志留纪龙马溪组-新滩组滑脱拆离层、新滩组-小河坝组滑脱拆离层、二叠纪梁山组-栖霞组拆离层、三叠纪大冶组滑脱拆离层。寒武纪清虚洞组-敖溪组滑脱构造在楠竹山-马吉拉断裂南东盘最为发育，呈现复式褶皱带内“薄皮状”构造层，发育一系列大量紧闭复式褶皱及次级表生褶皱，层间挤压滑脱面 162°∠35°。保靖断裂带以西的拔茅寨-八面山断褶带位于湘北断褶带南东段，海西—印支期以形成区内北(北)东向开阔型线状褶皱——侏罗山式褶皱为特征，印支期褶皱运动的同时，"挤压＋重力滑动"在强硬岩层之间的软弱夹层形成滑脱构造拆离层，形成该区褶皱构造样式。奥陶纪—志留纪龙马溪组-新滩组滑脱构造层，地层广泛发育宽缓褶曲，拆离小断层极为发育，该滑脱层在其上盘形成保靖-花垣断裂北西隔档式褶皱式样，在下盘控制形成保靖-花垣断裂南东过渡型褶皱-逆冲断层体系。二叠纪梁山组-栖霞组滑脱拆离层直接控制该层位碳质富集形成工业煤矿。三叠纪大冶组滑脱拆离层，层内变形十分强烈，挤压斜歪褶皱、平卧褶皱、尖棱褶皱、倒转褶皱，以及小型厢状褶皱、膝褶等十分发育。二叠纪栖霞组和三叠纪大冶组滑脱拆离层共同作用形成比耳高陡背斜构造，造成背斜南东翼局部地层倒转。

(10)初步了解测区矿产资源分布特征，区内已发现矿(化)点 31 处，其中煤矿 3 处，铁矿 3 处，锰矿 2 处，铅矿 8 处，锌矿 1 处，铅锌矿 10 处，赤铁铅矿 1 处，赤铁铅锌矿 1 处，黄铁矿 1 处，重晶石 1 处及广泛分布的白云岩、石灰岩矿产，矿产种类简单，规模甚小，分布零星。本次工作新增矿(化)点 8 处，分别为起车锌矿、他咱铅锌矿、光塘铅锌矿、马吉铅锌矿、他苦皮铅锌矿、起车赤铁矿、木柳堡锰矿、若秀重晶石矿。其中，起车锌矿有进一步工作价值，该铅锌矿赋矿层位主要为奥陶纪红花园组，成因属低温热液层控型矿床。经估算共获得金属量(334) Zn 11 996t，伴生 Pb 443t，具小型矿床规模。

(11)根据区内已知成矿地质特征，矿产的分布规律及物探、化探、重砂、遥感资料综合分析，测区圈定 1 个成矿远景区，即保靖Ⅰ级成矿远景区，位于保靖县城—锡铁西一线，长 30km，宽 15km，面积约 350km^2，呈一长方形，沿岩层走向北东—南西展布，成矿地质条件有利，保靖断裂含矿热液的运输和富集提供了通道，次级断裂面、褶皱和节理、藻屑灰岩提供较好的容矿空间，是寻找铅锌多金属矿产的有利地区。

广西 1：5 万那丽圩、那思圩、西场糖厂、西场、合浦县、高德幅区域地质调查

承担单位：广西壮族自治区地质调查院

项目负责人：赖润宁，赵子宁

档案号：0826

工作周期：2011—2013 年

主要成果

(一)地层

(1)运用现代地层学理论，对测区地层进行多重划分和对比，建立了测区地层格架，按岩性组合、空间展布情况、岩相、层序和沉积旋回等特征将测区地层划分为 11 个组及 5 个段级共 16 个填图单位，提高了测区地层的研究程度。

(2)通过收集测区的沉积相资料，认为测区从早志留世开始已经是浅海陆棚的沉积环境，而非传统意义上的"海槽"，为测区构造演化特征提供了新依据。

(3)查明了志留系防城组与上覆泥盆系钦州组为整合接触关系。首次在两者接触面之上

采集到大量 *Homoctenowakia obuti*、*Paranowakia bohemica*、*Styliolina* sp.等竹节石化石，时代属于上洛赫考夫期(图2-8)。

图2-8　拟塔节石 *Paranowakia bohemica*

(4)在测区志留系地层中发现事件沉积-震积岩，推测是加里东运动这一重要区域性构造事件的反映。

(5)将测区东南原1∶20万合浦县幅划为“西垌组”的一套火山岩修订为上白垩统罗文组。

(二)岩浆岩

(1)将测区侵入岩划分成2个期次侵入体(2个填图单位)，两者呈侵入接触关系。

(2)获得一批高精度锆石U-Pb同位素年龄(LA-ICP-MS)252～244Ma，进一步证实了那丽岩体、岭门岩体、垌尾岩体均为早三叠世岩浆岩。通过对测区岩浆岩进行地球化学分析，进一步查明测区3个岩体属大陆碰撞型花岗岩(CCG)，三者具有同源岩浆的特征。

(三)变质岩

(1)进一步查明了占测区大半面积的志留系具浅变质强变形的特点。在早三叠世岩体内发现少量的深源(变粒岩)包体。

(2)新发现沿竹山韧-脆性剪切带发育的宽约90m的糜棱岩带。

(四)构造

(1)根据各地块沉积建造、岩浆活动、变形变质作用的差异，以博白-合浦断裂为界，将测区划分为2个Ⅳ级构造单元，北西侧划为六万大山凸起带，南东侧划为博白断褶带。

(2)查明了测区各时期构造变形特征及组合样式，探讨了构造演化发展史，厘清了测区构造变形序列。

(3)新发现竹山韧-脆性剪切带，查明了其变形及运动学特征。

(五)矿产

(1)在测区东北部香山一带新发现金、锑矿化点各一处，对其成矿规律进行了归纳总结。

(2)对测区高岭土矿进行了系统的概略检查，初步对其成矿远景进行了总结归纳。

(3)通过对测区分布最多的铁矿进行了系统的研究及概略检查，对其成岩时代、沉积环境及演化进行系统研究并取得一定的进展，初步对其成因类型、成矿规律、控矿因素进行了总结归纳。

(4)通过对测区内离子吸附型稀土矿的系统调查，新发现多处矿化体，结合对成矿母岩稀土含量进行系统分析，并根据各自成矿条件，对测区稀土矿成矿远景进行了初步总结。

广西1:5万大录圩、大直圩、那梭圩(北)、防城区(北)幅区域地质调查

承担单位：广西壮族自治区地质调查院

项目负责人：张耿

档案号：0827

工作周期：2011—2013年

主要成果

(1)运用现代地层学理论，对测区地层进行多重划分和对比，建立了测区地层格架，按岩性组合、空间展布情况、岩相、层序和沉积旋回等特征将测区地层划分为2个地层分区(右江-桂中、钦州)21个组，共29个填图单位，其中有2个为非正式地层单位。提高了测区地层的研究程度。

(2)通过调查，对上二叠统彭久组进行详细划分，依据沉积旋回将其分为2个岩性段。根据岩性组合、沉积构造、化石类型等特征，进一步证实其时代属晚二叠世，证实该组为海陆交互的滨岸-浅海相碎屑岩，其成因为东吴运动形成的低水位楔，整合于板城组硅质岩之上。

(3)本次工作圈定出非正式地层单位彭久组砾岩层(P_3p)共两大层，提高了该组的划分精度，系统对比分析了其纵横向变化特征。对测区彭久组砾岩的砾石成分进行分析，以北东向的平旺—屯笔一线为界，西北与东南两侧的彭久组在岩性上有较明显的差异，结合岩性岩相、沉积构造、古生物特征，对恢复测区晚二叠世古地理、古构造环境分析提供了有价值的信息。

(4)通过大比例尺填图调查，结合区域地质资料，将测区含锰硅质岩系进行重新厘定，认为硅质岩、泥岩组合应属晚泥盆世—晚二叠世，划分为榴江组、石夹组及板城组。

(5)通过本次调查，采获不少古生物化石，其中多个古生物化石分子属首次发现，丰富了测区古生物资料。测区泥盆系地层笔石主要产于钦州组，于米堪南侧钦州组底部薄层灰白色泥岩、粉砂质泥岩中采到 *Metamonogmaptus* sp.(后单笔石)、*Monograptus yunnanensis*(云南单

笔石)、*Monograptus aequabilis*(Pribyl)(均一单笔石)。其中,*Monograptus yunnanensis*(云南单笔石?)属在测区首次采获。根据对笔石体态演化的分析,*Monograptus yunnanensis*(云南单笔石?)可能是单笔石演化系列中最早期的代表,时代为早泥盆世洛赫考夫期—布拉格期(倪寓南等,1983)。它们常与竹节石 *Nowakia acuaria*(尖锐塔节石)共生。

于米堪一带钦州组泥岩、粉砂质泥岩中采到菊石化石,经鉴定该菊石为 *Erbenoiceras* sp.(埃尔本菊石)(图2-9),时代为早泥盆世埃姆斯期。此次菊石化石的发现在测区内尚属首次。在大直一带彭久组中采获腕足类化石 *Parameekella* sp.(付米克贝),*Parageyerella* sp.(付瑞克贝),*Dipunctella* sp.(双疹贝);双壳类化石 *Edmondia* sp.(卵石蛤),*Nuculopsis* sp.(拟栗蛤);植物化石 *Pecopteris* sp.(栉羊齿),*Protoblechnum* sp,(原始乌毛蕨)、*P. contractum*(Gu et zhi)(基缩原始乌毛蕨),*Taeniopteris* sp.(带羊齿)。其中,*Parameekella* sp.,*Parageyerella* sp.,*Dipunctella* sp.,*Edmondia* sp. 和 *Nuculopsis* sp. 为测区首次发现,进一步证实其时代属晚二叠世。

图2-9 米堪 D_1q 顶部埃尔本菊石

(6)发现在上三叠统平垌组下部,普遍发育数层浅绿灰色中—厚层的含砾沉凝灰岩、凝灰质粉砂岩(其底部为含火山灰球凝灰岩砾石的砾岩),本次工作将其圈定为非正式地层单位平垌组火山岩(T_3p—bt)。对重新认识桂西南印支期岩浆活动提供了新资料。

(7)对测区岩浆岩进行了详细调查,根据产状、岩性、包体及接触关系特征,对岩体进行划分,重新厘定形成期次。将测区的岩体划分为3期侵入体。发现薄竹塘岩体中黑云二长花岗岩→花岗斑岩过渡,岩石由似斑状结构向斑状结构过渡,显示其具有的浅成花岗岩特征。

(8)对测区岩浆岩测制了一批高精度同位素年龄,年龄值240~232Ma,时代为中三叠世,进一步证实了十万大山花岗岩带均为同时代同源岩浆不同相的产物。

(9)查明了测区各时期构造变形特征及组合样式,探讨构造生成演化发展史,重点调查研究垌中-小董、防城-灵山断裂等区域性大断裂在本区的基本特征、活动期次、形成时代及其控岩、控相、控矿作用。初步认识该区域性大断裂具多期活动的特点，属逆冲断层，并对测区的沉积建造、岩浆活动起着极其重要的控制作用，其中，中三叠世酸性花岗岩分布于两区域性大断裂之间，该区域性断裂亦对测区的成矿控制作用显著，沿防城-灵山断裂普遍形成一些热液矿化。

(10)结合区域资料，在测区识别出两条脆-韧性剪切带，分别为防城脆-韧性剪切带和私盐糜棱岩化带。基本查明了该两条脆-韧性剪切带的几何学、运动学和动力学特征，并对他们的物化条件及形成机制作了初步探讨。

(11)识别出防城-大录叠瓦式逆冲推覆构造，并结合前人研究资料，对防城-大录叠瓦式逆冲推覆构造的分布、变形特征、活动期次进行了分析研究。初步认识该推覆构造在测区以垌中-小董、防城-灵山区域性大断裂为两个主推覆面，大致划分出了推覆构造的根带、中带和锋带，并大致查明各带卷入地层的结构、构造及变性特征，初步认为中、晚古生代钦州海槽的褶皱回返及其中生代相继构造复活是推覆构造发展演化的主要原因，并经过3期的构造演化发展过程，形成了现今的构造景观。

(12)通过对测区淋滤型锰矿进行了初步系统研究，对含锰硅质岩系的成岩时代、沉积环境及演化进行系统研究并取得一定的进展，初步对其成因类型、成矿规律、控矿因素进行了总结归纳。

广西1∶25万南丹县幅区域地质调查

承担单位：广西壮族自治区区域地质调查研究院

项目负责人：陆刚

档案号：0831

工作周期：2010—2012年

主要成果

(一)地层调查研究成果

(1)对测区各时代地层的岩性、生物、层序、组合特征、地层时代及区域对比标志等基本情况进行了初步清理，以最新的国际地层表、中国地层表为指南，提出了测区右江区(孤台台洼+孤台台棚+孤台边缘+台前斜坡+盆地)与桂北区(台棚-混积陆棚+台缘+台前斜坡)的地层划分方案，初步建立了测区的地层序列，对区域地层划分体系进行了完善。

(2)桂北区晚古生代—中生代台棚-混积陆棚岩石地层序列与右江区明显有别。进行了初步划分：泥盆系[(未出露的)信都组→塘家湾组→桂林组→东村组]→融县组(或额头村组或天河组)→石炭系上朝组或尧云岭组→英塘组→黄金组→寺门组→罗城组→大埔组→黄龙组或石炭系—二叠系马平组[或(未出露的)壶天组→二叠系梁山组→栖霞组]→茅口组→合山组→三叠系南洪组→板纳组。通过调查工作，确认晚古生代—中生代桂北区台棚-混积陆棚岩石地层序列仅见于测区的东北角，出露极为不全，若要进一步开展对比研究，需要收集东邻环江地区的地质资料。河池以北图幅东缘为其与丹池斜坡-盆地岩石地层序的相变地带，晚古生代该区发育了一个北东向的深水凹槽,台、盆分野并非完全受北西走向的丹池断裂控制。

(3)桂西北地区上古生界分布区是发育台盆格局的典型地区,自成体系。该区地层虽然进行了岩石地层清理,但是至今未形成系统的、统一认识的地层序列,一些岩石地层单位受到年代地层划分的影响或束缚,一些地层的划分与对比还存在问题,有必要作进一步探讨。建立合理的桂西北泥盆系—中三叠统岩石地层单位划分方案及区域对比标志,建立岩石(年代)地层格架,具有重要意义。

(4)对罗楼组创名地的下三叠统进行了再调查研究,对李四光、赵金科等老先生创建罗楼组的"富含早三叠世菊石化石的石灰岩层"予以了确认,查明了相变关系,对理顺罗楼组定义、层型,为右江地区罗楼组、南洪组、石炮组的合理、正确划分与对比提供了依据。

(5)查明东兰兰木—外弄地区晚古生代地层为孤台内部相沉积,其上的下—中三叠统地层为其延续演化的沉侵台地(混积-泥质陆棚)沉积。其中,对中三叠统板纳组、兰木组创名地的兰木剖面进行了再调查研究,查明原剖面 4～11 层为泥质陆棚相沉积,为泥质岩组(厚 120.8m);其上的 12～17 层根据新公路揭露,主要为浊流沉积组合,实质以大量的砂岩为主,为砂岩组,为右江地区板纳组、兰木组的合理、正确划分与对比提供了依据。根据岩石地层单位的划分准则,项目组认为板纳组与兰木组的分界应该回归到广西石油普查勘探队陆中求(1961)创名时的 11 层与 12 层分界处。

(6)在测区下三叠统罗楼组底部发现大量微生物岩,在下三叠统石炮组中发现大量蠕虫灰岩,表明早三叠世发育的微生物岩、蠕虫灰岩在右江盆地内分布具有广泛性,其分布与沉积相展布关系密切,是二叠纪末生物大灭绝后海洋生态全面复苏的典型代表。右江盆地内早三叠世微生物岩、蠕虫灰岩的发现及追踪前沿热点的调查研究,对重建生物大灭绝前的生态系统、见证新种类的出现和营养等级的建立具有非常积极的意义。

(7)测区中三叠统浊积岩砂岩中发育的底模构造,反映该区古流向存在多向性,可能存在北东、北西两个方向的物质来源,基本可以肯定有来自江南古陆的物源;认识到继承二叠纪孤立碳酸岩发育的盆内高地的存在,是中三叠统浊积砂岩中的古流向方向存在多向性的重要因素,为右江三叠系沉积相与盆地演化研究提供了资料。

(8)在测区西部查实二叠系礁灰岩与石炭系黄龙组存在同构造沉积不整合,表明此类特殊沉积构造在右江盆地内具有广泛性,为研究此类假不整合构造提供了资料,对区域地层的正确划分与对比,对岩相古地理、古构造研究均有重要意义。

(二)沉积岩脉调查成果

(1)在凌云下甲沉积岩脉群(广西第八地质队首次于 1978 年发现沉积岩脉的地区)中新发现多期岩脉发育特征,新发现液化脉、液化沉积及软沉积物卷曲变形构造、层内阶梯小断层构造、震裂构造等震积特征,查实了垂直贯入层理、液化沉积物流的存在,为沉积岩脉及地震沉积研究提供了资料。

(2)首次在桂北区台缘相区的早石炭世早期地层中发现了典型的沉积岩脉,根据岩性及化石特征推定形成时代为杜内期中期。结合已发现的六寨二叠纪沉积岩脉群,表明桂北区台缘相区与右江区台缘相发育的沉积岩脉在组成和时间上可以进行对比。新的沉积岩脉群的发现及凌云下甲沉积岩脉群的再调查,对研究右江盆地及其内晚古生代孤立台地的裂解、发展及机制,分析晚古生代内重大地史事件,探讨丹池锡铅锌成矿区、右江盆地微粒(卡林)型金矿成矿区的地质背景及深化认识，具有重要意义。

（三）构造调查研究成果

（1）通过对测区东北角 1∶5 万坡老街幅、六甲幅的路线调查，对右江区（南华活动带）与桂北区（扬子陆块）的分界及性质取得一些新认识：桂北区台棚-混积陆棚相岩石地层序列与右江区明显有别，地质物质组成及构造变形特征存在明显差异。但是，桂北区台缘相岩石地层序列特征与右江区孤台边缘类同，差别不大；桂北区台缘相岩石地层序列与台棚-混积陆棚相序列，在测区东缘发现存在明显的指状穿插相变关系。上述发现说明以丹池断裂带为界的右江区与桂北区晚古生代—中生代沉积存在明显差异，反映为不同环境不同性质的沉积序列，但它们是相连的组合，存在密切联系。这对认识和研究扬子陆块与南华活动带的构造单元分界位置及其表现形式，探讨扬子陆块与南华活动带分界关系的问题，提供了重要资料。

（2）经分析与对比发现五圩、南丹、大厂一带背斜构造为一明显的复式斜歪背斜，南西翼陡倾—倒转，其中可见高角度断层；岜岳向斜轴部发现具典型断坡、断坪结构的小型低角度逆冲断层；发现在背斜倒转翼塘丁组—纳标组及百逢组第三段泥岩夹细砂层岩性段，具明显的细砂质成分层被劈理改造，表现为劈理与层理相互平行的假相，显示了大型逆冲构造特征。

（3）在五圩拉朝一带发现低角度正断层，涉及的地层为罗富组—南丹组，显示了滑覆构造的特征。

（4）对龙川穹隆进行了构造解析调查，查明龙川地区主构造线以北西向为主，北西向背斜中北西向断裂发育，叠加了近东西向、北东向、近南北向褶皱和断裂及顺层剪切滑动等多组构造，是多重构造叠加的产物，构造复杂。这些构造是区域内多期次构造活动叠加的反映，是滨太平洋构造域与特提斯构造域复合的表现。该区构造与金矿存在密切关系，是最重要的、不可或缺的成矿控矿因素之一，构造叠加部位是金矿形成的有利部位。

（5）在龙川地区首次识别出发育于鹿寨组内的剪切构造，发现了大量的平卧褶皱、层间褶皱、无根小褶皱、倾竖褶皱、杆状褶皱，以及典型的顺层剪切、顺层小断裂、梳状石英脉及石香肠化、透镜化、书斜构造、残斑构造等剪切滑动构造。这一发现表明该区鹿寨组实质为内部构造复杂、地层无序的一套地层，鹿寨组内发育了折叠层构造。应加强构造研究，进一步判断该区是否存在滑脱构造或是推覆构造。

（四）岩浆岩与矿产调查成果

（1）首次获得桂西巴马—凤山—凌云一带的石英斑岩脉斑晶白云母$^{40}Ar-^{39}Ar$高精度年龄，其中，凤山弄黄北东向岩脉的$^{40}Ar-^{39}Ar$坪年龄为（95.59±0.68）Ma，相应的等时线年龄为（95.0±1.0）Ma；巴马北西向岩脉的$^{40}Ar-^{39}Ar$坪年龄为（96.54±0.70）Ma，相应的等时线年龄为（95.9±1.1）Ma，代表了岩脉的侵位年龄。这些成果支持右江褶皱带及其周缘燕山晚期岩浆活动集中于100～80Ma之间很窄的时限范围内，以双峰式岩浆侵位为主要特色的认识，暗示该区晚白垩世（100～80Ma）发生了大规模的岩石圈伸展减薄事件，右江褶皱带燕山晚期花岗质岩浆活动与大规模的多金属成矿有关。

（2）在测区南部龙田地区发现近北东向花岗斑岩脉切穿三叠系碎屑岩与二叠系碳酸盐岩分界，延入三叠系碎屑岩中，又为后期断裂所切错。同时查明该花岗斑岩脉具有微细粒型金矿化，部分构成矿体，与三叠系碎屑岩中北西向断裂控制的微粒型金矿化脉构成共轭体系。首次获得花岗斑岩白云母 $^{40}Ar-^{39}Ar$ 法(95.54±0.72)Ma 的年龄。此发现表明右江褶皱带内部的燕山晚期岩浆活动与以卡林型金矿为代表的低温热液矿床可能有成因联系。此发现与目前该区域微细粒型金矿成矿时代为印支期的主流的认识截然不同,对微细粒型金矿成矿地质背景、成矿时代及岩浆岩与成矿作用的认识与研究意义重大。

(3)对产出于晚古生代碳酸盐岩隆起边缘,分布于二叠系和三叠系接触带碎屑岩一侧的凤山久隆金矿等高龙式微粒型金矿进行调查研究,发现其是叠加、复合在上二叠统碳酸盐岩与中三叠统陆源碎屑岩之间的古喀斯特不整合构造上,以构造为主要控矿因素,沉积间断面为重要控矿因素,断控与层控等多重因素复合控制,经多期构造活动叠加形成的金矿,可称之为沉积间断断面型金矿。多重因素复合控矿理论对滇黔桂区域已知微粒型金矿的再认识、开展低缓异常找矿、寻找深部隐伏矿体和扩大金矿资源远景具有积极的推动和指导作用。

(4)通过对测区西南部与辉绿岩有关的龙川、世加金矿进行调查研究,发现该类型金矿体主要受到断层控制,主要产于断层角砾岩带及两侧破碎的辉绿岩、硅质岩中,受不同方向断裂交会等构造叠加、构造与辉绿岩叠加等多重因素复合控制。

(5)在测区西南部的龙川地区新发现多个与石英脉有关的金矿化点;将龙川方屯一带锰矿的含矿层建立了非正式地层单位,划分为鹿寨组第二段,发现锰质常在褶皱虚脱处、地层产状陡峭处、构造叠加处出现次生淋滤富集,受控于含矿层内的淋滤型锰矿体及富矿石的展布与构造关系极其密切,为该区进一步找矿和成矿研究分析工作提供了资料。

广西 1:25 万贵县幅区域地质调查

承担单位:广西壮族自治区区域地质调查研究院

项目负责人:许华

档案号:0832

工作周期:2010—2012 年

主要成果

(一)地层

(1)基本查明了测区的岩石地层、生物地层、年代地层、层序地层特征,开展了多重地层划分对比研究,划分出 50 个组(群)级共 60 个岩石地层填图单位,提高了测区地层的研究程度。

(2)对测区前寒武纪地层进行重新厘定和划分。将波塘一带原"混合岩"解体为中—新元古代褶皱变质基底云开群和印支期重熔深成侵入岩;将陈塘高山顶一带的前寒武系划分为南华系正圆岭组和震旦系培地组,并在震旦系培地组中识别出正常深海化学沉积及生物沉积型、热水喷流沉积型、后期构造热液叠加改造型 3 种不同成因类型的硅质岩。

(3)对测区奥陶系六陈剖面进行了再研究,发现原剖面采集的芙蓉世三叶虫化石 *Protospogia* sp., *Lotagnostus* sp., *Charchagia* sp., *Hodinaspis* sp.,与早奥陶世的笔石 *Dictyonema flabelliforme* 带产出于同一套页岩中,相距仅 3~4m。认为六陈组时代为寒武纪芙蓉世—早奥陶世跨时,区内寒武纪和奥陶纪为连续沉积。

(4)对测区晚古生代古生物地层进行了详细的研究,建立了 21 个牙形刺化石带,10 个腕足化石带和12个珊瑚化石带，并以国际通用的年代地层单位进行了详细界线划分，建立了年代地层格架，提高了测区晚古生代地层的研究程度。

(5)基本查明测区泥盆纪地层的展布特征、横向变化及其相互关系。将测区泥盆纪地层划分为滨浅海相、近岸台地相、台地边缘斜坡相、台盆(凹)相等4种沉积类型。将中、下泥盆统岩石地层单位进一步清理划分为象州型、曲靖型及过渡型等3种不同相区、不同沉积类型的岩石地层系列，为桂东南泥盆纪地层研究提供了可靠资料。

(6)基本查明测区大瑶山西侧下石炭统地层与桂北早石炭世沉积明显有别，岩石地层序列无法套用桂北的上月山段(组)—尧云岭组—英塘组的地层序列，重新采用《广西的石炭系》(邝国敦，1999)划分方案的远岸(清水)台地相隆安组—都安组地层序列。

(7)新发现测区下石炭统隆安组下部(属杜内早期)已大部分缺失，上泥盆统与下石炭统存在平行不整合关系。此发现对桂东南泥盆系与石炭系的界线认识与划分具有重要意义。

(8)将测区中、上二叠统重新厘定为孤峰组(中二叠世卡匹敦期)和龙潭组(晚二叠世长兴期)，两者间缺失吴家坪期，为平行不整合关系。

(9)首次在大燕山盆地大坡组底部的凝灰岩获得LA-ICP-MS锆石U-Pb年龄值为(104.52±0.53)Ma。将藤县西部濛江-容县断裂东侧的自良、象棋、金鸡、大燕山等盆地原西垌组火山岩划归早白垩世大坡组，上述盆地下白垩统地层自下往上重新厘定新隆组、大坡组和双鱼咀组。

(二)岩浆岩

(1)对测区各时期侵入岩进行了系统的岩石学、岩石地球化学及年代学研究，建立了测区构造-岩浆活动的侵入序次。采用"岩性+时代+期次"的表示方法，将测区侵入岩划分为35个填图单位。

(2)通过高精度的LA-ICP-MS锆石U-Pb法同位素测年获得罗平岩体(436.80±1.10)Ma、古龙岩体(445.90±1.20)Ma、六陈岩体(245.10±2.80)Ma、东胜岩体(237.40±2.50)Ma、三门滩岩体(229.97±0.92)Ma、波塘岩体(229.40±1.40)Ma、三堡岩体(263.49±0.84)Ma、河口街岩体(261.00±13.00)Ma、木迭冲岩体(230.20±1.60)Ma、罗容岩体(163.40±0.40)Ma、古罗岩体(165.63±0.95)Ma等一批同位素年龄。

(3)首次将大瑶山东侧的古龙-莲洞岩株群、罗平-古袍岩株(脉)群等花岗岩厘定为早古生代TTG组合，为桂东南早古生代的构造演化研究提供了新资料。

(4)首次将藤县辉长岩厘定为印支期(中三叠世)陆缘弧钙碱性玄武岩，为桂东南印支造山带研究提供了新资料。

(5)将波塘—三堡一带的(混合质)含堇青石花岗岩从"混合岩"解体为多个规模较大的花岗岩体群，并将其归并为印支期大容山强过铝质S型花岗岩系列的早期侵入体。

(6)首次获得古罗、黄羌冲碱性辉长岩体的LA-ICP-MS锆石U-Pb年龄(165.63±0.95)Ma，并将其与测区的罗容杂岩体、西山岩体、凤凰岭石英闪长岩体及邻区的马山杂岩体、牛庙、同安石英二长岩体等一并归于燕山早期(中侏罗世)华南后造山阶段大陆地壳拉张减薄的构造背景下形成的钾玄岩系列(或A1亚型花岗岩)。

(7)将原"混合岩"解体出来的波塘-三堡花岗岩体群与大容山复式岩体、浪水岩体(石榴顶)等归并为印支期大容山强过铝质S型花岗岩系列，划分为3个岩浆侵入期次。

(三)构造、变质岩

(1)基本查明了测区的各类构造形迹特征,初步建立了测区构造变形序列,进一步完善了测区的构造格架。首次在富藏乡至大平村一带发现大型逆冲推覆构造;新发现贵港锡基坑—平南官成一带下中泥盆统细碎屑岩、碳酸盐岩普遍发育伸展滑脱构造(顺层韧性剪切),与该区广泛发育的铅锌多金属矿关系密切。

(2)基本查明了测区的各类变质岩、混合岩的岩石类型及分布特征。将波塘—三堡一带的中—新元古代低角闪岩相变质岩划分出 4 个变质相带。

(3)将波塘一带的"混合岩"解体为褶皱变质基底的中—新元古代云开群和印支期重熔深成侵入岩。认为"混合岩"形成时代为印支期,为褶皱变质基底岩石遭受区域动力热流变质作用叠加改造的产物,具有变质岩-混合岩-花岗岩"三位一体"的岩石共生组合特征。

(四)区域矿产

全面收集了测区各类异常和主要矿床(点)的分布情况、产出地质背景、矿床(矿化)特征、找矿标志等。新发现矿化点 2 处,初步总结了区内矿床(点)的空间展布特征、控矿地质条件、成矿规律、找矿标志等,圈定了 7 个成矿远景区。

广西 1:5 万下塘幅、龙川幅、百色市幅、坤圩幅区域地质调查

承担单位:广西壮族自治区区域地质调查研究院

项目负责人:黄祥林

档案号:0833

工作周期:2011—2013 年

主要成果

(一)地层

(1)系统研究了测区各时代地层岩石组合特征及时空展布情况,开展了多重地层划分与对比,建立了岩石地层序列,划分了 16 个正式、27 个非正式岩石地层单位(段级 25 个,特殊岩性层 2 个),完善了测区地层系统,提高了地层研究程度。

(2)在测区内下石炭统盆地相型地层中新采获一批牙形刺化石,为区域地层划分对比提供了新资料(图 2-10)。如:首次在测区北部龙川地区鹿寨组第二段泥岩、硅质泥岩中采获肉眼可见的下石炭统杜内阶牙形刺化石 *Pseudopolygnathus triangularis triangularis*,*Hindeodella subtilis*,*Neoprioniodus* sp.,*Ozarkodina* sp. 及在砂屑灰岩透镜体中采获下石炭统杜内阶上部 *typicus* 带化石分子 *Dollymae bouckaerti*,*Gnathodus* sp.,对测区下石炭统盆地相型地层时代划分及其含锰岩系的时代归属提供了重要依据;在测区北东部巴平组中连续采集到谢尔普霍夫阶—巴什基尔阶 *Gnathodus bilineatus*,*Declinognathodus noduliferus*,*Locheria* sp.(相当于中国地层表中德坞阶—罗苏阶),以及 *Mesogondolella* sp.,*Streptognathodus*,*Swadelina* 等上石炭统牙形刺分子,为测区厘定巴平组为穿时地层单位提供了确定性依据。

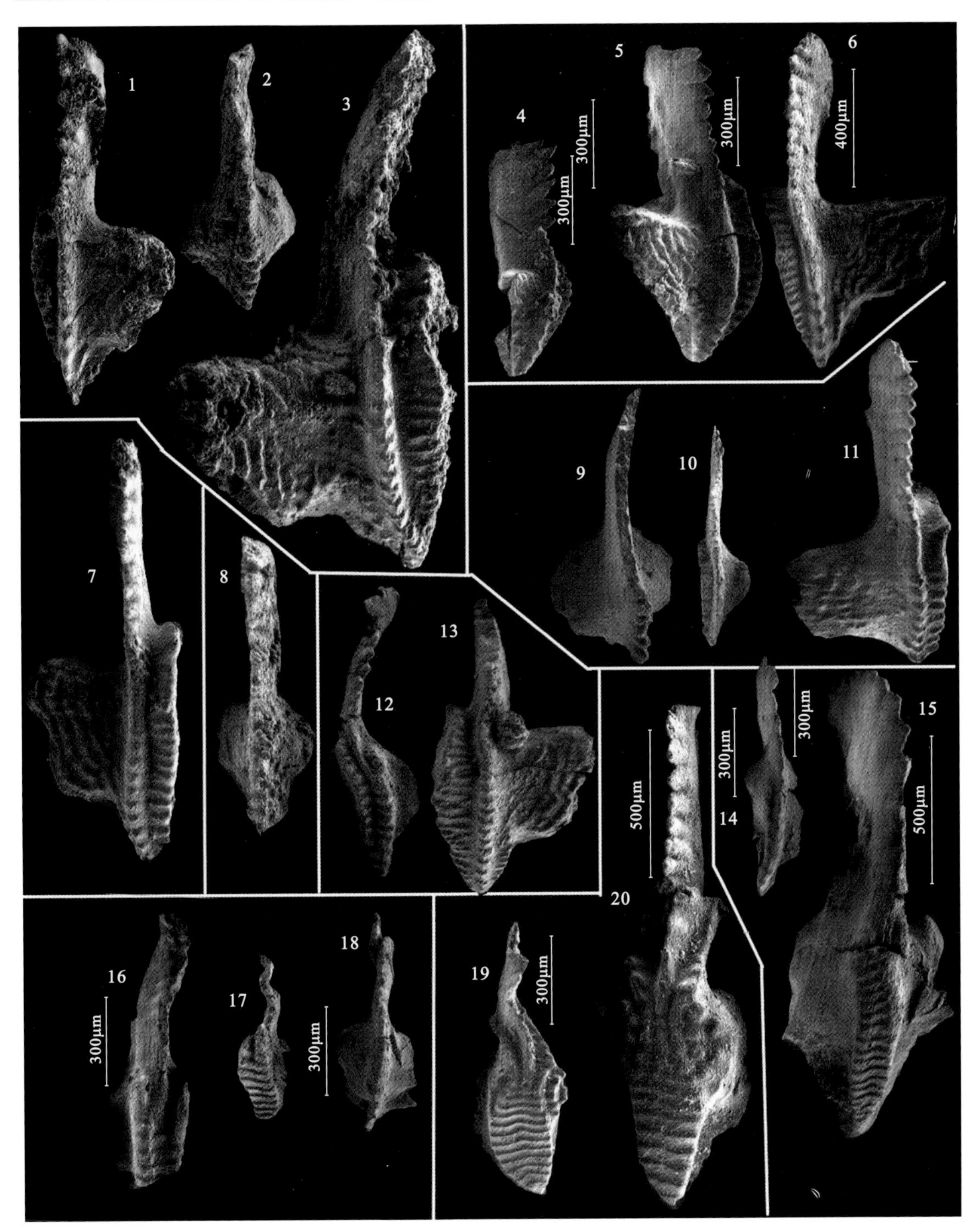

图 2-10　广西百色市龙川镇方屯村下石炭统南丹组剖面所采获的牙形刺化石

1、3. *Gnathodus bilineatus*；2. *Locheria* sp. 德坞—罗苏阶界线附近；4、5. *Gnathodus bilineatus* 德坞—罗苏阶界线附近；7. *Gnathodus* sp. 维宪—德乌阶界线附近；8. *Locheria* sp. 德坞阶；9. *Locheria* sp. ；10、11. *Gnathodus bilineatus* 德坞阶；12. *Declinognathodus noduliferus*；13. *Gnathodus bilineatus* 德坞—罗苏阶界线附近；14. *Neolocheria* sp. ；15. *Declinognathodus* sp. 上石炭统罗苏阶；16、17. *Declinognathodus* sp. ；18. *Neolochriea* sp. 罗苏阶；19、20. *Idiognathoides* cf. *I. simulator* 上石炭统达拉阶上部

(3)在测区下三叠统石炮组中识别出蠕虫状灰岩,收集了丰富的沉积相资料,并结合岩石地球化学特征,对其做了专题报告研究,为右江盆地岩相古地理及蠕虫状灰岩的研究提供了丰富的基础资料。

(4)在多个地层中(上二叠统领薅组、下三叠统石炮组、中三叠统百逢组及兰木组)识别出内波内潮汐等深水牵引流沉积,丰富了区域沉积相资料,并为右江地区三叠系沉积相与盆地演化研究提供了资料。

(5)在中三叠统兰木组中发现沉积混杂岩,识别出与砂、泥岩液化、塑性变形及伴生的滑动面理、擦痕等同生构造,被认为是古地震事件产物,为研究右江盆地三叠纪构造背景提供了新资料。

(6)首次将下石炭统鹿寨组上部夹含锰矿层的硅质岩段、中三叠统百逢组顶部以薄—中层状泥岩、泥质粉砂岩组合为主,颜色多样、层理清楚,由不同颜色组成呈斑马纹状的岩层组合段,作为非正式填图单位进行划分;将下三叠统石炮组中上部蠕虫状灰岩层(透镜体)、中三叠统兰木组中下部广为发育的沉积混杂岩层作为特殊岩性层划分。对测区特征岩性段(层)予以了强调,完善了调查区地层系统,提高了地层研究程度,具有重要的地质意义。

(7)测区内发现上二叠统领薅组顶部普遍存在一段单层较厚的沉凝灰岩、凝灰质泥岩,查明它在区域内具有稳定性,结合岩石组合、沉积旋回和古生物等特征,提出了其应为晚二叠世末火山事件、区域性海平面下降的沉积表现,是盆地相沉积二叠系与三叠系,即领薅组与石炮组划分的重要标志。该发现为解决长期以来该区域盆地相沉积的二叠系领薅组与三叠系石炮组极其相似、划分标志不明的问题提供了资料,对长期以来存在的该区(盆地相)晚二叠世至早三叠世为连续海侵沉积提出了不同见解。

(8)查明百色、永乐新生代盆地地层序列和盆地充填过程,通过调查、对比分析,重新恢复划分新近系,将出露于永乐盆地北缘角度不整合于古近系之上的一套红色砾岩、含砾砂岩层厘定为长蛇岭组,恢复划分长蛇岭组。

(9)将第四系划分为白沙组、望高组、桂平组,对应为早更新世末期—中更新世早—中期、中更新世晚期、全新世沉积。提出测区第四系沉积为多套河流沉积与残积、残坡积多相堆积物组合的认识,并非简单的河流阶地沉积。其中,原来划分含旧石器和玻璃陨石的第Ⅳ级阶地,即东亚地区唯一获得可靠测年数据(80.3万年)的旧石器遗址产出的红色黏土层,不是河流阶地沉积,而是早、中更新世之交形成的一套特殊古土壤层。确认该区0.5~0.34Ma发生过较剧烈的新构造运动,表现为北西向断层的继承性活动,并进一步派生许多小型断裂,切割了白沙组(原第Ⅲ、第Ⅳ级阶地),形成了多级梯状小台地,其后形成的望高组、桂林组受新构造运动影响微弱。百色盆地在古人类学研究等方向已获得了许多重要成果和认识,引起了广泛关注,但是长期以来基础地层工作薄弱。上述认识为该区第四纪地层划分,对比地质地貌背景、发展演化历史和与古人类活动的关系,分析探究古人类起源及环境变迁提供了科学依据。

(二)构造

(1)系统查明了测区主要构造运动的变形特征,建立了构造格架,重点对右江断裂带及龙川背斜进行了调查。查明龙川似穹状背斜为北西向与北东向、东西向、近南北向褶皱和断裂及顺层剪切构造组构的多期次叠加构造,是滨太平洋构造域与特提斯构造域复合叠加、多期区域构造活动的反映。

(2)在测区东北部龙川地区发现下石炭统鹿寨组具有褶叠层的构造特征,层内平卧褶皱、层间褶皱、无根小褶皱、倾竖褶皱、杆状褶皱、顺层小断裂、石香肠构造、透镜构造、书斜构造、残斑构造、梳状石英脉常见,剪切滑动构造发育,鹿寨组内部构造复杂、无序,可能存在大型滑脱构造或推覆构造。

(3)在测区东北部世加地区新识别出一系列北西向、北东向、近东西向、近南北向断层,世加金矿区所谓的"大型硅化锥"实际是多组、多条断层交叉,而非火山或岩株形成的硅化锥体,龙川金矿、世加金矿明显受多组共轭断裂控制。

(4)在龙川背斜东西两侧中三叠世地层中识别出同沉积挤压构造,其中以挤压皱纹及挤压岩枕较为常见,从其挤压方向推测古构造应力方向主要为北东—南西向,为中生代右江盆地演化与古构造的研究提供了资料。

(5)对龙川—世加地区辉绿岩微粒型金矿床的成因模式及成矿规律进行了研究总结,提出了以断裂构造为主控因素的岩浆岩、地层、构造因素复合控矿模式。对滇黔桂区域本类型矿床的再认识,对进一步开展找矿工作具有积极的推动和指导作用。

(三)岩浆岩

(1)基本查明龙川地区辉绿岩均呈厚层块状夹于下石炭统—上二叠统鹿寨组、巴平组、南丹组、四大寨组、领薅组多个层位中。辉绿岩层靠近上、下接触面,均存在变细、发育有冷凝边,多数层状辉绿岩边部的围岩不同程度地发生大理岩化、滑石化、透闪石化、纤闪石等矿化蚀变的现象,是侵入接触的重要证据。

(2)矿区辉绿岩沿断裂带或层间破碎带"顺层"产出,受构造控制明显。按露头产状可细分为无明显蚀变的层状-层脉状、蚀变的层状-层脉状、脉状,以及裂隙充填状等类型。

(3)测区辉绿岩的主量元素具有低二氧化硅、富钛、高镁之特征,属钙碱性岩类。微量元素整体表现出介于板内洋岛玄武岩(OIB)与富集型洋中脊玄武岩(E-MORB)之间的过渡类型特征。稀土配分曲线为相对较陡的右倾型,即轻稀土富集,而重稀土亏损,轻重稀土分馏明显;稀土配分模式总体上也介于 OIB 与 E-MORB 之间。揭示测区辉绿岩属于板内幔源岩浆,并可能受到岛弧岩浆不同程度的混染,形成于板内岩浆环境。

(4)查明世加金矿等辉绿岩型金矿床与辉绿岩空间关系密切,其成矿作用发生在辉绿岩成岩之后。稀土元素及微量元素地球化学特征显示,世加金矿床可能与辉绿岩同源,成矿流体为深源,而成矿物质主要源于辉绿岩和围岩地层。辉绿岩的侵入为成矿流体运移提供通道;成矿流体从岩体和围岩中萃取成矿物质;岩体与围岩的接触断裂带为成矿提供容矿场所。

(5)查明测区基性岩与透闪石玉矿化关系密切。透闪石玉为岩床状辉绿岩顺层侵入时带来的气液流体,在与围岩(白云质灰岩、硅质岩)发生长期的交代蚀变过程中形成,是辉绿岩侵位时与气液流体相互作用的结果。成矿母岩为辉绿岩、白云质灰岩、硅质灰岩、硅质岩。辉绿岩为热源,同时提供富含二氧化硅的热液,白云质灰岩、硅质灰岩提供钙、镁及部分硅质,灰岩中的硅质岩夹层或条带提供了硅质来源,而气液流体则使白云质灰岩和硅质岩(条带)及辉绿岩中物质成分的活化迁移,并另外提供少量的硅、钾、钠、铝等物质,在特定的物理化学条件下形成一种新类型的软玉矿体。

(6)查明测区石英斑岩为燕山晚期侵入岩,总体表现富硅铝,贫钙镁、钛铁,属于过铝质花岗岩,具 S 型花岗岩特征,形成于碰撞造山带环境。

(四)矿产

重点对龙川、局桑、平那等金、锑、钨、锡、锰、铍多金属成矿有利地区开展的矿产调查研究取得进展,为探讨测区岩浆活动与成矿关系、区内矿产资源的分布规律、成矿地质背景,总结区域成矿规律提供了资料。

(1)查明龙川、世加地区金矿与基性岩及构造存在密切的关系。结合基性岩地质地球化学特征及典型金矿床地球化学特征,探讨了基性岩与金矿化的关系,阐明了基性岩与金矿化的时空关系及成因联系。对测区微粒浸染型金矿分布规律、成矿地质背景进行调查研究,提出了以断裂构造为主控因素的岩浆岩、地层、构造因素复合控矿模式。

(2)在世加地区新发现多个与石英脉有关的金矿化点,为该区进一步找矿和成矿研究分析工作提供了新资料。

(3)查明世加矿区的锑矿呈断续鸡窝状产出,受近东西向等断层控制,产出位置多为断层与次级断裂叠加位置。

(4)对百色市平那地区进行了再调查,发现其蚀变作用中存在云英岩化、电气石化等典型热蚀变特征,故推测平那一带可能存在隐伏岩体。该区的钨、锡、铍矿(化)点及其他金属异常不仅与北西向断裂相关,且可能与隐伏岩体密不可分。这一发现为该区找矿提出了新的思路。

(5)测区南东部那拉锑矿(化)点位于北西走向的右江断裂带次级断裂带上,锑矿(化)发育于斜列式分布的右江断裂及次级断裂的结合部位,锑矿呈束状、放射状产出,且与金矿关系密切。另外,其北西部的百色平那一带有小型钨锡铍矿产出,中部六丈一带发育金锑异常,与北西向断裂相关。综合地质、构造、矿化、蚀变特征,平那-六丈-那拉成矿带为一受北西向断裂控制的钨金锑成矿带,具有较好的成矿地质条件。

(6)确认龙川方屯一带锰矿的含矿层位为鹿寨组第二段,该段夹多个含锰质较高的锰质泥岩层段。发现锰质的后生淋滤富集现象常见于褶皱虚脱、地层产状陡峭、构造叠加等部位。

(7)首次在龙川一带发现透闪石玉矿(化)点(4处),为该区进一步寻找新型软玉提供了资料和线索。

广西1:5万龙岸圩(东)、融水、浮石圩、黄金镇(东)、和睦、大良街幅区域地质调查

承担单位:广西壮族自治区地质调查院

项目负责人:黄锡强

档案号:0834

工作周期:2011—2013年

主要成果

(一)地层

(1)进行多重地层划分,重新厘定了测区岩石地层单位,建立了岩石地层层序。从岩石地层、年代及生物地层等方面进行了综合调查研究,将测区内地层划分为28个组,共33个岩石

地层填图单位。基本查明了各岩石地层单位的分布特点。

(2)查明了测区四堡群、丹洲群、南华系、震旦系、寒武系、泥盆系及石炭系地层层序及分布、接触关系特征;测制相关地层剖面,系统收集了地层的岩性、岩相、古生物等资料。

(3)进一步证实了青白口系与四堡群为角度不整合接触关系。丹洲群底砾岩覆于四堡群之上,四堡群为近东西向倒转叠加褶皱带,而丹洲群为北北东向平缓开阔褶皱。而这可能与四堡运动有关,强烈的区域性地壳运动使四堡期地壳褶皱回返,上升遭受剥蚀,地表经过长期剥蚀夷平,地壳逐渐下降,导致海水侵入,丹洲群沉积不整合覆盖其上。之后加里东运动使上覆丹洲群顺层滑脱,进一步褶皱变形,这是造成上部丹洲群地层变质程度比下伏四堡群深的原因之一。

(4)对丹洲群进行沉积序列的初步划分,划分为 3 个一级旋回,7 个次级旋回。认为白竹组先后沉积了陆相或滨海相的砾岩、粗砂岩,砂泥质岩和钙质岩。钙质岩厚度不大,说明晚期是比较稳定的浅海陆棚环境,但构造变形强烈;合桐时期,扩张作用进一步加强,地壳沉降幅度剧增,海盆不断扩大和加深,沉积了厚度较大的泥质岩夹砂质岩,其上部富含碳质及黄铁矿,反映海盆属半深海—深海的半封闭还原环境;拱洞时期,沉积物仍以砂泥质板岩为主,但其中的砂质岩较合桐组逐渐增多,并出现较多的长石和岩屑,复理石韵律更加发育,说明是半深海、深海沉积环境。

(5)进一步证明了丹洲群与南华系的接触关系,两者为渐变的整合接触关系。

(6)对南华系冰期的研究大致可划分为长安冰期—富禄间冰期—黎家坡冰期。长安冰期产物——冰碛岩为杂基支撑的含砾砂岩、含砾泥岩,富禄组间冰期表现为滨浅海相的变质砂岩、变质粉砂岩及板岩互层,黎家坡冰期产物以块状泥砾岩为主,与以往对南华系冰期的研究成果基本吻合。南华系冰期的存在,为新元古代雪球地球假说补充了证据,具有现实意义。

(7)泥盆系信都组的底砾岩超覆在寒武系或南华系之上,其间缺失奥陶系与志留系,上古生界和下古生界之间为明显的角度不整合关系,进一步证实了该时期发生过强烈的构造运动——广西运动。

(8)进一步确定了融县组的岩性特征及其沉积环境。自下而上为白云质灰岩—含白云质鲕粒灰岩—含鲕粒灰岩—生物屑灰岩、藻灰岩的基本岩性组合特征。

(9)新发现了测区内存在晚泥盆纪榴江组和五指山组地层。①榴江组为一套浅灰色—灰白色薄—中层状硅质岩,夹薄—中层状含锰泥岩;五指山组为一套浅灰色、灰白色—灰色薄—中层状滑塌角砾岩、条带状和扁豆状灰岩互层,偶夹薄层泥岩(图 2-11、图 2-12)。②滑塌角砾岩及碎屑流、液化缝合线等的发现,证明了测区内水东—潭头由南向北存在一条裂谷海槽带,延伸长大于 10km。研究证明,裂谷形成于泥盆纪晚期,西侧地势高的融县组崩落,滑塌进入海槽内,在边部形成滑塌角砾岩;相对低缓的东侧台地上地层也遭受崩塌陷落,但由于地势相对缓,受崩落岩层的重力作用,与海槽内少量泥皮形成交错穿插现象,条带状、扁豆状灰岩与鲕粒灰岩交互出现;而在内部更深水域内,接受的是正常深水沉积,底部为硅质岩,且夹含锰泥岩层,顶部为条带状、扁豆状灰岩及薄层泥岩。裂谷槽的首次发现为该区的古地理沉积环境甚至矿产研究都具有重要的意义。

(10)根据岩性组合及沉积特征,将英塘组分为三段:一段以砂岩为主,下为泥岩→泥质粉砂岩;中为石英砂岩→粉砂质泥岩→泥质粉砂岩→泥岩;上为细砂岩→粉砂质泥岩构成 3 种类型基本层序。二段为一套深灰色—灰黑色厚层状微晶含砂屑生物屑含云灰岩、含泥微晶生物

图 2-11 榴江组灰黑色硅质岩(新村)

图 2-12 榴江组浅黄色硅质岩(含锰层)(新村)

屑灰岩夹浅红色、深灰色中层状含硅质条带泥灰岩、灰黑色薄—中厚层状泥质灰岩。三段为一套灰黑色碳质页岩、灰白色薄—中层状石英砂岩、灰白色—褐黄色薄—中层状粉砂岩、细砂岩，其下部由石英砂岩→碳质页岩构成基本层序，上部由细砂岩、粉砂岩→页岩构成基本层序。

(二)岩浆岩

测区内岩浆岩出露虽然极少，且大多已风化殆尽，但结合测区外围边部出露的相同类型的研究，也获得了一定的成果。

(1)划分了区内岩浆岩的类型期次：元古宙四堡期变辉绿岩、变橄辉岩，元古宙晋宁晚期凝灰岩、闪长岩，加里东期的变细粒花岗岩及花岗闪长岩。

(2)四堡群获得辉长岩 SHRIMP 锆石 U－Pb 年龄分别为(819.8±4.5)Ma、(826.5±7.5)Ma；花岗闪长岩(813.5±7)Ma、(825.9±7.8)Ma，为青白口系中晚期，代表了本区四堡群上限侵入岩的年龄时代，因此认为本区四堡群形成不晚于 810Ma，也代表了四堡运动时间的上限；丹洲群合桐组顶部获得花岗岩年龄为(784.4±7.9)Ma，拱洞组顶部凝灰岩年龄为(766.2±4.9)Ma，均属于青白口纪晚期，代表了晚元古代晚期岩浆岩的侵入年龄，即(784.4±7.9)～(766.2±4.9)Ma，为晋宁运动引起的岩浆岩，同时也代表了丹洲群形成年代上限时间；此外，本次工作于四堡群文通组中下部采取石英二长闪长岩，获得锆石平均年龄为(139.7±1.4)Ma，属于燕山期花岗岩，说明在本区四堡群内仍存在燕山期花岗岩，推测因为华南地区岩石圈伸展减薄而引起的岩浆活动造成。

(三)变质岩

测区属江南古陆的南端，受变质的地层主要有中—新元古界的四堡群、青白口系，及下古生界南华系—寒武系，前者为陆间裂谷盆地沉积，以陆源碎屑为主夹中基性火山岩及火山碎屑岩，后者(南华系—寒武系)为被动陆缘盆地沉积，以浅水—深水陆源碎屑沉积为主，局部有台地相的碳酸盐沉积。先后受到四堡期、晋宁期、加里东期变质作用，均为低温动力作用。按成因类型划分了区内的变质岩类型，查明了区内以区域变质岩为主。主要岩石类型有绢云板岩、绢云千枚岩、轻变质砂泥质岩、变基性—超基性岩及大理岩等。特征矿物有绿泥石、绢云母、白云母、黑云母、阳起石、透闪石、绿帘石等，属低绿片岩相的浅变质岩；动力变质岩次之，主要岩石类型为断层泥、断层角砾岩和碎裂岩等；接触变质岩极少，仅见岩石类型为角岩。

(四)构造

测区构造发育，早古生代末因扬子陆块、华夏陆块的叠接，伴随北北西—南南东向的区域性挤压应力，测区结束了华南裂谷海盆环境，褶皱造山，断裂发育，奠定了本区主构造线为北北东向的构造格架。海西—印支期以来，转入陆内活动，部分断裂表现为继承性活动的特点，前泥盆纪构造或遭叠加强化，或接受改造，致使其形迹受到破坏。因此，区内虽然构造较发育，但风化及覆盖强烈，给构造的研究带来很大的困难。

(1)根据沉积建造、构造-岩浆活动、变质变形作用特征，对测区构造位置、构造区划及其演化模式进行了初步厘定划分。

(2)对测区构造层进行了初步划分，建立了各构造层的构造样式。测区构造运动包括四堡运动、加里东末期的广西运动、印支运动、燕山运动和第四纪构造运动。其中加里东末期的广西运动和印支运动在本测区的影响最大。前者完成了江南—雪峰山地区“洋—陆”的顺利转化,印支运动终结了华南地区的海相沉积历史,转入陆内演化及活动陆缘发展的新阶段。

(3)查明了测区内主要的构造形迹特征,主要有褶皱、断层及劈理。查明了区内主要区域性大断裂的性质特征。其中,三江-融安大断裂,主干断层具有分划性力学边界断层特征,其北西侧伴生断裂以北西、北西西倾向为主,南东侧次级断裂以南东、南东东倾为主,均以压扭逆断层为主(局部伴生斜卧同斜状小褶皱,如浮石至三坡一带),相向对冲,构成对冲式格局,由此初步推断三江-融安断裂主期(加里东期)变形具对冲式逆断层样式特点。

(4)本次工作发现,青白口系自下到上发育有较稳定的 4 个层状韧性变形带:第 1 带发育于白竹组的下段,主要表现为底砾岩中砾石形成拉伸线理,部分砾石表现为左旋形式;第 2 带发育于白竹组上段的薄层状大理岩和含钙千枚岩中,形成十分典型的褶叠层构造和小型顺层韧性剪切带;第 3 带、第 4 带分别见于合桐组的下段和上段,岩性主要为条纹条带状千板岩,其中韧性变形的构造群落十分发育,从掩卧褶皱、顺层流劈理、顺层小型韧性剪切带、同构造褶皱脉到石香肠等。

(五)矿产

结合遥感解译资料,通过大比例尺的地质填图及一定数量的山地工程揭露,基本查明了测区的矿产类型、分布规律、控矿因素,对成矿地质背景、形成机理进行了初步分析,初步认为测区金属矿产、能源矿产及非金属石灰岩属沉积型矿产及热液充填型,受地层和构造两方面控制。检查了大型矿床 1 处,中型矿床 1 处,小型矿床 7 处,矿点 11 处,矿化点 10 处。钨矿主要分布于测区北部平峒岭一带,赋存于震旦系富禄组中;铜镍矿主要分布在黄金—四堡一带;铁矿床有褐铁矿、赤铁矿等类型,褐铁矿主要赋存在坡积层及残积层中;铅、锌等矿化点主要赋存于构造带及石炭系灰岩、白云岩中;煤矿为无烟煤,主要产于下石炭统(寺门组),层位较稳定。

广西 1:5 万大宣圩、平南、桂平县东、木乐幅区域地质调查

承担单位:广西壮族自治区区域地质调查研究院
项目负责人:许华
档案号:0835
工作周期:2011—2013 年
主要成果

(一)地层

(1)基本查明了测区的岩石地层、层序地层、生物地层、年代地层和沉积相特征,开展多重地层划分对比,厘定了测区地层序列,划分为 25 个组共 34 个 岩石地层填图单位,提高了测区地层的研究程度。

(2)首次发现测区泥盆系莲花山组下部一套厚约 200m 的含火山凝灰质碎屑岩组合,并初步查明了其分布范围、岩性组合、沉积厚度、岩石地球化学特征及形成时代,为研究测区及华南地区晚古生代沉积环境、火山活动及大地构造属性提供了新资料(图 2-13、图 2-14)。

图 2-13　泥盆系层序 2 凝缩段之凝灰质泥岩(锤与油漆之间锤长 60cm)

图 2-14　泥盆系层序 3(Ⅱ级层序)侵蚀界面特征

A. 紫红岩屑石英砂岩;B. 绿灰色凝灰质粉砂岩

(3)基本查明测区泥盆纪各期、时的岩性、古生物、沉积相类型及其展布特征。测区计有开阔台地相、台地边缘相、台地前缘斜坡相、台盆相等4种沉积相类型,重新厘定了本区泥盆系岩石地层单位的划分和对比方案,为完善桂东南地区晚古生代岩相古地理的展布、演化与沉积模式提供了新资料。

(4)在泥盆系郁江组、四排组中采获了一批具时代意义的腕足类古生物化石:*Howellela yukiangensis*(郁江郝韦尔石燕),*Devonochonetes kwangsiensis*(广西泥盆戟贝),*Rostrospirifer tonki-ensis*(东京喙石燕),*Eospiriferina lachrymose*(泪滴古准石燕),*Productellana* cf. *P. tiaomajianensis* Ni(跳马涧等小长身贝),*Uncinulus signatus*(指示勾形贝),*Xenospirifer fongi*(冯氏奇石燕)等,时代属早泥盆世晚期(埃姆期晚期)—中泥盆世早期(艾菲尔早期),为测区泥盆系地层的划分对比提供了重要依据。

(5)通过地表调查和浅钻工程,基本查明了测区第四系沉积物特征、分布范围、沉积厚度、纵横向岩相变化、特殊夹层特征及形成时代等,建立了区内第四纪地层序列,编制了基岩地质图。

(6)开展第四系多重地层划分对比研究,将测区第四系划分为4个组级和2个非正式级共6个填图单位,提高了第四系的研究程度。按成因类型划分为:①坡-洪积成因的洪积扇(Q^{dl+pl});②河流冲洪积成因的一级阶地桂平组(Qh^{g})、二级阶地望高组(Qp^{w})、三级阶地白沙组(Qp^{b});③溶余堆积成因的临桂组(Q^{l});④残-坡积成因的残积层(Q^{el})。同时,在二级阶地(望高组)中获得^{14}C年龄为(9570±40)BP,属早全新世;一级阶地(桂平组)中获得^{14}C年龄为(29 900±30)BP,属全新世;溶余堆积成因的临桂组中获得^{14}C年龄为(11 000±50)BP,属晚更新世—早全新世。

(二)岩浆岩

综合各时期侵入岩接触关系和同位素测年成果,建立了测区侵入岩形成序列。首次在测区东南富藏一带发现多个花岗斑岩体,并采用高精度的LA-ICP-MS锆石U-Pb定年获得花岗斑岩的加权平均年龄为(244.2±8.8)Ma,形成时代为中三叠世。

(三)构造

(1)对测区大地构造单元进行了划分,基本查明了测区的各类构造形迹特征,初步建立了测区构造变形序列,进一步完善了测区的构造格架。

(2)基本查明了木圭-官成断裂的活动期次及控矿特征。该断裂规模大、切割深,局部地段有分叉,曾经历两期断裂活动,在中生代中晚期生成北北东走向断层,具强烈硅化和重晶石矿化;在中生代末期,它使部分硅化、重晶石化的岩石发生破碎,表现为正断层性质。通过物探资料解译,该断裂断面向西倾,在地下约800m处与双马断层(F6)相交会,为双马断层的主断裂。

(3)首次在富藏乡至大平村一带识别出大型逆冲推覆构造。逆冲推覆构造外来系统有两期:第一期由榴江组硅质岩、东岗岭组泥质灰岩夹灰岩及巴漆组微晶白云岩组成,榴江组为推覆体前锋带,巴漆组及东岗岭组为推覆体中带,原地系统为上泥盆统融县组灰岩及白垩系新隆组砂岩;第二期由奥陶系轻变质砂岩及下泥盆统贺县组泥岩所组成的褶皱盖层呈飞来峰坐落于第一期推覆体之上,原地系统除融县组灰岩外,第一期也成为原地系统。第一期前锋带硅质岩中侵入的花岗斑岩体(脉)群[锆石U-Pb年龄(244.2±8.8)Ma,形成时代为中三叠世]随着榴江组硅质岩褶皱变形，且推覆体逆掩于白垩系新隆组之上，推覆构造形成时代应属燕山晚期—喜马拉雅期。

(4)新发现桂平—官成一带的下中泥盆统细碎屑岩、碳酸盐岩普遍发育伸展滑脱构造(顺层韧性剪切)，其可能与该区广泛发育的铅锌多金属矿床关系密切。伸展滑脱构造主要由顺层韧性剪切变形带和顺层韧性剪切固态流动褶皱变形层这两类类层状体所构成。

(5)新发现平南地区新构造运动证据。测区内发育北西向切割第四系的断层，断层为左旋性质并具多期活动特征。

(四)变质岩

基本查明了测区的各类变质岩的岩石类型及分布特征。

(五)区域矿产

新发现矿(化)点3处，初步总结了区内矿床(点)的空间展布特征、控矿地质条件、成矿规律、找矿标志等，圈定了成矿远景区。

广东1∶5万凤岗圩、北市、古水、江屯圩幅区域地质调查

承担单位：广东省地质调查院

项目负责人：卓伟华，邓飞

档案号：0836

工作周期：2011—2013年

主要成果

(一)地层

共划分出10个组级岩石地层单位，5个段级地层单位和1个第四纪成因地层单位，查明了各岩石地层单位的沉积环境。

(1)以硅质岩、碳质岩、灰岩、白云岩等特殊岩性层和岩性组合特征为依据，确定了震旦纪、寒武纪各岩石地层单位的划分标志。

(2)将巨厚层状石英岩层作为震旦纪老虎塘组顶部与寒武纪牛角河组的界线，查明了以老虎塘组为核部的叠加褶皱形态。

(3)首次在寒武纪水石组中发现白云岩夹层和透镜体。

(4)综合沉积构造、沉积层序特征和砂岩岩石地球化学分析，认为寒武纪时期调查区处于被动大陆边缘大地构造环境。

(5)通过岩石地球化学剖面测量，查明寒武纪高滩组Au元素含量明显高于地层平均值，且变异系数较高。

(二)岩浆岩

根据野外地质特征及7个锆石U-Pb测年数据，将调查区侵入岩进一步划分为9个“岩

性+时代”填图单位。

(1)获取了一批高精度的 LA - ICP - MS 锆石 U - Pb 年龄数据，重新厘定了区内一些重要岩体的地质时代。获得北市粗中粒黑云母花岗岩岩体的锆石 U - Pb 年龄为(449±12)Ma，中华中粒花岗闪长岩岩体的锆石 U - Pb 年龄为(439.4±8.0)Ma，广宁黑云母二长花岗岩岩体的锆石 U - Pb 年龄为(249.2±2.8)Ma。

(2)结合野外地质特征、岩石学、岩石地球化学等资料，分析了侵入岩的就位机制、岩浆演化趋势及形成的大地构造环境。

(三)变质岩

变质岩划分为区域变质岩、接触变质岩、气-液变质岩和动力-动热变质岩 4 类。结合共生矿物组合进行了变质相带划分，确定区内区域变质总体为低绿片岩相，接触变质作用程度相当于低绿片岩相至低角闪角岩相。通过白云母$^{40}Ar-^{39}Ar$法同位素测年，确定动热变质作用发生的时间为(232.6±2.6)Ma。

(四)构造

测区构造包括 10 个褶皱带(区)，15 条主要脆性断裂，2 条(脆)韧性剪切带和 2 个白垩纪构造盆地。

(1)查明了区内多期褶皱叠加特征。加里东期形成北西—北西西向褶皱；印支早期北东向构造强烈改造了前期构造线；印支晚期叠加了近东西向构造；燕山晚期则以北西-南东向挤压褶皱作用为主。

(2)查明了罗定-广宁断裂带在调查区内的地质特征。印支早期表现为脆韧性逆冲剪切带，印支晚期发生右旋(脆)韧性走滑剪切，燕山期叠加以压碎为特征的脆性活动。通过对同构造白云母$^{40}Ar-^{39}Ar$法同位素测年，确定走滑剪切的活动时间为(238.1±2.6)～(235.1±2.0)Ma。

(3)将区内构造演化历史划分为被动大陆边缘及陆内褶皱造山阶段(Z—S)、陆表海沉积阶段(D—P)、特提斯构造域陆内造山阶段(T_1—T_2)和滨太平洋构造域活动大陆边缘演化阶段(T_3—Q)，总结了各阶段的沉积作用、岩浆作用、构造作用、变质作用和成矿作用特征。

(五)矿产

结合异常查证工作，查明了区内主要矿种的成矿地质条件。初步总结了区内破碎带蚀变岩型-石英脉型金矿床成矿模式。根据成矿地质背景及矿床点的分布特征、成矿地质条件、物化探异常、重砂异常特征的总结，在区内圈定了 6 个找矿远景区。

(六)数据库

按照《数字区域地质调查技术》和《地质图空间数据库标准》有关要求进行了数据库建设。

海南1∶5万加来市、多文市、儋县、中兴镇幅区域地质调查

承担单位：：海南省地质调查院
项目负责人：袁勤敏
档案号：0871
工作周期：2012—2014年
主要成果

（一）地层

（1）通过岩石地层、年代地层和生物地层等方面的综合研究，将测区地层划分为15个正式岩石地层单位和1个非正式岩石地层单位，并将分布于和庆镇南坟岭一带的原石炭系南好组重新厘定为志留系陀烈组，建立和完善了测区多重地层系统格架。

（2）本次地层工作的重要进展之一是在测区古生代地层中首次获得一批碎屑锆石U－Pb年龄，为进一步综合运用古生物化石、岩性组合特征确定其时代归属提供了极其重要的同位素年龄制约。

（3）在测区白垩系六罗村组安山岩中新获得岩浆锆石U－Pb年龄为100.8Ma，该年龄值与前人在三亚六罗村组层型剖面上获得的锆石U－Pb年龄（107Ma）在误差范围内基本一致，为该套火山岩的时代归属提供了非常重要的同位素年龄证据。

（4）在前人工作基础上，根据岩石组合特征，对测区地层沉积环境从相到亚相进行了详细划分。

（二）侵入岩

（1）按“岩性＋时代”的划分方法对测区侵入岩重新进行了厘定和划分，归并建立为13个岩石填图单位，并对其岩浆演化、构造背景及其成矿作用关系进行了初步探讨。

（2）首次从儋州岩基中厘定出一套具有独特岩石地球化学特征及构造环境指示意义的AC型花岗岩，这套花岗岩的出现是测区构造环境开始从挤压向伸展阶段转换（挤压-松弛阶段）的标志，表明测区在早—中三叠世之间（240Ma之前）区域构造应力场虽已处于应力松弛期，但仍伴有局部间歇性的挤压或剪切作用。

（3）首次在儋州岩基中厘定出一套双峰式侵入岩组合，该套岩石由基性端元——中三叠世猪母岭含斜长石辉石角闪岩和酸性端元——中三叠世发美村石英碱长岩、红岭黑云母正长岩两个A型花岗岩组成，形成时代介于240～235Ma之间，表明测区从240Ma开始进入板内构造环境下的强烈伸展阶段。

（三）火山岩

（1）首次将测区中生代火山岩盆地中出露的火山岩划分出喷发相和溢流相两个火山岩残余相，并查明了其岩石类型、岩性岩相、结构构造、产状、厚度等特征。

（2）通过对测区大面积分布的一套第四纪基性玄武岩系的分布规律、岩石系列、岩石组合

及其岩石地球化学、同位素特征等多方面综合分析,并与中国东部新生代玄武岩进行对比,认为其属于大陆板块内部拉斑玄武岩和碱性玄武岩系列,形成于大陆裂谷环境,受琼北新生代地幔隆起导致的岩石圈拉张、地壳张裂下陷构造环境控制,具有多喷发中心的特点。

(四)变质岩

(1)查明了测区变质岩的类型及其时空分布。系统地概括了各变质岩的岩石类型、结构构造及矿物组成特征。

(2)对测区区域变质岩进行了原岩恢复和变质作用类型划分,并根据特征变质矿物和矿物共生组合特征,将其划分为低绿片岩相和高绿片岩相 2 个变质相,以及 1 个绢云母-绿泥石变质带。在峨查组中新发现高压低温条件形成的特征变质矿物——硬玉,在南碧沟组中新发现蓝晶石特征变质矿物。

(3)查明了接触变质岩的岩石类型,它以角岩及接触变质成因的千枚岩、片岩为主,出现较多红柱石等低温矿物及少量矽线石和透辉石等高温矿物。变质程度由变质钠长-绿帘石相过渡至辉石角岩相,推测其变质温度大致为 350~800℃。

(4)总结了测区变质作用演化的特点,加里东期和海西期测区变质作用以区域低温动力变质作用为主,印支期、燕山期和喜马拉雅期则以动力变质、热接触变质作用为主,反映变质范围缩小,地壳热流值不断降低,应力作用的贡献由小到大等特征。

(五)地质构造

(1)初步查明了测区断裂构造的形态、产状、规模、组合规律、分布特征、力学性质及活动期次,建立了测区构造格架。

(2)对洛基韧性变形带的岩石学特征、变形特征、运动学特征和年代学进行了初步研究。该变形带至少经历了两期构造活动,早期韧性变形发生于印支期,以挤压环境的逆冲运动为主,兼具左旋运动特征;晚期脆性变形发生于早白垩世北西-南东向的近水平拉张环境下,控制了洛基盆地的形成、沉积和演化及火山岩的喷发。

(3)通过物探、遥感和地质资料,总结了王五-文教断裂带的活动特征,古近纪—新近纪时期该断裂活动强烈,控制断裂北侧厚达万米的古近纪—新近纪沉积;第四纪早中期仍有活动,切断中更新统;晚更新世以后活动减弱。

(4)通过分析构造运动与沉积作用、岩浆作用和变质作用的关系,初步探讨了测区构造变形演化史,并划分为加里东期、海西—印支期、燕山期及喜马拉雅期 4 个主要阶段。

(六)矿产

(1)本次工作新发现矿点 2 处,矿化点 27 处。其中,非金属矿点 2 处,矿化点 14 处,黑色金属矿化点 9 处,有色金属矿化点 2 处,稀有金属矿化点 2 处。

(2)把测区划分为 6 个找矿预测区,分别为多文铝土矿成矿预测区,那大-西联锡、铌钽、铷铯、电气石、高岭土矿成矿预测区,和庆四队-南坟岭红柱石、锌矿成矿预测区,和安红柱石矿成矿预测区(图 2-15、图 2-16),龙门村红柱石矿成矿预测区和南岛队铌钽矿、红柱石矿成矿预测区。

图 2-15　风化残留的和安红柱石晶体

图 2-16　和安红柱石矿石外貌

(七)环境地质与旅游地质

(1)初步查明了区内主要地质灾害类型(崩塌、水土流失、河岸侵蚀等)及其分布,并初步圈定了地质灾害易发区域。

(2)对测区旅游资源进行了初步调查,对已开发或具开发价值的景观等进行了总结。

湖南1:5万召市镇、红岩溪镇、咱果坪、洗车河幅区域地质矿产调查

承担单位:湖南省地质调查院

项目负责人:刘伟

档案号:0876

工作周期:2012—2014年

主要成果

(一)基础地质

(1)区内地层划属上扬子分区,由老到新有寒武纪、奥陶纪、志留纪、泥盆纪、二叠纪、三叠纪地层广泛分布,另有第四纪冲洪积物零星分布。通过地质调查与详细的剖面研究,将区内地层划分为27个组级岩石地层单位,6个段级岩石地层单位,并划分出灰岩体、砂岩体、脉体、矿化体等多个非正式填图单位,正确厘定了区内地层层序,提高了地层划分精度。其中,本次调查首次将志留纪马脚冲组解体为3个岩性段。

(2)在详细收集了关于湘西北地区及邻区生物地层划分资料的基础上,本次工作系统研究了奥陶纪—志留纪地层基本层序、沉积相、层序界面等层序地层划分的关键问题,共划分出3个二级层序,并识别出17个三级层序,37个体系域。在此基础上对该区古生代相对海平面变化进行了研究,并绘制了相对海平面变化曲线;将该曲线与全球海平面变化曲线进行对比,区别较大,说明调查区奥陶纪—志留纪时期相对海平面变化主要受控于构造基底活动。

(3)对奥陶纪—志留纪时期的桐梓组风暴沉积、红花园组生物礁灰岩、宝塔组龟裂纹构造、龙马溪组火山-浊积事件沉积、新滩组远源浊积岩、马脚冲组波痕构造、溶溪组"红层"等沉积现象进行了系统调查,并对其形成机理进行了分析探讨。

(4)对奥陶纪—志留纪时期具伸展体制的被动大陆边缘盆地和具挤压体制的前陆盆地发育演化特征展开了系统探讨,对早—中奥陶世之交盆地性质转换节点的沉积响应展开了重点研究,对早志留世早期与早志留世晚期—中志留世两个阶段的前陆盆地碎屑物质来源进行了识别,并建立了奥陶纪—志留纪时期沉积-构造演化模型。

(5)根据地层记录、地质体接触关系及构造变形活动等方面资料进行综合分析,查明了区内加里东运动、海西运动、印支运动、燕山运动及喜马拉雅运动的表现形式;划分了加里东构造层(∈—S)、泥盆纪构造层(D)、二叠纪—三叠纪构造层(P—T)及喜马拉雅构造层(Qh)等4个构造层;建立了比较完整的(先后11个变形期次)构造变形序列,论述了地质发展史。

(6)首次在志留纪马脚冲组泥岩中识别出枢纽近东西向的小型平缓型褶皱和等轴褶皱,并

将早期枢纽近东西向的平缓褶皱归于加里东运动的产物；调查区东南角的永龙桥断层晚期表现为右行逆断层，将其划归为因印度板块与欧亚板块碰撞（喜马拉雅运动）导致区域上存在北北东-南南西向挤压体制下的产物。

（7）对区内褶皱、断层构造系统进行了几何学、运动学特征的梳理总结，特别是对洗车河断层、盐井断层展开了重点调查。其中，将洗车河断层划分为4期变形，盐井断层划分为2期变形，对其形成的动力学机制进行了分析。

（8）对洗车河断层、盐井断层初步进行了构造控矿规律研究，特别是对洗车河断层的铅锌控矿作用进行了重点调查研究，认为北东—北北东向断层为区内铅锌矿的重要导矿构造；北西-北北西向断层虽然规模较小，但属区内重要的储矿构造，同时对该组断层的成因进行了分析。依据铅锌成矿与构造活动的密切关系，推测本区铅锌成矿期主要为印支运动之后的短暂应力松弛阶段（晚三叠世早期）、北北东向左行压扭性断层活动的燕山早期（晚三叠世—晚侏罗世）和区域性伸展构造体制下的燕山晚期（早白垩世—古近纪）。

（二）物化探

（1）完成了调查区1∶5万水系沉积物测量面积1794km^2，采集样品数9277件，分析测试Ag、As、Au、Ba、Bi、Cd、Co、Cr、Cu、F、Hg、Mo、Ni、Pb、Sb、Sn、V、W、Zn 19种元素。共圈定了52个综合异常，其中包括10个甲1类异常，1个甲2类异常，6个乙2类异常，27个为乙3类异常，2个丙1类异常，3个丙2类异常，3个丙3类异常。

（2）在综合分析的基础上，对铅锌成矿有利部位的水系沉积物异常区，开展1∶1万土壤剖面测量、1∶1万基岩光谱剖面测量。其中，土壤剖面测量31km；基岩光谱剖面测量共4条，总长15.5km。通过异常分析，进一步缩小找矿靶位。

（3）对调查区凤溪乡等铅锌成矿有利地区进行物探激电中梯测量工作，共敷设了20条激电中梯测线，完成实物工作量15.2km，发现低阻高极化的异常1处，高阻高极化异常2处。

（三）矿产

（1）本次工作新发现矿（化）点15处，其中，小型铅锌矿床1处，铅矿点4处，锌矿点2处，铅锌矿点7处，重晶石矿点1处。凤溪铅锌矿经估算共获334_1矿石量约26.1×10^4t，铅锌金属量之和为1.9×10^4t；草果铅锌矿经估算共获334_1矿石量52.6×10^4t，铅锌金属量之和为5.01×10^4t，达小型规模。

（2）选择调查区内几处典型铅锌矿床开展矿床的地球化学研究，较系统地分析了调查区内铅锌矿成矿流体特征、成矿物质来源、成矿物质迁移及沉淀的机理，建立了铅锌矿成矿模式；根据调查区铅锌成矿地质条件、矿化特征、找矿标志及物化探异常，建立了调查区铅锌找矿模型。

（3）根据调查区已知矿产地质特征、内生矿产的分布规律及物化探、遥感资料综合分析，调查区共圈定了5个找矿远景区，其中Ⅰ级找矿远景区3个，分别为红岩溪-干溪坪铅锌Ⅰ级找矿远景区、草果-凤溪乡铅锌Ⅰ级找矿远景区和盐井乡-首车镇铅锌Ⅰ级找矿远景区；Ⅱ级找矿远景区2个，分别为紫泽洞-瓦房乡铅锌汞Ⅱ级找矿远景区和火岩村-新屋场铅锌锰Ⅱ级找矿远景区。

（4）在已圈定的找矿远景区的基础上，分析各远景区成矿地质有利部位，综合对比已知矿床点规模、矿化强度、围岩蚀变等特征，结合物化探异常资料，共圈定找矿靶位4处，依据各靶区成矿有利程度,将靶区划为 A、B 两级,分别为草果铅锌找矿靶区(A-1)、凤溪铅锌找矿靶区(A-2,图 2-17、图 2-18)、两岔乡-冗迪铅锌找矿靶区(B-1)、兴旺村-瓦房乡铅锌找矿靶区(B-2)。

图 2-17　凤溪矿点方铅矿石呈斑杂状

图 2-18　凤溪矿点闪锌矿呈浸染状分布

湖南1∶5万万民岗、桑植县、龙寨镇、茅岗幅区域地质矿产调查

承担单位：湖南省地质调查院
项目负责人：李泽泓
档案号：0877
工作周期：2012—2014年
主要成果

（一）区域地质调查

（1）厘定了调查区的岩石地层系统，划分为31个组、11个段、3个层级（非正式）岩石地层单位；根据古生物组合特征建立了47个化石组合带、延限带。基本查明了各组级地层单位在不同时期的沉积建造、岩相特征及其横向变化，大大提高了区内地层的研究程度，为地层划分对比提供了可靠的依据。

（2）加强了调查区志留纪的岩相古地理研究，针对志留纪地层主体为砂页岩建造、岩性较为单一的特点，对志留纪小河坝组、马脚冲组、吴家院组中的灰岩夹层进行了详细研究，进一步将其划分为生物礁相、生物滩相、潮坪相3种类型。调查区从北西往南东，总体上呈现生物礁—生物滩—潮坪的相变趋势，反映了北西为海，南东为陆的古地理格局。

（3）建立了调查区早古生代奥陶纪和志留纪的层序地层格架。奥陶纪划分出8个Ⅲ级层序，其早期为一套台地相沉积，在台缘环境多发育有陆架边缘体系域（SMST），中晚期向前陆盆地沉积转变，发育以淹没不整合为特征的Ⅰ型层序（CS＋HST）；志留纪划分出7个Ⅲ级层序，反演了前陆盆地形成直至消亡的完整过程。

（4）查明了泥盆纪与志留纪地层之间为平行不整合接触关系，通过对泥盆纪地层在横向上沉积特征的对比可知其为一个海滩-三角洲相的楔状体，具北西薄南东厚的特征，且指向性沉积构造恢复后的古水流方向为北西290°～320°之间，反映水流来自南东。古地理环境为北西低南东高。

（5）查明了区内二叠纪与泥盆纪地层之间为平行不整合接触关系，二叠纪的底界在调查区西北部发育一套滨海沼泽相的梁山组，而在调查区东南一带则缺失该套沉积，栖霞组直接覆于黄家磴组之上，仅于底部见有铝土质古风化壳，亦反映了当时南东高北西低的古地理格局。

（6）查明了三叠纪大冶组早期发育有多套风暴沉积序列；中晚期时因碳酸盐建隆作用导致了古地理环境的差异，由北西往南东，依次发育陆棚相泥晶灰岩—浅滩相鲕粒灰岩—台地相白云岩等迥异的岩性组合。

（7）查明调查区存在3期主要的褶皱变形：第一期褶皱为向斜较为开阔、背斜相对闭合的北东向线状褶皱，具隔档式褶皱特点；第二期褶皱为北西向倾伏褶皱；第三期褶皱为露头尺度的平卧小褶皱，系应力松弛的构造环境下，以重力作用为主在弯流褶皱作用机制下所形成。

（8）查明了盐井（比铁溪）-陈家河断裂的几何学、运动学、动力学特征与变形期次。认为该断裂经历了早期挤压逆冲，之后左行走滑，晚期张性正滑至少3次以上的变形。其生成于印支

期，燕山期进一步叠加改造。

(9)查明了调查区的主体构造格架，蕴含了2组方向的构造线。一组为北(北)东向，以线状褶皱与逆冲断层为特征；褶皱总体具备向斜相对开阔、背斜相对闭合的隔档式褶皱特征。断层多以断面倾向南东的叠瓦状冲断构造组合为特点。其成生于印支期北西—南东向不共轴挤压应力场。另一组构造线方向为北西向，以右行正滑断层与少量的北西向叠加褶皱为标志。其成生于燕山中期的左行剪应力场，应力来源于调查区东南边的保靖-张家界深大断裂的左行走滑。其叠加改造与递进变形，最终塑造了调查区的弧形构造格局。

(二)水系沉积物测量

(1)完成了全区1∶5万水系沉积物测量面积1794km^2，采集样品数9320(含质检样)件，分析测试Ag、As、Au、Ba、Bi、Cd、Co、Cr、Cu、F、Hg、Mo、Ni、Pb、Sb、Sn、V、W、Zn 19种元素。共圈定了39个综合异常，其中包括5个甲1类异常，2个乙1类异常，12个乙2类异常，6个乙3类异常，4个丙1类异常，1个丙2类异常，9个丙3类异常。

(2)在调查区范围内共划分了13处地球化学找矿远景区。其中有Ⅰ级找矿远景区3处，Ⅱ级找矿远景区4处，Ⅲ级找矿远景区6处，为区内矿产勘查缩小了找矿靶区指明了找矿方向，为矿产勘查选点提供了丰富的资料。

(三)矿产地质调查

(1)通过异常查证与矿产检查，一共新发现矿(化)点12处，其中铁矿点6处，铅锌矿(化)点2处，重晶石矿点2处，硫铁矿化点1处，菊花石矿点1处。此外还发现古油气藏3处。

(2)首次在桑植地区的龙马溪组中发现沉积型重晶石矿；首次在桑植地区二叠纪茅口组下部发现了菊花石矿(图2-19)，二者对在区域上寻找相关的沉积型矿产具有很好的指导意义。

(3)基本查明了区内矿产资源分布特征，在总结全区矿产资源分布规律、成因类型的基础上，通过与典型矿床对比，初步建立了区内铁矿与铅锌矿的成矿模型。

(4)根据调查区已知矿产地质特征、内外生矿产地分布规律及物化探、遥感资料综合分析，调查区共圈定了4个找矿远景区：其中Ⅰ级找矿远景区2个，分别为洞坪-铅洞沟铅锌Ⅰ级成矿远景区(Ⅰ-1)、金竹溪-官坪铁Ⅰ级找矿远景区(Ⅰ-2)；Ⅱ级找矿远景区2个，分别为青竹界钡铅锌Ⅱ级找矿远景区(Ⅱ-1)、下虾溪铅锌Ⅱ级找矿远景区(Ⅱ-2)。

(5)在已圈定的找矿远景区的基础上，分析各远景区中成矿地质条件有利部位，综合对比已知矿床点规模、矿化强度、围岩蚀变等特征，结合物化探异常资料，共圈定找矿靶区6处，依据各靶区成矿有利程度、成矿概率高低，将靶区划为A、B两级，分别为五伦铅锌找矿靶区(A-1)、二户溪铁矿找矿靶区(A-3)、尚家寨菊花石找矿靶区(B-1)、洞坪钡铅锌找矿靶区(B-2)、青竹界钡铅锌找矿靶区(B-3)、下虾溪铅锌找矿靶区(B-4)。

图 2-19 菊花石呈放射状

广东 1：5 万厚街圩、小榄镇、容奇镇、太平镇幅区域地质调查

承担单位：广东省地质调查院

项目负责人：谢叶彩

档案号：0884

工作周期：2012—2014 年

主要成果

(1)通过资料收集和调查，将区内前第四纪地层厘定为 6 个组级岩石地层单位，1 个构造岩石地层单位。

(2)收集钻孔 633 个，进尺 24 474.5m，施工钻孔 74 个，进尺 3566.2m，以此为基础，在研究钻孔基础上，首次在珠江三角洲结合海洋氧同位素分期建立了第四系填图单位。划分了 4 个组、7 个段和 2 个层级岩石地层单位，在晚更新世早期新建上更新统南沙段（Qp*ns*）、光明村层（Qp*gm*）；另据成因类型划分了残积层（Q^{el}）及人工填土（Q^{s}）2 个非正式地层单位。

(3)前人以大量^{14}C 测年数据为依据，确定珠江三角洲第四系为约 4 万余年以来的沉积，即大体相当海洋氧同位素 3 阶段（MIS3）中晚期开始接受沉积。本项目应用河口地层学原理，依据 AMS^{14}C 测年和微体生物有孔虫、介形类、硅藻及海相双壳类、腹足类、孢粉等综合分析，认为珠江三角洲第四系为约 12.8 万年以来的沉积，即大体相当海洋氧同位素 5 阶段（MIS5）

开始接受沉积;也确定了末次盛冰期(LGM)河间地与古河谷区两类古地貌单元。

(4)首次在狮子洋两岸发现河流基座阶地卵砾石层沉积,根据其出露高程及区域对比,暂定为河流二级阶地小市组(Qp*xs*)。

(5)将测区侵入岩划分为 8 个岩石填图单位,并获得了一批高精度的同位素测年数据。其中,大雁山中细粒(含斑)黑云母二长花岗岩,SHRIMP U-Pb 年龄为(230.9±4.2)Ma、(233±2.4)Ma。大岭山中细粒含斑(斑状)黑云母二长花岗岩 SHRIMP U-Pb 年龄为(156.17±0.83)Ma;粗中粒含斑(斑状)黑云母二长花岗岩 SHRIMP U-Pb 年龄为(151.6±2.1)Ma。

(6)通过野外调查,结合前人资料,运用地球物理、地球化学和钻探等多种技术手段,查明了调查区内主干断裂(北西向的西江断裂带、顺德-三水断裂带、白坭-沙湾断裂、狮子洋断裂和北东向棠下-顺德断裂、南沙-东莞断裂)构造形迹的分布特征,并对其活动性进行了初步的研究;阐述了区内断陷盆地(东莞盆地、新垦盆地、顺德盆地)的基本特征及演化过程,探讨了断裂构造与第四纪沉积盆地的耦合特征和演化,综合分析了反演区域地质发展史。

(7)查明了区内软土、可液化砂土等的特征、展布规律等:软土层由北向南,由北西向东南珠江口逐渐加厚,厚度较大的区域主要集中在横沥镇、三角镇和万顷沙地区;液化砂土严重区域主要为杏坛—容奇—潭州—灵山一线;区内地质灾害灾种主要为塌陷、滑坡和地面沉降 3 类,软土地基沉降较为显著的区域集中分布在万顷沙和龙穴岛。

(8)以 1979 年、1990 年、2000 年、2008 年、2012 年 5 个时相多类型高分遥感影像解译为基础,结合全新世沉积变化,动态分析了 33 年以来区内河(海)岸线变迁规律:河口湾和淤泥质海岸不断向海延伸扩展,导致入海口变窄,扩展方式主要为养殖水域围垦和工程建设围垦。

(9)查明了浅覆盖区地质结构,构建了浅覆盖区第四纪松散层三维地质结构模型。

广西 1:5 万桃川镇、麦岭、源口、福利幅区域地质矿产调查

承担单位:广东省佛山地质局

项目负责人:李文辉,邵小阳

档案号:0891

工作周期:2012—2014 年

主要成果

(1)采用多重地层划分方法,划分出 24 个组级、2 个段级岩石地层单位,加强了特殊地质体的表达。

(2)对调查区天马山组、桥亭子组、边溪组一段和二段进行了碎屑锆石 U-Pb 定年,分析认为调查区寒武纪—奥陶纪地层物源主要来自华夏地块,少量来自扬子地块,与华夏地块亲缘性更高。

(3)根据野外地质特征和高精度的 LA-ICP-MS 锆石 U-Pb 年龄数据,重新厘定了调查区岩浆演化序列。首次获得岩鹰咀花岗闪长斑岩的锆石 U-Pb 年龄为 427Ma,花岗斑岩的锆石 U-Pb 年龄为 426Ma;获得白沙源细中粒斑状黑云母二长花岗岩的锆石 U-Pb 年龄为 159Ma。分析了侵入岩的构造环境、就位机制、岩浆演化及成矿关系。

(4)将调查区变质岩划分为区域变质岩、接触变质岩、气液变质岩和动力变质岩 4 类。研

究了各种变质岩的岩石类型及相应的变质矿物共生组合。初步划分了区域变质岩、接触变质岩相带。

(5)基本查明了调查区构造形迹的展布及其特征,建立了构造格架。

(6)完成1∶5万水系沉积物测量1864km^2,采样7991个,分析Au、Ag、Cu、Pb、Zn等18种元素。探讨了元素的地球化学分布特征,圈定41处综合异常,其中甲类异常3处,乙类异常21处,丙类异常17处。筛选成矿潜力较大的甲1、乙1、乙2类共7处异常开展了异常查证。

(7)总结了调查区矿产资源的分布特征,重点分析了区内钨、锡、钼、铜、铅、锌、锑等多金属矿产赋存的地质条件,新发现矿点20处,划分了矿床成因类型,初步建立了成矿系列,并圈定成矿远景区5处,其中A类远景区2个,B类远景区2个,C类远景区1个。

(8)提交了数字区域地质调查原始数据库,建立了地质图空间数据库。

湖北1∶5万骡坪、平阳坝、南阳镇、兴山县(西)幅区域地质矿产调查

承担单位:湖北省地质调查院

项目负责人:龚志愚

档案号:0900

工作周期:2012—2014年

主要成果

(一)地层

(1)运用现代沉积学、地层学、岩石学等理论与方法,通过剖面测制与填图,查明了调查区各时代地层分布与产出特征、岩石组合类型、接触关系及区域变化规律,建立了调查区地层系统,并进行了多重地层划分对比。共划分了42个组级正式岩石地层单位,29个段级岩石地层单位,40个层级岩石单位。

(2)加强层序地层学方面的研究,重点对震旦纪—三叠纪地层进行了基本层序特征调查,重点调查牛蹄塘组/灯影组、云台观组/纱帽组、梁山组/云台观组、巴东组/嘉陵江组、九里岗组/巴东组之间的层序界面特征,及其纵横向变化规律,识别层序界面类型,划分3级地层层序,建立了调查区层序地层格架。

(3)对调查区前寒武纪地层(中元古界神农架群、南华系、震旦系)进行了岩石地球化学特征研究,分析了沉积环境;对陆相盆地侏罗纪地层进行了薄片粒度特征研究,分析了盆地充填过程中的水动力条件、沉积环境和沉积相。

(4)在调查区神农架群石槽河组中,发现存在一套巨厚火山岩,并将区内石槽河组划分为4个岩性段:一段为一套灰色白云岩、灰岩的岩石组合,白云岩中发育具示顶意义的叠层石构造,显示该段地层具正常层序;二段为一套紫红色、灰绿色火山岩岩石组合;三段为一套以灰色白云岩为主的岩石组合;四段为一套紫红色泥质白云岩为主的岩石组合。石槽河组总厚度大于1625.11m,其中第二段火山岩厚309.98m,其与上下碳酸盐岩均为整合接触。该套火山岩厚度大,中间无碳酸盐岩和碎屑岩沉积,前人资料无与之明显对应的地层。该套巨厚火山岩的

发现可为神农架群地层区域对比提供参考(图 2-20、图 2-21)。

图 2-20　石槽河组二段下部沉玄武质含火山角砾岩屑凝灰岩(赵家河)

图 2-21　石槽河组二段上部沉基性火山凝灰岩(石龙坡)

(5)发现神农架背斜南缘毛叶坪一带南华纪莲沱组为一套具有分带性的紫红色角砾岩至细砂岩沉积体,其分带特征由下向上依次为巨砾白云岩角砾岩—粗砾硅质岩角砾岩—细砾杂角砾岩—斜层理含砾细砂岩,初步确定为陆缘冲积扇,按其产出特征可划分出扇根、扇中和扇缘。沉积体确定为扇体沉积的地质意义:①确定华南海北缘莲沱期于调查区为海岸带;②确定了调查区尤其是新华断裂以西莲沱组物质主要来源于北部神农架古陆区;③为分析研究上覆沉积地层体古地理格局起到启示作用。

(6)在南华纪古城组中发现肉红色花岗岩砾石,花岗岩砾来源于东部黄陵背斜基底花岗岩侵入体;南沱组中发现来自神农架群白云岩漂砾。该发现为分析该区南华纪岩相古地理特征提供了资料。

(7)查明新华断裂东西两侧震旦纪陡山沱组沉积面貌具明显差别。从岩性组合、岩石地球化学、地层含矿性和岩相古地理4个方面,对东西部陡山沱组行了对比分析。西部神农架地区为一套较深水泥质岩沉积,以含锰页岩、粉砂质页岩为主;而东部黄陵地区杨道河一带以碳酸盐岩为主。显示调查区陡山沱时期西深东浅古地理特点,即以新华断裂为界,西部为浅海盆地相泥质岩沉积区,东部以台地碳酸盐岩沉积为主,同时又表现出新华断裂具同沉积断裂特点。

(8)对秭归盆地的充填演化和沉积环境进行了初步总结。盆地基底地层为中三叠世巴东组,晚三叠世为盆地初始沉降阶段,形成了上三叠统九里岗组海陆交互相的多套韵律性含煤建造。早侏罗世盆地进一步抬升为陆,桐竹园组为河流相一浅湖相沉积,在秭归盆地北东部存在一条北东向古河流,该河流由北东向南西为盆地源源不断提供物质,供其充填沉积。中侏罗世早期千佛崖组为滨浅湖和湖泊三角洲沉积,在该组中部新发现2层湖相双壳类化石。中侏罗世晚期,燕山运动Ⅰ幕使盆地区强烈沉降,沉积沙溪庙组一套砂岩与泥岩组合,二者反复交替出现,为曲流河相-湖相沉积。紫红色岩石和石膏出现,说明沙溪庙组沉积时为炎热干旱的古气候环境。晚侏罗世盆地缓慢沉降,遂宁组与蓬莱镇组岩性为灰绿色夹紫红色粉、细砂岩、粗砂岩,时见水道砾岩,显示为陆相浅湖-湖内河流沉积。

(二)岩浆岩

(1)查明了神农架群石槽河组火山岩岩石学和地球化学特征。石槽河组火山岩以变玄武岩和沉凝灰岩为主,其中变玄武岩属碱性系列,沉凝灰岩为亚碱性的拉斑玄武系列,为板内裂谷拉张作用的产物。

(2)查明了区内黄陵基底无野马洞组地层,未见片麻岩、变粒岩、斜长角闪岩等岩石组合,基底区出露新元古代酸性侵入岩体,以黑云母二长花岗岩为主。通过计算得到杨道河花岗岩熔体的温度为734~781℃。地球化学特征表明,杨道河花岗岩显示亚碱性过铝质,具有火山弧和同碰撞花岗岩的特征,是下地壳重熔的产物。

(三)构造

(1)基本查明了调查区主要构造运动的变形特点,建立了构造变形序次。晋宁运动使黄陵地块与神农架微陆块拼合;加里东—海西运动表现为垂直升降运动,造成不同时代地层间的平行不整合接触关系;印支运动受到南北向挤压应力场的作用,造成调查区盖层发生近东西向褶皱并逐渐结束了海相沉积的历史;燕山运动受到南北对冲的影响,发育北北东向构造行迹,叠加改造先期东西向褶皱;喜马拉雅运动对前期构造进行了不同程度的改造与叠加从而奠定了调查区基本构造格架。

(2)初步查明新华断裂和高桥断裂在调查区的特征,具有多期次活动的特点。

(3)通过对调查区沉积建造、岩浆活动及构造变形变质事件的综合分析,将调查区划分 8 个构造变形事件,建立了调查区地质演化序列,总结了调查区的地质发展史。

(四)矿产

(1)开展 1∶5 万水系沉积物测量,编制了 21 种单元素地球化学图和异常图件,圈定了 98 处综合异常。圈定了远景预调查区,为进一步开展工作及找矿重点指明了方向,为本区的矿产调查评价提供了新的靶区。

(2)根据地质矿产测量和各类异常提供的矿化信息、地表找矿线索,经综合分析后进行概略检查,共完成矿产检查 16 处。初步查明了区内铜、铅锌、锰、铁、煤等矿种的赋矿层位,矿化层产状、形态、规模和矿化强度。

(3)新发现铜、铅锌、锰、煤、高岭土等矿(化)点 25 处,圈定综合找矿远景区 8 处。

(五)灾害地质

对区内宜巴高速沿线进行了灾害地质路线调查,总结了地质灾害与岩性、水文、构造及与人类活动间的关系,并提出相应地质灾害防治措施。

广西 1∶5 万南乡、上程和广东 1∶5 万福堂圩、小三江幅区域地质矿产调查

承担单位:中国地质调查局武汉地质调查中心

项目负责人:涂兵,王令占

档案号:0926

工作周期:2012—2014 年

主要成果

(一)地层学

(1)以最新的国际地层表为指南,重新厘定了工作区地层序列,划分为 17 个正式岩石地层单位与 3 个非正式填图单位,并建立了岩石地层、生物地层、年代地层等多重地层划分与对比表。

(2)本次工作在贺州黄洞口采集了 7 件南华纪—寒武纪碎屑锆石样品,获取了 232 组有效锆石 U-Pb 谐和年龄值,其年龄分布特征与华夏地块锆石年龄分布特征相似,尤其是均含有大量 Grenville 期(1.0Ga)的特征年龄,而与扬子陆块的相应特征区别明显。因此,至少于华南加里东构造事件发生以前,黄洞口地区所代表的古生代沉积盆地及其周边陆源区并不具备扬子克拉通陆缘的属性,进而指示扬子陆块与华夏陆块之间的边界应位于黄洞口的西北以远。

(3)在贺州三岐村震旦纪培地组剖面中下部发现一套薄层状碳质板岩沉积,水平层理十分发育,见黄铁矿,总厚约 5.94m,为最大海泛面凝缩段沉积,这对培地组层序地层的划分有良

好的指示意义。

(4)本次工作中在测制泥盆纪唐家湾组时，首次发现了鱼类化石，经专家初步鉴定属胴甲鱼纲(Antiarchi)，由于化石保存原因，属种尚无法鉴定(图2-22)。

图2-22 唐家湾组胴甲鱼化石

(5)在贺州黄洞口乡三岐村一带采集50件南华系—寒武系碎屑岩样品进行元素测试。根据不同元素含量的地球化学特征值及相关判别图解，对南华系—寒武系砂岩进行构造环境判别所得出的结论差别较大。总体而言，主量元素特征值显示的环境主要为大陆岛弧；主量元素判别图解主要显示为被动大陆边缘、大陆岛弧，部分反映活动大陆边缘信息；微量、稀土元素特征值反映出大陆岛弧、活动大陆边缘、被动大陆边缘等多种环境，且以大陆岛弧和活动大陆边缘为主；微量元素判别图解主要显示为被动大陆边缘或大陆岛弧。从不同构造背景下的剥蚀原岩(继承性因素)及风化条件和搬运沉积过程(沉积成岩过程因素)来看，大陆岛弧与活动大陆边缘环境形成的砂岩应显著区别于被动大陆边缘形成的砂岩的地球化学特征，而被动大陆边缘形成的砂岩能包括较多的大陆岛弧和活动大陆边缘环境的地球化学信息(柏道远等，2007)。由此判断，包含多种构造环境地球化学信息的南华系—寒武系砂岩实际应形成于被动大陆边缘环境。结合碎屑锆石年龄频数分布特征亲华夏的特点，以贺州黄洞口乡三岐村一带为代表区域，南华系—寒武系沉积物源应来自华夏陆块。

(6)在大宁—贺州公路段的三岐村附近采集了6件培地组硅质岩样品进行元素分析，通过对硅质岩的地球化学特征系统研究表明：①培地组硅质岩具有火山成因硅质岩低SiO_2、MnO、Fe_2O_3，高Al_2O_3、K_2O、TiO_2的特征，特征元素比值、稀土元素配分模式及硅质岩成因判别图解均表明其为火山成因硅质岩,与生物与热水作用无关。②培地组硅质岩元素特征及判别图解表明其形成于大陆边缘环境或大陆边缘与深海过渡带的贫氧环境,与洋中脊无关。结合其与具鲍马序列的浊积岩共生,且沉积物以细粒沉积,推测其形成于大陆坡下部环境。

(二)岩浆岩

(1)在已有年龄资料基础上,通过详细的野外地质调查,结合岩石学和矿物学特征,将图区内岩浆岩划分出3个岩体,7个填图单位。大埇顶岩体在地表被分割成3个独立的小侵入体,主体岩性为角闪二长花岗岩,宏观特征为角闪石含量较高,一般在10%以上,局部在20%以上;将大宁岩体厘定出花岗闪长岩和二长花岗岩,前人认为的石英二长闪长岩只在局部呈脉状产出,将原大宁岩体中角闪石含量高的二长花岗岩划归大埇顶岩体;将连阳岩体划分为早白垩世的中粒(斑状)二长花岗岩和晚白垩世的中细粒钾长花岗岩。

(2)获得了调查区内大埇顶岩体、大宁岩体和连阳岩体的高精度测年数据,确定了各岩体的年龄格架。大埇顶岩体角闪二长花岗岩形成于451Ma,时代为晚奥陶世;大宁岩体主体花岗闪长岩和二长花岗岩均形成于兰多维列世(约440Ma),在普里道利世(约420Ma)又有一次微弱的岩浆活动,形成了晚期的中细粒钾长花岗岩和岩屑晶屑凝灰岩;连阳岩体主体中粒(斑状)二长花岗岩形成于早白垩世(约101Ma),晚期钾长花岗岩形成于晚白垩世(约80Ma)。

(3)在详细的地质调查的基础上,通过岩石学、地球化学以及Sr-Nd-Hf同位素的联合示踪,查明了调查区内大埇顶岩体、大宁岩体和连阳岩体的岩石成因,探讨了岩浆源区及形成的大地构造背景。大埇顶和大宁岩体均具高钾钙碱性特征,有较明显的轻重稀土元素分馏,Eu负异常不明显,两阶段Nd模式年龄为2.01~1.68Ga,结合锆石U-Pb年龄及花岗岩的构造环境判别图解,认为大埇顶岩体、大宁岩体兰多维列世和普里道利世花岗岩分别是在同造山环境、造山挤压向后造山伸展转换的环境及板内拉张-裂解环境下由古元古代地壳组分部分熔融形成的。连阳岩体早白垩世和晚白垩世花岗岩均为铝质A型花岗岩,二者具有相似的元素地球化学及Nd同位素组成,它们可能是同一岩浆源区(中元古代地壳物质)在伸展和拉张的背景下不同阶段部分熔融的产物。

(4)通过对大宁岩体中暗色微粒包体野外地质特征的详细观察及室内岩石学、地球化学、年代学测试分析,结合包体的分形特征,确定大宁岩体中的暗色微粒包体为岩浆混合成因。

(5)加里东期火山岩在华南地区很少出露。本次工作查明了区内初洞凝灰岩的分布特征,获得了北东侧岩枝流纹英安岩的锆石U-Pb谐和年龄为(141.7±1.0)Ma。

(6)通过石英流体包裹体$^{40}Ar-^{39}Ar$法定年技术,获得了张公岭Ag-Au-Pb-Zn矿的成矿年龄,南带以铅锌为主的矿化发生在155Ma左右,而中带以银金为主的矿化则发生在200Ma左右,成矿作用具有多期性,与调查区内构造活动的多期次活动有关。

(7)查明了连阳岩体主体中粒斑状二长花岗岩与晚期钾长花岗岩的成因联系,二者具有相似的元素地球化学及Nd同位素组成,表明二者可能存在同源关系,即是同一岩浆演化到不同阶段的产物。

广西1∶5万梅溪、窑市、江头村、资源县、龙水、黄沙河幅区域地质调查

承担单位：中国地质大学（武汉）

项目负责人：寇晓虎

档案号：0929

工作周期：2010—2012年

主要成果

（1）通过野外数字地质调查和数据的室内综合分析，重新厘定了调查区的地层和岩浆岩填图单位，建立了正式及非正式填图单位。参考《湖南省岩石地层》《湖南省区域地质志》《广西壮族自治区岩石地层》《广西壮族自治区区域地质志》及相邻图幅的岩石地层划分方案，以全国地层委员会最新发布的《中国地层表》中的年代地层划分方案为依据，对工作区的岩石地层单位进行了系统厘定和划分，共划分35个组级地层单位，同时为了达到1∶5万区域地质调查的精度要求，对组级地层单位进行了细分，建立了22个段级填图单位和5个非正式填图单位。重点对测区广泛出露的奥陶纪、泥盆纪和石炭纪地层进行了系统划分。奥陶系从老至新划分为白水溪组、桥亭子组、烟溪组、天马山组，并对各组进行了段级划分。泥盆系在图区内大面积出露，缺失下泥盆统，对中上泥盆统共划分出跳马涧组、黄公塘组、棋梓桥组、佘田桥组、锡矿山组、孟公坳组6组，并对其中的跳马涧组、棋梓桥组、锡矿山组等进行了段级划分，共划分出11段，提高了研究精度。石炭纪地层在测区主要为下石炭统，由于产状平缓、出露较差，主要划分为马栏边组、天鹅坪组、石磴子组、测水组、梓门桥组5组，对其中的天鹅坪组进行了细分。

（2）详细分析了奥陶系天马山组、烟溪组、桥亭子组和白水溪组的沉积环境和沉积相变化，在奥陶系地层中发现了笔石化石。

①）白水溪组按岩性可分为两段，第一段主要以粉砂岩、碳质板岩、含矿粉砂质板岩为主，可见水平层理和微波状层理，发育鲍马序列BCDE段，为浊流沉积产物，其间夹有钙质板岩，原岩为钙质泥岩，说明浊流之间存在一定时间的间歇期。含黄铁矿碳质板岩说明海水较深且流动缓慢，而粉砂质板岩和泥质粉砂岩均呈灰蓝色，代表此时为半深海非补偿滞流还原环境。第二段主要岩性为灰蓝色、灰绿色厚层状泥灰岩和钙质泥岩，部分层位可见波状层理。泥灰岩与钙质板岩的大量出现，说明此时陆源碎屑相对减少，该地区与为海底扇提供沉积物的海底峡谷已有相当距离，在白水溪组顶部出现数层厚层状灰岩，此时沉积环境已到达最浅，属于外陆棚相沉积。

②桥亭子组岩性可分为两段，第一段主要岩性为粉砂岩、泥质粉砂岩，夹少量的泥灰岩；第二段以粉砂岩为主，夹有泥岩、粉砂质泥岩、泥质粉砂岩，发育水平层理。桥亭子组相比白水溪组，其碳酸盐岩沉积显著减少，而是碎屑岩沉积为主，第一段仅夹有数层泥灰岩，第二段全部为碎屑岩沉积，其层厚普遍较厚，说明此时物源供给充足，发育水平层理、小型交错层理、斜层理，属浅海槽盆相沉积。

③烟溪组为一套典型的页岩相地层。按岩性可分为两段，第一段以灰黑色、深灰色粉砂岩、粉砂质板岩、板岩为主，可见水平层理，为一套碎屑岩沉积，局部可见鲍马序列CDE段，属

半深海大陆斜坡沉积。第二段主要岩性以灰黑色粉砂质板岩、板岩和硅质板岩、硅质岩为主，岩石的颜色整体较深，多为黑色、深灰色。由于岩石中的硅质含量的提高，且无碳酸盐岩出现，由此判断其沉积界面在方解石饱和深度以下，处于水流不畅、缺氧的还原环境，为陆源物质供应不充分的半深海沉积。

本次调查在该套地层仅发现少量的笔石化石，属种比较单一，为 *Glyptograptus* sp.；但在测区北部东安县洋河江一带发现大量的笔石化石 *Climacograptus* cf. *acuminatus*，*C. haddingi*，*C.* cf. *caudatus*，*C. brevis*，*C. sextans*，*C. styloicheus*，*C. parvus*，*C. minimus*，*Orthograptus calcaratus*，*Dicellograptus divaricatus minor*，*Dicranograptus nicholsoni diapason*，*D. nanus*，*Glyptograptus teretiusculus*，及三叶虫化石 *Cyclopyge* sp. 等，其中笔石共计 7 属 12 种，这些主要为中奥陶世笔石分子。

④天马山组岩性可分为 3 段：细砂岩、粉砂岩与泥岩、板岩互层段，长石石英砂岩段和岩屑杂砂岩与粉砂岩泥岩互层段。天马山组第一段岩性主要为浅灰绿色、浅灰色厚层状粉砂岩、泥质粉砂岩、细砂岩与中薄层状的碳质板岩、薄层状泥岩互层，该段可见少量的平行层理。该段岩层以中薄层为主，泥岩板岩的比例相对较多，说明物源供给不充分，形成环境较深，推测其沉积环境为深海环境。基本层序主要为砂泥韵律层，泥岩比例较多，镜下特征显示砂岩主要以粉砂为主，磨圆度中等，离物源区较远，因此认为其形成环境为深海的海底扇沉积相外扇-中扇亚相。天马山组第二段岩性主要为浅灰色、浅灰绿色厚层状长石石英砂岩、杂砂岩夹中至厚层状的泥质粉砂岩，局部夹灰色中—厚层状的岩屑砂岩，该段可见平行层理、波状层理、粒序层理等沉积构造，发育鲍马序列 A 段、CD 段及 BE 段。该段基本层序主要为长石石英砂岩、细砂岩与粉砂岩、泥岩旋回，粒度从下到上由粗到细，为下粗上细的沉积序列。韵律层相对较少，沉积相为海底扇沉积相中扇亚相。天马山组第三段岩性主要为浅灰绿色厚层状杂砂岩、中至厚层状岩屑砂岩、泥质粉砂岩与灰黑色、浅灰绿色薄—中层状碳质板岩、板岩、泥岩和粉砂质泥岩互层。该段沉积构造较发育，主要有平行层理、水平层理及包卷层理等，发育鲍马序列 AB 段、BE 段、DE 段、BCD 段、ABC 段、CD 段等。该段岩层以中厚层居多，砂岩中含有岩屑成分，说明物源区较近，结合基本层序、镜下特征等分析认为，该段沉积环境为半深海大陆斜坡相。测区天马山组在第一段、第三段发现大量的笔石化石，主要有 *Didymograptus abnormis*，*Glyptograptus perculptus*，*Climacograptus* sp.。区域上在越城岭一带城步组含丰富的笔石化石，主要有 *Climacograptus* sp.，*C. stiloideus lapyworth*，*C. brevis*，*C. micerabilis*，*C. putillua*，*Dicellograptus* sp.，*Dicranograptus* sp.，*Glyptogratus* sp.，*Orthograptus* sp. 及三叶虫等。其中，*Climacograptus* 为晚奥陶世分子，故天马山组为晚奥陶世沉积产物，区域上天马山组所含笔石化石还可以与测区附近兴安县铁岭口组、广东台山长水坑组、湖南中部胡乐组所产笔石化石对比。

(3)在中泥盆统跳马涧组中发现了大量的遗迹化石，共划分 8 属 11 种，建立了 2 个遗迹相——*Skolithos* 和 *Cruziana*，并结合岩石沉积构造特征详细分析了跳马涧组沉积的古环境。

①测区跳马涧组为一套滨岸相碎屑岩沉积。根据岩性、沉积构造等可分为 4 段：跳马涧组第一、二段主体岩性为紫红色厚层状砾岩、紫红色石英砾岩、灰绿色及紫红色细砂岩和含砾砂岩，发育平行层理，砾石具叠瓦状构造。砂岩发育鱼骨状交错层理、波状层理、水平层理。根据跳马涧组第一、二段的岩性、高成熟度的砾岩、低角度潮汐层理等特征，认为其沉积环境为滨海的潮间带沉积。跳马涧组第三、四段主体岩性为紫红色细砂岩、灰绿色石英砂岩、灰黄色含泥

粉砂岩，层厚主要为中厚层，少量层位夹有薄层粉砂岩及泥质粉砂岩。岩层表面发育潮汐层理、波状层理、楔状交错层理，且可见鲕粒，还可以看到垂直和平行层面的生物遗迹化石。根据岩性组合特征及沉积构造判断形成环境为潮坪环境。

跳马涧组第一、二段底部的底砾岩代表了一次沉积间断，是中泥盆统桂北一带大规模海侵开始的标志。由于长时间的淘洗，底砾岩成分单一，主要为石英砾岩，成分成熟度和结构成熟度均很高。第一、二段砂岩粒度较粗，发育有交错层理、平行层理，缺乏浅水底栖生物和遗迹化石。第一、二段沉积结束后，一方面由于华夏古陆的夷平下降，坡度变缓；另一方面，华南泥盆纪大规模海侵进一步加剧，海水大面积涌入内陆。整体而言，第三、四段沉积物比底部更细，由砾岩、粗砂岩、石英砂岩等变为含泥粉砂岩、含粉砂泥岩、细砂岩。根据第三、四两段岩性、层理构造的变化特征和生物扰动构造、遗迹化石的鉴定分析，测区海平面可能发生过多次升降变化，沉积环境可能由潮间带向潮下带和潮上带过渡变化。其中，第三段及第四段底部以泥质岩、潮汐层理为主，应为潮间带-潮上带沉积；第四段中部到上部岩性变为石英砂岩，顶部为紫红色粗砂岩，广泛发育有潮汐层理、交错层理、平行层理，同时发育 *Skolithos* - *Cruziana* 过渡相遗迹化石，沉积环境已经演变为潮间带-潮下带沉积。

②测区跳马涧组第三、四段发现大量的遗迹化石，经鉴定共有 8 个属 11 个种，根据 Seilacher(1967)建立的遗迹相，结合本区遗迹化石产出特征及组合特征，将本区所发现的遗迹化石划分为 2 个遗迹相：Ⅰ. *Skolithos*（针管迹）遗迹相和 Ⅱ. *Cruziana*（克鲁兹迹）遗迹相。*Skolithos* 遗迹相：跳马涧组中上部细砂岩中，共发育遗迹化石 2 属 2 种，分别为环状石针迹 *Skolithos annulatus*（Howell）、贝尔高尼亚迹 *Bergauria*。遗迹化石单调，但是丰度很高。*Skolithos annulatus*（Howell）垂直于层面分布，直径 3～8mm，长 3～6cm，潜穴与围岩常具有清晰的界面。潜穴内部为被动充填，岩性与围岩一致，但颜色具有很明显的差异，潜穴颜色通常为白色。*Skolithos* 遗迹属被认为是 *Skolithos* 遗迹相的指相化石，常形成于高能环境下的滨海潮间、潮下带的浅水环境。*Cruziana*（克鲁兹迹）遗迹相：跳马涧组上部泥岩和细砂岩中，共发现遗迹化石 6 种 9 属，分别是星瓣迹未定种 *Asterosoma*，分乡丛藻迹 *Chondrites fenxiangensis*，双菌迹 *Bifungites*，山地漫游迹 *Planolites montanus*，漫游迹未定种 *Planolites*，广西漫游迹 *Planolites kwangsiensis*，弯曲古藻迹 *Palaeophycus curvatus*，管状古藻迹 *Palaeophycus tubularis*，不规则巨画迹 *Megagrapton irregular*。其中 *Palaeophycus*、*Planolites* 这两种广相遗迹化石最为丰富。就遗迹属种习性分类而言，居住迹和觅食迹占据了整个遗迹群落的大部分。*Chondrites* 常被学者认为是缺氧环境的指示剂，常见于 *Cruziana* 遗迹相，而 *Palaeophycus* 为广相遗迹化石。与上述遗迹化石共生的沉积构造主要是微波状层理。所以将这两层归于 *Cruziana* 遗迹相，反映了滨浅海低-中等能量的潮下带沉积环境。从遗迹化石分布的层位可知，跳马涧组第三段为 *Skolithos* 遗迹相，从第四段遗迹化石的属种可知，第四段地层可见 *Skolithos* 遗迹相的遗迹化石，也可见 *Cruziana* 遗迹相遗迹化石，但以 *Cruziana* 遗迹相的遗迹化石为主。所以可将第四段划分为 *Skolithos* - *Cruziana* 的过渡相。将遗迹相与伴生的沉积构造相结合，可知跳马涧组中上部为滨浅海潮坪环境。

(4)在中晚泥盆统棋梓桥组、佘田桥组和锡矿山组中发现大量牙形石化石，对其进行了生物地层对比分析和研究。

①测区棋梓桥组岩性可分为 3 段，一段为深灰色纹层状灰岩与中厚层白云质灰岩互层，发育波状层理、水平层理，属潮下带-潮间带沉积产物；二、三段岩性为青灰色薄层状灰岩、纹层状

灰岩与中厚层状灰岩互层，局部夹瘤状灰岩，发育斜层理、波状层理，沉积环境为台地浅滩相。棋梓桥组中发育丰富的古生物化石，主要有珊瑚化石 *Pseudoamplexus* sp.，湖南小富钟管珊瑚 *Füchungoporella hananensis* Jia.，*Pseudoamplexus* sp.，八面冲小槽珊瑚 *Alveolitella bamianchongensis* Jiang.(sp. nov.)，*Disphyllum caespitosum pashiense* Sockinia，等，以及牙形石 *Ozarkodina regularis* Branson & Mulle.，时代属中泥盆世。

②余田桥组岩性主要为一套灰色、深灰色、灰黑色中薄—中厚层状泥质灰岩、生物碎屑灰岩，局部灰岩中发育黑色硅质团块，发育波状层理、水平层理。产珊瑚、腕足、层孔虫等化石，代表海水水体良好、氧气充足、盐度正常的开阔碳酸盐台地环境。本次采集到珊瑚化石湖南富钟管珊瑚 *Füchungopora hananensis* Jia，简单富钟管珊瑚 *Füchungopora simplex* Jiang，(sp. nov.)等，时代属于 Frasnian 晚期。

③锡矿山组岩性主要为灰色、深灰色中薄层、中厚层生物碎屑灰岩，含硅质团块灰岩夹含碳质灰岩、碳质泥岩，发育波状层理，沉积环境为碳酸盐台地相。产丰富的牙形石化石，主要有 *Polygnathus decorosus* (Stauffer)，*P. glaber glaber* (Ulrich & Bassler)，*P. dubius* (Hinde)，*P. dengleri* Bischoff et Ziegler，*P. norrisi* Uyeno，*P. semicostatus* Branson & Mehl，*Ligonnodina* sp. (Ulrich & Bassler)，*Hunanognathus sinensis* (Zuo)，*Icriodus alternatus* (Branson & Mehl)，*Icriodus* sp. (Branson & Mehl)，*I. brevis* (Stauffer)，*Palmatolepis quadrantinodosalobata* (Sannemann)，*P. triangularis* (Sannemann)，*P. delicatula delicatula* (Branson & Mehl)，*P.* cf. *regularis* (Cooper)，*P. hassi* (Müller & Müller)，*P.* sp. 等，时代属晚泥盆世 Famennian 早期。

(5)对测区分布的白垩系进行孢粉化石处理，建立了 3 个孢粉组合带，分析了当时的古气候变化。本次在栏陇组中共鉴定出孢粉 17 个属 18 种，其中以裸子植物花粉(9 种，占孢粉总量的 82.90%)和蕨类植物(7 种，占孢粉总量的 14.75%)为主，另有少量被子植物花粉(2 种，占孢粉总量的 2.35%)。其中裸子植物当中，以杉柏科的 *Rugubivesiculites* sp.(39.22%)、*Pinuspollenites* sp.(11.44%)和南美杉科环沟属粉的 *Classopollis pflug*(14.24%)为主，另有短单沟粉属的 *Brevimonosulcite canadensis*(1.97%)，拟苏铁粉属的 *Cycadopites* sp.8(3.62%)，假杜仲粉属的 *Eucommiidites* sp.(2.99%)，隐孔粉属的 *Exesipollenites tumulus triangulus*(6.42%)，无口器粉属的 *Inaperturopollenites* sp.1(1.27%)，杉科粉属的 *Taxodiaceaepollenites hiatus*(1.72%)；蕨类植物孢子以三角孢属的 *Deltoidosporites* sp.(5.09%)和水鲜孢属的 *Sphagnumsporites* sp.(3.81%)为主，另有石松孢属的 *Lycopodiumsporites* sp.(0.83%)、海金沙孢属的 *Lygodioisporites* sp.(1.08%)和 *Lygodiumsporites* sp.(2.16%)、无突肋纹孢属的 *Ciatricosisporites* sp.(1.46%)和希指蕨孢属的 *Schiza* sp.(0.32%)；被子植物为三沟粉属的 *Tricolpites* sp.(2.16%)和清江异沟粉的 *Boechlensipollis qingjiangensis*(0.19%)。根据栏拢组孢粉组合特征，可以将其划分 3 个孢粉带：*Cicatricosisporites* sp. - *B. Canadensis* - *Lygodiumsporites* sp. - *Lygodioisporites* sp. 组合带；*Eucommiidites* sp. - *E. tumulus triangulu* - *T. hiatus* - *Lycopodiumsporites* sp. 组合带；*Cicatricosisporites* sp. - *Lygodiumsporites* sp. - *Lygodioisporites* sp. - *B. qingjiangensis* 组合带；根据 3 个孢粉组合带特征，与国内外地层中孢粉组合进行对比，可以确认栏拢组的沉积时期为早白垩世。

(6)对测区黄沙河两侧第四系阶地进行了古地磁和光释光分析，测得黄沙河二级阶地底部年龄为(36.3±1.5)kyr,形成于上更新统;黄沙河一级阶地年龄(3140±30)BP,形成于中晚全新世。黄沙河一级阶地除了底部河道砾岩外,向上为砂和粉砂质黏土互层。根据河流搬运沉积物的特点,粗碎屑沉积形成于水动力较强的条件下。因此,每个砂层-粉砂质黏土层的旋回代表了一次大的洪水事件。由剖面岩性的组合看,黄沙河一级阶地的形成至少经历了3次大的洪水事件。黄沙河一级河流阶地光释光年龄与粉砂质黏土中碳屑的^{14}C测年结果均表明一级阶地形成于中晚全新世。根据黄沙河一级阶地剖面的平均磁化率为105×10^{-6}SI,粉砂质黏土层的平均磁化率值均小于砂层。将一级阶地岩性、磁化率与湖北和尚洞石笋研究得到的年降水量对比,发现砂层对应于降水量大的时期,而粉砂质黏土层对应于降水量少的时期。这进一步说明砂层是在较强的水动力条件下形成的,代表了比粉砂质黏土形成时期更强的降雨量。与一级河流阶地磁化率值相比,二级阶地黏土的磁化率值明显高。岩性明显比较细,沉积物的颜色也较红。对于同样细颗粒的黏土沉积,上部颜色红而磁化率值高,这与我国北方黄土沉积相似,可能代表上部沉积时期的气候较下部湿热,在成壤过程中,上部新生成的微细磁铁矿含量多于下部,因此上部磁化率值高。

(7)厘定了测区的花岗岩填图单位,通过锆石U-Pb测年将其时代主要分为432~417Ma、457~452Ma、236Ma 3个期次。

(8)新发现矿(化)点3处,对测区成矿地质背景、成矿条件和控矿因素进行了初步总结,对测区构造、岩浆与成矿的关系进行分析。

研究区位于江南隆起西段钨锡多金属成矿带,含有丰富的矿产资源,主要有钨、锡、铜、铅锌、煤、水晶、石英等20余种金属、非金属矿产,外生矿产以煤为主,内生矿床以钨锡为主。已知各类矿点70余处。研究区内矿产的分布受图区一、二级构造的控制,不同构造带内赋存着各类不同的矿产,成因不同,特征各异。成矿前的低级构造,次一级的压性、扭性或张性裂隙与层间破碎带,对内生矿产而言,为主要的容矿构造;成矿后的断裂与褶皱构造对沉积矿产而言,则使矿层错断、缺失,起破坏作用,使矿层重复出现便于利用,或增加矿层的埋藏深度有利保存。同时,弧度构造与北北东向断裂反接复合部位,对内生矿产的富集有利。研究区岩浆活动及其后的热液活动强烈,内生矿产从数量和种类等方面均比沉积和能源等外生矿产要多。对具体矿点而言,有用矿物组合复杂,表现了岩浆活动对内生矿产的形成起到作为物质来源的主要作用。从区内岩浆岩的含矿专属性分析,加里东期和印支期岩浆活动仅与一些白钨矿、水晶矿的成生有着亲缘关系,前者还与数量较多的花岗伟晶岩脉的形成有关;而钨、锡、铅、锌、铜、多金属矿、萤石等的成矿活动则发生于燕山早期,并持续到燕山晚期。根据测区已知成矿地质特征、内生矿产地分布规律及物化探、重砂、遥感资料综合分析,测区可划分为两大成矿区(带):越城岭岩体东侧成矿带、九甲-黄虎岭(界牌)断裂成矿集中区。在测区圈定出3个远景区:A. 雷交水-下马家钨矿Ⅰ级找矿远景区;B. 成水洞-石庙-尤铺里锡石、稀有金属矿Ⅱ级找矿远景区;C. 界牌-黄毛源钨锡及多金属矿Ⅱ级找矿远景区。

湖北1:5万水坪、竹山县、蔡家坝、峪口幅区域地质矿产调查

承担单位:湖北省地质调查院

项目负责人:刘成新

档案号:0934

工作周期:2012—2014年

主要成果

(一)地层

(1)经野外填图、剖面测制,首次在两竹地区识别出具有构造杂岩特征的"竹山构造混杂岩带",并按造山带构造地层单位划分原则,区分出基质和岩块两类构造岩石组合,建立了9个构造岩石单位。在碳酸盐岩片中酸性火山岩夹层获得(436.2±4.8)Ma的成岩年龄,在碎屑岩基质中获(434.06±4.0)Ma最小年龄,在玄武岩岩片获得一批250Ma左右的年龄信息,岩石地球化学研究表明存在着岛弧、洋岛等多种构造环境的火山岩。该发现对研究南秦岭大地构造的演化,尤其对确定勉略带是否东延至湖北省及湖北省古生代构造单元划分,具有重要的现实意义(图2-23、图2-24)。

图2-23　竹山构造带中发育的叠加褶皱(护驾山)

(2)通过对区内震旦纪—志留纪地层沉积环境、沉积相的研究,认为在测区沿竹山构造带为深水盆地,该盆地形成于震旦纪初期,一直延续到志留纪,盆地的形成与曾家坝断裂、竹山构造带的形成和活动有关,盆地南、北两侧为斜坡区。该认识对深入研究南秦岭地区震旦纪—志留纪沉积盆地的演化提供了重要资料。

(3)通过对志留纪梅子垭组、竹溪组沉积环境和沉积相的研究,认为这套以细碎屑岩夹碳酸盐岩为主体的岩石组合具有斜坡相浊积岩特征,并非前人认为的属陆棚相。该认识对深入研究南秦岭造山带志留纪时期沉积盆地演化和大地构造单元划分提供了新资料。

(4)在竹溪组之上新发现了一套紫红色泥质板岩、灰绿色泥质板岩夹石英杂砂岩、长石石

图 2-24　竹山构造带中硅质岩发育的紧闭褶皱(华家院)

英杂砂岩的岩石组合,其变质变形特征与竹溪组明显不协调,碎屑锆石测年显示最年轻碎屑锆石年龄为(421±5)Ma,年龄频谱分布图显示具弧后盆地碎屑锆石年龄峰值特征,反映出测区存在中志留纪以后物质,且这套物质可能与造山运动有关。

(5)根据湖北省地质志方案将南华纪武当岩群双台组进一步划分为5个岩性段,在中双台岩组下部酸性火山岩中获(750.6±9.7)Ma和(771.2±9.5)Ma两个年龄数据,顶部变酸性晶屑凝灰岩中获得(703.0±7.9)Ma和(715.0±6.1)Ma两个年龄数据,进一步证明武当岩群形成时代为南华纪。武当岩群顶部年龄与耀岭河组接近,两者岩性组合具有过渡的特点,认为不存在大的间断,为连续沉积,代表了Rodinia超级大陆形成后全球性的裂解事件的产物。

(二)变质岩

(1)查明了测区变质岩的岩石类型及分布规律。对区域变质岩进行了原岩恢复,归纳总结了测区变质期次、变质相及其与区域地质构造的配比,探讨了变形变质与区域构造活动的关系。

(2)首次在武当隆起南西缘竹山构造带北侧耀岭河组发现高压变质带,该带矿物组合为:钙—钠角闪石+黑硬绿泥石+多硅白云母+黑云母+绿帘石+钠长石+石英。该高压变质带的发现为深入研究南秦岭造山带变质作用提供了新资料。

(三)岩石

(1)根据本次区调测年成果,结合前人资料,在查明各类侵入岩结构构造、变质变形特征及相互包裹关系的基础上,将区内侵入岩归并为南华纪、古生代、中生代3个时期,并将古生代侵入岩根据形成的大地构造背景的差异，划分为 3 个岩浆岩带，提高了测区侵入岩的研究程度。

(2)详细研究了区内不同时期火山岩的岩石学、岩石地球化学、同位素年代学特征，将区内火山岩划分为南华纪、奥陶纪—早志留世、早—中志留世 3 个阶段，认为南华纪为一套双峰式火山岩，代表了南华纪时期的大陆裂谷事件；奥陶纪—早志留世为一套由基性火山岩与碱性火山岩组成的双峰式火山岩，代表了奥陶纪—早志留世的南秦岭地区强烈的拉伸事件，该期事件可能形成有限的洋盆，在碱性火山岩获得了(428.5±5.6)Ma、(437.2±4.4)Ma 的成岩年龄；早—中志留世为一套具洋岛-海山特征的基性火山岩。该成果对深入研究南秦岭造山带形成与演化提供了资料。

(3)通过专题研究，基本查明了区内古生代岩浆岩的起源和形成演化特征，分析研究了铌稀土、金、锌、钛铁矿等矿种与古生代岩浆岩成矿专属性及成矿规律，系统总结两竹地区古生代岩浆演化与成矿作用的关系。

(四)构造

(1)根据岩石组合、变形变质特征的差异，结合区域资料，将测区由北东向南西划分为武当推覆体、宝丰-竹山韧性滑脱逆冲推覆带、竹山构造带、水坪-中坝滑脱逆冲推覆带、新寨-官渡洋岛型玄武岩逆冲推覆带、岱王沟玄武岩-粗面岩双峰式火山岩逆冲推覆带、兵房街滑脱逆冲推覆带 7 个Ⅳ级构造单元，并详细研究了各构造单元的变形变质特征。

(2)在精细露头填图的基础上，对竹山构造带进行详细解剖，查明了构造岩刚性岩块和基质的岩石类型与接触关系、组合特征，填制出与造山带特点相一致的地质图。

(3)通过对测区沉积事件、岩浆事件、变形变质事件的综合分析，结合区域资料，建立了测区地质演化序列。

(五)化探

(1)全面系统分析了 Au、Ag、As、Ba、Bi、Cd、Co、Cr、Cu、Hg、La、Mn、Mo、Nb、Ni、P、Pb、Sn、Sb、V、W、Zn 22 个元素在区域上和各地质单元中的地球化学分布特征及富集规律，编制了单元素地球化学图、组合异常图、综合异常图及找矿远景区划图等图件。

(2)根据水系沉积物异常特征圈定出综合异常 24 处，其中，已知矿点异常(A 类)3 处，推断可能成矿的 B 类异常 17 处(B1 类异常 1 处，B2 类异常 8 处，B3 类异常 8 处)，其他异常(C 类)4 处，有效地捕获了测区地球化学找矿信息。

(3)在综合研究的基础上，划分出 3 个不同级别的成矿远景预测区，其中，麻家渡-溢水找矿远景区(A3)、竹山县-深河找矿远景区(A2)是寻找与黑色岩系有关矿产的重要找矿区带，汇湾-天宝找矿远景区(A1)是寻找与粗面岩有关的铌、稀土、金等矿产的重要成矿区带，为进一步找矿工作指明了方向。

(六)矿产

(1)通过矿产检查新发现 3 处规模大的含铌矿化带，按照 Nb_2O_5 0.08%工业指标圈定的矿体探求出 334 级矿石资源量 21.05×10^4 t，达到大型铌矿床规模，与铌矿伴生稀土，特别是轻稀土 La(0.02%)、Ce(0.06%)含量高可综合利用。根据成矿地质条件及找矿前景，优选出铌、稀土找矿靶区 3 处，取得了武当-桐柏-大别成矿带找矿的重大突破。

（2）通过异常检查新发现 4 处钒矿点，根据成矿地质条件及找矿前景，优选出钒钼找矿靶区 4 处，并建立了区内优势矿种铌、稀土、钒钼等矿种的找矿标志，总结了成矿规律，为进一步找矿提供了资料。

（七）其他

（1）在收集利用前人成果资料的基础上，结合实地调查，对测区主要灾害地质及环境地质问题进行了分析研究，初步总结了区内地质灾害与地层、构造、岩性及与人类活动间的关系，指出了测区地质灾害防治重点地段及防治措施。

（2）工作中加强以"3S"为代表的高新技术应用。地质路线、剖面、探槽等均采用数字化录入，制作了全区 TM 影像图和 SPOT 影像图，遥感地质工作贯穿于项目工作的全过程，提高了填图工作的质量和效率。

（3）培养了一批技术人才，在国内公开刊物发表论文 4 篇。

广东 1∶5 万隘子公社、坝仔公社、翁城、翁源县、连平县幅区域地质调查

承担单位：广东省地质调查院

项目负责人：石建国

档案号：0952

工作周期：2011—2013 年

主要成果

（1）采用多重地层划分方法，在详细调查的基础上，重新厘定了调查区内填图单位，理顺调查区地层层序。将前第四纪地层划分为 24 个组级地层单位和 1 个非正式填图单位，第四纪地层按成因划分为 2 个地层单位，共计 27 个岩石地层单位。

（2）根据地层层序、古生物化石，并通过区域对比，重新厘定了一批地层，如翁城幅下陂一带的棋梓桥组（D_3q）、东坪组（D_3dp）；翁源县幅江尾一带的春湾组（D_2c）、长垑组（C_1cl）、石磴子组（C_1s）、测水组（C_1c）；连平幅龙岩一带的梓门桥组（C_1z）。

（3）对区内天子岭组（D_3t）开展了剖面上的岩石测量，论述了上述岩石地层的微量元素地球化学特征，根据"指相元素"含量特征，作了沉积相分析。

（4）通过野外路线地质调查，重新厘定了嵩灵组（J_1s），岩性组合特征为安山质玄武岩、玄武安山岩、英安斑岩、流纹斑岩、流纹岩及凝灰岩，为调查区构造演化史的研究提供了新线索。

（5）对贵东复式岩体进行解体，根据岩性、接触关系等共划分了早志留世次英安斑岩、早志留世第一次黑云母花岗岩、中三叠世第一次二长花岗岩、早侏罗世第一阶段第三次二长闪长岩、早侏罗世次英安岩、晚侏罗世第二阶段第一次黑云母二长闪长岩、晚侏罗世第二阶段第二次二云母二长花岗岩、早白垩世第一阶段第一次黑云母二长花岗岩 8 个侵入期次。

（6）首次在区内发现加里东期火山岩及潜火山岩，并获得相关的 LA－ICP－MS 锆石 U－Pb 同位素年龄。坝仔幅大鱼坑流纹岩年龄为（442±2）Ma；隘子幅石井英安斑岩年龄为（446±2）Ma。

(7)重新厘定测区连平幅内花山岩体为早志留世第一次片麻状二长花岗岩,获得 LA-ICP-MS 锆石 U-Pb 同位素年龄为(444.6±2.3)Ma。

(8)将区内变质岩划分为区域变质岩、热接触变质岩、气液蚀变岩和动力变质岩。研究了各种变质岩的岩石类型及相应的变质矿物共生组合。于连平幅嶂背大绀山组中获得二块变质砂岩的 LA-ICP-MS 锆石 U-Pb 同位素年龄,ZB1 的蚀变年龄为(434.1±6.4)Ma,ZB2 蚀变年龄为(445±35)Ma。

(9)区内于早志留世片麻状黑云母花岗岩中发现钠长绿帘阳起岩,获得其 LA-ICP-MS 锆石 U-Pb 同位素年龄,成岩年龄为(426±24)Ma,蚀变年龄为(222±11)Ma,推测为辉长岩的蚀变产物。

(10)通过野外实测和对前人资料的收集,将调查区褶皱划分为印支构造层褶皱,梳理出 3 条褶皱构造;将区内主要断裂划分为北东—北北东向、北西向和近东西向 3 组,厘出 12 条主要断裂。

(11)本次地质调查工作新发现铜铅锌矿化点 4 处,钨矿化点 1 处,金矿化点 1 处,并有针对性地开展矿产概略性检查,初步阐述了区内矿产分布特征、成矿地质条件及找矿标志(图 2-25)。

图 2-25　墩子头矿点钨矿化石英脉

第三章　矿产资源类

长沙市浅层地温能调查评价

承担单位:湖南省地质矿产勘查开发局四〇二队

项目负责人:皮建高,龙西亭

档案号:0737

工作周期:2011—2012 年

主要成果

(1)工作区内出露的地层主要发育第四系、白垩系、泥盆系、石炭系、二叠系、中元古界冷家溪群及板溪群,古近系和新近系在区内局部有分布,而侏罗系在区内仅有零星分布,志留系在区内缺失。根据地层岩体水平、垂向结构变化特征,工作区可分为8个区:Ⅰ砂岩区、Ⅱ碳酸盐岩区、Ⅲ板岩区、Ⅳ花岗岩区、Ⅴ第四系松散层——砂岩区、Ⅵ第四系松散层——碳酸盐岩区、Ⅶ第四系松散层——板岩区、Ⅷ第四系松散层——花岗岩区。

(2)工作区岩土体概划为5类:第四系(Q)松散层;白垩系(K)“红层”的砂岩、粉砂岩;泥盆系(D)的白云岩、灰岩;冷家溪群、板溪群(Pt)的板岩;花岗岩(γ)。各类岩体导热率、比热容、热扩散系数等主要热物性参数大小不一,变化幅度较大。各类岩体导热率平均值为2.13W/(m·K),松散层最低,为1.39W/(m·K),碳酸盐岩最高,为2.62W/(m·K);比热容的平均值为0.97W/(m·K),板岩的比热容最低,为0.67kJ/(kg·K),松散层最高;热扩算系数平均值为$0.97\times10^{-6}m^2/s$,松散层最低,为$0.48\times10^{-6}m^2/s$,花岗岩最高,为$1.34\times10^{-6}m^2/s$。

(3)通过区内的地质条件、水文地质条件、环境地质条件、工程地质条件、地层热物性、工程建设的经济性等多方面分析,分别对地下水地源热泵、地埋管地源热泵两大热泵类进行了适宜性分区。

地下水地源热泵系统:区内大部分面积不适宜地下水地源热泵的开发利用,不适宜区面积为$627.47km^2$,占整个评价区的82.31%,主要分布在圭塘河沿岸、浏阳河以东、苏家坨以北及湘江以西岳麓山—坪塘镇一带;较适宜区面积为$132.84km^2$,占整个评价区的17.69%,主要分布在工作区的东部、北部捞刀河、浏阳河沿岸及湘江以东黑石铺一带。区内没有适宜区。

地埋管热泵系统:区内大部分面积均适宜地埋管地源热泵建设,其中适宜区面积为$476.95km^2$,占整个评价区的62.57%,主要分布在湘江以西的星城镇—坪塘镇一带、湘江以东的大托铺及捞刀河、浏阳河沿岸一带;较适宜区面积为$280.13km^2$,占整个评价区的36.75%,主要分布湘江以东的长沙县、丁字乡、圭塘河一带及湘江以西的咸嘉湖—后湖;不适宜区面积为 5.19km²,占整个评价区的 0.68%,主要分布在工作区中部中心城区、岳麓山一带。

(4)利用加权平均法计算得工作区内浅层地温能资源热容量为 3.34×10^{14}kJ,其中Ⅰ砂岩区最高,其次为Ⅲ板岩区,最低为Ⅳ花岗岩区。

地下水地源热泵系统总换热功率,冬季供暖功率为 9.91×10^{4}kW,夏季制冷功率为 19.82×10^{7}kW,其中大托铺适宜区(Ⅱ-2)计算分区总换热功率最低,冬季供暖功率为 8.36×10^{2}kW,夏季制冷功率为 1.67×10^{3}kW;捞刀河-浏阳河沿岸适宜区(Ⅱ-1)分区总换热功率最高,冬季供暖功率为 9.21×10^{4}kW,夏季制冷功率为 18.42×10^{4}kW。

地下水中富水性较好的捞刀河-浏阳河沿岸较适宜区(Ⅱ-1)单位面积冬季可供暖面积、夏季可制冷面积最大,分别为 $3.5040\times10^{4}m^2/km^2$、$2.6554\times10^{4}m^2/km^2$;大托铺较适宜区(Ⅱ-2)单位面积冬季可供暖面积、夏季可制冷面积最小,分别为 $0.842\times10^{3}m^2/km^2$、$0.638\times10^{3}m^2/km^2$;地埋管地源热泵适宜性区、较适宜区资源潜力,咸嘉湖-后湖较适宜区(Ⅱ-4)单位面积冬季可供暖面积、夏季可制冷面积最大,分别为 $5.092\times10^{5}m^2/km^2$、$2.652\times10^{5}m^2$;湘江西适宜区(Ⅰ-3)单位面积冬季可供暖面积、夏季可制冷面积最小,分别为 $4.498\times10^{5}m^2/km^2$、$2.235\times10^{5}m^2/km^2$。

(5)综合浅层地温能工程开发利用调查、长沙市政工程管理局提供的相关资料结果,长沙市现有浅层地温能开发利用示范工程 28 个,多为地埋管地源热泵系统(双 U),建筑类型以小规模的别墅为主,商住楼次之。区内从事浅层地温能的企事业单位日益增多,实力与日俱增,慢慢往"产学研"方面发展,基本能完整从事地热地质调查、相关实验、热泵销售、项目设计、工程施工、科学研发等方面工作。

(6)长沙市浅层地温能可利用资源量节省原煤量 1668.452×10^{4}t,相当于节约标煤量 1248.151×10^{4}t,经济价值近 87.371 亿元/年。每年减少 SO_2 排放约 17.383×10^{4}t,减少 NO_x(氮氧化合物)排放约 6.135×10^{4}t,将减少 CO_2 排放约 2439.710×10^{4}t,减少悬浮质粉尘约 8.180×10^{4}t,减少灰渣排放 102.251×10^{4}t,节省环境治理费约 40.379 亿元,环境效益十分可观。

(7)根据长沙市的地质条件、水文地质条件、岩层热物性条件、经济发展规划等多方面因素,初步编制了与长沙中心城区廊道式发展空间——"一轴两带、一主八片"相协调的浅层地温能开发利用方案,提出了各城市组团地源热泵推广的类型、范围及相应的规划、措施。

(8)针对长沙市浅层地温能开发利用的特点,制定了长沙市浅层地温能开发利用地下水地源热泵系统、地埋管地源热泵系统两种类型动态监测系统的技术和内容方案,包括观测点及监测井的布置、监测仪器的布置、数据采集系统的建设、动态监测数据的分析等内容;提出了长沙市浅层地温能开发利用动态监测网络的建设方案,包括动态监测网络的功能定位、监测网模式、监测网布局、监测网建设等内容。

(9)针对长沙市浅层地温能开发利用可能出现的环境地质问题,从政策、技术两个角度制定了防治措施,政策上要加强政府监管力度、健全政策法规、制定技术标准、编制热泵系统动态检测规程、加强宣传教育;技术上需开展科技创新、重视人才培养、提升技术水平,加强浅层地温能相关基础工作,编制热泵系统动态检测规程,尽量全面建设地源热泵系统监测站(图 3-1)和信息平台。

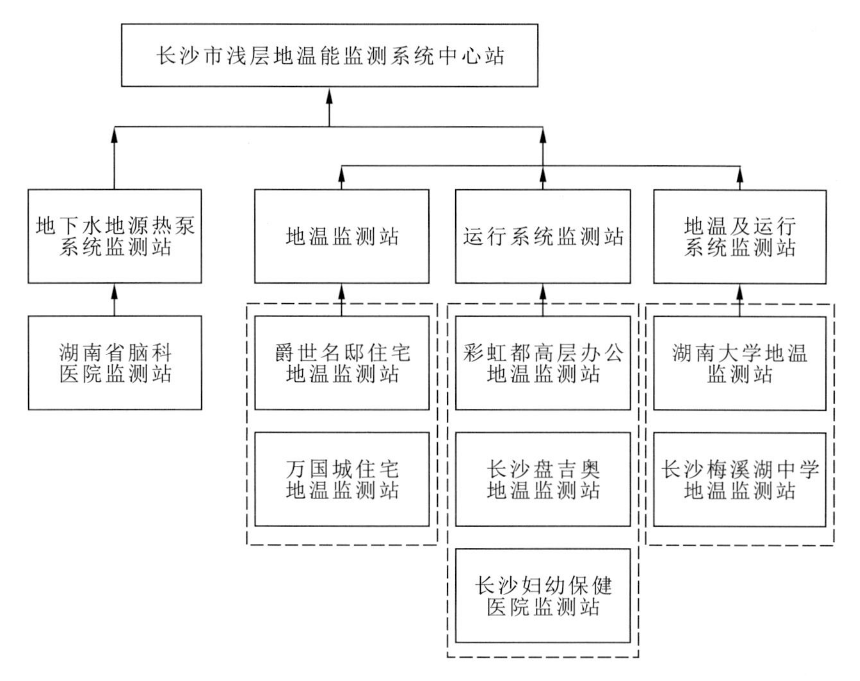

图 3－1　湖南省浅层地温能监测站网构架图

海南牛腊岭地区矿产远景调查

承担单位：海南省地质调查院
项目负责人：吴育波
档案号：0738
工作周期：2005—2007 年
主要成果

（一）基础地质

通过 1∶5 万矿产地质填图，对调查区内的地层、构造、岩浆岩及矿产信息进行了较详细的了解，重新理顺了火山岩层序，新圈出了流纹斑岩体，对 1∶5 万水系沉积物异常、1∶5 万高精度磁测进行了初步查证，新发现了红岭钼矿矿点（图 3－2、图 3－3），排三铅锌矿矿点，毫仲岭铁矿矿点，大母岭金、钼矿矿点，乾言岭铅、锌矿化点和泥塘岭镜铁矿矿化点共 6 处。

（二）物化探

1. 化探

开展了 1∶5 万水系沉积物测量，编制了 Au、Ag、Cu、Pb、Zn、Mo、Sb、As、Bi 9 种元素的原始数据图、地球化学图，圈定单元素及综合元素异常，并对其异常进行解析、评价、排序，对有找

图3-2　红岭探槽施工

图3-3　辉钼矿呈粒状集合体充填在石英脉中(ZK00307钻孔218.5m)

矿意义的主要元素异常提出了下一步查证的具体建议及方法；初步总结了牛腊岭地区9种元素的空间分布规律、在各种地层及岩体中的分布特征、富集规律及其组合特征。

2. 物探

通过1∶5万高精度磁测，圈定异常32处，大致查明了调查区磁场在空间上的变化规律，以及与地层、岩石之间的关系，为地质找矿间接提供了资料；通过乐东红岭测区4条剖面，剖面总长度为6.0km的阵列相位激电和可控源音频大地电磁测深测量结果，圈定了3条中低阻高相位异常带，这3条中低阻高相位异常带被推测为矿化带蚀变带，产于三叠纪中粗粒斑状黑云母正长花岗岩和闪长斑岩中，长600～800m，宽260～400m，呈北东或东西走向，倾向南或北，倾角较小。已经在Tr2矿化带中施工ZK00305、ZK00307两个验证孔见到钼矿体9个；通过对牛腊岭测区中的石门山云英岩型钼矿、后万岭热液型铅锌矿、抱伦热液型金矿、文且斑岩型钼矿、红岭钼矿等矿区的分析和研究，建立了石门山云英岩型钼矿、后万岭热液型铅锌矿、抱伦热液型金矿（图3-3）、文且斑岩型钼矿、红岭钼矿5个矿区的地球物理找矿模型，为今后该区寻找上述类型之矿床提供依据。

（三）矿产检查

对部分已知矿床（点）进行了全面踏勘检查，并补充收集了资料，深化了对矿床（点）的认识。

经重点矿产检查，对红岭钼矿矿点进行了资源量（334_1）估算，初步探获工业矿体和低品位矿体预测的内蕴经济资源量（334_1）合计矿石量105.1859×10^4t，钼金属量1725t，平均品位0.164%。

（四）综合研究

总结了牛腊岭地区9种元素的空间分布规律及其在各种地层、岩体中的分布特征、富集规律和组合特征；对牛腊岭地区各元素的活化迁移、矿化富集与地层、岩浆岩、构造断裂、破碎带的关系进行了地球化学初步解释。

综合分析地、物、化、遥和矿产等各类信息，对成矿规律进行了初步研究，建立了金矿床区域找矿模型和钼矿床区域找矿模型，圈定了3个成矿远景区，其中A类成矿远景区2个，B类成矿远景区1个；经优选后圈定了9个找矿靶区，其中A类找矿靶区7个，B类找矿靶区2个。

广东城口—油山地区铀矿远景调查

承担单位：广东省地质调查院

项目负责人：林建华

档案号：0743

工作周期：2010—2012年

主要成果

（1）初步了解了工作区地层、构造及岩浆岩的分布范围，岩石组合特征。本次铀矿远景调查工作以寻找花岗岩型铀矿床为主,并兼顾砂岩型铀矿床,选择在粤北南雄油山岩体及粤东大埔岩体(高陂)2 个工作区开展铀矿调查工作。油山岩体以燕山早期旋回为主,具多期、多阶段,主要为燕山一期($\gamma_5^{2(1)}$)粗中粒斑状黑云母花岗岩,次为三期($\gamma_5^{2(3)}$)中细粒黑云母花岗岩;局部见辉绿岩、闪长岩脉等脉岩。

岩石铀元素平均值为(8.6～13.1)×10^{-6},Th/U 比值为 2.15～4.45。大埔岩体基岩以产出的燕山第三期($\gamma_5^{2(3)}$)粗—中粒黑云母花岗岩为主,次为呈岩株产出的燕山晚期第一期($\delta o_5^{3(1)}$)二长花岗岩、花岗闪长岩及呈岩脉产出的燕山晚期第二期($\gamma_5^{3(2)}$)细粒花岗岩;燕山第三期岩石铀元素平均值为(4.6～7.2)×10^{-6},Th/U 比值为 7.89～13.41。

(2)开展了 1∶5 万遥感地质解译,区内断裂构造发育,南雄油山工作区深大断裂以东西向、北北东向为主,次级构造为北西向、北东向;大埔高陂工作区以北西向为主,北东向次之。矿化点及伽马异常主要分布在东西向深大断裂附近的次级北东向构造或北西向构造中,且多产于在北东向北西向构造的交会部位,说明次级构造活动与铀矿的多次构造活动,为铀矿富集、矿化提供空间和路径。

(3)圈定了 6 个铀放射性水化学异常。南雄油山工作区共圈定了 3 个铀放射性水化学异常,即大兰、大沅水库及邓坊异常晕,位于区内西部,3 个异常晕总体北东向展布。异常晕具有一定规模及浓度,连续性好,面积 6.0～13.5km^2,最高浓度值为 12.5μg/L;具二级浓度分带,有明显的浓集中心,大兰、大沅水库异常浓集中心直接显示矿化蚀变带位置。

大埔高陂工作区共圈定了 3 个铀放射性水化学异常,即旅头咀、冷水坑、息鞭亭异常晕。异常晕一般由 2 个异常点组成,规模较小,浓度值不高,最高浓度值为 81.2μg/L。

(4)发现了 88 个伽玛异常点带。南雄油山工作区发现了 70 个伽马异常点带,其中伽马异常点 57 个,伽马异常带 13 条;产于花岗岩构造裂隙中的有 57 个,产于基性岩脉中的有 5 个,产于地层中的有 6 个,产于南雄断裂带中的有 2 个。伽马强度异常一般为 25.8～154.8nC/(kg·h),最高为 258nC/(kg·h);高值异常点一般可见次生铀矿物。伽马异常点(带)产于构造破碎带、裂隙及岩脉中,严格受其控制。异常点(带)蚀变一般强烈,有硅化、褐铁矿化、赤铁矿化、绿泥石化、黄铁矿化、绢云母化。

大埔高陂工作区发现了 18 个伽马异常点带,其中伽玛异常点 16 个,伽马异常带 2 条,均产于大埔岩体燕山三期花岗岩构造裂隙中。伽马强度异常一般为 25.8～90.3nC/(kg·h),最高为 258nC/(kg·h);高值异常点见次生铀矿物。伽马异常点(带)产于构造破碎带、裂隙及岩脉中,严格受其控制。异常点(带)蚀变一般强烈,有硅化、褐铁矿化、赤铁矿化、绿泥石化,黄铁矿化、绢云母化。

(5)在系统矿产检查中,对雷锋寨、冷水坑及宋公等 3 处进行了概略检查,对大兰、山背、大沅水库、鹧鸪水、邓坊及进光北 6 处含铀矿化蚀变带进行了重点检查。共圈定 24 条含铀矿化蚀变带,其中 22 条产于燕山期花岗岩中,2 条产于白垩系中,呈平行排列产出,长 70～1300m,宽 1～15.4m。其中圈定了 19 处铀矿(化)体,多为单工程控制,规模小;长 28.0～70.0m,宽 0.2～2.0m;一般品位为 0.03～0.207%,最高品位为 1.15%。见次生铀矿物——硅钙铀矿。累计查明铀矿石量(333+334)16 705t,铀金属量 23.017t,平均品位 0.147%。

(6)在区域铀矿产特征与成矿规律研究方面,本区是广东省乃至全国的放射性矿产的重要成矿工作区带,尤其以产于花岗岩中的铀矿在国内占有重要地位。探明矿床 19 个,其中大型 5 个、中型 1 个、小型 13 个。根据前人工作成果,总结出花岗岩型铀矿床及砂岩型铀矿床的成矿规律、成矿模式及找矿标志。

(7)在矿产预测方面，建立区内典型矿床预测模型，对南雄油山6个找矿靶区、大埔高陂3个靶区铀资源量进行了预测，其中以大兰、山背、大沅水库及邓坊4处最具找矿潜力。预测铀资源量：南雄油山工作区2500.06t，达到中型规模；大埔高陂工作区92.79t，为矿点级规模。

广东始兴地区矿产远景调查

承担单位：广东省地质调查院

项目负责人：杨大欢

档案号：0750

工作周期：2005—2007年

主要成果

一、矿产地质测量

(一)地层

对测区岩石地层单位进行了系统清理和重新厘定。测区1∶20万区调工作完成于1970年，受当时认识所限，地层划分存在许多不合适宜之处。本次工作，在对前人资料进行综合分析研究的基础上，结合野外地质矿产调查，参照《广东省岩石地层》(广东省地质矿产局，1996)研究成果，将测区地层划分为25个组，初步建立了测区岩石地层序列。

在测区西北部，发现一套灰绿色凝灰岩、晶屑玻屑凝灰岩、沉凝灰岩的岩性组合，经与区域资料对比，认为应属志留纪茶园山组。1∶5万坝仔幅西北部前人原定属侏罗纪的一套地层(相当于侏罗纪嵩灵组)，经过调查，其岩性组合也与志留纪茶园山组岩性特征基本一致，而与侏罗纪嵩灵组(测区主要为流纹斑岩、流纹质凝灰熔岩等)存在较大差异。所以，通过地层岩性特征的对比，也将其修正为志留纪茶园山组。

根据前人资料，奥陶系长坑水组岩性为黑色薄层角砾状硅质岩、硅质泥质板岩。通过野外地质调查，发现该套硅质岩、硅质泥质板岩发育同生变形层理和同生角砾，应属滑塌-滑移沉积。部分区段岩石呈角砾状则是由构造作用引起。

(二)岩浆岩

对贵东岩体、青嶂岩体在测区的出露部分进行了解体，划分了侵入体，查明了各侵入体间的接触关系。

测区前人划分的海西期中粒斑状黑云母二长花岗岩，经过调查，将其进一步解体为细粒(斑状)黑云母二长花岗岩和中粒斑状黑云母二长花岗岩，二者呈渐变过渡关系。通过区域构造分析和将前人的同位素年龄资料与国际地层委员会推荐的地质年代进行对比，认为应属印支期。

通过同位素年龄测定，将原认为属印支期的花岗闪长岩成岩年龄修正为海西期，并对其地质地球化学特征进行了初步研究。

在罗坝、禾花塘和石灰坑等地,发现前人划分的 $\gamma_5^{2(1)}$ 花岗岩体尚可进一步解体为 $\gamma_5^{2(1)}$ 和 $\gamma_5^{2(3)}$ 两个不同期次岩体。前者岩性为肉红色细粒、中粒斑状黑云母花岗岩,后者岩性为灰白色细粒、中细粒二云母花岗岩。这些地区的钨矿均无一例外分布于 $\gamma_5^{2(3)}$ 花岗岩与围岩接触带或其附近。在牛牯墩钨矿,民窿内也发现有 $\gamma_5^{2(3)}$ 细粒二云母花岗岩侵入体。

根据测区前人资料的可利用程度,有针对性地对部分侵入岩补充采集了岩矿、人工重砂、岩石化学、稀土、微量元素等测试分析样品,对测区岩浆岩的地质地球化学特征及与成矿的关系进行了初步探讨。

刘公民等在师姑山矿区采集成矿花岗岩样品进行 U - Pb 同位素年龄测定,所获年龄值为 101Ma,据此认为师姑山钨矿成矿作用发生在早白垩世。付建明等在师姑山、石人嶂、梅子窝矿区采集矿石矿物或含矿石英脉进行年龄测定,所获年龄值分别为 154.8～153.0Ma、159.8～153.8Ma 和(150±5)Ma,与刘公民等的年龄值有明显差异。据查,刘公民等的年龄值仅是一颗单颗粒锆石的测定值。我们测得师姑山矿区隐伏二云母花岗岩的全岩 Rb - Sr 等时线年龄为(153±4)Ma,与付建明等的年龄值大体一致。这一结果对分析本区钨矿成矿年龄及与花岗岩的关系具一定意义。

查明了测区火山岩的分布特征,划分了火山岩相类型。较详细研究了火山岩岩石学、岩石化学和地球化学特征,初步探讨了志留纪火山作用的大地构造背景。

(三)变质岩

基本查明和论述了区内区域变质岩、接触变质岩和动力变质岩的分布与基本特征。

(四)地质构造

厘定出褶皱 11 条、断层 49 条,建立了测区构造格架。这些构造形迹总的来说具有多方位、多阶段和继承性的特点,对研究区域构造发展及构造与成矿的关系具一定意义。

(五)对本区构造格架的一些认识

本区经历了自加里东期以来的历次构造运动,形成了现今极为复杂的构造面貌。在褶皱方面,加里东期的褶皱由寒武系—奥陶系组成,为一些不太完整的紧闭背斜和向斜。褶皱轴向在司前幅主要呈北北东向,在师姑山一带呈北西向;轴面多近直立,局部受后期构造的改造出现倒转。海西—印支期的褶皱,卷入地层为泥盆系—二叠系,褶皱轴向为北西向,近直立,褶皱形态开阔。燕山—喜马拉雅期的褶皱卷入地层主要为侏罗系和白垩系—古近系,褶皱类型有盆式向斜、单斜构造和构造盆地等。

区内断层发育,但规模不大。依其空间展布方位可分为近东西向、北西向、北北东—北东向、北东东向及近南北向 5 组。从断层性质、切割地层及岩体,以及断层与成矿的关系来看,本区断层主要形成于燕山期。依各组断层的交切关系,形成的先后依次为近东西向断层—北西向断层—近南北向断层—北北东～北东向断层—北东东向断层。各组断层均显示具多期活动性。其中部分断层活动时期可能延续至喜马拉雅期。

二、1∶5 万高精度磁测

(1)通过 1∶5 万高精度磁测,获得了始兴地区磁性特征资料及大量磁测数据。通过对磁测数据处理，进行了磁场分区，将本区分为7个磁场区，并结合地质资料进行区域磁场推断等。这些成果，对始兴地区成矿地质背景及其他相关地质问题，乃至其他领域的研究，均有一定意义。

(2)圈定地面磁测异常79个。结合地质特征对这些异常进行了解释，并根据引起局部异常原因对异常进行了分类。虽然与已知地质矿产资料对比，这些异常的找矿意义尚难肯定，但它们所包含的地质、矿产信息也值得进一步挖掘。

三、1∶5万水系沉积物测量

(1)由于本区水系沉积物中元素含量不服从正态分布或对数正态分布，采用传统方法，不同时间或不同工作者计算的异常下限差别较大，因此，在数据处理过程中，对求地球化学异常下限的方法进行了一些探索，提出了一种求地球化学异常下限的新方法，并用这种方法资料进行了整理，取得了较好的效果。

(2)通过对测区水系沉积物地球化学资料的整理及综合研究，讨论了W、Sn、Bi、Mo等12个元素在本区的分布特征，以及元素在各地质体中的分配与演化规律。

(3)圈定综合异常51处。矿产检查新发现的12处矿(化)点，除下村铁矿化点外，其他11处矿(化)点就有9处位于化探异常内或其附近，显示该方法具良好的找矿效果。

四、遥感解译

对始兴地区ETM＋7、ETM＋3、ETM＋1波段卫星遥感组合图像进行了线性和环形构造解译，对帮助识别区内构造形迹有一定效果。

五、矿产

(1)通过矿产地质测量及矿产检查，在测区新发现钨(锡)矿点2处，钨矿化点5处，多金属矿点1处，铅锌矿化点2处，铁矿化点1处，萤石矿化点1处，取得了一定的找矿成果。

(2)对测区矿产地质资料进行了系统收集和整理，总结了控矿地质因素、找矿标志和分布规律，提高了矿产地质研究程度。

(3)初步建立了测区钨矿、锡多金属矿及铅锌矿综合找矿模式。模式反映了成矿的主导控制因素、成矿岩体、地面磁场及化探异常特征，以及可能的矿化蚀变。

(4)综合考虑成矿地质条件的有利程度、矿化强度、资源潜力大小等因素，进行了找矿远景区的划分，并对各找矿远景区的特征作了论述。在此基础上，筛选出11个找矿靶区。对A、B级找矿靶区的找矿方向及工作手段提出建议，对找矿远景进行了分析。

六、数据库建设

建立了始兴地区地质填图野外数据库、实际材料图数据库、地质矿产图空间数据库、地球化学数据库、地球物理数据库、遥感数据库、大比例尺综合图数据库、综合成果数据库。

湖南省花垣县排吾矿区铅锌矿普查

承担单位:湖南省地质矿产勘查开发局四〇五队

项目负责人:郑日胜

档案号:0751

工作周期:2011—2013 年

主要成果

(1)大致查明了矿区内地层岩性、构造、矿化与蚀变分布特征及其与铅锌成矿的关系。矿区主要出露下寒武统清虚洞组下段第四亚段($\in_1q^{1-4}$)不等粒砂屑灰岩,云化砂屑灰岩与云化白云岩地层为主要容矿层,清虚洞组上段第一亚段($\in_1q^{2-1}$)细—中晶云岩地层为次要容矿层。矿区褶皱为一南东倾的单斜岩层,倾角 15°～22°。矿区北西部断裂构造较发育,为 F1～F14 断裂构成的北东向断裂带,其中的北东向主干断裂 F1、F4、F10 为矿区铅锌矿的导矿构造。矿化分布以 Pb、Zn 为主,蚀变分布以白云岩化、方解石化、白云石化为主,次为硅化与褪色重结晶。其中,白云岩化、方解石化、白云石化与 Pb、Zn 成矿关系密切,两者相伴出现。

(2)大致查明了区内矿体地质特征。矿区铅锌矿属产于碳酸盐岩中的层控型低温热液矿床。矿床勘查类型为Ⅲ类型,矿床规模为小型。矿体主要呈似层状,次为透镜状形态,大致顺层产于$\in_1q^{1-4}$ 层灰岩,云化白云岩与$\in_1q^{2-1}$ 层结晶白云岩地层中。矿体走向北东,倾向南东,倾角为 18°～21°。沿走向延伸长 80～320m,沿倾向延展宽 30～150m,单个矿体规模为小型,厚度为 0.90～2.64m,Pb+Zn 品位为 1.50%～4.59%。矿体厚度稳定—较稳定,有用组分分布均匀,内部结构简单,不含夹石。

(3)大致查明了区内矿石质量特征。区内矿石工业类型均为原生硫化矿石,主要有用矿物为方铅矿与闪锌矿,以自形—半自形晶粒结构为主,次为交代结构。矿石构造以浸染状构造为主,次为致密块状构造。区内矿石主要为低品级(Pb+Zn<4%)矿石,主要有用组分为 Pb、Zn,伴生有益组分为 Cd、Ag。区内矿石属易选(冶)矿石类型,具有良好的加工技术性能。

(4)大致查明了矿区清虚洞期岩相古地理特征。矿区地层剖面岩性显示出本矿区为海平面持续下降而引起水体变浅的沉积序列。清虚洞期是在以石牌期为代表的陆源碎屑陆棚基础上发展起来的,当陆屑陆棚转变为碳酸盐台地后,又开始了另一个向上变浅的新旋回。该旋回的演化特点是:初始为台地边缘较深水的碳酸盐缓坡,经历了浅滩化后,最终变为潟湖-湖坪环境沉积而结束。在沉积历史上清虚洞期可分为早、中、晚 3 个阶段。早期阶段以$\in_1q^{1-(1+2)}$层为代表,处于碳酸盐岩台地边缘较深水缓坡沉积向潮下低能环境沉积转化与过渡。中期阶段出现相变,以$\in_1q^{1-(3+4)}$层为代表,矿区出现南北分异。矿区南部为杉木冲-大铁厂相区,处于潮下低能环境沉积向潮下浅滩、鲕粒砂坝等高能环境沉积转化与过渡;矿区北部为大排吾相区,处于小型断陷盆地环境,仍代表低能较深水沉积。当断陷盆地逐渐被碎屑物填满后过渡到潮下浅滩等高能环境沉积;晚期阶段为潟湖-湖坪环境,以$\in_1q^2$ 层为代表。由于本矿区清虚洞期沉积相的改变,从而直接导致了矿区内未能形成中—大型铅锌矿床。

(5)用地质块段法估算了矿区铅锌金属资源量(333+334)1.95×10^4t(矿石资源量 56.23×10^4t)。其中,铅锌金属资源量(333)0.85×10^4t,铅锌金属资源量(334)1.10×10^4t。矿区矿体平均厚度 2.03m,平均品位 Pb+Zn 为 3.47%(Pb 1.81%,Zn 1.66%)。

湘黔桂地区海西—印支期盆地演化及其对油气资源的制约

承担单位:中国地质调查局武汉地质调查中心
项目负责人:王传尚
档案号:0756
工作周期:2011—2013年
主要成果

(一)牙形石研究

在前人工作的基础上,对广西象州崖脚上泥盆统—石炭系剖面、广西象州南垌泥盆系剖面和广西象州种子园泥盆系剖面开展了牙形石生物地层学的研究。

广西象州南垌泥盆系剖面共获得牙形石标本总数达10 320余枚,计有20属、57种、15亚种、5未定种、6相似种、1亲近种、1新种、1新未定种(其中修订1种)。据此将巴平组下段划分为10个牙形石间隔带,自下而上依次为*Siphonodella duplicate* sensu Hass, *S. cooperi* morphotype 1,*S. obosoleta*,*S. sandbergi*,*S. quadruplicata*,*S. lobata*,*S. crenulata*,*S. isosticha*,*Gnathodus delicates*,*Protognathus preadelicatus*。其中,*Siphonodella duplicate* sensu Hass, *S. cooperi* morphotype 1,*S. obosoleta*, *S. quadruplicata*,*S. lobata*, *S. isosticha*,*Gnathodus delicates*,*Protognathus preadelicatus*为新建化石带。

崖脚剖面五指山组上部和巴平组共划分出7个牙形石带,自下而上为*Pa. g. sigmoides*带,*Siphonodella duplicata*带,*S. crenulata*带,*S. isosticha*带,*Scaliognathus praeanchoralis*带,*S. anchoralis*带, *Declinognathodas noduliferus noduliferus*带。

(二)构造、地球化学

系统总结了研究区所经历的复杂的构造沉积演化史,分析了印支期—喜马拉雅期运动对本区的构造改造作用及各期构造运动的变形特点,并从大地构造位置出发,开展了研究区构造单元和次级构造单元的划分;在最新的国际年代地层的框架内,开展了区内泥盆纪—三叠纪层序地层划分与对比研究,探讨了区内层序地层格架与沉积充填演化的关系;开展了稳定同位素异常的研究,分析和探讨了海平面变化对海水地球化学性质的影响及对沉积充填序列的控制作用;通过对稀土、微量元素的测试,分析了不同历史时期REE配分模式和Ce/Ce* 曲线特征、环境变化及其对海平面变化的响应。

(三)油气地质条件

生储盖组合的发育与配套关系与盆地的演化密切相关,盆地的演化控制着沉积相的时空分布:在台盆相中,烃源岩发育;而在局限台地相或台地边缘生物礁相中,储集岩发育。而海平面的变化,则是在一个沉积盆地中,控制沉积充填序列的时空分布的重要因素,换言之,海平面的变化控制了生储盖组合的发育与配套关系。梅冥相等(2001)讨论了三级层序变化与生储盖组合发育的关系,指出三级海平面上升阶段主要发育礁滩相灰岩构成的储层;而在与三级海平面下降相关的强迫型海退过程中则发育白云岩构成的储层。将研究区划分 3 个生储盖组合，但其下组合所列的储集层系包括了泥盆系底部的海侵砂岩系中由高能砂体所构成的储集体和加里东运动不整合面本身及该不整合面之下的娄山关群顶部的白云岩型储层。这两个储集层系虽有良好的储集条件，却是有“储”无“生”，其下伏的寒武系烃源岩层系早已变质而失去了生烃能力，但 3 个生储盖组合仍可成立。

(1)上组合由早、中三叠世的远源及近源盆地相浊积岩系地层作为盖层，晚二叠世领薅组台盆相页岩系及中二叠世台棚相暗色碳酸盐岩系地层构成直接的生油岩系，能作为勘探目的层的对象有 3 个：①长兴生物礁灰岩与礁顶相白云岩及白云石化地层构成的储集组合；②茅口组生物礁灰岩及礁顶相白云岩构成的储集组合；③东吴运动主幕(Ⅰ幕)及二叠系与三叠系之交的淹没不整合面本身，也是不可忽视的勘探目的层。

(2)中组合以下石炭统台盆相暗色页岩夹灰岩系为主要生油岩系(以鹿寨组、巴平组为代表)，上石炭统及下二叠统黄龙组和马平组厚层块状致密灰岩作为盖层，勘探的主要对象是由大埔组白云岩所构成的白云岩型储集体。

(3)下组合以早泥盆世晚期至晚泥盆世早期的台盆相页岩系(以罗富组为典型代表)作为生油层及盖层，其勘探对象有：①早泥盆世晚期至晚泥盆世早期孤立台地上发育的由生物礁灰岩构成的储集体；②与紫云运动Ⅰ幕和Ⅱ幕相关的强迫型海退事件所形成的白云岩储层，以及紫云运动构造不整合面本身。

通过对湘黔桂地区重点烃源岩剖面的调查取样和分析表明，海相碳质泥岩有机质丰度较高，且总体上较前人数据高，这主要因前人工作较多考察海相碳酸盐岩生烃潜力，其中主力烃源岩泥盆系罗富组和石炭系鹿寨组泥页岩厚度较大，且 TOC>2 的优质烃源岩占一半以上，二叠系主要发育泥质灰岩-灰岩型烃源岩，类型较差。通过对前人大量储集岩演化发育史研究及本次研究的少量薄片等工作，近缘礁滩相储集层、石炭系烃源岩夹层及上覆砂岩型岩性油气藏是该区勘探的主要目的层；另外，因泥盆系和石炭系两套烃源岩中，泥盆系厚度及顶底板占优势，石炭系热演化程度占优，其页岩气勘探有望获得重要突破。印支期的构造活动对该区的常规油气藏具有巨大的改造和破坏作用，古生界常规油气藏的突破需考虑拆离层底部稳定地块，建议重点从非常规油气藏获得突破。

湖北长阳曾家墩地区铅锌矿远景调查

承担单位：湖北省地质调查院

项目负责人：黄景孟，张权绪，李会来

档案号：0762

工作周期：2010—2012 年

主要成果

(1)采用铅、锌、钼、银、钒矿一般工业指标，估算全区铅锌矿石、钼钒矿、银钒矿资源量。

(2)新发现铅锌矿矿产地 2 处，即七丘铅锌矿矿产地与曾家墩钼钒矿矿产地。

(3)对地质、物探、化探、遥感等多种找矿信息综合分析，圈定铅锌矿 B 级成矿远景区 5 处、C 级成矿远景区 6 处，预测铅锌资源量 321 803t。圈定钼钒矿 B 级成矿远景区 6 处、C 级

成矿远景区 5 处，预测钼金属资源量 18 474t，五氧化二钒资源量 102 226t。圈定赤铁矿 A 级成矿远景区 1 处，预测赤铁矿资源量为 $15\,916\times10^4$t。圈定银钒矿 B 级成矿远景区 1 处，预测银金属资源量 9.26t，五氧化二钒资源量 1718t。圈定锰矿 A 级成矿远景区 1 处，预测锰矿资源量 $11\,181\times10^3$t。

(4)在对成矿远景区进行概略性检查、重点检查及综合研究的基础上，优选出铅锌矿找矿靶区 5 处、钼钒矿找矿靶区 2 处。

(5)大致查明了铅、锌矿矿化岩层在空间上的展布规律及矿化地质特征，划分出了成矿区带。研究表明，区内的铅锌矿化地质体主要分布在灯影组三段的底部和二段的顶部，少数位于石龙洞组。矿化围岩均为孔隙度较高的白云岩，层控特征十分明显，同时，后期的断裂热液活动对成矿有着进一步富集的作用。

(6)通过曾家墩一带开展了激电测深实验工作，了解到寒武系底统牛蹄塘组含碳质页岩物性表现为高极化率、低电阻率，下伏震旦系上统灯影组上部白云岩物性表现为高电阻率、低极化率。对照物性参数表及激电测深资料，受含碳质页岩高极化率及低电阻率影响，虽然无法确定铅锌矿矿化区域，但是为后人在此类地区开展物探工作提供了经验。

(7)通过典型矿床地质特征、成矿要素、成矿模式的研究，以及矿产预测类型的划分、区域成矿要素、成矿模式、预测要素、预测模型的研究，确定了区内主要矿床成因类型，并对成矿控制条件、时空演化规律、成矿系列、成矿谱系进行了探讨。

(8)本次矿产远景调查采用了中国地质调查局开发的数字地质填图与矿产勘查系统进行野外数据采集，同时，按数字填图的要求进行了数据综合整理，以及各类图件的编制，实现了各类原始数据和成果数据的数字化。数据的全程数字化，不仅提高了图幅的质量，而且还为原始数据和成果数据的检索提供了便利。

广东龙川县金石嶂地区银铅锌矿远景调查

承担单位：有色金属矿产地质调查中心

项目负责人：唐攀科

档案号：0768

工作周期：2010—2012 年

主要成果

(1)在充分收集、分析区内已有的地质、物探、化探、遥感、矿产资料，特别是在 1∶5 万水系沉积物测量的基础上，完成野猪坳-均竹坪测区 1∶1 万地质简测和老虎岩-贵湖、代油坊-分水坳测区 1∶1 万地质草测，共 46km²，大致查明了目标区内的地质及矿化特征、矿(化)体的规模、与各类物化探异常之间的关系、主要控矿因素及找矿标志等，并发现 9 处矿(化)点。

(2)全面完成 1∶1 万土壤(剖面)测量，分别在均竹坪、野猪坳、老虎岩-贵湖、分水坳-代油坊进行，全区共圈定了 12 处土壤测量异常，其中均竹坪-野猪坳 4 处，老虎岩-贵湖 5 处，分水坳-代油坊 3 处，主成矿元素为 Ag、Cu、Pb、Zn、W、Sn、Mo 等，伴生元素有 Au、As、Sb、Bi 等，各元素异常中心套合较好，总体走向以北东向与北西向为主。

(3)完成 1∶1 万激电(剖面)测量，分别在均竹坪、野猪坳、老虎岩-贵湖、分水坳-代油坊进行,在工作区内共圈定了 19 处激电异常,激电异常特征以低阻高极化为主,3 处高磁异常分布于老虎岩-贵湖测区的北西部;高磁异常总体走向以北西向为主,与化探异常走向及工作区主要控矿构造方向基本吻合。通过物探综合解释推断,在分水坳-代油坊测区圈出了 6 处找矿条件良好的区段。

(4)全面完成了 6 个检查区(其中 4 个转入重点检查,其他 2 个仅进行概略检查)的矿产检查工作,新发现矿(化)点 9 处。对重点检查区主要采用 1∶1 万地质矿产测量和 1∶1 万物探、化探(剖面)测量及槽、钻探等手段,对所选区域进行工作,圈出了 14 条矿(化)体。

(5)对金石嶂典型矿床矿体特征及控矿因素进行了详尽的调查和分析,本次研究发现:与成矿关系密切的主要岩性因素有矽卡岩、安山玢岩、构造蚀变岩;构造因素主要为岩体表面形态特征、断层及裂隙。其中,岩体表面的凹部是成矿的一级控矿因素,岩性、断层及裂隙是二级控矿因素,只有在岩体表面凹部处叠加有断层或裂隙时,才有可能成矿。

(6)充分收集了工作区已有地质、物探、化探及以往矿产勘查、科研等资料,总结了区域成矿规律,建立了主要矿种的找矿模式,并划分金石嶂银铅锌多金属矿 A 类远景区、野猪嶂铜铅多金属矿 B 类远景区共 2 个成矿远景区,圈定找矿靶区 3 处。

(7)利用“全国矿产潜力评价”的方法,对整个工作区的矿产资源潜力进行了较为详细的评价,优选出野猪嶂铜铅多金属找矿靶区、老茶亭-野猪坳银铅锌多金属找矿靶区、老虎岩-贵湖银铅锌多金属找矿靶区,并对这 3 个找矿靶区的矿产资源潜力进行了定量预测,总计为铅 6.43×10^4t、锌 3.49×10^4t、铜 2.61×10^4t、银 289.4t。

(8)提交了野猪嶂铜铅多金属找矿靶区、老茶亭-野猪坳银铅锌多金属找矿靶区和老虎岩-贵湖银铅锌多金属找矿靶区共 3 处找矿靶区。

桂西地区铝土矿勘查选区研究

承担单位:广西壮族自治区地质调查院
项目负责人:王瑞湖
档案号:0770
工作周期:2010—2012 年
主要成果

(1)基本查明了桂西地区铝土矿成矿地质环境、矿源层特征及控矿因素。认为沉积铝土岩(矿)主要形成于晚二叠世早期和早石炭世早期,沉积环境为滨海沼泽-潟湖,矿质来源主要为下伏灰岩,次为火山岩、陆源碎屑岩。堆积型铝土矿是由上二叠统合山组及下石炭统都安组底部的沉积铝土岩(矿)经第四纪氧化淋滤作用形成,并严格受矿源层、围岩岩性、气候、地貌及新构造运动制约。

(2)通过“超覆沉积”等宏观研究和一系列微观研究,论证了成矿环境和成矿机理,明确桂西沉积型铝土矿成矿作用主要经历了红土化作用、沉积-成岩作用和氧化淋滤作用 3 个阶段,强调了淋滤作用在铝土矿成矿过程中的重要性。

(3)全面总结了扶绥—龙州地区铝土矿整装勘查工作成果,累计查明铝土矿(332+333)矿石资源量 1.35×10^8t,沉积铝土矿矿石资源量 484.19×10^4t。

(4)通过沉积型铝土岩区域调查研究，总结了区域上铝土矿的富集规律。铝土矿富集地段顶部常发育有铝土质泥岩，尖灭地段泥岩则相应地钙质增多。

(5)系统总结了桂西地区铝土矿成矿规律和找矿标志，建立了综合找矿模式，以铝土矿资源潜力评价成果为基础，圈定沉积铝土矿找矿靶区119处，堆积铝土矿靶区94个；新圈定铝土矿找矿远景区2个(靖西-平果和乐业-凌云-凤山找矿远景区)，为下一步铝土矿找矿勘查指明了方向。

(6)探索了一批铝土矿找矿勘查新方法，基本证实采用遥感解译方法圈定堆积型铝土矿含矿洼地、用高密度电阻率法推断古岩溶侵蚀面形态间接寻找沉积型铝土矿行之有效。完善了桂西堆积铝土矿"全巷重量四分法"的采样方法，通过分粒级采样、分粒级送样分析，最大限度地避免了因单一采样而造成的"丢矿"现象。

(7)全面收集了桂西地区铝土矿勘查、开发及科研成果资料，建立了桂西地区铝土矿空间数据库。

湖北兴山坛子岭铅锌矿调查评价

承担单位:湖北省地质调查院

项目负责人:匡华

档案号:0785

工作周期:2010—2012年

主要成果

(一)基础地质调查成果

收编1∶5万神农架地区地质矿产图，为顺利进行资源评价提供了最新基础图件。

细分了赋矿地层单位，进一步厘定了铅锌赋矿地层的含矿层位。赋矿地层的含矿层位共计有3个，由下至上依次为震旦系陡山沱组第一岩性段的顶部(莲花坪铅锌矿)、震旦系陡山沱组第四岩性段的底部(坛子岭铅锌矿)和震旦系灯影组第三岩性段上部(土桥沟铅矿)。

在评价区白岩坪一带新发现含磷岩系，在神农架群中填绘出了陡山沱组。

(二)找矿成果

提交坛子岭铅锌矿产地，初步估算经工程验证资源量($333+334_1$)铅1.80×10^4t，锌35.00×10^4t。工业锌资源总量28.65×10^4t(333资源量13.70×10^4t，334_1资源量14.95×10^4t)；边界[矿体厚度大于1m，锌品位在$(0.5\sim1)\times10^{-2}$之间的非工业矿体]锌资源总量($333+334_1$)6.35×10^4t。

提交莲花坪铅锌矿产地，初步估算经工程验证的锌资源量($333+334_1$)为6.76×10^4t。在铅锌矿评价的同时，为体现综合找矿原则，对区内磷矿进行了评价，并提交磷矿石($333+334_1$)284.33×10^4t。

(三)综合研究成果

(1)初步确立了坛子岭地区铅锌矿找矿标志。

矿化露头:铁帽颜色呈褐黑色,比重较大,风化残留格架呈不规则的网脉状、残留孔洞形态规整,断面多为三角形,新鲜断面的孔洞内常有白色针状矿物——异极矿集合体。

赋矿地层:震旦系陡山沱组第一岩性段的顶部,震旦系陡山沱组第四岩性段的底部,震旦系灯影组三段上部。

赋矿岩性:主要产于浅灰色细晶白云岩中,与黑色岩系关系密切,一般产在黑色岩性之下的灰白色白云岩中。

控矿岩相:陆缘碳酸盐岩陆棚亚相、陆棚内缘斜坡相、蒸发台地相、滨海三角洲相。富含鸟眼、岩盐假晶、泥炭等蒸发滞流还原环境相部位成矿有利。

地化场特征:水系沉积物测量 $Ag \geqslant 500 \times 10^{-9}$、$Pb \geqslant 100 \times 10^{-6}$、$Zn \geqslant 200 \times 10^{-6}$ 即为矿致异常。

围岩蚀变:黄铁矿化、方解石化、碳酸盐化。

采矿老窿,地貌上形成明显凹坎,露头上有黄色铁锈和白色似"霜"的粉末状矿物集合体。

依据初步建立的铅锌矿找矿标志,结合评价区成矿地质特征和成矿地质背景,初步确定评价区主矿床类型,总体上属于沉积-改造型矿床。主构造为神农架穹隆及扬子地台北缘台缘褶带,主层位为震旦系,主岩性为不纯富镁碳酸盐岩。

(2)圈定了成矿远景区带及成矿远景区。

通过对调查区1∶5万地质、物探、化探、遥感、矿产及自然重砂资料的系统收集整理,借助MapGIS平台MARS技术,重点针对铅锌、磷圈定了成矿远景区及找矿靶区。

初步圈定以铅、锌、银、铜、磷为主的Ⅴ级成矿远景区3个,其中A1级2个,B1级1个。Ⅴ级成矿远景区的圈定,为选定预查区,宏观部署矿产调查工作及中长期规划提供了基础资料。

根据赋矿地层的出露规模,控矿构造的发育程度,已知矿产地的数量及1∶5万物探、化探、遥感与成矿作用的关系,进一步圈定以铅、锌、磷为主的Ⅵ级找矿靶区3个,并对Ⅵ级找矿靶区的类别进行了排序,其中A级2个、B级1个。圈定Ⅵ级找矿靶区并划分其类别,为循序渐进地开展资源潜力调查、减小矿产勘查风险、部署找矿工作指明了方向。

广东宋桂地区矿产远景调查

承担单位:广东省地质调查院
项目负责人:赖启宏,林杰藩
档案号:0786
工作周期:2010—2012年
主要成果

(一)控制程度

全程采用数字地质填图技术手段开展1∶5万矿产地质调查,以穿越路线为主并辅以追索路线,对重要含矿层位、蚀变带、矿(化)带、矿(化)体尽量沿走向追索,并定点控制。地层发育且基岩出露较好的地区路线距一般为500m,切割深、覆盖严重、逾越困难及大片花岗岩分布区路线放宽至800m左右。划分出27个组级岩石地层单位和14个段级单位及1个成因类型单位、19个“岩性＋时代”侵入岩填图单位，共厘定出40多条主要断裂构造，基本查明了区内地层、岩石、构造等方面的特征，初步了解含矿层、矿化带、蚀变带、矿体的分布范围、形态、产状、矿化类型、分布特点及其控制因素。

调查区1∶5万水系沉积物测量，按照每平方千米4～8点的密度系统采集水系沉积物样品，平均采样密度为每平方千米4.297点，样品分析Ag、Pb、Zn、Cu、Au、As、Sb、Hg、Sn、W、Bi、Mo、Mn、Co、S共15种元素。圈出3处显著异常带，即沿北东向河口断裂带分布的Au、As、Sb显著异常带、沿北东向宋桂断裂带分布的显著Ag、多金属异常带和沿大绀山穹隆构造分布的W、Sn、多金属环形异常带。全区共圈定100处综合异常，其中，$甲_{1-1}$类2处、$甲_{1-2}$类5处、$甲_{2-2}$类11处、$甲_{3-1}$类1处、$甲_{3-2}$类1处、$乙_{3}$类43处、丙类28处、丁类9处，多数显著或较显著异常区存在已知矿床、矿点或新发现矿点、矿化点。

按照测网密度为500m×100m开展1∶5万高精度磁法测量，调查结果表明，调查区岩石的磁性弱，磁化率一般为$(200\sim400)\times10^{-6}\times4\pi SI$，剩磁也较弱。根据实测磁场及提取的背景场分布特征，结合地质构造，调查区共划分出5个磁场区，圈定了2处典型的人为干扰异常和15处局部异常。根据局部异常特征，推测了留村隐伏花岗岩体、老王坑隐伏中性（或偏中性）岩体、高村隐伏花岗岩体及大断裂构造一条（河口断裂），认为罄滨-六都断裂带、悦城断裂带为不同磁场区的分界线，带状异常反映了规模小的断裂构造。

采用1∶1万地质测量、1∶1万土壤测量和1∶1万高精度磁法测量、激电中梯、激电测深、地表槽探揭露等地质工作方法进行系统矿产检查，了解矿（化）体分布范围、规模、形态、产状、共（伴）生有益元素种类、含量及其变化、矿石质量、组构；了解近矿围岩的蚀变种类、分布及其与矿化的关系；大致确定矿床类型。

（二）研究程度

综合研究始终应用于立项、收集整理和综合分析前人资料、矿地物化遥等找矿信息的整合、系统矿产检查、成矿预测、找矿靶区的圈定、区域矿产潜力的综合评价、成果报告编制和数据库建设等工作全过程。

通过对矿产、地质、化探、物探、遥感等综合研究，选取12处成矿最有利区段开展矿产检查，新发现金银多金属矿点5处，新发现矿化体或矿化线索多处，找矿效果较显著。

通过综合研究认为区内主要矿种和主要矿床类型为：①铅锌银矿主要有破碎带蚀变岩型（复合内生型）和沉积-改造型；②金矿主要有破碎带蚀变岩型和微细粒浸染型；③锡矿主要有破碎带蚀变岩型和矽卡岩型；④钨矿主要有锯板坑式脉型。

通过多维度成矿条件与矿化信息的综合研究，主要采用类比法开展区域成矿预测，对区域矿产潜力作出综合评价。圈出最有前景的A类找矿远景区3处、较有前景的B类找矿远景区1处、有一定前景的C类找矿远景区1处，在找矿远景区中优选出找矿靶区10处，其中，A类（预测具有找到中—大型矿床的潜力）找矿靶区4处、B类（预测具有找到小—中型矿床的潜力）找矿靶区4处、C类找矿靶区（预测找到小型及以下矿产的潜力）2处，超额完成了本项目规定提交2处找矿靶区的预期成果任务。根据本项目调查研究的初步成果，已有2处A类找矿靶区申办并获得探矿权，即德庆县老王坑银多金属找矿靶区和郁南县黄金顶金找矿靶区。德庆县老王坑银多金属找矿靶区根据槽探与剥土工程控制初步估算的银资源量（334）为1112.7t，达大型规模。

扬子地台金刚石找矿方向研究与异常查证

承担单位:湖南省地质调查院
项目负责人:董斌,向华
档案号:0790
工作周期:2010—2012年
主要成果

(一)以往地质资料二次开发成果及其认识

2010—2012年度对桃源—石门地区(面积约20 000km²)、沅陵—辰溪地区(面积约4000km²)进行了以往地质、重砂矿物等资料二次开发。

1. 桃源—石门地区

该区位于扬子微板块雪峰地块、武陵地块与洞庭地块3个Ⅱ级大地构造单元交接地带,处于北北东向鄂湘黔岩石圈断裂带与北西向石门-安仁岩石圈断裂带(转换断裂)交会的锐角地带,此外,还有近东西向张家界-慈利断裂和近南北向隐伏断裂带通过区内。从南到北,在丁家坊、福善岗、芽林桥、广福桥、官渡桥、石门城郊、通津铺、杨柳铺、维新厂、张家山、边山河等地有金刚石或镁铝榴石分布,特别是石门上五通、临澧芽林桥地区形成了金刚石及其指示矿物异常区。综上所述,该区具备优越的金刚石原生矿成矿地质条件,建议今后部署该区金刚石原生矿勘查工作,应推进到慈利—石门以北至湘鄂边境,采用1∶2.5万高精度航空磁测的方法开道,检查验证局部航磁异常,就有可能达事半功倍的找矿效果。根据玛瑙在南北向临澧谷地的分布特征,表明该谷地是长江分流最早(中新世)的故道;据水铝石的分布特征,表明该谷地又是古沅水在上新世向北流入洞庭湖的故道。因此,深入研究洞庭湖的由来与发展和研究丁家港、桃源矿区金刚石砂矿来源是至关重要的新课题。

2. 沅陵—辰溪地区

该区位于扬子微板块雪峰地块Ⅱ级大地构造单元中,处于近东西向黔湘赣岩石圈断裂带与北东向新晃-吉首大断裂夹持地带,探明了沅陵窑头金刚石砂矿床,金刚石品位高、颗粒大,并且发现大颗粒镁铝榴石1颗,圈出金刚石及其指示矿物异常区(点)43处,其中,沅陵茅坪、辰溪报木河(潭湾)两处镁铝榴石、铬尖晶石异常区及辰溪高山坪(负地形)钛铁矿异常区极有可能赋存有基性—超基性岩乃至金伯利岩/钾镁煌斑岩型金刚石原生矿床。因此,应优先安排上述3处金刚石指示矿物异常区的野外检查工作。

(二)异常查证

2010—2012年度主要对桃源九龙金刚石及C-98-38航磁异常区、石门上五通-桃源热市金刚石及其指示矿物异常区、鼎城港二口-杨耳冲10处局部航磁异常区、桃江响涛源金刚石指示矿物异常(点),采用综合方法和手段进行异常查证。此外,对贵州黎平县秦溪地区开展金刚石找矿工作。现将取得的主要地质成果及其认识简述如下。

1. 桃源九龙金刚石及 C－98－38 局部航磁异常区

通过本次工作，区内未发现岩浆岩和可疑地质体，仅在区内余家磴 2010YZ70、马石溪 2010YZ94 自然重砂样品中分别发现金刚石 2 颗、1 颗，在 2010YZ01、2010YZ06、2010YZ19、2010YZ23、2010YZ36、2010YZ47、2010YZ48、2010YZ49、2010YZ54、2010YZ84、2010YZ70、2010YZ71、2010YZ72、2010YZ94、2010YZ110 15 个自然重砂样品中发现 1～4 颗镁铝-铁铝榴石，铬尖晶石分布较普遍，但含量低（10～40 颗）。经研究分析，发现的金刚石及其指示矿物磨损强烈，推测它们来自白垩系红层中。区内也未发现 Cr、Ni、Nb 的组合异常。C－98－38 局部航磁异常经验证，由白垩系砾岩中磁性矿物局部富集引起。因此，认为区内存在金刚石原生矿的可能性不大，没有进一步开展金刚石找矿工作的必要，但区内具有一定的金矿找矿远景。

2. 石门上五通-桃源热市金刚石及其指示矿物异常区

通过本次工作，该区未发现基性—超基性岩体及可疑地质体，仅在 2010SZ10、2010SZ14、2010SZ19、2010SZ45、2010SZ47、2010SZ55 6 个自然重砂样品中分别发现 2 颗、13 颗、4 颗、3 颗、2 颗、1 颗含铬镁铝榴石，其特征与辽宁 50、110 金伯利岩岩管中的镁铝榴石特征极为相似，但它们都分布在白垩系、古近系红层分布区内，离开红层分布区外无任何发现。因此，认为区内可能赋存有年轻的（燕山晚期—喜山早期）隐伏—半隐伏的新类型金刚石原生矿床，今后应加强综合分析研究，采用新方法、新技术，进一步开展金刚石原生矿找矿工作，有可能实现金刚石原生矿找矿的重大突破。

3. 鼎城港二口-杨耳冲航磁异常区

通过对区内 10 处局部航磁异常的野外查证工作，除 C－98－74 号航磁异常由 3 条闪长玢岩岩体引起外，其余 9 处（C－98－68、C－98－73、C－98－83、C－98－84、C－98－102、C－98－125、C－98－126、C－98－129）局部航磁异常均由蓟县系小木坪组杂砂岩、凝灰质砂岩中的磁性矿物局部富集引起，基本查明了航磁异常引起原因，无需进一步开展找矿工作。

4. 桃江响涛源金刚石指示矿物异常区（点）

该区高洞铬尖晶石（铬铁矿）与橄榄石连生体异常点，经本次工作无新的发现，其来源问题尚未解决，推测来自于工作区外或下奥陶统中，认为它与金刚石原生矿关系不大，与一般基性—超基性岩有关，因此，区内无需进一步开展找矿工作。

该区通溪镁橄榄石异常区，通过本次工作，发现基性—超基性岩体 17 条。值得指出的是，在区内的曾家仑 XD53 号岩体人工重砂样品中发现微粒金刚石、镁铝榴石各 1 颗，还见有较多的铬尖晶石、镁橄榄石等重矿物。在 XD66 岩体人工重砂样品中铬尖晶石含量较高（3000 余颗），在 XD160 岩体人工重砂样品中橄榄石含量高（15 000 余颗）。特别是在切割 XD53、XD66、XD75 等岩体水系的下游河溪水 91Z583 自然重砂样品中发现金刚石 1 颗，表明区内赋存有含金刚石的岩体。因此，该区及其外围值得进一步开展金刚石原生矿找矿工作（已列入到 2013—2015 年常德—会同地区金刚石异常查证总体设计中）。

5. 贵州黎平秦溪地区金刚石找矿工作

通过本次 1∶5 万地质调查和水系重砂采样，未发现基性—超基性岩体，也未发现金刚石及其指示矿物，因此，对区内找矿远景作出了初步评价，今后不需部署金刚石找矿工作。

湖南文家市地区矿产远景调查

承担单位:湖南省地质调查院
项目负责人:宁钧陶,何恒程
档案号:0796
工作周期:2010—2012 年
主要成果

(一)基础地质

(1)合理划分了永和幅填图单位,建立了地层层序,查明了各岩石地层单位的时空分布。全区共建立地层填图单位 30 个。

(2)查明了测区岩浆岩和岩脉的时空分布情况、产出状态,并初步总结了岩浆岩与构造及成矿作用的关系。

(3)经分析总结,认为区内主要出露的中元古代长城纪、蓟县纪地层是区内金、铜、钨、钼矿的主要赋矿层;震旦系为区内磷矿的赋矿层位;二叠纪龙潭组及三丘田组为区内煤矿的赋矿层;图区岩浆活动对区内铜多金属矿具重要控制作用;区内北东向及东西向断裂构造控制了区内重要矿产的产出。

(二)物化探

(1)通过 1∶5 万化探工作,圈定了 58 处综合异常和 10 处化探找矿远景区,包括Ⅰ级找矿远景区 3 个,Ⅱ级找矿远景区 5 个,Ⅲ级找矿远景区 2 个,其中,铜铅锌银金属找矿远景区 1 处,钨锡多金属找矿远景区 4 处,金找矿远景区 5 处。指出重点找矿远景区为远景区 1、2、5、6、10,主要综合异常有 AS1、AS4、AS7、AS8、AS11、AS15、AS21、AS25、AS28、AS29、AS30、AS40、AS44、AS50、AS55、AS57。远景区 1 应以铜、铅、锌、银等为找矿重点;远景区 2、21 应以钨为找矿重点,其次是铜、锡、铅、银;远景区 6、10 应以金为找矿重点。选取其中 5~10 个重点异常开展异常检查。

(2)通过 1∶5 万地面高精度磁测,用 $\Delta T=20\text{nT}$ 等值线在工作区内共圈出磁异常 32 处,对异常特征作了初步描述,并在全区分为 3 个异常区带。为工作区提供了可靠的 1∶5 万地面高精度磁测资料,填补了区内高精度地面磁测的空白,为工作区后续的矿产勘查工作提供了科学、系统的大比例尺磁测资料。

(三)矿产

(1)新发现龙王排耙齿山钨钼多金属矿、坛前矿区外围铁萝冲铅银矿、亭子岭金矿等 8 处矿(化)点,新发现矿产地 1 处——浏阳市青草金矿。估算资源量(334_1) Mo 1695t,Au 1512kg。

(2)根据工作区成矿地质条件、控矿因素、矿床(点)的分布规律及其与物化探异常之间的联系,并综合湖南省地质调查院近年来在本区找矿的成果,初步圈出找矿远景区 7 处,其中,Ⅰ

级找矿远景区3处，分别是永和-七宝山磷、海泡石、铜铅锌多金属矿找矿远景区，龙王排-坛前钨钼铜金多金属矿找矿远景区，汉塘冲-柳树冲金矿找矿远景区；Ⅱ级找矿远景区2处，分别是跨马塘-东茅山钨锡铜钼多金属矿找矿远景区，何家坡-浏阳金多金属矿找矿远景区；Ⅲ级找矿远景区2处，分别是亭子岭-五眼塘金矿找矿远景区，江口-南坪钨锡矿找矿远景区。

在此基础上圈定了10个找矿靶区，其中，A级找矿靶区3个、B级找矿靶区3个、C级找矿靶区4个，分别是七宝山铜多金属找矿靶区(A1)、龙王排钨钼多金属找矿靶区(A2)、青草金找矿靶区(A3)、狮子山金找矿靶区(B1)、东茅山钨钼找矿靶区(B2)、浏阳城郊铅铜找矿靶区(B3)、石湾金找矿靶区(C1)、铁炉坡铜金找矿靶区(C2)、亭子岭金找矿靶区(C3)、金鸡塅金找矿靶区(C4)。

(3)通过区域矿产研究，建立了磷矿、海泡石矿、钨钼矿、铜铅锌多金属矿、黄金洞式变质碎屑岩中热液型金矿5种典型矿床模型，紧密结合测区地质、矿产、物化、重砂特征，分别建立了高中温热液裂隙充填型钨钼矿、七宝山式裂隙充填型及矽卡岩铜铅锌多金属矿、黄金洞式变质碎屑岩中热液型金矿矿产预测模型。

(4)通过对地层、构造、岩浆岩与矿产的关系总结研究，对测区的主要矿床类型、成矿控矿条件、时空演化规律进行了深入的探讨和研究，提出区内磷矿为前寒武纪扬子地台及周边地区与新元古代火山-热液-沉积作用有关的P-Fe-Mn-Cu-Pb-Zn矿床成矿系列(Pt_3-4S)、上扬子与新元古代(热水)沉积作用有关的Cu-Pb-Zn-Fe-Mn-磷块岩矿成矿亚系列(Pt_3-43)。区内金、钨钼、铜铅锌多金属矿归为江南地轴与燕山期壳源花岗岩有关的W-Sn-Mo-Au-Sb-Be-Nb-Ta-Pb-Zn-萤石矿床成矿系列(Me2-38)、九岭-幕阜山隆起与燕山期花岗岩有关的W-Sn-Mo-Au-Sb-Be-Nb-Ta-Pb-Zn-萤石矿、硫铁矿成矿系列亚列(Me2-381)，矿床式分别为黄金洞式及七宝山式。

(5)在初步划分找矿远景区的基础上，对所圈定的15个找矿靶区中的黄金洞式变质碎屑岩中热液型金矿、七宝山式矽卡岩型及裂隙充填型铜铅锌多金属矿、高中温热液裂隙充填型钨钼矿资源量进行估算。

广东英德金门—雪山嶂铜铁铅锌矿产远景调查

承担单位：广东省地质调查院

项目负责人：成先海

档案号：0797

工作周期：2010—2012年

主要成果

(1)提交周屋、大龙、东山楼等3处新发现矿产地。

(2)提交官山、黄屋、空门坳、白面塘、陈村、船洞、上黄找矿靶区7处。

(3)通过1∶5万高精度磁测，共圈定局部磁异常141处，其中，甲类异常61个，乙类异常74个，丙类异常5个，丁类异常1个；推断解释断裂53条；圈定16个有利磁异常区，其中，Ⅰ类异常4个，Ⅱ类异常6个，Ⅲ类异常6个。对1处局部磁异常进行了查证。

(4)通过1∶5万水系沉积物测量，圈定了圈定综合异常57个。其中，甲类异常15个，乙类异常 13 个,丙类异常 27 个,丁类异常 2 个。开展查证的综合异常 9 个。

通过 1∶1 万土壤测量,在周屋、黄屋、东山楼、白面塘等土壤测量区内圈定出了 18 个综合异常。其中,甲类异常 5 处,乙类异常 13 处。

(5)通过对金门—雪山嶂地区典型矿床研究,参考广东省潜力评价研究成果,对金门—雪山嶂地区破碎带蚀变岩型金银矿、矽卡岩型铁铜矿、碳酸盐岩型铅锌、破碎带型铁银锰矿等主要矿种进行了成矿要素分析,建立了找矿模型。

(6)通过对金门—雪山嶂地区开展矿产预测,预测了金银铜铁铅锌等矿种的资源量。

湖南茶陵—宁岗地区矿产远景调查

承担单位:湖南省地质调查院

项目负责人:谭仕敏

档案号:0798

工作周期:2010—2012 年

主要成果

(一)区域基础地质调查

通过路线踏勘与剖面测制(实测、修测了地质剖面 13 条,其中,花岗岩剖面 5 条,地层剖面 8 条)在区内厘定出了地层填图单位 15 个,岩浆岩填图单位 14 个。完成了 1∶5 万地质测量 450km^2(水口幅)。通过地质填图,大致查明了区内地层、岩浆岩填图单位的岩性、岩相、结构、构造、矿化蚀变等地质特征与地层、岩浆岩、构造的分布特征。

(二)物化遥工作

(1)地面高精度磁测方面:完成了 1∶5 万地面高精度磁测共 1442km^2,共圈出了 15 个 ΔT 磁异常,其中,C3、C10、C13 异常与已知矿点吻合。另外,C1、C4、C8、C14 异常强度大,正负异常形态较好,值得进一步查证。

(2)水系沉积物测量方面:完成了 1∶5 万水系沉积物测量共 1442km^2,编制出了 15 个元素的地球化学图和地球化学异常图,共圈出综合异常 16 个,其中,AS6、AS10 与老矿点吻合,异常检查中在 AS3、AS4、AS5、AS7、AS11、AS14、AS16 处新发现有矿(化)点。另外,AS2、AS9、AS10、AS11 分别与高精度磁测 C1 - C2、C8、C13、C14 叠合较好,具有进一步工作价值。

(3)遥感地质方面:完成了 1∶5 万遥感解译共 1442km^2。通过遥感地质解译,确定了区内地层、岩浆岩、构造等地质体的综合影像特征;利用铁染、羟基等技术手段划分出了曾子坳-棉花坪、金字仙、鹭峰-大岭背、汤市-彭市、正冈里、八面山-小桃寮 6 个遥感异常区,为综合找矿提供了依据。

(三)矿产检查工作

通过矿产地质调查和初步物化探异常查证,新发现两江口钨锡矿点、石牛仙钨矿点、联坑钨钼矿点、横岗铅锌矿点、上坳铅锌矿点、谷家铜矿化点、仓田铅锌矿化点、牛头坳稀土矿点、白面石稀土矿点、牛岗上稀土矿点、梨树洲稀土矿点、正冈里稀土矿点、平冈山稀土矿点、李家湾萤石矿点、株树排萤石矿化点、鹭峰钾长石矿点、下湾高岭土矿点、下湾毒砂矿化点、自源重晶石矿化点、鹅颈垄铀矿点、左基江热泉矿点21处矿(化)点。

对联坑钨钼矿点、石牛仙钨矿点、横岗铅锌矿点、上坳铅锌矿点、两江口钨锡矿点、白面石稀土矿点、牛头坳稀土矿点进行了概略检查;对联坑钨钼矿点、石牛仙钨矿点、横岗铅锌矿点、两江口钨锡矿点、白面石稀土矿点、牛头坳稀土矿点进行了重点检查;对其他矿(化)点和物探、化探、遥感异常区经行了野外踏勘。通过矿产检查工作,初步认定牛头坳稀土矿点、白面石稀土矿点2处矿点为新发现矿产地;另外,石牛仙钨矿点、两江口钨锡矿点、横岗铅锌矿点、联坑钨钼矿点、左基江热泉矿点成矿地质条件良好,具有较好的找矿前景,值得进一步开展研究工作。

(四)综合研究工作

在分析总结区域成矿地质背景和矿产分布规律的基础上对调查区进行了综合研究。编制了区域地质矿产图、矿产预测图,并初步建立了调查区主要矿种成矿(找矿)模型,总结了区域成矿规律,针对不同预测类型进行建模与信息提取,构置、选择预测要素变量,圈定了找矿远景区并进行了优选和地质评价。在区内划分了姑婆山式离子吸附型稀土矿(牛头坳、白面石等稀土矿点)、瑶岗仙式脉型钨(锡、铜)矿(曾子坳钨锡矿点、鹰嘴岩钨铜矿点)、双江口式脉型萤石矿(汤市、李家湾等萤石矿)3种矿产预测类型。对调查区成矿地质条件、成矿规律等作了初步的分析总结,并根据本次工作成果,圈定各类找矿靶区共10个。

广西大瑶山东侧铜多金属矿产远景调查

承担单位:广西壮族自治区地质调查院
项目负责人:周国发
档案号:0801
工作周期:2010—2012年
主要成果

(1)1∶5万矿产地质测量除了追索区域控矿地质体外,对出露岩石地层进行了填图单位划分,初步查明了测区地层层序、岩性、厚度,划分了工作区地层填图单位15个,认为区内(中—深海陆棚相)寒武系是多金属矿体的主要赋矿层位。

(2)在初步确定侵入岩岩石序列的基础上,划分了加里东期、海西期、印支期、燕山早期、燕山晚期花岗岩类填图单位6个,认为沿藤县-沙头镇深大断裂带两侧侵入的岩体对工作区内内生矿床,尤其铜、钨、钼矿床的形成具控制作用。

(3)1∶5万物探、化探圈定水系沉积物综合异常73处(甲类12处、乙类14个、丙类39处、丁类8处),圈定高精度磁测局部磁异常59个。通过异常分类排序并结合矿产检查进行的大比例尺物化探工作和综合研究,初步对区内物探、化探异常特征有所了解,一定程度为矿产检查、远景区预测及找矿靶区圈定提供了依据。

(4)开展矿点概略检查5处,分别为蚕村多金属矿点概略检查、莲塘金多金属矿点概略检查、胡屋外围银矿点概略检查、金牛金多金属矿点概略检查和铁冲金多金属矿点概略检查。蚕村工作区在前人已发现金矿点基础上发现了钼矿点;对莲塘工作区找矿潜力进行了新的综合评价;铁冲工作区在原有(小型)金矿床基础上发现了与破碎带相关的 Co 矿体;胡屋外围工作区地质找矿主攻方向为断裂、岩体-围岩接触带交会处;金牛工作区侵入小岩体具备多金属矿床形成条件,主攻方位为岩体、断裂交汇处。

(5)开展重点检查 4 处(歧山顶 W、Mo、Bi、Cu,罗岭 Pb、Zn、Ag,黄沙冲 W、Mo、Cu,水冲 Au、Ag、Pb),提交了可供进一步工作的找矿靶区 4 处,其中,黄沙冲、水冲 2 处找矿靶区目前已转为广西大规模找矿的预普查项目。

歧山顶新发现了Ⅰ号钨钼矿矿体、Ⅱ号钨矿体和Ⅲ号钨矿化体。Ⅰ号钨钼矿体地表单工程槽探控制厚度 5.1m,深部钻探 ZK02 控制斜长 45m,WO_3 平均品位 0.245%,最高品位 0.83%;Ⅱ号钨矿体地表单工程槽探控制厚度 3.0m,钻探 ZK01 控制斜长 90m,WO_3 平均品位 0.158%,最高品位 0.296%;Ⅲ号钨矿体地表单工程槽探控制厚度 0.6m,WO_3 品位 0.099%。

水冲地区新发现了含铅破碎带,宽度为 13.8m,单工程(SCTC02)控制Ⅰ号铅矿体,平均厚度 1.45m,平均品位 Pb 0.82%,地表延伸两端尚未控制,伴生有 Au、Ag 矿化。水冲西侧 600m 处新发现Ⅱ号金矿化点,捡块样分析,平均品位 Au 0.52×10^{-6},Ag 36.61×10^{-6}。

罗岭地区新发现了Ⅰ号褐铁矿体、Ⅱ号金矿体、Ⅲ号铅矿化体、Ⅳ号铅矿化体和Ⅴ号金矿化体。

黄沙冲地区新发现了 1 处铅锌多金属矿点、2 处铅银矿化点、1 处铜钨矿化点和 1 处铜矿化点。

(6)建立了工作区内或相邻工作区内典型矿床的成矿模式和找矿模式,分别为古袍式斑岩-破碎带蚀变岩-石英脉型金矿床成矿模式与找矿模式、思委式破碎带蚀变岩型银矿床成矿模式与找矿模式、梧桐式破碎带蚀变岩型铅锌矿床成矿模式与找矿模式、圆珠顶式斑岩型铜钼矿床成矿模式与找矿模式和社垌式斑岩-矽卡岩-破碎带蚀变岩-石英脉型钨钼矿床成矿模式与找矿模式。

(7)根据地物化新成果划分了 8 个找矿远景区,26 个找矿靶区,其中 4 个为本次提交的找矿靶区。

广西扶绥—崇左地区铝土矿调查评价

承担单位:广西壮族自治区地质调查院

项目负责人:吴天生

档案号:0803

工作周期:2010—2012 年

主要成果

(1)初步掌握了扶绥—崇左地区铝土矿分布特征和控矿因素及矿化规律,工作区内的上二叠统底部合山组为本区堆积型铝土矿的成矿层位,其下伏地层下二叠统、石炭系甚至泥盆系的岩溶洼地则是岩溶堆积型铝土矿的富集场所。

(2)新发现矿产地2处,均达到大中型规模。①广西南宁市江南区延安铝土矿区:估算堆积型铝土矿资源量($333+334_1$)1665.08×10^4t[资源量(333)278.30×10^4t,资源量(334_1) 1386.78×10^4t];矿体平均厚度3.61m,平均含矿率895.04kg/m^3,矿石平均品位Al_2O_3 48.46%,SiO_2 13.33%,Fe_2O_3 23.04%;灼失量12.84%;平均铝硅比(A/S)3.64。②广西扶绥县东罗铝土矿矿区:估算沉积型铝土矿资源量(334_1)764.47×10^4t,矿体长度2664m,宽139～1962m,平均厚度1.97m,矿石平均品位分别为Al_2O_3 47.74%,SiO_2 15.55%,Fe_2O_3 16.12%;灼失量16.12%;铝硅比(A/S)3.07。

(3)新发现扶绥县龙头地区、武鸣县陆斡地区2处贵港式高铁型三水铝土矿矿化集中区,估算高铁三水铝土矿资源量(334)$15\,380\times10^4$t,其中,扶绥县龙头地区估算高铁三水铝土矿资源量(334)$12\,550\times10^4$t,矿层平均厚度1.83m,平均含矿率836.00kg/m^3,平均含量Al_2O_3 23.05%,Fe_2O_3 44.85%,三水铝石相Al_2O_3 11.53%;武鸣县陆斡地区估算高铁三水铝土矿资源量(334)2830×10^4t,矿层平均厚度1.78m,平均含矿率673.00kg/m^3,平均含量Al_2O_3 19.448%,Fe_2O_3 46.99%,三水铝石相Al_2O_3 8.44%。

(4)探获铝土矿资源量($332+333+334_1$)6425.38×10^4t,其中,堆积型铝土矿资源量($332+333+334_1$)5416.43×10^4t[资源量(332)634.56×10^4t,资源量(333)3395.09×10^4t,资源量(334_1)1386.78×10^4t],沉积型铝土矿资源量($333+334_1$)1008.95×10^4t[资源量(333)244.48×10^4t,资源量(334_1)764.47×10^4t]。

(5)系统总结了本区铝土矿区域成矿条件、分布规律和成矿远景,并进行了区域矿产预测,初步评价了本区铝土矿的资源潜力。系统总结了区内铝土矿矿床(点)的时空分布特征、控矿地质条件、成矿规律、找矿标志等。划分出铝土矿成矿远景区4处,预测整个扶绥—崇左地区沉积型铝土矿和堆积型铝土矿资源潜力$31\,769.28\times10^4$t,其中,岩溶堆积型铝土矿资源潜力$11\,304.07\times10^4$t,沉积型铝土矿资源潜力$20\,465.21\times10^4$t,高铁三水铝土矿资源潜力。

(6)圈定找矿靶区5处。

(7)进行了矿床开发经济意义的概略研究,初步评价了矿床开发的经济意义。本次探获的铝土矿资源量规模较大,矿石质量一般,矿石加工选冶性能良好,适用技术先进可靠的拜尔法技术工艺生产氧化铝;矿体埋藏浅,矿床开采技术条件简单,可露天机械开采,外部建设条件较好。按建设年产60×10^4t氧化铝厂计算,项目的投资利润率为14.31%,投资回收期6.99年,其经济效益良好,经济上合理。

广西龙州地区铝土矿调查评价

承担单位:广西壮族自治区地质调查院

项目负责人:陈粤

档案号:0804

工作周期:2010—2012年

主要成果

(1)查明上二叠统底部合山组为本区堆积型铝土矿的矿源层,其下伏地层下二叠统、石炭系及泥盆系的岩溶洼地则是岩溶堆积型铝土矿的富集场所;龙州金龙地区上泥盆统融县组

(D_3r)与上石炭统都安组(C_2d)平行不整合面之间所夹铁铝岩为金龙矿区矿源层,该层位为桂西地区新发现的矿源层。此外,对本区的成矿规律进行了总结。

(2)圈定成矿远景区3处,布泉Fe-Al成矿远景区、水口-金龙Fe-Al成矿远景区及亭亮-响水Al-Fe成矿远景区找矿靶区5处,分别为隆安县乔建找矿靶区、天等找矿靶区、硕龙找矿靶区、新和找矿靶区、金龙找矿靶区。

(3)新发现矿产地3处,矿点4处。估算堆积型铝土矿及堆积型铁矿资源量($333+334_1$)6594.78×10^4t,其中,堆积型铝土矿资源量($332+333+334_1$)6435.15×10^4t、堆积型铁矿资源量(334_1)159.63×10^4t。隆安县布泉评价区估算堆积型铝土矿资源量(333)1745×10^4t,龙州县民建评价区估算堆积型铝土矿资源量($333+334_1$)720.97×10^4t,金龙评价区估算堆积型铝土矿资源量($332+333$)3583.99×10^4t,龙州县水口调查区估算堆积型铝土矿资源量($333+334_1$)197.94×10^4t,龙州县科甲调查区估算堆积型铝土矿资源量(334_1)171.96×10^4t,宁明县盆昌调查区估算堆积型铁矿石资源量(334_1)为159.63×10^4t。龙州县板造调查区估算堆积型铝土矿资源量(334_1)12.13×10^4t。

(4)对本区沉积型铝土矿进行了探索性评价:通过研究本区沉积型铝土矿赋矿层位上二叠统合山组与中二叠统茅口组灰岩地层的岩性构成及其电性差异,在本区采用新的找矿方法,即采用高密度电阻率测量,解译出上二叠统合山组与中二叠统茅口组之间的古风化壳的形态,利用古风化壳凹陷处有利于沉积型铝土矿的形成的特点,实现间接找矿。通过钻探工程验证,该方法可行,可提高钻孔见铁铝岩层的概率。

湖北通城地区铜金钨多金属矿产远景调查

承担单位:湖北省地质调查院

项目负责人:张文胜

档案号:0805

工作周期:2010—2012年

主要成果

(1)通过1∶5万矿产地质填图,对区内地层进行了清理划分,对地层沉积层序进行了初步分析和研究;对幕阜山岩体侵入期次进行了重新清理。

(2)1∶5万水系沉积物测量在区内圈出Au、Cu、Pb、Zn、W等15种元素的地球化学异常353处,综合异常22处。系统编制了调查区Au、Ag、Cu、Pb、Zn、Mo、W、Sn、Bi、Hg、As、Sb、V、Ni、F、Nb、Ta、Li、Be 19种元素的地球化学图、元素组合异常图、综合异常图及成矿远景区划图等基础图件,为该区研究提供了最新的化探资料。

(3)1∶5万高精度磁法测量大致推断了岩体的出露边界及8条主要断裂构造,在区内圈出局部磁异常9处。

(4)1∶5万遥感解译工作建立了区内各类地质构造体的遥感解译标志,提取了区内羟基类矿物异常和含铁离子蚀变(铁染)异常,以及线性构造和环形构造。

(5)异常和矿点检查。异常和矿点检查在高枧地区在背斜核部推测有一隆起构造,隆起构造的凸起部位地表有大量含金花岗细晶岩脉和含钨石英脉密集分布,脉体分布自上而下呈密集趋势，具备寻找热液型（细脉浸染型）钨多金属矿的前景。物探成果显示，隆起构造的中深部有中高阻地质体隆起，是否为隐伏岩体尚需进一步确认，如为隐伏岩体，在岩体与碳酸岩接触带部位是寻找矽卡岩型（香炉山式）钨多金属矿的有利部位。

在西冲岭地区震旦系上统陡山沱组地层中发现了4条层间破碎带，同时伴有金锑原生晕异常，陡山沱组层间破碎带为区域金锑矿床的主要赋矿构造，地表检查在层间破碎带中发现金、铅、锌多金属矿化体。北部震旦系陡山沱组层间破碎带及次级断裂构造中已经控制和探明一系列中小型金锑矿床，异常区成矿地质条件与已探明地区一致，对比方山式金矿成矿模式图，预测本区在层间破碎带及与其他断裂复合部位中浅部具有较好的找矿前景。

在塘湖—石咀乱地区通过地质测量和岩石剖面，在岩体与围岩接触带附近发现了规模较大的蚀变，主要有矽卡岩化、大理岩化、角岩化等，蚀变呈带状分布，最大宽度可达上百米，蚀变带中有明显的Zn、Cu、Mo、Sb、Au等元素原生晕异常。物探解译在接触带附近分布有中浅成的弱磁性蚀变地质体，类比高枧金钨异常区预测模型，预测在区内东部接触带中浅部是寻找接触交代型金铜多金属矿的有利部位。

在梯冲—大沅地区通过开展大比例尺地质测量和岩石化学剖面测量，地表见有锌矿化，锌矿化与滑脱断裂构造密切相关，印支期造山运动造成区内寒武系中层间滑脱构造发育，燕山运动造成检查区南部大湖山岩体的侵入，晚期新华夏运动叠加的一系列北东向的断裂为岩浆期后热液提供了通道，在层间破碎带中充填交代造成锌元素的局部富集，在层间滑脱构造或北东向断裂及其复合部位是寻找构造热液型铅锌的有利部位。

同时，在面积性工作区的外围马港地区成矿条件与邻区江西赣南大型风化壳离子吸附型稀土矿产相类似，含矿母岩均为燕山期花岗岩侵入体，且侵入体的风化淋滤作用明显，风化壳厚度大且保存较为完整，母岩中稀土元素含量高，在强风化层的中下部稀土元素局部有富集趋势，有利于岩体内的稀土元素分解后呈离子状态淋滤富集形成一定规模的稀土矿产。该区值得进一步开展工作。

新发现2处矿（化）点，为通城田井坡锌多金属矿化点、桃花洞铅矿化点。新发现的金属矿点成矿地质条件良好，具有一定找矿前景，为本区今后的矿产勘查工作提供了有利的依据。

（6）在对地球化学、地球物理、遥感、找矿标志、成矿规律、控矿因素及地质矿产调查成果综合分析的基础上划分了3个B类成矿远景区，初选了2个B类靶区。对远景区内地质矿产概况和地球化学等特征进行了描述，对找矿方向进行了探讨，并提出了合理建议，为本区今后进一步找矿勘查工作指明了方向。

湖北大冶富池地区铜多金属矿远景调查

承担单位：湖北省地质调查院

项目负责人：吴昌雄

档案号：0806

工作周期：2010—2012年

主要成果

调查区位于湖北省东南部，幕阜山北侧的低山丘陵区，包含白沙铺、富池口、阳新县、枫林镇4个图幅，面积1668km²。完成1∶5万矿产地质调查1334km²，1∶2.5万地质矿产调查80km²，1∶1万地质草测102km²，1∶5万磁法、重力测量1284km²，1∶5万水系沉积物测量1279km²，1∶5万遥感解译1668km²，1∶1000～1∶2000地质剖面24.83km，1∶5000地质、土壤、重磁剖面34km，1∶5000地质岩石剖面5km，激电中梯剖面10km，可控源音频电磁测深475点，激电测深103点，频谱激电测深55点，槽探3460m³，水系测量样5481个，其他各类样品3000多个。

(1)以《湖北省岩石地层》为标准，建立了区内岩石地层划分方案；按"岩性＋时代"的划分方法，建立了区内岩浆岩划分方案。厘清了调查区内地层层序、岩浆岩时代及构造序次。在此基础上，通过1∶5万矿产地质调查，基本查明区内地层、构造、岩浆岩及矿产的基本特征与分布情况。

(2)重力、磁法测量，获得区内系统性的重磁数据，编制了一系列基础性物探异常图，圈出局部重力异常和磁异常；对阳新岩体及部分(含隐伏)小岩体、阳新盆地的边界进行了推断划定，划出深(大)断裂构造9条，划定找矿有利物探异常区9处。

(3)水系沉积物测量，获取了区内15个元素的分析数据，编制化探图件65张，圈定各类组合异常62个，划分地球化学异常区带7个，划定地球化学找矿远景区9处。

(4)基于卫片的遥感工作，建立了区内各类地质体的解译标志，对地层、构造(线性、及环形)、岩浆岩进行了解译。尝试对区内铁染和羰基异常进行了提取。

(5)对区内新发现的矿化地段、物探异常及化探异常，有选择地开展概略(3处)—重点(4处)检查，经检查评价，提交可供下一步优先安排预查的找矿靶区4处。

(6)综合研究在前人成果的基础上开展，收集补充了区内主要矿床类型典型矿床成矿模式、找矿模型，总结了区内金属矿产的成矿规律，对区内金属矿产的成因类型、成矿系列、成矿谱系进行了研究，绘制了成矿谱系图。

(7)对区内主要金属矿产进行了成矿预测，划分找矿远景区6处，圈定预测区16个(A类3个、B类3个、C类10个)。

(8)项目成果应用。基础性地质、物探、化探数据和图件成为同期及随后开展的项目的工作依据，如:"阳新岩体中东段北部及外缘铜钼多金属矿整装勘查""阳新岩体周缘铜多金属矿调查评价""阳新鸡笼山铜矿边深部勘查"等项目的立项、续作阶段均收集了本项目的工作成果。项目预研究划分的预测区、经检查准备提交的找矿靶区成为后续项目的重点工作区，如：舒家湾铜铁矿找矿靶区成被"阳新岩体中东段北部及外缘铜钼多金属矿整装勘查"项目选为汪武屋铜铁矿勘查区，并以本项目成果为依据进行钻探验证。潘桥、陶港、石玉、柯家湾等预测区被"阳新岩体周缘铜多金属矿调查评价"选为重点检查区，而"阳新岩体中东段北部及外缘铜钼多金属矿整装勘查"期待其中潘桥、陶港两个区的检查成果。"阳新鸡笼山铜矿边深部勘查"项目对雁落湖地段低重异常(G－79)十分关注，期望有进一步的检查成果支持。

广西罗富地区矿产远景调查

承担单位：广西壮族自治区地质勘查总院
项目负责人：王新宇
档案号：0808
工作周期：2010 年 5 月—2012 年 12 月
主要成果

（1）提交了《广西壮族自治区罗富地区矿产远景调查报告》。

（2）提交了罗富幅（G48E019022）、南丹县幅（G48E019023）、那夭圩幅（G48E020022），大厂幅（G48E020023）1∶5 万地面高精度磁测报告及分幅矿产远景调查数据库；提交了罗富幅（G48E019022）、那夭圩幅（G48E020022）1∶5 万水系沉积物报告。

（3）综合地质、物探、化探、遥感等信息成果，编制了测区矿产预测图。测区圈出Ⅰ级成矿远景区 3 处，即大厂矿田外围锡多金属成矿远景区（$Ⅰ_1$）、玉兰-塘先-同贡铅锌金锑汞多金属成矿远景区（$Ⅰ_2$）和玉兰至同贡页岩气成矿远景区（$Ⅰ_3$）；Ⅱ级成矿远景区 1 处，即拉烧-芭来锡铅锌多金属成矿远景区（$Ⅱ_1$）；Ⅲ级成矿远景区 1 处，即林才-古兰金多金属成矿远景区（$Ⅲ_1$）。

（4）通过对区内锡钨铜铅锌矿成矿地质条件分析，比照找矿模型，结合矿点检查成果，考虑主攻矿种、主攻矿床类型，成矿地质条件，物化探、遥感异常发育程度，综合信息吻合情况，找矿前景等，共圈出 5 个找矿靶区：尾马锌锰找矿靶区，查狂锑矿找矿靶区，塘先铅锌、金矿找矿靶区，同贡金、锌、锑矿找矿靶区，罗富锑矿找矿靶区。所圈定靶区为测区下一步矿产勘查提供了依据。

（5）综合测区主要矿产的分布规律和找矿成果及所收集的地质、物探、化探、遥感找矿信息，选择本测区资源较丰富的锡、钨、铜、铅、锌、锑、汞等矿种，建立本测区主要矿种找矿模型，指导测区找矿。

（6）对测区大厂矿田成矿规律进行了初步总结，初步建立了测区内大厂背斜地质-地球化学-地球物理模型。收集广西矿产资源潜力评价资料对大厂矿田深部及外围进行成矿预测，总结预测要素、建立预测模型，圈定最小预测区 11 个，初步预测各预测区资源量。

（7）对比大厂矿田成矿规律，总结测区罗富背斜成矿规律和找矿模型，初步建立了罗富背斜地质-地球化学-地球物理模型。并初步划分出 3 种成矿类型，并根据每种成矿类型成矿要素、找矿规律总结预测要素，在罗富背斜圈定 5 个最小预测区。

湖南幕阜山地区铜金钨多金属矿产远景调查

承担单位：湖南省地质调查院
项目负责人：彭松青，郭爱民
档案号：0810

工作周期:2010—2012 年

主要成果

(1)在充分收集整理区内地质、地球物理、地球化学和遥感资料及科研成果的基础上,运用新的成矿理论与 GIS 新技术、新方法,分析研究区域成矿地质条件与成矿规律,划分 8 个找矿远景区。确定其中麻市-壁山金铜钨钼找矿远景区、崔家坳钨金铜找矿远景区、黄市-瓮江金矿找矿远景区和洞口-秦家坊-钟洞铜铅锌钨铋矿找矿远景区为重点找矿远景区。

(2)明确了此次工作以金、铜、钨为主攻矿种,兼顾铅、锌矿,确定了 3 种预测矿床类型:金矿为黄金洞式复合型金矿;铜锌矿为桃林式复合型铜铅锌矿;钨矿为白石嶂式复合型钨矿。

(3)确定马头岭铜多金属矿区、袁家山金钨矿区、新塘冲金矿区和铁罗洞金矿区为重点检查区,仕源、麦坡坡岭、剪刀杈、周家洞、AS50 等 10 处为概略检查或异常查证区。

(4)初步了解了各矿区(靶区)的地层、构造、岩浆岩的分布特征及其与成矿之间的关系,发现并了解了各矿区的矿脉、矿(化)体的数量、规模、产状等,并对矿床成因、矿床类型和控矿因素进行了初步研究。

(5)初步估算了新塘冲金矿区、袁家山金钨矿区和铁罗洞金矿区的资源量。其中,新塘冲金矿区估算金资源量(334_1)954kg,后经省探矿权采矿权价款出资进一步勘查,提交了《湖南省临湘市龙源地区金锑矿预查报告》,报告中包括新塘冲矿区,提交新塘冲矿区金资源量1012.13kg,新增 58kg;铁罗洞金矿区估算金资源量(334_1)565kg;袁家山金钨矿区估算钨资源量(334_1)1569t,后经省探矿权采矿权价款出资进一步勘查,提交了《湖南省临湘市袁家山矿区金钨矿预查报告》,报告中提交了钨资源量(334_1)3088t,使本次估算钨资源量基础上新增 1519t。

(6)对麦坡岭金矿、仕源金矿,剪刀杈金矿和周家洞铜铅锌矿等矿(靶)区进行了一般性调查评价和了解,明确了资源远景和找矿方向。其中,仕源金矿区经省二权价款出资进一步工作,取得较好的找矿效果,成果正在整理之中,初步推算金资源量达 2816kg,预测资源远景达中型规模,为新发现矿产地。

(7)通过 3 年工作,最终提交袁家山金钨矿区、铁罗洞金矿区、麦坡岭金矿区和周家洞铜铅锌矿区 4 处找矿靶区,以及新塘冲金矿区和仕源金矿区 2 处新发现矿产地。

湖北白河口-东溪矿产远景调查

承担单位:湖北省地质调查院

项目负责人:杨建中

档案号:0811

工作周期:2010—2012 年

主要成果

(一)基础地质

(1)通过 1∶5 万遥感地质解译,基本查明了区内地层单位、岩体、构造等地质体的综合影像特征,确定了区内各地段影像可解程度,建立了工区各类地质体和构造的遥感解译标志,编制出遥感地质解译图，为合理布置地质填图路线提供建议和依据；采用 ETM1、ETM4、ETM5、ETM7 波段提取羟基为主的基团异常，ETM1、ETM3、ETM4、ETM5 波段提取以铁染为主的变价元素异常处理，圈定遥感羟基和铁染一级、二级、三级异常。

(2)通过剖面测制确定了工区填图单位的划分，根据《湖北省岩石地层》和 1∶25 万神农架林区幅区调将工区地层划分为 27 个岩石地层单位。

(3)通过地质填图在瓦房坪—阴峪河—板仓、黑湾、高桥河一带等前人工作程度较低的地区，将前人划分的矿山组、大窝坑组根据岩性组合划分为石槽河组。

(4)通过对主攻铅锌矿的含矿地层震旦系沉积环境和沉积相的初步研究，基本查明了震旦系沉积环境、沉积相与成矿的关系。初步查明了工区成矿地质背景及成矿控制条件。

(5)基本查明了工区的构造变形特征，将其划分为 5 个期次，并初步总结了构造变形与成矿作用之间关系。

(6)通过对工区沉积事件、岩浆事件、变形变质事件和成矿作用的综合分析，结合区域资料，建立了工区地质演化序列。

(二)水系沉积物测量

通过全区 1∶5 万水系沉积物测量，编制出全区 Cu、Pb、Zn、Ag、Hg、Sb、V、Mo、Ni、Mo、P 共 12 个元素的单元素异常图。区内圈出铅异常 56 处、锌异常 44 处、钒异常 38 处，银异常 48 处，铜异常 55 处，其他异常 347 处。在此基础上圈出综合异常 73 处，其中以铅锌钒银为主的综合异常 21 处，神农架石槽河组中以铜为主的综合异常 5 处，提供了更多的找矿信息，也为缩小异常查证靶区提供了参考。通过对七星寨等铅锌钒银为主的综合异常的查证，新发现了七星寨锌矿点。

经对地、化、遥等多种找矿信息综合分析，划分出三甲垭钒铅锌锰矿Ⅴ级 A 类成矿远景区 1 处、板仓-乾沟-铜洞沟铜铅锌钒锰矿 A 类成矿远景区 1 处，白垭树垭-花厂里钒矿 C 类成矿远景区 1 处。

(三)地质找矿

(1)在面积性地质、化探、遥感工作成果基础上，通过对区内铅锌铜钒成矿地质条件的综合研究和矿点检查，初步查明区内成矿地质背景和成矿条件。依据成矿地质背景(赋矿地层、控矿构造)成矿信息(地球化学异常、地球物理场特征、遥感地质特征)和已知矿化特征，圈出 A、B、C 级找矿靶区 7 处。

(2)首次确认了鄂西北地区扬子地台寒武纪地层中存在着具有工业价值的钒矿，为寻找钒矿产提供了新的思路。

(3)初步确立了区内优势矿种的成矿地质条件和找矿标志，为在区内进一步找矿提供了资料。

在区内寒武系牛蹄塘下段薄层硅质岩夹粉砂质页岩、黏土质页岩中发现具有工业价值的钒矿，小朱家沟-吴家庄-大南溪沟 Pb、Zn、Ag、V 找矿远景区内阳日-九道断裂以北含钒岩系长 16km，含矿岩系厚 14～67m，已发现有樟树盐钒矿点、小南溪沟钒矿点。在该找矿远景区内以南三甲垭至扁担沟含钒岩系长 8km，含钒岩系中有多个钒矿体，呈层状、似层状，沿层分布，含钒岩系厚 35～97.56m。板仓坪-乾沟-铜洞沟 Cu、Pb、Zn、Ag、V 多金属找矿远景区内含钒岩系厚5～36m,长约24km,含钒岩系分布较为稳定。矿石品位Ag(12～33)×10^{-6},V_2O_5 0.5%～1.72%,含钒岩性为单一的硅质岩夹黏土类岩石,银元素为伴生有益组分,钼镍含量较低,矿石类型可分为钒(银)黑色页状黏土岩和薄层硅质岩。

工作区内钒矿的发现和突破,充分说明工作区有着很好的成矿条件,加强地质工作,进行总体评价,具有寻找大型规模钒矿的条件。

(4)大致查明了铅、锌矿矿化岩层在空间上的展布规律及矿化地质特征。研究表明,区内的铅锌矿化地质体主要分布在灯影组的顶部和底部,或与灯影组有关的层间断裂带中。矿化围岩均为孔隙度较高的白云岩,层控特征十分明显。同时,后期的断裂热液活动对成矿有着进一步富集的作用。

(5)根据已发现铅锌矿矿(化)点的产出特征,总结出了区内铅锌矿的找矿标志和找矿模型。

(6)新发现铅锌矿(化)点1处,铜矿化点1处,煤矿点1处,钒矿床(化)点12处,合计15处。圈定矿体37个,其中,新圈定矿体33个。

(7)提交房县三甲垭、房县大湾、房县小南溪沟钒矿和竹山县樟树盐钒矿4处可供普查的矿产地,取得了较好的找矿效果。其中,房县三甲垭、房县大湾、房县小南溪沟钒矿合并为一个勘查区进行评价,能达到大型规模前景。

广西靖西龙邦锰矿远景调查

承担单位:中国冶金地质总局中南地质勘查院

项目负责人:廖青海,黄桂强

档案号:0814

工作周期:2010—2012年

主要成果

本次调查工作的区域为靖西县龙昌锰矿区、靖西县那敏锰矿区、田东县六乙锰矿区、德保县六钦锰矿区、德保县大旺锰矿区、天等县东平锰矿区及天等县把荷锰矿区。本次调查工作的资源量估算分别在靖西县那敏锰矿区、德保县六钦锰矿区(图3-4)、田东县六乙锰矿区、天等县东平锰矿区、德保县大旺锰矿区和天等县把荷锰矿区中探求。共探获锰矿石资源量3945.41×10^4t。推断的内蕴经济资源量(333)锰矿石量595.44×10^4t,占总资源量的15.09%,其中,氧化锰矿石资源量(333)73.59×10^4t,低品位氧化锰矿石资源量(333)14.07×10^4t,碳酸锰矿石资源量(333)507.78×10^4t;预测的资源量锰矿石资源量(334_1)3349.97×10^4t,占总资源量的84.91%,其中,氧化锰矿资源量(334_1)1266.19×10^4t,低品位氧化锰矿资源量(334_1)990.64×10^4t,优质富氧化锰矿资源量(334_1)177.23t,碳酸锰矿资源量(334_1)915.91×10^4t。

图 3-4 六钦锰矿区凝灰岩与锰矿层的相对位置

湖南花垣阿拉—锦和地区矿产远景调查

承担单位:湖南省地质调查院

项目负责人:曾建康,毛党龙

档案号:0817

工作周期:2010—2012 年

主要成果

(1)通过 1∶5 万花垣县幅、麻栗场幅水系沉积物化探,发现和解释了 8 个多元素综合异常,针对项目主攻的铅锌,单独提取了 15 个铅锌(组合或单元素)元素异常。对多元素综合异常和铅锌元素异常进行了综合分类与价值排序。其中,多元素甲 1 类 4 处,甲 2 类 2 处,乙 2 类 1 处,丁类 1 处。铅锌元素甲 1 类 4 处,甲 2 类 2 处,甲 3 类 1 处,乙 2 类 1 处,丙类 5 处,丁类 2 处(图 3-5、图 3-6)。

(2)通过矿产查证,发现了杨家寨铅锌矿区、角弄铅锌找矿靶区(与湖南省整装勘查共同发现大脑坡矿区,矿产调查发现排楼矿区)2 处大型新矿产地,并预测铅+锌远景资源量约 1000×10^4t。圈定了排吾铅锌矿找矿靶区,大致查清上述矿区或靶区的地层、构造、铅锌矿产等基本特征。确定上述矿区矿床类型与李梅、渔塘等已知矿床相同,属寒武系清虚洞组复式藻礁灰岩层控型铅锌矿床(渔塘式)。

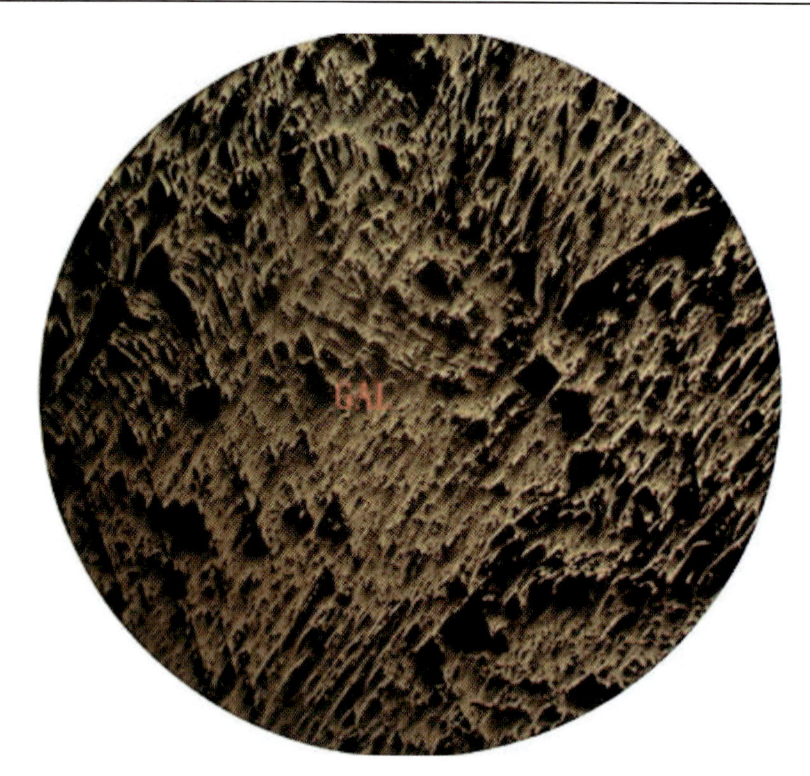

图 3-5　方铅矿晶面揉皱,直径为 7mm

图 3-6　沥青包裹球粒状闪锌矿,直径为 7mm

(3)综合研究了渔塘式铅锌矿成矿要素,对岩相-构造控矿观点加深了认识,认为构造要素主要表现为区域性断裂构造对成矿带的控制,褶皱构造、微构造并非必需成矿要素。寒武纪清虚洞期台地边缘复合藻礁相石灰岩建造为必须成矿要素之一。以本项目成果为基础,结合收集后续跟进的"湖南省整装勘查"资料,综合研究了杨家寨-大脑坡地段寒武纪清虚洞组岩相古地理环境,发现了角弄-毛沟复礁体,对花垣地区清虚洞期藻礁带的分布发育特征提出了新的看法,认为藻礁的展布可能呈右行雁行状排列;综合研究了长期存在争议的花垣-张家界断层,并提出新的认识,认为该断裂为长期活动构造,以拉张走滑为主,并且具有寒武纪同沉积构造属性,花垣铅锌矿的形成可能与其具有密切关系。

(4)基于对上述控矿地质条件的研究,提出永顺铜瓦溪—润雅一带为下一步寻找渔塘式铅锌矿的主要方向。

(5)初次采用复合(藻)礁体规模为渔塘式铅锌矿床成矿预测基础地质变量,以Ⅳ级、Ⅴ级平缓小背斜规模为茶田式锌汞矿床成矿预测基础地质变量,对调查区相应类型铅锌矿或锌汞进行量化预测,丰富了地区找矿工作方法内容。

(6)进行了调查区寒武纪奥陶纪岩相古地理与铅锌矿成矿作用关系专题科研。

湖南坪宝地区铜铅锌多金属矿调查评价

承担单位:湖南省有色地质勘查局

项目负责人:钟江临

档案号:0818

工作周期:2010—2012 年

主要成果

(1)较全面收集了评价区的区域地质、物化探资料以及宝山、黄沙坪、大坊、柳塘岭等典型矿床矿产勘查资料,并进行了较为系统的分析和研究,整理编制了一系列的区域综合性图件,进一步总结评价区成矿地质条件、成矿规律。

(2)进一步查明各评价区地层、构造、岩浆岩等成矿地质条件,了解了含矿层、矿化带、蚀变带、矿体的分布范围、形态、产状、矿化类型、分布特点及其控制因素。

(3)全区范围内圈定了一批具有找矿意义的物探异常,累计高磁异常 15 处,激电异常 9 处,重力低异常 12 处。在猴子岭—三光井区圈定 7 个高磁异常,6 个重力异常区,物化探综合异常 5 处。经地表检查及综合分析,认为张鸡铺、南贡、三将军、人民村等地段有进一步工作价值。在村头区圈定 1 个磁异常,5 个充电率异常,3 个重力低异常。综合认为在 M1 磁异常与 IP2 激电异常处有化探异常分布,该处为村头岩体西端断层交会处,说明该处热液活动较强,断裂提供了较好热源通道,该处为成矿有利位置。在金子岗区圈定 7 个磁异常,4 个激电异常,3 个低布格重力异常。

(4)在村头、金子岗、黄沙坪尾砂库、洞水塘等圈定了一批具有找矿意义的蚀变体(带),并发现了猴子岭、大坊北锰矿、六合锰矿等一些矿点及矿化。

(5)综合以往工作成果,建立坪宝多元信息找矿模型,并以此圈定了大坊北、人民村 2 个 A 类找矿靶区及洞水塘、南贡、下徐家、六合 4 个 B 类找矿靶区。

(6)通过异常验证及深部找矿,提高了对深部地质特征的认识,积累了深刻的经验教训。其中,ZK44601 控制到具有黄铁矿化、碳酸盐化蚀变的隐爆流纹斑岩,断层走向与物探异常较好地吻合,从区域上分析,该隐伏的隐爆流纹斑岩,反映人民村—南贡—张鸡铺一带深部存在一处浅成隐伏岩体或岩凸,为成矿提供热源和矿源,坪宝走廊仍具有一定的找矿前景。

海南王下-白沙金铜多金属矿产远景调查

承担单位:海南省地质调查院
项目负责人:符气鑫
档案号:0819
工作周期:2010—2012 年
主要成果

(一)基础地质

通过 1∶5 万矿产地质测量,对调查区内的地层、构造、岩浆岩的分布特征进行了较全面的调查。

利用岩石地层填图方法,初步查明了调查区内地层层序、岩性、厚度、沉积类型,将区内地层划分为 10 个地层填图单位。

以期次(时代)、相带理论为基础,将调查区内侵入岩划分为海西期—印支期(二叠纪—三叠纪)和燕山期(早、晚白垩世)2 个侵入时期,并在初步确定岩石序列的基础上建立了 20 个侵入岩填图单位。

以地层接触关系、沉积建造、岩浆活动、变质变形作用为依据,划分了构造旋回,分析了构造发展史,总结了不同构造层的特征。

(二)化探、物探、遥感地质

1. 化探

(1)收集了前人地球化学成果资料,分析研究了区域(白沙坳陷带和抱板隆起)地球化学场特征及其与成矿地质体之间的关系。

(2)通过 1∶5 万水系沉积物测量,圈定单元素异常 306 处,指出 Au 为主要成矿元素,Ag、Cu、Pb、Zn、Mo 为次要成矿元素,其余为伴生元素;圈定组合异常 78 处,其中,Au、Sb、As 组合异常 15 处,Ag、Cu、Zn、Pb 组合异常 26 处,Bi、Mo、W、Sn、Hg 组合异常 18 处,Mn、B、F 组合异常 19 处;圈定综合异常 30 处,其中,甲类异常[有进一步扩大矿床(点)找矿远景的异常]1 处,乙类异常(推断矿致异常)17 处,丙类异常(性质不明异常)12 处,对 AS1 -乙 2、AS2 -乙 2、AS5 -乙 2 三处综合异常进行了 1∶1 万土壤化探详查(二级查证),基本查明了异常的地质起因,缩小了找矿范围;圈定了土壤化探综合异常共 14 处并进行了解译与推断。

(3)通过 1∶5 万水系沉积物测量,编制了调查区元素地球化学图、单元素异常图、综合异常图等成果图件,查明了调查区内成矿及其伴生元素的组合、含量、分布、富集等地球化学特征。

推断了地球化学异常，优选了找矿靶区，并对重要异常进行了1∶1万土壤化探详查及找矿远景评价；查明了调查区内与成矿作用有关的地层、岩浆岩、构造等地球化学特征，为成矿规律研究与矿产预测及成矿远景区、找矿靶区的优选与圈定提供了地球化学依据。

2. 物探

(1)通过全面收集、分析研究调查区内区域重力、区域航磁(特别是1∶5万航磁)等成果资料，结合调查区成矿地质条件和成矿特征，分析、简述了区域重力、区域航磁地球物理场特征及其与区域构造或深部地质体之间的关系，为成矿远景区优选和圈定提供物探信息。

(2)对取得的1∶5万地面高磁、航磁资料进行了系统的数据处理和分析研究，编制了ΔT等值线及成果平面图、ΔT剖面平面图、ΔT剩余异常等值线平面图、ΔT化极等值线平面图、综合解释推断图等成果图件。利用地质、物探、化探综合信息的方法，结合岩矿石磁性测定成果，对调查区内地层、岩体和构造进行了解译与推断，圈定、分析、辨识排序了有直接或间接找矿意义的磁异常。对重要磁异常进行了面积性1∶1万地面高磁测量或地面高磁剖面测量，为找矿靶区的优选和圈定提供了物探信息。

(3)调查区内共圈出1∶5万地面高磁局部ΔT异常41处，1∶5万航磁异常24处，1∶5万航地磁综合异常29处。对推断有找矿意义的地面高磁异常M-1-1、M-2-2、M-2-3、M-8和M-15-1(对应的航地磁综合异常编号分别是C-1-1、C-3、C-3-1、C-8、C-20)，通过面积性1∶1万地面高磁测量或地面高磁剖面测量，基本查明了这些异常的地质起因，缩小并详细圈定了磁异常范围。

3. 遥感地质解译

通过1∶5万遥感地质解译，初步建立了调查区内各种岩石地层、构造的解译标志，对时代地层、侵入岩、断裂构造、环形影像构造等基本地质要素进行了解译。编制遥感综合解译图等成果图件，为成矿远景区、找矿靶区的优选和圈定提供遥感信息。

(三)矿产地质

(1)全面收集、分析研究了调查区内已有矿床、矿(化)点资料，对主要矿床、矿(化)点、矿化蚀变带等进行了地质踏勘检查，较系统地叙述和总结了调查区内矿床、矿(化)点的数量、产出与分布、矿化类型、控矿因素和找矿标志，以及矿体的规模、形态、产状、矿石质量、围岩蚀变等地质特征，对区内成矿条件、成矿规律也有了较全面的了解和认识。

(2)通过1∶5万矿产地质测量，新发现7处矿(化)点，分别是探扭新村金矿化点[Au $(0.27\sim0.61)\times10^{-6}$](图3-7)、阜喜岭金矿化点(Au 2.60×10^{-6}，Ag 2.37×10^{-6})、光荣村镜铁矿化点(TFe 10%)、长岭铅矿点(Pb 3.17%)、拥处村金矿点(Au 11.62×10^{-6}，Ag 10.07×10^{-6})、拥处村钼矿化点(Mo 0.12%)和青开村萤石矿化点(CaF_2 5.43%)，并对各矿(化)点的矿化类型、矿(化)体的分布、规模、形态、产状、矿石质量、控矿因素、成矿条件等作了调查与分析。

(3)提交新发现矿产地2处，即昌江县孔汉岭中型金矿床(图3-8)和白沙县向民村小型铅锌矿床。

昌江县孔汉岭中型金矿床(本次发现)：圈定31个金矿体。矿体走向长度92～590m，倾向斜深28～170m，平均真厚度0.69～2.45m，平均品位$(1.03\sim14.65)\times10^{-6}$，单样最高品位

图 3-7　白沙县探扭新村金矿化点矿化石英脉

图 3-8　孔汉岭金矿区峨查组千枚岩中的金矿化硅化脉

19.14×10^{-6}，矿床平均品位 3.38×10^{-6}。共探获金资源量($333+334_1$)8120.95kg[其中金资源量(333)1041.75kg]，达到中型矿床远景规模。矿床成因类型为中低温岩浆热液型，工程控制程度总体为预查，局部为普查。

(四)综合研究

(1)建立了岩浆热液型金矿床和接触交代(矽卡岩)型铅锌矿床的区域找矿模型。

(2)圈定了6个成矿远景区，其中，A类成矿远景区1个，B类成矿远景区2个，C类成矿远景区3个；经评价优选后圈定了5个找矿靶区，其中，A类找矿靶区1个，B类找矿靶区2个，C类找矿靶区2个；指出了区内的优势矿种、主攻矿床类型和进一步找方向为区内的优势矿种，为今后矿产勘查工作的部署提供了依据。

海南保亭同安岭—尖峰岭地区铜金矿远景调查

承担单位：海南省地质调查院
项目负责人：李开
档案号：0820
工作周期：2007—2010年
主要成果

(一)基础地质

通过1∶5万矿产地质填图，对调查区内的地层、构造、岩浆岩进行了较全面的调查。采用岩石地层填图方法将区内地层划分为24个填图单位，初步查明了区内地层层序、岩性、厚度、沉积类型；以期次(时代)、相带理论为基础，将区内侵入岩划分为中岳期、海西—印支期、燕山期，并在初步确定岩石序列的基础上建立了46个侵入岩填图单位；对火山岩的时空分布、活动旋回、岩性特征进行了调查，初步建立了火山岩层序，分析了火山岩的成因及形成构造环境；以地层接触关系、沉积建造、岩浆活动、变质变形作用为依据，划分了构造旋回，分析了构造发展史，总结了不同构造层的特征。新发现了乐东县幅抱界钼矿化点1处、尖峰岭幅志院岭铅锌矿(化)点2处、尖峰岭幅田头铅矿点1处，以及通什幅永忠村蚀变带、通什幅什伦褐铁矿化蚀变带等。

(二)物化探

1. 化探

1∶5万水系沉积物测量，编制了Au、Ag、Cu、Pb、Zn、Mo、Sb、As、Bi 9种元素的原始数据图、地球化学图，圈定了单元素、组合元素及综合元素异常(主要圈定了单元素异常249个、组合异常38个、综合异常21个)，通过对异常进行解析、评价、排序，对有找矿意义的主要元素异常提出下一步查证的具体建议及方法；初步总结了同安岭—尖峰岭地区9种元素的空间分布规律，以及在各种地层及岩体中的分布特征、富集规律及其组合特征；通过1∶1万土壤测量，在乐东县苗村查证区圈定主要异常有单元素异常77个、元素组合异常12个、元素综合异常2

个,在五指山市什东查证区圈定主要异常有单元素异常41个、元素组合异常8个、元素综合异常3个。

2. 物探

1∶5万高精度磁测,圈定异常92处,大致查明了调查区磁场在空间上的变化规律,以及与地层、岩石之间的关系,为地质找矿间接提供了资料;通过1∶1万高精度磁测,在乐东县苗村查证区圈定了5处磁异常,毫仲岭测区圈定6处磁异常,在五代岭-抱文测区圈定10处磁异常,在知洁岭-牙日测区圈定3处磁异常,并在知洁岭测区和新村测区各初步推断矿化蚀变带1条;通过阵列相位激电测量,在新村测区圈定了两条均呈南北走向,长约1200m(目前控制长度),宽约150m的矿化带。

(三)矿产检查

(1)对部分已知矿床(点)进行了全面踏勘检查,并补充收集了资料,深化了对矿床(点)的认识。

(2)经矿产重点检查,对保亭县新村钼矿进行了资源量($333+334_1$)估算,探获钼金属量($333+334_1$)11 000.47t,其中,钼金属量(333)4037.91t、钼金属量(334_1)6962.56t;探获乐东县红岭钼金属量($333+334_1$)10 730.30t,其中,钼金属量(333)374.18t、钼金属量(334_1)10 356.12t;探获东方市志院岭铅锌金属量(334_1)59 960t,其中,铅金属量46 463t、锌金属量13 497t。

(四)综合研究

综合分析地质、物探、化探、遥感和矿产等各类信息,对成矿规律进行了初步研究,建立了金、铅锌、钼、铁矿床区域找矿模型,圈定了5个成矿远景区,其中,A类成矿远景区3个,B类成矿远景区1个,C类成矿远景区1个;经优选后圈定了17个找矿靶区,其中,A类找矿靶区6个,B类找矿靶区5个,C类找矿靶区6个。

湖南茶陵太和仙-鸡冠石锡多金属矿远景调查

承担单位:湖南省地质调查院
项目负责人:曾桂华
档案号:0821
工作周期:2010—2012年
主要成果

根据区内地质、物探、化探、遥感特征及矿产分布情况,工作区划分为3个Ⅰ级找矿远景区和1个Ⅱ级找矿远景区,即鸡冠石-湘东乡钨锡多金属矿Ⅰ级找矿远景区、太和仙-麦子坑铜铅锌金多金属矿Ⅰ级找矿远景区,风米凹-水晶岭钨锡多金属矿Ⅰ级找矿远景区和麻石岭-首团金铅锌矿Ⅱ级找矿远景区。

(一)异常检查

1. 鸡冠石-湘东乡钨锡多金属矿Ⅰ级找矿远景区

经对矿区分布的1∶5万水系沉积物AS13(北东部)异常进行检查,区内已发现石英脉型钨多金属矿脉10余条(已编号的矿脉8条)、构造蚀变岩型钨多金属矿脉1条(6号矿脉),以6号构造蚀岩型钨多金属矿脉规模最大。矿脉呈密集的脉状成组成带分布。单脉走向长640～2400m,矿体厚0.3～3.95m,单脉平均品位WO_3(0.12～0.941)$\times10^{-2}$。

2. 太和仙-麦子坑铜铅锌金多金属矿Ⅰ级找矿远景区

经对1∶5万水系沉积物AS12南部段异常进行检查,区内已发现构造蚀变岩型金铅锌多金属矿脉28条。其中北北东向13条,北西向15条。矿脉产于中寒武统浅变质砂板岩系中,受北北东向和北西向压扭性断裂或层间破碎带控制,呈较密集的脉状成组成带分布,脉带宽600m,长2600m。北北东组矿脉总体走向20°～52°,倾向北西或南东,倾角46°～75°,单脉走向长925～1250m,矿体厚0.3～0.63m,品位Au(4.49～5.26)$\times10^{-6}$,Pb(0.23～3.87)$\times10^{-2}$,Zn(0.34～1.98)$\times10^{-2}$。北西组矿脉走向300°～350°,倾向北西或南东,倾角34°～74°,单脉走向长300～1400m,矿体厚0.2～0.9m,品位Au(2.41～19.11)$\times10^{-6}$,Pb(0.75～4.01)$\times10^{-2}$,Zn(0.069～1.52)$\times10^{-2}$。二组矿脉中以北东组3号、5号、6号、12号、14号矿脉和北西组9号、10号、13号、16号矿脉规模较大,且含矿性较好。

2011年、2012年分别在矿区0线、8线施工了钻孔ZK001、ZK801,对矿区主要矿脉进行中深部控制,钻孔见矿情况良好。其中,ZK001见黄铁矿化含矿硅化碎裂岩13层,见6号矿脉,矿体厚0.74m,品位Pb 1.286%,Zn 0.164%,Au 7.92$\times10^{-6}$,Ag 41.2$\times10^{-6}$,控制矿体斜深650m。ZK801见方铅矿、黄铁矿化含矿硅化碎裂岩23层。

3. 风米凹-水晶岭钨锡多金属矿Ⅰ级找矿远景区

(1)风米凹概略检查区。经对1∶5万水系沉积物AS8异常进行检查,在岩体内外接触带发现2条钨矿体。1号矿体产于邓阜仙岩体与上泥盆统锡矿山组下段碳酸盐岩接触部位,为矽卡岩型白钨矿体,地表沿走向经见矿工程TC2、TC3、TC6和未见矿工程TC4控制矿脉长600余米,矿脉总体走向近东西,倾向北,倾角40°～80°,矿体厚0.36～0.92m,平均0.64m,品位WO_3 0.174%～0.226%,平均WO_3 0.189%。2号矿体产于岩体内接触带,印支期花岗岩与燕山早期花岗岩接触部位附近,为构造-矽卡岩复合型白(黑)钨矿体,受一近东西向的断裂控制,总体走向北东东,倾向北北西,倾角45°～57°,地表沿走向经见矿工程TC3、TC4控制可见长400余米,矿体厚1.81～7.43m,平均4.62m,品位WO_3 0.158%～0.347%,平均WO_3 0.31%。

(2)水晶岭概略检查区。经对1∶5万水系沉积物AS8异常进行检查,发现钨矿脉2条,编号为1号、2号。1号矿脉位于邓阜仙岩体与中泥盆统棋梓桥组碳酸盐岩接触部位,为矽卡岩型钨矿脉,经见矿工程TC3、TC6和未见矿工程TC1、TC7控制,矿(化)体长约400m,厚0.52～1.95m,平均1.24m,品位WO_3 0.106%～0.122%,平均WO_3 0.119%。2号脉位于岩体内,为构造蚀变岩型钨矿脉,总体走向近南北,倾向东,倾角85°,地表可见长1000余米,矿脉厚0.52m,经采地质点拣块样分析,品位WO_3 0.301%。

4. 麻石岭-首团金铅锌矿Ⅱ级找矿远景区

经对 1∶5 万水系沉积物 AS21、AS22 异常进行检查，区内发现 4 条构造蚀变(矽卡)岩型铅锌多金属矿脉。

1 号脉位于检查区北部，为构造蚀变岩型铅锌矿脉，矿脉地表出长度 600m，倾向北东，倾角 50°～72°。经见矿工程 BT2 和未见矿工程 TC8、TC9、TC12 控制，揭露矿脉厚 1.51m，矿石品位 Pb 1.38×10^{-2}，Zn 0.35×10^{-2}，Ag 13.48×10^{-6}。

2 号脉位于检查区中部上寒武统与中泥盆统跳马涧组的接触部位，为矽卡岩型铅锌矿脉，矿脉地表出露长度 1050m，倾向南西 240°，倾角 42°～78°。经见矿工程 TC1、PD1 和未见矿工程 TC10、TC11、TC13 控制，揭露矿脉厚 0.5～2.0m，平均厚度约为 1.20m。矿石品位 Pb $(0.14\sim0.96)\times10^{-2}$，平均 0.50×10^{-2}；Zn$(0.18\sim1.99)\times10^{-2}$，平均 1.20×10^{-2}。

3 号脉位于检查区中部，为构造蚀变岩型铅锌矿脉，地表出露长 2700m，总体倾向西，倾角 47°～70°，平均 58°。经见矿工程 BT3 和未见矿工程 TC1、TC2、TC3、TC4、BT1 控制，矿脉厚 0.2～1.71m，平均 0.86m，矿石品位 Pb 1.39×10^{-2}，Ag 110.03×10^{-6}。

4 号脉位于检查区南部，为构造蚀变岩型铅锌矿脉，地表出露长约 2000m，总体走向北东，倾向东，倾角 50°～58°，平均 54°。经见矿地质点 D004 和未见矿工程 TC15、TC16 控制，矿脉厚 0.3～1.43m，平均 0.87m，矿石品位 Pb 0.957×10^{-2}，Ag 14.17×10^{-6}。

(二)1∶5 万水系沉积物测量

通过开展高洲、坊楼二幅西部湖南部分($200km^2$)1∶5 万水系沉积物测量，获得了高洲一坊楼地区 Au、Ag、Cu、Pb、Zn、As、Mo、W、Sn、Bi 等 12 种成矿元素或相关元素的定量分析数据和多种地球化学参数及地球化学异常等系列成果。圈定水系沉积物组合异常 6 处，分别为 AS1、AS2、AS3、AS4、AS5、AS6。圈定 1∶5 万水系沉积物Ⅰ级找矿远景区 1 处，Ⅱ级找矿远景区 1 处，Ⅲ级找矿远景区(带)2 处，分别为：①攸县柏市镇铁炉坑-梦沙坪-洪家里(乙 1 类：AS1)钨、锡、铅、锌异常，为寻找钨、锡、铅、锌矿的Ⅰ级远景靶区；②攸县江冲-波水庙(乙 2 类：AS2)铅、锌异常，为寻找铅、锌矿的Ⅱ级远景地段；③攸县十里长冲-老漕泊-欧家龙-大洞山-高等上(乙 3 类：AS4、AS5、AS6)金、铅、锌异常(区)带，为寻找金、铅、锌矿的Ⅲ级远景(区)带；④攸县上年冲-大屋里(乙 3 类 AS3)钨锡铋异常，为寻找钨锡铋矿的Ⅲ级远景地段。

(三)综合研究

项目在全面收集并分析整理邓阜仙地区区域地质、物探、化探、遥感和典型矿床特征资料的基础上，运用新的成矿理论和观点、方法，研究邓阜仙地区锡多金属矿成矿地质条件和成矿规律，对工作区锡多金属矿进行成矿预测，指出了下一步找矿方向，并在指导工作区深部工程验证方面取得较显著成效。综合研究成果主要体现在以下几个方面。

(1)区内矿床自邓阜仙岩体向外矿床类型和成因具有明显的分带性，即由汽成热液高温石英脉型钨锡矿床、中高温接触交代矽卡岩型钨锡矿床→低中温热液裂隙充填型金铅锌多金属矿床→中低温热液锑金矿床的分带。在地球化学元素组合上由岩体中心向外具有 W、Bi、Mo、Sn、Cu、Ag、Zn、Pb、F→W、Sn、Bi、Mo、Cu、Ag、Zn、Pb、F→Pb、Zn、Au、Sb、Ag→Au、Sb、As 分带性。

(2)泥盆系中统棋梓桥组、上统锡矿山组不纯灰岩与邓阜仙岩体接触处的内外接触带是接触交代矽卡岩型钨锡多金属矿赋存的有利部位。

(3)邓阜仙岩体外接触带基底构造层中寒武统含碳泥质浅变质砂、板岩是寻找裂隙充填型金铅锌多金属矿床的有利地段。

(4)邓阜仙岩体为印支期—燕山期多次侵入的复式花岗岩体,燕山早期形成的中粒二云母花岗岩(γ_5^{2-1})与燕山晚期形成的细粒白云母花岗岩(γ_5^{2-2}),富含 Nb、Ta、W、Sn、Bi、Cu、Pb、Zn、Ag 等成矿元素,为钨、铜多金属矿床的形成提供了必要的成矿物质来源。在印支期与燕山期两期花岗岩体接触部位,北东向—北北东向构造发育,并发育有良好的物化探异常,是寻找石英脉型、构造蚀变岩型 W、Sn 多金属矿的有利部位。

(5)发育于邓阜仙岩体中的南北向压扭性断裂构造是区内裂隙充填型铅锌矿的有利容矿构造。

(6)根据邓阜仙地区岩浆岩特征和锡多金属矿床矿化蚀变、矿石矿物组合特征,以及成矿时代信息等总结了矿区典型矿床的成矿模式:锡多金属成矿作用与燕山期岩浆活动密切相关,其成矿物质主要来自在岩浆房充分分异后的岩浆岩;当富含成矿物质的岩浆热液上升,并侵位到不同的围岩时,由于成矿物质的交代、充填作用而形成不同类型的矿床。

(7)划分了 A 类找矿靶区 4 处,即麻石岭-首团铅锌多金属矿找矿靶区、风米凹钨锡矿找矿靶区、水晶岭钨锡矿找矿靶区、湘东乡钨矿找矿靶区;C 类找矿靶区 2 处,即羊古脑锑金矿找矿靶区、八团钨锡铅锌多金属矿找矿靶区。

(四)资源量估算

根据本次工作工程控制情况,结合"湖南锡田地区锡铅锌多金属矿勘查"项目在工作区取得的工作成果,对工作区工程控制程度相对较高的鸡冠石重点检查区 6 号构造蚀变岩型钨矿脉及太和仙重点检查区主要金铅锌矿脉进行了资源量估算。估算了鸡冠石石英脉型、构造蚀变岩型钨多金属矿主要矿脉资源量(333)WO_3 2138.18t,资源量(334)WO_3 2168.64t;太和仙构造蚀变岩型金铅锌多金属矿主要矿脉资源量(334)Au 3.71t、Pb 6298.89t、Zn 771.7t。

鄂东南地区岩浆演化与成矿作用的关系

承担单位:中国地质调查局武汉地质调查中心
项目负责人:黄圭成
档案号:0822
工作周期:2011—2013 年
主要成果

(1)获得一批系统的高精度岩浆岩成岩年龄数据,为进一步研究鄂东南地区岩浆活动期次及其演化历程提供了可靠的基础数据材料。本项目系统采集岩浆岩测年岩石样品 38 个,经矿物分离选出其中的锆石颗粒,采用 LA-ICP-MS 法进行锆石原位定年,涵盖鄂城、铁山、金山店、灵乡、殷祖、阳新 6 个大岩体的各个岩相,以及铜绿山、姜桥、何锡铺、铜山口、铜鼓山、龙角山、古家山、阮宜湾、王豹山 9 个主要中小岩体。这些数据系统性强,为研究区内单个大岩体的侵入次数、整个鄂东南地区的岩浆活动期次及其区域演化提供了可靠的基础数据材料。

(2)在6个岩体中发现大量继承锆石，其U-Pb同位素年龄分布在2959～799Ma之间，表明岩浆岩的源区物质主要为经历了从中太古代至新元古代多次构造热事件改造和物质再循环的地壳物质，鄂东南地区深部可能存在古元古代和太古宙基底。项目组在进行锆石原位定年的过程中，在铁山、铜绿山、阮宜湾、姜桥、铜鼓山、古家山6个岩体的9个岩石样品(铁山岩体3个，铜绿山岩体2个，其他岩体各1个)中发现继承锆石，共40粒模式年龄分布在2959～799Ma之间，包括中太古代、新太古代、古元古代、中元古代、新元古代，与岩浆锆石的Hf同位素二阶段模式年龄分布范围相当，表明岩浆岩的源区主要为经历了从中太古代至新元古代多次构造热事件改造和物质再循环的地壳物质。

(3)对鄂东南地区岩浆岩的时空分布特征进行了系统总结，将岩浆活动划分为4个阶段，提升了鄂东南地区中生代岩浆活动及其演化的研究水平。根据本项目取得的，以及文献发表的高精度成岩年龄数据，结合岩浆岩的空间分布和产出地质背景，将鄂东南地区的岩浆活动划分为4个阶段。第一阶段为151～139Ma，形成的岩体分布于黄石-大冶-灵乡断裂以南，包括殷祖、灵乡、阳新三大岩体，以及铜绿山、铜山口、姜桥等众多小岩体；第二阶段为143～135Ma，形成的岩体分布于黄石-大冶-灵乡断裂以北，包括铁山岩体和鄂城岩体西北角小面积分布的中粒闪长岩；第三阶段为133～127Ma，形成的岩体分布于黄石-大冶-灵乡断裂以北，包括鄂城岩体的主体岩性和金山店、王豹山岩体等；第四阶段为130～125Ma，是区内火山岩的喷发时代，也是第三阶段岩浆侵入活动的延续。

各阶段岩浆活动大约持续5～12Ma，从早阶段到晚阶段，持续时间由长变短。单个大岩体的各种岩性的侵位时代有所不同。如铁山岩体，从中部往西形成的岩石年龄逐渐变小，中部的黑云角闪辉长岩为144Ma，石英闪长岩为141Ma，似斑状花岗闪长岩为140Ma，往西至驾虹山石英闪长岩为138Ma，再到矿山庙石英闪长玢岩为135Ma，刘南塘花岗闪长斑岩为137Ma。

(4)在调查与掌握岩浆岩地质特征的基础上，对岩浆岩的岩石化学和地球化学特征进行了较全面的研究与总结。根据本项目的样品分析数据，岩浆岩的岩石类型从酸性到基性岩类均有产出，SiO_2含量变化范围较大(53.53%～77.10%)。各类岩石随着SiO_2含量的增加，TiO_2、MnO、MgO、CaO、P_2O_5、TFeO含量均呈递减趋势，Al_2O_3含量基本保持不变，K_2O、Na_2O含量变化无一定规律。在SiO_2-K_2O图解中，各岩体主要分布在高钾钙碱性区域及钾玄岩区域，且以高钾钙碱性为主，仅灵乡岩体的部分样品分布在低钾(拉斑)系列(可能由蚀变所致)；火山岩则主要分布在高钾钙碱性-钾玄岩系列区域。

稀土、微量元素特征，可分为两种类型。①稀土元素模式曲线呈轻稀土富集的右倾型，无明显的Eu异常；微量元素具有高Ba、Sr，低Y、Yb含量，Sr/Y比值较高，富集大离子亲石元素(LILE)，亏损高场强元素(HFSE)，显示出类似高Ba、Sr花岗岩的特征；在原始地幔标准化蛛网图中表现为Ba、Sr、K、Zr、Hf正异常，Nb、Ta、Ti、P负异常。第一、二岩浆活动阶段形成的岩体具有这种特征。②稀土元素模式曲线也呈轻稀土富集的右倾型，但是具明显的负Eu异常；微量元素Ba、Sr含量总体偏低，Y、Yb含量总体偏高；在原始地幔标准化蛛网图中表现为Th、K、Nd、Zr、Hf正异常，Ba、Sr、Nb、Ta、P、Ti负异常。第三岩浆活动阶段形成的岩体及火山岩具有这种特征。

总体上，全区岩石中的Sr、Nd同位素组成较一致，变化范围小。$(^{87}Sr/^{86}Sr)_i$为0.705 05～0.708 84，平均为0.706 82；以黄石-大冶-灵乡断裂带为界，北部相对偏高一些，平均为

0.707 37，而南部平均为0.706 59。$\varepsilon_{Nd}(t)$在$-12.4\sim-3.8$之间，平均为-7.34；以黄石-大冶-灵乡断裂带为界，北部相对偏低，平均为-9.99，而南部平均为-6.22。在$(^{87}Sr/^{86}Sr)_i-\varepsilon_{Nd}(t)$关系图解中，位于黄石-大冶-灵乡断裂带以南的岩体主要分布在长江中下游地区早白垩世基性岩的Sr－Nd同位素组成范围内，位于该断裂带以北的岩体则主要分布在长江中下游地区早白垩世基性岩范围之外EMⅡ与扬子下地壳之间的区域。

锆石Hf同位素的特征：总体上看，全区的$^{176}Lu/^{177}Hf$比值变化在0.000 214～0.007 053之间，绝大多数小于0.002，平均为0.001 26，表明锆石在形成以后具有极低的放射性成因Hf的积累。$^{176}Hf/^{177}Hf$比值较均一，分布在0.281 677～0.283 051之间，平均为0.282 391。全区$\varepsilon_{Hf}(t)$值分布在$+12.79\sim-36.51$之间，平均为-10.4，变化范围较大，达到49个单位；但是，就单个岩石样品而言变化范围较小，一般在2～13个单位之间，只有4个样品达到21个单位。全区$\varepsilon_{Hf}(t)$值绝大多数为负值，只有两个岩体出现正值。灵乡岩体中一个样品全为正值（$+0.15\sim+12.79$），另3个样品只有一个点为正值；阮宜湾岩体也只有一个点为正值。

本项目所测的Pb同位素样品均为第一岩浆活动阶段形成的岩体，其初始比值$(^{206}Pb/^{204}Pb)t$主要分布在17.679～18.130之间，$(^{207}Pb/^{204}Pb)t$主要分布在15.465～15.617之间，$(^{208}Pb/^{204}Pb)t$主要分布在37.818～38.353之间。所有样品均表现出富集放射成因Pb同位素组成的特征，与长江中下游东段中基性岩样品的组成范围基本一致，暗示两者可能产生于相似的岩浆源区，来源于富集岩石圈地幔。

（5）对岩浆岩的物质来源、形成与演化机制进行了探讨。基于岩石学、地球化学、Sr－Nd－Hf同位素组成特征及继承锆石等，对岩浆岩的物质来源进行了研究，认为各个岩浆活动阶段的岩浆源区性质有所不同。第一阶段岩浆岩的物质来源较为复杂，可能主要来源于富集岩石圈地幔，有一定程度的陆壳加入。其中，灵乡岩体可能伴随有一定数量亏损地幔或新生陆壳物质的加入。部分小岩体（铜绿山、姜桥、古家山、铜鼓山和阮宜湾）中存在一定数量的继承锆石，它们的源区物质可能以元古宙陆壳基底为主，并有少量幔源物质的加入。第二阶段岩浆岩以铁山岩体为代表，较普遍含有继承锆石，且部分继承锆石的$^{207}Pb/^{206}Pb$年龄值与岩石的Nd、Hf同位素两阶段模式年龄值基本吻合，因此应主要来源于古元古代陆壳物质，而花岗闪长斑岩中可能有新太古代陆壳物质的成分。第三阶段岩浆岩以花岗岩和石英二长岩等偏酸性岩石为主，也主要来源于古元古代陆壳基底。第四阶段的火山岩可能主要来源于富集岩石圈地幔源区，并伴随有一定程度的分离结晶作用。

岩浆岩的形成与演化机制大致为：在约150Ma时期，岩石圈发生伸展作用，软流圈上涌导致岩石圈地幔发生部分熔融，形成的玄武质岩浆底垫，诱发厚的大陆地壳发生一定程度的重熔，首先形成区内较早期的少量壳源岩体（如姜桥、古家山和铜鼓山岩体等），随后大量镁铁质熔体沿着岩浆通道上升并侵位，在经过大陆地壳时必然受到一定程度的陆壳物质混染，从而形成第一阶段中性岩为主的侵入岩体。随着玄武质岩浆底侵作用的加强，大陆地壳发生进一步重熔以致形成更多壳源岩浆，这些壳源岩浆不断上升侵位形成以铁山岩体为主的第二阶段侵入岩。约133Ma时，随着岩石圈的进一步伸展，软流圈物质继续上涌，大陆地壳开始减薄，岩石圈地幔部分熔融形成的玄武质岩浆底垫导致减薄的大陆地壳发生重熔，形成的壳源中酸性岩浆上升侵位并最终形成第三阶段中酸性侵入岩。同时期由岩石圈地幔熔融形成的基性岩浆在上涌喷发过程中，伴随一定程度的结晶分异作用最终形成区内双峰式火山岩。

（6）对区内矿床的地质特征及成矿规律进行了较全面的总结。①在总结典型矿床地质特征的基础上,将鄂东南矿集区划分为9个矿田:鄂城矿田、铁山矿田、金山店矿田、灵乡矿田、阳新矿田、铜绿山矿田、丰山矿田、铜山口-龙角山矿田和金盆山-犀牛山矿田。②矿种在空间分布上具有"南铜北铁"的特点,即大致以黄石-灵乡断裂带为界,北侧以铁矿为主,包括鄂城、铁山、金山店、灵乡4个矿田;南侧以铜矿为主,包括铜绿山、阳新、铜山口-龙角山、金盆山-犀牛山、丰山洞5个矿田。③根据矿床空间分布、成矿特征和成岩成矿年龄数据,将区内成矿作用划分为3个成矿阶段:燕山早期铜钼金钨成矿阶段、燕山早期铁铜成矿阶段和燕山晚期铁成矿阶段。这3个成矿阶段大致与岩浆活动的第一、二、三阶段相对应。燕山早期铜钼金钨成矿阶段,形成与花岗闪长斑岩类小岩体有关的矽卡岩-斑岩型铜钼、铜金、铜钨矿床,与阳新岩体有关的矽卡岩型铜(钼)矿床,与铜绿山岩体有关的矽卡岩型金铜、铜铁矿床。燕山早期铁铜成矿阶段,形成与铁山岩体有关的铁铜共生矿床和单一的铁矿床。燕山晚期铁成矿阶段,形成与鄂城、金山店、王豹山等岩体有关的矽卡岩型铁矿床。④成矿对地层围岩有明显的选择性。在地层层位上,矿床的形成主要与石炭系黄龙组、二叠系栖霞组、茅口组及三叠系大冶组4个层位有关。其中大冶组居主导地位,占矿床数量的60.1%,占铁、铜矿全区探明总储量的90%以上。在地层岩性上,碳酸盐岩对成矿最有利,区内所有矽卡岩型、斑岩-矽卡岩型矿床的形成均与之有关。⑤区内印支期和燕山期断裂、褶皱构造发育,其中,印支期构造带呈北西西向,控制岩浆活动带的空间展布;燕山期呈北北东向、北东向,与印支期构造叠加交会的部位控制岩体侵位和矿床分布。⑥岩体接触带构造直接控制矿床和矿体的产出位置及形态产状。将岩体接触带构造划分为边缘接触带、岩体内捕虏体接触带和断裂叠加接触带3类,其中,断裂叠加接触带构造是鄂东南地区矽卡岩型矿床最重要的控矿和容矿构造,如程潮、大冶、金山店、铜绿山、阮宜湾、赤马山等众多大中型矿床的矿体皆产于此类构造中。

(7)根据岩浆岩和地层岩石的成矿元素含量、矿石微量元素及S、Pb、O、H同位素特征等方面研究,认为区内金属矿床的成矿物质主要来源于岩浆,或与岩浆同源。各小岩体中成矿元素含量,尤其是Cu、Mo、Au,显著高出地壳平均值,而各地层岩石中成矿元素没有明显的富集。矿石的黄铁矿中微量元素特征显示矿床为岩浆-热液成因,硫同位素组成特征显示三叠系中的膏盐层为铁矿床提供了部分硫,而铜多金属矿床中硫主要来自于岩浆。氢氧同位素特征显示岩浆岩为壳幔混合成因,成矿流体主要来自于岩浆。矿石矿物与岩浆岩的铅同位素特征相类似,显示两者具有紧密的亲缘关系。部分矿区矽卡岩中存在大量的熔体包裹体,直接记录了岩浆-热液活动对于成矿的贡献。

(8)对矿床的成矿机制进行了探讨,并建立了区域成矿模式。鄂东南地区铁、铜(金、钼、钨)矿的形成与岩浆活动密切相关,成矿物质与岩浆同源。第一阶段岩浆活动形成的铜(金、钼、钨)矿床,成矿物质可能主要来自地幔,少部分来自地壳(如钨、钼、铁)。而第二、三阶段岩浆活动形成的铁(铜)矿床则相反,成矿物质可能主要来自地壳物质的重熔(如铁),少部分来自地幔(如铜)。约150Ma开始,鄂东南地区的构造体制由挤压转换为伸展,与岩浆同源的成矿物质伴随岩浆演化而不断聚集,形成富含成矿物质流体且高Sr/Y的母岩浆。由岩石圈地幔部分熔融形成的岩浆富含Cu、Au等成矿元素,这些岩浆在150～139Ma期间不断演化并上升侵位,在这一过程中伴随有一定数量地壳物质的加入,并带来了Mo、W和Fe等成矿元素,它们在碎屑岩与碳酸盐岩界面附近的接触带形成矽卡岩型、矽卡岩-斑岩型铜金、铜钼、铜钨、铜铁、金铜等多金属矿床,即位于黄石-大冶-灵乡断裂带以南与第一阶段岩浆活动有关的矿床。

约144～135Ma期间,在黄石-大冶-灵乡断裂带以北地区,随着幔源玄武质岩浆底侵作用的加强，鄂东南地区的伸展作用更为显著，壳幔相互作用更加强烈，下地壳发生进一步重熔，形成更多量壳源中酸性岩浆，并富含主要来源于古老地壳的 Fe(Cu)等成矿物质，这些壳源岩浆不断上升侵位形成以铁山岩体为代表的第二阶段侵入岩，以及相伴随的矽卡岩型铁(铜)矿床。这些矿床产于岩体与碳酸盐岩接触带附近、断裂构造、捕虏体接触带构造等有利于含矿热液的运移和成矿作用进行的部位。

约 133～127Ma 时期，也是在黄石-大冶-灵乡断裂带以北地区，随着岩石圈的进一步伸展，软流圈继续上涌，大陆地壳开始减薄，幔源玄武质岩浆底侵导致减薄的大陆地壳发生更高程度的重熔，形成富含成矿元素 Fe 的中酸性岩浆，经多次脉冲性上升侵位，最终形成与第三阶段中酸性侵入岩相伴随的矽卡岩型铁矿床，如程潮、金山店等。

(9)较全面地总结了区域岩浆活动与成矿作用的关系。空间上，矿床的产出与岩体紧密相伴。其中与大岩体(复式岩体)有成因关系的矿床，围绕着岩体的边缘接触带分布，少数产于岩体内的地层岩石捕虏体及其接触带内，成因类型均为矽卡岩型。与小岩体有成因关系的矿床，一个岩体只形成一个矿床，矿体产于岩体内部或接触带，更多的是同时产于内部和接触带，成因类型主要是斑岩-矽卡岩复合型、斑岩型和矽卡岩型。

时间上，成矿与成岩年龄基本一致，或晚 1～2Ma。总体来看，小岩体成矿与成岩年龄基本一致；大岩体具多期次岩浆活动，其中的一期或多期岩浆活动伴随有成矿作用，成矿与相应期次的成岩年龄基本一致或晚 1～2Ma。形成小岩体的岩浆活动相对简单，一般只有一个期次的岩浆活动，相应也只有一期成矿作用，从已经取得的成矿年龄数据来看，与成岩年龄基本一致。大岩体由多期次岩浆活动形成的岩石组成，并非每次岩浆活动都伴随有成矿作用，从取得的成矿与成岩年龄数据来看，成矿与相应期次的成岩年龄基本一致或晚 1～2Ma。如鄂城岩体，至少有 5 次岩浆活动，其中，程潮铁矿的形成与中细粒花岗岩有关。铁山岩体有多次岩浆活动，其中，铜坑铁铜矿与黑云辉长岩有成生关系，铁山铁矿主要与石英闪长岩有成生关系，矿山庙铁矿与闪长玢岩有成生关系。铜绿山岩体的石英正长闪长玢岩与铜铁成矿有关(铜绿山)，闪长岩和石英闪长岩与铜金成矿有关(鸡冠嘴矿区)。

鄂东南地区的岩浆岩以中酸性岩为主，出现的岩石类型大多数都可以成矿，但没有明显的成矿专属性。成矿小岩体岩石中的成矿元素(Cu、Au、Mo、W)含量高，浓集系数大，可以作为小岩体成矿和找矿的标志之一。铁矿及铁铜矿(以铁为主，有铜共生)的形成与大岩体有关，石英闪长岩、石英二长岩和花岗岩等中酸性岩是最重要的成矿岩石。其中，程潮铁矿的形成与花岗岩密切相关，这与通常认为铁矿对基性、超基性岩类具有成矿专属性的认识是相悖的。铜多金属矿床的形成主要与中酸性小岩体有关，岩石类型以花岗闪长斑岩、石英正长闪长玢岩和石英闪长岩为主。

成矿小岩体岩石中的成矿元素(Cu、Au、Mo、W)含量高，浓集系数大，而在非成矿的小岩体中含量低，基本反映了岩体的成矿特征和物源关系，但是大岩体的岩石成矿元素含量未能反映成岩与成矿之间的关系。据此，小岩体岩石中的成矿元素含量可以作为成矿或找矿的标志之一。

鄂东南地区的岩浆活动大致从早至晚、由南到北连续迁移，岩性由偏中性向偏酸性演化，在最北部的鄂城岩体出现大面积的酸性岩类(花岗岩类)。各岩浆活动阶段具有独特的成矿作用：第一阶段主要形成铜金钼钨多金属矿床，第二阶段形成铁矿及铁铜共生的矿床，第三阶段形成单一的铁矿床。与此相对应，从南往北矿种具有一定的分带性，即由铜金钼钨矿-铜铁矿-

铁铜矿-铁矿变化。

(10)根据成矿地质背景、成矿规律、已有的矿化线索和找矿标志,圈定了11个找矿远景区,并提出相应的找矿工作建议。

圈定的11个找矿远景区分别是:鄂城岩体西南缘铁找矿远景区、大冶金山店岩体南缘铁找矿远景区、大冶铜绿山岩体铜金铁找矿远景区、大冶叶花香-东角山铜多金属找矿远景区、阳新赤马山-李家山铜找矿远景区、阳新刘金益-欧阳山铜多金属找矿远景区、大冶何锡铺铜钼金找矿远景区、大冶龙角山-付家山铜钨钼找矿远景区、大冶瓦雪地-古家山铜(金)找矿远景区、阳新犀牛山-两剑桥铜钨钼找矿远景区和阳新丰山洞-鸡笼山铜金找矿远景区。

湖南新田地区矿产远景调查

承担单位:湖南省地质调查院

项目负责人:陈端赋

档案号:0823

工作周期:2010—2012年

主要成果

(1)通过1∶5万遥感地质解译,了解了区内地层、岩浆岩、构造等地质体的综合影像特征,提出了不同影像特征的地层影像单元22个,线性构造影像30多条,褶皱构造影像5个,环形构造影像1个;圈定了遥感异常35处,遥感找矿远景区6个,为剖面测制和地质填图路线的合理布置提供了依据,为矿产地质调查提供了方向。

(2)通过收集和实测剖面资料的综合整理,厘定了测区22个岩石地层单位。通过矿产地质填图,大致查明了区内地层、构造和岩浆岩的产出、分布、岩石类型及变质作用等特征,为开展矿产地质调查、成矿预测和找矿前景分析奠定了基础。

(3)通过1∶5万土壤测量,圈定土壤化探综合异常16处,查证了7处。获得了区内较为系统地球化学背景、元素共生组合及异常资料,为开展矿产地质调查指示了方向。

(4)通过矿产地质调查,已知区内有矿床、矿(化)点35处,其中,铅锌(铜)铜矿床,矿点5处、锑矿矿床2处,汞矿点5处,铁矿(化)点14处,铁锰矿床1处,煤矿床4处,重晶石矿床点2处,黄铁矿点1处,磷矿点仅有1处。

(5)在分析全区矿点及地化异常特征基础上,选择知市坪铁锰矿点、伍家铁矿点(图3-9)、秀岭水铁矿点、长冲铁矿点、莲花铅锌矿点、道塘锑矿点、新圩黄铁矿点、龙珠重晶石矿点(图3-10)等8处进行概略检查。概略检查后,选择知市坪铁锰矿点、伍家铁矿点、龙珠重晶石矿点等3处进行重点检查,共分别获得锰矿石资源量(334)256.5×10^4t,重晶石矿石资源量8.49×10^4t,其中1处达新发现矿产地要求。

(6)经全面地系统总结分析全区地层、构造、岩浆岩、变质作用等地质条件,以及地球化学异常特征,区内矿产成矿具有如下规律:区内矿产以Sb、Hg、Pb、Zn等有色金属为主,少量铁矿、锰铁矿及煤矿、重晶石矿;赋矿层位主要为泥盆系棋梓桥组、跳马涧组,次为石炭系大埔组、测水组、泥盆系黄公塘组;Sb、Hg、Pb、Zn元素进一步富集形成矿体,其形成时间与相应岩体时间一致。

图 3-9 伍家 b4465-2 褐铁矿石正交偏光薄片

图 3-10 龙珠 b0195 重晶石岩(矿石)正交偏光薄片

(7)从遥感地质解译出的环形构造出发,结合区内中南部已知汞锑、铅锌矿床点的分布,碎屑岩地层中绿泥石化、绢云母化等蚀变,碳酸盐岩地层中硅化、白云石化等蚀变的分布及其与成矿的关系,提出了其深部有存在隐伏岩体的可能。

(8)根据成矿预测理论和预测方法,将全区划分出 4 个找矿远景区(Ⅰ级 1 个、Ⅱ级 1 个、Ⅲ级 2 个),找矿靶区 4 处(A 类 1 处、B 类 1 处、C 类 2 处)。

(9)提交《湖南新田地区矿产远景调查报告》一份,约 15.6 万字,插图 50 个,插表 46 张,图版 18 个;附图 48 张,附表 1 个,附件 20 个。

广东省仁化县—和平县铀矿远景调查

承担单位:核工业二九〇研究所

项目负责人:黄国龙

档案号:0824

工作周期:2012—2014 年

主要成果

(1)项目工作以花岗岩型铀成矿理论为指导,以岩体、构造和热液蚀变等为主线,突出区域整体评价与靶区详细评价,实行典型矿床研究与区域成矿规律研究相结合,地质调查与找矿预测相结合,建立了工作区花岗岩型铀成矿模式和棉花坑铀矿床成矿模式。通过野外调查,初步查明了重点工作区诸广、贵东、龙源坝、大坝岩体地区铀成矿地质背景。初步查明了重要成矿区段铀矿化特征、控矿因素及异常成因,总结了工作区成矿规律和找矿标志,建立了粤北花岗岩地区有效的物化探找矿方法组合,并首次系统分析了区内深部与铀相关的地球化学元素异常组合。在成矿有利地段提交铀矿产地 1 处,圈定了铀矿找矿靶区 8 处,其中 A 类找矿靶区 5 处,B 类找矿靶区 3 处。

(2)项目成员在《地质学报》和《铀矿地质》等核心期刊发表论文 5 篇,其中,《地质学报》收录 3 篇,《地质论评》收录 1 篇,《铀矿地质》1 篇,推动了铀矿找矿的研究工作,具体如下。

黄国龙,刘鑫扬,孙立强,等. 粤北长江岩体的锆石 U-Pb 定年、地球化学特征及其成因研究[J]. 地质学报,2014,88(4):836-849.

曹豪杰,黄国龙,许丽丽,等. 诸广花岗岩体南部油洞断裂带辉绿岩脉的 Ar-Ar 年龄及其地球化学特征[J]. 地质学报,2013,87(7):957-966.

祁家明,黄国龙,朱捌,等. 粤北棉花坑铀矿床蚀变花岗岩副矿物特征研究[J]. 地质学报,2014,88(9):1691-1704.

祁家明,罗春梧,黄国龙,等. 粤北花岗岩型铀矿黄铁矿地球化学特征及对成矿流体的指示作用[J]. 铀矿地质,2015,31(2):73-80.

曹豪杰,金永吉,黄乐真,等. 粤北企岭岩体的地球化学特征与成因研究[J]. 地质论评,2017,63(2):499-510.

湖南衡东—丫江桥地区铅锌矿远景调查

承担单位:湖南省地质调查院

项目负责人:吴志华

档案号:0828

工作周期:2010—2013年

主要成果

(一)基础地质

实测、修测了地质剖面13条(岩浆岩剖面3条,地层剖面10条),厘定了区内地层、岩浆岩填图单位的岩性、岩相、结构、构造、矿化蚀变等特征。确定地层填图单位43个,岩浆岩相带填图单位7个。大致查明了区内不同时期各地质体沉积建造、岩相特征及其纵横向变化,建立了地层层序,查明了各岩石地层单位的时空分布;查明了测区岩浆岩特别是岩脉的时空分布情况、产出状态,并初步总结了地层与构造、岩浆岩与成矿作用的关系。查明了区内晋宁期、加里东期、海西—印支期、燕山期等各构造时期的主要构造变形样式、构造演化规律,确定了构造的叠加、改造、演化序列。明确了测区主体构造样式定型于晋宁期,区域构造以北东东向及北东向断裂、褶皱发育为特征。测区北东东向及北东向区域性断裂,控制区内各期岩相分布,亦是区域上重要控矿构造。

(二)物探、化探、遥感

(1)完成了1∶5万地面高精度磁测共1434.4km^2。发现和圈定了高精度磁测异常61个,可分为强磁异常类和弱小磁异常类两类。强磁异常类主要由两类因素引起:其一,在冷家溪群浅变质原岩中含有铁锰质,在区域变质与热变质作用下,形成角岩化,热变质作用越强,角岩化也就越强。其二,泥盆系—石炭系的灰岩、砂页岩在热变质作用下常形成磁黄铁矿化和磁铁矿化。角岩化与磁黄铁矿化、磁铁矿化岩石常可形成较强的磁异常。该类磁异常对直接找矿意义不太,但它可指示深部的热活动,因此可作为深部岩浆岩的侵入信息标志之一。弱小磁异常类主要是由热液蚀变作用形成的磁性矿物引起,它们往往在构造破弱部位形成蚀变地质体。随蚀变程度的不同,就可形成强度不等的弱小磁异常,该类磁异常具有较好的间接找矿意义。

(2)完成了1∶5万水系沉积物采样1830km^2,分析了W、Mo、As、Sb、Bi、Co、Ag、Zn、Cu、Sn、Pb、Au 12种元素,单元素异常的总面积以W、Bi、Pb、Sn最大;共圈出了54处异常,价值分类甲1类3处,乙1类9处,乙2类20处,乙3类16处,丙类6处。根据异常规模和矿床(点)分布情况对异常进行了多参数评序后综合认为,AS18、AS52、AS22 3个异常是找铅(锌)矿前景较好的异常,AS32、AS4有2个异常是找金矿前景较好的异常,AS30、AS1有2个异常是找钨(铋)矿前景较好的异常。

(3)完成了1∶5万遥感地质解译共1830km^2,解译了一批断裂带、环形影像和矿化蚀变,并结合地质、地球化学及矿产特征,圈出4个遥感综合异常区,与区内圈定的相应找矿远景区吻合性好。

(三)矿产

(1)1∶5 万矿产地质测量新发现矿(化)点 13 处,通过矿产检查,提交了衡东县周田寨重晶石铅锌矿、衡山县白龙潭金矿、株洲县石板冲金矿、攸县钩盆冲砷钨矿、衡东县金子冲金矿、衡东县板石岭铅锌金矿、衡东县南冲铅锌矿等找矿靶区 7 处;岭坡铅锌矿、石岗坳铅锌矿、杨梅冲铅锌钨锡多金属矿等新发现矿产地 3 处,估算金属量(333+334)Pb 10.9×10^4 t,Zn 9.4×10^4 t,Pb+Zn 20.3×10^4 t,WO_3 0.5×10^4 t,Sn0.8×10^4 t,Cu0.9×10^4 t。

(2)初步查明了区内主要矿产铅、锌、钨、锡、铜金等矿种的成矿地质条件与成因类型,认为:①岩浆热液铅锌矿型与深大断裂关系密切,区域性北东—北北东向深大断裂为矿液的运移提供了通道,也为成矿提供了一部分容矿空间。北北东向、北东向、近东西向次级断裂控制矿床和矿体。②层控碳酸盐岩型铅锌矿与泥盆纪棋梓桥组关系密切,铅锌矿体主要赋存在棋梓桥顶部粗晶白云岩,北北东向层间破碎带、节理、裂隙方解石脉充填密集会合部位是矿化富集有利部位。③锡钨铜矿为石英脉型锡钨铜矿,矿体主要赋存在隐伏岩体外接触带北西向、北东向断裂、节理、裂隙中,为岩浆气化-热液充填形成的石英脉型锡钨铜矿,矿体与隐伏岩体关系密切(图 3-11、图 3-12)。④金主要为硅化破碎带型。金主要赋存于北东向断层及其次级断层中,特别是北东向断层与东西向断层的交会部位是最为理想的赋矿部位。冷家溪浅变质碎屑岩系为金矿的物源层。

图 3-11　方铅矿、闪锌矿产于石英岩内

图 3-12　石英细脉带(钨矿体)

(3)通过典型矿床研究,建立了吊马垄式岩浆热液型铅锌多金属矿、张立岩式层控型铅锌矿、瑶岗仙式石英脉型钨(锡、铜)矿 3 个区域矿产找矿模型,紧密结合测区地质、矿产、物化遥重砂特征,分别建立了区域矿产预测模型。

(4)根据区域矿产预测模型,选择预测要素变量,圈定了白莲寺锡钨铜铅锌金矿、福田铅锌铜钨锡金矿、潘家冲铅锌银钨萤石矿、东岗山铅锌银钨锡铜萤石矿 4 处 A 类找矿远景区,张立岩铅锌锑金雄黄矿、栗木重晶石铅锌矿 2 处 B 类找矿远景区,龙潭钨铋金砷矿、九龙泉钨锗铅锑金矿 2 处 C 类找矿远景区,并进行了地质评价。

安徽北淮阳地区成矿规律与资源潜力调查

承担单位:安徽省地质调查院

项目负责人:彭智,邱军强

档案号:0830

工作周期:2012—2014 年

主要成果

(1)合作单位安徽省地质矿产勘查局 313 地质队完成了 10 个典型矿床的研究(金寨沙坪沟钼矿、金寨银水寺铅锌矿、金寨银沙铅锌钼多金属矿、金寨洪家大山铅锌矿、金寨汞洞冲铅锌矿、金寨青山钼矿、霍山东溪金矿、霍山隆兴金矿、霍山戴家河金矿和霍山南关岭金矿),内容包括各矿床矿区地质、矿床地质(赋矿特征、成矿阶段划分、岩矿石结构构造、蚀变、矿化特征、矿物组合特征)、流体地质(成矿条件和物质来源)、元素/同位素地球化学、成矿时代、矿床成因等,建立了典型矿床成矿模式,编写了安徽北淮阳地区典型矿床研究专题报告。

(2)阐述了安徽北淮阳地区火成岩时空分布、类型、系列和组合,划分了侵入岩岩石单位和火山岩旋回，细致分析了侵入岩和火山岩的地质、地球化学特征，对部分岩体进行了铪同位素、电子探针分析和同位素年代学研究，探究了各复合岩体成因及地球动力学意义，探究了火山岩成因及其构造动力学背景、火山活动与成矿作用，分析了中生代岩浆活动及深部过程，内容有中生代岩浆演化、岩浆岩源区特征、花岗岩形成的温压条件、岩浆岩成因机制、构造背景、动力学背景及深部过程。高精度同位素测年成果如下：项目一共采集送检了 15 个岩体同位素测年样品，获得 21 个锆石 LA－MS－ICP 锆石 U－Pb 定年数据，从测年数据可以看出，北淮阳地区中生代少数岩体形成于晚侏罗世(4 个年龄数据 151.6～138.0Ma)，多数形成于早白垩世(16 个年龄数据 135.4～124.4Ma)，但是都早于沙坪沟斑岩型钼矿(112Ma 左右)。1 个数据 730.3Ma，样品采自变质侵入体，属于新元古代。

(3)总结了区域成矿规律，包括区域矿产特征、典型矿床研究、成矿区带和成矿系列划分、区域成矿作用、控矿因素、区域岩浆活动与成岩成矿、成矿时空分布规律、矿床形成的富集规律、区域成矿模式等，编制了 1∶20 万安徽北淮阳地区成矿规律图。总结了前人及本项目研究成果：本区金矿年龄与毛坦厂旋回年龄(据黄石滩年龄 133～130Ma)应该相近；汞洞冲等中部的铅锌矿主要与 130～128Ma 期岩浆活动有关；根据区内银沙热液型铅锌矿和沙坪沟斑岩型钼矿的辉钼矿 Re－Os 同位素测年数据，成矿带西部的内生型钼、铅锌矿成矿时代在 113.5～111.1Ma 之间，据此可以建立区域岩浆-成矿事件框架，基本顺序为：金—铅锌—(稀土、放射性矿产)—钼矿。

(4)开展了综合信息矿产预测，利用“全国矿产资源潜力评价”理论与方法技术，在 MRAS 软件上开展区域定点预测工作，圈定最小找矿预测单元，并通过预测类比对区内成矿靶区进行优选。在区域数据库集成的基础上，利用已经成熟的预测技术方法，分为金(银)、铅锌(银)、钼 3 个矿种组合进行综合预测，估算了研究区主要金属矿产资源量，其中，钼矿 105.85×10^4t，铅矿 49.07×10^4t，锌矿 17.51×10^4t，金矿 24.89t，银矿 793.36t。圈定了 15 个找矿靶区，分别为银沙 A 类钼铅锌找矿靶区、周家 C 类钼找矿靶区、南溪 B 类钼铅锌找矿靶区、苏畈 B 类钼铅锌找矿靶区、汞洞冲 A 类钼铅锌找矿靶区、九曲 B 类钼铅锌找矿靶区、同兴寺 B 类钼铅锌找矿靶区、银水寺 A 类钼铅锌找矿靶区、庙冲 A 类钼铅锌找矿靶区、小张 C 类钼铅锌找矿靶区、西莲 B 类钼铅锌找矿靶区、青山 B 类钼铅锌找矿靶区、诸佛庵 A 类钼铅锌找矿靶区、佛子岭 A 类金找矿靶区、晓天 A 类找矿靶区，对各找矿靶区进行了资源潜力评价，编制了 1∶20 万安徽北淮阳地区预测成果图。

(5)基于本次研究，项目坚持人才培养，撰写了 11 篇学术论文在国内期刊上发表，使得年轻同志专业理论水平得到较大的提高。

桂西整装勘查区铝土矿成因与富集规律研究

承担单位：广西壮族自治区地质调查院

项目负责人：张启连

档案号：0840

工作周期：2013—2015 年

主要成果

(1)通过野外观察、剖面测制，发现桂西地区沉积铝土岩(矿)在区域上与不同的岩性段均有沉积接触，上覆地层超覆于铝土岩之上，表明铝土岩沉积阶段为陆相环境。

(2)古盐度和古生物化石研究表明，铝土岩主要沉积于大气降水主控的环境中，后期经历了海浸初期的沼泽化。锆石研究显示铝土岩层沉积年龄集中于259Ma左右，其微量元素的分析表明绝大部分锆石为与岛弧活动相关的岩浆成因锆石。这说明除茅口组灰岩(图3-13)为二叠纪铝土矿提供物源外，同时代的火山/岩浆岩风化同样为成矿母质的形成作出了贡献。

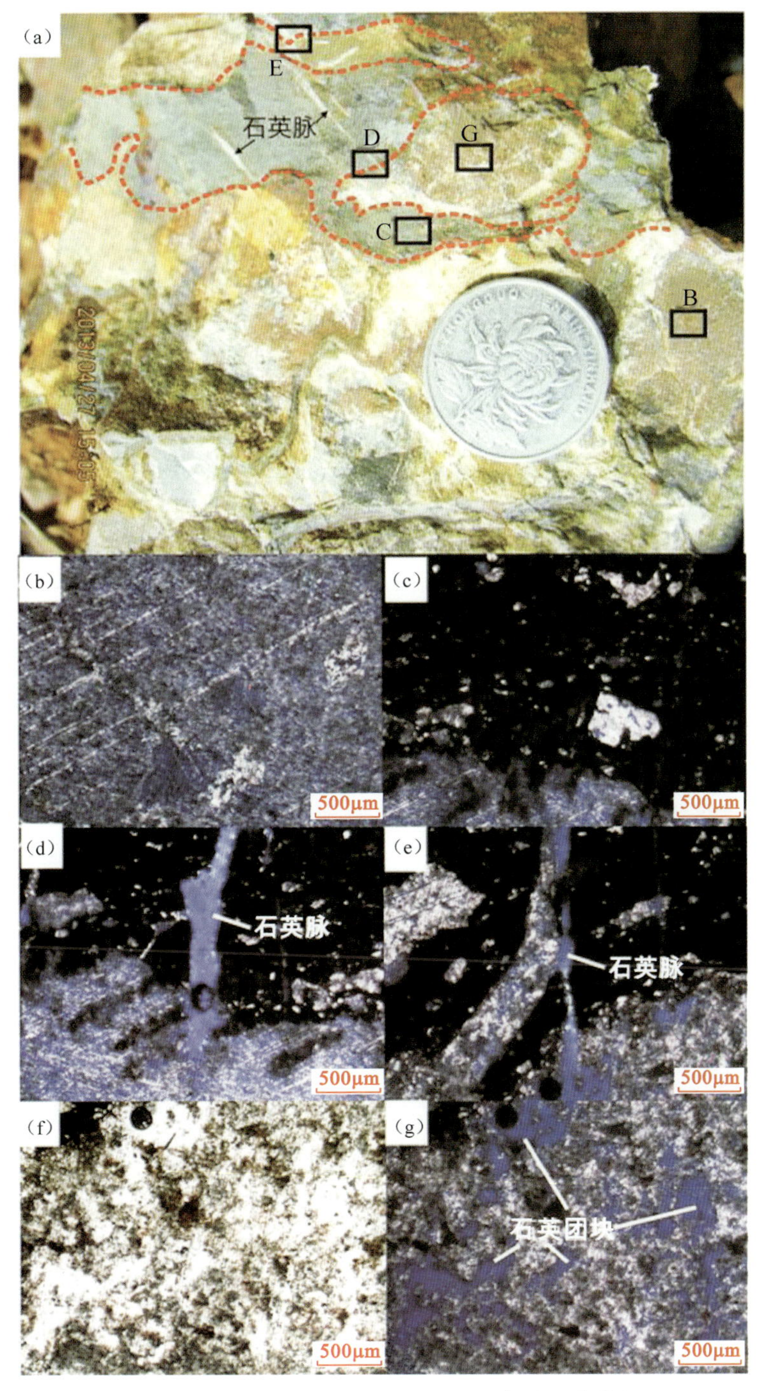

图3-13 靖西大甲矿区铝土矿底板灰岩硅化特征

(a)手标本特征，红色点线范围内为出现硅化的茅口组灰岩；(b)未硅化区域正交偏光镜下特征；(c)铝土质黏土岩中细小灰岩碎屑，正交偏光；(d)、(e)次生石英脉灌入灰岩中，正交偏光；(f)硅化灰岩单偏光镜下特征；(g)硅化灰岩正交偏光镜下特征

(3)沉积型铝土矿的物质来源主要来源于茅口组灰岩风化产物——古红土，有少量的火山物质混入；沉积时期为陆相环境，成矿经历了红土化、沉积-成岩、氧化淋滤3个阶段，论证了氧化淋滤在成矿过程中的重要性，建立了成矿模型。

(4)在已有资料水平基础上，初步分析归纳了沉积型铝土矿在区域上和矿床中的富集规律。区域上硫、铁与铝呈消长关系，认为桂西中部靖西—平果一带的沉积型铝土矿质量较好，南部矿集区扶绥—崇左一带次之，北部乐业—凌云—马山一带质量较差。矿化富集与含矿岩系组合、地形地貌及构造关系密切。

湖南狮子山—茶田地区铅锌矿远景调查成果

承担单位:湖南省地质调查院

项目负责人:余沛然

档案号:0841

工作周期:2011—2013年

主要成果

(1)本次矿产远景调查工作提交了铁沪冲、川岩坪、郭公坪、蚂蟥田4处找矿靶区；新发现玉屏山、清水塘2处矿产地。

(2)找矿效果显著控制了铅锌金属资源量(334_1)202.91×10^4t，其中，清水塘矿区Pb+Zn 186.13×10^4t(Pb 47.57×10^4t，Zn 138.56×10^4t)，玉屏山矿区Pb+Zn 3.92×10^4t(Pb 1.25×10^4t，Zn 2.66×10^4t)。

(3)发现多个含矿地层，除了已知的狮子山地区台地边缘浅滩亚相(藻礁相)下寒武统清虚洞组下段第三亚段及第四亚段的藻灰岩、砂屑灰岩为含矿岩层外，还在茶田地区发现了下寒武统台地前缘斜坡相的敖溪组上段细晶白云岩、属广海陆棚相的清虚洞组灰岩、下震旦统浅海陆棚沉积相的陡山沱组硅化白云岩3个含矿岩层。

(4)提出了断块构造控矿的找矿新思路。矿区构造对成矿的控制作用主要体现在矿区特殊的断块地质构造中的成矿作用。工作区内岩石地层普遍呈缓波状弯曲，被一系列断层切割后使岩层呈倾角近于水平展布的断块构造。断块构造可以分为两级：规模较大的深大断裂，如茶洞-花垣-张家界断裂与麻粟场断裂之间形成了宽2～21km、长60km的一级断块构造，控制了铅锌矿床分布规模。在这个一级断块构造中发育了许多次一级的断裂构造，多数显张性，少数呈压性特征，形成了一系列规模较小的断块，在形成的过程中促使这些小断块之间相互运动，在各个小断块中形成一系列稀疏不一的次级小断裂、小裂隙、节理、层间破碎带等构造，为含矿热液的运移和聚集储存提供了导矿和容矿空间。在狮子山、茶田两地区均存在这种简单的断块控矿构造，为进一步开展地质找矿和勘查提供了新的思路。

(5)重新认识了“三位一体”的成矿环境，重新认识了在成矿基底-容矿空间-封闭盖层“三位一体”的成矿环境中成矿流体是本区层控型低温热液铅锌矿形成的主要机制之一。

工作区具有成矿物质丰富的基底地层：从铅锌矿床的基底地层地球化学特征、矿床的铅同位素特征论述了铅锌来源于基底浅变质细碎屑岩层、黑色岩系，包括有青白口系、南华系、震旦系、下寒武统牛蹄塘组和石牌组，这套浅变质的细碎屑岩层、黑色岩系为主要成矿元素提供了物质来源。

最佳的容矿空间——多层孔隙发育的含矿岩层：本区铅锌矿体均分布在台地边缘浅滩亚相（藻礁相）地层中，因为台地边缘的地层常具有高孔隙度和高渗透率的特征。此外，在盆地埋藏压实过程中，碳酸盐浅滩和生物礁具有较强的抗压变形能力，其结果将导致差异压实作用的发生，并驱动盆地流体（如油气、成矿热液）向浅滩、生物礁等“隆起区”运移集中。这些地区适宜藻类生长发育，在成岩阶段因有机质分解，产生众多藻腐解孔隙，成为具高孔隙度的岩石，有利于形成质纯、性脆、化学性质活泼的碳酸盐岩，易于构造破碎，因而也就易于成矿。这些含矿岩层的岩性有一个共同特征，就是质纯性脆，化学性质活泼，易于构造破碎和发生交代作用，岩石本身粒间孔隙发育，因而为成矿热液运移提供了良好的通道和沉淀空间，从而在其中产生围岩蚀变和矿化，矿化富集时则形成矿体。切割大大小小断块构造的张性断裂，它是深部热液和成矿物质向上运移的重要通道，是盆地区黑色岩系富集多种金属元素的主要原因。

完全封闭的盖层：主要表现为上覆盖层中厚度较大的泥质白云岩、黑色页岩对含矿岩层封闭作用，阻隔了含矿流体的发散。在狮子山地区，对含矿地层清虚洞组形成完全封闭的盖层为高台组的泥质云岩。在茶田地区，对含矿地层清虚洞组形成完全封闭的盖层为敖溪组下段的黑色页岩；对含矿地层敖溪组上段形成完全封闭的盖层为花桥组下段的泥质云岩。这些沉积盖层由于含泥质成分高，对于运移在断层通道里的含矿气水热液停积在含矿岩层中起到了良好的遮挡封闭作用。

中南地区页岩气形成地质背景与富集条件综合评价

承担单位：中国地质调查局武汉地质调查中心

项目负责人：陈孝红

档案号：0842

工作周期：2014 年

主要成果

（1）通过收集分析国内外公开发表的页岩气文献、油气调查评价报告、钻孔资料，编制了中扬子地区震旦系陡山沱组、寒武系水井沱组和志留系龙马溪组页岩厚度、总有机碳含量和有机质成熟度等值线分布图，基本掌握了中扬子地区主要海相页岩分布发育规律和地球化学基本特点，初步圈定了页岩气有利区带，为中扬子地区页岩气资源调查评价部署提供了详实的依据。

（2）以宜昌地区震旦系陡山沱组和震旦系—寒武系界线剖面为基础，进一步厘定和完善了华南震旦系陡山沱组和下寒武统年代系统及其划分标志，并开展了以碳同位素组成变化和与之相关的层序地层界面为标志的华南地区震旦系陡山沱组、寒武系滇东统和黔东统下部地层多重划分与对比，提高了区域地层划分对比的精度和可靠性。

(3)通过秭归青林口震旦系陡山沱组页岩地球化学特征及环境意义的系统研究，确认鄂西震旦系陡山沱组页岩具有近陆源沉积特点，并且发现陡山沱组二段上部黑色岩系形成于强还原状态，而下部黑色岩系形成于贫氧化环境。据此，结合同位素和地层格架研究，编制了陡山沱组页岩岩相古地理图。

(4)对宜昌计家坡寒武系岩家河组硅质岩的岩石地球化学特征及环境意义研究，首次获得峡东寒武纪早期生命大爆发时期存在热泉或黑烟囱的证据。同时发现在中扬子及邻区寒武系底部存在两种不同成因类型的黑色页岩：一种是形成于被动大陆边缘，与火山活动紧密相关形成的“牛蹄塘组”型黑色页岩；另一种是于生物和热水活动密切相关形成的“水井沱组”型黑色页岩。后者的发现为峡东寒武系水井沱组页岩和页岩气形成地质背景的研究提出了新的课题。

(5)建立了不同古地理部位寒武系水井沱组(牛蹄塘组、小烟溪组)、奥陶系—志留系界线附近黑色页岩地层精细化学地层对比曲线，获得了不同古地理部位黑色页岩环境变化特点，为页岩含气性分析和有利层段划分奠定了基础。

(6)结合黑色页岩地球化学特征环境意义研究，开展了中扬子及邻区震旦系陡山沱组、寒武系水井沱组和奥陶系五峰组—志留系龙马溪组下段黑色页岩地层岩相古地理编图，进一步确定了页岩分布的范围和环境，为页岩气形成地质背景分析奠定了基础。

(7)通过低温氮气吸附-脱附实验，利用BET、BJH、NLDFT等模型对寒武系黑色页岩比表面积、孔容、孔径分布等特征研究，认为比表面积与孔容具较好的正相关性，与平均孔径之间呈负相关性，而比表面积与有机碳含量之间具有一定程度的正相关性，有机碳含量可能是比表面积大小的控制因素。孔隙形态以狭缝孔为主，具半封闭-开放的特点。

(8)在实测与资料文献整理基础上，对前人湘鄂西地区下寒武统黑色岩系的有机碳含量、成熟度、厚度等数据进行了统计、补充及修正。综合研究发现湘鄂西有机碳含量存在两个异常高值区，分别以沅陵-安化和咸丰为中心，前者平均值超过7%。

(9)系统总结了区内埃迪卡拉系陡山沱组、寒武系水井沱组、奥陶系志留纪五峰组和龙马系组下部黑色页岩的古地理环境、有机地球化学特征、岩石矿物学特征及其对页岩气资源的制约，初步预测了页岩气勘探有利区带。

(10)编写《中南地区页岩气形成地质背景与富集条件综合评价》报告1份，发表论文2篇。

武陵-湘鄂西页岩气资源调查评价项目成果

承担单位：中国地质调查局武汉地质调查中心

项目负责人：刘安，危凯，李继涛

档案号：0843

工作周期：2014年

主要成果

(1)通过地震剖面复查，结合地表地质调查，对工区的断层发育、褶皱形态、构造样式作了综合研究。断层主要呈北东—北东东向展布，大部分断层表现为逆断层的性质，湘鄂西区域大致由慈利-保靖断裂、天阳坪断裂、齐岳山断裂围绕而成。褶皱构造有：①基底卷入型褶皱带，下古生界及浅变质基底卷入褶皱；②隔槽式褶皱带，该带包括建始-彭水断裂以东的花果坪复向斜；③隔槽、隔挡式过渡褶皱带，该带为齐岳山断裂以东、建始-彭水断裂西，包括中央复背斜、利川复向斜、齐岳山复背斜。构造样式可以分为：①挤压断块构造样式主要形成于燕山晚期，是挤压环境下的产物，为渝鄂湘黔褶皱冲断系中带及内带的主要构造样式；②逆冲褶皱为燕山早期自南东向北西的挤压应力场的主要形变，它广泛发育于研究区基底构造层中；③伸展构造发育于拉张环境下盖层中的一种主要构造样式。由盖层沉积岩块近水平高角度离散型倾向滑动形成，组成该构造样式的主要构造要素为铲形正断层与滚动背斜，主要发育于恩施地区。

(2)长阳津洋口实施的WZK4井(图3-14)揭示了长阳复背斜地区陡山沱组富有机质页岩段厚度达到73.5m，主要分布在陡山沱组二段。有机碳含量在0.2%～1.72%之间，平均值为1.05%。较低的TOC值可能与陡山沱期长阳地区为台地相沉积有关，动荡的水体和氧化环境不利于有机质的富集和储存。综合本次调查和前人的研究成果认为秭归—五峰一带页岩地质条件较好，特别是黄陵南缘宜昌缓坡带地区具有较好的勘探前景。

(3)在长阳乐园、宜都聂河分别实施了WZK3井和WZK5井，目的层为寒武系牛蹄塘组。WZK5井相对于WZK3井黑色页岩连续厚度较大，且上部地层中碳酸盐岩占比较少，处于更有利的沉积相区。WZK5井中牛蹄塘组黑色页岩富集层段厚58.76m(海拔283.54～342.3m)，TOC分布在0.99%～15.6%之间，主要集中于1.89%～4.68%，平均值为3.29%，其中，TOC>4.0%的黑色页岩连续厚度为33.2m，R_0值介于2.46%～3.15%，黏土矿物平均含量为24.79%，脆性矿物含量为54.29%，比表面积平均值为14.753m^2/g，总孔体积为0.022 32cm^3/g，孔隙平均直径为6.2673nm。孔隙系统主要由层状矿物间的狭缝状孔隙和裂隙组成，具有一定的横向连通性，并且开放型联通孔隙较多。泥页岩样品等温吸附实验的兰氏体积为2.11m^3/t和2.66m^3/t，兰氏压力分为2.25MPa、2.50MPa，显示出较强的吸附能力。分析认为抬升剥蚀强度、断层和裂缝组合、盖层发育特征和流体封闭性制约了页岩气保存条件，预测咸丰-鹤峰-榔坪及黄陵背斜东南缘-石门北两个区域内牛蹄塘组页岩气具有良好勘探前景。

(4)针对志留系龙马溪组实施了3口浅钻，揭示了利川复向斜北部上奥陶统五峰组—下志留统龙马溪组TOC>2%的连续黑色页岩段厚度达到31.2m(海拔400～431.2m)，TOC平均

(a) 灯影组一段硅化泥晶白云岩

(b) 陡山沱组四段含炭质白云岩

(c) 陡山沱组三段含炭质钙质白云岩夹炭质泥岩

(d) 陡山沱组二段上部炭质泥岩

(e) 陡山沱组二段下部含炭质钙质白云岩夹炭质泥岩

(f) 陡山沱组一段白云岩和南沱组冰碛砾岩

图 3-14　WZK4 井各主要岩性段的岩芯照片

值为 3.17%,R_o 值介于 2.56%～2.64%,黏土矿物平均含量为 39.3%,脆性矿物平均含量为 51.2%,平均孔隙度为为 5.93%,中小孔及水平裂隙较发育。现场解吸表明页岩的含气性较好,燃烧法获得岩芯解吸气含量一般为 0.2～0.5m^3/t,最高可达 1.4m^3/t。综合研究上奥陶统—下志留统富有机质页岩围绕湘鄂西水下高地的西部和西北部最为发育,且建始断裂带以西保存条件较好,志留系超压具有一定的普遍性。钻井结合剖面及地震资料,运用多因素叠加,预测鄂西渝东的利川复向斜北部、石柱复向斜北部至大巴山冲断褶皱带的南缘及秭归盆地西侧志留系页岩气具有勘探前景(图 3-15)。

图 3-15　秭归盆地西侧井气显示

桂中坳陷页岩气资源远景调查成果

承担单位:中国地质调查局武汉地质调查中心

项目负责人:土传尚,彭中勤,李志宏

档案号:0844

工作周期:2014 年

主要成果

(1)通过剖面测量、构造路线地质调查和廊带地质填图,并采用露头-井-震结合的方法,初步查明了区内地层分布和发育特征、沉积相变化特征,特别是查明了黑色页岩的分布范围和厚度变化及埋深特征、断裂发育、构造变形特征,编制了横穿桂中坳陷区的构造地质剖面,为进一步开展页岩气成藏地质条件及潜力评价奠定坚实基础。研究表明,桂中坳陷东部广泛出露泥盆系,坳陷内泥盆系、石炭系广泛发育,且其底界埋深多分别小于 4500m 和 3000m;主要发育北西—南东向、北北东—南南西向和近东西向 3 组逆冲断裂;构造变形分区性较强,可划分为山前冲断带、山前褶皱带及压扭变形带。

(2)通过对区内地层剖面、丹页 2 井的精细测量,开展了区内层序地层的划分与对比研究,探讨了区内沉积充填序列,阐述了盆地沉积演化的历史,编制了桂中地区泥盆纪、石炭纪岩相古地理图,明确了页岩发育有利层位、相带及区域展布。研究表明,桂中坳陷富有机质泥页岩为下泥盆统塘丁组、中泥盆统罗富组和下石炭统鹿寨组。下泥盆统岩性以黑色泥页岩、硅质页岩、钙质泥岩为主,富含竹节石等化石,形成于深水—次深水盆地相,厚度一般为200~500m。中泥盆统暗色泥页岩岩性主要为黑色泥页岩、碳质页岩、硅质页岩、钙质泥岩、硅质泥岩,厚度一般为450~650m,下部烃源岩主要形成于深水—次深水盆地相。下石炭统岩性为灰黑色、黑色薄层碳质页岩、硅质泥岩;地层厚度为37~550m,地层埋深不超过4000m;下部烃源岩形成于深水台前盆地环境中,是富有机质页岩主要层位。

(3)通过地球化学的研究表明,下泥盆统—下石炭统烃源岩发育的陆内构造环境模式为:高生产力有机质—陆内凹槽—局部缺氧。有效烃源岩主要分布于孤立台地相夹持的裂陷槽内。鹿寨组276.2~310.8m深度范围内,Ni/Co值大于7,U/Th平均值为0.72,页岩中V值为沉积岩丰度的2倍以上;Cr表现为局部较富集,是沉积岩的丰度的5倍。罗富组和塘丁组泥岩整体Ni/Co值、U/Th值和V值较低,反映鹿寨组下部页岩沉积具有贫氧-缺氧的特点,长期缺氧环境及良好的保存条件导致了鹿寨组下部页岩有机质的富集。页岩中石英含量与TOC具有正相关性,表明生物成因硅质贡献较大。而鹿寨组上部泥页岩沉积期除局部形成与次氧化-贫氧环境中外,绝大部分处于氧化环境中。

(4)通过对丹页2井的系统采样分析,并结合面上的资料系统分析了区内重要黑色页岩层系的页岩气地质条件。研究表明:①下石炭统鹿寨组下部具良好的生烃条件,烃源岩平均TOC含量为3.08%,为富有机质页岩;有机质为II_1型和II_2型,鹿寨组干酪根碳同位素值大小在−26.5‰~−23.58‰之间,平均为−25.2‰;塘丁-罗富组$\delta^{13}C_{PDB}$值分布范围为−26.7‰~−24.2‰之间,平均为−24.5‰,烃源岩母质来源于水生浮游生物和菌藻类;烃源岩T_{max}范围为460~560℃,平均为487.5℃,现今处于成熟度总体处于高成熟至过成熟演化阶段。受高过成熟演化的影响,其氯仿沥青"A"及残余生烃潜量(S_1+S_2)含量都很低,基本不含可热解的烃类。②泥页岩表现为超低孔、超低渗的物性特征。下石炭统泥页岩孔隙度主要分布在3.5%~5.0%之间,渗透率为(<0.1~0.0129)$\times10^{-3}\mu m^2$。中下泥盆统泥页岩孔隙度分布区间为1.21%~7.47%,平均为2.44%;渗透率为(0.0056~0.475)$\times10^{-3}\mu m^2$,平均值为$0.08\times10^{-3}\mu m^2$。③鹿寨组富有机质页岩中脆性矿物平均含量为47.3%,黏土矿物平均为43.6%,碳酸盐矿物含量低,具可压裂的潜力。下泥盆统塘丁组脆性矿物平均含量为53.12%,黏土矿物含量平均为46.88%,且黏土矿物主要为伊利石。中泥盆统脆性矿物含量平均为60.41%。黏土矿物含量平均为39.59%。场发射电镜二次成像分析表明,鹿寨组下部富含有机质黑色页岩段发育有机质孔隙和微裂缝,是页岩气储集的主要空间,粒间孔隙和粒内孔隙不发育。④根据等温吸附试验测试结果和Langmuir模型计算,下石炭统鹿寨组泥页岩在1.73MPa压力时,最大吸附含气量为$3.72m^3/t$;中泥盆统罗富组泥页岩在1.323MPa压力时,最大吸附含气量为$0.85m^3/t$;下泥盆统塘丁组泥页岩在1.23MPa压力时,最大吸附含气量为$1.01m^3/t$。从丹页2井页岩气参数浅井的现场解析情况来看,含气性一般或较差。

(5)从盖层条件、地层水特征、构造活动、岩浆活动等方面对页岩气保存条件进行了初步分析,对页岩气勘探有利区进行了预测,为后期区内页岩气调查评价指明了方向。研究表明,桂中地区页岩气资源潜力巨大,初步估算其页岩气地质资源量为$2.81\times10^{12}m^3$,其中,中泥盆统罗富组页岩气资源最为丰富,其次为下泥盆统塘丁组和下石炭统鹿寨组;下中泥盆统页岩气勘探有利区主要分布在坳陷中西部地区,下石炭统页岩气勘探有利区主要分布在坳陷西北地区。

广东地热资源现状调查评价与区划

承担单位:广东省地质局第四地质大队

项目负责人:曾土荣

档案号:0846

工作周期:2013 年

主要成果

(1)通过本次调查评价,基本查明了广东省境内地热资源分布情况及其类型、热储埋藏条件与规律、地热地质特征和地热水文地质条件、地热系统成因模式及地热资源开发利用现状。本次项目工作填补了广东省中深层地热资源区域地热地质调查的空白,取得了地热开发利用第一手实时信息,可直接为全省及各城市制订地热资源(地热能)开发利用规划与地热环境保护方案、地热资源开发利用实施方案等提供地热水文地质科学依据和技术支撑。

(2)通过调查,基本了解广东省地热资源分布现状及其类型。广东省地热资源按地貌结构特征及热传递主要方式划分,有隆起山地型地热资源、沉积盆地型地热资源两种类型。隆起山地型地热资源现状显示广泛而分散,局部集中;沉积盆地型地热资源多分布于沿海地带。据归纳统计,本次调查确定广东现状地热田共 318 处,其中,隆起山地型地热田 315 处,沉积盆地型地热田 3 处。广东省已显示的地热资源流体温度介于 25～118.2℃之间,属中低温地热资源,高温地热资源未见显示。

(3)广东省隆起山地型地热资源分布广泛,在粤北山地、粤西山地台地、粤东山地丘陵、粤中及南部地区均有地热显示,遍布于全省 21 个地级行政区。从区域上分析统计,粤东和粤北地区地热资源分布最多,分别有地热田 124 处和 86 处,分别占隆起山地型地热田总数的 39.37%和 27.30%;其次为粤西南一带,有地热田 70 处,占隆起山地型地热田总数 22.22%;粤中地区分布较少,有地热田 35 处,占隆起山地型地热田总数 11.11%。按地级行政区划统计,韶关市隆起山地型地热田分布最多,达 70 处,占隆起山地型地热田总数的 22.22%;其次为河源市和梅州市,分别有隆起山地型地热田 37 处和 31 处,分别占隆起山地型地热田总数 11.75%和 9.84%;湛江市隆起山地型地热田最少,仅 2 处,占隆起山地型地热田总数 0.64%。

(4)据统计,广东境内隆起山地型地热田出露(揭露)的地热流体温度多为 40～70℃,次为 70～90℃和 25～40℃,大于 90℃为少数。其中,流体温度 25～40℃的地热田 68 处,约占总数的 21.6%;40～60℃的地热田 152 处,约占总数的 48.3%;60～90℃的地热田 83 处,约占总数的 26.3%;大于 90℃的地热田 12 处,约占总数的 3.8%;此外,流体温度在 30℃及以上的隆起山地型地热田共有 300 处。而雷州半岛、茂名、汕头澄海等沉积盆地型地热田的地热流体温度在 25～68℃之间,多为 35～50℃,属低温地热资源。

(5)分析研究认为,热储的形成及地热田的分布与断裂构造活动密切相关,广东地热田分布主要受北东向区域深大断裂构造控制,断裂带及其次级断层或岩体破碎、张性节理裂隙为地热流体的储存和运移提供了空间和通道,大部分地热田沿深大断裂带呈线状(串珠状)分布,主要出露(揭露)于深大断裂轴线及其附近与断裂交会部位;地热田的分布与侵入岩体也有着明显的相关关系,在区内 315 处隆起山地型地热田中,有 132 处(占 41.9%)分布于出露的岩浆岩体中部及边缘、后期入侵的岩脉附近或岩体与围岩的接触带上,而在侏罗纪侵入岩分布地段地热显示最为活跃。

(6)按热储特征划分,广东省已发现的热储可划分为裂隙型带状热储、孔隙型层状热储、岩溶型层状热储3种类型,又综合断裂构造发育格局、热储类型和地热田空间分布情况等划分为15个区域热储类型分区(含尚待查明区)。其中,裂隙型带状热储分布最广、最多,均分布于隆起山地构造带,可分为粤中裂隙型带状热储区、粤北裂隙型带状热储区、粤东裂隙型带状热储区、粤西南裂隙型带状热储区、南雄红层盆地裂隙型带状热储区、三水盆地裂隙型带状热储区和东莞盆地裂隙型带状热储区等7个热储区,面积120 152.68km^2;孔隙型层状热储分布于3个热储区,即雷州半岛盆地孔隙型层状热储区、茂名盆地孔隙型层状热储区和澄海盆地孔隙型层状热储区,面积10 148.32km^2;岩溶型层状热储分布在粤中岩溶型层状热储区、粤北乳源-曲江岩溶型层状热储区、粤北连州-英德岩溶型层状热储区、粤西南岩溶型层状热储区4个热储区中,面积12 180.16km^2。

(7)本次调查基本了解了广东省地热资源开发利用现状。广东地热资源利用方式较为多样,开发利用程度较高,当前已有150多处地热田得到不同程度的开发利用,除在旅游疗养、养殖、种植等方面得到广泛利用外,还被应用于地热发电及其他工业应用方面。其中,以旅游疗养为主,地热流体开采量$3.8\times10^7m^3/a$,热量$7.1\times10^{15}J/a$;次为种植,地热流体开采量$3.4\times10^7m^3/a$,热量$2.1\times10^{15}J/a$;用于发电最少,地热流体开采量$1.8\times10^6m^3/a$,热量$6.0\times10^{14}J/a$。

(8)对广东省地热资源进行了全面评价,资源量计算及评价结果显示,广东省地热资源量为$2.33\times10^{17}kJ$,折合标准煤7.96×10^9t。其中,隆起山地型地热资源量为$1.21\times10^{17}kJ$,折合标准煤4.12×10^9t;地热资源可开采量为$6.78\times10^{15}kJ$,折合标准煤2.31×10^8t,地热流体储存量$1.77\times10^{10}m^3$,地热流体可开采量$1.03\times10^8m^3/a$;地热流体可开采热量$1.69\times10^{13}kJ/a$,折合标准煤$5.77\times10^5t/a$。沉积盆地型地热资源量$1.13\times10^{17}kJ$,折合标准煤3.86×10^9t;地热资源可开采量$2.82\times10^{16}kJ$,折合标准煤9.61×10^8t,地热流体储存量$5.48\times10^{11}m^3$,地热流体可开采量$1.37\times10^9m^3/a$,地热流体可开采热量$1.20\times10^{14}kJ/a$,折合标准煤$4.13\times10^6t/a$;考虑回灌条件下地热流体可开采量$1.96\times10^9m^3/a$,地热流体可开采热量$1.72\times10^{14}kJ/a$,折合标准煤$5.86\times10^6t/a$。

(9)综合隆起山地型和沉积盆地型地热资源评价结果,广东总地热资源量为$2.33\times10^{17}kJ$,地热资源可开采量为$3.49\times10^{16}kJ$,地热流体储存量$5.66\times10^{11}m^3$,地热流体可开采量为$1.48\times10^9m^3/a$(沉积盆地型采用系数法计算)、$2.06\times10^9m^3/a$(沉积盆地型采用回灌法计算),地热流体可开采热量$1.37\times10^{14}kJ/a$(沉积盆地型采用系数法计算)、$1.89\times10^{14}kJ/a$(沉积盆地型采用回灌法计算)。

(10)在地热资源评价主要参数——热储温度的确定中,主要采用地球化学温标法计算,方法有二氧化硅温标法、钾镁温标法、钾钠温标法等。根据《地热资源地质勘查规范》(GB/T 11615—2010)附录A,二氧化硅地热温标法适用温度为0~250℃,钾、钠、镁地热温标法可适用于中低温流体,而广东省地热流体温度为25~118.2℃,故上述温标法均适用于广东热储温度计算;尤其是天然水溶解的二氧化硅不受其他离子的影响,也不受复合物的形成和挥发组分散失的影响,而且二氧化硅矿物广泛存在,丰度甚大,热水温度下降时,二氧化硅沉淀过程缓慢,在180℃以下,温度越低,沉淀速度越慢,其真溶液可以长期保持过饱和状态。因此,在本次热储温度计算中，主要采用二氧化硅地热温标进行计算，并根据热水不同情况选用相应公式；当地热田缺乏二氧化硅时，则使用钾、钠、镁地热温标进行热储温度计算；当无地热温标资料时，根据地热田所处的构造位置和地质位置，采用类比的方法确定其热储温度。综上所述，本次热储温度计算采用的计算方法和公式是适宜的。

（11）本次调查共采取加项全分析和环境同位素水样 120 组进行测试，并结合收集的水样进行地热流体水质综合分析评价，包括流体水质分级、饮用天然矿泉水、理疗热矿水、农业用水、渔业用水、工业原料等评价。评价结果显示，179 个样品中符合饮用天然矿泉水的共有 33 个样品，占 18.4%；完全符合农田灌溉水质标准的水样有 32 个，主要分布于粤西和粤北地区；符合渔业用水的仅 12 个，超标项目主要是氟。173 个样品中（除去盆地型 6 个），符合理疗热矿水条件（温度、矿化度指标除外）的有 165 个，占 95.4%。其中，“氟水＋偏硅酸水”是水样最多的类型，有 69 个，占 41.8%；其次为氟水，有 32 个，占 19.4%；再次是偏硅酸有医疗价值类型，有 9 个，占 5.5%。本次所有水样的检测项目浓度均低于工业提取标准，即在当前勘查精度和取样条件下，广东省尚未发现可提取工业原料的热矿水。

（12）调查评价表明，广东地热流体现状已开采总量 $1.37\times10^{7}m^{3}/a$，地热流体已开采热量 $1.41\times10^{13}kJ/a$，相当节约标煤 $8.02\times10^{5}t/a$；相当减排烟尘量 $1.09\times10^{7}t/a$，相当减排二氧化碳 $1.91\times10^{6}t/a$、二氧化硫 13 634.8t/a、氮氧化物 4812.3t/a、悬浮粉尘 6416.4t/a、煤灰渣 80 204.8t/a。

（13）经济社会环境效益分析显示，饮用天然矿泉水直接经济效益达 3.52 亿元/年，并带动下游市场约为水价值的 150 倍，即整个广东省饮用天然热矿泉水可带动 528 亿元/年（5.28×10^{6} 万元/年）的产值。考虑梯级利用条件下，Ⅱ级地热资源经济效益主要以发电体现，其产值为 1.48×10^{4} 万元/年；Ⅲ、Ⅳ级地热资源经济效益主要考虑广东省最广泛使用的医疗、休闲洗浴利用方式，潜在产值达 1552 亿元/年（每天 4.25 亿元）；Ⅴ级地热流体经济效益为 3.40×10^{5} 万元/年。

（14）通过各种利用方式效益对比发现，用于矿泉水和Ⅱ、Ⅲ、Ⅳ、Ⅴ级地热流体梯级综合利用。

海南地热资源现状调查评价与区划

承担单位：海南省地质调查院

项目负责人：薛桂

档案号：0848

工作周期：2013 年

主要成果

通过地热资源现状调查以及收集资料的综合研究、分析，本次地热资源现状调查与区划主要结论如下。

（1）海南省的地热资源可划分为隆起山地型和沉积盆地型两大类（海南省习惯也分别称为构造裂隙型地热资源和孔隙层状型地热资源）。热储可划分为孔隙型层状热储、裂隙型层状热储、裂隙型带状热储和上部孔隙下部裂隙复合型带状热储 4 种类型，其中，裂隙型层状热储为本次调查新发现的热储类型，分布于王五-文教深大断裂南侧澄迈县的永发镇，热储岩性为白垩纪砂岩。隆起山地型地热资源(温泉)主要分布于五指山褶皱带和三亚台缘坳陷带，全岛共出露的 36 处构造裂隙型温泉点(群)，直接在花岗岩中出露的温泉流量大、水温高，南平温泉最大单眼流量达 $51.2m^3/h$，七仙岭温泉钻孔孔口水温高达 97℃。琼北孔隙型层状热储层地热田主要分布于琼北新生代断陷盆地的北部，目前钻孔揭露地热显示较多的主要为盆地东段的海口地区，钻孔深度一般 450～1000m，揭露第 5、6、7、8 低温热水含水层，孔口水温为 39.5～50℃。上部孔隙下部裂隙复合型带状热储层地热资源主要分布于三亚市的海坡、乐东县的九所-莺歌海新近纪盆地中，盆地基底为中生代花岗岩，热水的形成主要是由于盆地基底经深循环加热后的基岩裂隙水沿构造破碎带补给上部的新近系孔隙承压水而成，新近系厚度一般为 90～200m，钻孔揭露深度一般为 150～300m，孔口水温为 35～48℃。

(2)海南省的地热资源除保亭县七仙岭温泉孔口水温最高达 97℃，属中温地热资源外，其余地热资源温度均低于 90℃，属于低温地热资源。隆起山地型地热流体水化学类型较复杂，变化较大，主要以 HCO_3-Na、$Cl-Na$、$Cl-Na\cdot Ca$、$HCO_3\cdot Cl-Na$、$HCO_3\cdot SO_4-Na$ 为主；海口地区孔隙型层状热储层地热流体水化学类型主要有 HCO_3-Na、$HCO_3\cdot Cl-Na$ 两种类型；海南岛西南部上部孔隙下部裂隙复合型带状热储层地热流体水化学类型主要有 $Cl-Na$、$HCO_3\cdot Cl-Na$、HCO_3-Na 3 种类型。

(3)根据地热资源计算结果，裂隙型带状热储和上部孔隙下部裂隙复合型带状热储的计算深度为 1000m，海口地区孔隙型层状热储的计算深度为 4000m。海南省地热资源总量为 $1.12\times10^{17}kJ$，折合标准煤 3.81×10^9t；地热资源可开采量总计为 $2.52\times10^{14}kJ/a$，折合标准煤 $8.59\times10^6t/a$。其中，隆起山地型地热资源量为 $6.18\times10^{15}kJ$，折合标准煤 2.11×10^8t；地热资源可开采量为 $6.18\times10^{12}kJ/a$，折合标准煤 $2.11\times10^5t/a$。海口地区孔隙型层状热储地热资源量为 $9.32\times10^{16}kJ$，折合标准煤 3.18×10^9t；地热资源可开采量为 $2.33\times10^{14}kJ/a$，折合标准煤 $7.95\times10^6t/a$。西南部上部孔隙下部裂隙复合型带状热储地热资源总量为 $1.22\times10^{16}kJ$，折合标准煤 4.17×10^8t；地热资源可开采量为 $1.25\times10^{13}kJ/a$，折合标准煤 $4.26\times10^5t/a$。

(4)海南省沉积盆地型地热资源的地热流体储存量在计算范围内总计为 $2.00\times10^{11}m^3$，其中，海口地区孔隙型层状热储在 4000m 深度范围内地热流体储存量为 $1.98\times10^{11}m^3$，约占全省地热流体总储存量的 99%；西南部上部孔隙型层状热储的地热流体储存量为 $1.95\times10^9m^3$，仅约占全省地热流体总储存量的 1%。海南省地热资源的地热流体可开采量总计为 $1.45\times10^8m^3/a$，其中，隆起山地型地热流体可开采量为 $2.48\times10^7m^3/a$，约占全省可开采总量的 17.16%；海口地区孔隙型层状热储层的地热流体可开采量为 $1.16\times10^8m^3/a$，约占全省可开采总量的 80.24%；西南部上部孔隙型层状热储层的地热流体可开采量为 $3.76\times10^6m^3/a$，约占全省可开采总量的 2.60%。

(5)海南省的热水中富含有偏硅酸、氟、偏硼酸、溴、碘等对人体健康有益的微量元素，具有较高的理疗保健价值，可用于理疗保健。在本次采样测试的 34 处隆起山地型地热资源(温泉)中，偏硅酸的含量为 79.0～137.0mg/L，均达到了命名矿水浓度；氟含量为 2.0～22.0mg/L(除千家温泉外)，均达到了命名矿水浓度，可命名为氟、硅热矿水。九曲江温泉的锶含量为 16.91mg/L，达到命名矿水浓度，锂和偏硼酸含量达到了有理疗价值浓度，可命名为含锂、偏硼酸的氟、硅、锶热矿水；官新温泉的锂含量为 1.74mg/L，达到矿水浓度，可命名为含锂的氟、硅热矿水。海口地区孔隙型层状热储热水偏硅酸的含量为26.5～44.1mg/L,均达到了矿水浓度;部分偏硼酸含量也达到了矿水浓度;部分氟含量达到了命名矿水浓度,可命名为含偏硅酸的热矿水,含偏硅酸、偏硼酸的氟热矿水和含偏硅酸、氟的热矿水。海南岛西南部上部孔隙下部裂隙复合型带状热储热水偏硅酸的含量为27.7～47.2mg/L,均达到了矿水浓度;部分偏硼酸含量达到有理疗价值浓度;大部分氟含量达到了命名矿水浓度,可命名为含偏硅酸的氟热矿水,含偏硅酸、偏硼酸的氟热矿水和含偏硅酸的热矿水。

(6)经计算分析,海南省热水除琼海市九曲江温泉属于半腐蚀性水以外,其余地热流体均属于非腐蚀性水;海南省热水除文昌官新、琼海市九曲江和三亚市南田3处温泉属于锅垢很多的地热流体,陵水县红鞋、乐东县千家、东方市高坡岭3处温泉属于锅垢多的地热流体外,其余热水均属于锅垢少或很少的地热流体。

(7)海南省地热资源主要用于旅游疗养,现阶段地热资源的开采程度总体是比较低的,地热流体现状开采量均大大低于允许开采量,开采程度最高的为万宁市兴隆地热田,开采量也仅占到允许开采量的28.54%;海口地区的开采量仅占可采资源量的1.57%。另外,海南省还有20多处温泉出露点没有开发利用,目前仍然处于温泉点自流状态。因此,海南省各处地热田均还具有很大的开发利用潜力。但是,考虑到兴隆地热田的开发利用条件及经济效益虽好,但水位呈下降趋势,为了地热资源的可持续性开发利用,本次把兴隆地热田划为控制开采区,其余地热田均属于鼓励开采区。

(8)海南省地热资源的勘查程度总体是比较低的。本次根据海南省地热田勘探程度,结合海南国际旅游岛发展规划的需要,将海南省地热资源勘探方向按勘探价值划分为无勘探价值地区、近期可勘探地区、未来5年可勘探地区和未来20年可勘探地区4个分区。无勘探价值地区主要为9处已进行过勘探并获得B级地热资源储量的构造裂隙型地热田;近期可勘探地区主要包括海口市地热田、文昌市官新、陵水县红鞋、陵水县高峰、陵水县南平、三亚市林旺、三亚市半岭、三亚市海坡、三亚市崖城、乐东县莺歌海-九所和东方市高坡岭11处地热田;未来5年可勘探地区主要包括乐东县千家、东方市中沙、东方市新街、昌江县七叉和白沙县邦溪5处地热田;未来20年可勘探地区主要包括琼海市石壁、万宁市油甘、乐东县石门山、东方市陀烈、东方市二甲、白沙县木棉、白沙县光雅、澄迈县红岗、屯昌县乌坡和琼中县上安10处地热田。

广西壮族自治区地热资源调查评价与区划

承担单位:广西壮族自治区地质调查院

项目负责人:梁礼革,朱明占

档案号:0849

工作周期:2013年

主要成果

(1)广西壮族自治区处于太平洋板块和印度洋板块的交接地带,也是大陆性地壳向大洋性地壳过渡的变异地带,地震频繁,地壳厚度较内陆地区薄,其莫氏面、康氏面和结晶基底面埋深相对浅,十分利于地壳深部热流向地表传导传递,大地热流值较高,具有良好的热源条件,也为广西地热资源的富集提供了很好的条件。广西地热资源具有存储丰富,分布面积广泛的特点。

(2)广西地区地热资源类型按其成因和热水赋存运移条件可分为两种:隆起山地对流型、沉积盆地传导型。其中,桂北、桂东南构造隆起区分布的带(脉)状热储断裂型地热资源以泉的形式出露;桂西、桂南中新生代断陷盆地则以隐伏沉积盆地传导型地热田形式分布。

(3)广西地热利用历史悠久,陆川温泉的利用也早有历史记载,且多次被各类旅游杂志推荐而闻名于世。而地热勘查和开发则始于 20 世纪初。从人们对地热资源勘探、开发利用的认知程度可划分为 3 个阶段:早期的简单的利用天然露头地热阶段,20 世纪 90 年代之前尝试性勘查、开发利用地热资源阶段,20 世纪 90 年代后科学、规模勘查和开发利用地热资源阶段。经调查,目前广西地热水开采热量为 20 484.188m^3/d,开采热量为 2.45×10^{15}kJ,主要用于供暖、洗浴、游泳、水产养殖等。

(4)通过计算,广西区内隆起山地对流型地热资源量为 1.82×10^{16}kJ,折合标准煤 6.21×10^8t。地热流体可开采量为 $2.405\times10^5 m^3$,地热流体可开采热量为 2.020×10^{10}kJ,折合标准煤 689.702 3t。在广西壮族自治区内,温泉广泛分布,所以区内的山区对流型地热资源量绝大部分是以温泉的方式出露,对区内的旅游事业的发展具有重大的帮助。

沉积盆地传导型地热资源量为 2.47×10^{17}kJ,折算成标准煤为 8.44×10^9t;地热资源可开采量为 4.47×10^{16}kJ,折算成标准煤为 1.52×10^9t;地热流体储存量为 $3.31\times10^{11} m^3$,地热流体可开采量为 $1.65\times10^8 m^3/a$,地热流体可开采热量为 9.15×10^{13}kJ/a,折算成标准煤 3.12×10^6t,考虑回灌条件下地热流体可开采量计算为 $1.92\times10^9 m^3/a$,考虑回灌条件下,地热流体可开采热量 3.65×10^{14}kJ/a,折算成标准煤 1.25×10^7t/a。

(5)取双循环系统值为 0.35 情况,经计算得发电潜力 E 为 5.55×10^{15}J,换算为 30 年发电功率为 5.86MW。

(6)广西壮族自治区内温泉广泛分布,地热流体富含偏硅酸、偏硼酸、氟、钡、锶、溴、锂、铁等对人体健康有益的微量元素。所有的岩浆岩类裂隙水中的氟含量都达到了具有医疗价值的标准。通过泡温泉可以排除体内多余的水分、脂肪,通过毛孔吸收温泉里的矿物质元素,有益于皮肤的健康营养,同时身体内的毒素也可以通过毛孔随着汗液排出体外,有助于提高体质和免疫力。

湖南地热资源调查评价与区划

承担单位:湖南省地质调查院

项目负责人:谭佳良

档案号:0850

工作周期:2013 年

主要成果

(1)湖南是地热资源十分丰富的省份之一,目前全省共发现地热水点 107 处,以温泉或地热井自流的形式出露的共计 68 处,不自流的地热水点 10 处,5 处时常被淹没,另有 3 处因采矿活动含水层目前处于疏干状态,7 处常年被河水淹没,14 处被填埋,分布在除娄底、益阳市以外的 11 个地(州、市)。其中,低温温水(25℃≤T<40℃)72 处,占总数 67.3%;低温温热水(40℃≤T<60℃)32 处,占总数 29.9%;低温热水(60℃≤T<90℃)1 处,中温地热资源 2 处。

地热流体泉(井)天然流量为区间值为 0.2～122.93L/s,合计 937.9L/s,可开采量为 $6.25\times10^7 m^3/a$。

(2)湖南省地热资源类型主要为隆起山地对流型,热储介质类型主要为裂隙型带状热储层和岩溶裂隙型层状兼带状热储层两类,通过对全省 82 处地热田归类统计,其中,36 处地热田为裂隙型带状热储层,46 处地热田为岩溶裂隙型层状兼带状热储层。

(3)湖南省地热流体化学类型主要为重碳酸型,占 55.56%,其次是重碳酸、硫酸型,占 16.16%;80.95%的地热流体 pH 值属于中性水;94.25%的地热流体属于淡水;绝大多数属微软水和极软水;33 处地热水点含有硫化氢气体;微量元素中偏硅酸含量达标(理疗矿泉水)数量最多,达 54 处,其次是氟含量达标有 33 处,另外,达标组分较多的微量元素分别是氡、锶、锂、偏硼酸。对省内地热流体进行矿泉水划分,共有 62 处地热水点达到理疗矿泉水标准,30 处地热水点达到饮用矿泉水标准。

(4)通过地热资源评价计算,湖南省地热资源量总计 1.05×10^{16}kJ,折合标准煤 3.57×10^8t,地热流体可开采量合计 $6.25\times10^7 m^3/a$,地热流体可开采热量为 5.43×10^{12}kJ/a,折合标准煤 18.5×10^4t/a。

(5)通过地热资源开发利用现状调查,湖南省地热资源开发利用程度不高,大量的热资源尚未开发,而少数地热资源过度开发的现象。目前已开发利用 37 处,正在使用的地热井(温泉)数量合计 80 口,年开发利用量 $1454\times10^4 m^3$,主要用作旅游洗浴、医疗、养殖、村民洗浴、生活用水等。

(6)根据热储层的地热流体开采程度、地热流体热量潜力模数和最大水位降速 3 个指标结合来确定地热资源开发利用潜力,全省 75 处属于极具开采潜力区,4 处属于具有开采潜力区,1 处属于具有一定开采潜力区,1 处属于基本平衡区,1 处地热田属于超采区。

(7)根据地热资源开发利用潜力进行分区,结合储量级别划分,将省内地热资源进行了勘探价值分级,共有 36 处地热田为近期可勘探地区,39 处地热田为未来 5 年可勘探地区,1 处地热田为未来 20 年可勘探地区,6 处地热田为无勘探价值地区。

湖北大冶铜山口地区铜多金属矿远景

承担单位:湖北省地质调查院

项目负责人:魏克涛

档案号:0852

工作周期:2011—2013 年

主要成果

项目开展了徐家山、付家山、南山茶场 3 个检查区的地质矿产调查和 1∶1 万的重力和磁法测量及调查区的遥感解译等面积性工作;选择部分新发现的矿化地段及物化探异区开展概略-重点检查,并在有利部位进行 1∶5000 地物化综合剖面测量工作。较全面地收集区内以往地、物、化、遥、重砂资料及研究成果,结合项目工作成果,总结了区内金属矿产的成矿规律,并进行了成矿预测。取得的主要成果概括如下。

(1)以《湖北省岩石地层》为标准,建立了区内岩石地层和岩浆岩划分方案。厘清了调查区内地层层序、岩浆岩时代及构造序次。在此基础上,通过 1∶1 万矿产地质调查,基本查明区内地层、构造、岩浆岩及矿产的基本特征及分布情况。初步评价矿化异常点 10 处,新发现矿化点 2 处。

(2)重力、磁法测量,获得区内系统性的重磁数据,编制了一系列基础性物探异常图,圈定了重力异常 35 处,地磁异常 9 处。

(3)基于卫片的遥感工作,建立了区内各类地质体的解译标志,对地层、构造(线性、及环形)、岩浆岩进行了解译。尝试对区内铁染和羰基异常进行了提取。

(4)对区内新发现的矿化地段、物探异常及化探异常开展重点检查,经检查评价,提交可供下一步优先安排预查的找矿靶区 4 处。

(5)综合研究在前人成果的基础上开展,补充完善了区内主要矿床类型典型矿床成矿模式和找矿模型,总结了区内与小岩体相关的铜多金属矿的成矿模式和预测模式。

(6)对区内铜多金属矿产进行了成矿预测,划分找矿远景区 6 处,圈定预测区 11 个(A 类 2 个、B 类 5 个、C 类 4 个)。

(7)项目成果应用基础性地质、物探、化探数据及图件,成为同期、随后开展的项目作为工作依据,如《湖北省大冶市铜山口铜多金属矿整装勘查》《湖北省大冶—阳新地区毛铺-两剑桥铜钼金多金属矿整装勘查》等项目的立项、续作阶段均收集了本项目的工作成果。

湖北大冶-阳新铜金矿整装勘查区综合研究及铁山地区矿产远景调查

承担单位:湖北省地质调查院

项目负责人:熊意林

档案号:0853

工作周期:2011—2013 年

主要成果

(1)通过 1∶5 万矿产地质测量,大致了解了地层、构造、岩浆岩分布特征及与成矿的关系。新发现 3 处矿(化)点,其中,热液型铜(金)矿点 1 处、硫(金)矿点 1 处,矽卡岩型铁矿化点 1 处。

(2)通过 1∶5 万重力测量,共圈定重力异常 43 处,其中,铁山幅用《湖北黄石铁山—阳新白沙铺重力工作报告》成果资料进行重新改算,圈定了 22 处重力异常。剩余重力异常形态基本上反映了测区浅部各类不同岩性地层、断裂破碎带、岩浆岩、隐伏大理岩(若存在的话)等地质体的分布特征。其中,反映岩体中隐伏大理岩的重力异常 2 处,反映隐伏小岩体的重力异常 3 处,这些异常具有进一步工作的意义。

(3)通过 1∶5 万高精度磁测,共圈定了 13 处局部磁异常。其中,反映隐伏小岩体的磁异常 3 处,具有进一步工作的意义。通过对磁异常的垂向二阶导数处理,圈定了两大岩体在区内的出露边界。

(4)通过遥感地质解译,建立了调查区岩石、地层、构造的解译标志,为地质联图及构造格架的建立提供了新的信息,从而提高了矿产地质填图质量。根据卫星影像进行相关处理后提供的信息，筛选出铁染蚀变异常 7 处，羟基蚀变异常 8 处，为地质找矿、成矿规律及矿产预测图的编制提供了资料。

(5)在对各类找矿信息综合分析的基础上，选择了 6 处成矿有利地段进行了矿产概略性检查，并对其中的 3 处进一步开展了重点检查，选择了柯大山、歇担桥 2 处重点检查区进行了钻探验证，为矿产预测及找矿靶区的提交提供了依据。

(6)收集调查了调查区主要矿产种类、数量、规模及分布情况，结合收集的矿产资料编制了矿床(点)登记表。开展了区内典型矿床的研究，确定本区主要矿产预测类型为矽卡岩型铁(铜)矿，总结了成矿要素、预测要素和区域成矿规律。在此基础上开展了矿产预测，共圈定了预测区 16 处，其中，A 类 4 处，B 类 6 处，C 类 6 处。

(7)提交柯大山检查区和歇担桥小岩体检查区为可供进一步工作的找矿靶区，柯大山铁矿检查区－800m 左右为铁山杂岩体与下伏灰岩(大理岩)主接触带，深部具有更进一步的找矿空间(图 3－16)。歇担桥小岩体铜钼检查区选择有效的工作手段寻找隐伏小岩体与有利围岩接触带附近的矿体，是该检查区今后的找矿方向。

图 3－16　柯大山检查区铁山杂岩体与蒲圻组接触带部位的铁帽(D1019)

(8)开展了湖北大冶-阳新铜金矿整装勘查区综合研究，对研究区的成矿地质背景进行了总结。对区内广泛出露的小岩体进行了研究，分析小岩体的岩浆源、地球动力学环境，为寻找斑岩型-矽卡岩矿床提供帮助。利用已有的找矿经验、科研成果，结合在工作区进行的远景调查及整装勘查取得的最新资料，提出了研究区内制约找矿的关键地质问题。

(9)本次矿产远景调查采用了中国地质调查局开发的数字地质填图与矿产勘查系统进行野外数据采集，同时，按数字填图的要求进行了资料综合整理及各类图件的编制，实现了各类原始资料和成果资料的数字化。资料的全程数字化,不仅提高了图幅的质量,而且还为原始资料和成果资料数据的检索提供了便利。

综上所述,项目的实施更新了区内地质、物探、化探、遥感基础资料,发现了一批新的找矿信息,提交了 2 处可供下步优先安排工作的找矿靶区,并对区内金属矿产进行了预测,为区内下一步找矿布置提供了依据。

湘中坳陷页岩气资源远景调查

承担单位:中国地质调查局武汉地质调查中心

项目负责人:白云山,王强,曾雄伟

档案号:0855

工作周期:2014—2015 年

主要成果

(1)通过野外工作及综合研究,在湘中地区上古生界发现了 8 个层位的暗色泥页岩,分别是中泥盆统棋梓桥组,上泥盆统佘田桥组,下石炭统测水组、天鹅坪组(刘家塘组),下二叠统梁山组,中二叠统小江边组,上二叠统龙潭组、大隆组。其中,二叠统小江边组和梁山组为这次工作新发现的页岩气目的层。

(2)通过涟页二井施工,在调查区页岩气目的层石炭系测水组中,首次发现了明显的页岩气显示。

(3)涟源北地区测水组底界最大埋深为 2000～3500m,一般为 500～3000m,龙潭组—大隆组埋深在 500～2300m 不等,最深为 2300m,埋藏深度适中,利于页岩气勘查。

(4)根据层序界面特征及岩石组合的变化规律,将涟源地区测水组划分为 1 个半三级旋回层序,将涟源地区龙潭组及大隆组划分为 2 个三级旋回层序。

(5)揭示了目的层段沉积相特征。涟源地区测水组主要发育一套辫状河三角洲与局限浅海沉积,同时受南、北两大物源控制,北东向为主控物源方向,两大物源在研究区东南部交汇。涟源地区龙潭组主要为一套有障壁海岸沉积体系,研究区北部及东南部水体较浅,以发育海岸平原为特征,研究区西南部主要为浅水陆棚或局限浅海,东南部发育少量潟湖及障壁岛。涟源地区大隆组主要发育浅水混积陆棚或深水陆棚沉积,研究区西南部水体较深。

(6)总结了涟源凹陷主要目的层富有机质页岩地球化学特征。测水组暗色泥页岩平均有机碳含量为 1.7%,R_o 值为 1.7%～2.6%,处于高成熟到过成熟阶段,干酪根类型以Ⅱ型为主,有部分Ⅰ型;龙潭组页岩有机碳含量平均为 1.72%,R_o 值平均为 1.5%左右,处于高成熟阶段,干酪根类型以Ⅱ型为主;大隆组页岩有机碳含量平均为 2%左右,R_o 值平均为 1.5%左右,处于高成熟阶段,干酪根类型以Ⅱ型为主。通过对比北美地区页岩地层地球化学特征,研究区龙潭组及大隆组页岩与其比较相近。小江边组平均有机碳含量 1.64%;R_o 值范围为 1.61%～2.31%,处于高成熟到过成熟阶段,干酪根类型为Ⅰ型、$Ⅱ_1$ 型;梁山组平均有机碳含量为 1.89%,R_o 值范围为 1.51%～1.73%,处于高成熟到过成熟阶段,干酪根类型为Ⅰ型;佘田桥组页岩平均有机碳含量为 1.87%,R_o 值为 1.61%～1.68%,处于高成熟阶段,干酪根类型主要为Ⅱ型。

(7)岩矿特征分析揭示,矿物成分具有多样性,不同层段岩石矿物成分差异明显,从石英含量分析,以测水组(平均67.04%)最大,其次为龙潭组(54.28%)、佘田桥组(54.06%)、小江边组(52.63%)、梁山组(49.44%)、大隆组(40.18%)。

(8)目的层段储层的孔隙类型主要可识别出有机质孔、粒内孔(石英、长石、硬石膏、方解石、黄铁矿集合体及黏土矿物)及粒间孔(有机质和矿物质之间的孔隙),孔隙孔径分布范围主要为2～50μm,并可见微裂缝发育。面孔率分析揭示测水组储层物性较好,其后依次为大隆组、龙潭组,总体上测水组、大隆组和龙潭组面孔率相近,揭示了有机碳含量、岩矿特征与储层物性的相关性。有效孔隙度小江边组最大(平均3.46%),大隆组(平均2.46%)、测水组(平均2.28%)、龙隆组(2.10%)均为较低值。

(9)对涟源北地区从封盖层、断裂构造与抬升剥蚀等方面对保存条件进行探讨。在封盖层方面,测水组相对龙潭组—大隆组封盖更好;在断裂构造方面,涟源地区通天断裂发育,不利于保存;在抬升剥蚀方面,涟源北地区剥蚀较多,不利于页岩气的保存。

(10)运用权值分析法评价了涟源北部地区页岩气前景。认为涟源地区下石炭统测水组页岩气勘探前景最好,其次为上二叠统龙潭组、大隆组。

(11)探索了南方复杂区有利区优选方法,优选了页岩气有利区。在参照国外石油公司页岩气选区条件的基础上,针对研究区特定的地质背景,提出综合考虑页岩厚度、保存条件及含气性等条件,优选出页岩气有利区。测水组有利区分布于车田江、桥头河向斜南部;龙潭组有利区分布于车田江向斜核部;大隆组有利区分布于车田江向斜核部和桥头河向斜南部。

湖南花垣-凤凰铅锌矿整装勘查区综合研究与扬子型铅锌矿选区评价

承担单位:中国地质调查局武汉地质调查中心

项目负责人:段其发,曹亮

档案号:0856

工作周期:2010—2013年

主要成果

(1)系统总结了岩石地层、岩相古地理、地质构造、区域矿产、区域地球化学和地球物理场特征,在工作区及邻区划分了8个区域布格重力异常区和26个剩余布格重力异常区。

(2)通过对震旦系—奥陶系中的典型矿床研究,发现赋矿围岩差异明显:冰洞矿床产于黑色岩系所夹的白云岩中(图3-17);凹子岗矿床则产于发育古岩溶孔隙的白云岩中;狮子山矿床严格受藻灰岩控制。但是它们都具有明显的后生充填特点,而且普遍含有沥青、热液矿床的典型矿石组构和低温热液成因的矿物组合。

(3)获得了一批成矿流体显微测温数据,确定成矿流体为盆地热卤水,矿床形成于低温浅成环境,流体沸腾作用可能是铅锌矿床形成的主要机制之一。

(a)冰洞山矿床底板黑色岩系形成时有热水参与,赋矿白云岩为埋藏白云岩化的产物;闪锌矿以气相流体包裹体为主,均一温度(T_h)为80～235℃,盐度为6.44%～20.43%,变化较大;围岩白云石T_h为146～193℃,盐度为17.74%～17.92%,主成矿期白云石和石英以两相

图 3-17　冰洞山矿床含矿层及矿石与围岩关系(含矿层与顶板为岩性突变界面)

盐水溶液包裹体为主,T_h 为 109～193℃,盐度为 13.99%～21.95%。流体密度为 0.880～1.103g/cm^3,属中等密度流体;成矿压力为 22～44MPa,成矿深度 0.82～1.63km。成矿流体为含少量 CH_4、N_2 的 NaCl-$CaCl_2$-H_2O 体系。

(b)凹子岗锌矿床闪锌矿因包裹体太小,未能获得测温数据。主成矿期脉石矿物白云石的包裹体与闪锌矿相似,以单相类型为,同时还出现了含石盐子矿物包裹体,偶见气相烃包裹体;围岩白云石以两相盐水溶液包裹体主。包裹体的气相成分以水蒸气为主,激光拉曼光谱分析显示有 CH_4。白云石 T_h 主要集中于 110～190℃,盐度多为 12%～32.31%,流体密度为 0.939～1.107g/cm^3,矿床形成压力为 26～56MPa,形成深度为 0.95～2.08km,平均深度为 1.60km。成矿流体属含 CH_4 的 NaCl-$CaCl_2$-H_2O 体系。

(c)狮子山矿床闪锌矿与方解石均发育两相盐水溶液包裹体、单相盐水溶液包裹体和单气相包裹体,其中以前者为主。闪锌矿 T_h 主要为 120～170℃,盐度为 14%～21%,方解石的 T_h 为 100～170℃,盐度为 12%～26%,属低温中高盐度流体。流体密度为 0.771～1.125g/cm^3,成矿压力为 25～45MPa,平均压力为 3MPa,成矿深度为 0.94～1.68km,平均深度为 1.28km。成矿流体中阳离子以 Ca^{2+} 为主,其次为 Mg^{2+}、Na^+,同时含少量的 K^+、Li^+ 等,属典型的热卤水成因。成矿流体属 NaCl-$CaCl_2$-H_2O 体系。

(d)茶田汞锌矿床闪锌矿形成温度为 110～180℃,盐度范围为 17%～20%,密度为 1.037～

1.098g/cm^3，方解石结晶温度主要为90～160℃，盐度范围为13%～22%，密度为1.033～1.127g/cm^3。矿床形成压力为25.0～47.7MPa，形成深度为0.93～1.77km，平均深度为1.26km。成矿流体为NaCl－$CaCl_2$－H_2O体系和NaCl－$MgCl_2$－H_2O～卤水体系。

(e)唐家寨铅锌矿闪锌矿的形成温度主要为100～120℃，方解石的形成温度主要为110～140℃，石英的形成温度主要为110～200℃，盐度范围主要为9%～14%，盐度范围为11%～14%NaCleq。矿床形成压力为29.8～60.9MPa，平均压力为44.4MPa，形成深度为0.93～1.77km，平均深度为1.65km。成矿流体有$CaCl_2$－H_2O体系、NaCl－$CaCl_2$－H_2O体系和$CaCl_2$－$MgCl_2$－H_2O体系。

(4)通过C、O、S、Pb同位分析，结果表明成矿物质主要来自于下伏地层和基底，硫酸盐热化学还原反应是还原硫形成的主要机制，成矿过程中水/岩反应普遍，并有大气水的参与。

(a)冰洞山矿床Pb素组成比较均一，为上地壳与造山带铅的混合铅，与赋矿地层的铅同位素组成明显不同；硫化物的$\delta^{34}S$值在13.03‰～34.57‰之间，平均为26.07‰，具有明显富重硫的特点和双峰式特征，来源于地层中的硫酸盐；脉石矿物的$\delta^{18}O$为－8.06‰～0.47‰，平均为－3.83‰，$\delta^{13}C$值为－6.05‰～2.36‰，平均为－0.66‰，白云石化流体的$\delta^{18}OH_2O$(SMOW)值为9.14‰～17.19‰。

(b)凹子岗矿床矿石Pb在$^{207}Pb/^{204}Pb$－$^{206}Pb/^{204}Pb$图解和$\Delta\beta-\Delta\gamma$图解样品比较分散，显示出混合铅特征，反映源区比较复杂，可能为黄陵基底。硫化物的$\delta^{34}S$值在4.97‰～14.52‰和26.43‰～27.42‰两个区间，显示源区和成矿过程的复杂性。白云石的$\delta^{13}C$值为1.76‰～3.77‰，平均为2.16‰，$\delta^{18}O$值为－12.63‰～－6.04‰，平均为－11.29‰；白云石化流体的$\delta^{18}OH_2O$(SMOW)为3.42‰～12.42‰，显示有大气水的加入。白色脉状白云石的$^{87}Sr/^{86}Sr$为0.710 64～0.711 65，平均为0.071 091，反映白云石化流体来自下伏地层和基底。

(c)花垣矿田铅位素组成比较一致，铅主要来源于基底浅变质地层。黄铁矿的$\delta^{34}S$值为26.87‰～34.66‰，平均为30.81‰，闪锌矿的$\delta^{34}S$值介于20.32‰～33.88‰之间，平均为31.02‰，方铅矿的$\delta^{34}S$值为22.40‰～27.35‰，平均为25.23‰，重晶石的$\delta^{34}S$值为31.13‰～31.55‰，平均为31.36‰，硫主要来源于下伏地层。$\delta^{13}C$值和$\delta^{18}O$值的变化范围分别为－5.32‰～1.35‰和－12.45‰～－5.63‰，平均值为－0.24‰和－9.43‰，$\delta^{13}C$值和$\delta^{18}O$值均低于赋矿围岩藻灰岩的$\delta^{13}C$值(0.46‰)和$\delta^{18}O$值(－9.09‰)，成矿流体的$\delta^{18}OH_2O$(SMOW)介于0.38‰～11.70‰之间。

(5)采用闪锌矿(全矿物相、残留相和淋滤液相)Rb－Sr定年方法对冰洞山、凹子岗、狮子山和茶田4个典型矿床开展了成矿时代研究，首次获得冰洞山矿床的年龄为510～506Ma，地质时代为中寒武世早期。凹子岗矿床浅绿色闪锌矿的年龄为(434±15)Ma，地质时代为早志留世早期；红色闪锌矿的年龄为(409.6±9.7)Ma，地质时代为早泥盆世晚期；狮子山矿床的形成年龄(410±12)Ma，地质时代为早盆世中期；茶田矿床年龄为(462±13)Ma，地质时代为中奥陶世。采用石英流体包裹体Rb－Sr法获得江家垭铅锌矿床的年龄约为(372±14)Ma，地质时代属晚泥盆世。这些年龄数据显示，区域上具有多期成矿特点，成矿时代均小于赋矿围岩，属后生矿床。同时，这些新的年龄数据为扬子陆块存在加里东期成矿作用提供了新的依据，对于今后在该区的找矿方向具有一定理论指导意义。此外，计算年龄时得到的Sr初始值再次显示成矿物质为外部来源，并非来自赋矿地层。

(6)明确了牛蹄塘组及其下伏碎屑岩地层为区内的重要矿源层，铅锌矿化作用受矿源层控制,远离矿源层矿化强度减弱。区域上,地层、岩性、构造控矿作用不明显,而矿集区内则严格受三者控制,地域性特征明显。

(7)系统总结了区域成矿规律,认为从震旦系至奥系铅锌矿化强度逐渐减弱,背斜构造控矿与背斜区出露老地层有关,提出碳酸盐台地边缘是区内最有利的成矿部位。

(8)首次提出了湘西-鄂西地区铅锌矿成矿作用的两阶段演化模式,认为区内铅锌成矿作用经历了成矿流体形成和成矿流体迁移富集两个演化阶段,沉积-埋藏成岩作用和构造挤压隆升形成大气水、地层水和深部流体混合的含矿热卤水;紧接着发生的构造伸展断陷作用导致被封存在盆地深处的成矿流体发生大规模迁移,并在碳酸盐台地边缘等有利部位沉淀富集成矿。

(9)将工作区划分为 5 个Ⅲ级成矿带和 15 个找矿远景区,选择其中的 5 个主要找矿远景区进行重点论述,提出了找矿工作部署建议。在取得上述成果的同时,编制了“雪峰古陆周缘金刚石找矿部署方案”。项目组还协助完成了计划项目年度工作部署方案的编制,召开了 3 次湘西-鄂西成矿带找矿经验交流会和 1 次野外现场考察会。公开发表学术论文 15 篇,其中,核心期刊 7 篇,EI 检索论文 1 篇,合作出版专著 1 部。

湖北天宝—陕西鱼肚河地区铅锌多金属矿远景评价

承担单位:中国地质调查局武汉地质调查中心
项目负责人:崔森,邹先武
档案号:0865
工作周期:2011—2013 年
主要成果

(一)基础地质调查成果

(1)通过 1∶5 万栗子坪图幅(300km²)、1∶1 万险自城等 6 个地区的矿产地质测量工作,初步查明了区内各岩石地层单位的岩性组合特征及其时空变化规律,对区内的构造变形特征及其与铅锌多金属成矿的耦合进行研究,通过薄片微观研究、岩石地球化学样品成矿元素的测试分析,对区内铅锌多金属矿的主要赋矿层位——震旦系灯影组、寒武系石龙洞组的控矿作用和锌铜钒多金属矿的主要赋矿层位——震旦系江西沟组、寒武系庄子沟组(图 3-18、图 3-19)的控矿作用进行了探讨,为区内铅锌多金属矿找矿及开发利用提供了基础地质资料。

(2)本次工作确定了十八里长峡锌矿点的含矿层位与岩性,为寒武系石龙洞组中厚层状粉晶云岩,系工作区新的含矿层位。此外,在陕西省镇坪县华坪地区,通过矿点检查、剖面测制对比,明确了华坪锌铜矿点的赋矿层位为寒武系石龙洞组,继十八里长峡锌矿点之后,进一步验证了南大巴山地区石龙洞组为重要的铅锌矿赋矿层位,该层位在区域上可以与湖南花垣铅锌矿赋矿层位清虚洞组作对比。该认识对下一步铅锌找矿工作具有重要的指导意义。

(3)初步查明了区内构造活动期次及其与铅锌多金属矿产分布的关系。

(二)化探成果

通过优选“上扬子地块及其周缘铅锌多金属矿远景评价”项目圈定的 8 幅 1∶5 万水系沉

图 3-18　庄子沟组含碳硅质板岩

图 3-19　庄子沟组灰岩,重晶石脉发育

积物测量测量圈定的164个综合异常,开展异常查证工作,发现异常源,综合工作区地球化学背景、地球化学异常及地质、矿产特征,圈定成矿远景区5处。以上工作为后期矿产检查和今后找矿工作提供了依据。

(三)地质找矿成果

1. 新发现矿产地1处

初步确定具进一步工作价值的新发现矿产地1处(石甸河钒矿),初步估算V金属资源量(334_1)6.32×10^4t,伴生Zn金属资源量为0.66×10^4t,伴生Cu金属资源量为0.11×10^4t。

2. 新发现矿(化)点11处

新发现矿(化)点11处,其中,矿点9处,矿化点2处;铅锌矿3处,锌铜钒矿8处。

3. 划分5个找矿远景区

根据铅锌成矿地质条件、控矿因素,有利程度及各类找矿标志等,划分出A类远景区3个,B类远景区1个,C类远景区1个。

4. 圈定5个找矿靶区

根据主攻矿种成矿地质规律、控矿因素和找矿标志、找矿模式,结合本次工作对各矿床(化)点的控制程度,通过经验的方法在工作区所圈定的A类远景区内,共圈定铅锌等多金属矿找矿靶区5个。

(四)综合研究工作

1. 成矿规律综合研究与总结

深入开展北大巴山黑色岩系ZnCu多金属元素赋存状态与富集规律研究,通过对朝阳铅锌矿床考察与解剖,全面系统地总结了南、北大巴山地区铅锌成矿规律、控矿因素、找矿标志,提出了铅锌找矿模式。

2. 找矿预测

在分析总结湖北天宝—陕西鱼肚河铅锌成矿规律与找矿标志的基础上,全区共圈定找矿远景5处,为区内的铅锌找矿工作部署提供了依据。

圈定找矿靶区5处,为工作区今后的找矿及矿产勘查工作提供了依据和部署建议。

3. 远景评价

对工作区矿产资源远景作出了初步评价,具有发现2处及以上中小型锌铜多金属矿床、1~2处大中型钒矿床的潜力。

桑植-石门及邻区页岩气地质综合调查及地层对比

承担单位：中国地质调查局武汉地质调查中心
项目负责人：李旭兵，刘安，白云山
档案号：0867
工作周期：2012—2014 年
主要成果

（一）桑植-石门复向斜构造特征

本项目重点是在桑植-石门复向斜中的大同山-四望山构造带中的四望山背斜和燕子岩-天子山构造带中的车坊背斜进行调查。

四望山背斜在地理位置上位于湖南桑植县境内的四望山—人潮溪—西莲一带，在四望山-大同山构造带内。四望山背斜是一个被志留系覆盖的大型背斜，北西与官地坪向斜及东山峰背斜相连，南东与走马坪向斜、天子山背斜及车坊背斜相隔，北东在袁家垭一带与叶家峪鼻状背斜相接。通过 1∶5 万油气地质调查发现工作区四望山背斜的核部最老地层可能是志留系秀山组，而非前人调查认识的龙马溪组，因此，四望山一带盖层的残余厚度比以前的认识要厚些，志留系的盖层厚度一般大于 1km。

车坊山背斜位于研究区石门车坊—慈利三岔溪一带，在燕子岩-天子山构造带内。同样通过地面调查，利用法线方法，对车坊背斜作了构造等高线图分析，了解了车坊背斜的构造形态，推测出车坊背斜的深部构造特征。在野外识别了穿越车坊背斜的断裂的分布及其特征。

（二）保存条件

油气保存条件分析历来是个较难的课题，本次研究根据有限的同位素、流体包裹体及地面地质调查得出如下初步的结论：桑植-石门及周边的方解石脉的流体包裹体具有个体小、数量少的特点，不易测试。部分流体包裹体结果表明同一地区孔王溪组之下的方解石脉具有较高的盐度特征，而上覆娄山关组方解石脉相对盐度较低，推测可能是孔王溪组具有较好的盖层条件，同一地区孔王溪组及其以下受到大气水的影响弱，而娄山关组受到大气水的影响强。流体包裹体的均一温度表明宜都鹤峰复背斜地区娄山关组在埋深 3km 以下都已经受到了大气水的影响。

（三）圈闭评价

通过对桑植-石门地区多个圈闭的生储盖组合、圈闭条件、保存条件及古构造条件进行了比较详细的对比分析。根据桑植-石门复向斜区域调查的实际资料情况，在评价的过程中结合研究区烃原岩的厚度、TOC、R_o 及排烃等热解参数，初步认为四望山背斜圈闭最优，但还需进一步的调查工作。

(四)科探井井位初步分析

根据调查及综合研究分析，将在桑植县田二垭、人潮溪附近部署两口科探井，分别为田 1 井、人 1 井，井位坐标分别为 29°33′7.323″N，110°29′34.54″E，$H=414$m；29°16′14.26″N，110°34′53.80″E，$H=287$m。田 1 井位于田二垭的公路旁的小河旁，人 1 井位于人潮溪水库旁，两口井的目的层设为寒武系石龙洞组、埃迪卡拉系陡山沱组。结合路线调查、地层厚度、构造深部推测、MT 走廊大剖面及收集的相关地震资料，分别对四望山背斜中的田 1 井和人 1 井进行了横剖面推测。MT1101 和 MTSJ 两条 MT 剖面穿越四望山背斜，结合地震综合解译情况，来进一步推测科探井的深部特征。针对田二垭背斜圈闭中田 1 井，设计井深为 4100m，寒武系石龙洞组白云岩储集层的井深 2500m，埃迪卡拉系灯影组白云岩的深度约为 3800m。针对人潮溪背斜圈闭中的人 1 井，设计井深为 4600m，寒武系石龙洞组白云岩储集层的井深约 3000m，埃迪卡拉系灯影组白云岩的井深约为 4300m。

(五)页岩气调查

1. 埃迪卡拉系陡山沱组

雪峰山西侧地区埃迪卡拉系陡山沱组碳质页岩的分布、厚度及有机碳含量与沉积环境存在较大关系。碳质页岩主要分布在陡山沱组二段和四段，重点在二段地层中，并且厚度存在相当大的差别。最大厚度达到 300m，分布在湖北鹤峰白果坪一带，为台盆相沉积，并以鹤峰白果坪为中心，厚度向外围逐渐递减。在台缘斜坡—台盆过渡带(湖南桑植—张家界一带)，陡山沱组有机碳含量较大，为 0.55%～2.23%，平均有机碳 1.40%。干酪根显微组分以富含腐泥组及壳质组的组分为主体，体现了腐泥Ⅰ型或腐殖腐泥$Ⅱ_1$型的母质特征。总体演化程度较高，成熟度普遍较高，普遍大于 2.0。成熟度、有机碳含量在湘西张家界—桑植一带相对较高，是形成页岩气藏的良好因素。陡山沱组泥页岩具有较低的基质孔隙度，孔隙以粒间孔为主，发育少量粒内孔和溶蚀孔。见微裂缝和溶蚀孔发育，含黄铁矿。雪峰山西侧地区埃迪卡拉系陡山沱组页岩气的有利勘探区为桑植-石门复向斜及宜都鹤峰背斜区。

2. 寒武系牛蹄塘组

研究区下寒武统烃源岩厚度一般较大。烃源岩发育的纵向变化较大，扬子陆块区寒武系发育水井沱组一套烃源岩，斜坡带发育多套烃源岩，如罗依溪剖面发育牛蹄塘组、清虚洞组下部、敖溪组多套烃源岩，而在湘中盆地自下而上长时间持续发育烃源岩。下寒武统烃源岩厚在 150～400m 之间。向盆地相区和浅水相区厚度有减少趋势。干酪根类型以Ⅰ型和Ⅱ1 型为主，烃源岩有机碳含量总体较高，平均值一般大于 3%。在湘西一带为有机碳含量的峰值区，向西北有机碳含量聚减，在鄂西—鄂东有机碳含量变化不大。由于桑植-石门复向斜及其周缘下寒武统烃源岩厚度大，有机质丰度高，母质类型好，其泥质岩属Ⅰ型干酪根，烃的转化率高，因此，本区成为最重要的供烃中心，累计生烃强度一般大于 $100\times10^8 m^3/km^2$，最高达$(400\sim500)\times10^8 m^3/km^2$，具备形成大型油气藏的烃源条件，属优质烃源岩区。据已有研究成果，埋藏深度对页岩气的成藏具有重要作用，埋深适中，对于页岩气富集和勘探具有重要作用。通过中扬子区埃迪卡拉系—志留系重要页岩层段底部埋深图可以看出，水井沱组底部埋深相对较浅区(小于 4000m)也位于湘鄂西区，基本处于可勘探的埋深。

3. 奥陶系五峰组—志留系龙马溪组

研究区五峰组—龙马溪组下部暗色泥岩发育程度、有机碳丰度和烃源岩厚度等有些差异。咸丰、宣恩一带为相对坳陷区，烃源岩较厚；五峰—石门一带为相对隆起区，烃源岩较薄。总体上烃源岩一般厚30～60m。烃源岩有机碳含量与其厚度变化趋势相似，宣恩—咸丰烃源岩有机碳含量较高，石门一带有机碳含量较低，其区域变化范围一般在1%～3%左右，总体达到好—很好级别。该套烃源岩有机质类型以Ⅱ1—Ⅰ干酪根为主。海西—印支期生烃强度(1.0～15.0)$\times10^8m^3/km^2$，早燕山期生烃强度(10～25)$\times10^8m^3/km^2$，研究区亦为主要供烃中心之一，累计生烃强度一般为(20.0～30.0)$\times10^8m^3/km^2$，具备形成中小型油气藏的烃源条件，属中等烃源岩区。桑植-石门复向斜核部龙马溪组在晚三叠世—早侏罗世的最大埋深近5000m，现今的最大埋深为4000m，两翼多出露志留系上部—二叠系，埋深减小至1000～3000m，基本处于较好的勘探埋深。

(六)人才培养和油气地质调查队伍建设

在项目实施过程中，项目组成员从涉足油气地质调查领域逐渐成长为油气地质调查的骨干，其中，1位晋升为教授级高级工程师，1位晋升为副研究员，2位晋升为助理研究员，通过项目的实施，锻炼和培养了一支锐意进取、敢于拼搏的油气地质调查队伍。

(七)发表研究论文

项目组2011年以来发表研究论文19篇。

李旭兵，陈绵琨，刘安，等. 雪峰山西侧埃迪卡拉系陡山沱组页岩气成藏体系评价[J]. 石油实验地质，2014，36(2)：188－192.

李旭兵，赵灿，刘安，等. 雪峰山西侧地区埃迪卡拉系层序格架下的生储盖组合特征[J]. 中国地质，2013，40(5)：1493－1504.

李旭兵，赵灿，刘安，等. 雪峰山西侧地区陡山沱组层序地层划分及沉积体系展布[J]. 地层学杂志，2013，37(4)：527－533.

李旭兵，刘安，危凯，等. 雪峰山西侧地区震旦系灯影组碳酸盐岩储集特征及分布[J]. 地质通报，2012，31(11)：1872－1877.

李旭兵，刘安，曾雄伟，等. 雪峰山西侧地区寒武系娄山关组碳酸盐岩储层特征研究[J]. 石油实验地质，2012，34(2)：153－157.

李旭兵，曾雄伟，王传尚，等. 东吴运动的沉积学响应——以湘鄂西及邻区二叠系茅口组顶部不整合面为例[J]. 地层学杂志，2011，35(3)：299－304.

刘安，吴世敏，李旭兵，等. 沉积盆地花岗岩的分布特征及其对油气藏的影响[J]. 断块油气田，2013，20(5)：545－550.

危凯，李旭兵，刘安，等. 湖南慈利溪口剖面埃迪卡拉系陡山沱组碳酸盐岩微量元素特征及其古环境意义[J]. 古地理学报，2015，17(3)：215－226.

赵灿，李旭兵，郇金来，等. 雪峰山西侧地区中—上寒武统层序地层学特征及层序格架[J]. 吉林大学学报(地球科学版)，2015，45(2)：518－532.

赵灿，曾雄伟，李旭兵，等. 峡东地区埃迪卡拉系灯影组石板滩段沉积环境探讨[J]. 中国地质，2013，40(4)：1129－1139.

赵灿,李旭兵,郇金来,等.碳酸盐与硅质碎屑的混合沉积机理和控制因素探讨[J].地质论评,2013,59(4):615-626.

赵灿,李旭兵,李志宏,等.湖南慈利溪口震旦系陡山沱组震积岩的发现及其地质意义[J].沉积学报,2012,34(2):1032-1041.

王传尚,李旭兵,李志宏,等.中上扬子区寒武纪层序地层的划分与对比[J].地层学杂志,2012,36(4):779-789.

王传尚,李旭兵,白云山,等.湖南永顺地区寒武系SPICE事件及其地层对比意义[J].中国地质,2011,38(6):1138-1143.

王传尚,李旭兵,白云山,等.湘西地区震旦系斜坡相区层序地层划分与对比[J].地质通报,2011,30(10):1538-1546.

王传尚,曾雄伟,李旭兵,等.雪峰山西侧地区寒武系地层划分与对比[J].中国地质,2013,40(2):439-448.

谢渊,王剑,汪正江,等.雪峰山西侧盆山过渡带震旦系—下古生界油气地质调查研究进展[J].地质通报,2013,31(11):1750-1768.

谢渊,丘东洲,王剑,等.雪峰山西侧盆山过渡带震旦系—下古生界油气远景区预测与评价[J].地质通报,2012,31(11):1769-1780.

杨平,谢渊,李旭兵,等.雪峰山西侧震旦系陡山沱组烃源岩生烃潜力及油气地质意义[J].中国地质,2012,39(5):1299-1309.

湖北省地热资源现状调查评价与区划

承担单位:湖北省地质环境总站

项目负责人:戴强,陈金国,廖媛

档案号:0868

工作周期:2013年

主要成果

(一)地热资源背景

湖北省地热资源基本类型有隆起山地型和沉积盆地型两种。地热资源的分布受断裂构造等因素的影响。隆起山地型地热资源主要分布于庙川褶皱束、利川台褶束、青峰-长阳台褶束、大洪山-钟祥台褶束、大冶台缘褶带、大别山复背斜、通山台褶束7个构造单元中。沉积盆地型地热资源主要分布在两湖断坳中。

湖北省地热资源的分布也与地层有一定的关系。地热资源的分布与岩浆岩的分布在区域上存在一致性,即东部地区数量远远多于西部,且在水温上也高于西部。在沉积岩中,以志留系为界面上、下碳酸盐岩地热资源数量和温度上有显著的差异,即下多上少,水温下高上低。地热资源也多分布于地震活跃地带。

(二)地热资源分布及其特征

湖北省发现的地热田达64处,达到评价要求的地热资源共59处,其中,隆起山地型58处,沉积盆地型1处。热储温度大于90℃的中温地热资源11处,主要分布江汉盆地、鄂东北、鄂东南地区,其次为鄂中京山县和鄂西长阳县。热储温度为60～90℃的地热田有28处,主要分布在鄂东北、鄂东南地区,其次为鄂中及鄂西部分地区;热储温度为40～60℃的地热田有15处,主要分布于湖北省中部地区,其次是鄂东南、鄂西南地区;水温25～40℃的低温温水有3处,主要分布于房县、京山县、武汉市,还有两处被淹没。隆起山地型地热资源热储温度最高的为罗田县汤河地热田,为123.51℃;沉积盆地型地热资源温度最高的为126℃(江汉盆地潜江五七油田)。

湖北省地热资源热储可划分为裂隙型带状热储层,岩溶层状、岩溶带状热储层及上部孔隙下部裂隙复合型层状热储层3类。裂隙型带状热储层中分布有地热田14处,主要分布在大别山复背斜及通山台褶束,可划分为两种亚型:岩浆岩断裂带裂隙低温地热资源(4处)和变质岩断裂带裂隙地热资源(10处)。岩溶层状、岩溶带状热储层分布有地热田44处,分布在庙川褶皱束、利川台褶束、青峰-长阳台褶束、大洪山-钟祥台褶束和大冶台缘褶带,可划分为两种亚型:震旦系—奥陶系碳酸盐岩断裂带岩溶裂隙地热资源(37处),上古生界—中生界碳酸盐岩断裂带岩溶裂隙低温地热资源(7处)。上部孔隙下部裂隙复合型层状热储层主要分布在江汉盆地。隆起山地型地热资源分布有7点规律:①地热资源的分布与区域地球物理场相吻合;②地热多富集于地质构造的复合或联合部位;③地热生成和出露与挽近期活动断裂关系密切;④地热资源多分布在地震活跃地带;⑤地热资源分布与岩性特征有一定关系;⑥地热资源受地形地貌的影响多富集于正向构造部位;⑦部分地热资源分布在放射性元素含量较高地带。沉积盆地型地热资源分布有3点规律:①具有多层平行叠置的热储层,层间水力联系较差;②热储层集中分布在砂岩中,局部热储层渗透性能较差,单井产量不大但延续时间长;③热储中的热卤水处于深埋封闭状态,具有很高的测压水头,不同热储构造之间水力联系较差。

(三)地温场特征

湖北省大地热流分布不均,基本呈现"南高北低,东高西低"的特征。大地热流最小值为41.9mW/m^2,最大值为69mW/m^2,平均值为53.7mW/m^2,低于中国大陆地热大地热流平均值(61mW/m^2)和全球大陆地区大地热流平均值(65mW/m^2)。隆起山地型地热资源地温场特征表现为平面上,山地地温和地温梯度较低,只有地热田范围内有地热异常,且地温像四周扩散降低,在地热田外围温度恢复正常;剖面上,在热储层温度较高,穿过热储层后,温度降低。沉积盆地型地热资源地温场表现为地温是随着深度增加而逐渐升高的,这也是传导型地温场的重要特征。江汉盆地的地温梯度一般在3.0～3.5℃/100m之间,盆地中心的广华寺、新沟嘴、沙市、江陵等地区的地温梯度多在3.5℃/100m,盆地边缘为2.0～3.5℃/100m。盆地的区域地质构造特征和岩性特征对地温分布有着重要的控制作用。

(四)地热资源量评价

湖北省地热资源总量为2.56×10^{17}kJ,相当于标准煤875 050.2×10^4t;地热资源可开采热量约为4.99×10^{16}kJ,相当于标准煤170 291.436×10^4t;地热流体可开采量约为2.55×

$10^8 m^3/a$，地热流体可开采热量约为 4.39×10^{13}kJ/a，相当于标准煤 149.74×10^4t/a。其中，隆起山地型地热资源量为 6912.854×10^{12}kJ，相当于标准煤 23 593.358×10^4t/a；地热流体可开采量 5199.010×$10^4 m^3/a$，可开采热量为 655.513×10^{10}kJ/a，相当于标准煤 22.372×10^4t/a。沉积盆地型地热资源为 2.49×10^{17}kJ，相当于标准煤 851457.174×10^4t；地热流体可开采量为 2.03×$10^8 m^3/a$，地热流体可开采热量 3.73×10^{13}kJ/a，相当于标准煤 127.37×10^4t/a；考虑回灌条件下，地热流体可开采量为 1.94×$10^9 m^3/a$，可开采热量 3.64×10^{14}kJ/a，相当于标准煤 1242.73×10^4t/a。

(五)地热流体质量评价

湖北省地热的水质比较复杂，按舒卡列夫分类法，地热流体的水化学类型可分为七大类，共 17 种类型水。七大类分别为硫酸钙、硫酸钠、硫酸钠钙型水，重碳酸钙、重碳酸钙镁型水，硫酸钙镁型水，重碳酸硫酸钠型水，重碳酸硫酸钙镁、硫酸重碳酸钙镁型水，氯化钠型水和氯化物硫酸钠型水。地热水质统计分析表明，隆起山地型地热资源，7 处地热田偏硅酸含量达到医疗热矿水水质标准的命名矿水浓度，为硅水；27 处地热田氟含量达到医疗热矿水水质标准的命名矿水浓度，为氟水；7 处地热田锶含量达到医疗热矿水水质标准的命名矿水浓度，为锶水；4 处地热田氡含量达到医疗热矿水水质标准的命名矿水浓度，为氡水，共计 29 处达到医疗矿泉水命名的浓度，42 处地热田有理疗价值。多数地热田地热流体能直接用于水产养殖，或者降温除氟后用于农业灌溉。江汉盆地的盐卤水可以用于工业。

(六)地热资源开发利用

湖北省地热资源较为丰富，地热田不同程度地被开发利用，主要经历了自然利用阶段、科学开发利用初级阶段、综合开发利用阶段等 3 个阶段。综合利用阶段主要是利用自流井泉和生产开采井开采地热资源进行旅游疗养、工业、科学实验、养殖、种植等。湖北省已有 16 个地热田经历了勘探开发，进入了综合利用阶段。若能合理开发地热资源，将取得巨大的经济效益和环境效益。隆起山地型地热资源地热供暖面积可达 175×$10^4 m^2/a$，温室面积可达 191×$10^4 m^2/a$，可形成产值 5221 万元/年，节省煤 236 933t/a，相当于减少二氧化碳气体的排放量 565 322t/a，二氧化硫气体的排放量 4028t/a，氮氧化物的排放量 1422t/a，悬浮质粉尘的排放量 1895t/a，煤灰渣的排放量 23 693t/a；沉积盆地型地热资源地热供暖面积可达 2162×$10^4 m^2/a$，可形成产值 54 050 万元/年，节省煤 1 951 769t/a，相当于减少二氧化碳气体的排放量 4 656 920t/a，二氧化硫气体的排放量 33 180.07t/a，氮氧化物的排放量 11 710.61t/a，悬浮质粉尘的排放量 15 614.15t/a，煤灰渣的排放量 195 176.9t/a。

若按照以往的开发利用结构，将隆起山地型地热资源的地热流体用于旅游疗养，人次将达到 13 170 万人次/年，形成产值 2 634 000 万元/年；矿泉饮料生产的流体量达到 2×$10^4 m^3/a$，形成产值 400 万元/年。水产养殖和农业灌溉面积分别达到 204×$10^4 m^2/a$ 和 165×$10^4 m^2/a$，形成产值 1041 万元/年。沉积盆地型地热资源用于工业利用的流体量为 20 180×$10^4 m^3/a$，形成产值 8072 万元/年。

(七)地热资源开发利用存在问题

湖北省地热资源开发利用历史悠久，随着社会的发展，地热资源作为一种清洁能源，在人们生活中的地位越来越重要。然而，近几十年除了部分处于合理综合开发利用状态的地热田外，其他在开发利用过程中暴露出的问题越来越显著。主要问题表现在3个方面：一是开发利用过程中引起的环境地质问题，如过量开采引起地面塌陷等；二是开发利用过程中缺少有效管理；三是开发利用率低，未形成梯级开发利用，造成资源浪费。

（八）地热资源勘查与保护区划

根据地热资源勘查区划的目的及原则，将省内地热分为3类勘查区，共8个区，即近期可勘探区，仅有鄂东北大别山地热区；未来5年可勘探区，细分为4个区，即鄂中大洪山地热区、武汉地热区、鄂东南地热区和房县地热区；未来20年可勘探区，细分为3个区，即江汉盆地地热区，两郧地热区和鄂西、鄂西南地热区。地热资源保护区划按开采潜力分为限制开采区、控制开采区与鼓励开采区。限制开采区细分为2个亚区，即咸宁地热区，应城-随州地热区；控制开采区细分为3个亚区，即鄂东南地热区，鄂中大洪山地热区和鄂西、鄂西南地热区；鼓励开采区细分为2分亚区，即鄂东大别山地热区和江汉盆地地热区。

武当—桐柏—大别地区（安徽段）成矿规律及选区研究

承担单位：中国地质调查局南京地质调查中心

项目负责人：王爱国

档案号：0874

工作周期：2013年

主要成果

（1）系统收集并综合研究了区域地质、物探、化探、矿产及科研等资料，初步编制了系列图件。

（2）对区内成矿背景进行了深入研究，将安徽大别山地区燕山期岩浆划分为3个岩浆阶段。第一阶段（约143～130/134Ma）为高钾钙碱性岩石系列，由闪长岩、石英闪长岩、花岗闪长岩、二长花岗岩、花岗岩组成，多以岩基形式出露，由加厚的基性下地壳部分熔融而成。第二阶段（约126～130/134Ma）为双峰式岩浆岩，属碱性岩浆岩和钾玄岩系列，是壳幔混源产物。第三阶段（约109～126Ma）在北淮阳岩石组合为角闪正长岩、正长岩、石英正长岩，为碱性岩浆岩系列，起源于下地壳上部的部分熔融，具新元古代表壳岩和下古生界地层的同位素特征；大别山地区表现为角闪花岗岩、钾长花岗岩、石英正长岩组合，为高钾钙碱性岩浆岩系列，起源于下地壳上部的部分熔融，具有北大别新元古代变质侵入体的同位素特征。三阶段岩浆作用分别对应于岩石圈伸展、垮塌及软流圈上涌底侵的构造背景。将双峰式岩浆作用从前人划分的两阶段演化中分立出来，不仅体现了伸展作用中山根垮塌这一重大事件，更为重要的是这一事件在中国东南部岩浆作用过程中具有等时性和短暂性，而且这一作用开启了桐柏—大别地区的成矿事件。

（3）对区内沙坪沟钼矿、汞洞冲铅锌矿、东溪-南关岭金矿、西冲钨钼矿等典型矿床开展成矿特征、成矿构造、成矿流体及成矿岩体等方面的深入研究和系统总结，确定了各典型矿床的成矿地质作用及其表现形式，初步建立了矿床成因模式和所在成矿区域内的成矿概念模型，为今后开展找矿预测和矿产勘查提供了理论基础和具体的工作思路。

(4)以典型矿床成矿岩体为线索,对研究区内燕山期岩浆岩建造与成矿地质作用进行了初步研究,提出第二阶段双峰式岩浆作用的酸性端元控制着区内次火山热液型和斑岩型矿床的成矿作用,其中,北淮阳地区发育有次火山岩浆热液的东溪一南关岭式为主要矿化形式的金矿,在大别山地区则形成以斑岩热液的西冲式为代表的铜钼钨矿床,以及以界岭式为代表的构造蚀变岩型金矿,可以预见在大别山地区广泛发育的有利于形成矽卡岩型矿床的碳酸盐岩分布区,将在今后找矿中获得重大突破。第三阶段的碱性岩浆作用控制区内斑岩型、矽卡岩型和大脉型钼、铜多金属矿床的成矿作用,受成矿背景的限制,仅在北淮阳地区发育。

在此基础上,本项目将安徽大别山地区的燕山期成矿作用划分为1个成矿系列和3个成矿亚系列,以及对应的6个矿床式。

(5)依据构造节点区具有的导岩、导矿意义,编制了区域构造节点分布图;依据成矿地质作用和对应的成矿建造及其空间分布,将研究区划分出若干个具有成矿地质条件的燕山期构造岩浆单元,并利用所收集的1∶20万化探异常图,对这些单元进行了初步的排序;以典型矿床和典型成矿区的矿床成因模式和找矿模型为理论依据,初步拟定了11个找矿预测区。

由于本地区尚未全面开展1∶5万地球化学测量,特别是项目提前结题,因此,无法按计划进一步开展预测区的成矿建造核实、成矿事件调查和成矿物质潜力分析等工作。

(6)依据对部分找矿远景区的调研,提出了下一步找矿建议,顺利申报了东溪-南关岭矿山接替资源勘查项目和沙坪沟整装勘查综合研究项目。

通过对东溪-隆兴金矿带的研究,发现成矿与深部隐伏的石英正长岩有关。拆沉阶段双峰式岩浆作用中的酸性端元次火山岩在沿扫帚河断裂带上升至火山盆地附近,发生不混溶作用,形成多种产状的气爆角砾岩及其顶部的裂隙充填型石英脉,在垂向及平面范围均具有特征的矿化蚀变分带,即岩体—热液角砾岩—囊状似层状热液角砾岩—破碎方解石大脉—方解石石英大脉—石英大脉—石英网脉—泥化破碎带,矿化主要发生在中部顺层囊状气液角砾岩和顶部石英脉中。因而,早前仅针对部分浅表大脉型石英脉矿体的勘查工作,并没有全面囊括所有矿化类型。地表考察结果显示,矿区存在多条与已知矿带平行的泥化破碎带—网脉带,其深部找矿前景如何?除南关岭矿区深部隐伏的含矿囊状角砾岩外,其他地区是否存在?在此基础上笔者制定了老矿山接替资源勘查方案,并获得批准,目前正在勘查之中。

(7)制定了武当大别成矿带工作部署方案,出版了相关专著。在中国地质调查局有关领导的直接带领下,与武汉地质调查中心、天津地质调查中心及安徽地质调查院、湖北地质调查院、河南地质调查院等单位的有关专家共同组队,经过一年来的努力,制定了武当—桐柏—大别成矿带工作部署方案,并得到地矿部评审专家的好评,使这一地区成为第21个国家级重点成矿带。随后与其他主要编写人员继续努力,完成了《武当—桐柏—大别成矿带成矿条件与成矿规律》专著的编写与出版工作(图3-20)。

图 3-20 成矿带专著

湖北省宜昌市雾渡河-殷家坪石墨资源调查评价

承担单位:湖北非金属地质公司

项目负责人:张清平

档案号:0875

工作周期:2013—2014 年

主要成果

(1)确定了坟埫坪、杉树包区两个找矿靶区,两靶区各发现一矿产地,分别为坟埫坪矿产地、刘家湾矿产地。大体了解了各矿产地石墨矿矿体的规模。初步估算靶区内石墨矿矿石资源量(334)11 345×10^3t,矿物量 911×10^3t。其中,估算坟埫坪矿产地石资源量 8489×10^3t,矿物量 619×10^3t;估算刘家湾矿产地矿石资源量 2856×10^3t,矿物量 292×10^3t。两矿产地均为中型以上石墨矿床规模。

(2)大致了解石墨矿的含矿层位和矿体赋存层位,本次发现的矿体均赋存于水月寺群黄良河组第一段地层中。

(3)大致了解区内地层、构造、岩性变化及与矿化的关系;大致了解主要石墨工业矿体的分布、形态、产状、规模,赋存层位、矿石组分及质量;对区内水文地质、工程地质和环境地质状况与相邻同类型矿区作类比。

(4)通过路线调查发现如下矿产。硫铁矿:硫铁矿开采老窿及矿化点主要分布在黄良河组下段($Ar_2-Pt_1^1h$)和中段($Ar_2-Pt_1^2h$),表露特征明显。现多停采。磁铁矿:在黄良河组下段($Ar_2-Pt_1^1h$)底部与黄良河组上段($Ar_2-Pt_1^3h$)底部均有分布。黄良河组下段($Ar_2-Pt_1^1h$)底部磁铁矿为代表矿区为店子河矿区,已开采使用多年。在黄良河组上段($Ar_2-Pt_1^3h$)底部比较稳定似层状出现,目前未见有规模开采。金矿:主要分布在周家河组地层石英脉中。调查区内有坦荡河金矿普查区、殷家坪金矿普查区、王家台金矿普查区。本次调查中见到3～5处金矿小规模开采平硐(多为群众反映)。磷矿:主要分布在震旦系中,开采规模较大。花岗岩、大理岩及观赏石等建筑石材:当地群众和中小企业较多开采三峡红、三峡绿、豹斑等花岗岩、大理岩等建筑石材,较多个体经营观赏石等。石榴石矿:主要赋存在黄良河组上段和周家河组上段地层中,现有3处开采点(老林沟、清凉寺、彭家河)。

广西大黎地区矿产远景调查

承担单位:广西壮族自治区地质调查院

项目负责人:叶有乐

档案号:0878

工作周期:2011—2013 年

主要成果

(1)按照战略性矿产远景调查技术要求,在全面收集、分析研究前人工作成果基础上,通过开展广西大黎地区1∶5万地面高精度磁测、1∶5万水系沉积物测量、主要成矿地段1∶5万矿产地质草测及矿产检查、综合研究等工作,大致查明测区金、钨、钼多金属矿控矿条件、成矿地质特征,圈定物探、化探异常;系统研究、总结了调查区主要矿床成因类型、成矿控制因素、矿床(点)时空分布、成矿规律及找矿标志等,采用地质、矿产、物探和化探等多元信息手段开展区域成矿预测,圈定找矿远景区和找矿靶区,对测区资源潜力作出了总体评价并提出了下一步工作部署建议。调查工作全面完成了项目下达的各项工作任务及成果目标,各项工作严格按照《战略性矿产远景调查技术要求》(DD2004—04)和有关国家标准、行业规范要求执行,项目工作部署基本合理,技术方法手段选择恰当,野外资料收集齐全,数据准确、真实客观,项目工作质量符合设计和技术标准及相关行业规范要求,调查、研究程度达到了战略性矿产远景调查工作的要求,找矿效果好。

(2)在充分收集和利用桂平幅1∶20万区域地质矿产调查和水晏幅、思旺幅、陈塘幅1∶5万区域地质调查成果资料基础上,通过野外路线调查及六岑和大黎两个重点成矿区(图3-21、图3-22)的实地修测,大致查明了测区地层、构造和岩浆岩的分布、岩石类型、变质作用及有关矿产等特征,以及成矿、控矿地质条件,矿化蚀变特征,矿化类型及分布范围。

(3)全面完成测区水晏幅、陈塘幅、思旺圩幅和坡头幅4个图幅1∶5万地面高精度磁测工作,大致查明了测区地磁异常分布特征、规律,圈定ΔT磁异常16个,并对ΔT磁异常向上延拓500m经数据分离增加圈定ΔT局部磁异常35个;对主要异常区进行了推断解释,认为测区磁异常主要是由岩体(或隐伏岩体)及其接触蚀变岩引起;以磁异常成果为基础,结合剩余重力异常、地质、化探、遥感成果,在测区内推断划分了14条断裂。该成果为测区矿产预测提供

图 3-21　大黎靶区裂隙中辉钼矿

图 3-22　大黎岩体东面侵入接触带硅化砂岩

了地球物理方面的依据。

(4)完成了水晏幅和思旺圩幅2个图幅1∶5万水系沉积物(土壤)测量工作。研究了主要成矿元素在地层及岩体中的分布特征,认为加里东期、燕山期中酸性岩及寒武系成矿元素浓集率高、分异性强,是测区成矿性较好的地质单元。化探异常主要分布在加里东期罗平岩体、马练杂岩体及其接触带附近,异常元素组合为W、Mo、Bi、Cu、Au、Ag、Pb、Zn、Sb、Hg等多元素综合异常,W、Mo、Bi等高温元素主要分布在岩体上,Au、Ag、Cu、Pb、Zn、Sb、Hg等中低温元素主要分布在高温元素综合异常周围,形成了完整的元素水平分带。根据元素共生组合关系、空间套合程度等圈定综合异常25个,并根据异常面积、异常强度、元素组合及成矿环境等条件对综合异常进行分类和综合排序,为进一步矿产勘查工作提供了可靠的地球化学方面的依据。

(5)在找矿工作方面取得了新的突破,在测区六岑金矿田(育梧检查区)中新发现了斑岩型钨矿,钨矿化范围大、强度高,矿化面积约6km^2。钨矿化沿花岗斑岩脉呈带状展布,总体上呈面状分布,钨矿体主要产于花岗斑岩脉中及其外接触带附近,呈带状、板状、脉状平行产出,走向近东西,倾向南170°左右,倾角65°～85°,经初步工程揭露圈定钨矿体10个,矿体厚度一般为2.15～31.84m,最厚206.68m(ZK001),WO_3品位一般在0.1%～0.20%之间,最高0.850%,局部共、伴生铜、钼矿。初步估算钨矿预测的资源量(334):矿石量5014.77×10^4t,WO_3 57 719.3t,WO_3平均品位0.115%。

(6)系统总结了调查区成矿控矿地质条件、矿床(点)的时空分布特征、成矿规律及找矿标志等。调查区主要有加里东期、燕山早期和燕山晚期3个成矿期,主要矿床成因类型有中低温热液充填-交代型金矿床、岩浆期后热液充填-交代型钨矿床、岩浆期后热液充填-交代型钼矿床、中低温热液充填-交代型银铅锌铜多金属矿床等,成矿作用主要与地层、岩浆岩及构造有关。震旦系和寒武系是测区钨、钼、金、银铜铅锌等矿的重要矿源层和赋矿地层。加里东期和燕山期中酸性、酸性侵入岩是测区主要的成矿岩体。凭祥-大黎深大断裂是本区重要的控岩、控相、控矿构造,其与区域性近南北向断裂交会部位控制着矿田(矿集区)的产出;北东东向(近东西向)、北东向、北西向、近南北向等派生、次级断裂为容矿构造。

(7)本区矿床的空间分布与岩浆活动密切相关。矿床在空间上常围绕岩浆岩分布,具明显的水平和垂直矿化分带特征。如六岑矿集区具W、Mo(Cu)→Au、Ag、Cu(As)从高温到中低温水平分带特征,在大头坪—六八村一带表现为W、Mo(Cu)矿化,并发现了育梧钨矿,其外围以Au矿化为主,已发现六岑、鸡冠石、戴屋等小型金矿床3处,金矿点10多处;大黎矿集区以大黎岩体为中心,岩体内外接触带为Mo、Cu矿化带,远离岩体为Au矿化带,更远为Pb、Zn、Ag矿化带,各有相应的矿床形成,在垂向上,多金属矿床上部为金矿,往下为Ag、Pb、Zn矿。

(8)建立了调查区主要矿种金、钨、钼矿成矿模式及综合找矿模型。调查区金矿主要成因类型为中低温热液充填-交代型金矿床,矿床类型属中低温热液裂隙充填的抱伦式脉型金矿床,成矿作用主要与地层、构造及岩浆活动有关,成矿物质主要来源于地层,经活化迁移产生初始富集,后期岩浆-构造热液叠加改造富集成矿,具有多成因、多来源、多期多阶段成矿特征,主要成矿期为燕山期和加里东期。钨钼矿主要为与中酸性、酸性侵入岩有关的岩浆期后热液矿床,矿床类型以斑岩型为主,钨矿床主要产于加里东期花岗斑岩体内及其接触带附近,钼矿床主要产于燕山晚期花岗闪长岩体侵入接触带附近,钨、钼矿床受岩浆岩、构造及地层岩性复合因素控制,与加里东期和燕山期中酸性、酸性侵入岩关系密切,成岩成矿时间相近,成矿物质和成矿流体主要来自于岩浆活动。

(9)根据调查区矿化类型、成矿控矿条件、成矿规律、矿床(点)时空分布结合广西区域成矿区带划分将调查区划分为六岑-桃花 Au－Ag－W－Mo－Cu－Pb－Zn 成矿区(Ⅴ级成矿区)。在正确划分Ⅴ级成矿区的基础上,根据测区地质、矿产及物探、化探异常特征等,依据成矿地质条件有利程度、成矿信息浓缩程度、资源潜力大小等因素在测区圈出找矿远景区5个。其中,A类找矿远景区3处(六岑钨金多金属矿找矿远景区、大黎钼金银铅锌铜矿找矿远景区和陈塘-桃花金多金属矿找矿远景区),B类找矿远景区1处(马练金铜多金属矿找矿远景区),C类找矿远景区1处(同和金多金属矿找矿远景区)。经找矿靶区优选,共圈定找矿靶区11处:a级找矿靶区5处,b级找矿靶区3处,c级找矿靶区3处,根据本次矿产检查成果圈定、提交的a级找矿靶区有育梧金、钨多金属矿找矿靶区(A1－a1)、大黎钼金银铅锌矿找矿靶区(A2－a1)和六练顶金银多金属矿找矿靶区(A2－a2)等3处。

(10)根据测区地质、矿产及物、化探成果,采用综合信息地质单元法对测区金、钨、钼资源潜力进行了评价,并计算预测资源量。共圈定抱伦式脉型金矿最小预测区10个,其中,A类3个,B类3个,C类4个。圈定园珠顶式斑岩型钼矿最小预测区2个,其中,A类1个,C类1个;斑岩型钨矿A类最小预测区1个。预测资源量(334):金金属量91 862.4kg,钼金属量83 135.4t,WO_3 280 229.1t。对测区金、钨、钼矿资源潜力作出了总体评价并提出了下一步工作部署建议。

湖南茶陵锡田整装勘查区锡多金属矿调查评价与综合研究

承担单位:湖南省地质调查院
项目负责人:梁铁刚
档案号:0885
工作周期:2011—2013年
主要成果

(一)异常检查

1. 锡田矿区庙背冲矿段锡多金属矿萤石矿异常检查(异常编号AS25)

经异常检查共发现构造裂隙充填型萤石矿脉6条,云英岩型锡矿脉3条,构造蚀变带型锡矿脉1条。

萤石矿脉多为隐伏延伸,地表表现为构造蚀变带,一般不见萤石矿化,只在浅表以下的民采坑道中见矿脉。含矿构造蚀变带走向延伸长300～2000m,带宽一般为1～5m。民采坑道中,矿脉走向上可见采长100～250m,矿脉平均厚0.2～5.06m,最厚达14.41m,平均品位36.67%～76.03%。经初步概算,萤石矿物量(334)在53.55×10^4t以上。云英岩型锡矿脉走向延伸长100～500m,矿脉厚0.2～0.73m,锡品位0.176%～0.448%。构造蚀变带型锡矿脉仅有单工程控制,矿脉厚0.85m,锡品位0.153%。

2. 万洋山找矿远景区石下金矿异常检查(异常编号AS1、AS3)

以往大调查项目对AS1异常进行了初步检查,共发现构造蚀变带(蚀变碎裂花岗岩)型金多金属矿脉 3 条(编号Ⅴ1、Ⅴ2、Ⅴ3),并已设探矿权。本次异常 π 检查在 AS1 异常范围新发现北西向构造破碎带型金矿脉 2 条(Ⅴ4、Ⅴ5),Ⅴ4 走向延伸长 200m,经 PD10 控制,矿脉平均厚 1.5m,金平均品位 7.5×10^{-6}。Ⅴ5 走向延伸长 200m,矿脉厚 0.63m,金品位 6.8×10^{-6}。通过对已发现的Ⅴ1、Ⅴ2 矿脉中浅部民窿的调查编录,发现Ⅴ1、Ⅴ2 矿脉在深部合并为一条矿脉,民窿揭露矿体厚 16.67m,金平均品位 5.32×10^{-6},矿化基本连续。通过地表追索将Ⅴ3 矿脉在原有基础上往南西方向延伸了 1000m。

3. 万洋山找矿远景区竹园冲钨钼多金属矿异常检查(异常编号 AS2、AS4)

经异常检查,区内共发现构造蚀变带型金、钨、钼矿脉各一条。矿脉分布于万洋山岩体加里东期中粒斑状黑云母二长花岗岩中。

构造蚀变带型金矿脉走向北东,出露长度约 2km,往南西方向与青山里金铅锌多金属矿脉Ⅴ3 脉相连,为区内主要含金矿脉。经地表槽探工程控制,矿脉厚 1.15m,Au 品位 0.70×10^{-6},说明青山里金铅锌多金属矿脉Ⅴ3 脉往北东方向仍有稳定延伸,具有较好的找矿潜力。构造蚀变带型钨矿脉走向北东,控制走向长 100m,经地表剥土工程控制,矿脉厚 0.60m,WO_3 品位 0.287%。构造蚀变带型钼矿脉走向北东,目前只有单工程控制,可见长约 20m,经地表剥土工程揭露,矿脉厚 1.0m,钼品位 0.112%。

(二)矿点评价

1. 锡田矿区黄草矿段锡铅锌银多金属矿

通过工作,矿段共发现铅锌银多金属矿脉和锡铅多金属矿脉8条,主要矿脉两条(Ⅴ3、Ⅴ7)。

Ⅴ3 矿脉:地表经槽探和民采老窿控制,矿脉走向长 800m,厚 1.07m。浅部经 PD4、PD5、PD6 控制,矿体走向长 230m,矿体平均厚 1.11m,平均品位分别为 Pb 7.351%、Zn 4.179%、Ag 59.96×10^{-6}。深部经 ZK51802 控制,于孔深 232.53~235.71m 和 240.94~243.57m 见矿 2 处,品位分别为 Pb 1.161%、Zn 0.770%、Ag 18.1×10^{-6} 和 Pb 0.573%、Zn 0.358%、Ag 15.0×10^{-6},真厚度分别为 0.823m 和 0.681m。

Ⅴ7 矿脉:为锡铅矿脉,地表经 BT1、BT3、BT4、TC14、TC15、TC16、PD7、PD8 控制,矿脉走向长约 1000m,矿脉厚 1.55m,地表见矿工程平均品位 Pb 4.872%、Sn 0.385%。深部经 ZK53901、ZK54301 控制,均揭露到了相应的含矿构造蚀变岩,但矿化微弱。该矿段主要矿脉共估算资源量(金属量 334):铅 24 416t、锌 13 725.3t;银 41.25t、锡 842.75t。

2. 万洋山找矿远景区青山里金铅锌多金属矿

通过工作,区内共发现构造蚀变岩型金铅锌多金属矿脉 11 条,其中,Ⅴ3 号主矿脉区内地表延伸长 2000m,往北东方向延伸至竹园冲钨钼多金属找矿靶区,矿脉走向总延伸长 4000m。区内矿脉厚 0.1~1.23m,平均 0.45m。金平均品位 5.76×10^{-6}。而矿脉中铅锌的含量在地表普遍不高,仅在矿脉南端局部见大于工业品位的矿体。为了解Ⅴ3 矿脉中深部含矿性,共施工了 3 个预查钻孔,均揭露到了相应的矿脉,但深部金矿化弱,含矿性不稳定。将地表和中深部含矿特征进行对比,显示矿脉在倾向上具分带性,浅表以金矿化为主,深部以铅锌矿化为主,伴生金银。其中,ZK401 孔在控制斜深 102m 和 167m 处见两处铅锌矿体,Pb 品位分别为 1.73%和 4.11%,Zn 品位分别为 10.60%和 15.29%,矿体厚分别为 0.32m 和 0.50m。已初步估算该主矿脉金金属量(334)400.17kg,铅+锌金属量(334)1.3×10^4t。

(三)已知矿脉深、边部找矿

1. 已知矿脉深部找矿

该项工作主要选择在锡田岩体东接触带桐木山矿段。该矿段棋梓桥组碳酸盐岩与岩体接触带之深部共施工了3个钻孔,在远离接触带控制斜深大于1000m的接触带深部,均揭露到了矽卡岩型锡钨矿体或矿化。其中,ZK7201在控制斜深约1000m的接触带深部,见43号矿脉,矿脉厚0.38m,Sn品位0.165%;ZK11603在斜深约800m的接触带上,见31号矿脉,矿脉厚0.59m,WO_3品位0.379%;ZK10504在斜深约900m的接触带上,见钨矿化,WO_3品位0.078%,厚度1.52m。经初步概算,东接触带深部钨锡资源潜力在3.75×10^4t以上,说明锡田岩体东接触带深部仍具有一定的找矿潜力,是较理想的矽卡岩型钨锡多金属矿找矿靶区。

2. 已知矿脉边部找矿

该项工作选择在锡田矿区南部圆树山矿段。通过工作新发现构造-矽卡岩复合型锡多金属矿脉1条,石英脉带型锡钨矿集中分布区段5处,并根据可控源音频大地电磁测深成果,对垄上矿段21号、21-1号矽卡岩型锡钨矿脉南延部位的深部含矿性进行了钻探验证。

构造-矽卡岩复合型锡多金属矿脉走向延伸长800m,因民采老窿均已垮塌,未收集到矿脉的品位、厚度数据,但地表沿矿脉走向有明显的露天采坑遗迹,采出的废渣中见较多的石英团块和矽卡岩碎块。经民采情况调查,矿脉中有用矿物以锡钨为主,伴有铅和锌。

石英脉带型锡钨矿脉主要脉带5个,脉带走向延伸长100～500m,脉带宽100～200m。矿脉走向延伸长100～1000m,矿脉平均厚0.3m,锡最高品位2.16%,钨最高品位2.287%。经初步概算,锡+钨资源潜力在1×10^4t以上。

对垄上矿段21号矽卡岩型锡钨矿脉南延部位的深部含矿性钻探验证,是根据区内施测的210线和248线可控源音频大地电磁测深成果而进行的。其中,ZK21001孔在棋梓桥组碳酸盐岩与岩体接触带附近见矿3层,本项目在21号矽卡岩型锡钨矿脉南延方向的边部接触带上,布置的3个钻孔亦均见到了较好的矽卡岩,说明垄上矿段21号矽卡岩型锡钨矿脉,向南有稳定延伸,只是其含矿性不稳定。

(四)综合研究

综合研究工作主要针对锡田矿区,在全面收集并分析整理锡田矿区区域地质、物探、化探、遥感和典型矿床特征资料的基础上,运用新的成矿理论和观点、方法,研究锡田矿区钨锡多金属矿的成矿地质条件和控矿因素并进行成矿预测,指出了下一步找矿方向,划分了5个成矿预测区;分别为垄上矿段深部石英脉、云英岩型钨、锡矿预测区,晒禾岭矿段鹅井里矽卡岩型、云英岩型矿化预测区;晒禾岭深部及外围构造蚀变岩型硫化物、石英脉、云英岩型钨锡矿化预测区,革麻塘一带岩体与碳酸盐地层接触带处为矽卡岩型矿预测区;狗打拦深部石英脉或云英岩型钨锡矿预测区。

湖南宜章地区矿产远景调查

承担单位:湖南省有色地质勘查局

项目负责人:吴南川

档案号:0889

工作周期:2011—2013 年

主要成果

(1)建立了工作区内地层、岩浆岩完整的填图单位序列。厘定出岩石地层单位 27 个,岩浆岩填图单位 25 个(13 个期次)。

(2)初步查明了测区地层岩性、岩相、厚度、地球化学特征及其含矿性。基本上查明了测区岩浆岩的物质组成、结构、构造、岩石地球化学、微量元素、稀土元素和同位素地球化学特征、围岩蚀变作用等,重点分析研究了岩浆岩与成矿的关系。通过系统的取样分析,获得了较系统的区域地球化学背景与各地层、岩浆岩体、岩性中的元素丰度资料。

(3)基本查明了工作区内的构造格架,厘定了构造期次,对构造形迹的变形机制、构造形迹之间的关系、构造与矿产的关系有了进一步了解。

(4)在工作区内新发现了矿点 9 处,通过概略检查、重点检查等一系列工作,新发现矿产地 1 处,提交金属资源量(334)Rb_2O 4836t、Sn 1000t,提交找矿靶区 6 处。

(5)通过收集 1∶5 万水系沉积物测量成果资料,共圈定出水系沉积物综合异常 76 处,其中,找矿意义较大的甲 1、甲 2 及乙 2 类异常共计 53 处。根据地球化学异常的分布规律、地质找矿标志等成矿综合信息,在测区内划分出找矿潜力较大的远景区 18 处,其中,Ⅰ级找矿远景区 5 处,Ⅱ级找矿远景区 8 处,Ⅲ级找矿远景区 5 处,进一步缩小了找矿靶区。

(6)较系统地分析了工作区已发现的金属矿产、非金属矿产的分布及其特征,基本查明了工作区内矿(化)点、矿化蚀变带的时空分布规律;以钨锡钼铋、铅锌银等典型矿床认识为依据,在分析、研究测区控矿地质条件、综合信息找矿标志的基础上,初步建立了区内主要矿床类型的综合找矿模型。结合新取得的地质、矿产、物化遥综合信息,在区内圈定出了Ⅰ类找矿远景区 2 个,Ⅱ类找矿远景区 2 个,Ⅲ类找矿远景区 1 个,共 5 个不同级别的找矿远景区,在此基础上提交找矿靶区 6 处,进一步明确了区内的找矿目标。

(7)完成了《湖南宜章地区矿产远景调查报告》及相关附图 1 套,《1∶5 万图幅说明书》5 份,矿产检查报告 9 份(含重点检查、概略检查)。

广东 1∶5 万明山嶂煤矿、高陂圩、砂田圩、潭江圩等幅区域地质矿产调查

承担单位:广东省地质调查院

项目负责人:邸文

档案号:0902

工作周期：2012—2014 年

主要成果

（1）采用多重地层划分方法，重新厘定了调查区内填图单位，将区内地层划分为 2 个群级岩石地层单位，17 个组级岩石地层单位和 7 个段级非正式岩石地层单位，共计 26 个地层单位。划分依据较充分，查明了各地层单位的岩性组合、生物及沉积相特征。其中，在测区西南部官田一带吉水门组泥岩中新采获双壳类化石；在叶华一带原划分的早侏罗世碎屑岩系新解体出震旦纪南岩组浅变质岩系，在塘溪及北埔一带原中侏罗世漳平组新解体出早白垩世官草湖组红层，为区域地层划分对比及研究提供了新的资料。

（2）对中生代火山岩进行了火山构造-岩性岩相-火山地层填图，基本查明了火山岩物质组成及空间展布规律，划分了 2 个火山活动旋回，划分出火山口-火山颈相、侵出相、次火山岩相、喷溢相、爆溢相、空落堆积相、火山碎屑流相、火山爆发崩塌相和喷发-沉积相 9 种火山岩相类型，圈定了铜鼓嶂、银窿顶、学官嶂和袄婆嶂 4 个火山机构，火山机构空间组合形式为串珠状。进行了岩石学、岩石地球化学、副矿物等研究，并在火山岩中获得激光等离子锆石 U－Pb 同位素年龄，分别为（143±1.5）Ma、（145±1.9）Ma、（148.8±1.7）Ma，将火山岩的活动时代厘定为晚侏罗世—早白垩世。

（3）将测区侵入岩划分为 12 个“岩性＋时代”填图单位，64 个侵入体，分别属于印支期、燕山期构造岩浆旋回。基本查明了各期次侵入体之间、侵入体与围岩的接触关系，开展了侵入岩的岩石学、岩石化学、地球化学等研究。

（4）将原燕山期叶华白云母花岗岩岩体重新厘定为印支期花岗岩，采用激光等离子锆石 U－Pb 测年分析，获得花岗岩的年龄为（239±3.3）Ma，属于硅过饱和、铝过饱和、钙碱性花岗岩类，区域构造环境相当于板块间碰撞环境，属于源自沉积岩重熔改造的 S 型花岗岩，表明叶华岩体是中三叠世印支期岩浆活动的产物。

（5）对燕山期侵入体进行了总结，并获取大量同位素年龄，归结了 11 个不同期次的侵入岩，属于硅铝过饱、钙碱性花岗岩，构造环境由板内环境转向活动大陆边缘环境。通过调查，区内主要矿点分布与燕山期花岗岩类关系密切，其中，与 Cu、Pb、Zn、W、Mo 矿床（化）有关的为晚侏罗世和早白垩世侵入体，主要在调查区中部金花盆—洲瑞一带。燕山期花岗岩岩浆的侵位，除了提供热源外，还提供了大量的成矿物质，而岩浆的多次活动提供了成矿物质及导矿、容矿构造等有利成矿条件。

（6）将区内变质岩划分为区域变质岩、热接触变质岩、气-液蚀变岩和动力变质岩。研究了各种变质岩的岩石类型及相应的变质矿物共生组合。

（7）对区内褶皱、断裂等构造进行了调查，基本厘定了区内的构造格架，大致查明了区内 30 条主干断裂及 4 条北东向褶皱的应变特征并划分了活动期次；通过对比区域构造事件，结合露头尺度上各构造控制点的特征，大致查明了调查区内至少发生了 4 个变形旋回、7 个世代的构造事件，重点对燕山运动旋回的构造事件进行了研究，初步查明了构造与岩浆活动在时间和空间上的关系。

（8）区域构造调查研究获得重大进展，识别出了调查区晚中生代伸展构造。结合邻区地质情况，识别出梅县地区晚中生代构造体系。该体系由剥离断层、岩浆核杂岩、岩浆热隆及伸展裂陷盆地等构成。识别出剥离断层（DF1－DF6），主要表现为在年轻盖层中形成脆性断裂，断裂带内的构造角砾岩十分复杂，有弱片理化砂岩、强片理化火山碎屑岩、变质岩及糜棱岩；在基底岩石中形成韧性的糜棱岩带和强片理化带。以剥离断层所分剥而成的有上、下剥离层。上剥离层由中二叠世—中侏罗世沉积地层组成,主要形成脆性域的构造样式组合;下剥离层由震旦纪南岩组和黄连组变质地层组成,在剥离断层中发育糜棱岩,形成(强)片理化带。岩浆核杂岩出露在邻区的"畲坑混合岩"中,主要由加里东期片麻状花岗岩和变粒岩类、片岩类和片麻岩类组成;岩浆热隆主要为调查区出露的少量160Ma左右的花岗岩及邻区伸展断陷盆地的边界出露的大量北东向展布的晚侏罗世花岗岩,并且伸展裂陷盆地最早沉积为早白垩世晚期沉积物。该伸展构造体系形成时间为160Ma左右至135Ma左右,最大伸展期应在145Ma左右。确立梅县地区晚中生代伸展构造体系,并明确提出伸展构造形成的时间,这是粤东沿海岩石圈伸展减薄野外证据的重大发现,明确提出粤东沿海陆壳岩石圈型减薄发生160Ma左右至135Ma左右,具有一定的意义。

(9)通过1∶5万明山嶂幅水系沉积物测量,编制了Cu、Pb、Zn、Sn、Ag等20个单元素地球化学图,圈定了综合异常11处,对异常进行了解释和推断,并对区域地球化学特征进行了总结,为区域成矿规律分析及找矿远景区划分提供了地球化学依据。

(10)基本查明了区内已知和新发现矿床、矿点和矿化点共计76处,分别按照能源矿产、金属矿产、非金属矿产进行分类介绍,并对其分布特征、成矿地质条件、矿化特征和找矿潜力进行了分析。

(11)新发现稀土矿点3处,稀土矿化点1处,铅锌银矿化点1处,铜多金属矿化点5处,黄铁矿矿化点1处,水晶矿化点1处,煤矿点2处。其中,通过异常查证认为新发现的高陂赤山离子吸附型重稀土矿及丰顺罗旗嶂离子吸附型轻稀土矿具大型远景规模。

(12)经综合研究,认为区内铅锌矿、铜矿、稀土矿等具较好的找矿前景。初步阐述区内主要矿产的分布特征、成矿地质条件及主要矿种的找矿模型,划分4个A级找矿远景区和5个找矿靶区,并对地球物理、化探、遥感特征进行了概括,对找矿潜力进行了分析。

湖北省矿山环境监测

承担单位:中国地质调查局武汉地质调查中心

项目负责人:崔放,何文熹

档案号:0903

工作周期:2012—2014年

主要成果

(1)利用2012—2014年多期、多源遥感数据和矿权数据开展矿产资源规划执行情况遥感监测。以2012年为时间节点,针对《2008—2015年湖北省矿产资源总体规划》(湖北省第二轮矿产资源规划),查明了湖北省西部地区矿产资源规划执行情况,动态监测了第二轮规划执行情况,并提出了规划建议。

(2)采用多种高分辨遥感影像结合实地调查验证,3年来在湖北省西部地区开展了10个1∶5万重点工作区、7个1∶1万重点工作区矿产资源开发状况和矿山地质环境高精度遥感解译,这17个重点矿集区基本涵盖了湖北省西部地区的重点、热点矿种,同时查明了重点矿集区内矿山分布、数量、开采主要矿种、开发规模、开采方式、矿山地质灾害、矿区环境污染等矿产资源开发现状和矿山地质环境现状，总结分析了违法采矿、矿山地质灾害与开采矿种、开采方式、开采区域等的关系，为矿业秩序整顿、矿山生态环境恢复治理提供了基础资料和科学依据。

(3)利用重点矿集区高分辨遥感数据和年度土地卫片遥感数据连续3年对湖北省西部地区矿产卫片疑似违法图斑进行遥感解译及野外验证。2012年湖北省西部地区共解译出各类违法开采图斑76个，违规主体67处。2013年湖北省西部地区各类违法开采图斑108个，疑似违规主体93处。2014年湖北省西部地区各类违法开采图斑125个，疑似违规主体105处。通过连续3年的矿产卫片遥感监测，基本暴露出湖北省矿产开发秩序热点、重点区。遥感监测能长期、持续地为地方政府和国土资源部门矿政管理提供准确的数据和有力的技术支持。

(4)利用多期、多源遥感影像，基本查明了湖北省西部地区矿山开发引发的矿山开发占地、矿山地质灾害、矿山环境污染及矿山环境恢复治理等一系列问题。

(5)利用多期土地遥感数据、重点工作区遥感数据对湖北省西部地区的“矿山复绿”实施区域(包括重要自然保护区、景观区、居民集中生活区)的周边和重要交通干线、河流湖泊直观可视范围(简称“三区两线”)2013年及2014年共70个复绿点实施情况进行动态、持续的监控。

钦杭成矿带(西段)重要金属矿床成矿规律及找矿方向研究

承担单位：中国地质调查局武汉地质调查中心

项目负责人：徐德明，蔺志永，张鲲

档案号：0905

工作周期：2010—2012年

主要成果

(1)根据全区1∶25万区域地质调查及其他最新生产、科研成果资料，编制了1∶100万钦杭成矿带(西段)地质图、地质矿产图、构造纲要图、岩浆岩分布图等基础系列图件，为钦杭带成矿地质矿产调查和科学研究提供了重要的基础地质资料。

(2)从钦杭成矿带(西段)及其邻区1000余个金属矿床数据中，筛选出矿产地600余处，建立了杭成矿带(西段)金属矿床空间数据库，为实现矿产资源评价的数字化奠定了基础，也为矿产资源调查评价工作的决策部署提供了重要依据，对促进区内地学信息的系统管理与资料共享也具有重要意义。

(3)系统归纳和总结钦杭成矿带(西段)区域成矿地质背景，探讨了华南大地构造格局及其演化，论证了华夏古陆的存在及钦杭成矿带的边界和范围。

(4)在对区内典型铜铅锌金矿床、成矿花岗岩进行详细解剖的基础上，采用石英包裹体Rb-Sr法、辉钼矿Re-Os法、锆石LA-ICP-MS U-Pb法获得了一批高精度的成岩成矿年龄数据。其中，石英包裹体Rb-Sr法样品58件，辉钼矿Re-Os法1组，LA-ICP-MS U-Pb法14组，测得新村钼矿、龙王排铜钼矿、七宝山铜多金属矿等矿床的成矿年龄，获得湖南七宝山、海南抱伦、广东高枨矿区等矿区的精确成岩年龄，为深入研究矿床成矿机理、成矿动力学机制、探讨区域成矿规律提供了大量年代学基础资料。

(5)对区内10余个典型铜铅锌金矿床进行了深入的地质、地球化学和同位素示踪研究，探

讨了矿床成因,建立了成矿模式,归纳了找矿标志。

(6)根据区内主要金属矿床的成因组合、形成构造环境及其随地质历史演化的特点,将研究区主要金属矿床划分 7 个成矿系列:中新元古代海底喷流沉积型铜多金属矿床成矿系列、新元古代海相沉积-变质型铁锰矿床成矿系列、古生代海相沉积-叠生改造型铜铅锌铁锰矿床成矿系列、加里东期与花岗岩类有关的钨锡金银多金属矿床成矿系列、印支期与花岗岩类有关的钨锡铌钽铀多金属矿床成矿系列、燕山期与花岗岩类有关的铜铅锌金钨锡多金属矿床成矿系列和与区域动力变质热液作用有关的金银矿床成矿系列,并对各系列矿床成因、时空分布规律等进行了分析、归纳和总结,尤其对燕山期花岗岩成矿系列进行了较深入的研究,认为燕山期是钦杭成矿带最重要的成矿时期,与同期花岗岩类有关的矿床遍布全区,这些矿床也可划分为两个成矿亚系列,即与壳幔混源型中酸性岩有关的铜铅锌多金属矿床成矿亚系列(湖南七宝山、宝山、水口山、铜山岭等矿床)和与壳源型酸性岩有关的钨锡多金属矿床成矿亚系列(湖南桃林、香花岭、黄沙坪、柿竹园等矿床)。

(7)在海南抱伦金矿区新发现古元古代花岗岩,不仅具有重要的岩石大地构造研究意义,而且对该矿区矿床成因的重新认识及未来找矿方向的确定具有指示意义。

(8)开展区域成矿地质背景、区域成矿特征和成矿规律研究,提出了一些新的看法和认识,对今后找矿方向和找矿目标的确定具有指导意义。

(a)钦杭成矿带经历了从活动性板块边缘到陆内活动带漫长而复杂的发展演化过程,每一次大的构造变动事件都蕴育了各种不同类型的矿床,是华南最重要的聚矿场所,其中,新元古代和加里东期成矿事件在本区的表现相当突出,建议加强对新元古代海相沉积-变质型铁锰矿床和加里东期与花岗岩有关的钨钼金银多金属矿床的调查研究。

(b)提出华南中生代构造体制转换发生于中、晚三叠世,而不是以前普遍认为的早、中侏罗世;认为华南中生代大规模成矿作用在印支晚期就已拉开了序幕,晚三叠世是华南中生代大规模成矿作用的第一个高峰期,它们以碱性花岗岩(A 型)、基性岩及相关矿床的出现为标志。

(9)根据区域成矿地质条件、矿床分布特征、成矿规律及近年来的找矿工作进展获得的找矿信息,圈定了找矿远景区,并提出了进一步工作建议。

(a)老矿山深部及外围。从近年找矿工作实践来看,这些工作程度较高的地区仍具有很大找矿潜力。如湘东北黄金洞金矿新增金资源量 11.52t,桂东佛子冲铅锌矿新发现矿体 49 个,新增矿石资源量 758×10^4 t。

(b)次级隆起区与坳陷区交接部位,即沿古生代—中新生代盆地边缘及隆起区周边找矿。靠近隆起区一侧,主要沿断裂构造尤其是韧性断裂带找矿(金、铅、锌),或在大型复式岩基中寻找印支晚期—燕山期成矿(钨、锡)小岩体。靠近坳陷区一侧,利用地球物理和地球化学方法寻找隐伏含矿(铜、铅、锌)岩体,特别是隐伏于泥盆系、石炭系碳酸盐岩中的燕山期成矿岩体。

(c)深大断裂两侧,尤其是走向发生变化的部位。深大断裂由于其发育时间长、延伸远、影响深度大,且大多具多期活动的特点,是保持地壳热液循环和沟通深部物质的通道,往往控制着矿床的形成与分布。但深大断裂一般为压性或压扭性断裂,切割深度大,且长期处于高度挤压状态,封闭条件差,它们主要起导岩、导矿作用,其本身一般并不赋矿,但存在矿化显示,在其旁侧常常发育低级序的派生断裂,往往有多期岩浆沿其侵入,并伴随大量含矿热液上升,是成矿的有利地带。区内矿田、矿床,乃至矿体,通常只产在深大断裂旁侧,受派生的次级构造控制。

(d)区域性不同方向构造带交会部位，尤其是北东向构造-岩浆带与北西向隐伏基底断裂-岩浆带的交会地带。该部位一般是多期次岩浆活动的中心，亦往往为矿床(点)密集区。

(10)开展钦杭成矿带地质矿产调查规划部署研究，提交了《钦杭成矿带重要矿产勘查部署方案》及各年度实施方案，为钦杭成矿带地质矿产调查工作部署提供了科学依据。近年来，地质矿产调查评价取得了新的进展。

(a)更新了一批基础地质图件，建立了区域地层-岩浆-构造一成矿序列。

(b)在地层古生物、前寒武纪地质、岩石大地构造背景及构造-岩浆事件演化等方面有一系列新的发现和认识。

(c)通过1∶5万矿产地质测量、地面高精度磁测、水系沉积物测量及异常查证和矿点检查工作，在区内圈定了物探异常(带)484处，化探综合异常345处；圈定找矿靶区38个；新发现矿(化)点91处。

(d)引领和拉动了地方和商业性矿产勘查，如湖南黄金洞、广东阳春、广东河台、广西湾岛金矿等地矿产勘查成果显著，探明或新增资源量都达大型规模。

(11)推进计划项目各项业务工作，对钦杭成矿带(西段)地质矿产调查成果进行了梳理，提交了《钦杭成矿带西段地质矿产调查评估报告》及《钦杭成矿带西段科技问题梳理报告》；组织召开了“钦杭成矿带地质矿产调查(西段)”年度成果交流与学术研讨会、野外地质考察及现场交流；本项目成员发表论文4篇，组织发表《华南地质与矿产》2012年第28卷第4期《钦杭成矿带地质矿产调查(西段)》论文专辑。

海南大母岭—雅亮地区金钼多金属矿调查评价

承担单位：海南省地质调查院

项目负责人：吴育波

档案号：0907

工作周期：2011—2013年

主要成果

(一)物化探

1. 化探

1∶1万土壤测量，圈定了Cu、Mo、W、Sn、Ag，Au、Pb、Zn、Sb、As等元素异常，从中圈定综合异常11个。编制了相关原始数据图、地球化学图，并对异常进行解析、评价、排序，对有找矿意义的主要元素异常采用大比例尺地质、物探综合测量剖面和槽探、钻探等综合手段进行验证，寻找、圈定、评价矿(化)体及其含矿构造。

2. 物探

通过激电中梯剖面测量、中梯激电测深、可控源音频测量，圈定了3处极化异常带，4个视电阻率低阻带，物探推断破碎带6处，蚀变带1处。钻孔验证表明，上述物探异常带与岩体裂隙中大量充填的辉钼矿化、黄铁矿化有明显的对应关系。

(二)地质矿产

(1)对重点评价区开展矿产检查,圈定了42个钼矿体(图3-23、图3-24),其中,18个工业矿体,24个低品位矿体;圈定1个金工业矿体,3个金银工业矿体。

图3-23　大母岭查证区ZK0003晚白垩世(K2$\gamma\pi$)花岗斑岩中的辉钼矿化

图3-24　青隆岭查证区ZK201钻孔中辉钼矿化、黄铁矿化

(2)圈定了3处A类找矿靶区。

(三)综合研究

评价区建立了区内钼矿的找矿模型,确定了评价区的主攻矿种为Mo矿(裂隙渗透充填型为主,次为斑岩型),兼顾Au、Pb、Zn矿(热液充填型)等矿种。

广西主要城市浅层地温能开发区1:5万水文地质调查

承担单位:广西壮族自治区地质调查院
项目负责人:梁礼革,朱明占
档案号:0909
工作周期:2014—2015年
主要成果

(一)基本查明广西主要城市浅层地温能赋存条件

在实施了涵盖广西13个主要城市2510km^{2}的1:5万水文地质调查(简测)、623.10m的钻探、33个点地温测量、3组抽水回灌实验及现场热响应测试、60组岩土样品物性与热物性测试、30组地下水样品测试等工作手段的基础上,综合分析收集的资料,进一步研究广西主要城市地质与水文地质条件、地热地质条件,主要查明了地层岩性结构、岩土体的物性与热物性参数、地下水的涌水量与回灌量、可循环利用量、地温场特征、地层热响应特征和环境地质概况,全面掌握了广西主要城市浅层地温能资源赋存的地质条件,为科学评价浅层地温能资源量、保障浅层地温能资源可持续开发利用提供了宝贵经验。

(二)初步查明了广西主要城市内浅层地温能开发利用现状

通过现场走访调查、收集资料等方式开展广西浅层地温能开发利用现状调查,目前已经掌握广西浅层地温能开发利用工程217个,应用面积达到$1845\times10^4m^2$。调查表明,区内浅层地温能的开发利用方式多为地表水源和地埋管地源热泵工程,地下水和污水源热泵项目建设较少。目前已建成的热泵工程系统运行状况良好,节能效果显著,与常规能源相比,运行费用显著降低,投资回收期大幅缩短,经济效益和环境效益明显。同时也深入调查了目前开发利用存在的问题,这一成果为推进广西浅层地温能资源开发利用和科学管理提供了依据。

(三)进行了广西主要城市浅层地温能资源开发利用适宜性分区

通过区内的地质与水文地质条件分析、地下水化学类型分析及相关热物性参数的计算,采用层次分析法对广西主要城市重点规划城区范围内浅层地温能资源进行了开发利用适宜性分区,主要分为地下水地源热泵和地埋管地源热泵两大类。广西主要城市地下水地源热泵适宜性分区结果显示:适宜区面积为910.98km^2,占整个工作区36.29%;较适宜区976.40km^2,占整个工作区38.90%;不适宜区622.66km^2,占整个工作区的24.81%。广西主要市地埋管地源热泵适宜性分区结果显示:适宜区面积为504.56km^2,占整个工作区的20.10%;较适宜区面积 1527.69km^2,占整个工作区的 60.86%。

(四)系统研究了广西主要城市现场热响应特征

(1)经过分析计算,区内平均导热系数范围值约在 2.21～3.15W/mK 之间,每延米换热量为 41.10～51.79W/m。

(2)对无功循环测定的初始平均温度及地层地温恢复能力进行了分析研究。

(3)导热系数在实验室测试结果小于现场热响应实验测试结果,初步分析原因是由于两者测试时的温度、压力环境不一样。

(五)计算了区内浅层地温能资源热容量和可换热功率

首次从静态储量(即热容量)和可开采量(即可换热功率)两个方面定量评价了广西区主要城市浅层地温能资源。通过现场热响应试验采集、处理数据,得到调查区内地表 200m 以浅岩土体的综合热物性参数;通过体积法、地下水折算法、换热量现场测试法等计算出调查区内的热容量、地下水和地埋管地源热泵的换热功率。经计算,广西主要城市浅层地温能热容量为 1.23×10^{15}kJ/℃。在考虑土地利用系数情况下,地下水地源热泵可换热功率为 3.21×10^{7}kW。地埋管地源热泵可换热功率为 7.71×10^{7}kW;广西区浅层地温能调查评价换热总功率 5.80×10^{7}kW。土地利用系数为 100%情况下,地下水地源热泵可换热功率为 1.02×10^{8}kW;地埋管地源热泵可换热功率为 4.53×10^{8}kW;广西区浅层地温能调查评价换热总功率 4.65×10^{8}kW。

(六)评价了广西主要城市浅层地温能资源开发潜力与经济环境效益

分别计算了各城市地下水地源热泵、地埋管地源热泵浅层地温能开发利用潜力,绘制了潜力评价图。在考虑土地利用系数情况下,广西区浅层地温能可利用资源量为 1.59×10^{14}kJ/a;土地利用系数为 100%情况下,广西区浅层地温能可利用资源量为 9.43×10^{14}kJ/a。在考虑土地利用系数情况下,广西区区内地下水源热泵和地源热泵总可采总资源量为 1.33×10^{15}kJ/a,即可以节省标准煤 1.59×10^{7}t,节省的电量为 1.29×10^{11} 度,产生的经济效益为 317.85 亿元/年。土地利用系数为 100%情况下,广西区区内地下水源热泵和地源热泵总可采资源量为 7.9×10^{15}kJ/a,即可以节省标准煤 9.45×10^{7}t,节省的电量为 7.70×10^{11} 度,产生的经济效益为 1894.77 亿元/年。

(七)数据库信息系统建设

通过计算机、MapGIS 等技术建立了较为系统、完善的广西主要城市浅层地温能调查评价数据库及管理系统。

广西十万大山地区煤炭资源调查评价

承担单位:中国煤炭地质总局广西煤炭地质局

项目负责人:叶永露

档案号：0910

工作周期：2010—2014 年

主要成果

（一）确定了调查区的地层层序及煤系地层

1. 调查区地层层序

调查区内出露的地层由老至新依次为：三叠系、侏罗系、白垩系及第四系，本次共确定填图单位 16 个，由老至新分布为上三叠统板八组（T_3b）、上三叠统平垌组（T_3p）、上三叠统扶隆坳组（T_3f）（分 1～4 段）、下侏罗统汪门组（J_1w）、下侏罗统百姓组（J_1b）（分上、下段）、中侏罗统那荡组（J_2n）（分 1～3 段）、上侏罗统（J_3）、下白垩统新隆组（K_1x）、下白垩统大坡组（K_1d）、第四系更新统（Qp）、第四系全新统（Qh）。

2. 调查区煤系地层

十万大山盆地主要含煤层地层为上三叠统扶隆坳组第四段（T_3f^4），调查区内上三叠统扶隆坳组第四段沉积厚度为 531.50～1682.60m，具内陆-河流相、湖泊相特征，以河流相、湖泊相为主，局部含泛洪牛轭湖泊-泥炭沼泽相。在十万大山地区，虽然该地层分布很广，但是经过调查发现，只有在盆地中部才发现有煤层发育，盆地两端并未发现有煤层发育。

（二）大致了解了调查区的构造形态

十万大山盆地位于纬向构造与新华夏系形成的联合弧——十万大山弧形构造带中，是在印支期构造运动基础上发生的由新华夏系和东西向构造联合控制的构造盆地。由于新华夏系构造与纬向构造体系联合作用使之呈一北东向的“S”形，盆地北部横县一线走向为北东东，南部上思一线则略偏南西西，南东翼由于古断裂的影响，地势较高。调查区位于十万大山盆地东南缘，总体为一个北西向倾斜的单斜构造，地层倾角一般 20°～45°，受多期构造运动的影响，地质构造发育，构造形态复杂多样。本次地质调查共对区内发育的 60 余条断裂构造及 5 条褶皱构造进行调查分析，大体上区内共存在北东向、北西向两组地质构造，以北东向构造最为发育，北西向次之，大都对煤系地层不起控制作用。

（三）对调查区沉积环境与聚煤规律有了初步认识

1. 沉积环境

根据野外调查工作，从岩石学、沉积学特征及粒度分析，调查区地层整体为辫状河流相沉积，上部曲流河沉积比例逐渐增大。分别从沉积相标志及其沉积环境意义、岩相类型及特征、沉积序列、沉积相特征、沉积环境演化等方面对调查区的沉积环境进行研究，查明了沉积环境对成煤条件的影响。

调查评价区扶隆坳组在岩性上为细粒岩屑砂岩及岩屑石英砂岩，局部夹含砾中粗砂岩及砾岩、（岩屑）粉砂岩、泥岩。砾岩、含砾中粗砂岩及细砂岩构成不对称沉积序列的下部粗粒单元，而（岩屑）粉砂岩、泥岩则构成上述沉积序列的上部细粒单元。中部含砾中粗砂岩及砾岩为冲积扇扇尾沉积，由于靠近物源，且地形高低不平，水动力条件变化迅速，因此沉积物卸载迅速，导致中部含砾中粗砂岩及砾岩整体为块状层理构造，局部为粒序层理。向上以中—粗砂岩及细砂岩为主,块状层理构造发育,为基准面上升背景下辫状河沉积产物。随着区域沉积基准面进一步上升,可容纳空间逐渐加大,河流发生泛滥,表现在岩性方面为泛滥平原沉积的粉砂岩及泥岩,局部可能为湖泊相沉积。下部粗粒单元平均厚度大于上部细粒单元,这一特征有别于曲流河典型的"二元结构"特征,加之沉积构造以反映快速沉积特征的块状层理为主,因此认为此处的河流为靠近冲积扇扇尾的辫状河流,且具有近物源快速沉积特征。另外,纵向上相互叠加的不对称沉积序列的上部单元相对厚度具逐渐增大的趋势,反映辫状河流向曲流河演化的过程。

2. 聚煤规律

十万大山地区西部及东部整体为河流相,而中东部位置(三料农场—汪门—红旗林场)以发育大量的冲积扇沉积为典型特征。河流环境,尤其是曲流河的泛滥盆地位置,具有泥炭沼泽发育的有利条件,河流相沉积地层往往是地质历史时期重要的含煤地层(图 3-25、图 3-26)。

图 3-25　十万大山地貌

根据野外调查工作成果,调查区主要含煤地层为上三叠统扶隆坳组第四段(T_3f^4),煤层发育具有一定规律,主要表现为以下几个方面。

(1)横向上,煤层发育局限于盆地中部区域,厚度在 0～1.18m,煤层连续性较差,呈透镜状发育,从钻孔资料显示,浅部煤质稍好,深部较差,大都为碳质泥岩;盆地两侧基本不发育,仅于相应层位发育灰黑色泥岩。煤层及暗色泥岩段可作为区域性对比标志。

(2)纵向上,煤层发育于扶隆坳组上部,上部岩层整体粒度相比中、下部细,上部的河流沉积比例相对于扶隆坳组中、下部的大。

(3)煤层连续性较差,仅在三料农场—汪门—红旗林场一带断续有发育,走向分布长

图 3-26　探槽（TC25-2）揭露煤层露头（M12）

约 14.5km。

（四）初步确定十万大山地区煤类

通过煤质化验分析，调查区 M12 煤层煤质为高灰、中等挥发分、特低硫—低硫、特低氯—低氯、特低磷—低磷、特低发热量—低发热量无烟煤。

（五）勘查靶区的圈定

根据地表调查、钻孔验证及聚煤规律研究，认为三料农场—汪门—红旗林场一带具有较好的煤炭资源前景，圈定为十万大山地区进一步勘查靶区。该靶区东西走向长约 14.5km，南北宽约 3.5km，面积约 51km^2。

（六）对含煤远景区主要煤层 M12 进行资源量估算

对含煤远景区主要可采煤层 M12 煤炭资源量进行了估算，共获得煤炭资源量（334_1）2984 $\times 10^4$t，初步了解了调查区煤炭资源的赋存情况。

（七）培养了人才

通过开展十万大山地区煤炭资源调查评价项目，对调查区的地质情况有了大致的了解。以此为依托，参加项目课题研究的 3 位研究生的硕士毕业论文都以十万大山地区的地质情况为依据来完成；另外，依据对十万大山地区的研究，共在期刊上发表文章 4 篇。

湖北恩施高罗地区1∶5万大集场幅、宣恩县幅、咸丰县幅、高罗幅矿产远景调查

承担单位:湖北省地质调查院
项目负责人:方喜林,万传杰
档案号:0911
工作周期:2011—2013年
主要成果

(一)基础地质调查及化探、遥感工作成果

(1)经本次地质矿产调查及对前人资料分析研究,大致查明了区内各组岩性组合及其厚度特征、地层接触关系特征,建立了地层层序,大致确定了以上各组在区内的填图单位划分和识别标志及其与成矿的关系。

(2)1∶5万水系沉积物测量,基本查明了测区的地球化学背景,划分出了主要成矿元素的异常区带,圈定各类综合异常53处。

(3)通过遥感地质解译,建立了测区的岩石、地层、构造的解译标志,为地质联图及构造格架的建立提供了新的信息,从而提高了矿产地质填图质量。遥感异常提取所获得的矿化信息,为地质找矿、成矿规律及矿产预测图的编制提供了资料。

(4)本次矿产远景调查采用了中国地质调查局开发的数字地质填图与矿产勘查系统进行野外数据采集,同时,按数字填图的要求进行了资料综合整理,以及各类图件的编制,实现了各类原始资料和成果资料的数字化,资料的全程数字化不仅提高了图幅的质量,而且还为原始资料和成果资料数据的检索提供便利。

(二)地质找矿及成矿规律研究成果

(1)大致查明了铅、锌矿矿化岩层在空间上的展布规律及矿化地质特征,划分出了成矿区带。研究表明,区内的矿化体主要分布在娄山关组二段和南津关组一段,少数裂隙控矿的矿化体没有特别固定的层位,如草坝地区铅锌矿分布于大冶组、茅口组、栖霞组有关的断层破碎带或围岩中,中村坝铅锌铜矿概略性检查区铅锌铜矿分布于娄山关组一段、二段下亚段、二段中亚段有关的断层破碎带或围岩中,另外,小高罗地区铅锌矿分布于石龙洞组层间裂隙充填的方解石脉中。铅锌主矿化体矿化围岩多为孔隙度较高的灰岩,后期的断裂热液活动对成矿有进一步富集作用。总体来看,本调查区铅锌矿有较好的找矿前景。

(2)初步总结了区内主攻矿种铅锌的成矿规律,建立了铅锌找矿模型。

(3)经对地质、物探、化探、遥感等多种找矿信息综合分析,划分出A级远景区2处,B级远景区2处,C级远景区2处。其中,铅锌矿A级远景区2处,B级远景区1处,C级远景区1处;铜汞矿B级远景区1处;硒矿C级远景区1处。通过开展相关调查工作,最终优选出3处找矿靶区,分别为茶园坪铅锌矿找矿靶区、小高罗铅锌矿找矿靶区和板城铅锌铜找矿靶区。

(4)新发现2处铅锌矿产地,分别为曾家宕铅锌矿矿产地和张家沱铅锌矿矿产地。其中,

曾家岩铅锌矿矿产地估算铅锌矿石资源量(334)344×10^4t,铅锌金属量(334)84 344t,铅金属量(334)72 695t,锌金属量(334)11 649t,达到矿产地要求,预测为小型规模铅锌矿床。张家沱铅锌矿矿产地估算铅锌矿石资源量(334)578×10^4t,铅锌金属量(334)174 098t,其中,铅金属量(334)159 053t,锌金属量(334)15 045t,达到矿产地要求,预测为小—中型规模铅矿床、小型规模锌矿床。

湖南上堡地区矿产远景调查

承担单位:湖南省地质调查院

项目负责人:杜云,郭爱民(前期)

档案号:0913

工作周期:2011—2013 年

主要成果

(1)完成了全区 1∶5 万遥感地质解译工作。确定了区内地层、岩浆岩、构造等地质体的综合影像特征;利用铁染、羟基等技术手段划分出了 Y01、Y02、Y03、Y04、Y05、Y06、Y07 共 7 个遥感异常区,为综合找矿提供了依据。

(2)通过对测区 1∶5 万水系沉积物采样 1375km^2,共完成采样点 6054 个(不含重复采样点),采样密度为每平方千米 4.4 个点,单点样品分析了 W、Sn、Bi、Mo、Cu、Pb、Zn、Au、Sb、As、Ag、Be、Nb、Ta、P 15 个元素。编制了 15 个元素的点位数据图,15 个元素的地球化学图及异常图,共圈出综合异常 48 处,划分了 13 处地球化学找矿远景区,其中,Ⅰ级找矿远景区 2 处,Ⅱ级找矿远景区 6 处,Ⅲ级找矿远景区 5 处,为下一步找矿工作提供了依据。

(3)参照《湖南省岩石地层》,通过剖面测量和野外地质调查,对工作区内地层层序、地层分布及地层岩性有了新的发现和认识。划分了 43 个组级、12 个段级岩石地层单位,各填图单位之间界线清晰,标志明显,岩性稳定,从而使区内的多重地层单位划分与研究提高到新的水平。

(4)根据区内地层沉积角度不整合接触关系,结合不同时代沉积建造、构造变形、岩浆活动及变质作用特点等,将构造层划分为南华纪—奥陶纪构造层、泥盆纪—早三叠世构造层、早侏罗世构造层、早白垩世构造层、第四纪构造层等 5 个构造层。通过对上述构造层中构造行迹的分析研究,认为工作区主要经历了加里东运动、印支运动、燕山运动及喜马拉雅运动等 4 次大的构造运动。

(5)基本上查明了工作区内岩浆岩的分布和岩石的物质组成、结构、构造、岩石地球化学等方面的特征,初步对岩浆岩体进行了解体。根据目前所取得的同位素年龄值,结合其地质特征,将图区岩浆岩划分为 5 个时代,21 个侵入期次,建立了岩浆岩填图单位,为建立岩浆岩的演化序列及了解其与成矿的关系奠定了基础。

(6)通过详细的野外地质调查,以及大量新的分析测试工作(包括岩石化学、微量元素、稀土元素、锆石 SHRIMP 定年等),结合前人已有资料,对不同侵入期次的岩浆岩进行了详细的地质学、岩石学、岩石地球化学研究,在花岗岩形成时代、物质来源、成因类型及构造环境等方面取得不少新的成果认识。

(a)区内岩浆活动具有多期性特征,延续时间较长,从晚三叠世、侏罗纪直至晚白垩世,岩浆活动时限断续近 130Ma。各期多为酸性岩浆活动,而基性岩只在局部地段分布,常与断裂有关,其中,以晚三叠世和侏罗纪酸性岩浆活动规模最大,分布最广,而侏罗纪与矿产关系最为密切。区内出露的岩浆岩以中—深成相为主,仅局部见小规模的浅成-喷发相岩脉。区内主要的岩体有塔山岩体、大义山岩体和上堡岩体,皆为 S 型花岗岩,其中,塔山岩体基本无幔源物质混入,大义山岩体局部有极少量幔源物质混入,而上堡岩体则有少量幔源物质混入,反映区内岩浆演化从早期到晚期,构造岩浆活动从地壳延伸至上地幔,幔源物质逐渐增多,但对体量庞大的壳源物质来说始终是十分微小的,不足以改变区内 S 型花岗岩的性质。

(b)提出了区内印支晚期、燕山早期及燕山晚期花岗岩均形成于后造山拉张环境的新认识,并认为其表现出从早到晚拉张构造活动逐渐变强,幔源基性物质逐渐增多的特征。

(c)塔山岩体是多次侵入的复式岩体,共由 5 个侵入次岩体组成。利用锆石 SHRIMP U - Pb 法测得第 2 侵入次岩体 SHRIMP 锆石 U - Pb 年龄(218±3)Ma,第 3 侵入次岩体 SHRIMP 锆石 U - Pb 年龄(215±3)Ma,表明塔山岩体形成于晚三叠世(印支晚期),并且不同侵入次岩体侵入时间间隔较短,约 3～5Ma。塔山岩体富硅、富铝,属铝过饱和的钙碱性酸性花岗岩类,和维氏值相比较,W、Sn、Mo、Bi、Ag、Sb、U、Li、Rb、Cs、Sc、B 元素丰度均偏高,并具有明显的铕弱负异常及轻稀土分馏明显而重稀土分馏不明显的特征。从塔山岩体的早侵入次到晚侵入次,其中金属矿物种类逐渐增多,含量逐渐升高,金属矿化的伴生矿物重晶石、萤石的含量也随之升高,表明随着塔山岩体的演化,岩体的矿化作用逐渐变强。塔山岩体东、西两部分具有显著不同的成矿专属性,可能与岩浆的分异演化、岩体的剥蚀程度差异及成矿流体系统的运输机制有关。

(7)通过矿产地质调查和物化探异常查证,新发现矿(化)点 30 处,其中,钨锡多金属矿点 10 处,铜铅锌多金属矿(化)点 7 处,锑矿点 3 处,煤矿点 3 处,铁锰矿点 1 处,镍锰矿点 1 处,锰矿点 1 处,铷矿点 1 处,金矿化点 1 处,重晶石矿点 1 处,高岭土矿点 1 处。

(8)通过综合分析地物化遥成果,采用全面踏勘—概略检查—重点检查工作顺序择优开展各类异常、矿产的检查工作。重点检查了常宁市茶潦锰矿点、常宁市刘家锑铅锌多金属矿点、桂阳县田木冲钨锡多金属矿点、常宁市大平锡多金属矿点 4 处矿点。概略检查了桂阳县青松锑矿点,桂阳县猪婆寨锡矿点,常宁市茶盘园铜铅锌矿点,常宁市鳌头铜铅锌矿点(图 3 - 27),常宁市松塔铜铅锌矿点(图 3 - 28),常宁市塔山茶场铜铅锌矿点,常宁市石枕头铅锌矿点,常宁市双凤重晶石、铁、锰、钨多金属矿点和常宁市白果塘金矿化点 9 处矿(化)点。初步估算了茶潦锰矿点 Mn 矿石量(334)23.13×10^4t;刘家锑铅多金属矿点矿石量(334)32.28×10^4t,其中,Pb 金属量 3206.17t,Zn 金属量 384.07t,Sb 金属量 5276.01t,Ag 金属量 2.34t,As 金属量 444.6t;田木冲钨锡多金属矿点矿石量(334)77.63×10^4t,其中,WO_3 金属量 2214.78t,Sn 金属量 98.13t,Rb_2O 金属量 110.27t,Nb_2O_5+Ta_2O 金属量 16.41t;大平锡多金属矿点矿石量(334)92.25×10^4t,Sn 金属量 3901.22t(其中包括低品位 Sn 金属量 241.47t),WO_3 金属量 2425.77t(其中包括低品位 WO_3 金属量 56.50t),伴生 Cu 金属量 742.87t。

(9)通过区内地层、岩浆岩、构造岩石化学特征的分析研究,对地层的含矿性、岩浆岩的成矿专属性和构造的含矿性作出了初步评价;分析、研究了测区控矿地质条件、综合信息找矿标志,结合湖南省矿产资源潜力评价项目的成果,初步确定了区内主要矿床预测类型及其成矿模式与预测模型,总结了区内矿产成矿规律;圈定找矿远景区 8 个;提交找矿靶区 6 处,另外还预测了找矿靶区 4 处。

图 3-27　鳌头铅锌矿老硐中所见的方铅矿化

图 3-28　松塔铜铅锌矿点探槽中见到的黄铜矿化

湖北省鄂州市鄂城岩体深部铁矿战略性勘查

承担单位:中国冶金地质总局中南地质勘查院

项目负责人:高先念

档案号:0917

工作周期:2012 年

主要成果

(1)在工作区泽林—程潮—巴家湾一带开展了 1∶1 万岩性构造专题地质填图工作,进一步了解了成矿地质体、成矿构造和成矿结构面,总结了成矿作用特征标志。研究了区内控矿地层条件、岩浆岩成矿专属性及构造条件。

(2)在程潮、葛山、广山、巴家湾、童家坝等区段开展了大比例尺地质磁法综合剖面测量、CSAMT 测量,并结合该区成矿地质条件,优选了物探异常,圈定了找矿靶区。

(3)择优在程潮东和巴家湾开展了钻探验证。其中,程潮东施工了 ZKⅨ01 孔,评价了程潮东重磁异常及程潮矿床东延部位深部接触带的含矿性。根据钻孔揭露情况及物探异常的再认识再解释,评价认为该异常由浅部铁矿体和深部多层磁铁矿化闪长玢岩叠加引起。巴家湾ⅩⅢ线施工了 ZKⅩⅢ01 孔,评价了巴家湾重磁异常及该区段接触带和地层破碎带的含矿性,评价认为巴家湾一带浅部为岩体与蒲圻组砂页岩接触,其接触带的含矿性较差。按该区地层层序推断,深部应有大冶组碳酸盐岩与岩体接触,具有成矿条件。近接触带碎屑岩建造地层中的破碎带具岩浆热液型铜铁矿的成矿地质条件,但矿化零星、不集中,难以找到规模较大的工业矿产地。

(4)以往工作在鄂城岩体圈出了重力异常 71 个,其中,ⅠA 类 13 个,ⅠB 类 7 个,Ⅱ类 6 个,ⅢA 类 4 个,ⅢB 类 41 个。磁异常 85 个,其中,ⅠA 类 22 个,ⅠB 类 14 个,Ⅱ类 7 个,ⅢA 类 4 个,ⅢB 类 38 个。本次工作对这些重磁异常开展了进一步研究分析,并结合本次工作成果开展了找矿预测研究,划分出 7 个成矿预测区,其中,Ⅰ类铁矿预测区 3 个,Ⅰ类铜矿预测区 1 个,Ⅱ类铁矿预测区 3 个。

广西藤县地区矿产地质调查

承担单位:广西壮族自治区地球物理勘察院

项目负责人:黎海龙,晏成

档案号:0918

工作周期:2012—2014 年

主要成果

(一)1∶5 万矿产地质填图

(1)通过 2013—2014 年度的野外工作,完成了 1∶5 万古龙幅及藤县幅的矿产地质填图工作，通过多重地层划分对比，将测区地层划分为 15 个岩石地层单位。收集了丰富的岩性组合、沉积相古地理等资料。

(2)对寒武纪地层进行系统的调查研究，并对小内冲组划分了上、下段，按岩性组合特征对古近系邕宁群划分了上、下段。

(3)以期次、相带理论为基础，采用“岩性＋时代”的表示方法，将测区侵入岩划分为 18 个填图单位，建立了测区的岩浆演化序列，并重新确定古龙岩体、莲垌岩体、大坡岩体及社垌岩体的形成时代为早志留世。

(二)1∶5 万高精度磁法测量

(1)通过 2012—2014 年度的野外工作，全面完成了藤县地区 1∶5 万高精度磁测 1415km^2，共完成磁测测点 261 421 个。磁测总均方误差为 3.57nT。通过该项目的实施，取得了高质量的基础性 1∶5 万高精度磁测资料。

(2)收集测区范围内物性标本 1021 块资料；另外，在工作区内实地采集测定物性剖面标本 67 块，钻孔岩芯标本共 683 块，分别统计出各岩石磁性参数，满足了定性和定量解释的需要。

(3)以图幅为单位，编制了广西藤县地区矿产远景调查 1∶5 万高精度磁测实际材料图和 ΔT 等值线平面图等基础图件，编制了广西藤县地区矿产远景调查 1∶5 万高精度磁测推断成果图。

(4)纵观 ΔT 等值线平面图，根据磁异常的形态、强度、走向等将测区分为 3 个磁异常特征区。其中，Ⅰ区为岭脚镇-古龙镇，以高值正异常为主，正负异常伴生，围绕着古龙岩体分布着许多局部异常。Ⅱ区为藤县-莲塘村，以低缓的负异常为主。Ⅲ区藤县-苍梧县，为复杂磁异常区，正负异常伴生，异常强度大。

(5)从 ΔT 中分离出区域磁异常和局部磁异常，圈定了 28 处区域磁异常，72 处局部磁异常。并对各异常进行列表解释。

(6)建立了测区主要断裂构造格架。以磁法成果为基础，结合地质、化探、遥感成果，区内划分了断裂 20 条，其中，深断裂 2 条，浅断裂 18 条。

(7)利用磁测资料提供的有关地层、岩体、构造的磁性特征，推测磁性体或隐伏矿床的规模、产出形态、空间分布等，结合地质矿产、重力、区域地球化学资料，在测区内共划分甲类找矿远景区 5 处(甲 1～甲 5)，乙类找矿远景区 9 处(乙 1～乙 9)，丙类 4 处(丙 1～丙 4)。

(三)地球化学勘查

(1)通过 2012—2013 年度的野外工作，全面完成了藤县地区 1∶5 万水系沉积物测量工作，根据元素分析结果，编制了古龙、藤县、苍梧县、梧州市等 4 个 1∶5 万图幅 Au、Ag、As、Bi、Cu、F、La、Mo、Pb、Sb、Sn、W、Y、Zn、Zr 15 个元素的地球化学图。

(2)编制了古龙、藤县、苍梧县、梧州市 4 个图幅的 Au、Ag、As、Bi、Cu、F、La、Mo、Pb、Sb、Sn、W、Y、Zn、Zr 15 个元素衬值异常图。

(3)编制了古龙、藤县、苍梧县、梧州市 4 个图幅的 Au－Ag－As－Sb、Pb－Zn－Ag－Cu－As、W－Mo－Sn－Bi、Y－La－Zr－F 4 组元素的组合异常图。

(4)编制了古龙、藤县、苍梧县、梧州市等 4 个图幅的综合异常图，共圈定综合异常 49 处，其中，古龙幅 15 处，藤县幅 11 处，苍梧县幅 17 处，梧州市幅 6 处，各图幅异常独立编号。按照规范的分类要求,综合考虑异常的主要成矿成晕元素发育情况、强度,以及异常规模、地质特征等因素,将 49 个综合异常按照其找矿意义分为甲 1 类 5 处,甲 2 类 3 处,乙 3 类 29 处,丙 2 类 12 处。

(5)编制了 4 个 1∶5 万图幅的地球化学找矿预测图,共圈定找矿预测区 22 个,其中,古龙幅 7 处,藤县幅 5 处,苍梧县幅 9 处,梧州市幅 1 处。

(6)编制了 4 个 1∶5 万图幅的地球化学推断图,推断断裂 38 条,推断隐伏中酸性岩体 32 处。其中,古龙幅推断断裂 13 条,推断隐伏中酸性岩体 10 处;藤县幅推断断裂 9 条,推断隐伏中酸性岩体 7 处;苍梧县幅推断断裂 8 条,推断隐伏中酸性岩体 9 处;梧州市幅推断断裂 8 条,推断隐伏中酸性岩体 6 处。

(四)矿产检查

(1)概略检查各类异常、矿(化)点 7 处,新发现尖峰顶金矿等矿(化)点 6 处。通过概略检查,初步了解了测区各类异常及主要矿产的分布情况、产出地质背景、矿化特征、找矿标志等,并结合区域成矿地质条件的对比分析,对其找矿前景进行了概略评价,提出了进一步工作的具体建议。

(2)从社垌钨钼矿床中发现,钨钼矿与加里东期[(435.8±1.3)Ma]的花岗闪长(斑)岩体关系密切,经测定该矿床钨、钼成矿时代为加里东期[(437.8±3.4)Ma],以钨为主,共生钼,不伴生锡,矿区内的岩石和土壤成矿元素含量特征进一步表明 W、Mo、Cu 富集。因此,矿区加里东期花岗闪长(斑)岩对钨、钼、铜具有成矿专属性,本测区加里东期也是钨的主要成矿期之一。

(3)重点检查了社垌、上田、思泰、六坊 4 处异常、矿(化)点,新发现具一定找矿前景的矿(床)点 6 处。

(五)综合研究工作

(1)系统总结了区内矿床(点)的空间展布特征、控矿地质条件、成矿规律、找矿标志等,建立了测区主要矿种钨、金、银矿的区域找矿模型。

(2)综合测区地、物、化成矿地质条件,以及矿床时空分布特征,将测区划分为大坡-社垌钨钼多金属找矿远景区(Ⅰ1)和人和-维定钨钼多金属找矿远景区(Ⅱ2)及尖峰顶-芝鸦金银多金属找矿远景区(Ⅱ1);圈定找矿靶区 4 处,其中,A 类 1 处,C 类 3 处。

湖南新晃—贵州铜仁地区矿产地质调查

承担单位:中国地质调查局武汉地质调查中心

项目负责人:戴平云,雷义均,赵武强

档案号:0919

工作周期:2011—2013 年

主要成果

(1)通过地质剖面实测及与邻区岩石地层单位研究对比,在原 1∶20 万区调的基础上对区内填图单位进行了重新厘定,建立起 17 个岩石地层(组)填图单位,并确定了各地层组的岩性

对比标志，对重要含矿层位划分到段。结合遥感影像解译和实测，新编了工作区 1∶5 万地质矿产图，并新发现铅锌、汞、重晶石等矿床（点）共 4 处，累计发现汞、铅锌、钒钼、铁、重晶石、磷块岩、硅酸盐钾矿等 7 种矿产共 40 处。本次调查提高了工作区基础地质研究程度。

（2）遥感地质解译出地层岩组 16 个，线性（断裂）构造 251 条（其中，北东走向的 87 条，北北东走向的 32 条，北西走向的 62 条，东西走向的 59 条，南北走向的 11 条）；环状构造群 4 处（共有环状构造 63 个）。圈出羟基异常区 7 个（异常 47 处），铁染异常区 6 个（异常 45 处）。圈定沉积型锰、镍钼铜钒等多种金属矿找矿靶区 3 个，热液型汞、铅锌等多金属矿找矿靶区 4 个。靶区与化探异常吻合程度较好。

（3）水系沉积物测量，获得了测区 13 种元素的定量分析数据，编制出了 13 种元素（主成矿元素或相关元素）的地球化学图系列成果图件（13 幅）及综合研究解释系列成果图件（6 幅），获得了测区内各地质单元区内 13 种元素各种地球化学参数资料，提高了测区基础地质地球化学工作程度。共圈定各类综合异常 26 处，其中，甲类异常 10 处，乙类异常 15 处，找矿性质不明异常 1 个；按主要成矿元素分为 Hg－Pb－Zn 异常 6 个，Pb－Zn（V、Mn）异常 5 个，Pb（V、Hg）异常 2 个，Hg 异常 3 个，Mo－V－Ag 异常 6 个，Mn 异常 4 个。初步确定具较大找矿意义的铅锌（汞）异常 12 个，其中，与已知矿床（点）相对应的有 7 个：AS5、AS5－1（新场铅锌矿）、AS11（塘边-卜口场铅锌矿）、AS15（万山汞矿等）、AS18（田坪汞矿）、AS19（向家地汞矿）、AS20（酒店塘汞矿等）；据此划分出 15 个找矿远景区，其中，Ⅰ级远景区 3 处，Ⅱ级远景区 6 处，Ⅲ级远景区 6 处。本次工作为后期矿产检查和今后找矿工作提供了依据。

（4）新发现可供进一步工作的矿产地 2 处（塘边铅锌矿、卜口场铅锌矿），具开发利用价值的中型重晶石矿床 1 处（竹林苗重晶石矿），小型汞矿床 1 处（垢溪汞矿）。发现具进一步工作价值的铅锌综合异常区（带）4 处：陆家城-银岩 Pb－Zn－Mn 综合异常区（AS6）、金盆-叶家冲 Pb－Zn 综合异常区（AS12）、双树坪 Hg－Pb－Zn 综合异常带（AS14）、杉木坪 Hg－Pb－Zn 综合异常带（AS16）。

（5）初步估算铅＋锌金属资源量（334_1）49.50×10^4t[其中，塘边铅金属资源量（334_1）5.77×10^4t，锌金属资源量 19.71×10^4t，平均 Pb 品位 0.48%，平均 Zn 品位 1.64%；卜口场铅金属资源量（334_1）4.45×10^4t，锌金属资源量 19.57×10^4t，平均 Pb 品位 0.89%，平均 Zn 品位 3.80%]。估算重晶石矿石量 668×10^4t（竹林苗）。

（6）全面系统地总结了本区铅锌成矿的规律，建立了区域成矿模式，提出了铅锌矿种的找矿模型。根据铅锌成矿地质条件、控矿因素、有利程度及地、物化各类找矿标志等，划分出Ⅰ类远景区 2 个，Ⅱ类远景区 2 个，Ⅲ类远景区 2 个，为测区今后找矿工作指明了方向。

（7）通过优选，共圈定出找矿靶区 4 个。其中，铅锌 A 类找矿靶区 1 个，重晶石矿 A 类找矿靶区 1 个；B 类找矿靶区 2 个。为测区今后的找矿及矿产勘查工作提供了依据和部署建议。

（8）对测区矿产资源远景作出了初步评价，指出测区内具有发现 1～2 处中—大型、2～3 处中小型铅锌矿床和 1 处以上中—大型重晶石矿等矿床的潜力。

印度尼西亚中苏门答腊岛铜金等多金属矿产成矿规律研究

承担单位:中国地质调查局武汉地质调查中心

项目负责人:高小卫,向文帅

档案号:0922

工作周期:2011—2015 年

主要成果

(1)编制了 1∶50 万印度尼西亚中苏门答腊岛地质矿产图、地质构造图和成矿规律图,建立了苏门答腊岛地质矿产数据库。

(2)将晚古生代以来苏门答腊火成岩划分出 4 个岩浆-构造旋回或岩浆活动期次(海西期、印支期、燕山期和喜马拉雅期),并讨论其板块构造背景。研究结果表明:分布于西苏门答腊地体海西期酸性侵入岩属于碰撞后地壳的火山弧 I 型花岗岩带,其火山岩为大陆拉张带(初始裂谷)中的安山-玄武岩系列;而分布在东苏门答腊地体的大多数酸性侵入岩具有 S 型花岗岩的性质。印支期西苏门答腊地体侵入岩为 I 型花岗岩,属于火山弧花岗岩。印支期碰撞后板内岩浆活动带(廖内群岛-邦加岛-勿里洞岛)的侵入岩以含锡 S 型花岗岩为特色。燕山期以后的深成岩-火山岩活动的岩石类型和分布特征,受大陆拉张带(初始裂谷)及其相邻的洋岛的控制。燕山早期细碧岩属于陆缘裂谷火山岩。喜马拉雅期火山岩属于陆缘火山弧,其中,橄榄玄粗岩落在洋岛玄武岩与洋中脊玄武岩(MORB)交界线附近。

(3)根据苏门答腊火山岩的岩石化学资料,应用 PetroGraph 和 Minpet2.0 岩浆岩地球化学作图软件对 60 多个中、新生代火山岩岩石化学分析数据进行处理,并对其地球化学-构造环境判别图解的解释,探讨新生代火山岩盆地及其中生代—古生代基底的火山岩形成构造环境。根据这些判别图,认为苏门答腊新生代火山岩盆地基底为大陆边缘裂谷(初始裂谷),并在渐新世以后转化为大陆边缘火山弧。高钾橄榄玄粗岩系列和埃达克岩与苏门答腊火山岩体系共生,显示该区具有寻找斑岩-低温热液型铜-金矿找矿远景(高小卫等,2012)。

(4)根据不同地层系统、沉积古地理、古生物地理区系、岩浆旋回等特征,可将苏门答腊岛划分为 2 类异地地体:东苏门答腊地体(亲冈瓦纳地体)和西苏门答腊地体(亲华夏地体)。2 个不同地体的古地理演化和板块构造运动规律控制了区域金属矿床分布。海西期—印支期金属矿床的形成和分布受控于大陆边缘的火山弧,而燕山期则与裂谷岩浆侵入活动和海底扩张(或地幔隆起)有关。新生代金-银金属矿床沿苏门答腊-巴里散大断裂两侧呈带状分布,受控于陆缘火山弧的岩浆活动。

(5)总结了东苏门答腊地体和西苏门答腊地体自海西期岩浆旋回以来各自的金属矿产分布特征。海西期东苏门答腊地体以裂陷盆地的层控型铅-锌矿为主,而矽卡岩型 Ag、Cu 和 Pb-Zn 矿化产于西苏门答腊地体。印支期 Sn 矿成矿作用主要与 S 型花岗岩类(220～95Ma)侵入和苏门答腊岛中部的梅迪亚苏门答腊深大断裂走滑活动有关。燕山早期铜-金成矿作用为陆缘夭折古裂谷和岛弧环境。燕山晚期为弧-陆碰撞的火山弧的 Sn、Au-Ag 成矿作用。喜马拉雅期发育的岩浆弧 Au-Ag 成矿与苏门答腊深大断裂活动和巴里散构造带有关,归因于印度-澳大利亚洋壳斜向俯冲于苏门答腊岛之下。

(6)对研究区主要金属矿产(金、银、铜、锡、铅、锌、铁等)进行了矿床类型划分,并基本查明了研究区主要矿产成矿地质特征。主要的矿床类型为:浅成热液金矿床(包括高硫型热液金矿、低硫型热液金矿)、沉积型金矿、矽卡岩型金矿、砂金、斑岩型铜矿、矽卡岩型铜矿、与S型花岗岩有关的锡矿床、砂锡矿床、MVT型矿床铅锌矿、矽卡岩型铅锌矿、原生铁矿(磁铁矿、赤铁矿)和铁砂矿。对马塔比金矿(图3-29)、勒邦丹代金矿(图3-30)、唐塞铜矿、戴里铅锌矿等典型矿床成矿地质条件及成因类型进行了初步探讨和研究。

图3-29 马塔比金矿普纳马矿体照片

图3-30 勒邦丹代金矿矿区石英脉

(7)通过稳定同位素地球化学和流体包裹体研究,初步探讨了研究低温热液型金矿的成矿流体来源和流体性质,总体而言,研究区内的热液型金矿的成矿温度相对较低,集中在 180~210℃,盐度、密度也相对较低,成矿压力平均为 500×10^5Pa,成矿深度平均为 1.66km。

海南省昌江县石碌铁矿外围 1:5 万区域地质综合调查

承担单位:中国地质调查局武汉地质调查中心

项目负责人:杨志刚

档案号:0923

工作周期:2013—2015 年

主要成果

本调查获取了测区内较为完整的 1:5 万重力调查资料,对石碌铁矿及赋含铁矿体的石碌岩群地层有了新认识;根据重力场特征,结合测区地表地质情况和其他资料,对测区内的构造单元进行了划分,共划分了 4 个构造单元。

根据重力场特征,在测区内推断断裂构造 29 条,其中,一级断裂 2 条,二级断裂 27 条,有 10 条为隐伏断裂是本次工作首次推断的。特别是以重力资料在测区内划分的王雄-叉河农场-牙佬村北断裂(FⅠ-1),为昌江-琼海大断裂在测区内的分布段,用实测资料证实了昌江-琼海大断裂的存在(前人只是通过遥感资料推断有昌江-琼海大断裂,但在地表一直未找到该段裂),只是位置比前人推测的南偏移了 3~5km。

在测区内提取了 91 个局部重力异常,并对其逐一进行了定性推断解释:由基底隆起引起的重力高异常 38 个;由基底隆起与矿体共同引起的重力高异常 9 个;由基性岩引起的重力异常 3 个;由中新生界沉积引起的重力低异常 4 个;由新生界沉积与酸性岩体共同引起的重力低异常 4 个;由中—酸性侵入岩引起的重力低异常 33 个。

以重力资料为主,对测区内的岩体进行了圈定,发现了测区内有两个岩浆侵入的主通道,并对由这两个岩浆主通道产生的长塘岭-牙佬村岩体和白沙岩体的分布情况得出了新的认识;并通过剖面拟合的方式对测区各构造单元内地层的深度进行了计算,对测区内的上地壳内地质体的分布情况有了进一步的认识。

根据重力资料解释推断成果,结合测区内地质、矿产等资料,在测区内圈定了 7 个铁铜矿找矿靶区,圈定了 2 个金矿找矿远景区和 1 个多金属矿找矿远景区。

广西钦杭成矿带西段博白县、六万山幅 1:5 万区域地质矿产调查

承担单位:中国人民武装警察部队黄金第九支队

项目负责人:刘胜

档案号:0925

工作周期:2013—2015 年

主要成果

(一)地层

(1)依照1∶5万区域地质调查规范,对区内(图3-31)地层系统进行了重新梳理,合理划分了调查区岩石地层单位,建立了地层序列,查明了各地层单位之间的接触关系,厘定出正式填图单位9个(组级8个,群级1个),非正式填图单位8个。

图3-31　广西钦杭成矿带西段博白县、六万山幅1∶5万区域地质矿产调查工作区图

(2)查明志留系兰多弗里统连滩组二段(S_1l^2)岩性特征,进一步将其细分为a、b、c 3个亚段,其基本层序为一套类复理石沉积序列,浅海陆棚-半深海沉积环境,主要由海侵体系域(TST)构成,整体上反映一个海进过程。首次在连滩组中发现火山凝灰质晶屑,并获得火山凝灰质自形锆石U-Pb LA-ICP-MS平均年龄为(442±2.3)Ma,精确确定了连滩组的形成时代。

(3)根据岩性特征对比及其与燕山期侵入岩的接触关系,将上白垩统罗文组(K_2l)重新厘定为下白垩统新隆组(K_1x),并进一步将其细分为两个岩性段。

(4)在原古近系邕宁群(EY)中识别出新近系南康组(Nn),查明邕宁群为一套山麓-河流相类磨拉石沉积,南康组为一套河流-浅半深湖泊相沉积,两者呈微角度不整合接触关系。

(二)岩浆岩

(1)重新厘定了区内侵入岩岩石序次,按照"岩性+时代"的划分方案,将区内侵入岩划分出11个正式填图单位,查明了各单位之间的接触关系,建立了演化序列。

(2)在区内新识别出片麻状粗中粒巨斑状黑云二长花岗岩($S_3^1g\eta\gamma c$)和片麻状细粒少斑黑云二长花岗岩($S_3^2g\eta\gamma c$)及花岗质糜棱岩残留顶盖或捕掳体,获得锆石U-Pb LA-ICP-MS精确年龄分别为(425.5±2.8)Ma($S_3^1g\eta\gamma c$)和(420.4±2.8)Ma($S_3^2g\eta\gamma c$),为研究本区热构造活动历史提供了新的重要素材。

(3)将前人定为早二叠世的永安花岗闪长岩解体为两个填图单位,并新建立为一个序列,获得两个填图单位锆石U-Pb LA-ICP-MS精确年龄分别为(255.6±1.1)Ma($P_3^1\gamma\delta c$)和

(253.07±0.96)Ma($P_3^2\gamma\delta c$),属晚二叠世。

(4)将调查区早、中三叠世侵入岩划分为 5 个填图单位,归并为 2 个序列,获得锆石 U－Pb LA－ICP－MS 年龄分别为(249.47±0.99)Ma($T_1^1\eta\gamma c$)、(248.5±1.1)Ma($T_1^2\eta\gamma c$)、(247.5±1.5)Ma($T_1^3\eta\gamma c$)、(246±1)Ma($T_1^4\eta\gamma c$)、(242.9±1.8)Ma($T_1^5\eta\gamma c$)。

(5)查明了区内晚白垩世侵入岩的岩性、结构构造特征、产出状态及分布特征,并开展了锆石 U－Pb LA－ICP－MS 年龄测试,获得石英二长斑岩的年龄为(86.10±0.76)Ma,获得花岗斑岩的年龄为(84.09±0.86)Ma。

(三)构造

(1)基本查明区内构造变形样式、序列及空间展布特征,建立了构造格架。

(2)根据地层接触关系、沉积建造、岩浆活动、变质作用及构造变形等特征,划分出 4 个构造旋回:①加里东旋回。形成北东向的同斜紧闭褶皱(局部发生倒转)及断层,以及在一些岩浆岩中发育糜棱岩化和韧性剪切带。②海西—印支旋回。早期形成的褶皱被进一步改造成复式褶皱,北东向断裂复活,同时形成北西向断裂。③燕山旋回。形成北东向、北北东向逆冲断层和博白断陷盆地(箕状盆地),盆地内发育串珠状产出的潜火山岩。④喜马拉雅旋回。地壳升降运动,形成新生代断陷盆地。

(3)探讨了本区构造地质演化历史。通过对区内地层、岩浆岩、构造等特征综合分析认为本区构造地质演化史可分为大陆边缘前陆盆地阶段、碰撞造山阶段、陆内裂陷阶段和现代山川地貌形成阶段。

(四)矿产调查

(1)基本查明区内矿(化)点数量及分布情况。区内共有矿(化)点 20 处,其中,六万山幅 13 处,博白县幅 7 处。包括金属矿产 4 种,非金属矿产 3 种。

(2)通过 1∶5 万地面高精度磁法测量,划分出 3 个磁场分区,圈定局部磁异常 11 处。推断出 12 条断裂构造,其中,北东向 4 条,北西向 6 条,近南北向 2 条。

(3)通过 1∶5 万水系沉积物测量,共分析化验 21 种元素,圈定单元素异常 156 处;综合异常 9 处,其中,B 类 4 处,C 类 5 处。

(4)新发现矿(化)点 4 处。将军岭钨矿点:发现钨矿脉 3 条,产于破碎带中,厚 0.71～2.90m,$\omega(WO_3)$为 0.064%～0.132%,延长大于 50m,成因类型属岩浆热液石英脉型。香里弼高岭土矿点:发现矿体 1 个,厚度大于 3m,延长大于 100m,矿石平均品位 $\omega(Al_2O_3)$=19.95%,有害元素 $\omega(Fe_2O_3+TiO_2)<2\%$;$\omega(TiO_2)<0.6\%$,属花岗斑岩风化型,工业类型为砂质高岭土。邓屋稀土矿化点:$\sum REE=829.29\times10^{-6}$,属风化壳离子吸附型稀土矿。新龙村钨锡矿点:发现钨矿脉 1 条,$\omega(WO_3)=0.064\%$,厚 1.37m,延长大于 50m,锡矿化脉 1 条,$\omega(Sn)=0.21\%$,成因类型属岩浆热液石英脉、云英岩脉型。

(5)圈定成矿远景区 4 处(B 类 1 处,C 类 3 处),找矿靶区 6 处(B 类 2 处,C 类 4 处)。

(6)通过本次工作,综合对比区域上成矿地质条件(地层、岩浆岩、构造等)有利的地区进行分析,认为区内在将军岭钨矿点和新龙村钨锡矿点深部存在隐伏岩体和隐伏矿床,具进一步工作价值。

江西竹山—广东澄江地区钨锡多金属矿产远景调查

承担单位：中国地质调查局南京地质调查中心

项目负责人：肖惠良，范飞鹏

档案号：0927

工作周期：2011—2013年

主要成果

（1）通过1∶5万矿产地质测量及矿产检查，项目组在野外调查中共新发现40个矿点（或矿化点），其中，稀土矿点21个，钾长石矿点2个，萤石矿点11个，铀矿点4个，锰矿点1个，硅矿点1个，取得了一定的找矿效果。

（2）通过1∶5万矿产地质调查，初步确定了区内“两层”“两体”和“两带”等重要找矿标志。

“两层”：与钨锡多金属矿关系密切的中泥盆统（江西地区中棚组，广东春湾组）和上泥盆统（江西三门滩组下部、广东天子岭组）为钨锡多金属的主要含矿层位。

“两体”：龙源坝岩体和陂头岩体。龙源坝岩体岩性主要为中细粒（似斑状）黑云母花岗岩（$J_{1-2}\gamma$）（图3-32、图3-33），钨锡钼矿（床）点和铀矿点多，与钨锡钼铀等多金属矿关系密切，可能为钨多金属矿的主要成矿母岩。陂头岩体岩性主要为中粗粒（似斑状）黑云母花岗岩（$J_{2-3}\gamma$）和黑云母二长花岗岩（$J_{2-3}\eta\gamma$），岩体内部及岩相过渡带分布大量稀土矿点，以风化壳离子吸附型轻稀土为主，其资源潜力十分可观。

图3-32　粗粒斑状黑云母花岗岩（J_{1-2}）与细粒闪长岩（T_2）侵入接触关系（D1016点，镜向66°）

图3-33　粗粒斑状黑云母花岗岩(J_{1-2})显微镜下特征(D2006)

“两带”:断裂构造带和接触带。北北东—近南北向组断裂及其次级断裂与区内钨锡矿、铀矿关系密切;北东—北东东向组控制着区内红层盆地、岩浆岩的展布和钨锡多金属矿化、稀土、稀有金属及其萤石矿的分布;断裂交叉部位控制着钨锡多金属矿的分布;灰岩与岩体接触带与矽卡岩型钨锡矿关系密切。

(3)通过1∶5万水系沉积物测量,基本查明了测区W、Bi、Mo、Sn等元素的分布及分配特征,圈定了43处综合异常,并对异常进行定性解释和分类排序,对部分有找矿前景的异常进行了查证,对今后工作提出了建议。

(4)通过1∶5万自然重砂测量,围绕陂头岩体和龙源坝岩体的陂头幅、澄江幅和南雄幅内共圈定锡石、白钨矿、金、褐钇铌矿等重砂异常79处,为调查区钨锡多金属矿床找矿提供了更加明显的方向,显示了较好的找矿指示意义。

(5)对调查区矿产地质资料进行了系统收集和整理,总结了控矿地质因素、找矿标志和分布规律,提高了矿产地质研究程度。

(6)建立了调查区钨矿、锡矿、稀土、稀有金属矿综合找矿模式。模式反映了成矿的主导控制因素、成矿岩体及化探异常特征,以及可能的矿化蚀变。

(7)综合考虑成矿地质条件的有利程度、矿化强度、资源潜力大小等因素,进行了找矿远景区的划分,圈定了12处各找矿远景区,并对其特征作了论述。在此基础上,筛选出11个找矿靶区。对A、B级找矿靶区的找矿方向及工作手段提出建议,对找矿远景进行了分析。

广东始兴南山坑—良源地区钨锡多金属矿评价

承担单位:中国地质调查局南京地质调查中心

项目负责人:肖惠良,陈乐柱

档案号:0928

工作周期:2011—2013 年

主要成果

(1)在良源矿区找到了具有超大型远景的良源铷钨矿床。通过地表地质工作和深部钻探工程及样品分析,在良源地区找到了钠长石化、白云母化花岗岩型铷铌钽钨多金属矿体(“高演化分异”式铷铌钽钨多金属矿体)。良源矿区主要矿化类型有花岗岩型、云英岩型铌钽钨锡多金属矿化、石英脉型钨多金属矿化和破碎带型铅锌多金属矿化,其中,花岗岩型铷铌钽多金属矿化为新发现的矿化类型,估算的钨铷钽铌资源量($333+334_1$)分别为 Rb_2O 资源量 61 219.01t,Nb_2O_5 资源量 5471.23t,Ta_2O_5 资源量 1967.3t,WO_3 资源量 8205.14t。此外,锡、钼、铋、铅、锌、银资源潜力较大。

(2)在南山坑矿区找到了具有大型远景的南山坑钨锡多金属矿床(图 3-34)。通过地表地质工作和深部钻探工程及样品分析,在南山坑矿区松岗梗和富背坳地表及浅部发现了受中上泥盆统控制的层控矽卡岩型钨锡多金属矿体,在富背坳深部发现了受燕山期复式岩体控制的钨钼多金属矿体(体中体式钨钼多金属矿体)。南山坑矿区主要有 3 种矿化类型:矽卡岩型

图 3-34　南山坑 ZK1127 钻孔 H71 含矿透辉石矽卡岩(黑色矿物为黑钨矿)

钨锡多金属矿化、花岗岩型钨钼多金属矿化和石英脉型钨钼多金属矿化，其中，矽卡岩型钨锡多金属矿化和花岗岩型钨钼多金属矿化为新发现的矿化类型，初步估算南山坑矿区钨锡资源量($333+334_1$)为 101 007.38t，其中，WO_3 资源量 59 238.9t，Sn 资源量 41 768.48t。新增资源量为 WO_3 资源量 33 011.54t，Sn 资源量 34 793.95t，并伴生钼、铅、锌、银等。

(3)通过找矿实践与探索研究，在广东始兴南山坑—良源地区找到了受燕山期复式岩体控制的钨钼多金属矿体(体中体式钨钼多金属矿体)、白云母化钠长石花岗岩型铷铌钽钨锡多金属矿体(高演化分异式铷铌钽多金属矿体)和受中上泥盆统控制的层控矽卡岩型钨锡多金属矿体；在地质地球化学研究基础上，研究了广东始兴南山坑—良源地区与钨锡、铷铌钽多金属矿床有关的重要含矿建造，即与中晚泥盆世地层有关的层控矽卡岩型钨锡多金属矿含矿建造、燕山期复式岩体中与花岗岩型浸染状钨钼多金属矿有关的浅色花岗岩(体中体式)含矿建造和燕山期复式花岗岩中花岗岩高演化分异作用形成的与铷铌钽钨多金属有关的白云母钠长石花岗岩含矿建造(高演化分异式)，建立了南岭东段钨多金属矿成矿模式。这一成果为该区，乃至整个华南地区钨锡、稀有金属矿产的找矿提供了新思路。

河南省唐河县周庵—社旗县地区矿产地质调查

承担单位：河南省地质矿产勘查开发局第一地质勘查院

项目负责人：王文庆

档案号：0930

工作周期：2012—2014 年

主要成果

(1)通过高精度磁法测量，基本查明了工作区磁场分布规律和磁异常特征，圈定了 13 个磁异常，推断出 8 个隐伏基性、超基性岩体和 5 个线性构造。

(2)通过重磁剖面测量基本查明了重磁场沿剖面方向上的变化情况，推断了引起重磁异常源的埋深及局部高磁性体的埋深，推断 CT-10 异常由磁铁矿化辉长岩引起；在此基础上进行重磁剖面测量，通过剖面工作，控制了异常的范围，查清了重磁场沿剖面方向上的变化规律。通过对工区重磁参数的研究，对剖面结果进行定量反演计算，推测了地质体的赋存状态。

(3)可控源音频大地电磁测深(CSAMT)，大致反映了沿剖面方向基岩面的埋深及地层的变化情况，并推测了一些浅部的构造。

(4)在 CT-10 异常上布设 ZK1101 钻孔，发现了含磁铁矿的辉长岩体，磁铁含量最高 8%，全铁含量最高 16%，验证该异常由磁铁矿化辉长岩引起。

(5)总结了重磁异常与地层之间的关系。盆地具有一定规模时往往反映较低的重力异常、磁异常或负磁异常。一般中生代盆地规模较小，它所反映的重磁异常规模也较小，中—新生代盆地一般规模较大，如本次工作区的社旗-唐河盆地，它是南阳盆地北东延伸部分。

(6)总结了重磁异常与构造之间的关系。大型重、磁异常梯级带往往是区域性大断裂或两大构造区的分界，线性强磁异常反映断裂带内有基性岩浆岩侵入且断裂深度较大，升高磁场背景上的线性负磁异常带则反映了断裂挤压、破碎造成的退磁现象。异常宽度突变带反映切割同一地质体的垂直升降运动形成的断裂构造，等值线的疏密突变带反映地质体界面的陡缓突变。

(7)总结了重磁异常与岩体之间的关系。超基性岩体重磁场表现为规模较大、幅值较高的异常，特别是磁异常变化复杂，为一组合异常，例如工作区的CT－10异常区，是找矿的有利地区。基性岩体在重磁场中表现为幅值较高的似等轴状或椭圆状高值异常或正异常，如工作区的CT－7、CT－8异常，但它们异常形态、规模与周庵铜镍矿异常极为相似，考虑到基性岩存在分异性，它向超基性岩有所过渡，加上社旗-唐河隐伏岩体主要受瓦穴子等断裂构造控制，故异常区为成矿有利地区。规模较小的重磁异常往往反映的是小规模的隐伏、半隐伏侵入岩体，其上部和周围是成矿的有利部位。范围较大的重磁异常往往表现为出露—半出露的侵入岩体，异常的鼻状延伸部位也是成矿有利部位。

(8)总结了物探异常与矿(化)的关系。矿(化)集中区一般位于正负重力异常上或它们的鼻状突起部位，正磁异常上、正负磁异常过渡部位或线性正负伴生磁异常的组合部位，以及北西西向、北北东向重磁异常梯级带、扭曲带和重磁异常梯级带的复合部位。

进一步归纳总结了铁矿床大都位于区域重力异常的梯级带及高值重力异常的凸起部位：ΔT磁异常高值异常带、化极局部正异常或正负ΔT磁异常的梯级带和化极后磁异常的峰值处。火山岩型铜锌矿床位于重磁正负异常梯级带附近，与重磁异常梯级带关系密切，正负磁场过渡带为断裂带的反映。层控热液型铅锌银矿位于重力高异常、磁力异常的重磁梯级带、扭曲带上或他们的交会部位。矽卡岩型钼矿位于重力低异常区。铜镍矿由于矿体赋存在超基性岩体中，与岩体没有明显的密度差异和磁性差异，在重磁场上表现为高重磁异常。

(9)归纳总结了区域内主要矿种的成矿规律，结合区域内地质资料综合研究，最终圈定3处成矿远景区，即铜镍成矿远景区、铁铜成矿远景区、金银多金属成矿远景区，达到了预期目标。

河南桐柏北部地区矿产地质调查

承担单位：河南省地质矿产勘查开发局第三地质矿产调查院

项目负责人：陈加伟

档案号：0931

工作周期：2012—2014年

主要成果

(1)完成设计工作量和综合研究工作，野外达验收良好级。本次工作按设计要求全面完成了设计下达的各项实物工作量及目标任务，取得了较好的地质找矿成果，发现了一大批找矿信息，野外验收良好级。项目部全面收集工作区内地、物、化、遥资料，在GIS技术支持下进行了解译和综合信息提取，系统地总结了该区区域成矿地质条件和成矿规律，建立了各成矿区带的成矿模式和找矿模式，对工作区的资源潜力作出了初步评价。

(2)通过地质剖面测量和区域地质调查资料收集，重新调整了部分地层的划分方案。本次工作在全面收集、整理、研究测区及区域前人成果的基础上，利用地层学、岩石学、岩石地球化学等多种手段，厘定了测区地层单位。将测区内原1∶5万桐柏幅划分的肖家庙岩组一、二岩段对应于大别山地区的中新元古界浒湾岩组，三岩段仍保留为震旦系—下古生界肖家庙岩组；

将测区内原秦岭岩群划归为郭庄岩组并进行解体,划分为 3 个岩性段;将原蔡家凹岩组南带修订为雁岭沟岩组并划归到秦岭岩群中。

(3)为快速评价异常,在遥感彩色合成图像中成功提取铁染异常和羟基异常。本次系统收集了 SPOT5 数据,采用 ERDAS 专业遥感处理软件和 MapGIS 制图系统中遥感图像处理模块并用的办法进行综合处理。利用计算机技术提取铁染异常和羟基异常,很好地反映了地表(岩石露头或浅覆盖区)褐铁矿化、黄铁矿化、绢云母化、绿泥石化和高岭土化等,为快速评价异常提供了信息。

(4)水系沉积物测量圈定 2675 个单元素异常,合并为 54 个综合异常。系统完成了毛集幅、桐柏幅、固县镇幅、平昌关幅、任店幅的 1∶5 万水系沉积物测量,全区共圈出单元素异常 2675 个,归并为甲类异常 12 个、乙类异常 6 个、丙类异常 35 个、丁类异常 1 个,共计 54 个综合异常。系统地对综合异常进行了剖析和论述,编制了综合异常登记表,详细讨论了区内成矿元素高背景、高值场、背景和低背景的分布规律及各自代表的地质意义。对预测区进行了初步评价,为该区的科学研究、地质找矿提供较为丰富而可靠的地球化学依据。对测区的 13 个重要的综合异常进行了推断解释,初步建立了各成矿区带的地球化学找矿模型。

(5)完成测区 1270km^2 1∶5 万高精度磁测扫面工作,基本查明测区岩石的磁性特征。根据设计要求采用 500m×100m 网度,完成测区 1270km^2 1∶5 万高精度磁测扫面工作,基本查清了测区磁场特征和已知矿体的磁场特征,建立了已知矿体的磁场特征模型,划定了主要矿种的找矿靶区。根据磁场的强度、形态、稳定性、组合特征,将工作区划分为 5 个不同的磁场区,并对其中的 25 个有一定代表性的正磁异常进行编号和推断解释。利用典型剖面和物性测试,基本查明测区岩石的磁性特征,为磁异常的评价奠定了基础。

(6)新发现矿化点 7 处,系统整理了该区已知矿床(点)资料,为后续找矿工作提供了重要线索。本次工作新发现仓房金矿点、肖老庄铅银多金属矿点、陡坡岩银金矿点、银盘河银多金属矿点、沈家老庄金铅多金属矿点、肖楼银铅锌矿点、主石顶铜矿点 7 处新矿点,并完善了区内已知 112 处矿(化)点的矿产卡片。通过典型矿床研究,建立了该区金、银多金属、铁、萤石找矿标志和物化探综合找矿模型。

(7)通过成矿预测,划定了 A 类成矿远景区 3 个,B 类成矿远景区 3 个,C 类成矿远景区 1 个。根据测区矿床(点)的分布规律,划分了成矿区带,讨论了各成矿带的控矿地质因素和时间演化规律,依据成矿带的综合分析研究,提出了 5 种矿产预测类型,即①与韧性剪切带有关的剪切带型矿床;②与碳酸盐建造有关的构造蚀变岩型矿床;③与燕山期花岗岩有关的低温热液矿床;④以沉积岩为含矿围岩的块状硫化物矿床;⑤以火山岩为含矿围岩的块状硫化物矿床。根据提出的矿产预测类型,进一步优选出更为有利的成矿地段,划定了 A 类成矿远景区 3 个,B 类成矿远景区 3 个,C 类成矿远景区 1 个,初步评价了该区的成矿远景,为下一步矿产勘查工作指明了方向。

(8)经物化探异常查证,提交找矿靶区 3 处。对工作区内的物化探异常进行了系统查证。根据地、物、化、遥综合评价优选出的重点异常区,采用 1∶1 万地质简测、少量的探槽揭露等手段,初步圈定矿(化)体的找矿思路,提交找矿靶区 3 处,即桐柏县陡坡岩银金矿找矿靶区、桐柏县银盘河一带金银矿找矿靶区、桐柏县老洞坡外围银多金属矿找矿靶区。

广东福田地区矿产远景调查

承担单位:广东省地质调查院

项目负责人:余小俭,邓卓辉

档案号:0932

工作周期:2011—2013年

主要成果

(1)提交烟介岭金矿、挂榜岭钨钼矿等2处新发现矿产地,累计估算资源量(334_1)WO_3金属量14 192t,Mo金属量5925t,Au金属量2.94t;共(伴)生矿产Bi金属量3520t,Pb金属量15 455t,Zn金属量11 718t,其中,阳山县挂榜岭钨钼矿被列为2014—2016年广东省地质勘查基金项目。

(2)提交岭洞-烟介岭-磨刀坑、大山口-挂榜岭、大麦山-竹子径3个找矿远景区,其中,岭洞-烟介岭-磨刀坑、大山口-挂榜岭2个为A类远景区,大麦山-竹子径为B类远景区。

(3)提交大山口银多金属矿、大竹园－九龙坪锡铜多金属矿、大坪铜矿3处找矿靶区。

(4)1∶5万地面高精度磁测仪器的探头高度、仪器本身精度、仪器噪声水平和仪器一致性等各项指标符合要求,测点布设工作、基点联测和高精度磁测工作的精度完全能满足1∶5万高精度磁测工作规范的要求。1∶5万高精度磁法测量采集并测定岩石标本921块,矿石标本13块,共圈定35个局部磁异常,其中,甲2类异常5个,乙1类异常9个,乙2类异常6个,乙3类异常14个,丙类异常1个;推断解译了北东向、北西向、近南北向和近东西向4组断裂共19条;推断老鸦山-大麦山、新圩-金鸡坪、阳山县城-根竹园3个隐伏岩体,并对以上岩体的成矿特征进行了分析研究;根据高精度磁测资料、地质资料,结合矿床(点),圈定4个找矿远景区。

(5)1∶5万水系沉积物测量工作实际采样密度为4.21个点/km^2,调查区样品分析了Cu、Pb、Zn、Sn、W、Ag、Au、As、Sb、Hg、Mo、F、Bi共13个元素,工作质量和分析质量符合规范要求。全区共圈定49处综合异常,其中,甲2类异常6处,甲3类异常16处,乙2类异常1处,乙3类异常13处,丙类异常13处,开展异常查证的综合异常10处。划分了3处地球化学找矿远景区,其中,A级找矿远景区2处,B级找矿远景区1处。

(6)1∶5万遥感地质解译工作,基本上了解了区内地层、岩浆岩、构造等地质体的综合影像特征,达到了指导矿产地质填图和找矿的作用。

(7)通过剖面测量、剖面的收集整理和1∶5万矿产地质填图工作,采用岩石地层为主的多重地层划分方法,大致查明了测区地层层序、岩性、岩相、厚度、地球化学特征及含矿性,建立地层填图单位25个,认为南华系活道组与金矿、寒武系高滩组与银铜铅锌矿,石炭系测水组(中下部)与钨钼铅锌矿、黄龙组与铜铅锌锡矿关系密切;大致厘定测区构造格架由北西向、北东向、近南北向和东西向构造带组成,初步认为北东向、近南北向构造具控岩、控矿作用,主要容矿构造为北西向、北东向、近南北向构造;在初步确定侵入岩岩石序列的基础上,建立加里东期、燕山三期、燕山四期、燕山四期补充期、燕山五期花岗岩类填图单位5个,认为燕山三期、四期花岗岩对钨锡钼铋铜铅锌金银矿产具重要控制作用;按照相关规范和设计要求,1∶5万矿产地质填图工作基本查明了测区地层、岩浆岩和构造分布,质量较好,完全满足矿产远景调查的需要。

(8)本报告是在收集了大量的野外第一手调查成果资料，通过认真综合整理和分析研究，并吸收前人成果的基础上编写的，附表、附件齐全，技术资料齐备，基本能全面、科学地反映本次工作的全部成果。

(9)通过对福田地区典型矿床研究，参考广东省矿产资源潜力评价研究成果，对福田地区破碎带蚀变岩型金银(铜铅锌)矿、矽卡岩型钨钼锡铁(铜铅锌)矿等主要矿种进行了成矿要素分析，建立了找矿模型。

(10)通过对福田地区开展矿产预测，预测了金银铁铜铅锌钨锡钼等矿种的资源量。

湖北嘉鱼—蒲圻地区矿产远景调查

承担单位:湖北省地质调查院

项目负责人:张文胜

档案号:0935

工作周期:2011—2013年

主要成果

(1)通过1∶5万矿产地质填图和剖面测制，初步建立了调查区内地层层序，大致查明了本区地质构造背景及矿产特征，为开展矿产检查工作提供了基础地质资料。

(2)1∶5万土壤测量共圈定Au、Ag、Cu、Pb、Zn、W、Mo、Hg、As、Sb等单元素异常264处，根据异常元素的共生组合关系，圈定综合异常23处(甲类3处、乙类12处、丙类7处、丁类1处)，并对各综合异常进行了初步的分类和评述，为开展异常查证提供了地球化学依据。

(3)1∶5万高精度磁测圈定了4条磁异常带，大致查明了测区磁场特征及隐伏岩体的分布，为地质找矿间接提供了资料。

(4)1∶5万遥感地质解译建立了区内各类地层、岩石、构造解译标志并进行了初步解译，提取了区内羟基类矿物异常和含铁离子蚀变(铁染)异常，以及线性构造和环形构造。

(5)桐梓岭重点检查区通过大比例尺地质草测大致查明了区内地层、岩浆岩、构造、蚀变矿化基本特征，土壤剖面测量验证了1∶5万土壤异常由岩体与围岩接触带及岩体内部矽卡岩化大理岩捕掳体引起，地面高精度磁法测量圈定了岩体出露范围，可控源大地音频剖面测量大致推测了岩体与围岩接触带的大致形态。结合前人勘探资料，综合分析岩体与围岩接触带部位存在较大规模的矿化蚀变地质体。

(6)蒲首山(堤塘魏家)铜多金属矿重点检查区通过土壤剖面测量发现Au元素出现不连续跳跃异常高值点；通过1∶1万高精度磁法测量，其中，HT05线北部磁异常显示负异常，而中部且往南表现为相对平稳磁异常范围，大致反映了隐伏岩体的边界；因地表均被第四系覆盖，推断异常由隐伏花岗斑岩体引起。同时在检查区西部肖家山—魏家山一带发现沿断裂构造带出露花岗岩脉，呈东西向断续出露，东西长约2km，南北宽500m。脉体呈不规则状、孤岛状，单个露头长8～65m，宽1～5m，多为顺层贯入，围岩为志留系至二叠系碎屑岩和灰岩等。地表槽探揭露见多处微弱金异常现象，金含量为(0.1～0.13)$\times 10^{-6}$，金异常水平宽度0.9～4m，主要分布于强风化花岗斑岩及钾长石化花岗斑岩中，于强风化花岗斑岩与灰岩接触带局部见金异常现象明显。

(7)尹家畈异常查证区1∶5万土壤测量在区内圈出Au、As、Hg、Sb综合异常2处，1∶1万土壤剖面测量结果异常重现性较好，主成矿元素Au及其伴生指示元素As、Sb、Hg、Mo均出现明显的异常高值点，表现为矿前晕异常元素组合特征，异常元素组合与蛇屋山矿区异常基本一致；另外，异常平面上共圈定4处组合异常，位于浅表氧化金矿体附近。本次通过取样钻验证评价，在区内圈定了氧化金矿体2处。求得资源矿石量(333+334)6 079 468t，金金属量3208kg。其中，矿石量(333)2 054 252t，金金属量1156kg；矿石量(334)4 025 217t，金金属量2052kg。

(8)在以往勘查工作基础上，通过对蛇屋山金矿外围(蛇屋山—藕塘湾)评价区的金资源量重新估算，在4—23线、4—36线降低工业指标圈定了矿体。估算预测资源量(334?)矿石量10 420 743t，金金属量6105kg。

(9)蛇屋山金矿外围Au异常验证评价区(楠竹林金矿点)开展了Au异常验证与评价工作，主要是对第四系残坡积层中低品位Au异常进行了复核与验证，分层采样评价红土型金矿的远景。通过对以往钻孔分析结果的系统清理，按地表氧化金0.3×10^{-6}的边界品位，共有7个钻孔分别见到金矿化。经储量计算求得资源矿石量(333+334)1 421 538t，金金属量611kg。其中，矿石量(333)300 826t，金金属量128kg；矿石量(334)1 120 712t，金金属量483kg。

(10)蛇屋山金矿深部找矿信息探索区开展了采坑地质调查，编制了采坑地质图，结合可控源音频大地电磁测深剖面成果，对矿区深部控矿构造进行重新认识，完善了区内构造格架，在此基础上建立了区内原生矿预测模式，并在整装勘查工作中得到了初步验证。

(11)在总结测区内面积性地、物、化、遥工作成果的基础上，结合前人地质工作成果资料分析研究，在调查区内圈定了2个成矿远景区：北部为乌林-蛇屋山-嘉鱼金成矿远景区(A)，具良好的红土型金矿找矿前景；南部为堤塘魏家-桐梓岭铜多金属矿成矿远景区(B)，有利于寻找矽卡岩型-斑岩型铜多金属矿。圈定找矿靶区4个，明确了测区今后进一步开展找矿勘查的地域和方向。提交了金矿产地2处。

湖南省水口山—大义山地区铜铅锌锡多金属矿调查评价

承担单位：湖南省有色地质勘查局

项目负责人：罗华彪

档案号：0936

工作周期：2011—2013年

主要成果

(1)系统梳理了水口山—大义山地区历年来的勘查工作及成果，较全面地收集了评价区的区域地质、物化探资料，以及康家湾、水口山等典型矿床矿产勘查资料，并进行了较为系统的分析和研究，对资料进行二次开发，按照新的规范要求和近年来矿产勘查的新认识，重新厘定和分析了区内地层、构造、岩浆岩、矿化特征、物化探异常等。整理编制了物化探综合异常图等一系列的区域综合性图件。

(2)进一步查明各评价区地层、构造、岩浆岩等成矿地质条件,通过对拖碧塘、狮子岭、罗桥等重点地段开展地质测量等工作,加深了解了区内含矿层、矿化带、蚀变带、矿化体的分布范围、形态、产状、矿化类型、分布特点及其控制因素。

(3)在拖碧塘、黄沙寺、大角洲3个区新圈定了具有找矿意义的高磁异常12处,化探异常12处。其中,拖碧塘圈定高磁异常5处,化探异常9处,物化探综合异常3处,经地表检查及综合分析,该异常主要由花岗斑岩引起,具有进一步寻找稀有金属矿床的价值。黄沙寺圈定高磁异常4处,化探异常3处,物化探综合异常3处,发现断裂构造1条,经地表检查及综合分析,工作区西边两个综合异常主要由花岗斑岩引起,东南边综合异常推测主要由北北东向压扭性断裂引起,经探槽工程验证,Au品位为$(0.2\sim0.24)\times10^{-6}$。狮子岭发现断裂构造3条,经地表检查及综合分析,该异常主要由硅化破碎带引起,经钻探工程验证,在深部462.5m处硅化破碎角砾岩中见浸染状见闪锌矿,锌品位为1.87%,为下一步寻找铅锌矿床提供了有利的依据。在栗江工作区新发现断裂带2条。

(4)发现了拖碧塘铌钽铷矿、黄沙寺锡铷多金属矿、狮子岭铅锌矿、罗桥锡铜铅锌多金属矿等多处矿点(化)。

(5)加强了对水口山、大义山、拖碧塘等成矿远景区典型矿床的研究,进一步总结评价区的成矿地质条件和成矿规律,认为区内成矿控制条件与地层、岩性、构造及岩浆岩有关,具时空分布规律,形成"三位一体"的控矿特征。对区内矿床成因和找矿标志进行探讨和分析,进一步丰富成矿模式,建立地质+地球物理+地球化学多元信息找矿模型。

(6)提交了拖碧塘铷铌钽矿、罗桥锡多金属矿2个矿产地,根据靶区筛选原则圈定了金鸡岭-柏坊铜矿找矿靶区、康家湾-仙人岩铁铜铅锌金银矿找矿靶区、烟竹湖铜锡硼多金属矿找靶区,以上3个为Ⅰ类找矿靶区;以及陈家岭-廻水湾铅锌锡矿找矿靶区、新盟山-狮子岭铅锌矿找矿靶区、黄沙寺稀有多金属矿找矿靶区,该3个为Ⅱ类找矿靶区,为评价区寻找新的可接替资源基础提供了依据和找矿方向。

(7)综合研究取得一定认识。初步认为岩体对不同区域的成矿控矿具专属性,总结了褶皱构造控制矿床的分布、断裂构造控制矿体产出的规律,并认为水口山、大义山地区的推覆构造是今后找矿突破的重点。

广西三江地区矿产远景调查

承担单位:广西壮族自治区地质调查院

项目负责人::陈文伦,蒋勇辉

档案号:0939

工作周期:2011—2013年

主要成果

(1)开展矿产检查,经工程证实同乐大滩铅锌矿为本次工作确定的新进展矿产地,发现和圈定铅锌工业矿体3个,其中,Ⅱ-③号矿体规模较大,呈层状、似层状产出,总体走向40°～50°,倾向北西,倾角30°～50°,工程控制长1400m,赋存标高－300～200m,本次工作将该矿体控制斜深由原来的200m增加到了600m。矿体平均厚度2.45m,平均品位Pb 0.48%,Zn

1.74%。估算新增矿体矿石量(334_1)319.29×10^4t,Pb 10 640.99t,Zn 49 560.94t,Pb+Zn 60 201.93t。取得了较好的找矿成果。

(2)系统总结了调查区成矿地质条件和成矿规律、找矿标志,确定调查区内主要矿床成因类型为层控的中低温热液沉积-改造型铅锌矿床,建立了调查区主要矿种铅锌矿的综合找矿模型(图3-35、图3-36)。

图3-35　产于白云岩层间破碎带中的铅锌矿脉

(3)综合调查区地质、矿产、物化探、遥感等找矿信息,圈出找矿远景区5处。其中,A类找矿远景区3处:老堡铅锌找矿远景区、同乐铅锌找矿远景区、桐木铅锌铜找矿远景区;B类找矿远景区2处:猫头顶铅锌钒钼找矿远景区、斗江钒锰找矿远景区。

(4)通过矿产检查圈定并提交A类找矿靶区2处:归岳-洋溪乡铅锌找矿靶区、马蹄岭-黄泥冲铅锌找矿靶区。运用矿床模型综合地质信息成矿地质体体积法分别对找矿靶区进行了资源量预测,预测总资源量213.84×10^4t。其中,马蹄岭-黄泥冲铅锌找矿靶区预测资源潜力达到大型以上远景规模。针对不同找矿靶区,对今后工作提出了初步性建议。

(5)1∶5万水系沉积物测量,在工作区内共圈定单元素异常255个,综合异常42处。根据异常元素组合、异常特征、异常所处地质环境、地质找矿意义和工作研究程度,划分出甲1类异常2个,甲2类异常5个,乙1类异常2个,乙2类异常4个,乙3类异常7个,丙1类异常7

图 3-36　产于陡山陀组中的脉状铅锌矿石

个,丙 2 类异常 8 个,丙 3 类异常 7 个。通过对元素异常在区域上的分布及地球化学场特征进行分析,划分出 7 个异常区带:①老堡 Pb、Zn、Ag、V 多金属异常带;②同乐 Ag、Mo、Pb、Zn 多金属异常带;③斗江 Au、Ag、Zn、Mo 多金属异常带;④猫头顶 Au、Sb、Ag、Mo 多金属异常带;⑤牛浪坡 Pb、Cu、Au 异常区;⑥雨岩山 Au、Sb 异常区;⑦鸡公坡 Au、Sb、As 异常区。

(6)结合区域矿产分布规律及成矿地质环境,进行了地球化学找矿预测,划分出Ⅰ级找矿远景区 4 个:同乐铅锌多金属Ⅰ级找矿远景区、老堡铅锌多金属Ⅰ级找矿远景区、斗江铅锌金多金属Ⅰ级找矿远景区、猫头顶铅锌金多金属Ⅰ级找矿远景区;Ⅱ级找矿远景区 2 个:牛浪坡铅铜金多金属Ⅱ级找矿远景区、雨岩山金锑Ⅱ级找矿远景区。

(7)1∶5 万遥感地质解译共解译线性构造 426 条。综合实测断层和线性构造,共解译线性体 482 条,其中,遥感解译线性体北北东向 187 条、北西西向 151 条,北东东向 84 条,北东向 22 条、东—西向 13 条,南—北向 13 条、北西向 7 条,北北西向 5 条。解译环形构造 76 个,按可解译程度划分,其中,明显的实环 16 个,推测的虚环 56 个,半隐性的环形构造 4 个。按环形构造的组合类型划分，76 个环形构造共划分为 46 个组合。对环形构造的成因类型进行了初步分类，其中，性质不明的环形构造 34 个，隐伏岩体共 11 个，褶皱成因环形构造共 31 个。在三江幅、融安幅 1∶20 万新数字地质图的基础上，叠合影像图，进行地质界线解译，共解译 20 个填图单元，其中，地层 19 类，岩浆岩 1 类。

(8)开展遥感信息提取试验，发现利用 TM1、TM3、TM4、TM5 进行主成分变换，对角岩化、铁染等青磐岩化带的提取有显著效果；利用 TM1、TM4、TM5、TM7 进行主成分变换，有助于对含 OH^- 的黏土矿物的提取。进而总结了"去干扰"＋"主成分变换"＋"SAM 分类"的遥感信息增强与提取模式，分别生成了铁染、羟基遥感异常图组及遥感组合异常图组。

(9)利用 GIS 数理统计和空间分析，进行了线性体对矿产地影响域分析，线性体两侧 875m 为线性体对矿产地最大影响距离，线性体两侧 500m 范围是最有利的成矿区域。

(10)开展了遥感地质综合分析研究，对遥感解译的地层、线性构造、环形构造及提取的遥感组合异常进行定量变换和数据挖掘，生成了地层熵、线密度、地质复杂度、遥感蚀变强度等指标，以遥感蚀变强度为主要依据对工作区的遥感综合异常分区进行划分，共圈定遥感综合异常 122 个，其中，甲类异常区 14 个，乙类异常区 28 个，丙类异常区 39 个，丁类异常区 41 个。

(11)利用矿产资源评价系统 MRAS 软件对赋矿层位、地层熵、线密度、地质复杂度、遥感组合异常、遥感蚀变强度、环形构造、断层缓冲区 8 个证据因子，应用找矿信息量加权模型，开展遥感综合成矿预测，根据找矿后验概率生成遥感综合找矿后验概率色块图，作为今后找矿预测区划分的主要依据，共圈定遥感找矿预测区 46 个，其中，A 类预测区 4 个，B 类预测区 18 个，C 类预测区 24 个。结合各预测区内出露的地层、线性构造、环形构造、遥感蚀变强度、遥感综合异常、矿产等分布情况对找矿远景进行半定量评价，初步建立了在南方高植被覆盖下的遥感地质调查方法。

湘西古丈-吉首-凤凰碳沥青资源调查

承担单位：湖南省煤田地质局第二勘探队

项目负责人：陈健明

档案号：0940

工作周期：2013—2014 年

主要成果

(1)已大致了解本区构造属中等类型，含矿地层为寒武系，含石煤地层为下寒武统牛蹄塘组，共获碳沥青预测资源量(334)21 275.2×10^4t，其中，可靠级 59.1×10^4t，可能级 1323.2×10^4t，推断级 19 892.9×10^4t。石煤预测资源量(推断级)30 616×10^4t。通过本次调查评价，确定碳沥青远景区 2 处，分别是黄石硐水库-万溶江远景区和坪年-大兴寨远景区，均有进一步勘查的价值。为碳沥青资源勘查选区提供了依据。

(2)对圈定的 2 个远景区已经向湖南省国土资源厅汇报，准备立项进行勘查。

(3)通过完成"湘西古丈-吉首-凤凰碳沥青成因、主控因素及赋存规律研究"专题，了解了碳沥青与油气及牛蹄塘组烃源岩之间的亲缘关系，确定了碳沥青物质来源，了解了碳沥青形成经历了烃源岩成岩、油气成藏和碳沥青成矿三大阶段且碳沥青成矿严格受构造控制。取得了碳沥青成因、主控因素及赋存规律新认识(图 3-37)。

图 3-37　812 号地质点照片

(4)大致了解了碳沥青及石煤地质特征,碳沥青具有低灰、低硫、高发热量等特点;大致了解了碳沥青及石煤的利用方向,碳沥青可作为动力用煤与民用煤,石煤可用于发电和建筑材料。对开采技术条件进行了初步了解。

(5)许多年轻的地质技术人员参与了野外工作和资料综合分析工作,其中有项目组长、野外项目负责人、物探野外负责人及相关人员,对碳沥青的认识在进一步提高,培养了一批专业技术人员。项目实施过程中,累计发表论文 6 篇,其中,《聚集型高演化天然固体沥青成因——以湘西脉状碳沥青为例》《湘西碳沥青若干微量元素地球化学特征》分别被发表在《科技导报》2014 年第 24 期和 2015 年第 16 期。

湖南省涟源市岛石-渡头塘煤炭资源调查

承担单位:湖南省煤田地质局第二勘探队

项目负责人:易海霞

档案号:0941

工作周期:2010—2012 年

主要成果

(1)大致了解本区构造类型为中等。本区含煤地层为下石炭统测水组。测水组赋存有:上、2、3、4、5、6、7 号煤层,其中,3 号煤层为主采煤层,煤厚 0.04~7.46m,一般厚 1.35m,含夹矸 0～5 层，结构较复杂，属不稳定型煤层；5 号煤层为局部可采煤层，煤厚 0～4.44m，一般厚 0.95m，含夹矸 0～1 层，结构较简单，属不稳定型煤层。其他煤层不可采。3 号、5 号煤层对比标志明显、层序清楚，对比可靠。梓门桥组的中下部赋存石膏 4 层，其中Ⅱ、Ⅲ、Ⅳ层石膏赋存较好，品位达工业要求，可作为矿山开发综合利用的方向。本次调查还对页岩气、煤层气等其他资源进行了评价。

(2)3 号、5 号煤层共获预测的资源量(334)10 863×10^4t，其中，3 号煤层 8178×10^4t，5 号煤层 2685×10^4t。预测的资源量可靠级 3912×10^4t，可能级 2887×10^4t，推断级 4064×10^4t；可靠级占 36%，可靠级与可能级占 64%。Ⅱ、Ⅲ、Ⅳ石膏层共获预测的资源矿石量 116 669×10^4t(石膏量 108 779×10^4t)，其中，矿石量Ⅱ层 60 764×10^4t，Ⅲ层 37 738×10^4t，Ⅳ层 18 167×10^4t。预测的资源量可靠级 46 601×10^4t，可能级 17 925×10^4t，推断级 52 143×10^4t；可靠级占 40%，可靠级与可能级占 55%。

(3)大致了解煤质特征及其利用方向，3 号煤层为中灰、中硫、特低磷、中高发热量无烟煤；5 号煤层为低灰、低硫、特低磷、高发热量无烟煤，可作为动力用煤与民用煤。对煤层瓦斯、煤尘、煤的自燃、地温等开采技术条件进行了初步了解。将本区瓦斯初步划分 3 个区，根据瓦斯变化从南西往北东，划分为煤与瓦斯突出区、高瓦斯区和瓦斯(低瓦斯)区。3 号、5 号煤层无煤尘爆炸现象，为不自燃煤层，属正常地温区。

(4)通过本次调查评价，圈定含煤、石膏远景区 4 处，分别为朝岛区段、七星街区段、曾家区段、湖泉区段，其中，朝岛区段含煤、石膏性好，七星街区段、曾家区段较好，均有进一步勘查的价值。

(5)以本次调查为引导，发表的论文《湘中下石炭统测水组煤层气储层特性研究》被刊登于《中国煤炭地质》(2010)第 22 卷 11 期，该论文获株洲市第十二届自然科学优秀论文二等奖，营造了较好的学术交流氛围。同时在项目实施过程中培养、锻炼了一批工程技术人员。项目实施期间湖南省煤田地质局第二勘探队晋级了 1 位教授级高工、6 位高级工程师，使湖南省煤田地质局第二勘探队地质调查中坚力量得到了进一步增强。

江陵古近纪盐盆地富钾卤水调查评价

承担单位：：中国地质科学院矿产资源研究所

项目负责人：刘成林，徐海明

档案号：0942

工作周期：2010—2012 年

主要成果

(1)查明江陵凹陷及邻近凹陷成盐成钾时期的构造-气候-沉积背景，以及江陵凹陷蒸发盐成钾条件与主控制因素；查明江陵凹陷古近纪古气温可达 50℃，有利于盐湖蒸发，形成干热的沉积环境。

(2)开展南岗和沙市三维地震资料精细解释，追踪路 9 井、鄂深 5 井和沙 4 井富钾卤水层，并开展属性预测，识别出富钾卤水有利构造 4 个。

(3)开展新沟嘴组和沙市组地层对比，厘定卤水井地层层位，确定富钾卤水纵向位于新沟嘴组底部和沙市组,突破了以前认为富钾卤水仅产于沙市组的看法。

(4)统计富钾卤水成分,分析富钾卤水平面展布特征和纵向分布特征,认为江陵凹陷富钾卤水层与盐岩体伴生。

(5)开展江陵凹陷富钾卤水储集体研究,认为有 3 种富钾卤水储集体:泥质裂缝、砂岩和火成岩。不同地区富钾卤水储集体各异。提出富钾卤水晚生早储,高角度断裂系统将其贯穿的新模式(图 3-38、图 3-39)。

图 3-38　玄武岩气孔发育,但彼此为孤立孔隙(摄于江陵凹陷北部地质剖面)

(6)查明工作区内主要的地质构造、火山岩的分布情况,分析构造、火山岩与富钾卤水成矿的关系,圈定测区富钾卤水成矿远景区和找矿靶区。

(7)基本查明富钾卤水矿分布区,获得重点区段一定规模氯化钾预测资源量;按圈闭异常体估算的氯化钾资源量约为 2000×10^4 t,按圈闭异常体外推后计算的氯化钾资源量约为 5000×10^4 t。

图 3 - 39　玄武岩裂缝发育，沟通了孔隙（摄于江陵凹陷北部地质剖面）

湖南省主要城市浅层地温能调查评价

承担单位：湖南省地质矿产勘查开发局四○二队

项目负责人：龙西亭

档案号：0946

工作周期：2013—2014 年

主要成果

（1）通过对湖南省第四系地质结构特征、水文地质条件、岩土体热物性特征、浅层地温场特征、地层热响应特征等综合分析，初步查明了湖南省 13 个地级城市浅层地温能赋存条件。湖南省地下水地源热泵系统资源主要赋存于环洞庭湖区、湘江下游沿岸的第四系松散岩类孔隙水分布区。碳酸盐岩岩溶水分布区回灌条件不理想且极易诱发环境地质灾害，不适宜进行地下水地源热泵开发利用。地埋管地源热泵系统资源主要与地层岩性、钻进条件、岩石热导率等密切相关。

（2）开展了浅层地温能开发利用适宜性分区评价。湖南省 13 个地级城市中只有岳阳、常德、株洲、益阳 4 个城市适宜发展地下水源热泵，适宜区面积为 743.7km^2，较适宜区面积 772.7km^2；13 个地级城市大部分地区都适宜于地埋管地源热泵系统，适宜区面积 8323.96km^2，较适宜区面积 7629.44km^2。

(3)进行了浅层地温能资源量及开发利用潜力评价。湖南省13个地级城市浅层地温能总热容量为6933.15×10^{12}kJ/℃;冬季总换热功率为1003.72×10^5kW,夏季总换热功率为1389.02×10^5kW;地下水地源热泵冬季供暖潜力一般为(0.28～2.11)×$10^5$$m^2$/km,夏季制冷潜力一般为(0.29～2.20)×$10^5$$m^2$/$km^2$。

(4)进行了浅层地温能资源开发利用社会经济效益分析。湖南省13个地级城市浅层地温能可利用资源量相当于每年节约标煤0.823×10^8t,经济价值近576亿元/年。每年减少SO_2排放约139.98×10^4t,减少NO_x(氮氧化合物)排放约49.41×10^4t,将减少CO_2排放约19 646.72×10^4t,减少悬浮质粉尘约65.87×10^4t,减少灰渣排放1152.70×10^4t,节省环境治理费约256.46亿元,环境效益十分可观。

(5)针对湖南省13个地级市浅层地温能开发利用可能出现的环境地质问题,从政策、技术两个角度制定了防治措施:政策上要加强政府监管力度,健全政策法规,制定技术标准;技术上开展科技创新,加强人才培养,提升技术水平,尽快建设、完善地源热泵系统监测站,建设信息平台。

广东中坝地区矿产远景调查

承担单位:广东省地质调查院

项目负责人:张国恒

档案号:0948

工作周期:2011—2013年

主要成果

(1)在调查区开展了1∶5万矿产地质测量,大致查明了调查区地层、构造和岩浆岩的产出、分布、岩石类型等特征,对地层、构造、岩浆岩、变质作用与成矿的关系进行了初步研究。

(2)1∶5万地面高精度磁测在调查区圈定了11处局部磁异常(带),其中,对CT1、CT3、CT7、CT10和CT11进行重点推断解释,对其他磁异常进行了初步推断解释,另外,推断断裂(带)17条。

(3)1∶5万水系沉积物测量共圈出了单元素异常1806个,综合异常31个,其中,甲类6个,乙类21个,丙类4个。对异常进行了定性解释和分类排序,对部分有找矿前景的异常进行了查证,并圈定5个找矿远景区。

(4)1∶5万遥感地质解译工作,基本上了解了区内线性构造、环形构造等综合影像特征,解译线性构造412条,环形构造13个,分析线性、环形影像构造和矿产的关系,划分出5个遥感最小预测区。

(5)对调查区内的矿床(点)按能源矿产、金属矿产和非金属矿产三大类进行了系统总结,将金属矿产又分为黑色金属矿产、有色金属矿产、稀土金属矿产和稀有金属矿产等4类,选取调查区最具代表性的典型矿床按矿产地质特征、矿体特征、成矿要素、成矿模式、找矿标志、预测要素及预测模型等几个方面进行了详细论述。

(6)采用1∶1万地质测量、土壤(剖面)测量、地表槽探揭露编录和刻槽采样等技术手段,对区内重要异常、矿化带、蚀变带等开展了矿产检查,初步或基本了解了了矿(化)体(层)分布范围、规模、形态、产状、共(伴)生有益元素种类等;初步或基本了解近矿围岩的蚀变种类、分布及其与矿化的关系;大致判别了矿床类型。

(7)通过对调查区矿、地、物、化、遥等资料的综合研究,划分了5处找矿远景区,筛选了10处找矿靶区,其中,A类找矿靶区3处,B类找矿靶区7处。将A类找矿靶区作为成果提交,对找矿远景区、找矿靶区特征进行了论述,指出了找矿方向,分析了找矿前景,并对今后工作提出了建议。

(8)在区域矿产特征与区域矿产预测类型划分方面,以锡、铜、铅锌、稀土为目标矿种,建立区内与侵入岩有关的宝山嶂式热液脉型锡矿、与火山岩有关的七目嶂式热液脉型铜铅锌矿、五经富式花岗岩风化壳离子吸附型稀土矿的矿床成矿要素、成矿模式、预测要素及预测模型。在此基础上,进行了预测单元划分,共划分出了18个最小预测区,并对其进行了定量估算和地质评价。

(9)通过对调查区地层及岩性、构造、岩浆岩、地球物理特征、地球化学特征、遥感特征与成矿关系的研究,总结了区内矿产分布规律、控矿地质因素和时空分布规律、成矿时间和矿质来源等,并划分了Ⅴ级成矿区带。

(10)区内燕山期二长花岗岩、花岗闪长岩较发育,是主要的稀土矿原岩,其风化壳稀土含量高,风化壳厚度一般几米至20多米。全区预测稀土资源量129.56×10^4t,可见稀土找矿前景很大。

广东阳春地区矿产远景调查

承担单位:广东省有色金属地质局

项目负责人:欧阳志侠,林玮鹏

档案号:0949

工作周期:2011—2013年

主要成果

(1)1∶5万遥感构造地质解译及蚀变信息提取解译出断裂384条,主断裂2条,圈定了矿化蚀变遥感异常集中区13处。

(2)1∶5万水系沉积物测量获得了系统的区域地球化学背景资料,对各地层、岩浆岩体、岩性中的元素丰值有较确切的了解。系统总结了元素地球化学特征和元素共生组合规律。圈定19处综合异常,价值分类A1类5处,A2类2处,B1类6处,B2类2处,B3类2处、C2类及C3类各1处。对7处W异常、8处Au异常及5处Cu异常进行了异常多参数评序后综合认为,AS13、AS15、AS18、AS5、AS10这5个异常是找钨矿前景较好的异常,AS19是找金矿前景最好的异常,AS5是找铜矿前景最好的异常。此外,AS15、AS14也有找金、铜矿较好前景,AS18对找金铜矿、AS13对找铜也较为有利。在测区范围内划分了9处地球化学找矿远景区,其中,Ⅰ级找矿远景区4处,Ⅱ级找矿远景区2处,Ⅲ级找矿远景区3处。对7处异常进行了二级查证,均获得了与原异常对应元素的土壤异常,它们与矿床矿点相吻合,证明为矿致异常或具较大的找矿潜力,为下一步找矿工作部署提供了丰富的化探资料。综合分析认为,AS19有较大找金矿的找矿远景,AS14异常区内有较大的铜、钨、金多金属矿找矿远景,AS18具有找钨钼金的找矿远景,AS16具有找锡铅银矿的找矿远景。

(3)根据 1∶5 万高精度磁法测量成果，把测区分为 3 个不同的地质构造单元：①测区中部北东向的阳春复向斜；②测区中南部的岗美岩体区域；③测区西北部的多期次岩体出露区域。认为 3 个不同地质构造单元的接触带，尤其是接触带拐弯地段是成矿最有利的地段。除西北部③号正异常区内的矿床外，区内其他矿床均分布于 ΔT 负磁异常带及其旁侧附近，且于不同方向的负磁异常的交会部位形成多个矿床集中出现区，表明本区矿床主要受构造控制，不同方向的构造交会部位是寻找大中型矿床的最有利部位。测区中部北东向的剩余重力高异常为阳春向斜的反映，剩余重力低异常带所反映的岗美等岩体一般具有一定的磁性，因此，本区带内的磁异常能够直接圈定与成矿有密切关系的岩体，指示和寻找半隐伏和隐伏岩体；而反映北西向的永宁-大王山-莘蓬-鹦鹉岭-锡山等岩体的布格重力低异常带内的岩体为无磁—微磁性特征，岩体本身一般不能引起较明显的磁异常，该区带内的磁异常主要由岩体热液蚀变作用形成的磁性壳(磁性蚀变体)、磁黄铁矿等引起，本区带磁异常并不能直接反映岩体，磁法只能间接圈定与成矿有密切关系的岩体。全区圈定磁异常 30 个，其中，乙类异常 26 个，丙类异常 3 个，丁类异常 1 个。推测断裂 12 条，其中：北东向断裂(F1—F4)4 条，北西向断裂(F5—F12)8 条，F4、F5、F10 等 3 条断裂是区内最重要的断裂，对本区多金属矿床的形成具有比较重要的作用，应重视其研究工作。综合分析认为 CT-1、CT-4、CT-22、CT-27、CT-30 等磁异常均伴随有地球化学异常，且位于找矿远景区内，成矿地质条件良好，具有较好的找矿前景，建议开展进一步查证工作。

(4)新发现矿(矿化)点 11 处，其中，金矿点 4 处、铜多金属矿点 1 处、钨矿点 1 处、钨钼矿点 2 处、铁铜矿点 1 处、银铅锌矿点 1 处、银矿点 1 处。铜多金属矿点、铁铜矿点、钨矿点成矿类型主要为与岩体接触交代作用有关的矽卡岩型。钨钼矿点、银铅锌矿点、银矿点、金矿点成矿类型主要为热液充填型。

(5)在综合分析测区地物化遥的基础上，择优概略检查合水金矿点、双树钨铋矿点、新屋金矿点、尧垌铜钨多金属矿点、文光岭铅多金属矿点、牛路头钼矿点、林湾铅锌点、云灵山金矿点等 8 处矿点，另外对水系沉积物 AS4、AS5、AS11、AS18 综合异常开展了二级查证。其中，合水金矿点、双树钨铋矿点、新屋金矿点(图 3-40、图 3-41)、尧垌铜多金属矿点转入重点检查。新发现了尧垌铜多金属矿、双树钨铋矿 2 处矿产地，通过检查初步查明矿(化)体的矿化类型、特征、规模、形态、产状、矿石品位及控矿因素，对其远景作出了初步评价，结合控矿地质条件进行成矿预测，提供了进一步开展矿产普查工作的依据，并提出了进一步工作的建议。2 处矿产地累计获得资源量(334_1)：WO_3 资源量 19 433.1t，Cu 资源量 73 207.26t，Bi 资源量 920.29t。

(6)通过典型矿床研究和综合前人成果报告、文献等资料，总结了区内的成矿规律。将阳春盆地的多金属矿床厘定为一个成矿系列和 3 个成矿亚系列：即与燕山期侵入岩有关的 Fe-Cu-Pb-Zn-W-Sn 等多金属矿床成矿系列，包括与中侏罗世侵入岩有关的铁铜多金属矿床成矿亚系列(Ⅰ)、与早白垩世中酸性侵入岩有关的铜钼铅锌多金属矿床成矿亚系列(Ⅱ)和与晚白垩世花岗岩有关的 W-Sn 多金属矿床成矿亚系列(Ⅲ)。Ⅰ和Ⅱ成矿亚系列主要沿阳春盆地的边缘坳陷带分布，受北东—北北东向构造及东西向构造复合控制，成矿岩体主要为花岗闪长岩、二长花岗斑岩及二长花岗岩等，来源于相对深部，为壳幔同熔的产物，成因类型主要包括矽卡岩型和斑岩-矽卡岩型；Ⅲ成矿亚系列主要产于隆起区与坳陷带接壤部位及坳陷带中局部隆起地段，受隐伏的北西向构造控制，与成矿有关的花岗岩类属弱过铝质-准铝质花岗岩，由地壳物质重熔而形成，也可能有少量的地幔物质加入，矿床类型以石英脉型和斑岩-矽卡岩型-

图 3-40　新屋黄矿毒砂化、硅化碎裂岩金矿石

图 3-41 新屋黄矿毒砂化、硅化金矿石

热液脉型为主。Ⅰ亚系列成矿时代主要集中在 170～160Ma，Ⅱ亚系列主要集中在 110～98Ma，而Ⅲ亚系列成矿年龄为 85～76Ma；Ⅰ成矿亚系列对应的成矿动力学背景为太平洋板块的俯冲环境，而Ⅱ和Ⅲ成矿亚系列则处于燕山晚期的拉张伸展环境并伴随强烈的壳幔相互作

用,其可能与 135Ma 之后太平洋板块的运动方向发生转向有关。

(7)通过综合研究和分析,结合本区地质、地球物理和地球化学背景、成矿系列、控矿条件、矿床(点)组合及时空分布规律,圈定找矿远景区 7 处,圈定找矿靶区 20 处,其中 6 处为通过本项目工作提交,提交靶区中 A 类找矿靶区 4 处,B 类找矿靶区 1 处,C 类靶区 1 处,另外划分了 14 处预测找矿靶区。明确了测区今后开展普查找矿的地域和方向。

湖南省沅陵县大金坪地区矿产地质调查

承担单位:有色金属矿产地质调查中心南方地质调查所

项目负责人:王如涛

档案号:0950

工作周期:2012—2014 年

主要成果

(一)矿产地质调查

(1)充分收集和分析了工作区内以往地质、矿产、物化探及遥感等资料,结合典型矿床研究,分析工作区内的金矿成矿地质条件、赋矿特征和控矿因素,对 1∶5 万水系工作过程中收集的矿点信息,重点研究以断裂构造、地层为控矿因素的矿点,新发现了新屋场石英脉型金矿点、柳林石英脉型金矿点和砂岩型黄土坡铜矿点等,对新发现的矿(化)点进行了检查,为区内的找矿提供了新的线索。

(2)通过开展地质草测、土壤地球化学测量、激电中梯测量及高磁测量等工作,在两溪口金矿区、柳林金矿区、白果园金矿化区及响水洞铜金多金属矿区发现 9 条金矿(化)体,其中,柳林金矿区 5 条,白果园金矿化区 2 条,两溪口金矿区 1 条,响水洞铜金多金属矿区 1 条,并对其进行地表槽探工程揭露,在柳林金矿区、两溪口金矿区还利用钻孔对矿(化)体进行深部控制,较好地验证了地质认识。

(二)物探成果

(1)1∶5 万激电中梯测量。从白果园金矿化区 η_a 等值线平面图总的来看,全区 η_a 值平均值为 0.7%,η_a 普遍在 1.0%以下。区内出露主要岩性为粉砂质板岩、长石石英砂岩。综合分析全区数据分布并结合物性统计情况确定异常上限,在矿化区北部、中部及南部圈出形态规则、延续性较好,规模不等的 3 处相对高极化条带状异常,分别为 JDⅠ、JDⅡ、JDⅢ。

(2)1∶1 万物探工作。根据两溪口金矿区磁法电法成果图,综合分析磁异常特征,结合矿区地质推测了 5 条断裂,编号为 F1—F5,同时圈定了 4 个找矿靶区,编号为 BQ1—BQ4。断裂推测的依据有 4 点:①磁异常呈条带状;②视电阻率呈低阻;③具有串珠状视极化率异常;④在地表地质探勘发现断裂的标志。靶区推测的依据主要有 4 点:①具有良好的极化率异常;②地表发现了大量的含金石英脉;③具有良好的化探异常;④位于断裂构造的交会部位,是有利的成矿地段。推测的 F1、F3 断裂是本区两个深大断裂,为主要导热、导矿和容矿构造,F2、F4、F5 断裂是次级断裂。圈出的 BQ1、BQ2、BQ3 靶区位于两个深大断裂与次级断裂的交会处,属原生矿化和次生富集的地段，是本区的重点靶区；BQ4 靶区位于两个次级断裂的交会处，属表生富集的地段。

（三）化探成果

(1)水系沉积物测量。根据引起异常的主要物质来源、空间展布、元素组合和地质环境条件等，并通过对各个元素的异常规模、空间展布特点及异常特点等多因素综合考虑，共圈定出水系沉积物综合异常 24 处，并对其中部分主要异常进行了异常检查，基本查明了异常源。经过对异常进行分析和综合评序，划定找矿意义较大的甲 1 类异常 1 处、甲 2 类异常 2 处、乙 1 类异常 1 处和乙 2 类异常 4 处，而主要作找矿指示方向的有乙 3 类异常 5 处、丙 1 类异常 4 处、丙 2 类异常 4 处和丙 3 类异常 3 处。

根据地球化学异常的分布规律、地质找矿标志等综合信息，在区内主要成矿带内划分出找矿潜力较大的成矿远景区共计 6 处，其中，一级成矿远景区 1 处(A 类)，二级成矿远景区 4 处(B 类)，三级成矿远景区 1 处(C 类)，分别为柳林-官庄 A 类远景区、两溪口 B 类远景区、响水洞-杜家坪 B 类远景区、白果园 B 类远景区、黄土坡-马底驿 B 类远景区、张家湾 C 类远景区。

(2)土壤地球化学测量。土壤地球化学(剖面)测量分别在两溪口、柳林、白果园、响水洞、杜家坪、黄土坡等区进行，全区共圈定了 19 处土壤测量异常区，其中，两溪口 5 处，柳林 3 处，白果园 4 处，响水洞 4 处、杜家坪 1 处，黄土坡 2 处，主成矿元素为 Au、Sb、W、Cu 等，伴生元素有 Ag、Pb、Zn、Bi 等，各元素异常中心套合较好，总体走向以北东向为主。

调查区内以 Au－Sb、Au－W、Au－Sb－Cu 元素异常浓集中心较明显、分带性好，规模相对较大，套合度较好。各主要成矿元素主要分布在马底驿组第二段及第四段或者马底驿组与横路冲组接触部位，且与北北东、北东向断裂构造交会部位。

（四）矿产检查

本次工作主要分为矿产概略检查与矿产重点检查，其中，概略检查 2 处，重点检查为 4 处，概略检查区有黄土坡和杜家坪概略检查区等；经概略检查后转入重点检查区的有两溪口、柳林、白果园和响水洞。

矿产概略检查主要根据 1∶5 万水系沉积物测量的成果综合选择工作区，主要采用地表地质追索、大比例尺(1∶1 万)地质测量、物化探扫面、地质-土壤地球化学-地球物理(激电中梯、高精度磁测)综合剖面测量进行评价，必要时采用少量槽探工程对物化探异常较好地段进行工程揭露。重点检查段一般选用大比例尺(1∶1 万)地质测量、土壤地球化学测量、地球物理(高精度磁测、激发极化法)剖面测量、激电测深，并用轻型山地工程揭露及验证等技术方法进行评价。

湖南紫云山地区矿产远景调查

承担单位：湖南省地质调查院
项目负责人：肖冬贵
档案号：0951
工作周期：2011—2013 年

主要成果

(一)区域基础地质调查

(1)建立和完善了测区地层系统,区内共划分岩石地层单位 38 个(组、段),岩浆岩填图单位 13 个。初步查明了测区地层、构造、岩浆岩的特征及矿(化)点、矿化蚀变带的分布。对测区地层岩性、岩相、厚度、地球化学特征及其含矿性,以及测区岩体岩石类型、结构构造、矿物成分和岩体间、岩体内各填图单位间接触关系有了比较确切的了解,并初步总结了地层、岩浆岩与成矿作用的关系。

(2)基本查明了测区内的构造格架,厘定了构造期次,对构造形迹的变形机制、构造形迹之间的关系、构造与矿产的关系有了初步了解。

(二)物化遥工作

(1)地面高精度磁测方面:完成 1∶5 万地面高精度磁测共 900km^2,共圈出了 40 个 ΔT 磁异常。根据异常规模与位置,把 40 个异常归并为 10 个异常带,并结合地质情况对各异常带进行了较为合理的解译。

(2)水系沉积物测量方面:完成了 1∶5 万水系沉积物测量共 900km^2,编制出了 14 个元素的地球化学图和地球化学异常图,在综合分析单元素异常的基础上,归并了 9 个综合异常区,部分异常区与相应的矿(化)点吻合较好,具有进一步工作价值。

(3)遥感地质方面:完成了 1∶5 万遥感解译共 1800km^2。通过遥感地质解译,确定了区内地层、岩浆岩、构造等地质体的综合影像特征;利用铁染、羟基等技术手段划分出了 5 个遥感异常区,为综合找矿提供了部分依据。

(三)矿产检查工作

通过物化探异常查证和矿产检查,新发现双峰县大坪铷铌钽铍多金属矿、九峰山唐家冲金矿点、白杨冲金钨矿点、雷家冲金砷矿化点等 4 处矿(化)点。

本次矿调概略检查了雷家冲金砷矿化点、八亩桥金铜异常查证区、新耀金异常查证区;重点检查了双峰县大坪铷铌钽铍多金属矿区、九峰山金矿区、白杨冲金钨矿点。此外,还对其他矿(化)点和物、化、遥异常区进行了野外踏勘。通过矿产检查工作,初步认定:大坪铷铌钽铍多金属矿为新发现矿产地,寻找稀有金属矿的潜力巨大;九峰山金矿区成矿地质条件良好,具有较好的金矿找矿前景;白杨冲金钨矿点、雷家冲金砷矿化点具有深部找矿前景,值得进一步工作。

(四)综合研究工作

在分析总结区域成矿地质背景的基础上对调查区内矿产分布规律进行了研究。编制了区域地质矿产图、矿产预测图,并初步建立了调查区主要矿种成矿(找矿)模型,总结了区域成矿规律,针对不同预测类型进行建模与信息提取,构置、选择预测要素变量,圈定了找矿远景区并进行了优选和地质评价。在区内划分了黄金洞式金矿、桃林式铅锌铜矿、瑶岗仙式钨钼矿 3 种矿产预测类型,大坪铷多金属矿初步认定为“白云母花岗岩型”稀有金属矿,为本区新发现的一种矿产类型,由于掌握资料尚少,仅作了初步归纳总结。

根据本次工作成果，在分析总结调查区成矿地质条件、成矿规律的基础上，圈定了找矿远景区5个：其中，Ⅰ级2个，即金坑冲-丫头山金钨铅锌铜多金属找矿远景区（Ⅰ—1）和大坪铷铌钽铍钨锡钼多金属找矿远景区（Ⅰ—2）；Ⅱ级1个，即茶园冲-冷水坑金铅锌多金属找矿远景区（Ⅱ）；Ⅲ级2个，即为莲花桥钨锡铅锌多金属找矿远景区（Ⅲ—1）和新耀-八亩桥金铜多金属找矿远景区（Ⅲ—2）。各类找矿靶区4处：其中，A类找矿靶区2处，即九峰山金矿找矿靶区（A—1）和大坪稀有金属矿找矿靶区（A—2）；B类找矿靶区1处，即白杨冲金钨铅锌铜矿找矿靶区（B—1）；C类找矿靶区1处，即雷家冲金矿找矿靶区（C—1）。

（五）项目后期效益方面

项目新发现的大坪铷铌钽铍多金属矿点成功获批湖南省国土资源厅实施的2012年湖南省探矿权采矿权价款项目。通过2012年的预查工作，为国家提供稀有金属矿产地一处。通过估算，其铷资源量已达超大型规模，为在该地区寻找类似矿产提供了依据。

湖南桑植-石门铅锌钼镍钒矿调查评价

承担单位：湖南省地质调查院

项目负责人：刘国忠

档案号：0954

工作周期：2011—2013年

主要成果

（1）通过1∶5万遥感地质解译，了解了区内地层、构造等地质体的综合影像特征，确定了区内各地段影像可解程度，为区内地质填图合理布置路线提供了依据。利用铁染、羟基等技术手段对区内的蚀变矿化信息进行了提取，划分出了南坪以西田家湾和江坪西部顶坪2个遥感异常区，对区内的地质矿产工作起到了较好的指导作用，减少了工作的盲目性。

（2）通过剖面测量和野外地质调查，重新厘定了区内地层层序，证实在板溪群渫水河组之下存在张家湾组；板溪群张家湾组与冷家溪群小木坪组之间存在角度不整合界面。基本上查明了工作区内地层的分布，建立了区内岩石地层填图单位36个。同时，基本上查明了工作区唯一的岩浆岩体的分布及其岩石的物质组成、结构、构造等特征。

（3）通过区内地层的岩石化学特征的分析研究，对地层的含矿性和成矿性作出了初步评价。通过野外地质调查工作，基本上查明了工作区内的构造形迹及其含矿性，为进行构造演化特征和控矿作用研究奠定了基础。通过地质填图，大致查明了区内地层的岩性、岩相、结构、构造、矿化蚀变等地质特征与地层、构造的分布特征。

（4）1∶5万水系沉积物测量工作获得了系统的区内地球化学背景资料，对各地层、岩性中的元素丰值有了较确切的了解。系统总结了元素地球化学特征和元素共生组合规律。

（5）共圈出了16处异常，价值分类甲1类2处，甲2类2处，乙1类4处，乙2类4处，乙3类2处，丙类2处。对Pb、Zn、Mn、V 4个元素进行多参数排序认为：HS10、HS11、HS1找铅矿远景较好；HS9、HS10、HS11、HS13、HS14找锌矿远景较好；HS1找锰矿远景较好；HS9、HS10找钒矿远景好。划分了5处地球化学找矿远景区，其中，Ⅰ级找矿远景区2处，Ⅱ级找矿远景区 1 处,Ⅲ级找矿远景区 2 处。

(6)在矿产地质调查中新发现了矿(矿化)点 13 处,其中,铅锌矿点 3 处,铅锌矿化点 2 处,铜矿点 3 处,钒矿点 4 处,锰矿点 1 处。矿产类型有铅、锌、铜、钒、锰等。铅锌铜矿床成因类型主要为沉积-热液改造型矿床。钒、锰矿床成因类型为沉积矿床。

(7)在综合分析测区地化遥成果的基础上,择优概略检查了石门县朝阳铜矿点、中岭-杨家坪钒矿等 7 处矿点,另外对石门地区 1∶5 万水系沉积物测量 HS13、HS14 综合异常和桑植地区 1∶20 万水系沉积物测量谢家坡异常、龙潭坪异常开展检查。重点检查了桑植县车溪湖铅锌矿、四围坪铅锌矿等 2 处矿点。通过检查初步查明矿(化)体的矿化类型、特征、规模、形态、产状、矿石品位及控矿因素,对其远景作出了初步评价,结合控矿地质条件进行成矿预测,提供了进一步开展矿产普查工作的依据,并提出了进一步工作的建议。

(8)通过区内矿产特征与地层、构造关系的调查研究,总结了区内矿产成矿规律。铜、铅、锌等沉积-热液改造型矿产一般产于白云岩、砂岩中,受地层、断裂构造及围岩岩性控制,与后期的热液活动有着密切的关系。热液裂隙充填型的萤石、重晶石、铅锌矿床产于张性及张扭性断裂中。沉积型的金属矿产中钒矿赋存于寒武系牛蹄塘组底部的碳质页岩中,锰矿位于南华系大塘坡组下部。

(9)通过综合研究和分析,结合本区地质、地球化学背景、成矿系列、矿床(点)组合和控矿条件及矿床(点)时空分布规律,圈定找矿远景区 6 个,圈定找矿靶区 5 个,其中,A 类找矿靶区 2 个,B 类找矿靶区 3 个。明确了测区今后开展普查找矿的地域和方向。

海南省主要城市浅层地温能开发区 1∶5 万水文地质调查

承担单位:海南水文地质工程地质勘察院

项目负责人:欧阳正平,黄玲玲

档案号:0955

工作周期:2014—2015 年

主要成果

(1)三亚市第四系岩性多为砂类、黏土和亚黏土等,土层较易钻进。地下水类型包括松散岩类孔隙潜水、松散岩类孔隙承压水、碳酸盐岩类裂隙溶洞水和基岩裂隙水 4 个类型。其中的孔隙承压水主要分布在区域几处盆地范围内,含水层岩性以含砾亚砂土、亚砂土为主,次为砾砂层,富水性相对较好。现场测试回灌/抽水比为 178%～208%,说明三亚地区地下水自压回灌是可行的。三亚市恒温带的温度范围为 28.8～29.2℃,温度平均值为 29.0℃;热导率为 3.26W/(m·K),平均热扩散系数为 $1.21\times10^{-6}m^2/s$;平均钻孔热阻为 0.155m·K/W、单位孔深换热量为 35.3W/m、单位孔深释热量为 27.32W/m。

三沙市地理位置特殊,均为海相地层,第四系整体均为珊瑚贝壳碎屑物。三沙市地下水划分为松散岩类浅层潜水和固结岩类深层潜水,含水层之间没有较好的隔水层,水力联系密切,属于同一含水系统,且与海水直接相通。地下水化学类型多为 $Cl\cdot HCO_3-Na\cdot Ca$、$HCO_3\cdot Cl-Na\cdot Ca$ 和 $Cl-Na$ 型,永兴岛浅层潜水水温在 28.5～29.3℃之间,海水表层水温约 29.0℃。

(2)根据浅层地温能开发利用现状，利用层次分析法对三亚市、三沙市和海南省进行了地下水地源热泵系统适宜性分区和地埋管地源热泵系统适宜性分区，并得出如下结论：三亚市划分为地下水水源热泵较适宜区和不适宜区两类，面积分别为 39.2km^2、149.96km^2；三沙市永兴岛为地下水水源热泵不适宜区，面积为 2.13km^2；海南省地下水水源热泵，较适宜区面积约 39.2km^2，大部分面积为不适宜区。三亚市划分为地埋管地源热泵较适宜区，面积为 189.16km^2；三沙市永新岛为地埋管地源热泵较适宜区，面积为 2.13km^2；海南省地埋管地源热泵较适宜区面积约 9030.53km^2，不适宜区约 24 889.47km^2。

(3)按适宜深度计算三亚市的总热容量值为 $38.506\,7\times10^{12}$kJ/℃，按 200m 深度计算三亚市的总热容量值为 101.0514×10^{12}kJ/℃；按 200m 计算三沙市的总热容量值为 1.0388×10^{12}kJ/℃；海南省浅层地温能各分区热容量总量为 100.45×10^{14}kJ/℃。

计算深度取适宜深度情况下，分是否考虑土地利用系数两种情况，得出三亚市浅层地温能总换热功率分别为 6.96×10^5kW 和 137.62×10^5kW。计算深度为 200m 情况下，分是否考虑土地利用系数两种情况，三亚市浅层地温能总换热功率分别为 15.48×10^5kW 和 307.90×10^5kW；三沙市地温能总换热功率分别为 0.13×10^5kW 和 2.58×10^5kW；海南省地温能总换热功率分别为 463.71×10^5kW 和 9145.72×10^5kW。

计算深度取适宜深度情况下，考虑土地利用系数情况下，三亚市热泵系统制冷潜力夏季制冷潜力为 $7.74\times106m^2$，单位面积制冷潜力为 $40.90\times10^3m^2/km^2$；不考虑时，制冷潜力为 $152.92\times10^6m^2$，单位面积制冷潜力为 $808.40\times10^3m^2/km^2$。计算深度为 200m 时，考虑土地利用系数情况下，三亚市地埋管地热泵系统夏季制冷潜力为 $17.48\times10^6m^2$，单位面积制冷潜力为 $92.40\times10^3m^2/km^2$；不考虑时，制冷潜力为 $349.52\times10^6m^2$，单位面积制冷潜力为 $1847.76\times10^3m^2/km^2$。

考虑土地利用系数情况下，三沙市热泵系统夏季制冷总潜力为 $0.14\times10^6m^2$，单位面积制冷总潜力为 $67.19\times10^3m^2/km^2$；不考虑时，制冷总潜力为 $2.86\times10^6m^2$，单位面积制冷总潜力为 $1343.73\times10^3m^2/km^2$。

考虑土地利用系数时，200m 深度范围内海南省浅层地温能热泵系统夏季制冷总资源潜力为 $515.51\times10^6m^2$，单位面积总资源潜力为 $57.09\times10^3m^2/km^2$；不考虑土地利用系数时，200m 深度范围内海南省浅层地温能热泵系统夏季制冷总资源潜力为 $10169.32\times10^6m^2$，单位面积总资源潜力为 $1126.10\times10^3m^2/km^2$。

(4)三亚市浅层地温能开发区范围内，当考虑土地利用系数时，适宜深度内，每年节约原煤量 51.2×10^4t，节约标煤量可达 36.7×10^4t；深度 200m 以浅，每年节约原煤量 113.9×10^4t，节约标煤量可达 81.5×10^4t。不考虑土地利用系数时，适宜深度内，每年节约原煤量 1012.9×10^4t，节约标煤量可达 724.5×10^4t；深度 200m 以浅，每年节约原煤量 2266.1×10^4t，节约标煤量可达 1620.8×10^4t。

三沙市浅层地温能开发区范围内，当考虑土地利用系数时，深度 200m 以浅，每年节约原煤量 0.9×10^4t，节约标煤量可达 0.7×10^4t；不考虑土地利用系数时，深度 200m 以浅，每年节约原煤量 19×10^4t，节约标煤量可达 13.6×10^4t。

全省的浅层地温能开发区范围内，当考虑土地利用系数时，深度 200m 以浅，每年节约原煤量 3412.8×10^4t，节约标煤量可达 2441×10^4t；不考虑土地利用系数时，深度 200m 以浅，每年节约原煤量 $67\,310.5\times10^4$t，节约标煤量可达 $481\,430\times10^4$t。

三亚市浅层地温能开发区范围内开发浅层地温能能时，当考虑土地利用系数时，适宜深度内，减排二氧化碳(CO_2)87.45×10^4t、二氧化硫(SO_2)0.62×10^4t、氮氧化物(NO_x)0.22×10^4t、悬浮质粉尘 0.29×10^4t、煤灰渣 3.67×10^4t；埋深 200m，减排二氧化碳(CO_2)197.38×10^4t、二氧化硫(SO_2)1.38×10^4t、氮氧化物(NO_x)0.49×10^4t、悬浮质粉尘 0.65×10^4t、煤灰渣 8.15×10^4t。不考虑土地利用系数时，适宜深度内，减排二氧化碳(CO_2)1728.55×10^4t、二氧化硫(SO_2)12.32×10^4t、氮氧化物(NO_x)4.35×10^4t、悬浮质粉尘 5.80×10^4t、煤灰渣 72.45×10^4t；地埋管埋深 200m，减排二氧化碳(CO_2)3867.19×10^4t、二氧化硫(SO_2)27.55×10^4t、氮氧化物(NO_x)9.72×10^4t、悬浮质粉尘 12.97×10^4t、煤灰渣 162.08×10^4t。

三沙市浅层地温能开发区范围内开发浅层地温能能时，当考虑土地利用系数时，埋深 200m，减排二氧化碳(CO_2)1.62×10^4t、二氧化硫(SO_2)0.01×10^4t、悬浮质粉尘 0.01×10^4t、煤灰渣 0.07×10^4t；不考虑土地利用系数时，埋深 200m，减排二氧化碳(CO_2)32.35×10^4t、二氧化硫(SO_2)0.23×10^4t、氮氧化物(NO_x)0.08×10^4t、悬浮质粉尘 0.11×10^4t、煤灰渣 1.36×10^4t。

海南省浅层地温能开发区范围内开发浅层地温能能时，当考虑土地利用系数时，埋深 200m，减排二氧化碳(CO_2)5824.14×10^4t、二氧化硫(SO_2)41.50×10^4t、氮氧化物(NO_x)14.65×10^4t、悬浮质粉尘 19.53×10^4t、煤灰渣 244.10×10^4t；不考虑土地利用系数时，埋深 200m，减排二氧化碳(CO_2)114869.13×10^4t、二氧化硫(SO_2)818.43×10^4t、氮氧化物(NO_x)288.86×10^4t、悬浮质粉尘 385.14×10^4t、煤灰渣 4814.30×10^4t。

(5)海南水文地质工程地质勘察院已在海南省建设了一例示范工程，并开展了相关监测工作，主要监测内容为运行监测(安装用电计量装置)和地温场监测(埋设温度传感器)，通过埋设的 6 个地温监测孔，每孔 14 个温度传感器，监测地温场变化，通过一个制冷周期的运行监测，未发现地温场地温突变情况(图 3－42)。

图 3－42　三亚 ZK2 孔现场热响应试验现场情况

南岭地区钨锡多金属矿找矿靶区优选与验证

承担单位：中国地质调查局武汉地质调查中心

项目负责人：崔放

档案号：0956

工作周期：2010—2012 年

主要成果

（一）完成了工区相关资料的收集与整理工作

完成了南岭地区钨锡及多金属矿相关地质矿产、物化遥资料的收集与整理工作，在收集工作区内中小比例尺地质矿产、地球化学、地球物理资料的同时，着重开展了物性资料的收集与采集工作，完成了南岭地区湖南省南部、广东省北部岩石物性资料的收集与整理工作，并对收集标本进行重新统计，完成工作区物性库的建设工作。其中，收集湖南省南部地区岩石密度标本 35 845 块、磁性标本 2127 块，在铜山岭工作区采集测定物性标本 1200 块；广东省北部地区岩石密度标本 3797 块、磁性标本 5610 块、电性标本 1531 块，在禾尚田工作区采集测定密度标本 139 块，测定钻孔岩芯电性标本 24 块。为顺利完成工作任务奠定了坚实的基础。

（二）提出了铜山岭地区新的找矿方向

湖南省铜山岭地区区域地球物理工作的完成，重新确立了工区内主要成矿岩体的隐伏状态与关系，基本理清了区内的构造格架，提出了新的找矿方向。

(1)在湖南省铜山岭地区完成了 500km^2 的 1∶5 万高精度重力测量及重要地段的物化探综合剖面工作，对前人的认识进行了修正。工区内主要成矿岩体的隐伏状态与关系的确立，得益于工区内高精度重力调查的开展，调查成果较为精细地刻画了铜山岭岩体隐伏状态，提供了对祥霖铺地区斑岩脉群、岩体的分布与来源推断的地球物理证据，通过反演计算，推断了铜山岭岩体和土岭岩体为隐伏—半隐伏岩体，并基本勾画出了铜山岭岩体和土岭岩体基本的空间形态。推断了区内断裂构造 30 多条，铜山岭地区断裂构造可分为北西向、近南北向和北东向 3 组。北西向构造为区内早期构造，为基底断裂。近南北向构造晚于北西向构造，早于北东向构造，为基底断裂或盖层断裂构造。北东向构造为区内晚期构造，为盖层断裂构造，为该地区的找矿工作提供了新的思路。

(2)通过对铜山岭地区重、磁、电、地质、化探资料的综合分析，对测区找矿靶区进行了预测，圈定了 6 个找矿靶区，其中，Ⅰ级靶区 4 个，Ⅱ级靶区 2 个。靶区主要集中在铜山岭岩体接触带及岩体内，土岭岩体部位及其岩体接触带，区内主要找矿靶区有靶区 1、2、3、4。铜山岭地区主要以找钨、锡、铋、银、铅、锌、铜多金属矿为主。

(3)通过对各靶区的分析，根据电法测量结果提出可供钻探验证的部位，主要有：①靶区 1 的 4 线 80～120 点，孔深 1500m；6 线 150～200 点，孔深 1300m。②靶区 2 的 200 线 530～580 点，孔深 400m～500m；620～640 点，孔深 300m～500m。③靶区 3 的 100 线 490 点，孔深

400m～500m；528点，孔深200m～300m。④靶区4的141线470～510点，孔深≥300m。⑤靶区6的200线380～420点，孔深400m～600m。

(4)通过对铜山岭地区开展的地质、物化探多方法测量结果在找矿工作中所显示的效果的比较，认为钨锡多金属矿勘查技术方法较为有效的组合为地质、重力测量、磁法测量、可控源音频大地电磁测深、激电测深、土壤测量、岩石测量。

(三)完善了粤北地区钨锡多金属矿的找矿方法

项目通过在广东北部乐昌市禾尚田钨锡多金属矿和大宝山地区曲江大宝山钨钼矿区进行靶区优选重点工作区选区综合研究工作，取得如下认识。

(1)大宝山物化探综合剖面测量成果表明，大探深电磁法能较好地圈定斑岩体空间，岩石地球化学剖面能圈定含钼钨矿英安斑岩体范围，总结出采用岩石地球化探剖面＋可控源音频大地电磁法＋地质草测勘查方法能取得较好找矿效果。根据地质、物化探综合长剖面成果推断，大宝山含钼钨矿石英花岗闪长斑岩体深达1800m以上，厚度大，斑型矿床周边及深部有较大找矿潜力。

(2)禾尚田石英脉型锡矿床，成矿矿物特征不明显，成矿品位较低，其物理前提不明显，利用密度、磁性、电性任何一种单参数进行测量，其异常都不是十分明显，成果都具有多解性，总结出采用多种方法组合寻找含矿地质间接找矿。据此，提出在禾尚田矿区采用重磁＋低阻＋岩石地球化学探测技术方法组合。

(四)开展了找矿方法适应性的研究，取得了较好的效果

本研究从大区域到典型矿床，在探索钨锡矿有效指示元素的同时，也研究了大范围区域化探不同数据处理方法，选择合适的方法圈定异常，并且选择典型区域进行地球化学找矿新方法的探索，取得了较好的效果。

(1)在南岭范围选取与钨锡多金属矿相关的地质、矿产、地球物理、地球化学、遥感特征等因子，对其数据特征进行统计分析，利用证据权法对区内钨锡多金属矿产进行了成矿综合预测；在成矿区选择钨锡矿指示元素组和多种区域化探数据处理方法绘制地球化学图和衬值异常图，通过小波分析方法绘制的地球化学图解决了用传统方法出现的等值线散乱等现象。发现该组元素组合可以很好地指示各个成矿带，并且元素异常分布与预测的隐伏岩体的展布有关，有利于弱小地球化学异常的识别。

(2)在铜山岭—九嶷山地区找矿应用中，发现子区中位数衬值法圈定的异常相对于传统方法降低了低背景区域的影响，使异常中心更为明显；但是由于以衬值为基础的计算方法可能过分夸大低背景区元素含量的不明显变化，造成非矿异常，而以残差作为计算方法更能真实反映元素的矿化叠加值。而基于数字高程的背景校正法不仅能有效抑制高背景区的非矿化异常并突出强异常，而且还有利于发现低背景区的弱小异常。解决了该地区高背景区和低背景区识别矿化异常的问题，克服了采用传统方法进行区域性化探信息提取的弊端。研究区元素异常主要分布在都庞岭、铜山岭—祥霖铺和九嶷山北部，并且异常面积和异常强度均较大。可见该组元素的衬值异常对隐伏岩体和矿体有较好反映。通过矿化因子与异常的分析，发现钨锡矿化因子分布于西南部和东北部，并且研究区主要以钨锡矿化为主，铜铅锌矿化为辅；这几个地区应作为今后勘查工作的重点。

(3)通过开展烃气测量对钨矿指示作用的研究,对矽卡岩型钨矿的烃类组分特征有了较为系统的认识,烃气测量对覆盖区深部隐伏钨矿有很好的指示效果,可以为覆盖区找矿工作提供很好的参考。在铜山岭铜多金属矿区,土壤热释烃也在矿体两侧出现峰值,尤其是丁烷的效果最为明显。

钦杭成矿带西段资源远景调查评价

承担单位:中国地质调查局武汉地质调查中心

项目负责人:徐德明,张鲲

档案号:0961

工作周期:2013—2015 年

主要成果

(1)充分收集和整理分析了钦杭成矿带西段以往地、物、化、遥、矿产勘查及最新地质找矿和科研的成果资料,在此基础上建立和完善了钦杭成矿带西段矿产地数据库、地质图数据库等基础数据库,进一步修改完善了钦杭成矿带西段 1∶100 万地质图、地质矿产图、构造纲要图、岩浆岩及其相关矿产分布图等基础系列图件,为实现矿产资源评价的定量化、数字化奠定了基础,也为开展矿产资源调查评价工作的决策部署提供了重要的科学依据,对促进区内地学信息的系统管理与资源共享也具有重要意义。

(2)通过已有资料的综合分析,结合区域成矿地质矿背景和区域成矿特征的差异性研究,探讨了华南大地构造格局及其演化,认为钦杭成矿带虽然在其形成前后的构造演化与扬子和/或华夏两大板块有着密切的联系,但仍有其独特的特征,首次将钦杭成矿带作为与扬子板块和华夏板块并列的一级大地构造单元来审视,并对其内部构造单元进行了划分,初步划分出 4 个二级构造单元、13 个三级构造单元。

(3)根据成矿物质来源、主导成矿作用的不同将区内铜、铅、锌、金多金属矿床划分为以岩浆源为主的岩浆热液型(岩控型)、以矿源层来源为主的沉积-改造型(层控型)和主要受构造作用控制的多源热液型矿床三大类,并从找矿实践出发,根据矿体产出特征并从综合考虑成矿地质条件、成矿作用性质、成矿方式等方面的差异。

(4)选择不同类型矿床中具有代表性的矿床进行了较深入的研究,在详细分析成区域地质背景、矿区成矿地质条件和矿床地质特征的基础上,结合地球化学、同位素示踪和同位素年代学研究,探讨了矿床成因,建立了成矿模式,归纳了找矿标志。

(5)根据铜铅锌金多金属金属矿床的成因组合、形成构造环境及其随地质历史演化的特点,将区内主要金属矿床划分 7 个成矿系列:中—新元古代海底喷流沉积型铜多金属矿床成矿系列、新元古代海相沉积-变质型铁锰矿床成矿系列、古生代海相沉积-叠生改造型铜铅锌铁锰矿床成矿系列、加里东期与花岗岩类有关的钨锡金银多金属矿床成矿系列、印支期与花岗岩类有关的钨锡铌钽铀多金属矿床成矿系列、燕山期与花岗岩类有关的铜铅锌金钨锡多金属矿床成矿系列和与区域动力变质热液作用有关的金银矿床成矿系列,并对各系列矿床的特点、成因和时空分布规律进行了分析、归纳和总结。

(6)获得一批高精度的成矿花岗岩的成岩年龄和相应矿床的成矿年龄,结合对前人尤其是近年来所获得的大量岩体年龄、矿床年龄数据的统计分析，将区内多金属成矿作用分为晋宁期、加里东期、海西—印支期和燕山期 4 个主要时期，其中与花岗岩有关的矿床的成矿时代分别集中在 800～717Ma、440～410Ma、230～210Ma、170～90Ma(可分为 170～150Ma、130～120Ma 和 110～90Ma 3 个年龄段)。同时，提出如下新的认识：

(a)钦杭成矿带自形成以来，经历了晋宁期、加里东期、海西—印支期和燕山—喜马拉雅期四大构造演化阶段，都有相应的矿床产出，是华南各个地质历史时期最重要的成矿和聚矿场所。

(b)与花岗岩有关的成矿作用通常伴随某一次构造运动(造山事件)中较晚期的岩浆侵入活动，如区内加里东期成矿花岗岩都形成于志留纪，而奥陶纪花岗岩一般不成矿；印支期成矿花岗岩都形成于晚三叠世，而早、中三叠世花岗岩一般不成矿；燕山期岩体中，与成矿有关的通常是晚期细粒花岗岩侵入体。

(c)晚三叠世期间(印支晚期)，钦杭成矿带存在一次大规模成矿事件(230～210Ma)，是华南中生代成矿大爆发的第一个高峰期，其规模仅次于中—晚侏罗世(170～150Ma)。

(7)在分析已有资料、建立预测模型、提取预测要素信息的基础上，开展了数字成矿预测，在区内共圈定出综合预测区 202 个(其中，A 级 89 个，B 级 75 个，C 级 38 个)，并优选出 19 个找矿远景区，明确了主攻矿种和主攻矿床类型，预测了资源量。

(8)开展钦杭成矿带地质矿产调查规划部署研究，提交了钦杭成矿带西段地质矿产调查各年度实施方案；参与了计划项目“钦杭成矿带大地构造演化及其成矿效应研究”的立项申报工作；参与了全国重点成矿区带工作部署、地质矿产调查评价专项实施方案的编制工作，提交了“桂东-粤西成矿带地质矿产调查项目实施方案(2015—2020 年)”“重要找矿远景区地质调查工作部署研究(2015—2020 年)”。近年来，钦杭成矿带西段矿产调查评价取得了新的进展。

(a)通过 1∶5 万矿产地质测量、水系沉积物测量、地面高精度磁测及异常查证和矿点检查工作，在区内圈定了化探综合异常 345 处，物探异常带 484 处；圈定找矿靶区 38 个；新发现矿(化)点 91 处。

(b)引领和拉动了地方和商业性矿产勘查，取得了找矿重大突破，主要新增资源量是在整装勘查区，都是在公益性工作基础上取得的。如：水口山矿区外围发现两层厚大矿体，预测远景资源量磁铁矿 1×10^{8} t、铜金属量 100×10^{4} t；湖南大万金矿区新增金资源量 41t；阳春盆地石菉-锡山矿集区揭露到工业矿段总厚 63.03m；海南土外山矿区新查明金资源量(333 及以上)25.2t；广西湾岛金矿区已探获金金属量(332＋333)7073.87kg，远景达 20t。

(9)发表论文 5 篇。

徐德明，蔺志永，骆学全，等. 钦杭成矿带主要金属矿床成矿系列(J). 地学前缘，2015，22(2)：7－24.

胡俊良，徐德明，张鲲. 湖南七宝山矿床石英斑岩锆石 U－Pb 定年及 Hf 同位素地球化学[J]. 华南地质与矿产，2015，31(3)：236－245.

张鲲，徐德明，胡俊良，等. 华南印支期湘东北三墩铜铅锌多金属矿岩浆热液成因：稀土元素和硫同位素证据[J]. 华南地质与矿产，2015，31(3)：253－260.

胡俊良，徐德明，张鲲，等. 湖南七宝山铜多金属矿床石英斑岩时代与成因：锆石 U－Pb 定年及 Hf 同位素与稀土元素证据[J]. 大地构造与成矿学，2016，4(6)：1185－1199.

徐德明，付建明，陈希清，等. 都庞岭环斑花岗岩的形成时代、成因及其地质意义[J]. 大地构造与成矿学，2017，41(3)：561－576.

第四章　水文、工程、环境地质类

湖北黄石、大冶矿区矿山地质环境动态调查与评估

承担单位:湖北省地质环境监测总站

项目负责人:高洋,余荣华

档案号:0740

工作周期:2010 年

主要成果

(1)黄石市已发现能源、金属、非金属、水气矿产资源四大类 76 种,现已开发利用矿产 30 种,以铁、铜、金、石灰岩、煤为优势矿产及主要开采对象。截至 2009 年底,黄石、大冶共有矿山企业 210 家,其中,大型矿山 6 家,中型矿山 14 家,小型矿山 190 家,矿山从业人员 2.77 万人,年开采固体矿石量 2104×10^4 t。

(2)区内矿山地质环境问题主要包括崩塌、滑坡、泥石流、岩溶塌陷、采空区塌陷与地表变形(沉降)、土地资源占用与破坏、地下水资源衰减、地下水水位下降、地表水地下水污染、土壤污染、水土流失与土地砂化等类型。据本次调查统计:矿产开发诱发次生地质灾害 105 处,其中,崩塌 6 处、滑坡 29 处、泥石流 3 处、地面塌陷 67 处(岩溶塌陷 27 处、采空塌陷 40 处),地质灾害总面积 1430×10^4 m^2,崩、滑、流总体积 1108×10^4 m^3,致 113 人死亡,直接经济损失 2.58 亿元;矿山采掘、废渣排放、尾矿库与地面塌陷占用破坏土地资源 3415×10^4 m^2,矿山疏排地下水导致地下水均衡破坏,二叠系、三叠系区域地下水位下降区总面积约 220km^2,诱发了大量的岩溶塌陷和房屋开裂;矿山三废排放量较大,矿山废水产出量约 7453×10^4 t/a,排放量 5709×10^4 t/a,矿山固体废渣年产出量 1131×10^4 t,年排放量 1019×10^4 t,累积堆存量达 $38\,493\times10^4$ t,造成了部分区域地表水体、地下水和土壤污染。

(3)根据分析对比,黄石、大冶矿区矿山次生地质灾害总体呈增多的趋势,20 世纪 80 年代末至 2003 年,地质灾害数量由 31 处增加到 98 处,以滑坡、地面塌陷数量增加最多;至 2010 年,地质灾害数量增加到 105 处,近 6 年来地质灾害发生频率明显缓解。根据 2004—2010 年调查资料对比,黄石、大冶矿区矿山开采对环境资源破坏面积呈增长态势,2004 年矿山开采对环境资源破坏面积为 2286.66×10^4 m^2,至 2010 年达 3415.15×10^4 m^2,增幅达 49.35%,其中以尾矿固体废渣、地面塌陷对环境资源影响较大。矿山环境动态变化较大的主要分布于黄石市区(黄荆山沿脉)、铜绿山矿区、铁山区(大冶铁矿)、金山店及铜山口 5 个矿产开发基地及周边区域。

(4)矿山地质环境影响程度评估共圈定 17 个不同影响级别区,其中,矿山地质环境影响严

重区 7 个,面积 247.21km²,占矿山地质环境影响总面积 41.47%,主要分布在黄石黄荆山沿脉、长乐山—屏峰山沿脉、大冶铁矿矿区,大冶市金山店铁矿—张敬简铁矿、铜绿山铜铁矿—金井咀金矿—叶花香矿区、金湖街办龙角山铜矿、陈贵大广山铁矿—铜山口铜矿一带;矿山地质环境影响较严重区 4 个,面积 136.01km²,占矿山环境影响总面积 22.81%,主要分布于大冶还地桥煤矿开采区、金湖马叫-小箕铺、灵乡-陈贵刘家畈矿区与大广山矿区、殷祖张海金矿等地;矿山地质环境影响一般区 6 个,面积 212.96km²,占矿山环境影响总面积的 35.72%,分布于黄石河口、团城山天青石矿、大冶还地桥马石立-刘南塘铁矿、保安镇马鞍山—金山店陈介伯、灵乡上岩刘—金牛山下张一带。

(5)自 2002 年开始,黄石、大冶矿山地质环境综合治理与地质灾害防治取得重大进展。截至 2010 年底,已完成矿山地质环境恢复治理及重大地质灾害治理项目 9 项,治理面积 914.35 $\times 10^4 m^2$,正在治理项目 3 项,治理面积 169.40 $\times 10^4 m^2$,累计投入资金 26 477 万元,其中国家财政投入 12 073 万元,矿山企业与地方自筹资金 14 404 万元;亟待治理项目 2 项(已通过国家立项),国家投入资金 24 000 万元,拟治理面积 $87 \times 10^4 m^2$。

(6)根据矿山地质环境现状与动态发展变化趋势分析,结合矿产资源开发利用总体规划和城市建设需要,确定了 8 个重点矿山地质环境监测区域,总面积 252.543km²,包括黄荆山、下陆长乐山—还地桥打子山、金山店张敬简—保安谈家湾、金湖铜绿山、大箕铺叶花香、灵乡坳头—陈贵刘家畈、陈贵铜山口、金湖龙角山等。根据“轻重缓急、典型先行”的原则,初步选择大冶铁矿、金山店铁矿(张福山矿区)、大冶有色金属公司铜绿山铜铁矿、铜山口铜矿、大冶陈贵镇大广山矿业有限公司(大广山铁矿)、大冶市叶花香矿区(大志山铜矿)、黄石市板岩山崩塌危岩体 7 个矿山和重大地质灾害点作为重点监测矿山或示范监测点,初步制定了监测方案(图 4-1～图 4-4)。

图 4-1　治理前的废石场

图 4-2　废渣场治理后的效果

图 4-3　大广山铁矿因采矿导致农田毁坏现象

(7)根据矿山地质环境影响综合评估分区结果，划分出不同等级的矿山地质环境保护与整治区域，主要包括矿山地质环境重点保护区、矿山地质环境亟待恢复治理区、矿山地质环境恢复治理区、矿山地质环境加强保护区。其中，矿山地质环境重点保护区主要包括黄石矿产资源

图4-4　大广山铁矿被毁农田经治理后成为苗圃园

禁采区2个，黄石矿产资源限采区2个，自然保护区2个，国家级文物保护单位1家。矿山地质环境亟待恢复治理区有5个，面积为53.08km²；矿山地质环境恢复治理区有6个，面积为120.41km²；矿山地质环境加强保护区12个，面积为128.05km²。

(8)本次工作主要采取实地调查与遥感解译相结合的方式开展，其中，遥感采用了2003年、2009年2个时期ETM/TM、ALOS数据和SPOT4多种数据融合，重点区域采用QuickBird或WorldView数据保证精度，对全区及重点矿区主要环境地质问题进行了解译和动态分析。从实际应用上看，遥感解译对矿山采掘、土地破坏、废渣尾矿占地等矿山地质环境问题解译效果良好，是一种从区域上对矿山地质环境动态变化进行监测的有效手段，值得在今后工作中进行推广。

湖北马尾沟岩溶流域水文地质及环境地质调查

承担单位：湖北省地质环境总站

项目负责人：周宁，吴慈华

档案号：0741

工作周期：2010—2015年

主要成果

(一)岩溶环境地质条件

(1)工作区位于鄂西南恩施州中东部，由清江南岸干流、马尾沟和伍家河流域3个四级流域组成，全区面积 900km²。工作区为少数民族地区，以土家族为主，约占全区人口的 33%，苗族次之，占 7%，其他少数民族占 0.5%。2011 年末，人口自然增长率 3.74‰。截至 2011 年底，地区生产总产值达 105.34 亿元，农村居民人均收入 5250 元，城镇居民人均可支配收入 15 636 元。

(2)勘查区出露地层主要是石炭系、下二叠统、下三叠统碳酸盐岩，其次是志留系、泥盆系砂页岩及上二叠统、下三叠统底部碎屑岩类，第四系松散堆积物呈零星分布。流域地质构造形迹主要表现为在双河桥-鱼精坝-战场坝向斜以南为一系列北北东—北东向褶皱及与其伴生的走向断裂；双河桥-鱼精坝-战场坝向斜以北呈现为一系列南北向斜列式带状展布的短轴褶皱。背斜核部由志留系、泥盆系构成，向斜槽部由下、中三叠统地层构成。

(3)通过对不同时代的碳酸盐岩取样分析和岩矿鉴定，区内碳酸盐岩的化学成分仍以 CaO、MgO 为主。按方解石、白云石、Ca/MgO、SiO_2、R_2O_3 的百分含量将碳酸盐岩划分为石灰岩、白云岩、云灰岩和不纯碳酸盐岩 4 种类型共 10 种岩石名称。在各时代地层中，都或多或少存在不纯碳酸盐岩。其中，下三叠统中的不纯碳酸盐岩单层厚度一般在 8～19m 之间，累计厚度约占其地层总厚度的 5%～10%，其溶蚀率在 10.03‰左右，比纯灰岩稍低，影响岩溶发育的程度有限。

(4)该流域是我国南方典型的裸露型岩溶石山地区之一。地表岩溶个体形态组合形成了区内峰丛盲谷、峰丛槽谷、溶丘洼地等岩溶地貌类型，这些岩溶地貌类型在各种因素的控制作用下，形成了本区波状溶丘高台原、干流峰丛峡谷溶洞、溶丘洼地峡谷溶洞、丘丛洼地沟谷溶隙、峰丛槽谷盲谷洼地五大岩溶地貌组合区(图 4－5)，并相应具有区内岩溶发育的多系统性、向深性、不均匀性和成层性特征。而在地质构造、岩溶发育的向深性和地下水动力作用控制下，形成了区内地下河袭夺地表河这一新的岩溶发育特点。

图 4－5　恩施石灰窑 679 号子母岩溶潭

(5)流域土壤种类繁多，垂直分带明显，组成土壤颗粒的主要是粉砂粒，次为砂粒和黏料，显示土壤的砂化程度较高；土壤的化学成分主要是 Ca^{2+} 和全盐量，其他金属离子含量较少，但其有机质含量较高，多在 1.45%～2%之间；土壤中的污染元素汞、铅、砷、总铬及有机毒物的含量都分别高于南方区域背景值,但离临界值还有一定距离;土壤 pH 值一般在 5～6.5 之间,呈酸性或微酸性,土壤的固、液、气三相与土壤质地基本一致,所占比重合理,氮、钾、钙含量丰富,含盐量偏低,磷素普遍缺乏,由土壤构成的土地在区内坡耕地仍然较多,易导致土壤产生流失,其土壤肥力保持差,故流域土壤的总体质量为中等偏底,但区内水热条件丰富,植被发育,湿度大,仍然适宜多种植物的生长发育。

(二)岩溶地下水特征与资源

(1)根据碳酸盐岩含水层组的岩溶发育程度、富水性和水文地质特征之不同,将域内出露的碳酸盐岩地层划分为 3 个含水岩组。首先是岩溶强烈发育的纯碳酸盐岩强富水层组,包括 T_1j、T_1d 地层。水点 198 个,偶测总流量 12 990.26L/s;其次是岩溶发育的次纯碳酸盐岩中等富水层组,主要是 P_1 地层。水点 136 个,偶测总流量 6084.01L/s;最后是岩溶弱发育的不纯碳酸盐岩弱含水层组,包括 P_2、C_2 地层。水点 79 个,偶测总流量 417.46L/s。

(2)本区岩溶地下水赋存并径流于裂隙、溶隙、溶孔和岩溶管道中,由于赋水介质的空间差异而导致岩溶水的补、径、排及其动态特征也有很大的不同,故形成了区内岩溶管道水和溶隙脉状水两种岩溶水类型,岩溶水含水介质不均匀至极不均一,地下水深埋,无统一的地下水径流场,具非连续流和三维流特点。这些特点在不同的空间组合下,形成了本流域四大水文地质区。

(3)根据系统论和岩溶水类型之差异,将区内地下水划分为地下河系统、岩溶大泉系统、表层带岩溶水系统和蓄水构造岩溶水系统 4 种岩溶水流动类型,并详细论述了各系统的补、径、排与分布发育特征及其系统之间的相互关系。本区发育地下河系统 18 个,岩溶大泉系统 25 个,表层带岩溶泉 386 个,其偶测总流量分别为 6996.2L/s、1872.67L/s、672.09L/s。本次新发现地下河 12 条,岩溶大泉 13 处。

(4)全流域地下水天然资源量多年平均值为 $31\,707.01\times10^4\,m^3$,平水年为 $31\,383.71\times10^4\,m^3$,偏枯年为 $27\,092.55\times10^4\,m^3$,特枯年为 $23\,382.42\times10^4\,m^3$;全区碳酸盐岩岩溶水的多年平均资源量为 $25\,449.62\times10^4\,m^3$;碎屑岩多年平均资源量为 $5260.49\times10^4\,m^3$。其中,全区表层岩溶水特枯年的地下水资源量为 $12\,451.25\times10^4\,m^3/a$。表层岩溶水可开采量为 $2522.78\times10^4\,m^3/a$,难开采量为 $410.01\times10^4\,m^3/a$。

(5)全区地下河、岩溶大泉和表层带岩溶泉的允许开采资源量为 $12\,691.68\times10^4\,m^3/a$,已开采资源量为 $7451.31\times10^4\,m^3/a$,还可开采利用地下水资源的绝对数量为 $5454.38\times10^4\,m^3/a$,全区为开采潜力较丰富区($P_{潜}=1.70$),全区开采潜力模数为中等区($M_{潜}=6.28$)。其中,开采潜力丰富的有马尾沟左岸、马尾沟右岸 2 个五级流域;开采潜力较丰富的有清江南岸新塘区、清江南岸红土区、清江南岸景阳区、马尾沟源头、伍家河右岸 5 个五级流域;潜力较小的有伍家河左岸、及伍家河源头 2 个五级流域。

(6)全流域多数地下水无色、无味、透明、水温 10～18℃;水化学类型以 HCO_3-Ca 型为主,个别点出现 $HCO_3\cdot SO_4-Ca\cdot Mg$ 型;为弱碱性、微硬、低矿化度淡水,绝大部分水样的各单项组分都为Ⅰ类或Ⅱ类水,水质属优良级至良好级。其中,Ⅳ类水有 17 个,Ⅴ类水仅有 4 个,其超标因子主要是大肠菌群总数,其次是耗氧量、氨氮及亚硝酸盐氮,这些因子都是由有机质、腐殖质分解所致,只要注意泉口附近卫生,防止污染,水质必将好转。通过对地下河、岩溶大泉、表层岩溶泉系统的水化学分析资料的综合分析得知,表层岩溶带水系统中的岩溶水,其

化学成分中的 HCO^{3-}、Ca^{2+} 和溶解性总固体(TDS)的浓度都偏高,其成因主要是表层岩溶带中的二氧化碳分压(P_{CO_2})高于深部岩溶管道水所致。而岩溶管道水系统中的 HCO^{3-}、Ca^{2+} 和 TDS 三指标都偏低,岩溶大泉水化学成分中 HCO_3^-、Ca^{2+}、TDS 的浓度界于二者之间。

(7)通过对黄柏坨地区、甘竹坪地区两处重点段的岩溶地下水勘查,成井 1 口,日总出水量 $135m^3$,缓解缺水人口 3000 人、缺水牲畜 2250 头、缺水农田 3500 亩(1 亩=$666.67m^2$)的用水难问题。井水物理性质良好,为微硬、弱碱性、耗氧量很低,适合于各种用途的淡水。本次勘探目的"查明流域内主要岩溶含水岩组的富水性、岩溶地下水埋藏深度及深部岩溶发育特点与相关水文地质参数"已基本达到。为下步开采岩溶地下水作为供水水源地打下了基础。

(三)岩溶环境地质问题

(1)区内严重的干旱缺水问题,一直是制约当地经济发展和居民脱贫致富奔小康的重要问题。大气降雨后雨水很快地从众多的岩溶洞隙中灌注地下,兴建的蓄水工程也常因岩溶渗漏问题而失效,造成地表严重干旱缺水。地表河水也多径流于深切峡谷底部,人们也难以利用。而岩溶地下水埋深很大且其介质含水又极不均一,打井取水难度很大,缺水,不仅使域内 75% 的粮食地产量低下,就连人畜饮水也有断源之时。目前,全区干旱缺水面积 $445.56km^2$,占全区面积的 51.34%。流域内的红土、石窑、双河等集镇缺水尤为严重。

(2)岩溶盲谷、槽谷及洼地内是洪涝灾害多发处,每当大雨、暴雨时,各方洪水一涌而来,各消水洞不能及时排走洪水而致灾。这些地方常是山区居民和农田集中分布地带,洪涝给当地经济社会发展造成较大的损失。据初步统计,目前区内易遭洪涝灾害的盲谷、洼地农田数万亩,易受洪涝灾害的农田在千亩以上的盲谷主要有小清河盲谷、甘竹坪盲谷、石灰窑盲谷、刘家坪盲谷、永兴坪盲谷等。

(3)马尾沟流域水土流失面积 $346km^2$,占流域总面积的 40%;以中度流失为主,占总流失面积的 83.5%,轻度流失占 16.5%。年土壤侵蚀量 244.33×10^4t,侵蚀模数 $1812.8t/(km^2\cdot a)$。水土流失破坏了流域的生态环境和土地的开发利用,并进而形成石漠化,流域石漠化总面积为 $136.25km^2$,其中,Ⅱ类面积 $1.63km^2$,主要呈零星状分布于景阳集镇南侧山体顶部;Ⅲ类面积 $134.54km^2$,主要分布于马尾沟右岸和源头及伍家河上游位置;流域内其他地方石漠化呈零星点状分布。2012 年外业调查时发现,绝大多数石漠化点未采取任何防治措施,在任其恶化。随着各项经济工程活动将日益增加,对生态环境的破坏也将日益严重,石漠化问题必须引起有关部门的高度重视。

(4)区内地面塌陷不发育,仅见有 2 处,主要是由地下水与人类工程的频繁活动及岩溶的强烈发育形成。另因采矿形成的采空塌陷有 4 处,集中分布在恩施红土乡平锦—稻池村一带采煤区。对地硒病从其病情、临床表现及分期分型、分布规律、防治对策等方面作了较为详尽的阐述。

(5)根据流域的环境水文地质特点,选择干旱缺水、洪涝、石漠化、土地质量、地形地貌等 9 项因子,采用因子指数评价法,对全区五级水系统流域的环境地质质量进行了综合评价。评出质量好的 3 个区段(清江南岸干流新塘区、景阳区、伍家河源头)面积 $230.54km^2$,占全区面积的 26.56%;质量中等的 4 个区段(清江干流红土区、马尾沟左岸、马尾沟右岸和伍家河右岸)面积 $472.57km^2$,占全区面积 54.45%;质量差的 2 个区段(马尾沟源头、伍家河左岸)面积 $164.78km^2$,占全区面积的 18.99%。

(6)通过对甘竹坪地区、黄柏坨地区两处重点勘探段进行岩溶水开发示范工程,详细调查了重点区的干旱缺水、洪涝灾害及其他环境地质问题现状,为解决这些地区的干旱缺水现状、开采地下水作为供水水源地打下了基础。

湖北清江源岩溶流域地下水勘查与开发示范

承担单位:湖北省地质环境总站

项目负责人:杨世松,周宁,吴慈华

档案号:0742

工作周期:2010—2011年

主要成果

(一)岩溶环境地质条件

(1)工作区位于鄂西南恩施州西南部,由长江南岸干流磨刀溪、梅子水、清江中上游南岸干流、清江中上游北岸干流4个四级流域和唐岩河、郁江2个三级流域组成。全区面积9417.78km^2。工作区为少数民族地区,以土家族为主,约占全区人口的38%,苗族次之,占7%,其他少数民族占0.5%。2010年末,人口自然增长率为5.38‰。截至2008年底,地区生产总产值达389 845万元。2010年利川市农村居民人均收入3250元,城镇居民人均可支配收入12 636元。

(2)勘查区地层出露较全,但缺失上志留统(S_3)、下石炭统(C_1)和古近系(E),以寒武系至中奥陶统和中石炭统至三叠系沉积的碳酸盐岩在区内分布最广,两者累计总厚度4712m,占地层累加总厚度的67.5%,其分布面积5727.83km^2,占全区总面积的60.82%。这些地层在多次构造运动作用下,形成了区内一系列北北东——北东向的褶皱及其与之伴生的同向断裂构造形迹。

(3)通过对不同时代的碳酸盐岩取样分析和岩矿鉴定,区内碳酸盐岩的化学成分仍以CaO、MgO为主。按方解石、白云石、Ca/MgO、SiO_2、R_2O_3的百分含量将碳酸盐岩划分为石灰岩、白云岩、云灰岩和不纯碳酸盐岩4种类型共12种岩石名称。在各时代地层中,都或多或少存在不纯碳酸盐岩。

(4)该流域是我国南方典型的裸露型岩溶石山地区之一。地表岩溶个体形态组合形成了区内峰丛盲谷、峰丛槽谷、溶丘洼地等岩溶地貌类型,这些岩溶地貌类型在各种因素的控制作用下,形成了本区波状溶丘高台原、干流峰丛峡谷溶洞、溶丘洼地峡谷溶洞、丘丛洼地沟谷溶隙、峰丛槽谷盲谷洼地五大岩溶地貌组合区(图4-6、图4-7),并相应具有区内岩溶发育的多系统性、向深性、不均匀性和成层性特征。而在地质构造、岩溶发育的向深性和地下水动力作用控制下,形成了区内地下河袭夺地表河这一新的岩溶发育特点。

图 4-6 K1072 煤泥坝岩溶槽谷

图 4-7 清江河畔腾龙洞(旱洞)

(5)结合“鄂西南岩溶地区表层带岩溶水赋存规律及开发利用研究报告”成果和“沪蓉西”高速公路箐口-鱼泉口段内 74 个钻孔岩芯资料,对表层岩溶带发育深度进行了分级,并结合地表的表层岩溶带发育程度分级，详细阐明了鄂西南岩溶地区表层岩溶带发育特征和变化规律。

(6)流域土壤种类繁多，垂直分带明显，组成土壤颗粒的主要是粉砂粒，次为砂粒和黏料，显示土壤的砂化程度较高；土壤的化学成分主要是 Ca^{2+} 和全盐量，其他金属离子含量较少，但其有机质含量较高，多在1.45%～2%之间；土壤中的污染元素汞、铅、砷、总硌及有机毒物的含量都分别高于南方区域背景值，但离临界值还有一定距离；土壤pH值一般在5～6.5之间，呈酸性或微酸性，土壤的固、液、气三相与土壤质地基本一致，所占比重合理，氮、钾、钙含量丰富，含盐量偏低，磷素普遍缺乏，由土壤构成的土地在区内坡耕地仍然较多，易导致土壤产生流失，其土壤肥力保持差，故流域土壤的总体质量为中等偏底，但区内水热条件丰富，植被发育，湿度大，仍然适宜多种植物的生长发育。

(二)岩溶地下水特征与资源

(1)根据碳酸盐岩含水层组的岩溶发育程度、富水性和水文地质特征之不同，将域内出露的碳酸盐岩地层划分为3个含水岩组。首先是岩溶强烈发育的纯碳酸盐岩强富水岩组，包括 T_1j、T_1d^2、$\in_{2+3}$ 地层。水点1329个，偶测总流量70741.06L/s。其次是岩溶发育的次纯碳酸盐岩中等富水岩组，包括 P_1、O_1 地层。水点371个，偶测总流量6923.745L/s。最后是岩溶弱发育的不纯碳酸盐岩弱含水岩组，包括 T_1b^1、T_2b^3、P_2、C_2、O_{2+3}、$\in_1$ 地层。水点684个，偶测总流量9435.86L/s。

(2)本区岩溶地下水赋存并径流于裂隙、溶隙、溶孔和岩溶管道中，由于赋水介质的空间差异而导致岩溶水的补、径、排及其动态特征也有很大的不同，故形成了区内岩溶管道水和溶隙脉状水两种岩溶水类型，岩溶水含水介质不均匀至极不均一，地下水深埋，无统一的地下水径流场，具非连续流和三维流特点。这些特点在不同的空间组合下，形成了本流域四大水文地质区。

(3)根据系统论和岩溶水类型之差异，将区内地下水划分为地下河系统、岩溶大泉系统、表层带岩溶水系统和蓄水构造岩溶水系统4种岩溶水流动类型，并详细描述了各系统的补、径、排与分布发育特征及其系统之间的相互关系。本区发育地下河系统88个，岩溶大泉系统228个，表层带岩溶泉1986个，其偶测总流量分别为86 274.08L/s、11 433.42L/s、4528.98L/s。本次新发现地下河37条，岩溶大泉121处。

(4)全流域地下水天然资源量多年平均值为274 597.4×10^4m^3，平水年为272 916.622×10^4m^3，偏枯年为236 078.1×10^4m^3，特枯年为204 900.2×10^4m^3；全区碳酸盐岩岩溶水的多年平均资源量为249 568.6×10^4m^3；碎屑岩多年平均资源量为25 028.74×10^4m^3。其中全区表层岩溶水特枯年的地下水资源量为12 451.25×10^4m^3/a。表层岩溶水可开采资源量为9132.1×10^4m^3/a，难开采量为3319.16×10^4m^3/a。

(5)全区地下河、岩溶大泉和表层带岩溶泉的允许开采资源量为112 359.3×10^4m^3/a，已开采资源量为52 778.57×10^4m^3/a，还可开采利用地下水资源的绝对数量为58 980.75×10^4m^3/a，全区为开采潜力中等区($P_{潜}=2.13$)，全区开采潜力模数为较大区($M_{潜}=10.48$)。其中，开采潜力丰富的有清江左岸干流、清江云龙河、唐岩河曲江共3个四级流域；开采潜力较丰富的有清江带水河、元堡河、车坝河、右岸干流、三峡梅子水、郁江洞脑壳、乌泥河、石门河、唐岩河干香河、冷水河右岸干流共11个四级流域；潜力较小的有清江长偏河、龙洞沟、高桥河、芭蕉河、三峡磨刀溪、郁江头道河、前江河、毛滩河、郁江右岸干流、唐岩河青狮河、南河、蛇盘溪、唐岩河左岸干流共13个四级流域。

(6)全流域多数地下水无色、无味、透明、水温10～18℃；水化学类型以HCO_3-Ca型为主，$HCO_3-Ca \cdot Mg$次之，个别点出现$HCO_3 \cdot SO_4-Ca \cdot Mg$型；为弱碱性、微硬、低矿化度淡水，绝大部分水样的各单项组分都为Ⅰ类或Ⅱ类水，水质属优良级至良好级。其中，Ⅳ类水有22个，Ⅴ类水仅有1个，其超标因子主要是大肠菌群总数，其次是耗氧量、氨氮及亚硝酸盐氮，这些因子都是由有机质、腐殖质分解所致，只要注意泉口附近卫生，防止污染，水质必将好转。通过对地下河、岩溶大泉、表层岩溶泉系统的水化学分析资料的综合分析得知，表层岩溶带水系统中的岩溶水，其化学成分中的HCO_3^-、Ca^{2+}和溶解性总固体(TDS)的浓度都偏高，其成因主要是表层岩溶带中的二氧化碳分压(P_{CO_2})高于深部岩溶管道水所致。而岩溶管道水系统中的HCO_3^-、Ca^{2+}和TDS三指标都偏低，岩溶大泉水化学成分中HCO_3^-、Ca^{2+}、TDS的浓度界于二者之间。

(7)通过对官田坝地区、齐岳山地区、忠路镇新建村、咸丰县清坪镇、忠路镇地热田等7处岩溶水开发示范工程，先后成井7口，日总出水量1997.39m³，缓解缺水人口9800人、缺水牲畜3250头、缺水农田11 650亩的用水难问题，并在利川市忠路镇勘探出一口地热井，为该区旅游经济的发展增强了基础。井水物理性质良好，微硬、弱碱性、耗氧量很低，适合于各种用途的淡水。

(三)岩溶环境地质问题

(1)区内严重的干旱缺水问题，一直是制约当地经济发展和居民脱贫致富奔小康的重要问题。大气降雨后雨水便很快地从众多的岩溶洞隙中灌注地下，兴建的蓄水工程也常因岩溶渗漏问题而失效，造成地表严重干旱缺水。地表河水也多径流于深切峡谷底部，人们也难以利用。而岩溶地下水埋深很大且其介质含水又极不均一，打井取水难度很大。缺水，不仅使域内75%的粮食地产量低下，就连人畜饮水也有断源之时。目前，全区干旱缺水面积1479.87km²，占全区面积的15.81%。流域内的白果坝、板桥、团堡、柏杨坝、文斗、清坪等集镇缺水尤为严重。

(2)岩溶盲谷、槽谷及洼地内是洪涝灾害多发处，每当大雨、暴雨时，各方洪水一涌而来，各消水洞不能及时排走洪水而致灾。这些地方常是山区居民和农田集中分布地带，洪涝给当地经济社会发展造成较大的损失。据初步统计，目前区内易遭洪涝灾害的盲谷、洼地农田约6.27万亩，易受洪涝灾害的农田在千亩以上的盲谷主要有落水洞盲谷、利川盆地、板桥盲谷、河坝里盲谷、龙门坝盲谷、煤泥坝盲谷、五龙口盲谷、石人坪干河沟盲谷、丁寨野猫河盲谷等。

(3)清江流域(本年度调查区)水土流失面积1346km²，占流域总面积的34.5%；年土壤侵蚀量达1423.33×10^4t，侵蚀模数达3141t/(km²·a)。郁江流域水土流失面积546km²，占流域总面积的34.5%。以中度流失为主，占总流失面积的83.5%，轻度流失占16.5%。年土壤侵蚀量244.33×10^4t，侵蚀模数1812.8t/(km²·a)。据《咸丰县志》，咸丰县2003年全县水土流失面积1072km²，占总面积的42%，年水土流失总量高达422.9×10^4t，侵蚀模数达2476.53t/(km²·a)。水土流失大大地破坏了流域的生态环境和土地的开发利用，并进而形成石漠化，流域石漠化总面积为738.41km²，并且主要分布于清江流域内，达684.85km²，其中，Ⅰ类面积66.06km²、Ⅱ类面积290.28km²、Ⅲ类面积328.51km²；郁江流域石漠化总面积为15.09km²，其中，Ⅰ类面积1.18km²、Ⅱ类面积10.94km²、Ⅲ类面积2.97km²；唐岩河流域石漠化总面积为 38.47km²,其中,Ⅱ类面积 14.03km²、Ⅲ类面积 24.17km²。2011 年外业调查时发现,绝大多数石漠化点未采取任何防治措施,在任其恶化。随着各项经济工程活动日益增加,对生态环境的破坏也将日益严重,石漠化问题必须引起有关部门的高度重视。

(4)岩溶渗漏仍是蓄水工程的一大病害,在已知的 106 座水库中,存在渗漏的有 13 座,在岩溶区的蓄水工程都不同程度地存在渗漏问题,以发生在 20 世纪 50—70 年代兴建的小型蓄水工程为主,多数已废弃不用。其主要原因是急于求成,缺少勘查设计或选址不当造成。目前域内渗漏比较严重的是利川市三渡峡水库渗漏、咸丰狮子口水库岩溶渗漏、咸丰龙王庙水库岩溶渗漏,是否会影响到水库的正常使用,应引起有关部门的高度重视。区内地面塌陷不发育,见有 22 处,塌陷总面积为 $5.172\times10^4 m^2$,主要是地下水与人类工程的频繁活动及岩溶的强烈发育形成。

(5)根据流域的环境水文地质特点,选择干旱缺水、洪涝、石漠化、土地质量、地形地貌等 9 项因子,采用因子指数评价法,对全区四级水系统流域的环境地质质量进行了综合评价。评出质量好 17 个区段(江流域的前江河、石门河、头道河、毛滩河、右岸干流、三峡南岸磨刀溪;清江流域的长偏河、带水河、龙洞沟、元堡河、车坝河、芭蕉河;唐岩河流域的冷水河、左岸干流、干香河、青狮河、蛇盘溪)的面积 4936.83km²,占全区面积的 52.77%;质量中等的 7 个区段(郁江流域的洞脑壳、乌泥河、三峡梅子河、清江高桥河、右岸干流;唐岩河流域的南河、右岸干流)面积 2909.27km²,占全区面积 31.09%;质量差的 3 个区段(清江流域的左岸干流、云龙河;唐岩河流域的曲江)面积 1509.86km²,占全区面积的 16.14%。

西南岩溶石山地区重大环境地质问题及对策研究

承担单位:中国地质科学院岩溶地质研究所

项目负责人:袁道先

档案号:0744

工作周期:2008—2010 年

主要成果

(1)认识到石漠化、旱、涝、缺水、工程环境地质问题成为西南岩溶地区重大环境地质问题。

(2)认识到城市化、不合理农耕和矿产开采成为岩溶水污染的主要原因。

(3)认识到随着气候变化特别是极端气候影响的逐步增强,干旱和洪涝造成的影响极大,水资源开发和保护将会更加迫切。

(4)认识到大规模的工程建设造成含水层疏干和边界条件变化等一系列环境问题,反映了工程环境影响评价必先水文地质评价,水文地质因素的调查研究不到位,不宜开展工程建设。

(5)项目成果由各省(区)根据本省重大环境地质问题进行专项论述(表 4-1),是各省(区)现阶段环境地质问题的总结,也是各地今后进行环境地质调查及治理工作可参考的宝贵资料。

表 4-1　各省(区)重大环境地质问题专项论述一览表

序号	各省(区)重大环境地质问体成果报告名称
1	西南岩溶石山地区重大环境地质问题及对策研究成果报告　云南篇
2	西南岩溶石山地区重大环境地质问题及对策研究成果报告　贵州篇
3	西南岩溶石山地区重大环境地质问题及对策研究成果报告　广西篇
4	西南岩溶石山地区重大环境地质问题及对策研究成果报告　广东(粤北)篇
5	西南岩溶石山地区重大环境地质问题及对策研究成果报告　湖南(湘西)篇
6	西南岩溶石山地区重大环境地质问题及对策研究成果报告　湖北(鄂西)篇
7	西南岩溶石山地区重大环境地质问题及对策研究成果报告　重庆川南篇
8	西南岩溶石山地区重大环境地质问题及对策研究成果报告　有机污染专项篇

三峡库区高陡岸坡成灾机理研究

承担单位:中国地质调查局武汉地质调查中心
项目负责人:黄波林,刘广宁
档案号:0757
工作周期:2010—2013 年
主要成果

(一)三峡库区高陡岸坡发育及变形失稳模式研究方面

(1)在地质灾害资料收集和野外调查基础上,系统总结了三峡库区瞿塘峡、巫峡、西陵峡高陡岸坡的分布规律和大型崩滑灾害的发育特征,提出了三峡库区地质灾害高发峡谷区的斜坡结构类型与识别特征。

(2)在高陡岸坡区域详细调查基础上,初步确定了巫峡北岸各段危岩体的发育情况,提出了各段岸坡危岩体发育的岸坡结构与岩体结构特征,综合运用结构面测量、探槽开挖、物理力学试验等手段,认为高陡岸坡存在倾倒、板柱状倾倒、软弱基座崩塌、滑移、剥落和倾倒转滑移 6 种主要的变形破坏机理。

(二)库水波动对高陡岸坡的影响研究方面

基于茅草坡斜坡(图 4-8)、龚家方 4＃斜坡、箭穿洞危岩体、青石滑坡、横石溪危岩体 5 处典型高陡变形岸坡的详细调查和长期观测研究,提出三峡库区部分消落带岩体正在劣化,揭示库水波动加速了典型高陡岸坡变形破坏趋势。

(三)高陡岸坡成灾效应研究方面

详细调查研究了龚家方崩塌、新滩滑坡、千将坪滑坡和昭君大桥崩塌等若干高陡岸坡失稳

图 4-8　茅草坡斜坡下游边界坡脚 2009—2013 年照片对比

造成的灾害事件，着重分析了其灾害作用过程和范围；提出高陡岸坡失稳的主要致灾模式为涌浪，涌浪极大地危害到更大范围的峡谷区航道和沿岸生产生活带的安全。并首次划分了三峡库区涉水崩滑体产生的涌浪类型：深水区厚层—巨厚层块体倾倒或滑动产生涌浪、深水区碎裂岩体崩塌产生涌浪、浅水区顺层滑坡产生涌浪和浅水区堆积层滑坡产生涌浪。

（四）高陡岸坡涌浪灾害研究方面

（1）以龚家方残留危岩体爆破治理为契机，在国内率先探索构建了以高频水位计和高清照相机为主要工具的涌浪应急监测方法，获取了爆破碎屑流涌浪产生、传播的第一手资料，提出了影像资料分析方法和基本的涌浪监测数据分析方法。

（2）建立了三峡库区干流和支流崩滑体涌浪概化模型，开展了124组物理滑坡涌浪基础试验，观测了滑坡涌浪产生、传播和爬高全过程，认为崩滑体涌浪与水深、入水速度和体积等有较大关系，推导形成了三峡库区干支流刚性块体和散粒体的一系列滑坡涌浪公式。

（3）以龚家方河道为原型，构建了三峡库区干流峡谷区第一个1∶200的大型物理涌浪模型，涌浪在浅水区和冲沟有波浪抬升效应，在开阔区域有急剧衰减作用，两次较大的涌浪由于波能差异产生追逐，涌浪传播衰减在三维地形条件下各有不同。

（4）系统梳理和总结了世界范围内主要的滑坡涌浪形成、传播和爬高公式。引入局部水头损失公式，采用分类对应的方法，初步建立了可计算全河道涌浪的公式法计算体系。以龚家方涌浪为例，验证了方法的有效性。

（5）针对崩塌落石和支流浅水区滑坡产生的涌浪问题，建立了北—南方程的流体-固体耦合涌浪分析方法。研究表明剪刀峰崩塌能量传递率约6.54%，千将坪滑坡的能量传递率约10%；千将坪滑坡堵江对水体有推动分流和托抬效应，千将坪滑坡涌浪的严重危害范围约4.5km长。

（6）针对长距离、大范围的涌浪灾害问题，开发和建立了基于波浪理论的滑坡涌浪数值计算软件；以龚家方涌浪为例进行了软件模型的有效性验证；数值模拟预测研究认为茅草坡斜坡、龚家方4#斜坡、箭穿洞危岩体3个崩滑体在不同水位工况下涌浪严重危害范围有4～5km长。

（五）在高陡岸坡风险管理对策建议方面

提出了峡谷区高陡岸坡的群测群防方式，指出了龚家方—独龙一带长江左岸斜坡带，横石溪口危岩体等需要紧急列入巡查对象的斜坡。提出了加强涌浪科普宣传等峡谷区涌浪风险防范措施，划分了茅草坡斜坡、龚家方4#斜坡、箭穿洞危岩体3个崩滑体潜在涌浪风险的预警级别与范围。

广西壮族自治区北海市城市环境地质调查

承担单位：广西壮族自治区地质环境监测总站
项目负责人：蒋力
档案号：0758

工作周期:2008—2009年

主要成果

(一)修编了部分基础图件

在以往资料基础上,对地层、地貌、地质构造和水文、工程地质条件等城市地质环境背景条件进行了核查,修编了北海市地质图、地貌分区图、岩土体类型图和水文地质图等基础图件。

(二)查明了北海市主要环境地质问题

(1)北海市地下水主要受降雨补给,补给资源量随降雨量变化而变化。根据监测,北海市地下水监测点多年平均水位随降雨量变化而波动,没有衰减迹象。北海市地下水开采量只占年补给资源量30%左右,开采潜力较大,总体上不存在短缺现象,但禾塘村水源地及龙潭村水源地利用率较高,出现局部降落漏斗,有局部短缺迹象。

(2)北海市地下水污染源包括原生污染源和次生污染源。原生污染源主要为降雨、砂土中铁锰质和海水,次生污染源包括生活污水和生活垃圾、工业污水和固体废弃物、农药化肥。区内地下水污染包括原生污染和次生污染,原生污染主要污染物为铁、锰、pH、氯离子,次生污染主要污染物为三氮、铁、锰、高锰酸钾和铬。铁、锰、pH污染为面状污染,氯离子污染主要发生在海岸带;区内三氮污染也为面状污染,主要受生活污水污染,局部受工业和养殖业污染,浓度很高。区内地下水污染发生在潜水层位,污染面积98.29km^2,影响人数达50 295人,直接经济损失26.55万元,间接损失42.48万元,总损失69.02万元。

(3)区内地质灾害较发育,主要地质灾害类型为崩塌、滑坡,其中发现崩塌64处,滑坡2处。崩塌是区内最主要地质灾害,灾害点规模为小型。灾害影响总面积达1512.5m^2,伤亡9人,威胁125人,毁坏房屋4间(栋),直接损失23.11万元,间接损失173.325万元,潜在损失111.59万元,总损失196.435万元。

(4)区内分布有大范围软质黏土,分布于大部分海岸带,其中,大墩海-银滩段因埋深5~8m,厚度1~5m,对各中规模的建筑物都有危害,危险性大;其他地带软质黏土因埋深在10m以上,只对高层建筑有危害,危害性中等。区内特殊土影响面积共202.23km^2,暂无伤亡,威胁63 700人,毁坏房屋1346间(栋),暂未毁坏设施和土地,直接损失2544万元,间接损失10 280万元,总损失12 719万元。

(5)区内侵蚀海岸线和淤积海岸线都有分布,淤积海岸主要分布于各河流入海口、大墩海一银滩段;侵蚀海岸线主要分布于外沙—高德外沙一带、营盘镇以东至南康河口西侧岸段、高德岭底岸段、冠头岭基岩和白龙尾基岩岸段。北海港湾淤积也较明显,北海港已有沙坝出现。工作区范围内海水入侵影响面积共3.5km^2,影响8600人,直接损失180万元,间接损失625万元,总损失805万元;海岸线变迁影响海岸长度246km,影响92 000人,毁坏房屋35间(栋),毁坏道路3km,毁坏土地120亩,直接损失3750万元,间接损失17 20万元,总损失20 950万元。

(三)初步查明工作区主要地质资源

(1)区内地下水资源丰富,经计算基岩裂隙水天然补给资源量为$0.04\times10^8m^3/a$,岩溶水地下水天然补给资源量为$0.01\times10^8m^3/a$,松散岩类孔隙水天然补给资源量为$7.34\times10^8m^3/a$。

地下水年开采量在 4500×10^4 t/a 左右，以生活用水为主，占60%左右，其次为工业用水和农业用水。规划后备水源地2处，分别位于北海市东部三家村水源地和白龙水源地，地下水可采资源量分别为 6049×10^4 t/a 和 13 051 $\times10^4$ t/a。

（2）北海市建材矿资源丰富，查明砖瓦用黏土资源量 8801.44×10^4 t，玻璃用石英砂查明资源储量 1062.20×10^4 t，陶瓷黏土查明资源储量 758.78×10^4 t，泥炭资源储量 3796.381×10^4 t，可满足北海城市建设需要。区内旅游景观资源也十分丰富，主要有涠洲岛、银滩、斜阳岛等。

（四）在调查分析的基础上，对主要环境地质问题进行了评价

（1）区内地下水污染程度分为4级：严重污染区面积为 13.04km²；中等污染区面积 28.74km²；轻微污染区面积为 54.80km²；其他为未污染区。

地下水水质评价分为4个等级：极差区面积为 14.45km²；较差区面积为 237.50km²；其他为优良和良好区。

地下水防污性能可分为2级，防污性能中等区分布于高德镇至南康镇一带；防污性能较差区分布于海城区至石头埠一带沿海地区。

（2）对地质灾害易发程度、易损程度和危险性进行了分区评价。地质灾害中易发区2处，面积 6.5km²；低易发区4处，面积 136.13km²；不易发区1处，面积 811.37km²。

地质灾害高易损区2处，面积 100.93km²，中易损区1处，面积 102km²，低易损区5处，面积 210.41km²；不易损区1处，面积 541.6km²。

（3）对北海市特殊土进行了评价。软质黏土危害性大的区域主要为大墩海-电白寮-白虎头海岸和南窑河口海岸；危害性中等的区域为其他海岸带。

（4）对区内垃圾场进行了评价，现有白水塘垃圾场因对地下水污染较轻，稳定性较好，地质条件较好；新垃圾场在现有白水塘垃圾场区进行扩建，因其局河流和城镇较近，环境保护条件较差，评价其适宜性为勉强适宜。

（5）在上面各项评价基础上，对工作区地质环境条件进行了综合评价，评价结果为：地质环境较差区面积 205.11km²，较好区面积 710.36km²，好区面积 16.37km²。

珠江三角洲经济区重大环境地质问题与对策研究

承担单位：中国地质调查局武汉地质调查中心

项目负责人：黄长生

档案号：0766

工作周期：2009—2010年

主要成果

通过对珠三角经济区地质环境背景、人类活动、环境地质问题三者关系进行系统分析和综合研究，取得一些认识。

（一）自然地理环境特殊，地质环境脆弱

经济区地处广东省中南部，濒临南海，海陆相互作用较强烈，新构造运动活跃，侵蚀和剥蚀

作用明显,第四系广布,地貌类型多样,是地质环境的过渡带和敏感带。

(1)自然地理环境的特殊性主要表现为地势低洼、洪涝灾害多、水动力作用强烈、咸潮入侵频繁、雨季集中、台风暴雨多、地下水位高、河水水质水量受上游制约等。

(2)地质环境的脆弱性主要表现为基地沉降、新构造运动和地震活跃、软土分布广泛、海平面上升威胁、海水入侵、风暴潮袭击频繁等。

(二)人口密集,城市化、工业化迅猛发展,人类活动多样而剧烈

主要表现为丘陵山区滥砍滥伐、陡坡开荒、矿山开发,沿海地区填海造地、河道采砂等;城市人口密集,制造业迅猛发展、工业聚集,城市化进程快,"三废"排放增多、乡镇企业发展迅速、交通能源等基础设施建设迅猛(高速公路、铁路、机场、港口、码头、地铁、城轨、隧道工程、输油输气管道、引水工程等),城市规模不断扩大、土地不合理开发利用等。

(三)环境地质问题类型多、危害严重

珠三角经济区脆弱的地质环境和剧烈的人类活动相互作用引发了一系列环境地质问题,主要分布在环珠江口城市群,包括水资源短缺与地下水污染、土壤污染、灰岩分布区地面塌陷、断裂活动性、软土区地面沉降、崩滑流地质灾害及海平面升降引起的环境地质问题等7个方面。

(四)水资源短缺与地下水污染严重

水资源短缺与地下水污染是珠三角经济区目前最严重的环境地质问题之一,主要分布于经济、工业较发达,人口密集的平原区,集中体现在环珠江口城市群带,污染源以工业废水、生活污水为主,主要污染物为三氮、重金属、有机物。地下水污染引起的水资源短缺问题在广州、深圳、东莞等城市尤其突出。

(五)土壤污染突出

土壤污染主要分布于经济、工业较发达,人口密集的平原区,形成了由城市—郊区—农区,污染随城市的距离加大而降低的模式,城市郊区污染较为严重,已导致农产品出现污染,严重危害人类健康。引起土壤污染的主要原因包括工业、生活污水的大量无序排放、农业污水灌溉等。土壤污染物以重金属、有机物为主。

(六)软土分布广,危害大

全区软土分布面积达7969km^2,约占经济区总面积的1/5,软土地面沉降是软土区影响最大和危害最严重的环境地质问题。软土地面沉降较为集中地分布在软土层厚度大于20m的区段内,代表性区域为广州市番禺区南部、中山市北东部及珠海市西南部,造成建筑物悬空吊脚或整体下沉、成片房屋被迫遗弃、路面波状起伏、桥路衔接部位差异沉降、堤围下沉、地下设施(供水、供电、供气、通讯电缆)破坏等现象略见不鲜,造成的损失极为严重。据评估,直接经济损失已达102.8亿元,间接经济损失超过486.1亿元。

研究表明,本区的软基地面沉降主要有自然沉降和工程沉降两种类型。前者为软土本身自重固结沉降引起,主要发生在现代沉积的软土区和新近围垦造陆区,后者主要由人类工程活动造成,工程场地疏干抽排地下水、打桩促使软土排水、在自重固结未完成的软土表面进行填

土等工程活动，均人为地加速了软土的排水固结—压缩沉降进程，是导致填土建设区发生地面沉降的根本原因。

在软土区进行工程建设前，必须对可能发生的沉降有所预见，必须留有足够的时间完成软土的自重固结或加荷载后的压缩沉降，可采取打砂桩强行导排促降措施。对地面稳定性要求高的工程，不宜刚完成填土就马上施工建设，否则，后患无穷。

（七）灰岩分布区地面塌陷频发

灰岩区地面塌陷是珠三角城市地质灾害的主要类型之一。区内已发的地面塌陷主要分布于广州的广花盆地、深圳龙岗区、肇庆、惠州等隐伏灰岩溶洞发育区。因其具突发性和危险性的特点，已造成巨大的经济损失和相当数量的人员伤亡。

近年发生的地面塌陷以人为因素引发的居多，城市地铁等地下工程建设全面展开，地下施工震动大、过量抽取地下水或矿山疏干排水作用、地下采空等导致地面塌陷频发（图 4－9）。

图 4－9　花都区赤坭镇蓝天采石场及抽排地下水导致的塌陷

北部湾经济区地质环境综合调查评价与区划综合研究

承担单位：中国地质调查局武汉地质调查中心

项目负责人：黎清华

档案号：0771

工作周期：2009—2015 年

主要成果

（1）在沿海主要经济区地质环境调查评价统一技术要求的指导下，制定完成了《北部湾经济区地质环境调查评价与区划实施技术细则》。

（2）在调查的基础上，研究总结了北部湾经济区环境地质背景条件及目前存在的主要环境地质问题，对其发育特征及规律进行了总结，为下一阶段的深入调查研究奠定了基础。

（3）开展了潮间带地质环境状况与现代沉积地貌演变专题研究，获取了典型地段表层沉积物常微量元素(含重金属)含量指标的背景值,分析了近 200 年以来潮间带环境演变的规律及特征,为下一阶段对比研究人类工程活动对海岸带地区环境状况的影响分析提供了背景参考值。

2012—2013 年湖北省矿山地质环境调查

承担单位:湖北省地质环境总站

项目负责人:张金林

档案号:0773

工作周期:2012—2013 年

主要成果

(1)截至 2012 年底,湖北省有矿山企业 4180 家。其中,在建 63 家,生产 3502 家,停产 2 家,关闭 554 家,闭坑矿山 59 家;大型 60 家,中型 377 家,小型 3743 家。矿山年设计生产能力 37 599.7527$\times 10^4$t,年实际生产能力 36 046.220 0$\times 10^4$t。矿山面积 202 126.583$\times 10^4$m^2,采空区面积 24 370.180 4$\times 10^4$m^2,采空区面积占矿山面积 12.06%。

(2)湖北省矿山占用破坏土地 17 414.3349$\times 10^4$m^2;废水、废液年产出量 25 184.24$\times 10^4$m^3,年排放量 23 090.23$\times 10^4$m^3;尾矿固体废物年产出量 4188.17$\times 10^4$t,年利用量 1898.20$\times 10^4$t,累计积存量 91 345.52$\times 10^4$t;矿山地质灾害 1287 处,直接经济损失 21 834.89 万元,因灾死亡 370 人,伤 15 人。

(3)湖北省矿山地质环境问题分为四大类 12 种:矿山地质灾害(滑坡、崩塌、泥石流、地面塌陷、地面沉降及地裂缝 6 种),矿业开发对地下水系统的影响与破坏(水均衡破坏),矿业开发占用及破坏土地植被资源(侵占土地),矿山废水、废渣对环境的影响(土壤污染、水土流失、地表水污染、地下水污染 4 种)。

(4)湖北省矿山地质环境综合评估分区共圈定 84 个区。其中,矿山地质环境影响严重区 44 个,面积为 2099.9014km^2,占全省总面积(185 817.069 1km^2)的 1.13%,主要分布于鄂东南黄石、大冶、阳新、鄂州等地煤矿、铜矿、铁矿、金矿矿山,矿山主要环境地质问题为滑坡、地面塌陷、矿坑突水、占用与破坏土地、土壤污染、尾矿库溃坝、水均衡破坏、地表水污染、地下水污染等;鄂中应城—云梦、大悟、钟祥、荆门等地石膏、岩盐、磷矿、煤矿矿山,矿山主要环境地质问题为地面塌陷、地面沉降、矿坑突水、水均衡破坏等;鄂西、鄂西南、鄂西北宜昌、恩施、十堰、襄阳等地磷矿、煤矿、金矿、硫铁矿矿山,矿山主要环境地质问题为崩塌、滑坡、泥石流、地面塌陷、占用与破坏土地、土壤污染、水均衡破坏、地表水污染等。矿山地质环境影响较严重区 39 个,面积为 1334.905 5km^2,占全省总面积的 0.72%,主要分布于大冶市、阳新县、赤壁市、东宝区、当阳市、远安县、南漳县、秭归县、长阳县、宣恩县、利川市等地煤矿、铜矿、金矿矿山,矿山主要环境地质问题为滑坡、泥石流、地面塌陷、水均衡破坏等;神农架林区、兴山县等地磷矿矿山,矿山主要环境地质问题为崩塌、地面塌陷等。矿山地质环境影响轻微区 1 个,面积为 182 382.262 2km^2,占全省总面积的 98.15%,矿山主要环境地质问题为崩塌、滑坡、占用与破坏土地、水土流失等。

(5)2002—2013 年,中央财政、省级财政累计投入湖北省矿山地质环境治理经费达到

21.0991 亿元。其中，中央财政资金 202 151 万元，治理项目 68 项，综合治理面积 $4844.228\times10^4 m^2$；省级财政资金 8840 万元，治理项目 26 项，综合治理面积 $267.12\times10^4 m^2$。

(6)地质灾害防治措施主要有塌陷区恢复、变形工业场地注浆加固、滑坡治理、变形监测、削坡减载、块石护坡、修建挡土墙、清除危岩体、崩塌体等(图 4-10、图 4-11)。矿山生态修复措施主要有废土场治理、农田改造、河道改造、帷幕注浆堵水、植草、植树绿化等。矿山废水废液年排放量 $23\ 090.23\times10^4 m^3$，排放去向为沟、渠、农田、冲沟、河流、水库、尾砂库等。对少量矿坑水如生活用水(洗浴用)、农牧业用水、工业用水等进行了利用。废渣年产出量 $4188.17\times10^4 t$，年利用量 $1898.20\times10^4 t$，年利用率 45.32%，主要利用方式为筑路、填料、制砖、水泥用辅料、矸石发电等。

图 4-10　露天采坑东邦边坡治理前

(7)根据矿山地质环境影响综合评估分区结果，划分出不同等级的矿山地质环境保护与治理区域，主要包括矿山地质环境保护区、矿山地质环境预防区、矿山地质环境治理区等。其中，矿山地质环境保护区主要包括湖北省矿产资源禁采区 40 个，湖北省地质灾害发育强烈、危害程度大的矿山保护区 5 处，湖北省自然保护区 51 个，湖北省地质公园 22 个，湖北省旅游风景名胜区 27 处，湖北省国家级、省级文物保护单位 45 家，湖北省重要饮用水水源地保护区 7 处；矿山地质环境预防区主要包括湖北省矿产资源限采区 247 个，湖北省矿产资源重点开采区共 42 处(其中包括全国重点开采区 4 处，国家规划矿区 9 处，省级重点开采区 29 处)，以及除矿山地质环境治理区、矿山地质环境保护区以外的全部区域；矿山地质环境治理区主要包括矿山地质环境综合评估分区中的严重影响区、较严重影响区，总共 83 个。

图 4-11　露天采坑东邦边坡治理后

湖北清江流域重大滑坡成灾机理研究

承担单位:湖北省地质环境总站

项目负责人:肖尚德,宁国民,晏鄂川

档案号:0791

工作周期:2010—2013 年

主要成果

(1)以湖北省特大型滑坡调查及清江流域 11 个县市 1∶5 万地质灾害详查资料为研究基础,通过流域滑坡发育规律、河流演变特征、滑坡山体结构、滑坡成灾类型的研究,选取 5 个典型滑坡案例系统开展上硬下软陡崖型、软硬互层顺倾型、深厚松散堆积型、厚岩块状裂隙型 4 种地质结构暨高位软基倾倒成灾、软硬顺层滑移成灾、深厚堆层塌滑成灾、高位楔体坠滑成灾 4 种成灾类型滑坡的成灾机理研究(图 4-12)。

(2)根据研究内容开展了不同类型滑坡考察和河流地貌演变调研,对赵家岩崩塌、新塘滑坡、堡扎滑坡、木竹坪滑坡、恩施城区红砂岩滑坡(对应上述 5 个典型案例)进行了勘查剖析,完成滑坡考察 21 处。

(3)经过搜集、梳理、分析流域 3116 处地质灾害,对其中 2843 处滑坡崩塌进行统计发现重大滑坡主要分布在清江干流及其一、二级支流两岸第四系松散土体(Q)、志留系龙马溪组(S_1l)和罗惹坪组(S_1lr)、二叠系(P)、三叠系巴东组(T_2b)斜坡,与 5 日累计降雨量和强降雨最

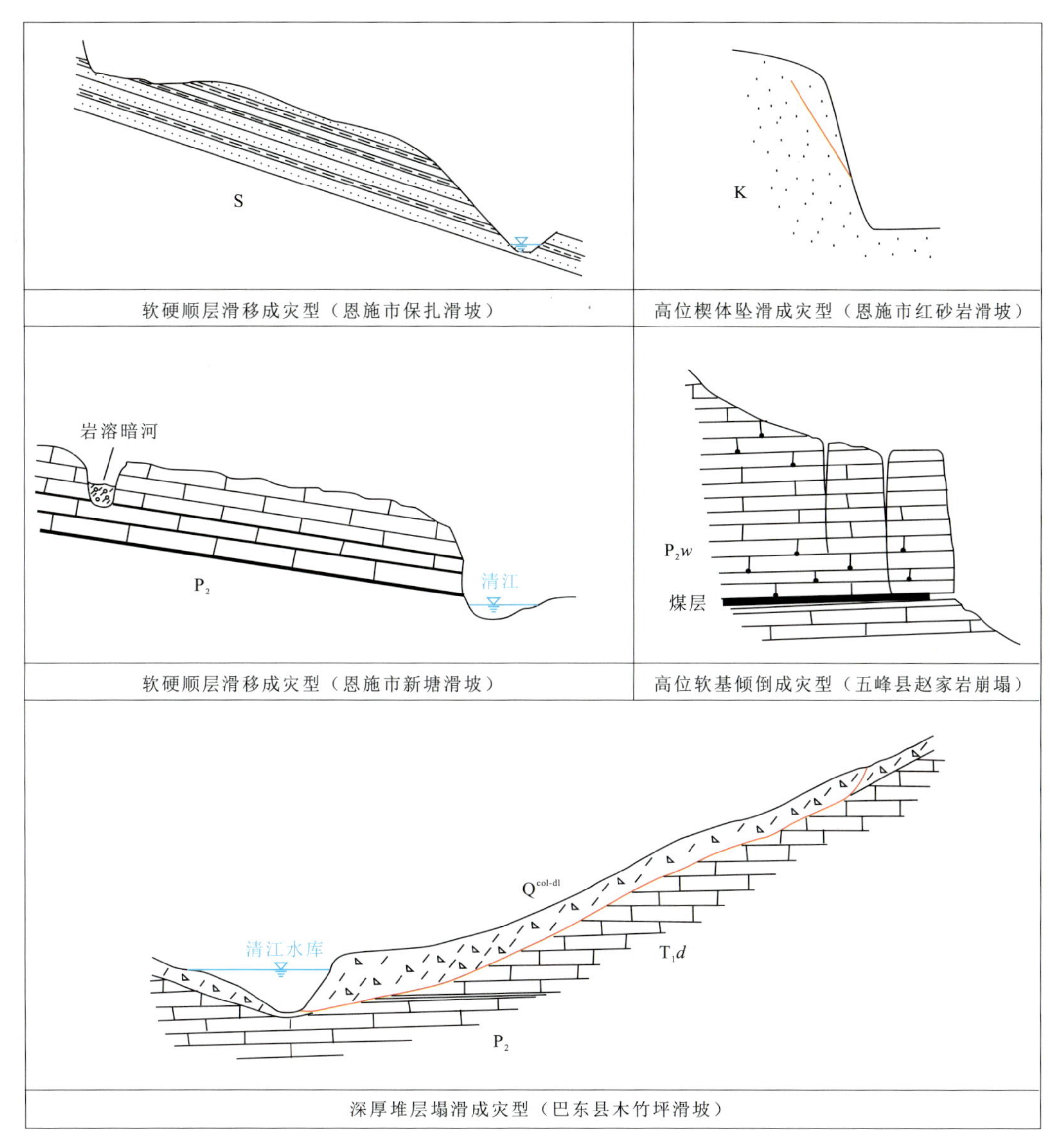

图 4-12　4 种类型 5 种滑坡地质模型略图

相关，地震、水利水电开发影响较大；活动时间上主要表现为同发性、滞后性和周期性；自身活动具有继承性（指滑坡空间上的承袭性）、隐蔽性和突发性、差异性（表现为散布性和相对集中性）。卫星遥感图像分析和野外调研证实，清江中下游存在不协调的特殊地貌形态，指证了清江河流存在与地质时期构造运动响应的演化变迁，其中以流路基本没有变动的持续性河谷和流路主要在一岸移动的迁移性河谷滑坡发育较多。按照滑前山体地质结构分析统计，首次提出主要有上硬下软陡崖型、软硬互层顺倾型、深厚松散堆积型、厚岩块状裂隙型、浅层松散堆积型、膨胀岩土型 6 种结构类型，其山体破坏方式分别对应于高位软基倾倒成灾、软硬顺层滑移成灾、深厚堆层塌滑成灾、高位楔体坠滑成灾、高位碎屑流成灾、原位胀缩蠕滑成灾 6 种类型。

(4)软卧层控制的上硬下软陡崖型结构以五峰赵家岩崩塌为例,开展高位软基倾倒成灾型滑坡变形机理和成灾模式研究。赵家岩高 80m,厚 40m,底部为吴家坪组碳质页岩夹煤层(P_2w^1),其上为中厚层含燧石灰岩(P_2w^{2-4}),岩层近水平产出,构成软弱基座控制的上硬下软陡崖型斜坡。赵家岩崩塌为人类采掘活动产生卸荷-拉裂累进变形引起崖壁岩体倾倒形成气浪-碎屑流成灾,目前崩塌 $44.8\times10^4m^3$,后续岩体拉裂变形仍在持续。其演化过程可分为成坡-蠕变阶段、采空-变形阶段和倾倒破坏阶段。地下水压力的持久作用是岩体持续变形的重要动力,降雨是促成岩体急剧变形直至倾倒的激发因素。采用 3DEC 对赵家岩崩塌过程和现状稳定状态进行了三维数值模拟分析研究。

(5)软卧层控制的灰岩顺倾型结构以恩施新塘滑坡为例,开展灰岩顺层滑移成灾型滑坡变形机理和成灾模式研究。新塘滑坡为清江及其支流东耳沟与岩溶暗河槽谷三者围限的"岛状"缓倾灰岩斜坡长期变形而来,受下二叠统若干碳质页岩软弱夹层和前缘清江深切控制。斜坡变形面积宽大,前缘展布宽约 2870m,前后纵长约 1600m,展布约 $4.5km^2$,平均厚度 150m,体积 $6.75\times10^8m^3$。滑体四周变形破坏强于中间地块,前缘烈于后缘,右侧重于左侧,中间地块岩体尚未解体。变形破坏过程为:清江深切形成高崖临空面后,上部缓倾灰岩体在下部不同阶位碳质页岩软卧层的控制下,经过长期的卸荷、流变,由前向后逐级拉裂蠕滑,形成阶形膝状逐级抬高的折线型错动带后,使"岛状"斜坡由局部变形破坏向全面波及;前缘局部发生快速滑移,形成灰岩反翘。利用 UDEC 模拟节理岩体中的非线性大变形的功能进行变形过程数值模拟,采用 FLAC3D 对现状稳定状态进行三维数值模拟。

(6)软卧层控制的碎屑岩顺倾型结构以恩施堡扎滑坡为例,开展碎屑岩顺层滑移成灾型滑坡变形机理和成灾模式研究。堡扎滑坡发育于志留系砂、页岩互层,平面呈三角形,右侧缘受限于陡崖岩壁,左侧缘为软弱层面调控的动态边界。滑坡总面积约 $240\times10^4m^2$,体积约 $8400\times10^4m^3$,前后缘高差达 530m,滑体厚度 20~67m。滑坡主要受控于地下水活动、软硬岩相间和前缘河反复下切 3 个条件,受软硬互层多级软层分布影响,至少有 3 次滑移扩张,每次在老沟河受前次滑覆所逼由左向右游移并加深下切作用影响下,滑坡由左侧向右侧逐次偏移,由低位向高位逐级扩展,规模由小增大。针对软硬互层特点,首先利用 ANSYS 软件强大的前处理功能进行变形过程数值模拟,然后再导入 FLAC3D 软件对其稳定状态进行三维数值模拟。

(7)深厚松散堆积型结构以巴东木竹坪滑坡为例,开展深厚堆层塌滑成灾型滑坡变形机理和成灾模式研究。堆积于清江岸边的木竹坪第四系松散体前后缘高差约 700m,长 1650m,宽 360~1300m,分布面积约 $161\times10^4m^2$,平均厚度约 65m,总体积约 $1.05\times10^4m^3$,形成水布垭库岸线约 1450m(400m 高程),库岸坡度 20°~35°。水布垭电站蓄水期间,堆积体前缘右侧岸坡大滩发生 $660\times10^4m^3$ 塌滑堵江,形成高达 60 余米的鼓丘,并伴有 10 多米高的涌浪,摧毁 7 户民房,堵塞磨刀河形成堰塞湖,牵引堆积体拉裂变形,形成 6 条大地裂缝。塌滑成灾机理主要是初次涉水的碎石土堆积物在遭受较长时间库水淹没浸泡后,强度结构发生急剧变化,粗骨粒间的黏性土无法嵌固碎石,碎石发生游移,在水面以上土体重压下,粗骨粒瞬间移位,引发系统性坍塌座滑。利用二维有限元软件 GEO - STUDIO 强大的渗流场、应力-应变场和稳定性耦合的功能,模拟受库水波动和降雨诱发产生变形破坏的全过程,并采用其 SLOP/W 模块对现状稳定状态进行二维数值模拟。

(8)厚岩块状裂隙型结构以恩施盆地红砂岩滑坡为例,开展高位楔体坠滑成灾型滑坡变形机理和成灾模式研究。恩施盆地为白垩系红砂岩,主要由棕黄色胶结较差的细砂岩和棕红、紫红色胶结较好的粉砂岩、细砂岩两者交互出现，前者约占六成。棕黄色为半胶结砂岩，呈巨厚块状，强度明显低于紫红色厚层状全胶结砂岩，抗压强度和抗拉强度全胶结分别是半胶结的21倍和7.6倍，抗剪强度基本相当。红砂岩边坡破坏主要受控于内部固有的倾角在40°以上的外倾裂隙面，当红砂岩体开挖成坡暴露内部外倾裂隙后，在应力反弹作用下裂隙面由闭合逐渐张开，在进一步风化和地下渗出水作用下，开始从裂面剪出口产生由下至上的逐级拉断式破坏，最终形成"拱月形"拉断破坏面。半胶结砂岩尤为典型。采用二维离散元软件UDEC进行数值模拟，直观再现恩施城区红砂岩滑坡变形破坏的全过程。

(9)进一步开展应急抢险决策体系研究，提出防范不同结构类型复杂山体滑坡的对策体系。软卧层控制的上硬下软陡崖型滑坡，变形破坏速度快，应以大地形变监测和避险为主；软卧层控制的灰岩顺倾滑坡，厚度大，变形缓慢，应以监测为主；软卧层控制的碎屑岩顺倾滑坡，厚度大，变形缓慢，受大气降雨影响较大，应以大地形变监测为主，并辅以排水工程治理；深厚松散堆积型滑坡，一般临沟临库分布，变形破坏速度快，容易形成涌浪-堰塞湖，应因地制宜地采取监测、预警、避险、抢险和治理的综合措施；结构面控制的厚岩块状裂隙型滑坡，坡度高陡，变形速度快，危害大，但致灾体规模较小，应以治理为主。从不同结构类型滑坡成灾模式考虑的各防范对策，有较强的针对性。

广东省主要城市环境地质调查评价

承担单位：广东省地质调查院

项目负责人：陈慧川

档案号：0793

工作周期：2010年

主要成果

本次调查的城市为广东省的广州、深圳、佛山、珠海、中山、江门、肇庆、东莞、惠州、汕头、潮州、揭阳、汕尾、梅州、河源、湛江、茂名、阳江、韶关、清远、云浮21个主要城市，工作区范围为21个主要城市的远景规划区(2020年)，总面积为35 183.44km²。

(一)广东省主要城市存在的环境地质问题及其评价

广东省主要城市存在的环境地质问题有：地下水污染、地质灾害(崩塌、滑坡、泥石流、地面塌陷、地面沉降、地裂缝)、土壤污染、特殊类土、垃圾场等。本次工作调查分析了主要环境地质问题的发育特征、分布规律、形成条件及影响因素，对城市环境地质问题造成的危害、社会影响和经济损失进行了评估；对主要环境地质问题进行了评价，并提出了防治对策建议。

1. 地下水资源

工作区内21个主要城市远景规划区的用水主要使用地表水，未出现地下水资源衰减与短缺问题。根据资料估算，全省21个城市地下水资源天然资源量约$692.0\times10^{8}m^{3}/a$。

2. 地下水污染

通过对工作区本次采集和收集近期的57个地下水样分析结果进行了地下水污染评价：未

污染占11%;轻微污染占16%;中等污染占19%;严重污染的占54%;57个水样中污染的水样数达51个,污染样比例达89.47%,说明工作区地下水污染情况不容乐观。

采用修复费用法计算出珠三角9市和3个重点城市地下水污染的直接经济损失达123.10亿元,间接经济损失达492.4亿元,总经济损失达615.5亿元。

3. 地下水质量评价

采用地下水质量单项组分评价和地下水质量综合评价方法进行评价,对工作区内30个地下水样品分析结果进行了单组分评价和综合评价:水质较差的29个,占96.67%;水质极差的1个,占3.33%。根据所收集的水质分析样品资料进行了单组分评价和综合评价,得知大部分水样的水质量分级为较差,占收集水资料的74.44%,其中广州花都地区27组,都会地区(包括白云新城)40组;地下水质量较好的有18组,其中广州花都地区11组,都会地区(包括白云新城)7组;地下水质量良好有5组。

4. 土壤污染

采用单因子指数质量模型和综合指数质量模型对工作区土壤进行了污染评价。

(1)单因子指数评价:本次区内共评价样品数为30组,根据土壤样品的单因子指数质量评价的统计结果显示:镉(Cd)超标数为6个;Cr的超标数为1个;Cu的超标数为6个;Hg的超标数为3个;Ni的超标数为3个;Pb的超标数为7个;Zn的超标数为4个。

(2)综合指数质量评价:环境质量分区在清洁区的样品数为14个;在警戒区的样品数为9个;在轻度污染区的样品数为4个;在中度污染区的样品数为1个;在严重污染区的样品数为2个。

采用置换法计算出珠三角9市和3个重点城市土壤污染的直接经济损失达183.35亿元,间接经济损失达733.38亿元,总经济损失达916.73亿元。

5 地质灾害

全省地质灾害种类齐全,崩塌、滑坡、泥石流、地面塌陷、地面沉降、地裂缝、不稳定斜坡均有分布。工作区内共有地质灾害发生及隐患点2962处,其中,崩塌和滑坡是发生最为普遍、数量最多的两类地质灾害,已发生崩塌900处,滑坡799处,地面沉降有204处,泥石流有29处,地面塌陷中岩溶塌陷78处,采空塌陷31处,地裂缝有19处。地质灾害在21个城市工作区均有分布,其中,广州197处,深圳905处,佛山411处,珠海207处,中山125处,江门78处,肇庆30处,东莞82处,惠州166处,汕头251处,潮州33处,揭阳15处,汕尾处45,梅州13处,河源3处,湛江161处,茂名9处,阳江8处,韶关114处,清远36处,云浮73处。

现状评估结果显示,全省21个主要城市工作区历年因各类地质灾害问题已经造成701人伤亡,直接经济损失达67 009.94万元。其中,广州市的直接经济损失最大,达48 749万元;东莞市的直接经济损失最小,为2.83万元。

21个城市工作区地质灾害潜在经济损失达1 347 556.7万元。其中,深圳市的潜在经济损失最大,达1 252 291.6万元;揭阳市的潜在经济损失最小,达147.5万元。

6. 特殊类土

本次调查全省主要城市特殊类土类型有软土、膨胀土和液化砂土等。

软土:包括淤泥、淤泥质土、泥炭、泥炭质土等。软土大多分布于滨海地带、河口三角洲、山间盆地等地势平坦处。其中面积分布为：珠江三角洲 6566.62km^2，潮汕平原 968.25km^2，雷州半岛 180.06km^2。

本次对部分城市软土造成的经济损失进行评估：汕头市中心城区发现软土地基变形 9 处，影响较严重的有 5 处；澄海区发现 8 处，影响较严重的有 1 处；潮南区发现 1 处。目前汕头市软土地面沉降已经造成 532.75 万元的直接经济损失，受威胁人口 316 人，潜在经济损失 532.6 万元。揭阳市共发现软土地基变形 82 处，影响严重的有 5 处。目前揭阳市软土地面沉降已经造成 3.5 万元的直接经济损失，受威胁人口 57 人，潜在经济损失 35 万元。湛江市共发现软土地基变形 20 处，影响较严重的有 2 处。已造成直接经济损失 44.8 万元。

膨胀土：主要分布在工作区的湛江市、广州市和茂名市。湛江市具有胀缩性的分布面积 99.09km^2。广州市膨胀土类主要分布于旧机场西、蚌胡、江村、嘉禾等局部地段，在黄花岗台地、赤岗台地、南村台地及石牌北面的丘间谷地、番禺石壁北面的丘前也有分布。茂名工作区的膨胀土地裂缝已造成民房受损面积达 11 400m^2，直接经济损失 225 万元，受威胁人数 11 505 人；潜在房屋受损面积 373 180m^2，潜在经济损失 16 071.2 万元。

7. 城市垃圾场和固体废弃物

本次工作区内共收集垃圾处理场 125 处，并对其进行了地质环境效应评价：对土壤有影响的垃圾场有 70 处，占评价总数的 56%；对地下水有影响的有 73 处，占评价总数的 58.4%；对地表水有影响的有 75 处，占评价总数的 60%。区内以往的垃圾场多为简单堆放，没有采取任何防护措施，势必对其周边土壤、近处地表水和浅层地下水造成污染。近期修建的卫生填埋垃圾场，采取了相应的防护措施，对周边土壤、地下水、地表水影响较小。

本次仅对工作区内 125 处垃圾处理场进行适宜性评价：垃圾场为适宜场区的 14 处；较适宜场区 68 处；勉强适宜场区 19 处；不适宜场区 8 处。其中，适宜场区和较适宜场区多为近年来新建的卫生填埋垃圾场；勉强适宜场区和不适宜场区均为未采取任何防护措施，简单堆放的旧垃圾场。

本次对全省 21 个主要城市的固体废弃物和垃圾的占地经济损失进行了评估，评估结果为：直接经济损失 37.23 亿元；间接经济损失 148.92 亿元；总经济损失 186.15 亿元。

8. 水土流失

广东主要城市远景规划区里面的水土流失总面积达到 1527.54km^2，其中，自然侵蚀 771.64km^2，人为侵蚀 755.9km^2。

本次对广东省水土流失造成的经济损失进行了评估，评估结果为：直接经济损失 68.18 亿元；间接经济损失 272.73 亿元；总经济损失 340.91 亿元。

9. 海岸线变迁

广东省海岸线从 1986 年的 3316.34km 增加到 2000 年的 3466.73km，增加了 150.39km。空间变化主要是围垦引起的海岸土地面积增加，其中，自然岸线中砾石滩增加了 12.3719km^2，沙砾滩增加了 102.9152km^2，泥滩减少了 161.270 2km^2，红树林滩减少了 37.2333km^2；人工围垦中城镇建设增加了 33.7214km^2，农田增加了 27.7026km^2，水产养殖增加了 95.760 7km^2，盐田减少了 12.9567km^2。

10. 风暴潮灾害

1949 年到 1989 年之间的风暴潮造成的直接经济损失超过 13 亿元，人员伤亡超过 17 万人。广东省 1989 年至 2009 年的风暴潮造成的直接经济损失高达 711.04 亿元，受灾人口超过 10 859 万人，死亡失踪人数 508 人，损坏房屋超过 917 万间。

11. 咸潮入侵

珠江三角洲沿海常受咸害的农田有 $4.53\times10^8 m^2$，约占耕地总面积的 22%，而遇大旱之年咸害更甚，盐水上溯和内渗，受咸面积更达 $9.2\times10^8 m^2$。

12. 城市地质资源

应急或后备水源地：已知广东省主要城市的应急或后备水源地 24 处，允许开采量 $359.53\times10^4 m^3/d$，每年 $131\ 228.45\times10^4 m^3$。

地下热矿水资源：全省 21 个城市分布有较为丰富的热矿水资源，其中，温度 30～90℃的低温热泉(水)有 384 处，90～150℃的中温热泉(水)有 6 处。

矿泉水资源：全省主要城市工作区有矿泉水点 372 处，其中，大型 21 处，中型 226 处。总允许开采量 $4375\times10^4 m^3/a$，约占全国总量 1/3。每年实际开采量仅占探明资源总量的 2%，开发潜力较大。

地质景观资源：具有一定保护价值的地质资源有 208 处，其中，典型地质剖面 8 处，自然保护区 20 处，地质地貌景观 73 处，水体景观 97 处，典型矿床 8 处，地质环境治理工程 2 处(图 4-13～图 4-15)。

图 4-13　肇庆七星岩景区图

图 4－14　韶关丹霞山世界地质公园

图 4－15　湛江湖光岩世界地质公园

（二）对所获得的调查数据资料进行了整合集成

录入调查资料 169 份，水、土测试数据各 30 组，建立广东省主要城市环境地质调查评价数据库。

（三）收集与编制附图

收集与编制附图 118 幅。在项目成果应用方面取得了较好的效果。

珠三角地区北西向活动断裂调查评价

承担单位:中国地质调查局武汉地质调查中心
项目负责人:董好刚
档案号:0795
工作周期:2010—2013 年
主要成果

(一)系统总结了珠三角地区新构造运动的基本特征

(1)珠江三角洲受断裂的切割,形成多个垂向上具有不同运动方向或运动速率的断块,使得珠江三角洲地区的新构造运动以断裂活动和断块差异升降运动为主要特征。综合区内主要断裂、第四系厚度、地貌特征、地震活动及地壳垂直形变,把珠江三角洲划分为 7 个断块(5 个断陷和 2 个断隆):西北江断陷、万顷沙断陷、东江断陷、新会断陷、灯笼沙断陷、番禺断隆和五桂山断隆。斗门断块区和广州-番禺断块区这两个次级断块构造,以及围限它们的广州-从化断裂、三水-罗浮山断裂、西江断裂、沙湾断裂的活动性相对较强。

(2)在前人的研究成果基础上,根据西淋岗、番禺石楼和眉山地区第四系野外出露特征、系统的 OSL、^{14}C 测年数据、沉积相分析、相邻地质剖面对比将珠江三角洲地区的沉积旋回做如下划分。珠江三角地区晚第四纪沉积自下而上可分为前三角洲(对应石牌组 Qp_3^a)、老三角洲(对应西南组 Qp_3^b)、后三角洲(对应三角组 Qp_3^c)和新三角洲 4 个沉积旋回,先后经历过两次海侵:第一次发生于晚更新世中期,距今约 40~20ka,第二次海侵发生于全新世,两次海侵先后形成老三角洲、新三角洲两个沉积旋回。

(3)查清了河流阶地、夷平面和海蚀阶地等主要第四纪地貌体的特征和形成时代。

(二)基本查清了珠江三角洲主要北西向断裂的主体分布

(1)西江断裂基本沿西江下游的北西向河谷地区发育,总体走向北西 310°~330°,倾角大于 50°。根据断裂不同段落的几何形态和运动学等特征可将西江断裂分成北段、南段和中段。其中,北段主要由丹灶断裂(F001)、富湾断裂(F002)组成;南段主要由大敖断裂(F005)、白蕉断裂(F006)组成;中段主要由了哥山断裂(F003)、九江断裂(F004)组成。

(2)沙湾断裂发育于三水盆地北东边界,总体走向 320°,倾向 SW,倾角 50°~80°。该断裂主要由下列断裂组成:白坭-陈村-万顷沙断裂(F007)、里水-沙湾-蕉门水道断裂(F008)、青萝嶂断裂(F009)、大乌岗断裂(F010)、黄埔断裂(F011)、罗村-洪奇沥(F012)、紫泥-灵山断裂(F013)、大岗-横沥断裂(F014)。以上断裂在地表出露,露头零星,从北到南,在白坭、莲塘、官窑、松岗、沙湾、南村、大岗等地零星出露,其余多被第四系覆盖。其中,白坭-陈村-万顷沙断裂(F007)、里水-沙湾-蕉门水道断裂(F008)为其主断面所在。

(3)狮子洋地区的断裂构造主要为北北西向,包括化龙-黄阁断裂、文冲-珠江口断裂和南岗-太平断裂,此外尚有一系列与之平行或大体平行的次级断裂。该组断裂面倾角一般较陡,多超过 50°,平面上呈雁行状排列,剖面上则表现为上盘下落,多条断裂的综合效应表现为阶梯状断层。

（三）对西江断裂、沙湾断裂的第四纪活动性进行了评价

（1）西江断裂。地质地貌和和浅层地震探测、联合钻孔验证均未发现断裂切割第四系现象，故西江断裂主要分支 F001—F005 均未发现断裂活动证据。第四纪地貌与西江断裂耦合性特征及历史地震情况表明，目前西江断裂新构造运动以渐进性抬升或下沉为主，局部通过小震释放能量。

从磨刀门形成演化历史、已有测年数据、地震活动，并结合跨磨刀门联合钻孔验证资料分析，大敖断裂（F005）在磨刀门附近的钻孔发生沉降速率突变现象，所以该段断裂具有一定活动性，但即使钻孔之间的沉降速率差是由断裂活动引起的，其形变值也只有 2.95mm/a，而远小于临震时的突变速率（约 10 倍于该值），故将该段定义为弱活动断裂。

综合研究认为，西江断裂整体上为弱活动断裂，南段分支 F005 磨刀门附近需重视。

（2）沙湾断裂。地质地貌和浅层地震探测、联合钻孔验证均未发现断裂切割第四系现象，不同方法的测年数据也显示其不同地段的数值大多大于 10 万年。

沙湾断裂分支紫泥断裂罗汉山附近的地质地貌调查、测年资料、钻孔构造解析和探槽开挖、氡气测量结果显示该区全新世以来仍具有拉张特征，但活动性较弱，为弱活动断裂。

从部分测年数据、氡气测量结果及震源机制解分析，沙湾断裂分支陈村断裂晚更新世以来具有一定活动性，但 1∶5 万地质地貌调查并未发现切割晚更新世地层，该段断裂活动性仍需进一步研究。

综合研究认为，沙湾断裂整体上为弱活动断裂，沙湾断裂分支紫泥断裂罗汉山附近需重视。

（四）对广从断裂西淋岗段第四纪活动性进行了研究（图 4－16）

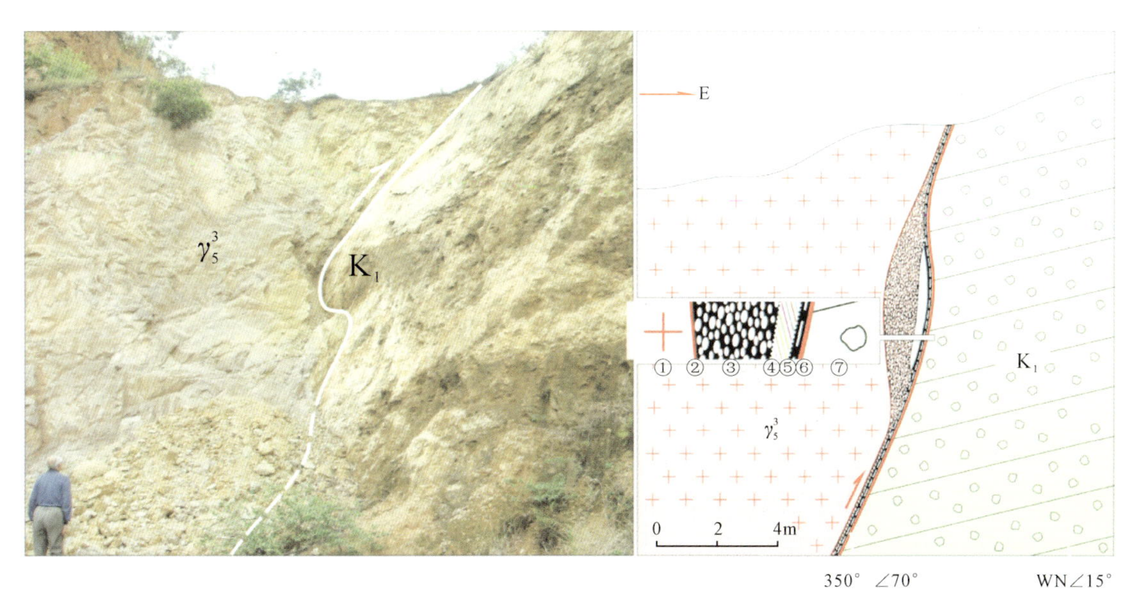

图 4－16　佛山西淋岗基岩断裂构造剖面图

γ_5^3. 燕山晚期花岗岩；K_1. 早白垩世红层

①碎裂花岗岩；②断面；③碎斑岩；④花岗岩夹片；⑤固结断层泥；⑥主断面；⑦砾岩

(1)佛山西淋岗出露的近南北向基岩断裂没有晚第四纪以来活动的地质、地貌证据。

(2)西淋岗发现的“第四纪活动断裂”不是构造活动成因,而是重力失衡形成的裂隙或滑动面,与古滑坡和现代滑坡有关。

(3)西淋岗第四系砂土层覆盖在顺坡倾斜的花岗岩风化壳上,在第四纪地层中不存在由于断裂活动产生的构造不整合。

(五)进行了珠三角地区北西向活动断裂调查评价构造解析,在构造分期和新构造运动期次上取得了一些新的认识

(1)野外统计分析 170 组节理裂隙,根据节理特征及在不同岩组形态、相互切割关系等,建立了不同时期区域构造应力场。通过典型露头解析,结合节理分期配套特征,初步分析其构造序次。

(2)根据断裂构造测年资料,结合野外调查断裂点特征,同时考虑第四纪地层沉积厚度的纵向、横向变化及沉积相特征等因素,对测区活动断裂第四纪活动性由老至新划分为 6 个阶段。其中,Ⅱ阶段(600～300ka)、Ⅳ阶段(130～75ka)活动性较强。

2012—2013 年湖南省矿山地质环境调查

承担单位:湖南省地质环境监测总站

项目负责人:戴长华

档案号:0799

工作周期:2012—2013 年

主要成果

2012 年

(1)系统收集了矿山地质环境资料,对湘中矿产资源集中开采区内 235 个矿山进行了全面调查,全面查明了湘中矿产资源集中开采区矿山地质环境现状和所产生的矿山地质环境问题的类型特征、分布状况、危害程度及其产生的原因和变化趋势;系统掌握了区内矿山地质环境现状、保护治理现状和应采取的保护措施与对策;建立湘中矿产资源集中开采区矿山地质环境数据库,为今后矿山地质环境保护、监测与管理提供了全面、扎实的基础资料。

(2)在本次调查工作中,技术人员向矿山企业宣传矿山地质环境保护与矿山地质环境恢复治理验收的有关政策精神,技术人员针对矿山存在的地质环境问题提出了切实有效的保护和治理建议,增强了矿山企业配合调查的积极性,提高了矿山企业保护矿山地质环境的意识,也使调查工作得以顺利进行。

2013 年

(1)查明了湖北省矿山基本情况。全省共有各类矿山 7568 个,按规模划分,大型矿山 117 个,中型矿山 171 个,小型矿山 7280 个;按生产现状分类,生产矿山 7042 个,在建矿山 79 个,闭坑矿山 364 个,停产矿山 83 个;按采矿方式划分,井下开采矿山 2211 个,露天开采矿山 5149 个,井下及露天联合开采矿山 113 个,其他开采方式矿山 95 个;按经济类型划分,个体矿

山 5918 个，国有矿山 333 个，合资矿山 268 个，集体矿山 1042 个，外商独资矿山 7 个。矿山总面积 2777.0305km²，已采空区面积 717.64km²，累计采出矿石量 528 049.96×10⁴t。

(2)基本查明了湖南省主要矿山地质环境问题。截至 2013 年底，全省累计发生矿山地质灾害 1587 处，其中，滑坡 223 处，崩塌 149 处，泥石流 114 处，地面塌陷 1101 处，直接经济损失 7.31 亿元；全省矿山占用、破坏土地 24 808.47×10⁴m²，其中，耕地 2021.46×10⁴m²，林地 15 858.09×10⁴m²，草地 2721.07×10⁴m²，园地 61.38×10⁴m²，建筑用地 142.83×10⁴m²，其他地类 4003.65×10⁴m²；全省固体废料年产出量 3383.27×10⁴t，累计积存量 49 964.34×10⁴t；废水年产出量 73 277.84×10⁴m³，年排放量 67 390.76×10⁴m³。

(3)掌握了湖南省矿山地质环境现状及保护治理现状。全省 7568 个矿山，共有 2460 个矿山开展了矿山环境恢复治理工作，累计投入恢复治理资金 303 115.87 万元，其中，中央财政拨款 198 676 万元，地方政府配套资金 10 536.33 万元，矿山自筹 91 952.22 万元，其他资金 1951.32 万元。废渣年综合利用率 25.26%，废水年循环利用率 11.78%，搬迁避险 1071 户 3986 人。

(4)建立了湖南省矿山地质环境调查信息数据库。

2012—2013 年广西壮族自治区矿山地质环境调查报告

承担单位：广西壮族自治区地质环境监测总站

项目负责人：郭远飞

档案号：0802

工作周期：2012—2013 年

主要成果

(一)全区矿山地质环境普查

(1)调查矿山 4300 座，矿区总面积共计 1217.56km²。其中，闭坑、停采矿山 1103 座，在建、生产矿山 3197 座；露天方式开采的矿山共计 3952 座，面积 715.71km²，井巷方式+混合开采的矿山 348 座，面积 501.85km²。

(2)矿山企业年产矿石量 33 924×10⁴t，累计产矿石 195 908×10⁴t。年矿石产量居前十位的矿产分别为：①石灰岩 18 752×10⁴t；②页岩、黏土 5422×10⁴t；③花岗岩 2233×10⁴t；④矿泉水 1466×10⁴t；⑤煤 778×10⁴t；⑥大理石 520×10⁴t；⑦砂岩 510×10⁴t；⑧方解石 474×10⁴t；⑨高岭土 454×10⁴t；⑩石英、石英砂 450×10⁴t。

(3)全区 263 座矿山因矿业活动引发了地质灾害，占调查矿山总数的 6.12%。查明全区矿山发生地质灾害的总数量为 457 宗，因灾死亡 153 人，直接经济损失 4534 万元。其中，地面塌陷共计达 70 次，造成 23 人死亡、2832 万元直接经济损失，影响面积 92×10⁴m²，塌陷总体影响范围较大，造成人员伤亡和经济损失较严重；崩塌 212 次，共造成 92 人死亡、700 万元直接经济损失，影响面积 5×10⁴m²，造成人员伤亡严重，但经济损失不大；滑坡 94 次，共造造成 3 人死亡、132 万元直接经济损失，影响面积 7×10⁴m²，总体滑坡规模小，影响范围不大，造成的人员伤亡和经济损失不大；泥石流 32 次，共造成 5 人死亡、519 万元直接经济损失，影响面积

$33\times10^4m^2$,总体泥石流规模较大,影响范围较大;其他矿山地质灾害49次,造成30人死亡、351万元直接经济损失,影响面积$85\times10^4m^2$,总体其他矿山地质灾害规模大,影响范围大,造成的人员伤亡和经济损失大。

(4)从调查的4300座矿山地质环境数据统计来看,4202座矿山存在不同程度的土地资源破坏问题(除少数新建未开采矿山和水气类矿山外),几乎涵盖所有矿种,影响和破坏土地面积共$22\,524\times10^4m^2$,其中,固废压占破坏土地面积$3439\times10^4m^2$,塌陷损毁土地面积$27\times10^4m^2$,露天采场、工业场地损毁土地面积$19\,058\times10^4m^2$。总体看,矿山土地资源破坏问题分布广、涉及矿山多、破坏面积大,且以露天采场为主,破坏程度严重。

(5)4300座矿山中,涉及矿坑抽排水的矿山共计321座,累计排水量$208\,432\times10^4t$,造成区域地下水位下降面积$391km^2$。总体看,调查区矿坑抽排水量大,涉及矿山数量多,但危害不算太大。

(6)全区位于重要自然保护区、景观区、居民集中生活区的周边和主要交通干线、河流湖泊("三区两线")直观可视范围内矿山共计1752座,破坏景观面积共$11\,723\times10^4m^2$。

(7)截至2013年12月,全区政府投资地质环境治理实施的矿山49处,投入资金71640万元,其中,中央资金68 020万元,自治区资金3620万元;企业自筹资金治理矿山414座,投入资金37989万元。

(8)全区矿山地质环境影响综合评估共圈定出26个亚区,其中,严重区12个,分布面积$2.56\times10^4km^2$,约占全区面积的10.82%;较严重区13个,分布面积$2.86\times10^4km^2$,约占全区面积的12.08%;一般区1个,分布面积$18.25\times10^4km^2$,约占全区面积的77.10%。从评估分区和实际情况来看,广西除小部分地区矿山地质环境问题突出外,大部分地区矿山地质环境还是处于一般水平。

(9)本次工作对全区矿山地质环境保护与整治提出了规划措施建议,共划分15个亟待恢复治理区,16个恢复治理区,126个主要加强保护区(点)。

(10)建立了广西矿山地质环境信息系统,录入矿山数据4300个。

(二)典型区矿山地质环境调查

(1)典型区工作面积$1100km^2$,矿山面积$124.5km^2$。

(2)典型区内登记的矿山130座,野外核查完成130座,核查率100%。其中,按矿山规模分,露天开采66座,井工开采63座,井工+露天开采1座;按生产现状分,在建、生产矿山62座,闭坑68座;按矿山规模分,大型5座,中型6座,小型119座。

(3)130座矿山中,有2座矿山造成崩塌(及隐患)灾害;10座造成地面塌陷灾害136处,死亡10人,失踪10人;14座造成地裂缝灾害,造成损失27.1万元,威胁人口384人,威胁财产145万元。据不完全统计,矿山地质灾害已造成直接经济损失3248.61万元,死亡69人,失踪10人。

(4)预测典型区矿山可能发生的地质灾害类型有崩塌、滑坡、泥石流、地面沉降、地面塌陷、地裂缝6种。其中,预测崩塌、地面沉降、地面塌陷、地裂缝造成矿山地质环境问题影响的危害程度严重;预测滑坡造成矿山地质环境问题影响的危害程度较严重;预测泥石流造成矿山地质环境问题影响的危害程度较轻。

(5)合山煤田各矿井的涌水量都较大,在对矿井的疏干排水中造成了区域地下水位下降、局部地区井泉干枯的现象。矿区浅层地下水水位产生明显下降的村屯主要为里兰村委各村屯、下麦村等地，影响100余户村民生活用水，影响农田200亩以上。矿区地下水污染范围广，浅层污染最严重的村屯为矿区北部的古帮、在勤、古乙、高龙、东亭等村，其次为中部、南部的上庙、古城、石村、龙王、寨村、江村等村屯。

(6)130座矿山中有86座对土地造成压占与破坏，面积达$160\times10^4m^2$，其中，固废占用$34\times10^4m^2$，塌陷损毁$1\times10^4m^2$，其他$125\times10^4m^2$；46座矿山进行固废排放$533\times10^4m^3$，其中，废石(土)$123\times10^4m^3$，煤矸石$349\times10^4m^3$，尾矿$61\times10^4m^3$；16座矿山废水(矿坑水)排放$38\ 107\times10^4m^3$。

(7)130座矿山中对城市周边有影响的矿山共有24个，其中，影响较严重的矿山有11个，影响轻微的矿山有13个；对交通干道有影响的矿山共有34个，其中，影响严重的矿山有3个，影响较严重的矿山有16个，影响轻微的矿山有15个。

(8)截至2013年，中央共投入了3.2亿元对合山煤田的东矿和里兰矿区进行矿山地质环境治理，修建合山国家矿山公园(图4-17)；企业自筹562万元进行矿山地质环境治理，治理面积$153\times10^4m^2$。

图4-17 合山国家矿山公园

(9)本次工作对典型区内的矿山提出了矿山地质环境保护与治理对策建议，将矿山地质环境保护与治理典型区划分为亟待恢复治理区和恢复治理区，亟待恢复治理区为典型区东部的合山煤田采区及典型区西部的木山乡—乔贤镇—贤按圩一带采煤区，恢复治理区为亟待治理区以外的工作区。

(10)建立了矿山地质环境调查信息系统，录入矿山数据130个。

广西壮族自治区柳州市城市环境地质调查评价

承担单位:广西地质环境监测总站
项目负责人:蒋力
档案号:0809
工作周期:2008—2009年
主要成果

(一)资料收集和图件修编

在以往资料基础上,对地层、地貌、地质构造和水文、工程地质条件等城市地质环境背景条件进行了核查,修编了柳州市地质图、地貌分区图、岩土体类型图和水文地质图等基础图件。

(二)查明了柳州市主要环境地质问题

(1)柳州市地下水主要受降雨补给,补给资源量随降雨量变化而变化。根据监测,柳州地下水监测点多年平均水位随降雨量变化而波动,没有衰减迹象;柳州市地下水开采量只占年补给资源量8%左右,开采潜力较大,不存在短缺现象。

(2)柳州市地下水污染源包括生活污水和生活垃圾、工业污水和固体废弃物、农药化肥。其中,生活污水、工业污水是最主要的污染源。区内地下水污染包括原生污染和次生污染,原生污染主要污染物为铁、锰,次生污染主要污染物为三氮、铁、锰、硫酸盐和锌。三氮呈面状污染,主要受生活污水污染,局部受工业和农业污染;铁、锰也呈面状污染,受原生污染为主,局部受生活污染和工业污染;硫酸盐和锌为点状污染,主要为工业污染。区内地下水污染分布在潜水层位,主要污染成分有三氮、硫酸盐、锌、高锰酸盐、溶解性总固体、总硬度等,污染总面积达89km^2,影响人数达28 452人,直接经济损失18.58万元,间接损失29.73万元,总损失48.31万元。

(3)区内地质灾害十分发育,主要地质灾害类型为崩塌、岩溶塌陷、滑坡、不稳定斜坡和地裂缝,共发生灾害205处,其中,崩塌37处,滑坡30处,岩溶塌陷43处,采矿塌陷4处,不稳定斜坡82处,地裂缝9处。除地裂缝外,灾害影响总面积达74 750.86m^2,伤亡25人,威胁11 720人,毁坏房屋64间(栋),未发现毁坏公共设施情况,毁坏土地51.16亩,直接损失755.85万元,间接损失3100.5万元,潜在经济损失47 528.55万元,总经济损失3856.35万元。

(三)初步查明工作区主要地质资源

(1)区内地下水资源丰富,经计算基岩裂隙水天然补给资源量为$0.23\times10^8m^3/a$,岩溶水地下水天然补给资源量为$1.69\times10^8m^3/a$。地下水年开采量为$1387\times10^4m^3$,以生活用水为主,占53%左右,其次为工业用水和农业用水。规划后备水源地3处,分别位于石碑坪村、水泥厂、车之村一带,地下水可采资源量分别为$3908\times10^4t/a$、$802\times10^4t/a$、$1015\times10^4t/a$。

(2)柳州建材矿资源丰富,查明水泥用石灰岩矿总储量为$12\,225.86\times10^4t$,砖瓦黏土储量

为 4164.69×10^4t，建筑用砂石 552.35×10^4t，可满足柳州城市建设需要。区内旅游景观资源也十分丰富，主要有鱼峰山公园、龙潭公园、都乐岩和古人类遗迹等。

(四)在调查分析的基础上，对主要环境地质问题进行了评价

(1)区内地下水污染程度分为 4 级：严重污染区面积为 60.41km²；中等污染区面积为 422.39km²；轻微污染区面积为 126.11km²；其他为未污染区。

地下水水质评价为 4 个等级：极差区面积为 13.04km²，较差区面积为 282.78km²，其他为优良和良好区。

地下水防污性能可分为两级，防污性能中等区分布于区地质职工医院、凉水村、黄村一带；其他地区都为防污性能差区。

(2)对地质灾害易发程度、易损程度和危险性进行了分区评价。

地质灾害高易发区 4 处，面积 150.7km²；中易发区 4 处，面积 316.77km²，低易发区 3 处，面积 101.69km²；不易发区 1 处，面积 93.89km²。

地质灾害高易损区 2 处，总面积 48.66km²，中易损区 6 处，总面积 118.27km²；低易损区 3 处，总面积 358.89km²；不易损区 4 处，总面积 137.37km²。

(3)对区内垃圾场进行了评价：现有立冲垃圾场因已造成下游村庄地下水严重污染，地质条件较差；新垃圾场在现有垃圾场区进行扩建，评价其适宜性为勉强适宜。

(4)在上面各项评价基础上，对工作区地质环境条件进行了综合评价，评价结果为：地质环境较好区面积 139.08km²，较差区面积 450.61km²，差区面积 51.32km²。

广东省矿山地质环境调查

承担单位：广东省地质环境监测总站

项目负责人：龙文华，卿展辉

档案号：0813

工作周期：2012—2013 年

主要成果

(一)基本查清了全省矿山地质环境问题

通过资料收集、野外实地核查、填表调查、数据库建设及综合研究等方法，基本查清了广东省的矿山地质环境问题。广东省自 2005 年完成全省矿山地质环境调查与评估以来，再未开展区域上有关矿山地质环境问题的调查和研究，本次(2012—2013 年度)累计调查矿山 2020 个，基本查清了全省矿山地质环境问题。

(1)广东省共发现矿产 148(亚)种。据广东省国土资源厅档案馆资料显示，2012 年全省已开发矿种共计四大类 11 小类 67 种，共有矿山 2062 个(大型矿山 67 个，中型矿山 122 个，小型矿山 1873 个；燃料矿产矿山 5 个，金属矿产矿山 148 个，矿泉水和地下热能矿山 158 个，非金属矿山 1751 个；露天开采矿山 1676 个，井下开采矿山 371 个，另有复合开采方式矿山 15 个)，其中，生产矿山 1111 个，在建矿山 173 个，停产矿山 747 个，闭坑矿山 31 个。

(2)截至2013年底,全省因矿山开采造成的占用与破坏各类土地面积15 074.29×10^4 m²。矿业开发占用与破坏土地类型主要为林地和其他用地。其中,占用与破坏耕地50.14×10^4 m²,占全省矿山占用与破坏土地面积的0.33%;占用与破坏林地11 869.35×10^4 m²,占全省矿山占用与破坏土地面积的78.74%;占用与破坏草地647.94×10^4 m²,占全省矿山占用与破坏土地面积的4.30%;占用与破坏园地57.65×10^4 m²,占全省矿山占用与破坏土地面积的0.38%;占用与破坏其他用地2449.21×10^4 m²,占全省矿山占用与破坏土地面积的16.25%。

(3)截至2013年底,全省因开发矿产资源诱发的地质灾害及隐患140起,造成直接经济损失3040.01万元;全省矿山废水废液年排放量3310.30×10^4 t,全省矿区地下水位下降区面积4223.28×10^4 m²;全省矿山废渣废土年排放量233.91×10^4 t,现有库存2670.43×10^4 t。

(二)基本查清了全省矿山地质环境保护与治理情况

广东省先后关闭了一批矿山地质环境污染严重的矿山,对全省关闭的采石场进行了复绿和复垦,争取国家资金实施矿山地质环境治理和恢复工程,在建或建设了6个国家矿山公园,矿山地质环境治理取得了初步成效(图4-18、图4-19)。

图4-18 大宝山尾矿坝坝肩滑坡治理照片

(三)基本查清了矿山地质环境保护法规制度建设情况

一是制定了从源头控制破坏矿山地质环境的制度。从2009年起开展了矿山地质环境保护与治理恢复方案编制工作。截至2012年底,全省共完成矿山地质环境保护与恢复治理方案

图 4-19 凡口尾矿库坝滑坡隐患治理照片

评审 1175 份。二是制定了矿山地质环境治理恢复保证金制度。根据国家、广东省的有关要求,2011 年,省国土资源厅联合省财政厅、省物价局出台了《广东省自然生态环境治理恢复保证金管理办法(试行)》。截至 2012 年底,全省 1940 个矿山缴纳了保证金,累计收缴保证金约 6.74 亿元。

(四)对全省矿山地质环境形势进行了分析总结

开展了 2012 年度和 2013 年度全省矿山地质环境形势分析。通过资料研究分析,得出以下结论:一是矿山地质环境整体好转。全省矿山占用破坏土地资源面积从 2005 年的 47 444.1 $\times10^4m^2$ 降至 15 074.29 $\times10^4m^2$,矿山地形地貌破坏、水土流失问题大幅改善;全省矿山废水废液年排放从 2005 年的 1 458 512.10 $\times10^4t$ 降至 3310.30 $\times10^4t$,废渣排放从 34 648.11 $\times10^4t$ 降至 181.27 $\times10^4t$,矿山废水废渣排放量明显减少;全省矿山开采影响与破坏含水层的矿山从 242 座降至 219 座,地下水位下降区从 4770.18 $\times10^4m^2$ 降至 4223.28 $\times10^4m^2$。二是遗留矿山地质环境问题多,在短时间内难以彻底解决。全省尚有 15 074.29 $\times10^4m^2$ 矿山占用土地有待整合、治理;还有位于"三区两线"范围的 226 个矿山需治理复绿;不合理的采矿方式造成的崩塌、滑坡、泥石流等地质灾害及隐患还存在 140 处,是今后矿山整治的重点之一。三是矿山地质灾害总量呈上升趋势。全省矿山地质灾害及隐患总量从 2005 年的 84 处上升至 2013 年的 140 处,总体呈上升趋势。

(五)建立了广东省矿山地质环境调查数据库

利用本次野外调查及研究成果资料,在全国地质环境数据库系统的支持下,建立了广东省矿山地质环境调查数据库。通过上报或再调查的方式,可以对数据库资料数据进行修改,实现了全省矿山地质环境信息动态更新,为及时准确地了解矿山地质环境问题的现状,有效治理和恢复矿山地质环境、预防大型矿山地质灾害的发生提供了平台和基础。

(六)对全省矿山地质环境进行了评价和分区

根据本次矿山地质环境调查情况,编制了全省矿山地质环境问题图集,采用地理信息系统(GIS)图层叠加分析法,对矿山地质环境问题、地质环境及矿山开采形式等进行综合叠加分析,对全省矿山地质环境进行了分区评价,根据定性与定量相结合的原则,编制广东矿山地质环境保护与治理区划图。

海南岛活动断裂与区域地壳稳定性调查评价

承担单位:海南省地质调查院

项目负责人:周进波

档案号:0815

工作周期:2011—2013 年

主要成果

(一)初步查明了长流-仙沟断裂北段的时空活动特征

长流-仙沟断裂是前人根据第四纪火山口的密集定向排列、新生代沉积层的厚度差异及物探资料推断的一条全新世隐伏活动断裂。断裂的地表迹象不明显。本次工作在沿断裂带的地表迹象追索中,在石山镇一带绕城高速公路边陡坎上出露的晚更新世道堂组三段沉凝灰岩中识别出一组正断层。断裂由两层沉凝灰岩有错断显示,走向约 310°,倾角近直立,略向北东倾,断裂西盘上升东盘下降,主要有两条断距较大的正断层,断距超过 2m。通过沿断裂走向的追索,工程揭露可控制的断裂出露长度近 1km。钻孔中约 43.5m 处上新世海口组灰色黏土中可见一近直立断面,断面上擦痕明显。断面两侧近地表的棕红色黏土光释光测年结果分别为(16.9±0.7)ka、(15.9±0.9)ka。因此,长流-仙沟断裂北段的最新活动时代至少可达晚更新世,是一条规模较大、活动时代较新的活动断裂。

(二)对马袅-铺前断裂中段的活动特征有了新的认识

马袅-铺前断裂在第四纪以来活动十分强烈,被认为与 1605 年琼山大地震有关,根据其活动性大体可分为东、中、西三段,并显示出东强西弱的特点。前人根据老城一带探槽中揭露的地层不连续现象认为断裂影响的最新地层时代可达全新世。本次工作在老城一带陡坎上出露的晚更新世道堂组一段沉凝灰岩中识别出一组正断层,总体走向约 80°,由断面两侧的沉凝灰岩岩性截然不同显示,主要有两条断距较大的断面,断距分别约 4m 和 1.5m,断面倾向南东,倾角 62°~86°。在一人工陡坎上可见断面向地表延伸至一棕红色黏土层,并导致棕红色黏土层底部呈陡坎状,但棕红色黏土层中的砾石层及地表沉凝灰岩仍连续分布。棕红色黏土层光释光测年结果为(35.2±1.9)ka、(21.7±1.1)ka,表明马袅-铺前断裂中段的活动时代仅可达晚更新世早期。

（三）开展了海南岛区域地壳稳定性评价研究

在系统收集前人研究成果资料的基础上，分析总结了海南岛的深部地质特征、新构造运动特征、工程地质特征、环境地质特征、地质灾害特征等，采用单因素判别法对海南岛的区域地壳稳定性进行了研究，将海南岛的区域地壳稳定性划分为2个区、5个亚区和11个小区，并对各区域地壳稳定性分区内存在的主要不稳定因素进行了初步总结。海南岛的区域地壳稳定性以王五-文教断裂为界划分为琼北次不稳定区和琼中南次稳定区，且琼北次不稳定区存在的主要不稳定因素以内动力地质灾害为主，而琼中南次稳定区存在的主要不稳定因素以外动力地质灾害为主。

海南省矿产资源集中开采区矿山地质环境调查（2012年）

承担单位：海南省地质环境监测总站

项目负责人：邹上，韩志明

档案号：0825

工作周期：2012—2015年

主要成果

本项目主要工作内容为调查海南省昌江-东方、乐东、保亭矿产资源集中开采区内矿山地质灾害、占有破坏土地资源、影响及破坏地下水系统、地形地貌景观破坏和水土环境破坏5方面问题。

依据本次实地调查结果，调查区主要的矿山地质环境问题为矿山地质灾害、影响及破坏地下水均衡系统、地形地貌景观破坏、土地占用与破坏及水土环境污染。

本次调查将矿产资源集中开采区根据矿山地质环境问题现状划分为严重区、较严重区和轻区。其中，严重区分11个亚区、较严重区分19个亚区、轻区分3个亚区。

将调查区矿山地质环境保护与治理分区划分为保护区、预防区、治理区3种类型。保护区分3个亚区、预防区分20个亚区，治理区8个亚区。

矿山地质环境变化趋势主要取决于矿产资源开发利用强度、管理是否到位和开采规范程度、无废开采工艺进步和推广程度、矿山地质环境恢复治理程度及经济政策的完善程度等。

（1）海南省矿山地质环境问题总体保持平稳并有所好转。

（2）国有股份制矿山的环境问题有所好转。

（3）个体小型矿山的地质环境问题仍相对突出。

综上所述，海南省矿山环境发展趋势总体上趋于好转，但因矿山环境工作起步晚、基础薄弱，目前矿山环境问题还没有得到有效控制。为保障国民经济又好又快地发展，必须采取有效措施，予以控制和治理（图4-20、图4-21）。

图 4-20 场地平整、回填土方、挖坑植树

图 4-21　2011年度种植的木麻黄

北部湾经济区断裂活动性调查

承担单位：中国地质调查局武汉地质调查中心

项目负责人：黎清华，刘怀庆

档案号：0847

工作周期：2010—2012 年

主要成果

（一）系统总结了北部湾经济区新构造运动的基本特征，进一步完善了经济区第四纪形成时代与特征的对比划分

（1）总体向南掀斜抬升：自古近纪经受剥蚀均夷之后，总体基本处于非均一的隆升运动过程。由于区域上受到云贵高原强烈隆起和南岭抬升及南部北部湾盆地坳陷的影响，整体表现向南掀斜抬升的特点。陆地部分存在古近纪和新近纪形成的一级和二级剥夷面。陆区的剥夷面北高南低，如新近纪形成的二级夷平面由北部 800～1000m 向南逐渐降低到沿海地带 100m 左右，与此相应海底下的基岩顶面也缓缓向南倾斜。

（2）间歇性升降运动：总体向南掀斜抬升的背景上，普遍发生间歇性升降运动。在陆区广泛存在多级剥夷面、4～5 级河流阶地和多层溶洞，层状地貌特别发育，反映间歇性抬升特点。而北部湾盆地新近系的岩相多次变化，以及沿岸地带发育海蚀、海积台（阶）地，还有龙门港、铁山港等溺谷湾的存在等，表明该区有间歇性升降运动。

（3）断块差异运动：由于燕山期强烈的断裂活动及由其形成的断块构造格局，形成了新构造运动的构造基础。新构造期测区北东向和北西向断裂活动较明显，其中，以北东向合浦-北流、凋西南和防城—灵山断裂带及北西向百色—合浦断裂带等显著。这些断裂带的活动及由此而产生的断块差异运动，对测区构造地貌发育和新构造格局起到重要的控制作用。

（4）断裂、断块活动的继承性和新生性：经济区断裂和断块活动较大程度地继承了先存的构造格局和活动方式，使原来的断块隆起和断陷得到进一步的发展。有些古近纪断陷盆地，新近纪以来仍继续沉降。在断裂和断块继承性活动的同时，还隐现某种程度的新生性。如北部湾盆地古近纪断陷活动强烈，新近纪以来则主要表现为坳陷活动。

（5）第四纪地层划分：根据对经济区第四纪沉积物的岩石性质、沉积相、沉积旋回、古生物化石、古气候变化和第四系的绝对测年数据、古地磁特征等方面资料的综合分析，将第四纪地层从老到新划分为下更新统湛江组（Qp_1z）、中更新统北海组（Qp_2b）、中更新统石峁岭组（Qp_2s）、上更新统湖光岩组（Qp_3h）、上更新统陆丰组（Qp_3l）、下全新统（Qh_1）、中全新统（Qh_2）、上全新统（Qh_3）。

（二）基本查清了钦防-灵山断裂带及合浦-北流断裂带南西段的空间展布特征

（1）防城-灵山断裂带总体上可分为东西两支，两支之间的距离为 2.5～17km。在寨圩以南，断裂带自南向北分别主要由防城-大垌断层、那浪-大垌断层、平吉-陆屋盆地南缘断层、三隆-石塘断层、灵山断层，以及平吉盆地内部的大垌南断层和钦州矿务局断层等组成；而在寨圩

以北,断裂带主要由间隔距离较大的东、西支断层组成;断裂带内还有一些规模较小的北西向断层,总体倾向南东。

(2)合浦-北流断裂带南西段断裂带位于研究区东南角,其西南起于北部湾海域,向东北经合浦县城附近、合浦水库后延伸出区外,经济区内出露长约120km。断裂带总体走向北东40°~60°。断裂往北东延伸分为两支,东支与陆川-岑溪断裂相连,西支是博白-藤县断裂。断裂带形成于加里东期,新生代活动明显,古新世-始新世时,北东段活动强烈,盆地沉积厚1000~1400m,西南段仅300~500m。渐新世和新近纪,西南段尤其是合浦一带活动强烈,沉积厚达1600m,东北段几乎无沉积。据断裂构造地貌、第四系发育情况等分析,第四纪时断裂带西南段活动相对较弱。断裂活动控制了合浦盆地和南流江谷地的发育。

(三)对钦防-灵山断裂带及合浦-北流断裂带南西段的活动性进行了评价

1. 钦防-灵山断裂带

综合分析灵山-钦防断裂带空间展布、新构造运动、年龄测试、构造应力场分析、地震等因素,并考虑横向断层的作用,其活动性初步判断自北东向南西呈逐渐减弱趋势,即北东段(灵山地区)活动趋势>中段(大垌—陆屋地区)活动趋势>南西段(钦州—防城地区)活动趋势。

综合分析灵山和钦防地区的测年结果,可获得钦防-灵山断裂带的活动年龄为130~120Ma、70~50Ma、15~12Ma、3.7Ma。综合所有断裂带的ESR测年结果可知:构造活动始于258.7Ma,断裂活动的年龄主要集中于150Ma、130~100Ma、70~50Ma,20~12Ma和3.7Ma。年代学的综合分析均揭示了断裂活动的多期次性,这在地质上也可以得到验证。

从历史地震的角度看,钦防-灵山断裂带北东段(灵山地区),历史上发生过多次破坏性地震。如1936年灵家发生的里氏6.8级地震为经济区最大的地震,2010年8月17日0时04分钦州市灵山县丰塘镇六颜村发生的里氏3.5级地震为经济区最新一次地震等,说明钦防-灵山断裂带近期仍有一定活动性。

从地层错动角度看,1∶5万地质调查及浅层地震、联合钻孔剖面并未发现错动第四系的直接证据,表明断裂带晚第四系,以来的活动性较弱。

2. 合浦-北流断裂带南西段

断裂活动控制了合浦盆地和南流江谷地的发育,据断裂构造地貌、第四系发育情况等分析,第四纪时断裂带西南段活动较弱。从历史地震的角度看,本区历史上未发生过破坏性地震,均为4级以下的地震。1∶5万地质调查及物探、联合钻孔剖面也并未发现错动第四系地层的直接证据。

年代学上看,本区共采集8个样品进行了石英ESR测年分析,伟晶岩脉石英ESR测试获得的年龄分布为(140.3±14.0)Ma、(258.7±25.0)Ma,这两个年龄可能代表了导致伟晶岩脉形成的构造—热液活动和变质作用发生的时间,这与通过Ar-Ar定年获得的时间也具有较好的一致性。6个断裂带石英脉的ESR年龄分别为(12.6±1.0)Ma、(59.7±5.0)Ma、(54.1±5.0)Ma、(63.6±6.0)Ma、(8.0±0.8)Ma、(40.0±4.0)Ma,断裂走向均为北东向。年龄分布与钦防-灵山断裂带的ESR年龄分布具有近似性,体现了北东向断层活动的近于一致性,即北东向的合浦-北流断裂带的活动性与钦防-灵山断裂的活动性具有近似性。ESR测年揭示合浦-北流断裂带的活动至少始于63.6Ma,最晚的活动时间为8.0Ma(中新世末),年龄集中于60～50Ma和12～8Ma，也具有多期活动的特点。总之，合浦-北流断裂带南西段中更新世中、晚期以来，断裂的活动趋于减弱或停止。

综上所述，钦防-灵山断裂带北东段（灵山地区）为活动性强区域，钦防-灵山断裂带中段（钦州地区）为活动性中等区域，钦防-灵山断裂带南西段（钦州—防城地区）及合浦-北流断裂带南西段为活动性弱区域。

（四）进行灵山地区构造解析、应力场数值模拟取得了一些新的认识

构造叠加及相互改造是构造地质学判断构造发展时序最为直接和可靠的证据，基于这一思想，我们根据各个阶段构造活动所形成构造形迹间的空间交切、复合关系等标志来判定区域上不同时期构造活动的先后次序。

由于研究区处于多个板块交会部位，导致多期构造对广西灵山地区进行改造，致使研究区呈现不同期次构造叠置复合特征。灵山北部的镇圩构造地质特征显示，北西向断裂被南西向延伸的断裂切割，南西向发育断裂的延伸长度及断裂数量明显小于北西向断裂，说明北东向的挤压应力早于东西向的挤压应力作用于研究区，并且北东向挤压应力作用强度及影响广度要大于东西向挤压应力；同时马山显示南西向发育的褶皱由北向南逐渐斜接归并到北西向褶皱，这均说明北西向构造形成时期要早于近南西向构造的形成时期，形成南西向构造的构造活动强度小于形成北西向构造应力强度；灵山县檀圩北东向的主体构造被北西向断裂切割，致使北东向构造完整性遭到破坏，表明研究区北东向构造早于北西向构造的形成。

不同方向构造应力作用形成不同特征的构造，不同方向构造叠置关系反映了不同构造应力对研究区影响的先后次序。通过以上的地质分析可以知道：北西向挤压应力最早影响到研究区，形成大量的北东向构造；其次是北东向挤压应力对研究区的作用，改造破坏早期发育的北东向构造，并发育一系列北西向构造；随后构造应力场发生大的转换，东西向挤压应力作用于灵山地区，形成近南北向构造；最后整个研究区的构造格局在近南西挤压应力的作用下而定型，并且水系研究表明该方向构造应力对研究区的作用一直持续到现今。

应力是能量聚集的一种表现，应变是能量释放的一种状态。应力越大说明能量集中的程度越高，应变量越小形变量越弱则能量释放的越少，那么后期活动的可能急剧增加；反之亦然，应变量越大形变量越强能量释放的越多，那么后期活动的可能性逐渐减少。从最大主应力模拟结果来看，最大主应力高值主要集中在断裂交叉处、尖灭端及弯曲部位，但最大主应变低值区则主要位于断裂弯曲、交叉与断裂尖灭相结合部位。而仅仅只有断裂交会、断裂弯曲的部位，虽然最大主应力为高值，最大主应变量却比较大，说明能量虽然较为集中，但能量释放的程度也较高，后期活动的可能极为微弱。相反那些断裂尖灭与断裂交会、弯曲结合部位，最大主应力呈现高值，最小应变量为低值，表明能量较为集中，同时能量释放程度极低，后期活动的危险性极大。1936年4月1日罗阳山-平山6.7级地震、1974年11月24丰塘4.1级地震、2010年8月17日丰塘3.5级地震等最近所发生的地震均很好地说明了这一点。

根据以上分析，罗阳山、丰塘、铁岭、陆屋以北区域是应力集中程度较高的区域，能量释放程度较弱，可以推断罗阳山、丰塘是活动性极强的区域，铁岭和陆屋以北区域是活动性极有可能发生的区域，寨圩、平山北、檀圩是潜在的活动性区域。

(五)对策研究

随着经济的飞速发展、现代化建设的加快以及全社会防灾减灾意识的增强,在国土规划、抗震规划及高、深、大型工程项目的建设中,对活动断裂进行研究已成为重要课题。本区活动断裂产生的环境地质问题主要表现为两个方面:一是断层的活动,无论蠕滑或黏滑、错动,都将引发位移变形,对浅层地质体产生直接错动,使地面变形产生裂缝、错位,导致对建构筑物的剪切破坏,直接损害跨越其上的建筑物;二是活动断裂在其交会处,产生地震而危害其邻近建筑物,这也是本区最主要的潜在环境地质问题。为了保证城市建设中各类工程建筑物的安全稳定,在城市建设和规划中,必须采取战略性措施,防止和减轻由活动断裂引起的地质灾害。

长珠潭资源环境承载力综合评价与区划

承担单位:湖南省国土资源规划院

项目负责人:张建新,邢旭东

档案号:0859

工作周期:2011—2012 年

主要成果

(1)从理论和方法上探讨了资源环境与社会经济承载能力的关系,以长株潭区为例,创建了科学实用的资源环境综合承载力评价技术方法体系,为相关工作提供了技术平台。

(a)从人口、资源、环境、经济系列因素的相互制约、相互依赖出发,分析确定支撑区域发展的资源环境主要促进性因素和制约性因素。基于实用性和系统性原则,科学筛选构建了长株潭地区资源环境承载力评价指标体系:从土地、水、矿产 3 类资源对人类粮食与居住生活需求和对经济生产的支撑为度量构建资源类指标共 15 个;以地质、土壤、水、大气、生态 5 类环境对社会经济发展的安全容纳能力为度量构建环境类评价指标体系共 15 个;从区域经济发展、区位交通、工业化、城镇化、科学技术水平 5 方面综合指标构建区域社会经济承载与发展综合评价指标。

(b)明确提出了理论性强、实用性好的综合评价指标构建的 4 项基本原则:具相互影响的指标按乘法原则,可用几何平均值构建;相互独立指标,可以重要性为权进行加权平均值或算术平均构建;具可替换性或互补性指标,可以转换系数按加法原则进行加权平均值或算术平均值构建;限制性环境类指标可据李比希短板原则取最小值。

(c)以公因子方差、熵值法和德尔菲法 3 种方法得出的权重比较得知,公因子方差和熵值法算出的权重差别不大,近于等权,可用计算机自动完成,故可以等权即算术或几何平均向上递进构建指标,为确定权重方法首选;个别需特别强调的指标,宜用德尔菲法。

(d)基于因子分析,以特征根与因子得分的线性组合($L=a_1F_1+a_2F_2+a_3F_3+\cdots+a_iF_i$,其中,$a_i$ 为特征值,F_i 为因子得分)分别构建的资源、环境、社会经济综合评价函数,是有利信息的最佳叠合,科学全面定量综合反映了相关信息。

(e)创建了具有重大理论与实践意义的“基于因子分析,资源-环境-社会经济耦合关系三维曲面拟合”的资源环境综合承载力评价技术方法体系,借助 Tablecure 3D 软件研究提出的具6参数由双逻辑斯蒂函数复合构成的资源环境承载力综合评价模型，不仅数学上拟合程度极高，具有较好可靠性和普适性，而且科学解释和描述了社会经济承载与资源、环境的数量关系，是迄今为止对该三者关系最科学、精准的表达，解决了至今困扰学术界的资源环境综合评价难题，属于原始性创新。将该模型与按指标体系向上逐级递进方法构建的传统的"基于综合评分法的资源环境综合承载力模型"结果对比，认为前者更加客观，是讨论综合承载力的基础。

(2)以建立的单指标模型分析评价资源环境要素承载状况，明确了区域资源对社会经济发展的保障能力和环境对国土开发的容纳限度，为"两型"社会建设提供了科学依据。

(a)社会经济发展综合指数结果显示，长株潭三市远超其他县区，以长沙为最大，湘潭、株洲次之；其他县区经济指标差距较小，其中长沙县及望城县发展较好，列于长株潭三市之后。长沙、株洲、湘潭三市城区是湖南省经济社会最发达的地区，经济密度高，交通发达，工业化、城镇化水平高，科学技术发达，社会经济承载力最高。茶陵县、炎陵县、株洲县、湘乡市主要为农村地域，是长株潭三市城市发展的广阔腹地，交通相对落后，工业化、城镇化水平低，科技水平相对落后，社会经济承载力最低。

(b)土地资源承载力评价结果表明，长沙、株洲、湘潭三市城区主要为城市建成区，人口密集，经济发达，农用地面积极小或者缺失，人多地少，土地资源承载力最低；株洲县、湘潭县、湘乡市等农村地域县市农用地特别是耕地面积大，地多人少，土地资源承载力最高。

(c)根据水资源量同时考虑水资源季节分布不均特点，进行水资源承载力综合评价研究，结果表明，因长株潭三市市区位于湘江下游地区，有大量的过境水量可以利用，水资源供给充足，故为水资源高承载力区；湘乡市和茶陵县也因过境水量大、经济发展水平低，对应用水标准不高，为水资源较高承载力区；长沙县、浏阳市、炎陵县和醴陵市四县市属水资源中等承载力区，该类地区按人均可利用水资源潜力分级属水资源较丰富地带，水资源利用能力和用水能多属中等；望城县、株洲县、攸县、湘乡市和韶山市属水资源较低承载力区，水资源利用程度较高，表示水资源承载能力已接近其饱和值，进一步开发潜力较小；宁乡县属水资源低承载力区，按人均可利用水资源潜力分级属水资源较缺乏地带，加之水资源利用程度较高，已制约社会经济的发展，应采取相应对策。

(d)受资源禀赋限制，长株潭地区矿产资源承载力普遍较低，虽然浏阳、攸县、茶陵、湘潭和湘乡5个市县矿产资源综合承载力较高，但多数是因为单5矿种相对较为丰富的影响，仅有浏阳市能源、金属与非金属矿产均较为丰富，承载力较高。长株潭地区市区及周边区域矿产资源相对紧缺，承载力较低，对矿产品的需求基本从外地调入。区内能源、铁矿、水泥用灰岩等重要矿种的承载力形势均不容乐观，如果区内找矿成果未能取得重大突破，那么短期内区域矿产资源承载力普遍较低的现状将难以改变。从矿产资源承载力分布情况看，承载力较高市县主要分布在长株潭地区的东、西、南3个区域，整体上分布较为均衡，资源供给能够较好地辐射到整个长株潭地区，以保障区域社会经济的健康发展。

(e)依据地质构造稳定性和地质灾害危险性等地质环境条件进行地质环境承载力评价，结果表明，长株潭地区地质环境承载力多属较高承载级别。地质环境高承载区为长沙市区、长沙县、望城县、湘潭市区和韶山市，该类区域地质条件较稳定，多为平原地区，区域地势平坦，水系发育，适宜居住，受各类地质灾害影响小；株洲市区、株洲县、攸县、醴陵市和湘潭县也因地质条件多稳定，地质灾害多中低易发，故为地质环境较高承载力区；宁乡县、浏阳市、炎陵县和湘乡市四县市属地质中等承载力区，该类地区区域地质条件较稳定，地质灾害多属较高易发区；茶陵县属地质环境低承载力区，该区自然致灾因子的风险度较高，主要受到滑坡、崩塌、泥石流和地面塌陷等地质灾害的威胁，为地质灾害高易发地带，已制约社会经济的发展，应采取相应对策。

(f)土壤、水、大气及主要由植被和地形表征的“生态”环境评价结果显示，长株潭区环境承载力形成了以长、株、潭三市区为中心的环型质量分区。长沙、株洲、湘潭三市区环境承载力较差，尤其土壤环境污染和地下水环境污染比较严重；其余地区环境承载力多处于低承载区，环境质量相对良好，生态系统稳定性较强，自然灾害危险性较低，从生态环境保护的角度来看，适合发展。

(3)以建立的资源环境综合承载力评价方法体系进行评价与区划，预测了4种模式下长株潭区的承载力与社会经济发展潜力，对区域发展具科学指导意义，为相关研究提供了科学示范。

(a)资源综合评价结果显示以湘潭县资源最丰，依次有攸县、茶陵县等，为正值；以长沙市区资源最贫，次有韶山市等。环境综合评价结果显示以炎陵县环境最优，依次有长沙市区、湘潭市区等；以宁乡县最差，依次有望城县、湘乡市等。

(b)以现有资源禀赋及其利用现状计算的的最大承载力，以长沙市最大，依次有韶山市、长沙县、湘潭市、望城等，以湘潭县最小。剩余承载容量除株洲县外，均有盈余，表明该区域的资源环境承载力处于可载状态。社会经济可发展的潜力以韶山市最大，依次有湘潭市、长沙县、长沙市，可翻两番；湘乡市、炎陵县及株洲市可翻一番；其他县可不同程度增长。

(c)在资源适度开发模式下的最大承载力仍长沙市最大，依次有湘潭市、株洲市、望城区、韶山市、长沙县等，以湘潭县最小。15个行政区剩余承载容量均为盈余，表明其资源环境承载力处于可载状态。社会经济可发展的潜力以湘潭市最大，依次有株洲市、湘乡市、韶山市、长沙县、炎陵县等，以湘潭县最小。

(d)在资源特别丰富、环境极度优良的理想状态下，仅炎陵县、醴陵市、湘乡市、湘潭县的剩余承载容量为正值，处于可载状态，其他均处于超载状态。极限状态下，长株潭区各县剩余承载容量均处于可载状态；炎陵县、醴陵市、湘乡市、湘潭县、攸县、茶陵县、浏阳市、韶山市、湘潭市、宁乡县、长沙县、株洲市社会经济可发展45倍以上；株洲县和望城区约15～23倍；长沙市亦可近10倍。

(e)据建立的承载人口、经济与资源环境综合承载力关系模型，分别计算资源现状和资源适度开发两种模式下的最大可承载人口与经济承载量，为人口区域优化配置提供了依据。长株潭地区现有人口1365.6万人；按资源现状模式最大可承载约5000万人；资源适度开发下最大可承载约1.4亿人；按理想状态最好不超过1562万人(略比现状增加14%)。其中，长沙市区按资源现状最大可承载1000万人；资源适度开发最大可承载约1200万人，略比现状增加20%；基于区域极限状态长沙市区最大可承载2300万人。

(f)长株潭区具如下资源环境综合承载力分区特征：长沙、湘潭和株洲3个市区为高承载高潜力区；长沙县、宁乡县、望城区、韶山市和浏阳市为中承载劣水土环境区；株洲县、攸县、醴陵市、湘乡市、湘潭县为较低承载较高潜力区；茶陵县和炎陵县为低承载劣地质环境区。各区经济区位条件、资源环境承载力不同，在布局上各有侧重。

(4)以土地资源空间分布及其适宜性为基础、资源环境综合承载力为制约的多类空间综合布局，为国土空间配置提供了科学依据。

(a)从建设的经济性、安全性、资源性和生态性评价建设用地适宜性，结果显示，长株潭地区适宜作为建设用地达中等程度的总面积约为17 224km^2，占全区总面积的61.3%，主要分布在湘江两岸大部分地区与北部丘陵地区；不适宜面积主要分布于炎陵县及浏阳市等坡度较高区。

(b)主要考虑地形条件、土地条件及社会经济条件3个方面，强调地貌条件及土壤肥力和环境健康质量，评价农用地适宜性结果显示，长株潭地区高度适宜农业区主要分布在长沙县、望城区、长沙市、湘潭县西部及攸县北部；不适宜区为长沙市、株洲市、炎陵县及湘潭市。

(c)以生态环境、地质环境及环境污染评价生态保护空间重要性叠加宜林性评价得到的生态空间布局可构建以“山脉为屏障、河流为廊道”的生态基础设施体系，区域东南部为长株潭生态屏障，沿湘江展布两个综合整治区。

(d)在土地适宜性评价研究基础上，以土地资源的空间分布特征为基础，以区域发展需求为导向，以资源环境综合承载力为制约，按照合理利用建设用地、保护优质耕地和生态环境的目标，进行了国土空间综合布局。在已有建设用地、基本农田、水域及生态保护区基础上，对剩余区域按农用与建设用的相对适宜及限制性以整体效益最优的原则配置农用、建设用和生态保护空间，对各县区的建设空间、农业空间、生态空间及缓冲区空间范围提出了建议，并通过与社会经济发展要求对比，在预计可提高资源利用技术和环境质量的范围内，可满足长株潭地区按资源现状最大可承载人口的要求，为国土空间布局提供了依据。

赣南矿山环境变化遥感动态分析

承担单位：中国地质调查局武汉地质调查中心

项目负责人：余凤鸣，王磊

档案号：0864

工作周期：2011—2014年

主要成果

(1)首次利用遥感技术，全面、系统地开展了赣南矿山环境问题及其变化研究。工作内容基本涵盖了环境问题的所有方面，调查区域基本包含了赣南地区的矿山集中产地，大小比例尺合理搭配，不同矿种兼顾，三个时段把握变化。迄今为止，矿山环境调查基本停留在一个或一小片矿山现状调查的图斑解译和面积计算，既没有环境变化的清晰概念，也基本没有进行分析研究。本次通过遥感解译方式，积累了10年内多期矿山活动数据，系统完整地解译了赣南矿山活动图斑，全面解决了一直以来存在的矿山环境小比例尺调查、小范围工作、单一内容分析、一个时段遥感图斑统计、面积计算缺陷等问题。本项工作为矿山的监测管理，规范治理，政府决策、规划、措施的制定和环境问题引发的隐患防治，提供了可靠的资料、有力的依据和有效的手段，奠定了扎实的基础。

(2)阐明了矿山土地占用及破坏的主导因素及特点。本次研究打破了以往工作中土地占用调查只限于采矿活动伴随的采场、工棚、废石堆占用图斑统计、面积计算等，在遥感解译的基础上，针对不同的矿种、国营矿山与私营矿山、不同规模的矿山、不同的占地类型(包括废石堆积、矿山建设用地、矿石堆积)、地下开采与露天开采矿山等方面，基于遥感解译—数据的统计分析比较一数据的数学处理,进一步进行土地占用及破坏变化研究,研究10年间矿山开采活动中,上述各因素在土地占用及破坏分布范围、占用量的面积及比例、增长率等方面的动态变化情况;研究矿山规模、矿山增加的数量及性质的动态变化;综合研究上述各因素对矿山土地的影响,对占地及破坏的贡献,存在隐患的大小;研究不同开采方式的利弊隐患;研究矿山的扩张对土地占用方式、数量和变化,明确导致矿山土地占用及破坏主要因素;总结了5个成矿带和6个矿集区土地占用及破坏的变化情况及特点。对矿山土地占用进行了聚类和回归多元统计分析,分析上述各因素的变化对矿山环境环境变化的影响及大小,尽可能地定量化这一相关性。

项目工作认为,土地占用增长幅度较快,几乎是5年翻一番,主要是零星小面积、小规模的私人开发、非法开发矿山正在呈增长趋势,比重逐渐增加;露天开采面积和废石堆积面积快速增长,占地较多,引起滑坡、泥石流等灾害隐患更大;较为规范的国有矿山数量和比例正逐年减少。除桃江工作区有少量的土地复垦外,矿山开采面的治理和固体废弃物的复垦、恢复做得很不够。

同时带来的问题还有几点。一是清除地表植被、挖毁原地貌、废弃物堆置、地表塌陷形变等景观格局的变化,使矿区固有的自然生态功能丧失,产生了如水土流失、污染等生态问题,并随着时间还会不断延伸、扩大。二是矿业开发伴随着矿区城镇的建设和发展,因形成的地理受到很大限制,生态环境问题更多。三是大型矿业的发展,会带动发展一系列工业,导致区域性土地利用的巨大变迁。四是矿产开采和加工是一种污染产业,形成大污染源和大面积的水土破坏。五是私营中小型金属矿山,为了快速赚钱,无序开采,存在严重的土地破坏和安全隐患。六是稀土矿原地浸矿法选矿,造成严重的水土流失,极易产生崩塌、山体滑坡,大量酸性物质残留在土壤将导致数年都无法生长植被,造成的环境破坏更为长久。七是土矿山占用土地中的废弃矿山对土地破坏较大,以旧裸岩占主要地位,其他依次为泥沙堆积、滑坡、污染水和冲积扇。旧裸岩是历史遗留问题,泥沙流和冲积扇主要是采用原地堆浸工艺选矿时造成的,滑坡则是由新工艺造成的,在土地浪费中占有不小的比例。

(3)提出了矿山尾矿库问题新的必要关注点及分析方法。矿山尾矿库明显大面积占地,除了开展与土地占用内容的同样分析以外,本次还进行了尾矿库的稳定性及隐患研究。在解译图斑的基础上,利用ArcGIS软件进行人机交互提取尾矿库信息,产生多种相关信息层;结合数字高程模型(DEM)计算出尾矿库的最大库容量、坝体高度、坡度,以及尾矿库下游居民密度、农田和工业设施等,结合汇水区进行水流流向分析、水系网络分析、流域提取和集水域分析,结合尾矿库周边的地质灾害解译图斑,对各个时期的这些潜在危险区进行比较,研究尾矿库的稳定性、尾矿库的变化对下游造成水污染或溃库所危及区域的变化。

项目总结了尾矿库的类型,数据分析研究表明:①大余、宝山矿集区尾矿库无论是数量还是面积都有大幅增加,规模是2002年的近两倍,尾矿库占地在矿山土地占用的比率8年内翻了一倍,且多为私营矿山。②山谷型尾矿库的容量最大,沿山壑形成,造成上游水流的堵截,存在泥石流的隐患。③桃江-禾丰成矿带个别尾矿库废弃后成为复垦区或被植被覆盖。④总体上,早期国营矿山所建库坝比较稳固。⑤近10年沿流域分布的尾矿库规模较小,一部分直接搁置在河漫滩上、近河床或直接与河水相接,库坝不能有效地拦挡库内尾砂,暴雨洪水期间有发生溃坝的隐患。⑥尾矿露天堆放,降水渗流使Cd、Pb等重金属释放迁移出来,造成周边环境的重金属污染。沿章水截河型尾矿库周边采样测试表明,土壤中重金属Cu、Zn和Pb污染范围较大，稻田土和菜田 Cd 和 Pb 元素已呈中度及以上污染，影响范围大，对矿区周边人民生命的危害不容忽视。

(4)研究了矿山地质灾害的影响及其与土地占用、选矿方式的关系，进行了矿山地质灾害动态变化分析和预测。探索了矿区地质灾害信息提取与分析的技术路线和基本方法，选取合适的评价因子及评价单元，进行了危险性评价及分区，建立矿区地质灾害危险性评价模型，形成了区域地质灾害易发分区图。

矿山地质灾害调查，一直局限于传统的调查内容和模式。本次利用遥感技术在矿山地质灾害的动态分析中，研究了不同的地质灾害类型的增长速度、影响范围、影响程度及与矿山的关系，分析形成原因及主导因素；研究矿山土地破坏与矿山地质灾害的相关关系；根据灾害类别和发生状况，通过地质灾害信息量法和层次分析法来动态分析和预测工作区地质灾害易发情况；研究并比较了池浸法、堆浸法、原地浸矿法与矿山地质灾害的相关性。

项目研究表明，矿山地质灾害的图斑数量和面积都呈逐年递增趋势。大余、宝山矿集区增长速度最快和最严重的是地裂缝，增长率和矿山土地占用的增长率相当，说明矿山开发活动和矿山地质灾害密切相关；桃江工作区以滑坡为主；留龙-画眉坳成矿带钨锡金属矿山的滑坡较多，老稀土矿山的崩塌较多，因新增矿山较少，增长率小于大余-宝山成矿带；稀土开采产生的地质灾害虽然数量不多，但隐患较大，赤水矿集区因稀土矿最为集中，且开采工艺多为堆浸法和池浸法，产生的地质灾害最为严重，主要为滑坡和泥石流；大吉山钨矿采矿区塌陷和地裂缝较多，因为矿山进行了塌陷区的回填和隔离，灾害的个数和面积得以减少；原地堆浸法灌液孔、硫铵液造成严重的水土流失、表土崩塌，以致产生滑坡、崩塌和泥石流等地质灾害。

根据地质灾害评价及易发分区分析，对较为随机分布的矿山地质灾害区——大余、宝山和上坪矿集区，采用信息量法进行预测；为了避免信息量法产生矿山地质灾害易发分区的集中性问题，地质灾害密级的赤水矿集区用层次分析法。信息量统计计算得到有关地灾发生的信息量共 5 个，对矿山地质灾害影响最大的是矿山活动，其次是河流作用和地形的坡度影响。大余-宝山的钨锡多金属矿多出露于侏罗纪的砂岩和花岗岩的接触带上，所以侏罗纪的地层信息量值也较大。用层次分析法做出灾害分级图，反映出赤水地质灾害易发区位于月子镇东北部的流域及西南部，斜坡不稳定性明显。

(5)本次以大余西华山钨矿区和龙南稀土矿区为试验区，调查了钨锡金属矿和稀土矿山地表水污染情况，并利用地物光谱仪进行了地表水的光谱采集，与对应地表水采样后的物理、化学测试结果进行了回归模型的建立，并将模型应用于 Landsat8、ZY1－02C、GF－1 等影像的重金属含量地表水分析中，总结了对重金属含量较为有用的波段和影像组合，为大面积地表水污染的遥感信息提取提供了新技术方法。

大余工作区地表水总污染面积占总地表水面积的 40.89%。国有企业重度污染仅有 $71.27\times10^4 m^2$。私营矿山造成大面积的污染，重度水污染高达 $339.03\times10^4 m^2$，轻度污染 $786.02\times10^4 m^2$，基本是有私营矿就有污染，私营矿山多位于较高水平线上，造成的地表水污染比重高达 93.89%，产生的地表水污染对流域的影响面积也较大。采矿活动导致的地表水污染，直接影响城市人民生活和安全，必须有效治理。

(6)本次调查采用植被指数、绿度指数、湿度指数等综合反映植被覆盖信息，并与矿山范围进行叠加分析，在矿山范围内分析出了各个时期的矿山植被情况，用分级图显示出了矿区生态环境状况。

空间分析获得矿区植被破坏分级图,显示植被破坏最严重的多集中在规模较大的矿区;中小型矿山因为产量有限,短期内对植被的破坏不明显。国有矿山植被破坏的比例远小于私营矿山,进一步说明私营矿山在矿山开采活动中土地占用和植被破坏极其严重。桃江-禾丰工作区小于大余-宝山成矿带的植被破坏面积,说明这一地区的采矿活动对植被的破坏程度较轻。植被破坏是矿山环境问题的重要方面,且影响周边大范围的生态平衡,造成的影响难以恢复。

(7)建立了赣南地区矿山环境预测模型,总结了几种预测模型的优缺点,完善了预测模型参数和结果评价。为了具体体现各种用地类型变化、对应不同矿种的地质灾害程度、水体污染和植被破坏等方面,而不仅仅只反映赣南地区的矿山环境总体的变化趋势。项目组利用马尔科夫模型进行了重点大型矿山(西华山钨矿区、盘古山钨矿、定南赤水稀土矿区)的矿山土地占用变化的预测研究和矿山地质灾害的易发性分析,从而达到全面把握矿山土地变化、灾害分布规律的目的。

同时,根据马尔科夫模型理论,分为4个步骤模拟出初始年后若干年的用地类型面积、灾害规模和各种污染程度。土地占用及破坏的未来预测,以两个矿种最典型的矿山——西华山钨矿和赤水(定南月子镇)稀土矿集区为代表。西华山钨矿以间隔6年作为1个步长模拟和预测,结果为:至2034年,研究区植被面积由$872.19\times10^4m^2$减少至$485.73\times10^4m^2$,减少了44.31%,下降幅度很大,矿山用地的废石堆占地的增加最为显著。赤水矿集区稀土矿山因为政策原因,2010年后的稀土矿山大多关闭,环境指数相对较好,预测结果表明:至2021年,矿山建设用地、晾晒坪、露天开采面等矿山占地均在小幅下降(分别下降了0.91%、0.82%、0.87%);植被面积呈现恢复的趋势,增加了1.363%;但矿山开发引起的滑坡和泥石流等地质灾害逐年增加,可见矿山停办、废弃后,治理需要一定时间。

(8)对比研究了不同选矿方法的利弊,讨论了与土地占用及破坏、地质灾害、植被破坏、水污染的相关关系。

研究认为,由于池浸法和堆浸法的大面积剥离土壤,2002年以来,作为先进的选矿方法,稀土开采开始推广原地浸矿法代替池浸法和堆浸法。原地浸矿工艺不剥离表土,不开挖山体,无尾砂排放,短期内缓解了生态破坏、水土流失的问题;但新工艺增加了泥沙堆积、高位池和注液井,带来的环境问题依然很多、很严重,需要引起政府注意。

(a)稀土选矿方式与土地破坏。详细的矿区地类统计表明,稀土矿区占主要地位的占地是注液井、旧裸岩、泥沙流和滑坡区。

池浸法和堆浸法由4个方面造成水土流失:砍光树、铲净草皮;剥离了红壤表土层;含有稀土的土壤经池浸后变成了尾砂,尾砂堆石英含量达80%以上,侵蚀淘密度达90%以上;裸露后的花岗岩质层风化速度加快,形成新的水土流失源。

原地浸矿法对土地的破坏更严重,表现在:①原地堆浸工艺使矿山土地一部分完全废弃,以旧裸岩占主要地位,在土地浪费中占比较大。②晾晒坪和沉淀池为主要占地,达96.27%,矿区房屋和高位池形成的建设用地仅占一小部分。③原地浸矿由3个方面造成水土流失,灌注硫铵液造成植被根系萎缩,生长停滞,破坏植被;开挖灌液孔产生大量的泥沙;灌液孔布置不合理,灌注液体超量,造成山体滑坡、崩塌,形成大量表土崩塌。④原地浸矿法动土量比池浸法少,表面上减少了水土流失,但随着时间的推移,满山遍坡的灌液孔极易产生崩塌,造成更多的土层流失,形成裸露基岩;大量酸性物质残留在土壤,可以导致数年都无法生长植被,如兴国县古龙岗镇稀土开采图斑,5年内寸草不生,造成的环境破坏更为长久。⑤原地浸矿法每新开一处矿点都要新建沉淀池，废弃后残留大量酸液越来越多，对山地起到持续的侵蚀作用，破坏土壤。

(b)稀土选矿方式与地质灾害。池浸法和堆浸法造成浅层残坡积层滑坡，规模、威胁较小；稀土灌液引发深层滑坡，范围、厚度、体积、规模大；时间和部位不确定，有隐蔽性和长期性，防治与监测难。主要表现在：①原地浸矿使大量的浸矿液注入残坡积层和全风化层中，松散层长期地处于饱水带中，强度和承载力大大降低，易产生滑坡。②浸矿液降低滑面摩擦阻力，加剧滑体下滑。③含浸矿液山体，自重加大下滑，产生裂缝，暴雨或强降雨沿裂缝下渗，引发和加剧滑坡。④原地浸矿所布设的网格状注液浅井，长时间形成不同程度的坍塌，诱发滑坡。

(c)原地浸矿与水质污染。主要问题为：①残留在风化带中的浸矿硫酸铵，随着水、大气降雨下渗运移，带入地表水或含水地层中造成污染，随小溪聚集形成水体污染中心。②大量浸矿剂使环境水的稀土及电解质含量增加，产生的废水氨氮含量已超过了农作物生长所适宜含量的4～6倍。③滑坡体的位移、损坏注液井和集液沟等地表工程，使得大量的浸矿剂外流，造成水质污染。

总之，原地浸矿对环境的破坏总体上表现为：①破坏土地，污染水，加剧地灾发生的规模；②在山坡或山顶上打入直径为10cm左右的塑料管作注液井，破坏树木；③灌注硫铵液，造成植被根系萎缩；④开挖灌液孔产生大量的泥沙；⑤满山遍坡的灌液孔及灌注液体超量，造成山体滑坡、崩塌；⑥大面积剥离土壤造成水土流失更严重，环境破坏更为长久。

项目研究认为，稀土原地浸矿注液工艺的优越性被过度夸大，忽视了它带来的环境问题。稀土开采虽然开采方式在进步，但是开采业主层次参差不齐，对开采工艺掌握的水平有高有低，造成水土流失地段的不确定性，它所产生的滑坡问题也不容忽视，而且滑坡的发生在时间上和地点上也具有不确定性，造成治理目标的不明确，在治理上难以达到有的放矢。

(9)通过对赣南矿山环境的调查研究，系统提取环境信息，总结了一套利用遥感技术从大到小、从粗到细、从宏观到微观的影像提取、数据统计比较、环境动态变化分析研究的方法和流程，建立了土地占用及破坏、尾矿库问题、矿山地质灾害、植被破坏现状和地表水污染5项研究内容的矿山环境变化研究框图；认为利用遥感技术进行矿山环境变化的研究非常有效可行，且有不可替代的快捷、大面积执行的优势。基于赣南矿山环境变化研究所建框图，开创了利用遥感技术开展矿山环境变化研究的先河，可以作为示范性实例，推广到其他矿山的相应工作中。

湖北省矿山环境监测

承担单位：中国地质大学(武汉)
项目负责人：张志
档案号：0869
工作周期：2011—2014年
主要成果

(一)完成矿产资源规划执行情况的遥感调查与监测

利用多期、多种卫星遥感数据开展矿产资源规划执行情况遥感监测和矿山地质背景遥感调查。2011—2014年项目针对《2008—2015年湖北省矿产资源总体规划》，查明了工作区矿产资源规划执行情况，动态监测了第二轮规划执行情况，并提出了规划建议。

(二)完成矿产资源开发状况遥感调查与监测

(1)从矿种的角度来看，金属矿产开采秩序好于建材类矿产。金属矿违规主要分布在黄石、鄂州地区。违规开采非金属矿山主要分布在石灰岩资源丰富的鄂东南地区。煤矿开采秩序持续好转，开采比较规范。

(2)从违规类型角度来看，违规类型以无证开采为主，矿种包括铁矿、铜矿等主要矿种，以及砖瓦用黏土、泥灰岩、建筑石料用灰岩、石灰岩、饰面用花岗岩及饰面用大理石等非金属矿产，问题比较普遍。

(3)鄂东南地区国有大型矿山矿产资源开发秩序一直较好，但是在2011年、2012年出现个别私营矿山无证开采国营铁铜矿山周边围岩风化壳、固体废弃物和尾矿库等。

(4)不同行政单元交界处矿业活动秩序比较混乱。大到省与省之间，小到县与县之间，比较容易发生跨行政界线开采。

(5)从企业性质来看，大型国企开采规范，中小企业中有越界开采的现象，无证开采则多为个体小企业。

(6)湖北省建材类矿产的开发秩序极差，违法开采现象严重。“十二五”期间，国家加大基础设施建设的力度，高铁、轻轨、武汉城市圈基础设施建设和房地产开发等加剧了建材类矿产供不应求的局面，导致各地建材类矿产开采规模不断扩大。非金属建材类资源的开发，造成了城市周边景观及所在区域生态环境的破坏。

(三)完成矿山环境遥感调查与监测任务

2014年湖北省矿业活动占地总面积$5743.13\times10^4m^2$，其中开采面占地$2841.03\times10^4m^2$，中转场占地$1604.47\times10^4m^2$，固体废弃物占地$1239.41\times10^4m^2$，矿山建筑占地$57.99\times10^4m^2$。开采面占地中，合法采面所占比重最大，共$1823.52\times10^4m^2$。大量的矿山开发所引发的矿业活动占地对当地的生态环境造成了很多压力。

湖北省东部的主要矿山地质灾害问题是地下开采导致的地面塌陷，破坏了大量的耕地、林地，已经严重影响了当地居民的生活。工作区内主要矿种铁、铜等均为地下开采，大面积的采空区及持续的采矿活动加剧了滑坡、崩塌、地面塌陷、地裂缝等灾害的发生，工作区采矿活动引发的地质灾害有塌陷、崩塌、地裂缝、滑坡、泥石流等，共23处，严重影响矿业活动的正常进行及矿区附近人民的人身财产安全。其中以崩塌灾害最为严重，共15个，多分布于程潮一铁山及大冶一阳新矿区内开采规模较大、时间较长的矿山范围内。泥石流主要分布在鄂南矿集区，有3处。鄂南煤矿开采过程中，露天开采及坑采剥离废石速度较快，产生大量废土，并加速松散固体物质的积累，是泥石流源地的主要形成原因。塌陷区主要分布于程潮一铁山铁铜多金属矿集区和武穴一阳新沿长江带非金属矿集区，各发现了1处塌陷区。程潮一铁山主要开采矿种是铁矿和铜矿，开采方式是地下开采，底层的矿产被开采后，形成采空区，容易形成塌陷。

对2013—2015年矿山复绿行动方案进行了动态监测，结果表明大部分复绿工程尚未进行，后期压力较大。

（四）探讨了遥感数据处理方法

项目组开展了 WorldView－Ⅱ数据的辐射校正研究、方法研究，均取得了较好的成果。

（五）为国土资源部矿产卫片执法提供了基础数据

项目取得的一系列成果已投入实际应用中，取得了较好的效果。在参与全国矿产卫片执法检查工作中，直接将矿山遥感监测项目的高分辨率遥感图像数据、解译成果及野外验证结果运用到执法工作中，为执法检查提供了基础数据支撑。湖北省每年平均违规开采矿山 240 处左右，全国矿产卫片执法项目实施 3 年以来，湖北省矿产资源管理部门积极利用项目成果，对违规开采矿山进行了快速、准确和强有力的打击，一方面遏制了矿山开采秩序混乱反弹的局面，另一方面也为国家挽回了大量的经济损失，维护了国家利益。以阳新新鑫矿业有限公司未经批准擅自改变开采矿种案件为例，遥感调查发现后，黄石市局于 2012 年 4 月 25 日将《行政处罚决定书》（黄土资罚字〔2012〕15 号）送达阳新新鑫矿业有限公司。当事人已履行处罚决定书内容，缴纳了 461 737.8 元的罚没款。项目同时也产生了一定的社会效益、生态效益等，特别是对改变开采方式，变地下开采为露天开采造成严重景观破坏的矿山的监督效果也十分明显。该项目正在为美丽湖北作贡献。

（六）项目资助发表的学术论文

孟丹，张志，冯稳．基于 GeoEye－1 和 DEM 的富家坞铜矿区固体废弃物危险性分析[J]．国土资源遥感，2011(2)：130－134．

宋启帆，王少军，张志，等．基于 WorldView Ⅱ图像的钨矿区水体信息提取方法研究——以江西大余县为例[J]．国土资源遥感，2011(2)：33－37．

冯稳，张志，乌云其其格，等．采用决策树分类方法进行煤矸石信息提取研究[J]．黑龙江大学自然科学学报，2011，28(2)：277－280．

王少军，冯稳，孟丹，等．面向对象分类方法在铁尾矿堆快速提取中的应用研究[J]．遥感信息，2012(2)：103－107．

方雪娟，丁镭，张志．大冶陈贵镇小型尾矿库分布特征及环境影响分析[J]．国土资源遥感，2013(1)：155－159．

张纫兰，王少军，刘鹏飞．基于 GIS 重心模型的黄石市经济迁移分析[J]．企业经济，2014(2)：169－174．

杨宝林，吕婷婷，王少军，等．Pleiades 卫星图像正射纠正方法[J]．国土资源遥感，2015，27(3)：25－29．

张国丽，杨宝林，张志，等．基于 GIS 与 BP 神经网络的采空塌陷易发性预测[J]．热带地理，2015，35(5)：770－776．

广西壮族自治区矿山环境监测

承担单位:广西壮族自治区地质矿产勘查开发局
广西壮族自治区遥感中心

项目负责人:梁保定,何卫军

档案号:0872

工作周期:2011—2015 年

主要成果

(1)利用广西土地利用变更调查遥感数据开展了 2012—2014 年度广西矿产卫片遥感解译工作,圈定了越界开采、无证开采、以采代探、擅自改变开采方式、擅自改变开采矿种等矿产疑似违法图斑,分别为 612 个、289 个、469 个,为广西开展 2012—2014 年度矿产卫片执法提供了基础数据支持。从国土资源部和广西壮族自治区国土资源厅反馈的情况看,已经取得了良好的社会效益和经济效益,有效地遏制了违法勘查开采矿产资源行为,进一步规范了矿产资源管理秩序,促进合理开发利用矿产资源。

(2)利用矿产资源规划基期年和现状年两期卫星遥感影像数据,开展了广西矿产资源规划执行情况遥感监测工作,查明了广西 135 个矿产资源开采规划区规划执行情况,符合规划要求的有 69 个,不符合规划要求的有 66 个,分别占总量的 51.11%、48.89%。遥感监测结果表明广西矿产资源规划主要采矿权数量未到达规划要求、采矿权数量超过规划要求、矿山开采规模小于规划要求、规划区内未设置采矿权、违反规划要求设置采矿权、圈而不采、违法开采 7 个方面的问题,针对这些问题提出了建议。查明了 50 个矿山地质环境恢复治理重点工程规划执行情况,遥感监测结果表明:5 个规划区执行了规划意见,完成了矿山生态环境恢复治理指标,约占总量的 10.0%;6 个规划区正在完成治理任务,约占总量的 12.0%;39 个规划区尚未进行治理,约占总量的 78.0%,针对矿山地质环境恢复治理规划执行中存在的问题提出了建议。

(3)利用分辨率优于 2.5m 的 SPOT-7、SPOT-6、SPOT-5、GF-1、ZY1-02C、ZY-3 等高分辨遥感数据,以国土资源部下发的采矿权、探矿权数据为依据,对五圩锑多金属矿区、靖西-德保铝土矿区、下雷-湖润锰矿区、武宣铅锌矿区、钦州锰矿区、都川-北山铅锌矿区、象州重晶石矿区、隆林-西林金矿区、桂平锰矿-稀土矿区、梧州稀土矿区、岑溪铅锌-稀土矿区 11 个重点矿区开展 55 000km^2 1∶5 万矿产资源开发利用状况、矿山地质环境遥感调查与监测。利用分辨率优于 1m 的无人机航拍数据、WorldView-2、QuickBird、Pleiades、IKONOS 等高分辨率遥感数据,以国土资源部下发的采矿权、探矿权数据为依据,对南丹大厂锡多金属矿区、平果铝土矿区、天等县东平锰矿区、贵港龙头山金矿区、南丹芒场锌多金属矿区、贺州姑婆山锡多金属矿区、全州锰矿区、罗城煤矿区、柳江县思荣锰矿区 9 个重点矿区开展 9200km^2 1∶1 万矿产资源开发利用状况、矿山地质环境遥感调查与监测。通过上述遥感调查与监测工作,圈定了合法开采图斑及越界开采、无证开采、以采代探、擅自改变开采方式、擅自改变开采矿种等矿产疑似违法图斑,圈定了矿业活动占地、矿山地质灾害和矿山环境恢复治理图斑,基本查明了重点矿区内矿山分布、数量、开采主要矿种、开发规模、开采方式等矿产资源开发状况及矿业活动占地、矿山地质灾害、矿区环境污染、矿区生态环境恢复治理、矿山复绿情况等矿山地质环境现状，总结分析了矿产资源疑似违法开采、矿山地质灾害与开采矿种、开采方式、开采区域等的关系，为广西矿产卫片执法与矿山生态环境恢复治理工作提供了基础资料和科学依据。

(4)利用两期高分辨率遥感影像数据，开展五圩锑多金属矿区、靖西—德保铝土矿区、下雷—湖润锰矿区、武宣铅锌矿区、钦州锰矿区、象州重晶石矿区、桂平锰矿—稀土矿区7个1∶5万重点矿区，以及南丹大厂锡多金属矿区、平果铝土矿区、天等县东平锰矿区、贵港龙头山金矿区、南丹芒场锌多金属矿区、贺州姑婆山锡多金属矿区、全州锰矿区、罗城煤矿区8个1∶1万重点矿区矿产资源开发状况和矿山环境隔年或连续多年遥感监测工作，总结分析了矿产资源开发的趋势、矿业活动占地、矿山地质灾害、矿区环境污染等的发展趋势，为相关政府部门管理矿产资源、制定相关政策提供了翔实的基础资料和科学依据。

(5)利用土地变更遥感调查数据及补充获取的重点矿区高分辨率遥感数据，对广西壮族自治区矿产资源开发状况进行调查，共发现矿产资源开采点、面11 713个，其中，界内开采3644个，违法开采469个，废弃7600个，分别占全区矿山总量的31.11%、4.00%、64.89%。

(6)利用土地利用变更遥感调查数据及补充获取的重点矿区高分辨率遥感数据，对广西壮族自治区矿山地质环境进行遥感调查，共发现广西壮族自治区矿山开发占地面积38 610.92×10^4m^2，约占广西壮族自治区总面积(23.67×10^4km^2)的0.16%，其中，采场占地21 133.94×10^4m^2，中转场地占地10 140.72×10^4m^2，固体废弃物占地5957.39×10^4m^2，矿山建筑占地1360.78×10^4m^2，地下开采沉陷区占地18.09×10^4m^2；发现矿山地质灾害32处，其中，采矿塌陷区6处，泥石流7处，滑坡7处，崩塌12处；发现矿山环境恢复治理面积934.76×10^4m^2，仅占全区矿山用地的2.4%；对广西矿山复绿工程涉及的1778个矿山进行遥感监测，并对部分矿山进行了野外验证工作，结果表明27个矿山已复绿，2个矿山正在复绿，1749个矿山未复绿，分别占广西矿山复绿工程数量的1.5%、0.1%、98.4%；发现矿山环境污染1处，为水体污染，位于河池市南丹县芒场镇。

(7)利用遥感影像、地形图、地质图、气象资料、矿权资料、矿山开发状况调查成果、矿山地质灾害调查成果、矿山生态环境恢复治理调查成果、野外调查资料等多元综合数据，参照《矿山环境保护与综合治理方案编制规范(DZ/T 23—2007)》《矿产资源开发遥感监测技术规范》等相关标准、规范，选择16个评价因子，采用网格法对广西壮族自治区开展矿山地质环境评价工作，圈定广西壮族自治区矿山地质环境严重影响区1187.27km^2，较严重影响区8740.41km^2，一般影响区49 407.71km^2，无影响区178 400.5km^2，分别占广西壮族自治区陆域面积的0.5%、3.7%、20.8%、75.0%，为政府部门制定相关政策法规提供了依据。

(8)总结了广西壮族自治区矿山开发遥感调查与监测、矿山地质环境遥感监测的工作体系与工作方法，并将其应用于广西重点矿集区矿山开发遥感调查与监测及广西壮族自治区矿山环境监测中。

海南国际旅游岛北部地下水资源潜力调查

承担单位：海南省地质环境监测总站
项目负责人：陈安河

档案号:0873

工作周期:2011—2012 年

主要成果

(1)工作区多年平均天然补给资源量 512 953×$10^4 m^3/a$,平均模数为 78.13×$10^4 m^3/(km^2 \cdot a)$。补给资源量的主要补给项为降水入渗补给量,约占总补给量的81%。潜水可开采资源量 34 971×$10^4 m^3/a$,平均模数为 5.33×$10^4 m^3/(km^2 \cdot a)$。深层承压水的可开采资源量为 36 393×$10^4 m^3/a$,平均模数为 8.27×$10^4 m^3/(km^2 \cdot a)$。

(2)工作区潜水总体质量较好,可直接饮用(指优良级、良好级和较好级水)的潜水分布面积 5577km^2,占潜水面积的 84.94%;较差级水分布面积 987km^2,占潜水面积的 15.03%;极差级水分布面积 2km^2,占潜水面积的 0.03%。承压水水质总体质量较好,水质优于潜水。第 1 层承压水中可直接饮用的承压水分布面积 1780km^2,占总面积的 95.19%;较差级水分布面积 90km^2,占总面积的 4.81%。第 2 层承压水中可直接饮用的承压水分布面积 2941km^2,占总面积的 96.19%;较差级水分布面积 116km^2,占总面积的 3.80%;较差级水分布面积 0.4km^2,占总面积的 0.01%。第 3 层加第 4 层承压水中可直接饮用的承压水分布面积 3739km^2,占总面积的 85.40%;较差级水分布面积 639km^2,占总面积的 14.60%。

(3)2010 年工作区范围的地下水开采量为 15 512×$10^4 m^3$,约有开采井 222 483 口,其中民井为 132 310 口,机井为 90 173 口。其中,松散岩类孔隙潜水开采量为 2614×$10^4 m^3$,深层承压水开采量为 10 253×$10^4 m^3$,基岩裂隙水开采量为 347×$10^4 m^3$,火山岩类裂隙孔洞水开采量为 2298×$10^4 m^3$。地下水开采主要以深层承压水为主,开采量最大的行政区为海口市。

(4)工作区潜水的潜力总量为 29 712×$10^4 m^3/a$,潜力指标为 6.65,平均潜力模数为 4.53×$10^4 m^3/(km^2 \cdot a)$。承压水潜力总量为 26 140×$10^4 m^3/a$,潜力指标为 3.55,平均潜力模数为 5.95×$10^4 m^3/(km^2 \cdot a)$。

广东 1:5 万太平镇幅、容奇镇幅、榄边幅环境地质调查联测

承担单位:广东省水文地质大队

项目负责人:欧阳春飞

档案号:0879

工作周期:2014—2015 年

主要成果

(一)基本掌握了工作区地貌特征、岩石地层和构造格局

(1)工作区地貌类型分为侵蚀剥蚀丘陵、侵蚀剥蚀台地、三角洲平原和人工地貌 4 种类型。其中,工作区主要地貌类型为三角洲平原,面积约为 895.2km^2,占工作区总面积的 84%,其次为侵蚀剥蚀丘陵地貌及人工地貌。

(2)基本掌握了工作区岩石地层特征。

区内地层发育较少,由老至新有元古宙、侏罗纪、白垩纪、古近纪和第四纪地层,基岩地层

主要以元古宙变质杂岩和白垩纪砂砾岩等为主，零星出露于工作区北东东莞虎门、北西顺德、中部中山黄圃等地。

第四纪地层主要包括更新世礼乐组（Qpl）和全新世桂洲组（Qhg），其中，礼乐组可进一步细分为石排段（Qpl^{sp}）、西南镇段（Qpl^{x}）和三角层（Qpl^{sj}）；桂洲组则进一步细分为杏坛段（Qhg^{xt}）、横栏段（Qhg^{hl}）、东升层（Qhg^{d}）、万顷沙段（Qhg^{w}）及灯笼沙段（Qhg^{dl}）等。第四纪地层以河口三角洲相沉积为主，岩相岩性及沉积厚度多变，以万顷沙-民众一带沉积厚度最大，可达 69.1m。

区内侵入岩较为发育，以丘陵的形式大面积出露于南沙黄山鲁、中山南萌五桂山一带，以残丘形式零星分布于容奇镇幅中部等地，大面积隐伏于区内第四纪地层之下，主要包括奥陶纪、三叠纪、侏罗纪和白垩纪等不同时代侵入岩。

(3)结合区域地质资料，对工作区构造进行了遥感解译，共解译了 39 条断裂，野外验证了 11 处断裂，均与解译结果相符。工作区地质构造复杂，总体上以北东向和北西向构造为主，它们相互切割、复合，构成本区构造的基本架构。其中，北东向构造主要包括河源断裂、东莞-南沙断裂组和横门断裂组等。北西向断裂则主要为白坭-沙湾断裂带、狮子洋断裂组等。

(二)基本查明了工作区水文地质条件

(1)区内地下水类型主要有松散岩类孔隙水和层状、块状基岩裂隙水，富水性不均，多以贫乏—中等为主。地下水位埋深普遍较小，多为潜水或微承压水。

(2)工作区地下水横向上具有自山区往海岸变咸，纵向上具自上而下变咸的特征。上层滞水及丘陵山区边缘多为淡水，松散岩类孔隙水多为微咸水或半咸水，而下部隐伏的基岩裂隙水则多为咸水。分布于丘陵山区及其周边的松散岩类孔隙水，水质较好，水质类型以 HCO_3－Ca 为主；分布于平原区的松散岩类地下水则多以 Cl－Na 型水为主，矿化度为 1.85～13.25g/L，为微咸水—咸水。裸露基岩裂隙水化学类型一般为 HCO_3－Ca 型或 HCO_3·Cl－Ca·Na 型为主，矿化度 0.02～0.40g/L；隐伏基岩裂隙水则以 Cl－Na 型为主，为矿化度 8.95～17.89g/L 的半咸水—咸水。

(3)工作区地下水以大气降雨补给为主，其次为含水层的侧向补给、地表水体入渗补给等。地下水整体流向是自北西往南东方向径流，自丘陵区向周边低洼平原区潜流。以渗流、潜流等方式作为主要的排泄方式，丘陵地区局部以泉、民井的形式集中排泄。受潮汐的影响，区内地下水与地表水体具有密切的水力联系，存在补排关系的频繁转换。

(4)地下水动态变化规律与气候、潮汐等关系密切，地下水水位、水温、电导率等随气候变化而波动明显，雨季地下水位埋深较浅，水温较高，电导率较低，枯季则相反。长观结果表明，地下水位埋深年变化幅度为 0.43～2.48m，水温年变化幅度为 2.8～8.7℃，电导率年变化幅度为 59～854μS/cm。

(5)工作区无地热资源天然露头，但区域构造活动频繁，且工作区西南(区外)有高温热泉，故区内可能存在隐伏的地热资源。局部有矿泉水及肥水资源分布。矿泉水受北西向断裂控制，规模为小型，属低矿化度偏硅酸矿泉水，目前已废弃不用。肥水资源分布范围、资源量、成因和开发利用前景等均有待进一步研究。

(三)基本查明了工作区工程地质条件，并进行工程地质分区与评价

(1)将工作区工程地质岩性组划分为 7 个基岩岩性组和 6 个不同类型的土体岩性组。在

岩性组划分的基础上，对各类工程地质层进行划分，其中岩石按风化程度不同，划分为全风化、强风化、中风化和微风化，并依据不同的岩性组作进一步细分。土体的工程地质分层则主要依据沉积相、成因类型及物理力学性质等划分为11个工程地质层组，在此基础上按岩性组类型进一步细分工程地质亚层。对各工程地质岩性组、工程地质层的特征、物理力学性质指标等进行了总结或统计。

(2)基本查明了工作区的软土分布范围、厚度、顶地板埋深、工程力学性质等特征。工作区软土以海相沉积为主，横向上分布规律为越靠近海岸厚度越大，丘陵或残丘周边软土分布厚度小，沿河流往海岸，如万顷沙一带厚度逐渐增大形成沉积中心，最大累计厚度达42.6m。纵向上主要有3层软土广泛分布，局部分布有第四层软土。工作区软土普遍夹有粉沙薄纹层，与其他地区软土相比较，工作区内软土具有厚度变化大、埋深浅、含水量高、孔隙比大、渗透性较好、压缩性高及抗剪强度低等特点。

(3)受古地理环境和地貌等因素的控制，各工程地质层在区内的分布、厚度、埋深等均有一定差异，整体上第四纪沉积厚度自北西往南东增加，呈条带状变化趋势，基底起伏较为平缓。

(4)根据区内岩土体的结构特征、工程地质问题等，对工作区进行了工程地质分区，共分为2个大区、5个亚区和2个地段，并根据各区的工程地质特征，对各分区的工程地质特征进行了总结。其中，丘陵台地隆起岩土工程地质大区(Ⅰ)主要以分布半坚硬—坚硬岩土为主，工程地质条件较好，一般可作为天然地基持力层；平原沉积岩土工程地质大区(Ⅱ)主要以平原冲洪积海冲积土为主，多为不良地基土，需经过工程措施处理后才能作为地基持力层，局部分布的残丘岩土及丘间谷地冲洪积土则工程地质条件较好，一般可作为天然地基持力层。

(5)对工作区进行了工程地质评价。该区场地的稳定性较好，主要活动断裂有过多次的活动，在工程建设过程中应充分考虑基底断裂活动的影响。工作区平原沉积区场地土类型多为软弱土，场地类别为Ⅲ类；工作区所在的广州南沙和佛山顺德、中山等抗震设防烈度为7度(区内东莞市虎门、长安镇范围的抗震设防烈度为6度)；区内基岩出露区一般属于对抗震有利地段，丘间谷地地区一般属于对抗震一般地段，平原沉积区一般属于对抗震不利地段。区内场地工程建设适宜性主要为适宜及较适宜，局部新近吹填地区适宜性差。工作区存在的不良地质作用主要包括软土地基、饱和砂土液化等。

(6)水土的腐蚀性判别结果表明，地下水对混凝土结构及混凝土结构中的钢筋长期浸水位置均具有腐蚀性，其中少量为弱腐蚀性及中等腐蚀性，多为微腐蚀性。在干湿交替位置，地下水对混凝土中的钢筋部分具有强腐蚀性或中等腐蚀性，多为弱腐蚀性或微腐蚀性。强腐蚀性的区域主要集中在中山黄圃、三角、民众和南沙的黄阁、金洲、万顷沙及东莞虎门一带，中等腐蚀性则主要分布于中山民众、三角、南沙横沥、万顷沙及龙穴岛一带。土对混凝土结构以及对混凝土结构中的钢筋多为微腐蚀性，仅个别为弱腐蚀性或中等腐蚀性。中等腐蚀性主要分布于南沙万顷沙、南沙街道、横沥、新垦一带。

(7)圈出了区内可液化砂土的分布范围。砂土液化判别结果表明，工作区液化等级为轻微—严重。砂土液化严重的区域主要分布于工作区北西的顺德大良—南沙五沙、顺德容桂东升村—高黎村、顺德桂洲—中山南头、南沙横沥—白石围、南沙万顷沙前卫村—华侨农场—同兴围—沥沁沙一带，液化中等的地区主要分布于横沥—万顷沙冯马村、庙贝农场、中山阜沙新沙鸡鸦水道两岸等地。部分区域因资料不够充分，未进行液化判别。

(8)对已有工程及重要规划等存在的影响主要来源于软土不均匀沉降和可液化砂土，对工程的设计、施工及运行均存在影响，应根据实际情况采取不同的工程措施进行加固或处理，以保障工程建设及社会经济建设的有序进行。

（四）查明了工作区软土地面沉降的分布范围、沉降量等特征

工作区属海陆交互相沉积形成的三角洲平原区前缘，原多为浅滩、沼泽等，后经人工吹填形成陆地。广泛分布的第四纪淤泥、淤泥质粉细砂等软土地层，在自重及上覆荷载等多种因素作用下，发生广泛的软土地面沉降现象，沉降中心发生于南沙区万顷沙、龙穴岛鸡鲍沙、万顷沙新垦、中山民众一带等地，最大累计沉降量达 50cm。

软土地面沉降在工作区十分常见，但因缺乏稳定的参照物，故调查过程中难以测量其累计沉降量。软土地面沉降在工作区主要表现为路面起伏扭曲、桥头跳车、建筑物地面下沉、墙体开裂、水闸拱起拉裂、供排水管道拉裂等。

（五）初步掌握了工作区建筑基础、土地利用现状和城镇变迁情况等

（1）初步掌握了工作区建筑结构及建筑基础。据调查，工作区建筑结构按材料可分为混凝土结构、砌体结构、钢结构、木结构等几种。城镇的建筑结构多为混凝土结构或砌体结构，少量大型建筑为钢结构。而区内大面积分布的农村，建筑结构多为砖混，砌体结构，少量是木结构。工作区城镇建筑多采用桩基础，包括预制管桩、钻孔桩、挖孔桩等作为基础；农村多采用桩基础，包括预制管桩、方桩、木桩等，也有采用条形基础或筏型基础。地铁、高速公路等多采用冲孔桩作为基础。

（2）对工作区土地利用现状有了初步的了解。工作区主要为三角洲平原，地势平坦开阔。其土地利用类型主要为农业及渔业用地，大面积分布于南沙区万顷沙、新垦、龙穴岛、横沥、大岗，中山市黄圃、三角、民众等地；其次为工业用地，主要分布于南沙区的龙穴岛、黄阁、中山黄圃、东莞虎门等地。城镇建设用地则主要分布于各城镇。

（3）工作区经济和社会发展迅速，城镇扩张较为明显。2013 年城镇面积较 1959 年而言，共计扩张了 237.75km^2，各图幅扩张达 9～13 倍之多，主要分布在工作区西部的佛山市顺德区、中山市南头镇、黄圃镇，工作区东部的东莞市虎门镇、长安镇及广州市南沙区等地。

（六）基本查明了工作区海岸线变迁情况

工作区受填海造地等人为因素的影响，海岸线变迁较为显著。

2000 年对比 1959 年海岸线，在蕉门水道南侧、虎门南侧、南沙东侧、万顷沙及龙穴岛沿岸地区陆地均有向外扩张，其中以万顷沙、龙穴岛及横门地区变化最为显著。虎门沿海地区向南扩张 1500～2000m；龙穴岛地区向北扩张达 5800m，向西扩张达 1800m，向南扩张达 5850m。万顷沙地区陆地范围向南扩张距离有 9500m；在沥沙水道、横门水道之间的合德围、七零围和利生围等地向入海口区域扩张，扩张范围有 1250～2300m；横门飞蛾山地区往东扩张有 3000m，往南扩张有 6750m。

2013 年对比 2000 年海岸线变迁，变化不明显，变化较大地区主要发生在虎门南侧和龙穴岛东侧。其中，虎门凤凰山东南侧地区，陆地向外扩张最大距离有 1500m；龙穴岛东侧地区，向东侧扩张有 850m，龙穴岛南东侧部分区域，陆地范围向西缩最大距离有 300m；横门飞蛾山东南侧，陆地分别向东扩张有 1500m，向南扩张有 4900m。

(七)基本查明了工作区内地质灾害类型、分布、规模和致灾因素等

(1)区内地质灾害类型主要包括地面沉降、崩塌和滑坡 3 种。

(2)地面沉降主要发生于珠江口三角洲平原区,与区内软土分布基本一致。本次工作共发现地面沉降灾害 21 处,呈面状或条带状分布于南沙区万顷沙、龙穴岛、中山民众镇、三角镇等地区,沉降中心主要位于中山民众、横门,万顷沙十九涌、南沙滨海花园、南沙沙螺湾村等地。新近填海区表现为面状大范围整体沉降,但因缺少参照物,沉降现象仅见于水闸、桥头等。沉降量一般小于 10cm,局部达 50cm,沉降规模以中—小型为主,局部为大型。

(3)本次调查发现崩塌和滑坡共 20 处,除南沙黄阁镇亭角桥阁村 R54 为中等规模崩塌灾害,其余均为小型,主要发育于工作区黄山鲁、五桂山等丘陵地带,多为人工切坡引起。依据各县(市、区)地质灾害调查与区划工作成果及广东地区的实际情况,结合区内地质灾害的发育状况,将工作区分为地质灾害高、中和低易发区,分别占全区面积的 20.8%、31.6%、47.6%。

(八)对南沙新区软土地基不均匀沉降的分布范围、危害程度和成因机理等进行了专题研究,并对典型沉降地区的地面沉降稳定时间进行了预测

(1)南沙地区地面沉降范围广泛、危害严重。南沙地区在除基岩之外的其他地方都存在不同程度的地面沉降。地面沉降最严重的地区分布在龙穴岛、万顷沙、滨海花园、沙螺湾、新垦、三民岛、中山三角洲等地,在这些地区形成了地面沉降中心。地面沉降带来的危害主要包括路面不均匀沉降、建筑物地面下沉、地下管网下沉变形、高程损失等。

(2)南沙地区地面沉降发生是由广泛分布的深厚软土决定的。南沙地区的软土为近代沉积的滨海相软弱黏性土,分布广泛、沉积厚度大、工程性质差。

(3)对南沙地区软土地面沉降的机理进行了研究,区内地面沉降的成因机理复杂,主要包括软土自重固结沉降、工程活动引起的软土固结沉降、软土的流变固结沉降及软土渗透固结沉降等。总体而言,区内地面沉降主要由欠固结土固结引起,仅局部地区因开采地下水加剧了地面沉降的发生。因区内软土固结变形性质特殊,进行地面沉降计算与预测时,应充分考虑软土的固结变形特性。

(4)采用双曲线和泊松曲线预测法,分别对南沙港区、小虎岛泰山石化仓储区、滨海花园等进行了地面沉降的预测。预测结果表明:南沙港区深厚软土在真空预压下(图 4-22),地基沉降可在 142~307 天内达到稳定状态,南沙新区小虎岛泰山石化仓储区软土地基沉降均可在 53~132 天达到稳定,而滨海花园三期区软土地基稳定时间长达 2105 天。

(九)对南沙湿地公园的红树林种类、分布、生长区水与表层沉积物中的重金属特征等进行了专题研究

(1)工作区有 11 处红树林真实分布区域,个别区域零星分布,其余均分布有带状或片状的红树林,核算分布总面积约 2.4km²。红树种类主要有海桑、桐花树、老鼠勒、秋茄、木榄等,分布面积较大的主要是海桑和桐花树。

(2)水样中 7 种重金属的平均含量表现为 Zn>As>Ni>Pb>Cu>Cr>Cd,空间分布上

图 4-22 龙穴岛南沙港基地真空预压地基处理

表现为近海含量高于远海含量的规律。水样中重金属有多个来源,且相对稳定。除 Cr 全部达到三类海水水质标准外,其他 6 种重金属均有不同程度超标。近海口区域污染严重,主要受 Pb、As 和 Zn 的污染。

(3)表层沉积物中 7 种重金属的平均含量表现为 Zn>Cr>Pb>Cu>Ni>Cd>As,空间分布上无明显的变化规律。表层沉积物中重金属污染属于混合来源。除 Cr 和 As 全部达到二类海洋沉积物质量标准外,其他 4 种重金属均有不同程度超标。入海口重金属的潜在生态危害水平最高。沉积物样品主要以 Cd 和 Zn 这两种重金属污染最严重。

(4)南沙表层沉积物环境质量状况良好,基本未受有机氯农药污染,均达到一类标准。海水环境质量状况良好,受有机氯农药污染较轻,其水质基本能够满足海水水质二类标准要求。总有机氯农药源大于汇,各种有机氯农药以不同的形式发生了迁移,其中,人类活动的频繁是发生迁移的重要原因之一。

(5)全球气候变化对红树林的影响分析结果表明,平均气温的升高在不考虑其他因素影响的情况下,红树林湿地还能够持续健康发展至少 420 年。如果仅考虑相对海平面上升的影响,未来研究区的平均潮位线、平均大潮高潮位线都会向陆地方向移动,红树林的向海边界、向陆边界也随之向陆地方向移动,红树林的分布面积会增加。但由于南沙区沿海堤坝、道路等的修筑,整个港湾内海岸线上都有海堤等分布,海堤不发生变化的情况下,预测年红树林的向陆边界保持稳定,海堤妨碍了红树林面积的扩增。预测红树林的分布范围与海边界的平均潮位线的位置变化密切相关,平均潮位线向海或向陆移动,红树林的分布范围也会发生变化。

(十)对工作区填海工程对地质环境的影响进行了专题研究及评价

(1)围海造地对珠江口及内伶仃洋海岸线变化影响巨大。珠江口海岸线总长由 1973 年的 544.25km 增加到 2013 年的 660.92km。其中,1973—1981 年间,珠江口海岸线总体变化不大;1981—2010 年间,海岸线整体向海推进,变化较大,后期有所减缓,变化特点是人工岸线大幅增长,而淤泥质岸线缩短,揭示了填海造地是这一时段海岸线变迁的主要影响因素。除海岸淤积外,还存在海岸蚀退现象。

(2)围海造地对内伶仃洋冲淤影响明显。30 年来,伶仃洋海区除了虎门两侧岸线相对比较稳定,其他区域海岸线均向海延伸,河口整体处于不断淤浅萎缩中。围垦和填海造陆等人类活动对该区岸线的改造已经取代了岸线自然演变。

(3)围海造地对内伶仃洋海域纳潮、浑浊带、营养盐含量影响剧烈,1978 年以来的近 30 年间,伶仃洋水域的纳潮量减少了约 11.79%,年平均减少约 0.41%。浑浊带由沿西岸条带状分布,演变为多个独立的浑浊带区。研究区西岸河道不断延伸、岸线整体向东南逼进及局部径潮比增大是造成最大浑浊带不断发生变化的主要原因。20 年来,珠江口伶仃洋海域硝酸盐、亚硝酸盐、磷酸盐和氨氮在丰水期、枯水期有明显的上升趋势,硅酸盐含量起伏波动,氮磷比呈下降趋势。径流携带作用是硝酸盐和硅酸盐的主要来源,而对亚硝酸盐和磷酸盐则起稀释作用。农业施肥的影响,围填海造成的海域面积缩小,海水自净能力的降低,网箱养殖业饵料的不合理投放亦是造成珠江口无机氮和无机磷含量上升的因素。

(4)围海造地对内伶仃洋海域具有较大的生态影响。珠江口年度赤潮发生的累计总时间和累计总面积呈波动上升的趋势,高发季节由仅在冬季、春季发展到在各季节均有爆发。由硅藻和原生动物引发的赤潮所占比例减少,而由甲藻和定鞭藻引发的赤潮明显增多;有毒赤潮发生的次数有增加的趋势。海域富营养化日益严重是诱发珠江口赤潮发生的主要原因。潮汐的改变对围垦后滩涂环境的影响主要表现在潮汐消失后形成的封闭系统导致淡水化和陆生化等。

(5)围海造地对南沙地区造成的主要影响包括直接导致湿地生态破坏,河道水位升高而加剧洪涝灾害,增加河道及口门的淤积,污水滞留而加重河网的水质污染,加剧沿海平原的软基沉降灾害,大片低地将被淹没或受威胁,风暴潮灾害加剧,海岸侵蚀作用加强,沿海城市环境面临新的恶劣形势。

(十一)进行了数据库建设,提高了工作区的水工环地质研究程度,丰富了区域基础地质数据

数据库信息系统建设是在遵循《城市群地质环境调查评价数据库建设指南(Ver 3.0)》相关规范与技术要求,依托"城市群地质环境信息平台"的基础在中国地质调查局 2013 年开发的《城市群地质环境调查评价数据库》平台上进行,包括数据录入、数据核查和数据整理 3 个过程。建立的属性数据库可为工作区工程和社会建设提供服务。

(十二)培养了一批熟悉调查程序和项目工作过程的年轻技术人员,形成了稳定的区域地质调查专业技术队伍

通过本次项目锻炼,培养了一批高学历、年轻化的区域水工环地质调查技术人员,各有 1 人分别入选了广东省地质局南粤地质人才工程学科带头人、技术骨干。

三峡工程水库塌岸预测及监测预报

承担单位：成都理工大学
项目负责人：许强
档案号：0880
工作周期：2000年
主要成果

(1)查明了塌岸段的岸坡形态特征、物质组成，圈定了第四系松散堆积层的范围；查明了塌岸段的岩土体结构特征、水文地质条件、基本的物理力学性质；查明了塌岸段沿江一定范围内的城镇、居民点、工程场地及交通枢纽等人类工程活动的基本情况，并依据初步预测的结果进行了危害对象和危害程度分级。

(2)在全面系统地收集已建水库塌岸资料并对其深入分析的基础上，重点剖析了国内已有水库典型塌岸段的地质环境条件、塌岸类型和形成发展过程及机制，建立了类比水库各类塌岸岩体的基本地质模式。

(3)通过对类比水库典型塌岸地段的工程地质测绘、代表性岩体力学剖面的实测及相应的地球物理勘探和岩体力学测试研究，取得了相关的岩体力学指标及各类塌岸的特征参数，进而建立了不同环境条件下各类塌岸的岩体力学概念模式及预测模型。

(4)深入研究了三峡库区的地质环境、岸坡岩体的结构类型岩体力学环境、水动力条件及水库运行动态等环境因素，并与类比水库典型塌岸事件的地质模式及预测模型进行类比分析，通过进一步的岩体力学计算和理论研究，建立了三峡库区不同类型岸坡的塌岸模式。

(5)提出了塌岸预测参数的确定方法和途径，包括水上稳定坡角、冲(磨)蚀坡角、水下堆积坡角等及重点塌岸段的地质结构、岩性组合、岩土体物理力学性质、岸坡类型、人类工程活动、变形特征和地下水状况、库水水力特征(设计洪水位、地下水浸没影响及浪蚀影响)等。

(6)建立了塌岸范围预测模型。对于均质、类均质土坡，由于波浪冲蚀坡脚而逐步塌岸后退，最终形成稳定水上坡角、冲(磨)蚀坡角及水下堆积坡角的冲(磨)蚀型塌岸类型，提出了折线型岸坡塌岸预测法和塌岸预测多元回归法。对于其他各类塌岸类型，主要依靠相似水库的塌岸类比及山区斜坡稳定性的分析方法建立了塌岸范围预测模型——岸坡结构塌岸预测法。开展了塌岸预测方法的物理模拟研究，并以万州大周段典型塌岸为例进行了为期半年的室内物理模拟试验。采用极限平衡法和数值模拟对重点塌岸段进行了分析验证。分析了预测模型的适应性，提出各种预测参数。

(7)通过建立的预测模型和选定的预测参数，对三峡库区进行三期蓄水位(135m、156m、175m)的塌岸范围预测，圈定三峡库区潜在的重点塌岸段及其塌岸宽度，确定各潜在塌岸段的典型塌岸模式，预测各塌岸段在各期蓄水位(135m、156m、175m及水库运行期水位消落等)的可能塌岸范围及演化趋势。

海南省矿山环境监测

承担单位:海南省地质调查院
项目负责人:张志壮
档案号:0890
工作周期:2011—2014年
主要成果

(一)全面客观地摸清了海南省矿山地质环境状况

海南省矿业秩序总体较好,但仍存在滥采乱挖、界外开采等违法违规行为。2011—2014年度共利用矿产卫片数据和重点区数据调查发现锆钛矿、玄武岩矿、花岗岩矿等违规矿点201处(包括较多连续多年开采的违法矿山)。

通过4个年度的监测,基本摸清海南省矿山地质环境状况。

(1)海南省陆域范围内矿山开发占地5787.57×10^4m^2。其中,86%为采场占地,采场占地4984.72×10^4m^2;中转场地占地427.11×10^4m^2,占全部占地比例的7%;固体废弃物占地198.12×10^4m^2,占全部占地比例的4%;矿山建筑占地177.62×10^4m^2,占全部占地比例的3%。

(2)调查出2类矿山地质灾害(隐患),共13处矿山地质灾害,其中,崩塌(隐患)9处,滑坡(隐患)4处;解译出矿山地质环境恢复治理3874.09×10^4m^2,另外正在利用矿山3640.76×10^4m^2,废弃矿山2146.81×10^4m^2,恢复治理比为40.10%。

(3)矿山环境污染调查出1处水体污染隐患。

(4)摸清全省100处矿山复绿工程中,已复绿16处(已恢复完成比例为16%),正在复绿1处,未复绿83处。

(5)圈定了文昌木兰头地区为矿山地质环境问题区,加强了遥感解译和野外调查的强度,为矿区的生态恢复治理提供强力的数据支撑和可行的治理措施。

(6)利用重点区数据,加上矿产卫片成果补充非重点区,完成了全省矿山地质环境评价。通过矿山地质环境评价,矿山地质环境严重影响区、矿山地质环境较差区、矿山地质环境一般区的面积分别为154.73km^2、375.54km^2、2118.74km^2,各自占海南省总面积(35 354km^2)的0.44%、1.06%、5.99%。

(二)项目成果资料提供及时,为海南省矿产卫片执法工作提供了有效的技术资料

无论是矿产卫片调查成果还是重点区调查成果均在计划项目组规定时间内提交。快速、准确的遥感调查成果资料,为海南省国土部门开展矿产卫片执法工作提供了技术支撑,在矿山卫片执法中发挥着重要的作用。

（三）调查成果进一步落实“一张图管矿”的要求，项目成果及时上报，提供技术支撑和决策依据

重点矿区的矿产资源开发利用、矿山环境、规划执行情况等调查成果及时上报国土资源部、中国地调局及海南省国土厅，为国家整顿和规范矿产资源开发秩序、国土资源部（厅）制定矿产资源规划。同时还利用 2013 年度土地变更调查数据和重点区数据进行全省 50 万系列图的编制，为保持矿产资源的可持续开发与利用提供了技术支撑及决策依据。

珠江三角洲地区地面沉降调查

承担单位：广东省地质局第四地质大队
项目负责人：揭江
档案号：0892
工作周期：2013—2015 年
主要成果

（一）分析了 3 个平原区地面沉降的差异

在利用同期开展的其他项目监测成果，以及借鉴国内已有地面沉降调查研究成果的基础上，开展了对珠江三角洲、雷州半岛的地面沉降调查和潮汕平原的地面沉降地裂缝调查，结果发现，广东省三大平原区的地面沉降有较大差异，主要表现为地面沉降的地表特征类型不同。

1. 珠江三角洲蜂窝型地面沉降

这是珠江三角洲平原区特有的地面沉降形式，其主控因素是存在厚大新近沉积与人工吹填欠固结软土；人类工程活动频繁。在厚大软弱类土分布的区块，以最大沉降点为中心形成沉降凹，大片沉降区内可存在一个或若干个沉降凹，在区域上则形成蜂窝状沉降。

2. 雷州半岛漏斗型地面沉降

主要分布于雷州半岛地区，其主控因素是存在巨厚松散层；持续大量开采松散岩类孔隙承压水。漏斗型地面沉降受地下水开采影响明显，滨海地带由于受到新近沉积及人工吹填欠固结软土自然固结的叠加影响，对农田、建筑物及地下管线等破坏较为严重（图 4 - 23）。这是传统的地面沉降形式，呈现以区域最大沉降点为中心的漏斗状，主要受松散层地下水水位降落漏斗控制。调查发现区内沉降漏斗和水位降落漏斗的时空分布特征基本吻合。

3. 潮汕平原地裂缝型地面沉降

主要分布于潮汕平原区，其主控因素包括存在厚层松散盖层，且厚度差异大；持续大量开采松散岩类孔隙承压水；基底构造。区内松散层沉积厚度受基底构造（F1 断裂）控制，F1 断裂为北西走向、北东倾向的正断层，上、下盘松散盖层厚度差异较大（上盘盖层相对较大）；建在 F1 上盘的众多洗染厂大量开采地下水，加剧了上盘松散层的固结速度，从而发生上盘下错现象，而持续大量开采地下水使得地面沉降不断扩展，地表裂缝也不断向两侧延伸。调查发现地裂缝的走向与 F1 断裂走向十分吻合。

图 4 - 23　金湾区红旗镇三板村楼房整体下沉

虽然 3 个工作区的地面沉降成因机理和表现特征不尽相同，但都具有区域特征，危害面广，对建(构)筑物破坏严重。总体而言，区内地面沉降地裂缝灾害主要分布于滨海平原区、围海填土区、三角洲平原和冲积平原等地形平坦、分布厚大软弱类土的区域。大范围的地面沉降地裂缝地质灾害，对当地群众的房屋等建筑物造成了严重破坏，对生命安全也构成严重威胁。

(二)查明了厚大软弱类土分布对地面沉降的重要影响

通过调查分析发现，珠江三角洲本次调查的平原区内，松散层厚度一般在 15～57m 之间，最大厚度约 63m，而其中软弱类土厚度一般在 10～40m 之间，最大厚度可达 47m；显然，调查区内松散层是以软弱类土为主的。珠江三角洲平原区软弱类土的分布面积广、厚度大，且多分布于松散层的上部，其自重固结压缩缓慢进行，但在频繁的人类活动影响下加剧了软弱类土的压缩固结。由于该区软弱类土分布和人类经济活动均具有区域的广泛性，因而形成的地面沉降也具有区域性，但其地面沉降表现为具有多量沉降凹的蜂窝式沉降。本次调查发现该区具有 21 个沉降凹，其中与抽水水位下降有关的沉降凹仅 4 个；显然，该区地面沉降的主控因素为软弱类土厚度以及人类活动的强度，大多与地下水开采无关。

西南岩溶地区 1∶5 万水文地质环境地质调查(重庆：宜居幅、丁市幅)

承担单位：重庆市地勘局南江水文地质工程地质队
项目负责人：焦杰松，周神波

档案号：0893

工作周期：2014—2015年

主要成果

(一)查明了调查区基本水文地质特征

(1)工作区共调查岩溶天然水点362处，其中，地下河9条，地下河总长度约56.2km，偶侧总流量为2039.98L/s；调查岩溶大泉30处，大泉流量在10～180L/s，偶侧总流量为1864.46L/s。与35年前1∶20万水文地质调查资料数据相比，新增地下河3条，新增岩溶大泉18处。

(2)根据区内地层岩性、岩石组合关系及含水性和透水性的不同，将区内含水岩组划分为岩溶含水岩组、碎屑岩类隔水岩组(浅部含风化带网状裂隙水)和松散岩类孔隙弱含水岩组3种水文地质岩组。在岩溶含水岩组中根据碳酸盐岩岩性的纯度、夹层性质、岩溶发育程度等特性，又将岩溶含水岩组划分为碳酸盐岩含水岩组、碳酸盐岩夹碎屑岩含水岩组和碎屑岩夹碳酸盐岩含水岩组。

(3)根据岩溶地貌类型、地质构造、岩性组合及岩溶发育程度等特征划分出调查区地下水水位的埋深情况。

(4)根据调查分析总结了调查区内地下水的补径排特征，区内岩溶含水层组的补给方式主要有降雨直接入渗补给、地表水的补给和地下水的越层补给3种方式。地下水的径流排泄类型分为岩溶峡谷径流排泄型、向斜褶皱汇流排泄型、可溶岩与非可溶岩接触带径流排泄型和断裂带汇流、排泄型。

(5)按地下水的赋存特征，将调查区内地下水分为裸露型碳酸盐岩裂隙溶洞水、裸露型碳酸盐岩夹碎屑岩裂隙溶洞水、碎屑岩夹碳酸盐岩岩溶裂隙水、碎屑岩裂隙孔隙水及松散岩类孔隙裂隙水5类。其中，裸露型碳酸盐岩裂隙溶洞水分布面积为475.66km^2，该区域内落水洞、漏斗、天窗等分布较多，岩溶大泉、地下河较为发育，其中地下河流量一般为50～300L/s，地下水径流模数为大于3L/(s·km^2)，地下水富水性为较丰富—丰富；裸露型碳酸盐岩夹碎屑岩裂隙溶洞水分布面积约为99.54km^2，以发育岩溶泉为主，部分岩溶泉流量较大，地下水富水性为中等，地下水枯季径流模数为1～3L/(s·km^2)；碎屑岩夹碳酸盐岩岩溶裂隙水分布面积约为71.27km^2，由于岩性组合以碎屑岩为主体，岩溶现象不发育，其埋深浅，水量小，多数流量在1L/s以下，地下水富水性差—中等；第四系松散岩类孔隙裂隙水，岩性主要由第四系残坡积、崩坡积和冲洪积碎石土、黏土、粉细砂及砾石等组成，工作区内主要分布于中东部桃花源镇小坝地区，分布面积约为8.13km^2，泉水出露较少，流量小于0.1L/s；碎屑岩裂隙孔隙水基本为风化带网状裂隙水，水量较小，为调查区内区域相对隔水层，为区内岩溶地下水重要的隔水边界。

(二)查明了调查区岩溶发育规律

调查区内碳酸盐岩地层分布广泛，盐酸盐岩面积为653.8km^2，占调查区总面积的72.5%，岩性以灰岩、白云岩、白云质灰岩为主，岩溶形态发育齐全。

(1)通过野外调查和取样分析，查明了工作区碳酸盐岩的岩性层组类型、沉积与分布特征及矿物成分与化学成分。

(2)通过野外调查总结出工作区内表层岩溶带的分布发育规律。其表层岩溶个体形态发育的规模、数量及深度受地层岩性、地质构造、地形地貌等因素影响;新发育及正在发育的岩溶带,受土壤及植被影响,其中,土壤和植被覆盖较好的区域,岩溶相对较发育。

(3)通过野外调查、洞穴探测、示踪试验、水文地质钻探等方法对工作区地下岩溶形态及岩溶洞穴进行调查。

(三)对调查区岩溶水系统进行了细致划分,并对岩溶水系统进行了岩溶水资源量的计算、评价,对工作区地下水化学类型、水质等进行了评价

(1)本次工作根据地表水系统调查区分为 3 个四级岩溶流域,在四级岩溶水流域基础上,根据构造边界、岩性边界和地形边界等条件,将调查区分为了 7 个岩溶水系统,查明了各个岩溶水系统的特征。

(2)在岩溶水系统基础上细分出 10 个地下河系统、30 个岩溶大泉系统及若干散流型岩溶水系统,分别总结了各个系统的补径排条件、水动力特征、温度特征、水化学特征、动态特征等。

(3)依据有代表性的水文地质长观资料计算出工作区内降雨入渗系数、径流模数等参数,采用降雨入渗系数法和径流模数法计算出调查区内地下水天然资源量,根据计算结果对比分析,它可代表区内真实资源量。

(4)本次工作对有代表性的天然水点均进行了水样采集和检测,并依据地下水质量标准进行了评价。其中,本次工作所取 94 组水样中 61 组为优良,占本次所取样品总数的 65%;30 组为良好,占本次取样总数的 31.9%;2 组水样为较差,1 组水样为极差。

(四)分析计算了调查区地下水开发利用条件,并根据地下水赋存条件、用水需求等有针对性地制定了地下水开发利用区划,为当地进行地下水资源的开发提供参考和依据

(1)分别计算了调查区内地下河、岩溶大泉、散流泉的可开采资源量、已开采资源量、地下水可有效开采潜力指数等,并分析了工作区内地下水供需平衡关系,根据开采条件对地下水的开发进行了分区。

(2)根据不同岩溶水系统内水文地质条件、缺水情况、地下水开采条件等因素,分别制定了不同的地下水开采工程方案,根据规划的工程方案,在调查区内实施钻井 3 口、扩泉 71 处,可解决 6000 余人生活用水问题。

(五)基本查明了调查区岩溶生态环境地质问题,并预测了其发展趋势,有针对性地提出了防治措施建议

(六)完成了空间数据库的建设

本次工作完成了重庆宜居幅、丁市幅数据库建设工作,空间数据库中录入了调查点的基本信息,设置了图幅基本信息、基础地理、基础地质、水文地质基础、水文地质参数、岩溶水文地质、岩溶水资源开发利用、生态环境地质及其他的内部属性,并在此基础上针对泉点、钻孔、监测取样点、暗河、蓄水构造、岩溶流域、物探点等设置了外挂属性。空间数据库的数据主要来自

本次野外调查，保证了数据库数据的更新，使专业数据更具有实际利用价值，并为全面分析工作区水文地质环境地质条件、水资源评价及地下水开发利用提供了可视化信息。

长江上游宜昌-江津段汤溪河流域环境工程地质调查

承担单位：中国地质调查局武汉地质调查中心

项目负责人：赵欣

档案号：0894

工作周期：2012 年

主要成果

(1)查清了地质灾害数量、类型、规模、危害程度，提高了灾害点资料的准确性及真实可靠度，更新了地质灾害数据，为当地政府提供了地质灾害基础资料。本次通过汤溪河流域 1∶5 万精度和重点地段 1∶1 万精度遥感解译和工程地质测绘，共发现各类地质灾害 319 处，其中滑坡 299 处，崩塌 17 处，泥石流 3 处。

地质灾害的广泛发育，给人们的生命财产造成巨大威胁。按照地质灾害灾情分级，319 处地质灾害中特大型 18 处、大型 34 处、中型 156 处、小型 111 处，共威胁 31 050 人，潜在经济损失 117 788.4 万元(图 4-24、图 4-25)。

图 4-24　江口 2014 年洪灾

图 4-25　卫星村滑坡

调查成果及时提供给地方政府,为库区三峡工程地质灾害后续工作规划、流域发展规划、移民城镇建设等提供了详实的地质灾害基础资料。

(2)查明了地质灾害发育的环境工程地质条件、影响因素,分析总结了地质灾害分布规律、发育特征、形成条件,对地质灾害的易发性和危险性进行了分区评价。汤溪河流域地处大巴山台缘褶皱带和四川台坳交接部位的碳酸盐岩、碎屑岩高中山区,汤溪河从北向南呈树枝状镶嵌其中,形成宽狭交替的河谷地貌。流域内出露寒武纪(∈)—侏罗纪(J)沉积岩地层。主要岩性为碳酸盐岩、碎屑岩、碳酸盐岩夹碎屑岩和第四系松散堆积物,常有泥质软岩或煤系夹层等不良工程地质岩组;复杂的地质构造、多样的岩土体条件和河流的侵蚀作用,为地质灾害的发生创造了有利条件。砂岩含煤地层因地下煤层开采影响,易形成采空塌陷、崩塌和滑坡,并进一步形成泥石流;碳酸盐岩及坚硬碎屑岩构成的河谷,险峻陡峭,卸荷、溶蚀裂隙切割岩体,易形成危岩、崩塌和落石;巴东组碎屑岩、碳酸盐岩类地区岩土体易风化、斜坡较陡,多见滑坡、不稳定斜坡;松散土体地带则滑坡发育。流域内地质灾害主要受河流水系、岸坡结构和地质构造等因素的控制和制约,空间分布具有不均衡性、流域的集中性、沟谷两侧的不对称性和对生性等特点及规律。

流域属亚热带湿润季风气候,多年平均降雨量1200～1920mm,降水多而集中,常有暴雨发生,集中降雨和暴雨成为区内地质灾害发生的重要诱因。

流域地处三峡库区,移民安置、旅游开发、重大工程建设等正处于快速发展时期,资源环境安全问题日益突出,人与自然矛盾加剧,地质环境压力持续增加,人类活动对流域环境改造日趋强烈,城镇建设、旅游开发、交通建设等项目对斜坡稳定性构成不利影响,加剧了地质灾害的发生。

根据地质灾害发育现状,结合地质灾害形成的地质环境条件,采用定性和定量相结合的评价方法划分地质灾害易发区。其中，高易发区3个，面积557.7km²，占流域面积的32.16%，主要分布在河口—南溪镇干流两岸受库水位影响区、新阳—南溪—双土一线小河、南溪河一带、向阳乡—江口镇—沙市镇汤溪河干流及支流团滩河一带；中易发区1个，面积708.4km²，占流域面积的40.85%，分布于流域中下游高易发区以外的区域；低易发区面积468.0km²，占流域面积的26.99%，分布于流域上游人口较少的区域。

根据灾害体的稳定性、危险程度及威胁范围划分地质灾害危险区，高危险区3个，面积252.7km²，占流域面积的14.65%，分布于河口-云安镇段、支流新阳-南溪镇、干流田坝-江口段；中危险区5个，面积631.5km²，占流域面积的36.6%，分布于小溪沟下游、小河北—南溪河中上游、团滩河中上游、尖山—中鹿、渔沙—龙台等区域；低危险区4个，面积841.3km²，占全区面积的48.75%，分布于汤溪河下游、沙陀河(龙洞河)—盛堡河、农坝北—田坝一带、汤溪河上游等。

(3)对幺棚子滑坡、屋基坪斜坡两处规模大、危险性大且具有代表性的重大地质灾害体进行了工程地质测绘、勘查和岩土测试，查明了地质环境条件、灾害特征，对三峡水库蓄水后及水位调节期间滑坡稳定性进行了分析评价，为地方政府防灾减灾提供技术支撑；同时该类型滑坡在汤溪河流域较为普遍，通过典型勘查剖析研究，为同类斜坡灾害变形破坏机理提供参考。

(4)在以地质灾害调查评价为主的同时，对流域城镇建设、水土流失等环境工程地质问题进行了初步探讨。针对流域人类工程活动的特点，对移民场镇、居民点建设等进行了环境工程地质评价，对水土流失等问题进行了分析。通过这些问题的简单探讨与分析，希望能引起地方政府的重视，达到抛砖引玉的效果。

(5)划分了岸坡结构类型，对岸坡稳定性进行了分析与评价。溪河流域干流总长92km，本次在野外调查的基础上，通过详细分析河谷地貌形态、地层岩性、构造特征等地质环境条件，根据岸坡岩土体工程地质特性差异，对其进行了环境工程地质分段评价。流域下游地处三峡库区，1∶1万重点调查区干流左右两岸库岸总长63.47km，其中，土质岸坡13.56km，占干流库岸总长的21.36%；碎屑岩岸坡46.65km，占干流库岸总长的73.50%；碳酸盐岩岸坡3.26km，占干流库岸总长的5.14%。3条主要支流左右两岸库岸总长6.48km，其中，土质岸坡1.29km，占支流库岸总长的19.91%；碎屑岩岸坡5.19km，占支流库岸总长的80.09%，无碳酸盐岩岸坡。水库蓄水对岸坡稳定性构成严重威胁，通过库区范围内1∶1万环境工程地质填图，选择地层岩性、地形坡度、岸坡结构类型、构造影响程度、河流地质作用、岸坡变形破坏特征等6个基本地质因素及降雨影响程度、地震、人类工程活动3个影响因素作为岸坡稳定性评价指标，采用基于GIS技术的改进层次综合分析法对岸坡稳定性进行评价。

评价结果表明，重点调查区干流库段稳定性差或较差的单元主要集中在左岸河口云阳镇段，中下游硐村段，中游狮子包段、云安镇段，上游南溪镇段、盛堡镇段，干流右岸下游潘家院子段、张王庙段，中游牛角尖-宝珠山-节福堂段、庙梁子段和上游水井湾-社堂坪段、杨柳坪-青草坪段；支流库段稳定性差或较差的单元主要集中右岸支流南溪河段，累计长度22.78km，占总长的32.6%；其余库段则岸坡稳定性好或较好。评价结果与野外地质调查分析结果基本吻合。

(6)提出了环境工程问题防治对策建议。结合流域自然地理条件、环境工程地质现状和流域发展规划，有针对性地提出地质环境保护和地质灾害防治对策建议，为流域经济建设提供重要的科学依据。环境工程地质问题上结合流域开发利用现状，提出了退耕还林、水土保持、岸坡治理等防治建议,并对流域进行了林业、农业、河谷经济等分区评价:其中,农林经济适宜区面积 509.5km^2,占流域面积的 29.5%,主要分布于流域上游弯滩河段;农业经济适宜区面积 1040.5km^2,占流域面积的 60.3%,主要分布于中下游斜坡地带;河谷经济适宜区面积 176.6km^2,占流域面积的 10.2%,主要分布在河谷沿线,根据功能特点细分为库区生态、小城镇和水电经济 3 个亚区。

地质灾害方面,结合流域特点提出了有针对性的防治规划建议:①对威胁城镇设施、水电安全、重要交通干线的地质灾害,采取工程治理为主、搬迁避让为辅的防治措施;②对以生态农业为主导区的地质灾害,结合水土保持工程、农田整治建设及生态环境保护工程等,采取搬迁避让为主、工程治理为辅的防治措施;③对其他区域,采取群测群防为主、分计划搬迁避让的措施。共建议安排群测群防点 309 处、专业监测点 10 处、搬迁避让点 106 处、工程治理点 14 处。

长江上游宜昌-江津段卜庄河流域环境工程地质调查

承担单位:中国地质调查局武汉地质调查中心

项目负责人:伏永朋

档案号:0895

工作周期:2011 年

主要成果

(1)查清了调查区地质灾害数量、类型、规模、危害程度,提高了灾害点资料的准确性及真实可靠度,更新了地质灾害数据,为当地政府提供了地质灾害基础资料。

本次通过卜庄河流域 1∶5 万精度和重点地段 1∶1 万精度遥感解译及工程地质测绘,共发现各类地质灾害 76 处,其中,滑坡 57 处,崩塌及危岩体 4 处,泥石流 4 处,不稳定斜坡 11 处。

地质灾害的广泛发育,给人们的生命财产造成巨大威胁,流域内因地质灾害已造成直接经济损失达 140.38 万元。按照地质灾害灾情分级,76 处地质灾害中特大型 3 处、大型 2 处、中型 19 处、小型 52 处,共威胁 4220 人,潜在经济损失 18 140.2 万元。

调查成果及时提供给地方政府,为库区三峡工程地质灾害后续工作规划、流域发展规划、移民城镇建设等提供了详实的地质灾害基础资料。

(2)查明了地质灾害发育的环境工程地质条件、影响因素,分析总结了地质灾害分布规律、发育特征、形成条件,对地质灾害易发性和危险性进行了分区评价。

卜庄河流域地处川鄂褶皱碳酸盐、碎屑岩中低山区,卜庄河从南向北呈树状镶嵌其中,形成宽狭交替的河谷地貌。流域内出露奥陶纪(O)—侏罗纪(J)沉积岩地层。主要岩性为碳酸盐岩、碎屑岩、碳酸盐岩夹碎屑岩和第四系松散堆积物,常有泥质软岩或煤系夹层等不良工程地质岩组;复杂的地质构造、多样的岩土体条件和河流的侵蚀作用,为地质灾害的发生创造了有利条件。砂岩含煤地层因地下煤层开采影响,易形成采空塌陷、崩塌和滑坡,并进一步形成泥石流;碳酸盐岩构成的河谷,险峻陡峭,卸荷、溶蚀裂隙切割岩体,易形成危岩、崩塌和落石;巴东组碎屑岩、碳酸盐岩类地区岩土体易风化、斜坡较陡,多见滑坡、不稳定斜坡;松散土体地带则滑坡发育,极端暴雨条件下可能诱发坡面泥石流。

流域内地质灾害主要受河流水系、岸坡结构和地质构造等因素的控制和制约，空间分布具有不均衡性、流域的集中性、沟谷两侧的不对称性和对生性等特点及规律，顺向岸坡常发育大型岩质滑坡。流域属亚热带湿润季风气候，多年平均降雨量1000～1500mm，降水多而集中，常有暴雨发生，集中降雨和暴雨成为区内地质灾害发生的重要诱因。

流域地处三峡库区，移民安置、旅游开发、重大工程建设等正处于快速发展时期，资源环境安全问题日益突出，人与自然矛盾加剧，地质环境压力持续增加，人类活动对流域环境改造日趋强烈，城镇建设、旅游开发、交通建设等项目对斜坡稳定性构成不利影响，加剧了地质灾害的发生。

根据地质灾害发育现状，结合地质灾害形成的地质环境条件，采用定性和定量相结合的评价方法划分地质灾害易发区。其中，高易发区4个，面积40.03km^2，占流域面积的14.98%，主要分布在卜庄河口-桐树湾段、文化场镇附近、福禄溪干沟段和干流阴坡-刘家庄段；中易发区5个，面积20.91km^2，占流域面积的7.83%，分布干流于盐池-温泉段、平睦河段、金溪沟段、清水溪-黄泥沟段和源头响水淌段；低易发区面积206.21km^2，占流域面积的77.9%，广泛分布于流域内远离沟谷、植被覆盖好、人类工程活动弱的区域。

根据灾害体的稳定性、危险程度及威胁范围划分地质灾害危险区，高危险区2个，面积26.52km^2，占流域面积的9.92%，分布于卜庄河口—桐树湾、沙大湾—金溪口—文化乡一带；中危险区3个，面积21.07km^2，占流域面积的7.89%，分布于桐树湾—文化周边河谷斜坡、干流阴坡—刘家庄段两岸、温泉-盐池段旅游经济区；低危险区面积219.58km^2，占全区面积的82.19%，广泛分布于流域内远离河谷的斜坡、山顶等人口密度小的地区。

(3)对瓦窑坪滑坡一处规模大、危险性大且具有代表性的重大地质灾害体进行了工程地质测绘、勘查和岩土测试，查明了地质环境条件、灾害特征，对三峡水库蓄水后及水位调节期间滑坡稳定性进行了分析评价，为地方政府防灾减灾提供技术支撑；同时该类型滑坡在卜庄河下游库区两岸较为普遍，通过该点的典型勘查剖析研究，为同类斜坡灾害变形破坏机理提供参考。

(4)在以地质灾害调查评价为主的同时，对流域工程建设地质安全、水库诱发地震、水土流失等环境工程地质问题进行了初步探讨。针对流域人类工程活动的特点，重点对文化场镇、华新水泥厂等进行了环境工程地质评价，对水库诱发地震与斜坡的稳定性等问题进行了分析，对水土流失进行了初步评价。希望通过对这些问题的简单探讨与分析，引起地方政府的重视，达到抛砖引玉的效果。

(5)划分了岸坡结构类型，对岸坡稳定性进行了分析与评价。卜庄河流域干流总长37.0km，本次在野外调查的基础上，通过详细分析河谷地貌形态、地层岩性、构造特征等地质环境条件，根据岸坡岩土体工程地质特性差异，对其进行了环境工程地质分段评价。卜庄河下游地处三峡库区，回水河道长9.4km，库岸总长15.4km，其中，土质岸坡7.07km，占干流库岸总长的45.91%；碎屑岩岸坡7.76km，占干流库岸总长的50.39%；碳酸盐岩岸坡0.57km，占干流库岸总长的3.70%。两条主要支流龙潭河和玄武洞河左右两岸库岸总长8.70km，其中，土质岸坡3.09km，占支流库岸总长的35.52%；碎屑岩岸坡5.61km，占支流库岸总长的64.48%，无碳酸盐岩岸坡。水库蓄水对岸坡稳定性构成严重威胁，通过库区范围内1∶1万环境工程地质填图，选择地层岩性、地形坡度、岸坡结构类型、构造影响程度、河流地质作用、岸坡变形破坏特征六个基本地质因素及降雨影响程度、地震、人类工程活动3个影响因素作为岸坡稳定性评价指标，采用基于GIS技术的改进层次综合分析法对岸坡稳定性进行评价。

评价结果表明，重点调查区稳定性差或较差的单元，干流库段主要集中在左岸郭家屋场-邓家坡段及右岸河口-张家湾段、头道河-观音阁段、王家咀-堰塘坪段，支流库段主要集中在龙潭河左岸郭家冲-老榨房-瓦窑坪段、右岸郑家坝-烟灯堡-龙王庙段，累计长度 11.07km，占库岸总长的 45.9%；其余库段则岸坡稳定性好和较好。评价结果与野外地质调查分析结果基本吻合。

(6)提出了环境工程问题防治对策建议。结合流域自然地理条件、环境工程地质现状和流域发展规划，有针对性地提出地质环境保护和地质灾害防治对策建议，为流域经济建设提供重要的科学依据。

地质灾害方面，结合流域特点提出了有针对性的防治规划建议：①对一河(卜庄河)两区(居民集中区、三峡库区)附近威胁旅游安全、城镇设施、学校安全、重要交通干线的地质灾害，采取工程治理为主、搬迁避让为辅的防治措施；②对以生态农业为主导区的地质灾害，结合水土保持工程、农田整治建设及生态环境保护工程等，采取搬迁避让为主、工程治理为辅的防治措施；③对其他区域，采取群测群防为主、计划搬迁避让为辅的措施。共建议安排群测群防点 73 处、专业监测点 3 处、搬迁避让点 14 处、工程治理点 4 处。

环境工程地质问题上结合流域开发利用现状，提出了退耕还林、水土保持、岸坡治理等防治建议，并对流域进行了林业、农业、河谷经济等分区评价。其中，林业经济适宜区面积 159.0km²，占流域面积的 59.6%，主要分布流域下游右岸、文化以南河谷两岸斜坡及分水岭一带溶蚀台地上；农业经济适宜区面积 69.6km²，占流域面积的 26.1%，主要分布于高程 800m 以下斜坡及五龙河谷一带；河谷经济适宜区面积 38.4km²，占流域面积的 14.4%，主要分布在三峡库区河口至文化、龙潭河两岸狭长河谷地带。

长江上游宜昌-江津段长滩河流域环境工程地质调查

承担单位：中国地质调查局武汉地质调查中心

项目负责人：赵欣

档案号：0896

工作周期：2012 年

主要成果

(1)查清了地质灾害数量、类型、规模、危害程度，提高了灾害点资料的准确性及真实可靠度，更新了地质灾害数据，为当地政府提供了地质灾害基础资料。本次通过长滩河流域 1∶5 万精度和重点地段 1∶1 万精度遥感解译和工程地质测绘，共发现各类地质灾害 99 处，其中滑坡 91 处，崩塌 3 处，不稳定斜坡 1 处，地面塌陷 4 处。

地质灾害的广泛发育，给人们的生命财产造成巨大威胁，流域内因地质灾害已造成直接经济损失达 130.5 万元。按照地质灾害灾情分级，99 处地质灾害中特大型 1 处、大型 4 处、中型 41 处、小型 53 处，共威胁 5904 人，潜在经济损失 13 350.5 万元。

调查成果及时提供给地方政府，为库区三峡工程地质灾害后续工作规划、流域发展规划、移民城镇建设等提供了翔实的地质灾害基础资料。

(2)查明了地质灾害发育的环境工程地质条件、影响因素，分析总结了地质灾害分布规律、发育特征、形成条件，对地质灾害的易发性和危险性进行了分区评价。长滩河流域地处齐耀山山脉，属川鄂褶皱碳酸盐岩 、碎屑岩中山区，长滩河从南向北呈“Y”字形镶嵌其中，形成宽狭交替的河谷地貌。流域内出露地层主要为二叠纪(P)—侏罗纪(J)沉积岩地层。主要岩性为碳酸盐岩、碎屑岩、碳酸盐岩夹碎屑岩和第四系松散堆积物，常有泥质软岩或煤系夹层等不良工程地质岩组；复杂的地质构造、多样的岩土体条件和河流的侵蚀作用，为地质灾害的发生创造了有利条件。软硬相间碎屑岩因风化地表多为松散残坡积碎石土，易形成滑坡，并进一步形成泥石流；碳酸盐岩构成的河谷，险峻陡峭，卸荷、溶蚀裂隙切割岩体，易形成危岩、崩塌和落石，地下岩溶发育区易诱发地面塌陷；巴东组碎屑岩、碳酸盐岩类地区岩土体易风化、斜坡较陡，多见滑坡、不稳定斜坡；松散土体地带则滑坡发育。

流域内地质灾害主要受河流水系、岸坡结构和地质构造等因素的控制和制约，空间分布具有不均衡性、流域的集中性、沟谷两侧的不对称性和对生性等特点及规律。流域属亚热带湿润季风气候，多年平均降雨量 1200～1400mm，降水多而集中，常有暴雨发生，集中降雨和暴雨成为区内地质灾害发生的重要诱因。

流域地处三峡库区，移民安置、旅游开发、重大工程建设等正处于快速发展时期，资源环境安全问题日益突出，人与自然矛盾加剧，地质环境压力持续增加，人类活动对流域环境改造日趋强烈，城镇建设、旅游开发、交通建设等项目对斜坡稳定性构成不利影响，加剧了地质灾害的发生。

根据地质灾害发育现状，结合地质灾害形成的地质环境条件，采用定性和定量相结合的评价方法划分地质灾害易发区。其中，高易发区 3 个，面积 182.6km^2，占流域面积的 14.2%，主要分布在河口三峡库区、支流中游邓家岩—许家沟和中上游右岸吐祥阳和—柏杨天平山一带；中易发区 3 个，面积 407.0km^2，占流域面积的 31.6%，分布于中上游高银-宝兴-瓦渣坪、中游凤凰山-黑坝塘-寨沟段和上游廖家湾-瓦窑坪段；低易发区面积 700.4km^2，占流域面积 54.3%，广泛分布于流域内碳酸盐岩的侵蚀平台及远离沟谷的区域。

根据灾害体的稳定性、危险程度及威胁范围划分地质灾害危险区。高危险区 3 个，面积 113.2km^2，占流域面积的 8.76%，分布于河口三峡库区、甲高镇、范家坪—羊子嵌—王家咀一带；中危险区 6 个，面积 116.36km^2，占流域面积的 9.02%，分布于黄莲峡段、老鸦峡两岸、石荀河、韩家沟两岸、中上游右岸羊角岭—水田湾、上游柏杨坝、上游南坪-干堰塘段；低危险区面积 1060.44km^2，占全区面积的 82.2%，广泛分布于流域内远离河谷的斜坡。

(3)对桥亭斜坡一处规模大、危险性大且具有代表性的斜坡进行了工程地质测绘、勘查和岩土测试，查明了地质环境条件、灾害特征，对三峡水库蓄水后及水位调节期间滑坡稳定性进行了分析评价，为地方政府防灾减灾提供技术支撑；同时该类型斜坡在长滩河下游库区两岸较为普遍，通过该点的典型勘查剖析研究，为同类斜坡灾害变形破坏机理提供参考。

(4)在以地质灾害调查评价为主的同时，对流域城镇建设、岩溶、水土流失等环境工程地质问题进行了初步探讨。针对流域人类工程活动的特点，重点对场镇及居民点、水电工程建设等环境工程地质问题进行了评价，对岩溶、水土流失等问题进行了分析。希望通过对这些问题的简单探讨与分析，引起地方政府的重视，达到抛砖引玉的效果。

(5)划分了岸坡结构类型，对岸坡稳定性进行了分析与评价。长滩河流域干流总长 84.7km，本次在野外调查的基础上，通过详细分析河谷地貌形态、地层岩性、构造特征等地质环境条件，根据岸坡岩土体工程地质特性差异，对其进行了环境工程地质分段评价。长滩河下游地处三峡库区，回水河道长 16.14km，两岸库岸总长 32.27km，其中，土质岸坡 4.02km，占干流库岸总长的 12.46%；碎屑岩岸坡 22.72km，占干流库岸总长的 70.41%；碳酸盐岩岸坡 5.53km，占干流库岸总长的 17.14%。一条主要支流左右两岸库岸总长 8.64km，其中，土质岸坡 1.96km，占支流库岸总长的 22.69%；碎屑岩岸坡 6.68km，占支流库岸总长的 77.31%，无碳酸盐岩岸坡。水库蓄水对岸坡稳定性构成严重威胁，通过库区范围内 1∶1 万环境工程地质填图，选择地层岩性、地形坡度、岸坡结构类型、构造影响程度、河流地质作用、岸坡变形破坏特征 6 个基本地质因素及降雨影响程度、地震、人类工程活动 3 个影响因素作为岸坡稳定性评价指标，采用基于 GIS 技术的改进层次综合分析法对岸坡稳定性进行评价。

评价结果表明，点调查区库段稳定性差或较差的单元主要集中在干流左岸梯子石-枣子树坪段、老沟河坝-黑岩洞-白虎寺段；右岸支流甲高河库尾老屋-干堰塘-红坪村段、田坝-余家大槽段；累计长度 7.19km，占库岸总长的 17.6%；其余库段则岸坡稳定性好和较好。评价结果与野外地质调查分析结果基本吻合。

(6)提出了环境工程问题防治对策建议。结合流域自然地理条件、环境工程地质现状和流域发展规划，有针对性地提出地质环境保护和地质灾害防治对策建议，为流域经济建设提供重要的科学依据。

环境工程地质问题上结合流域开发利用现状，提出了退耕还林、水土保持、岸坡治理等防治建议，并对流域进行了林业、农业、河谷经济等分区评价。其中，林业经济适宜区面积 307.75km^2，占流域面积的 23.9%，集中分布于流域上游及中游南东部一带；农业经济适宜区面积 726.41km^2，占流域面积的 56.4%，主要分布于上游南坪、柏杨一带河谷及下游两岸、下游一带；河谷经济适宜区面积 253.54km^2，占流域面积的 19.7%，主要分布在河谷沿线，根据功能特点细分为库区生态和旅游水电两个亚区。

地质灾害方面，结合流域特点提出了有针对性的防治规划建议：①对一河(长滩河)两区(碳酸盐岩区、碎屑岩区)三带(上游河谷盆地带、龙缸地质公园旅游带、中下游农业带)附近威胁旅游安全、城镇设施、学校安全、重要交通干线的地质灾害，采取工程治理为主、搬迁避让为辅的防治措施；②对以生态农业为主导区的地质灾害，结合水土保持工程、农田整治建设及生态环境保护工程等，采取搬迁避让为主、工程治理为辅的防治措施；③对其他区域，采取群测群防为主、分计划搬迁避让的措施。共建议安排群测群防点 95 处、专业监测点 5 处、搬迁避让点 35 处、工程治理点 7 处。

长江上游宜昌-江津段梅溪河流域环境工程地质调查

承担单位：中国地质调查局武汉地质调查中心

项目负责人：伏永朋

档案号：0897

工作周期：2011 年

主要成果

(1)查清了地质灾害数量、类型、规模、危害程度，提高了灾害点资料的准确性及真实可靠度，更新了地质灾害数据，为当地政府提供了地质灾害基础资料。

本次通过梅溪河流域 1∶5 万精度和重点地段 1∶1 万精度遥感解译和地质灾害调查，共发现各类地质灾害 317 处，其中滑坡 268 处，崩塌 34 处，地面塌陷 1 处，不稳定斜坡 14 处。

地质灾害的广泛发育，给人们的生命财产造成巨大威胁，流域内因地质灾害已造成直接经济损失达 99.2 万元。按照地质灾害灾情分级，317 处地质灾害中特大型 19 处、大型 9 处、中型 98 处、小型 191 处，共威胁 38 469 人，潜在经济损失 88 152.7 万元。

调查成果及时提供给地方政府，为库区三峡工程地质灾害后续工作规划、流域发展规划、移民城镇建设等提供了详实的地质灾害基础资料。

（2）查明了地质灾害发育的环境工程地质条件、影响因素，分析总结了地质灾害分布规律、发育特征、形成条件，对地质灾害易发性和危险性进行了分区评价。

梅溪河流域地处大巴山台缘褶皱带（南大巴山帚状构造或北西西向构造）与四川台坳（弧形构造）交接复合部位。岩溶溶蚀侵蚀山地与构造剥蚀山地呈条带相间、河谷形态宽狭交替。地层以二叠系（P）—侏罗系（J）为主，上游背斜核部出露寒武系（∈）—志留系（S），常有泥质软岩或煤系夹层等不良工程地质岩组，为滑坡、崩塌灾害的发生创造了有利条件。

复杂的地质构造、多样的岩土体条件和河流的侵蚀作用，为地质灾害的发生创造了有利条件。软硬相间的砂岩地层，因风化差异易形成崩塌和滑坡，并进一步形成泥石流；碳酸盐岩构成的河谷，险峻陡峭，卸荷、溶蚀裂隙切割岩体，易形成危岩、崩塌和落石；巴东组碎屑岩、碳酸盐岩类地区岩土体易风化、斜坡较陡，多见滑坡、不稳定斜坡；松散土体地带则滑坡发育。流域内地质灾害主要受河流水系、岸坡结构和地质构造等因素的控制和制约，空间分布具有不均衡性、流域的集中性、沟谷两侧的不对称性和对生性等特点及规律。

流域属亚热带湿润季风气候，降水多而集中，常有暴雨发生，集中降雨和暴雨成为区内地质灾害发生的重要诱因。

流域地处三峡库区，移民安置、旅游开发、重大工程建设等正处于快速发展时期，资源环境安全问题日益突出，人与自然矛盾加剧，地质环境压力持续增加，人类活动对流域环境改造日趋强烈，城镇建设、旅游开发、交通建设等项目对斜坡稳定性构成不利影响，加剧了地质灾害的发生。

根据地质灾害发育现状，结合地质灾害形成的地质环境条件，采用定性和定量相结合的评价方法划分地质灾害易发区。其中高易发区 3 个，面积 328.02km^2，占流域面积的 16.31%，主要分布在梅溪河口—康乐镇周边干流一级岸坡、公平镇周边、大树镇周边、梅溪河支流五渡水源头等；中易发区 3 个，面积 181.09km^2，占流域面积的 9.01%，分布于梅溪河中上游新政-金凤段、支流桑坪河下游、中部竹园镇大木垭背斜一线；低易发区 2 个，面积 1501.87km^2，占流域面积的 74.68%，广泛分布于流域北侧人口稀少碳酸盐岩发育中高山区和竹园镇以南远离沟谷的区域。

根据灾害易发性、危险程度及威胁范围划分地质灾害危险区。高危险区 3 个，面积 136.5km^2，占流域面积的 6.79%，分布于梅溪河河口-千丘塝段、公平镇及其周边、大树镇及其周边；中危险区 3 个，面积 118.3km^2，占流域面积的 5.88%，分布于梅溪河支流五渡水、中游金凤-新政段、支流桑坪河下段；低危险区面积 1756.1km^2，占全区面积的 87.33%，广泛分布于流域内斜坡坡顶侵蚀平台及远离河谷的斜坡。

（3）对小姑田、明水中学两处规模大、危险性大且具有代表性的重大地质灾害体进行了工程地质测绘、勘查和岩土测试，查明了地质环境条件、灾害特征，为地方政府防灾减灾提供技术支撑；同时该类型滑坡在梅溪河流域较为普遍，通过典型勘查剖析研究，为同类斜坡灾害变形破坏机理提供参考。

(4)在以地质灾害调查评价为主的同时，对流域场镇与工程建设、巴东组易滑地层、水土流失等环境工程地质问题进行了初步探讨。希望通过对这些问题的简单探讨与分析，引起地方政府的重视，达到抛砖引玉的效果。

(5)划分了岸坡结构类型，对岸坡稳定性进行了分析与评价。梅溪河流域干流总长97.7km(分水河及干流累加)，本次在野外调查的基础上，通过详细分析河谷地貌形态、地层岩性、构造特征等地质环境条件，根据岸坡岩土体工程地质特性差异，对其进行了环境工程地质分段评价。梅溪河下游地处三峡库区，1∶1万重点调查区干流左右两岸库岸总长51.82km，其中，土质岸坡23.48km，占干流库岸总长的45.31%；碎屑岩岸坡19.66km，占干流库岸总长的37.94%；碳酸盐岩岸坡8.68km，占干流库岸总长的16.75%。五条主要支流左右两岸库岸总长15.74km，其中，土质岸坡5.73km，占支流库岸总长的36.40%；碎屑岩岸坡8.31km，占支流库岸总长的52.80%；碳酸盐岩岸坡1.70km，占支流库岸总长的10.80%。水库蓄水对岸坡稳定性构成严重威胁，通过库区范围内1∶1万环境工程地质填图，选择地层岩性、地形坡度、岸坡结构类型、构造影响程度、河流地质作用、岸坡变形破坏特征6个基本地质因素及降雨影响程度、地震、人类工程活动3个影响因素作为岸坡稳定性评价指标，采用基于GIS技术的改进层次综合分析法对岸坡稳定性进行评价。

评价结果表明，重点调查区干流库段稳定性差或较差的单元主要集中在左岸河口宝塔坪段、小姑田-康家屋场段、黎家包-营盘包段、长沙小学-平皋中学-乌龟包段、厚坪电站-芝麻田水文站段、右岸龙潭沟沟口-加工坊-郭家小学段、雪花坪-赵家老屋段；支流库段稳定性差或较差的单元主要集中上游两河口支流两岸、下游支流龙潭沟右岸，累计长度34.73km，占库岸总长的51.4%；其余库段则岸坡稳定性好或较好。评价结果与野外地质调查分析结果基本吻合。

(6)提出了环境工程问题防治对策建议。结合流域自然地理条件、环境工程地质现状和流域发展规划，有针对性地提出地质环境保护和地质灾害防治对策建议，为流域经济建设提供重要的科学依据。

环境工程地质问题上结合流域开发利用现状，提出了退耕还林、水土保持、岸坡治理等防治建议，并对流域进行了林业、农业、河谷经济等分区评价。其中，农林业经济适宜区面积761.3km^2，占流域面积的37.9%，主要分布流域上游；林农业经济适宜区面积879.3km^2，占流域面积的43.7%，主要分布于中上游干支流水系分布段；河谷经济适宜区面积370.4km^2，占流域面积的18.4%，主要分布在河谷沿线，根据功能特点细分为库区生态、农业综合和水电经济3个亚区。

地质灾害方面，结合流域特点提出了有针对性的防治规划建议：①对一河(梅溪河)两区(支流区、三峡库区)三带(梅溪河干流带、鱼腹旅游带、矿山采煤带)附近威胁旅游安全、城镇设施、学校安全、重要交通干线的地质灾害，采取工程治理为主、搬迁避让为辅的防治措施；②对以生态农业为主导区的地质灾害，结合水土保持工程、农田整治建设及生态环境保护工程等，采取搬迁避让为主、工程治理为辅的防治措施；③对其他区域，采取群测群防为主、分计划搬迁避让的措施。共建议安排群测群防点306处、专业监测点10处、搬迁避让点53处、工程治理点9处。

珠江三角洲地区岩溶塌陷地质灾害调查

承担单位:中国地质科学院岩溶地质研究所

项目负责人:蒙彦,雷明堂

档案号:0898

工作周期:2010—2014 年

主要成果

(1)详细刻画了工作区岩溶塌陷地质发育背景、分布特征、触发因素和形成演化规律珠三角地区的岩溶塌陷主要分布在广花盆地,其次分布在三水盆地。另外,珠三角东北部的龙门县及南部的深圳龙岗地区也有塌陷零星分布。工作区岩溶塌陷发育的地层岩性主要为石炭系石磴子组(C_1s)和壶天组($C_{2+3}ht$)灰岩和白垩系的大塱山组(K_2dl)砾岩,其中,石磴子组灰岩岩溶塌陷发育数量最多,大塱山组砾岩岩溶塌陷发育最为特殊。工作区岩溶塌陷分布受地层岩性、地质构造和人类工程活动点位置综合控制,具有方向性、聚集性和突发性等特点。触发因素可概括为地下工程施工、基础工程施工、采矿工程和地下水开采 4 种。岩溶塌陷形成演化与人类工程活动周期密切相关。珠三角地区岩溶塌陷的形成演化总体上分为 3 个阶段,第一阶段为 20 世纪 80 年代以前,该阶段塌陷主要由水源地开采地下水和碳酸盐岩矿开采诱发;第二阶段为 20 世纪 90 年代初至 21 世纪初,该阶段塌陷主要由碳酸盐岩矿开采诱发;第三阶段为 21 世纪初至现在,该阶段的塌陷主要由城镇化建设诱发。

(2)系统研究了岩溶塌陷的形成机制和地质模式。调查区的岩溶塌陷成因复杂,往往是多种机制共同叠加作用的结果,且以一种或几种机制为主。根据岩溶塌陷形成的地质条件和触发因素,从地质力学角度,将工作区的岩溶塌陷归纳为潜蚀-失稳、吸压-陷落、贯穿一流漏和振动垮塌 4 种基本地质力学模式。

(3)编制了岩溶塌陷评价系列专题图件,为国土规划布局,武广、贵广等重大铁路工程建设以及防灾减灾提供了科学依据。在岩溶塌陷综合地质调查的基础上,以地球系统科学理论为指导,综合考虑"岩-土-水"和触发因素的相互作用及影响,对工作区岩溶塌陷的易发性进行了区划,针对典型岩溶塌陷区和调查区内的重大工程设施场址开展了危险性评价工作,为地方城镇化建设过程中的国土规划布局、重大工程建设选址及防灾减灾提供了基础地质依据。

(4)在典型岩溶塌陷区开展了岩溶塌陷监测预警示范工作,进行了预测预警方法理论创新,为地方防灾减灾提供科学保障和技术支撑。在典型塌陷区建立了基于地下水动力条件实时监测的预警示范站,通过"室内试验法"和"异常数据分析法"确定了预警阈值,提高了预测预警精度,丰富了岩溶塌陷监测预报理论。

(5)系统梳理、总结分析了调查方法的可行性、适应性,工作思路的合理性,调查内容的准确性,编制了《岩溶塌陷调查规范》《岩溶塌陷监测预报技术指南》《城市地质灾害调查物探方法应用技术指南》。系统总结岩溶塌陷调查评价方法,补充完善了《1∶5 万岩溶塌陷地质调查规范》。同时针对不同岩溶塌陷类型,开展地球物理勘探方法有效性试验研究,掌握了珠三角地区岩溶塌陷发育规律和形成条件的地球物理特征;系统总结了不同岩溶塌陷条件下的勘察技术方法和探测经验,编写了《城市地质灾害调查物探方法应用技术指南》,为岩溶塌陷的探测、评价、治理提供科学依据和技术支撑。

(6)地调与科研结合,促进了岩溶地质学科的发展。以地质调查项目为依托获取国家青年自然科学基金 2 项,分别为“桩基施工触发岩溶塌陷的条件与机理”和“红层岩溶对岩溶塌陷的作用机制研究”。

“桩基施工触发岩溶塌陷的条件与机理”基金项目针对调查区岩溶塌陷触发因素多样化,形成机理特殊化、复杂化的特点,对桩基施工触发岩溶塌陷的地质条件和成因机理开展调查研究,重点解决桩基施工触发岩溶塌陷的覆盖层厚度安全值范围、水击作用下土体发生变形破坏的临界值和溶洞顶板厚度安全值等关键技术问题,为工程建设和地方政府防灾减灾提供技术支撑。

在前人的工作中,红层地区多被视为岩溶塌陷不发育区,往往忽视调查研究,本次工作初步圈定了珠三角地区红层岩溶的发育分布范围,调查了红层岩溶塌陷的发育背景和形成条件,填补了此项工作的空白。“红层岩溶对岩溶塌陷的作用机制研究”基金项目则在本次调查的基础上,针对珠三角地区白垩系大塱山组红层岩溶塌陷数量多、危害严重、机理不清等特点,开展了红层溶蚀对岩溶塌陷的作用机制的研究,为红层岩溶塌陷危险性区划评价和监测预报提供理论依据。

(7)通过广州岩溶地质灾害研究基地平台实现学术交流、技术培训和成果转化。广州市岩溶地质灾害研究基地(图 4-26)由中国地质科学院岩溶地质研究所和广州市地质调查研究院合作共建,基地为珠三角地调成果转化和技术培训交流提供了平台。由珠三角项目建设的广花盆地岩溶塌陷三维电子地质沙盘已为广州市城市发展规划和防灾减灾提供了地质依据。

图 4-26　广州岩溶塌陷基地

(8)进行了岩溶塌陷研究团队建设和专业人才培养。经过珠三角岩溶塌陷地质灾害调查项目的实施,培养了一批以项目负责人为首的,包含多个项目技术骨干的地质调查专业人才团队。此外,项目还培养了多名博士研究生和硕士研究生,他们已经走上地质行业的不同岗位,发挥着重要作用。

综上所述,珠三角地区岩溶塌陷地质灾害调查项目针对不同区段岩溶发育特点、岩溶塌陷形成演化规律和人类工程活动特征,开展岩溶塌陷调查、评价和监测预警工作,全面系统地掌握了珠三角地区岩溶塌陷发育现状,评价区划结果为国土规划布局、城市建设适宜性、重大工程建设选址提供了基础地质依据,监测预警示范为地方政府、工程建设部门防灾减灾提供了技术支撑,规范指南编写及专题研究结果使岩溶塌陷地质灾害调查规范化、标准化、系统化,促进了岩溶地质学科发展。

湖南重点岩溶流域水文地质及环境地质调查——湘西澧水流域(澧水干流和南源地区)

承担单位:湖南省地质调查院

项目负责人:周锦忠,刘声凯

档案号:0899

工作周期:2009—2010 年

主要成果

(1)分析了区内岩溶发育各主控因素,总结了岩溶发育规律。澧水流域内,下二叠统栖霞组、茅口组厚层灰岩岩溶发育强度最高,其次为下奥陶统(O_1n+f+h)的质纯厚层灰岩岩溶发育强度次之,震旦系、上二叠统、下三叠统薄层状的含泥质灰岩、硅质灰岩夹页岩岩溶发育强度很弱;查明了地下河发育的基本特征,地下河发育方向与主构造方向总体一致,地下河总体走向在 30°～75°之间的达 30 条,占全区地下河总数的 60%。

(2)基本查明了表层岩溶水、地下河系(岩溶大泉)、储水构造及岩溶水的赋存规律。调查地下河 50 条,总流量为 18 474.636L/s;岩溶泉 258 处,其中,流量大于等于 10L/s 岩溶大泉 99 个,总泉流量为 9087.585L/s;表层岩溶泉 576 处,总流量为 535.23L/s。调查区内主要褶皱储水构造为五道水背斜、岩屋口向斜、龙家寨-凉水口向斜、桑植-官地坪复式向斜、青安坪向斜、何家山背斜、溪口-慈利背斜、三家馆帚状构造带、凉水口压扭性断裂、润雅-罗水压性断裂、张家界断裂带、合作桥-许家坊等断裂带。

(3)运用岩溶水系统理论计算和评价了天然资源及可采资源。运用岩溶水系统理论将图区划分为 11 个四级岩溶水系统,地下水总天然补给量 99 838.7×10^4 m^3/a(其中岩溶水 84 873.8×10^4 m^3/a),总天然径流量 86 271.3×10^4 m^3/a(其中,岩溶水 77 445.7×10^4 m^3/a),总天然排泄量 69 041.9m^3/a(其中岩溶水 68 676.8×10^4 m^3/a);地下水可采资源总量 39 772.4×10^4 m^3/a(其中岩溶水 35 722.2×10^4 m^3/a)。岩溶水点大多为水质优良或良好,并与 30 年前进行了水质、水量对比分析。

(4)运用岩溶水系统理论,对各主要岩溶水系统单元内岩溶水开发利用,进行了水质、水量及地质环境条件可行性分析评价,对存在问题提出了合理建议。

(5)重点调查了与岩溶密切相关的石漠化及干旱等环境地质问题,阐明了其成因机理,提出了防治对策及建议。依据“开展石漠化综合整治必须以开发利用岩溶水资源为龙头”的理念,进行了岩溶水开发利用与石漠化综合整治区划,并提出了不同岩溶水系统单元岩溶水开发利用与石漠化综合整治工程方案建议。

(6)充分利用物(钻)探工作量,在重点探明岩溶发育规律、岩溶水富集特征的同时,为进一步的岩溶地下水资源开发提供科学依据。利用有限的物探和水文地质钻探工作量,查明了断裂地带岩溶发育特征、地下水富集特征,探取单孔水量分别达 95.0m^3/d(凉水口)、215.0m^3/d(后坪)和 629.0m^3/d(二家河),可缓解后坪、二家河集镇旱季的供水紧张状况,二家河地区进一步开展工作有可能寻找到一中型供水水源地。为缓解二家河开发区干旱缺水及为当地居民、企业提供优质地下水水源,提出了城区应急供水方案及缺水乡镇地下水开发建议,对开发条件较好的、流量大于 50.0L/s 的地下河、岩溶大泉提出了开发利用方式。

(7)建立了区内 1∶5 万水文地质(地下水资源)与地质环境空间数据库。通过收集、汇总工作区已有的前人资料,综合本项目工作成果利用 GIS 技术,建立了工作区 1∶5 万水文地质与环境地质空间数据库。空间数据共设置了图幅基本信息、地理、地质、水文、水文地质基础、水文地质参数、岩溶专门水文地质、岩溶地下水资源评价利用、环境地质、其他,注释 8 个主图层,进一步细分了 47 个子图层,重点反映了工作区水文地质、环境地质基础特征。此外,还设置了各类外挂属性表,详细反映本项目调查、勘查成果。

珠江三角洲晚第四纪地质环境演化及现代过程研究

承担单位:中国地质调查局武汉地质调查中心

项目负责人:赵信文,陈双喜

档案号:0908

工作周期:2011—2015 年

主要成果

(1)珠江三角洲晚第四系的底界可到海面较高的末次间冰期,其晚第四纪环境演化经历了末次间冰期的海陆过渡环境、末次冰期的陆相环境和全新世的河口三角洲环境。珠江三角洲的发育是一个先充填,再侵蚀,最后充填的过程。

晚更新世可分为末次间冰期的前期充填期和末次冰期侵蚀期。末次间冰期,珠江三角洲于现今三角洲的前端,发育以细粒的黏土、粉砂沉积为主的河口湾等海陆交互相地层;于三角洲的周边发育河流等陆相地层,见粗碎屑的砾石、砂等,覆于基岩之上,是三角洲发育的前期充填期。末次冰期主要为下切河流和暴露风化环境,发育粒度较粗的河流等陆相沉积和黄褐色、红褐色等杂色风化层。河流沉积见砾石、砂等,主要见于三角洲中心区,切穿前期沉积直接覆盖于基岩之上,或上覆于末次间冰期地层之上,是一个以侵蚀为主的时期。

全新世,早期为三角洲平原沉积环境,以较粗的河道充填沉积和较细的河漫沼泽沉积等三角洲平原沉积为主,发育于前期形成的河谷等低洼处,在三角洲的周边及较高的局部台地,则继续发育河流等陆相沉积和风化层;中期为滨浅海沉积环境,以细粒的海侵沉积为主,沉积物中含较丰富有孔虫和介形虫等滨浅海微体古生物化石,在三角洲南端发育滨浅海沉积,在三角洲顶端的河流入海处发育河口湾等沉积;晚全新世为河口及三角洲平原环境,发育较细的河口湾沉积和较粗的河流等三角洲平原沉积,覆盖于末次间冰期和末次冰期地层之上,或镶嵌于其中，有些直接覆盖于基岩之上。全新世是现代珠江三角洲发育的一个主要充填建设期，发育了早—中全新世的退积式三角洲沉积体系和晚全新世的进积式三角洲沉积体系。

(2)珠江三角洲晚第四纪海面经历了末次间冰期的高海面、末次冰期的低海面和全新世高海面3个阶段，与南中国海的海面变化记录一致。全新世海面经历了早全新世的上升、中全新世的高海面及晚全新世的海面下降。

(3)近现代海面呈波动上升。在年际变化中，存在较强的ENSO信号，受到ENSO的影响。此外，填海造地、围垦滩涂、大规模采沙等人类活动也对珠江三角洲地区地质环境有着较为复杂的影响。

清江流域地质灾害详细调查

承担单位：中国地质调查局武汉地质调查中心

项目负责人：谭建民，常宏

档案号：0914

工作周期：2011—2012年

主要成果

(1)清江流域11县市国土总面积31 159km²，地跨清江、长江等多个水系，森林覆盖率高，水利资源、矿产资源和旅游资源丰富，交通便利，历史悠久，是西部大开发战略中湖北省的重点地区，工程、经济活动频繁。区内气候温暖湿润、降雨充沛；地貌从中山逐渐过渡到丘陵，中西部地区高山峡谷；区域构造格局包括呈近东西向褶皱断层带、北东向构造带和北西向断层带，沉积岩地层出露齐全，岩性以碳酸盐岩为主，具有多个区域性易滑地层，地下水活动剧烈，岩溶作用强烈，山洪及地质灾害频发。

(2)区内地质灾害点共计3958个，具有以滑坡(斜坡)、崩塌(危岩)为代表的多种灾害类型，多发育于各水系干流和支流两岸，受地理地貌、岩性组合、构造组合、人类活动等影响集中或呈带状分布，发生时间与灾年、雨季及雨量密切相关。

(3)区内滑坡数量2276个，是最主要的灾害类型，特大型以上滑坡数量55个。多发于构造变动强烈、具顺向(斜顺)结构和上硬下软或软硬相间组合的三叠系巴东组、大冶组和志留系、二叠系等地层。碎屑岩斜坡较碳酸盐岩斜坡更易发生变形破坏，而碳酸盐岩斜坡的变形破坏的规模会更大。以土质、碎块石土滑坡为主，岩质滑坡在三叠系和二叠系中居多。在降雨、前部开挖、后部崩塌加载或水位变动等情况下诱发或局部复活可能性较大。

区内潜在不稳定斜坡833个，其变形趋势主要为滑坡，多因人为开挖形成。从主控影响因素角度划分，区内滑坡有3种主要成因机制：降雨型滑坡、褶皱控制型滑坡、水库型滑坡等。降雨型滑坡一般在一个降雨过程的连续降雨量大于150mm或日降雨量大于100mm时发生；降雨量越大，诱发几率越高；当连续降雨量大于200mm时，形成泥石流的几率很高。

箱形(紧窄)背斜型滑坡一般发生在顺向(斜顺)结构岩体中，主要岩性组合具软硬相间结构。箱形背斜形成过程中，在构造应力挤压下，岩层发生(复式)褶曲，核部附近褶曲剧烈部位多形成断裂或裂隙密集带，这些断裂或裂隙构成了滑坡其他界面，翼部则易出现层间剪切或滑移，在河流切穿层间剪切带等不利因素叠加作用下最终形成滑坡。另外，背斜核部倾伏(向斜核部扬起)地段被河流切割，会形成类似顺向斜坡结构，也是灾害多发地段。这种模式的滑坡厚度一般可达到中层以上，规模一般在大型以上，可形成堵江事件，具有突发性和隐蔽性，危害性较大，需要在今后加强掌控和防范。

宽缓向斜型滑坡一般发生在逆向结构(平缓和横向结构)岩体中，主要岩性组合具上硬下软结构。宽缓向斜形成过程中，在构造应力挤压下，翼部伴生同向断裂或裂隙，岩层层间出现断裂或剪切，这些断裂或裂隙构成崩塌或滑坡边界，在其他不利因素叠加作用下沿着构造弱面出现崩滑。这种滑坡模式也适用于崩塌衍生型滑坡。这类滑坡形成规模受构造活动强度和河流作用等因素影响而大小不一，可能具有隐蔽性，但缓变性明显，可通过监测预警加以防范。水库型滑坡物质来源与降雨型滑坡相似，主要因水库蓄水或库水位变动诱发。这类滑坡中残坡积堆积物一般形成塌岸，规模较小，复杂成因堆积体或大型滑坡局部复活规模可能较大，一般可通过监测预警加以防范，但对于复杂成因堆积体今后需引起重视。

(4)区内崩塌(危岩)数量567个，特大型以上崩塌数量25个，多发于构造变动强烈、上硬下软组合的二叠系、志留系等岩石硬脆的厚层块状灰岩或砂岩岩体中。碳酸盐岩崩塌一般规模较大。原始斜坡坡角大于35°的破坏方式多以规模较小的崩塌为主，坡角小于35°的坡面可以积存一定厚度的堆积体，可能形成次生滑坡，多因降雨、风化卸荷、人工坡脚开挖和坡体切割、采矿开裂等因素诱发倾倒或滑落。崩塌是危岩的破坏结果，也可能是其下部滑坡的物质来源或者诱发因素。

区内崩塌(危岩)主要有两种成因机制：褶皱控制(宽缓向斜)型和岩溶控制(岩溶石柱)型。宽缓向斜型崩塌部分因构造和卸荷裂隙发育形成陡而深的拉张裂隙，在其他结构面叠加作用下被切割成块体，或者岩层缓倾的硬岩下伏软层被早期河床流水淘蚀形成凹槽，使上部岩体部分悬空，或者缓倾向坡外的上硬下软结构因上覆岩体荷载的长期作用，软层产生压缩变形，使其上部岩体向临空方向倾斜拉裂。岩溶石柱型多见于峰林、峰丛、槽谷等石林地区，多沿着碳酸盐岩岩体垂直裂隙溶蚀、侵蚀而残留的上下直径相近的柱状岩体，高度可能达到数十米。崩塌(危岩)规模往往大小不一，可能引起其他链生灾害，可能对人口聚居区产生较大威胁，今后需加强掌控和防范。

(5)区内泥石流数量54个，以小型山坡型泥石流为主，大型泥石流有4个，中型以上规模泥石流多属沟谷型泥石流，均为暴雨型泥石流，多属低频泥石流。山坡型泥石流沟槽短，平均坡降大，流域面积小，形成区和堆积区相连，流通区不明显，物质来源主要为基岩陡坡剥落的风化碎屑与第四系残坡积、小规模崩滑物质等；沟谷型泥石流主沟长，流域面积大，一般小于$5km^2$，坡降较小，形成区、流通区和堆积区较明显，其中，上游发育大规模崩塌滑坡，沿沟冲刷与搬运作用共存，沟口堆积体积较大。区内地面塌陷205个，以冒顶型塌陷和岩溶型塌陷为主，次生地面沉降14个，地裂缝9个。

(6)根据河流地貌调查和沉积物年龄测试等研究表明，清江河流地貌过程是控制岸坡演化过程和稳定性的主要因素之一。清江下游都镇湾至马磨河口段及招徕河至巴山段，河道在历史上存在从南向北或从北向南的迁移过程；中游水布垭至南潭河及景阳至新塘一线，现今河道是在继承古河道的基础上发展而成的。清江上游与郁江、长江支流长滩河发生过多次袭夺过程，清江袭夺时代在中更新世早中期，袭夺后的骤增水量加速推动了中下游在中更新世晚期发生大规模的河道迁移，奠定了现代清江水系的基本格局。中下游河流演化过程与其间的主要滑坡、岸坡稳定性现状等具有响应关系，河道基本没有变动的持续性河谷内发生滑坡的概率最大且危害性也最大，河道主要在一岸移动的迁移性河谷发生滑坡的概率较大且危害性也较大。

(7)区内二叠系大隆组含碳泥岩、三叠系大冶组泥岩、志留系罗惹坪组粉砂质泥岩等易滑地层，新鲜岩石的主要造岩元素为 Si、Al，其风化后的 SiO_2 含量降低，强度明显趋弱；黏土矿物含量较高，均为 50%～55%，远高于巴东组紫红色泥岩；结构多具定向排列，易吸水膨胀且形成裂隙，水对其力学性质影响显著；含有的钙质成分过水后产生溶蚀，碳酸盐流失导致结构架空，黏土矿物含量增加；黏土矿物的胀缩性及结构上的定向性是易发滑坡的一个关键控制因素；从地质灾害预测和防治角度，应当特别重视集中降雨、地表水入渗、地下水活动、水库蓄水或水位变动等反复影响地段具有这些易滑地层组合的岸坡和斜坡。从层面分形结果来看，大冶组第一段更易形成顺层滑坡。正常固结下的泥岩滑带长期强度黏聚力为 8kPa，内摩擦角为 24°；在预固结下的长期强度黏聚力为 25.5kPa，内摩擦角为 22°。大冶组第一段的结构面摩擦角为 24°，黏聚力为 1.42MPa；大冶组第二段的摩擦角为 27°，黏聚力为 1.05MPa；大隆组的摩擦角为 42°，黏聚力为 0.575MPa；罗惹坪组的摩擦角为 24°，黏聚力为 2.034MPa。

(8)区内宽缓向斜核部附近，紧窄(箱状)背斜翼部及褶皱交会、构造活动强度高、多期次交接复合、断裂密集、紧窄褶皱转折扭曲等地段地质灾害发育较为集中。背斜核部倾伏(向斜核部扬起)地段被河流切割，也是灾害多发地段。顺向飘(等)倾结构发育灾害的规模占优(缓倾类型更易产生大规模变形破坏)，斜顺结构次之；逆向结构发育的数量占优(以中小型为主，陡倾类型更易产生大数量变形破坏)，顺向飘(等)倾结构次之。

(震后)地质灾害沿(活动)断裂带两侧一定宽度内集中分布，同时断裂也通过控制河流走向进而对灾害分布造成影响；断裂带的存在会加剧或放大地质灾害的数量和规模；灾害密度指数随着断裂线密度的增大而增大。区内滑坡和崩塌发育的优势方向为南东向，是沿着构造应力场其中一组剪切应力方向发育。大部分崩塌滑坡随着新构造地壳升降阶段性发育。

(9)区内岩溶作用对地质灾害造成的影响，主要表现为岩溶塌陷，其次是区域溶蚀作用形成的石林、石柱可能成为危岩，裂隙的溶蚀扩张加速崩塌滑坡的可能性；另外碳酸盐岩碎块石后期形成的钙质胶结在一定程度上有利于崩塌滑坡的稳定性。所谓"新塘滑坡"，其后槽其实是沿着区域走向断层(裂隙)发育的岩溶槽谷，新塘石林发生整体滑移的可能性不大，且库水位变动对其稳定性的影响较小，可能出现的变形破坏主要集中在临江陡崖一带。

(10)采用基于 GIS 的层次分析法对整个流域进行定量区划，将地质灾害点密度、斜坡结构类型、工程地质岩组、河流侵蚀状态、坡度、断裂构造和人类工程活动 7 个因子作为方案层，分别归属于地质灾害现状、地质环境条件和地质灾害诱发因素准则层。根据一致性检验计算，层次总排序结果具有较满意的一致性。据此圈定高易发区 20 个，中易发区 16 个。危险性区划则在易发区划的基础上根据区内地质灾害点的稳定状态、危险程度和灾害点的威胁范围，以定性和半定量相结合进行评价，圈定高危险 32 个亚区、46 个中危险亚区及低危险区。

(11)选择隔河岩和水布垭库区干流和支流支锁河进行岸坡稳定性定性评价。隔河岩库区共分 30 段岸坡，其中，稳定库岸 5 段，基本稳定库岸 9 段，稳定性较差库岸 11 段，稳定性差库岸 5 段；水布垭库区共分 21 段库岸，其中，稳定库岸 6 段，基本稳定库岸 4 段，稳定性较差库岸 6 段，稳定性差库岸 5 段；清江支流支锁河岸坡共分 20 段，其中，稳定库岸 4 段，基本稳定库岸 5 段，稳定性较差库岸 5 段，稳定性差库岸 6 段。根据清江中下游岸坡稳定性对河流地貌演化的响应关系，在目前常用的评价指标体系中加入河流演化因子，采用定性分析与基于 GIS 技术的信息量法相结合的方法，对两个库区的第一岸坡区域进行岸坡稳定性定量评价。两种方法评价结果对比，下游段吻合度较好，而中游段则存在差距，总体上定量评价结果偏于保守。虽然定量评价结果存在不足，但将河流演化因子加入岸坡稳定性评价指标体系是一次有意义的尝试，这种思路和方法是合理可行的，并对今后的研究工作有一定的启发意义。

(12)根据流域内地质灾害防治和研究现状，以及各县市地质灾害详细调查防治规划，综合归纳了流域防治重点和对策建议。重点防治区主要包括集镇、人口聚集区、交通干线、矿区等，重点防治的县市是巴东县、长阳县、五峰县、建始县、恩施市、来凤县等；建议工程治理的隐患点1589 处、搬迁避让 756 处、专业监测 128 处、群测群防 2714 处；近期防治 645 处、中期 971 处、远期 1835 处；今后防治工作应加强宣传普及防灾减灾知识，健全完善群测群防体系建设；顺应地质生态环境条件和趋势，规范不科学不合理工程活动；高风险隐患点搬迁避让，确保科学选址，搬迁后土地生态恢复；高、中危险区隐患工程治理，多渠道争取资金，科学绿色设计和开发性综合治理；提高调查评价尺度和精度，掌控或排查突发性地质灾害风险；深化基础理论研究，为流域地质灾害防治提供科学技术支撑。

矿山环境综合调查与评价

承担单位：中国地质大学(武汉)地质调查研究院
项目负责人：周爱国，孙自永
档案号：0915
工作周期：2011—2014 年
主要成果

(一)矿产资源开发对矿山地质环境/土地资源的作用机制

(1)矿山地质环境是矿山环境中极为重要的组成部分，指与矿产资源开发活动有着紧密联系的地质背景、地质作用及其发生空间的总和，其范围包括受矿产资源开发活动所影响到的大气圈、水圈、生物圈及近地表的岩石、土壤和地下水，这是一个具有整体性、相关性、层次性、开放性和发展变化特性的复杂系统。矿山地质环境除了具有一般地质环境的特征外，还具有自身的特点：矿业活动对地质环境的影响远超过自然营力；矿山地质环境受外界干扰类型复杂；干扰的协同作用明显；矿业活动的干扰占据主导作用而其他人类活动较少。

(2)矿山地质环境之所以被称为“环境”，是因为它不仅是矿业活动的场所，而且具有为人类生存生活提供环境保障的功能。矿山地质环境质量反映的就其环境功能的大小。当矿山地质环境的功能发挥正常，适宜人类从事生产生活活动时，则矿山地质环境质量好；反之，矿山地质环境质量差。因此，矿山地质环境功能大小是判断其质量优劣的主要标准。在现有的技术条件下，矿山地质环境的功能难以直接评价。根据系统科学理论，系统的结构决定其功能，系统对外界输入的响应及产生的相应输出是反映系统功能的主要参数。因此，可以通过矿山地质环境的结构、响应和输出参数间接判断其功能大小，进行矿山地质环境质量的评判。

(3)将矿山地质环境视为矿山地质环境系统，将矿产资源开发利用活动视为系统的输入，将矿山地质环境系统的结构变化视为系统的响应，将矿山地质环境问题视为系统的输出，从而构建了矿产资源开发与矿山地质环境相互作用的“输入-响应-输出”模型。从矿产资源类型、开采方式、开采规模、开采阶段等角度考察了矿山地质环境系统的输入；从水、土、岩、生4个构成要素的角度考虑了矿山地质环境系统的响应；从地质灾害、地质环境问题、生态地质环境问题和资源损坏的角度考虑了矿山地质环境系统的输出。发现不同类型矿山的输入方式差异较大，难于横向比较，不适合作为矿山地质环境质量的评判指标；矿山地质环境的结构，即矿山地质环境构成要素的状态是决定矿山地质环境功能的深层机制，可用于衡量矿山地质环境质量的优劣；矿山地质环境系统的输出，即各类矿山地质环境问题，是矿山地质环境功能是否存在障碍的最为直观和综合的反映，可用于衡量矿山地质环境质量的优劣。

(4)基于矿山地质环境系统的构成要素和输出，构建了矿山地质环境质量评价的因子库，分为矿山地质环境要素因子库和矿山地质环境问题因子库。

(二)基于遥感调查与监测的矿山地质环境评价的方法体系

结合矿产资源开发对地质环境的作用机制研究成果，以“机制分析”中归纳出的矿山地质环境评价因子库为基础，由矿山地质环境系统响应和输出的角度分别构建矿山地质环境要素指标体系和矿山地质环境问题指标体系；利用层次分析法进行指标权重分析；采用遥感解译与资料收集相结合的方法进行指标数据提取方法研究；建立数学模型进行计算；以此为基础分析评价结果，并编制矿山地质环境评价分区图。

(1)选定了基于遥感调查的矿山地质环境评价类型——矿山地质环境问题遥感调查评价；明确了矿山地质环境遥感调查评价以单项评论为主，条件允许时进行综合评价。

(2)明确了矿山地质环境遥感综合调查与监测的内容：地质环境问题孕育条件、地质环境问题特征、矿业活动和社会经济背景。

(3)评价指标体系可分为矿山地质环境要素指标体系和矿山地质环境问题指标体系两大类，两者都由目标层、要素层和指标层构成。前者涉及水、土、岩、生4类要素，包括土壤质地、土壤有机质含量、植被类型、切割深度、降水强度、植被覆盖率、近地表岩性、地面坡度、地貌类型、断裂构造密度、地下水水质、地下水埋深、透水性、土壤污染和土地覆盖/土地利用类型共15个指标；后者涉及地质灾害、地质环境问题、生态地质环境问题和资源破坏4类要素，包括崩塌、滑坡、泥石流、地面塌陷、地面沉降、地裂缝、地表水污染、地下水污染、土壤污染、荒漠化、水土流失、水资源枯竭、土地资源占用与破坏和景观资源破坏共14个指标。

(4)构建了矿山地质环境遥感调查、监测与评价的结构体系：矿山地质环境问题易发性评价(1∶5万)、矿山地质环境问题风险性评价(1∶1万)和重大矿山地质环境问题的动态监测与稳定性评价(单体)。

(5)总结了指标要素的数据获取包括数据源的选取、遥感数据处理分析、解译标志的建立、矿山地质环境要素指标信息提取和矿山地质环境问题指标信息提取5个步骤。

(三)基于遥感调查与监测的矿山土地退化评价的方法体系

根据当前矿山土地复垦工作对矿山土地评价的需求分析，结合国内外土地退化调查评价方法的调研和对比成果，明确了矿山退化土地遥感调查评价的对象，提出了矿山土地退化和复垦的遥感调查评价的结构体系，确定了不同评价类型的内容、性质、目的和服务目标等基本属性，初步构建了基于遥感调查的矿山土地退化和复垦评价的技术方法。

(1)明确了土地压占、剥采造成的土地损毁、地面塌陷和地裂隙灾害造成的土地损毁作为当前阶段遥感调查评价的主要对象。

(2)提出了矿山土地退化遥感调查评价分两个层次进行,分别是1∶5万比例尺的矿山土地退化评价和矿山土地复垦潜力评价,1∶1万比例尺的矿山土地复垦适宜性评价,并开展矿山土地复垦工程的动态监测。

(3)总结了开展矿山土地退化与复垦评价所需的遥感信息,包括矿山土地退化与复垦的自然条件、社会经济条件、矿山土地退化问题的现状与特征、造成矿山土地退化的矿业活动。

湖南省矿山环境监测

承担单位:湖南省地质环境监测总站

项目负责人:刘立,高俊华

档案号:0920

工作周期:2011—2014年

主要成果

(一)矿产资源规划执行情况

(1)鼓励开采区中未发现开采矿种与规划不一致的情况,建议矿权投放量要结合市场需求量进行评估,以实现规模化、集约化的矿产开发,优化产业布局;限制开采区中未发现开采规模与规划不一致的情况,建议在保持现有矿山开发规模的基础上适当放开对矿权设置的准入政策,以保证限采矿产的市场需求,防止供不应求扰乱市场价格;禁止开采区内仍有矿山处于正在开采状态,与规划不相符,建议尽快取缔或注销相应矿权手续,对于违法开采的矿山应立即制止其违法开采行为并防止反弹。

(2)在矿山生态环境恢复治理区中对矿山植被恢复程度的遥感监测可知,14个恢复治理规划区共实施矿山生态环境生态恢复治理工程项目31个,包括拆除厂房设备已自然复绿13处,人工恢复林地13处,人工恢复治理变为建设用地1处,采取边坡治理等整治4处。14个规划区的恢复治理程度差异较大。

(二)矿产资源开发利用状况

(1)2011—2014年的4年中,调查出的疑似违法开采点数量分别为270、356、352和343个,与之相应的是有效采矿权自2011年的6778个减至2014年的4255个,疑似违法图斑数量与当年有效采矿权数量的比值呈逐年增加趋势。

(2)疑似违法类型以无证开采和越界开采居多,同时存在以采代探、擅自改变开采方式、擅自改变开采矿种和其他(一证多井、矿权重叠)等多种类型。无证矿山的违法数量整体超过持证矿山的违法数量,但无证矿山的违法呈减少趋势,持证矿山的违法呈增加趋势。

(3)从分布地域来看,历年违法数量之和排名靠前的地级行政区为衡阳市、永州市、郴州市、娄底市和邵阳市;排名靠前的县级行政区为冷水江市、涟源市、常宁市、耒阳市、桂阳县、东安县、冷水滩区、攸县、茶陵县和醴陵市。

(4)从开采矿种来看,湖南省违法矿种以非金属矿为主,金属矿次之,能源矿相对较少。非金属矿中又以用于普通建筑材料的砂、石、黏土矿居多,金属矿中多为锰矿和铁矿,能源矿主要是煤矿。

(三)矿山地质环境问题现状

(1)调查出的矿山开发占地面积计 34 212.88×10^4 m^2,占全省国土面积的 0.16%。按占地类型看,采场占地 23 368.16×10^4 m^2,中转场地占地 6880.08×10^4 m^2,固体废弃物占地 3103.86×10^4 m^2,矿山建筑占地 860.78×10^4 m^2。按矿种类型看,非金属矿山占地面积 21 665.29×10^4 m^2,金属矿山占地面积 10 489.2×10^4 m^2,能源矿山占地面积 2058.19×10^4 m^2。按开采状态看,合法开采矿山占地面积 17 570.26×10^4 m^2,废弃矿山占地面积 11 914.28×10^4 m^2,违法矿山的占用破坏土地面积 4728.34×10^4 m^2。在地域分布上,矿山开发占地面积排名靠前的地级行政区为郴州市、永州市和衡阳市。

(2)调查出矿山地质灾害(含隐患)36 处,其中有塌陷 25 处,泥石流 7 处,滑坡 2 处,崩塌(危岩)2 处。从发生规模上看,特大型地质灾害 1 处,大型地质灾害 2 处,中型地质灾害 11 处,小型地质灾害 23 处。由能源矿引发的地质灾害 27 处,由金属矿引发的地质灾害 7 处,由非金属矿引发的地质灾害 3 处。引发地质灾害最多的矿种为煤矿、钨矿和锑矿。娄底市、郴州市、衡阳市三地的矿山地质灾害(含隐患)相对严重。

(3)湖南省规划实施矿山“复绿工程”计划在 2013 年至 2015 年完成的矿山有 211 处,需治理面积共计 12 891.07×10^4 m^2。截至 2014 年底,调查有 16 处矿山已经完成矿山复绿,正在进行复绿的矿山逾 100 处,还未开展矿山复绿的有 89 处。

(4)矿业活动引发了矿山环境污染,对周边环境产生了严重的影响。煤矿集中区如娄底市冷水江市、衡阳市耒阳市,粉尘污染较严重,污染了周边的居民生产生活用水和农田。湘西土家族苗族自治州花垣县、郴州市苏仙区等的金属矿比较富集,开采和选矿造成了周边河流和地下水等的污染,同样给人民的生命财产安全造成了威胁(图 4-27)。

图 4-27　大量堆弃的废石、废渣对土石环境污染严重

湖南省澧水流域地质灾害调查评价

承担单位:湖南省地质调查院

项目负责人:谭佳良,宋厚园

档案号:0924

工作周期:2014—2015年

主要成果

(一)遥感解译

在澧水流域地质灾害调查评价工作中,采用QuickBird和ETM卫星遥感数据资料,充分利用以遥感为主的"3S"技术和野外调查相结合的方法,对重点灾害区开展了1∶1万地质灾害遥感综合调查;对永定区及尹家溪图幅区1500km^{2}开展1∶5万地质灾害遥感综合调查工作。准确而迅速地查明该区地质灾害的类型、形态特征、分布范围、规模大小及危害程度等,为地质灾害调查评价工作提供基础资料。

(二)基本查清了地质灾害形成的区域地质环境背景条件

通过地面调查、测绘、资料收集等手段结合遥感资料,初步查明了区内地质灾害形成的地质环境条件。

澧水流域位于武陵山脉,区内群山起伏,山系纵横,溪河交织,系典型中低山地貌。工作区气候为中亚热带山原型季风湿润气候。受地形和气候的影响,区内降水量呈现明显时空分布差异,流域内降水强度大(多年平均降水量为1200～1600mm),为湖南省高值区之一;降水时间长(5～1500mm的年降水日为120天左右);时间分配不均,年内降水集中程度高,4—9月为雨季,降水量占年总量的72%～78%,其中5—8月占65%～70%,历年月最大降水量往往出现在6月或7月,最小月出现在12月或次年1月。由于受大气环流和复杂地形的深刻影响,多年平均降水量具有明显的区域差异性,澧水上游山区为流域内最大降水中心,如桑植境内八大公山年降水量可达2300mm,中游丘陵区1400～1500mm,下游滨湖平原小于1300mm。

境内侵蚀剥蚀地形地貌十分发育,地形复杂,地形坡度一般较陡、河谷深切,总体地势西、南、北三部较高,东部较低,干流及主要支流皆自西北流向东南,形成梳状河系。澧水上游多高山,海拔2000m左右,中游为丘陵地区,大部在海拔500m以上;下游石门、临澧、澧县一带为平原,地势开阔平坦。

地层岩性复杂,以发育碎屑岩与碳酸岩为特征,大地构造上位于扬子板块湘北断褶带三级构造单元的石门—桑植复向斜,构造复杂,造山运动强烈。地震基本烈度Ⅵ级。新构造运动强烈,表现为地壳阶段性上升,河流深切和侧蚀作用加剧。

总之,复杂的地形地貌、不均匀的降水量、复杂的地层岩性,强烈的新构造运动,成为澧水流域地质灾害发育的地质环境背景条件。

(三)总结了地质灾害的发育特征

受自然和人为因素的综合影响,区内地质灾害具有危害性大、隐蔽性强、突发性明显等特征。

此次调查收集地质灾害点 1587 处,全流域区面积 1505km²,地质灾害平均发育密度每 10km² 1 个,主要为滑坡 1284 处、崩塌(危岩)123 处、地面塌陷 104 处、泥石流 42 条、地裂缝 33 处、地面沉降 1 处。发育规模以中小型为主。

(四)总结了地质灾害的发育分布规律

(1)地质灾害发生时间上,多集中于每年的 4—7 月,多与降暴雨有关。据流域区尹家溪 1∶5 万图幅统计,因降雨诱发的地质灾害达 53 处,占总数的 91.4%,因此降雨是诱发地质灾害最直接的因素。其中,发生于 7 月份的有 36 处,占 63.1%;其次为 5 月份,共有 7 处,占 12.3%;再次为 6 月份,共计 5 处,占 8.8%。

(2)空间分布上地质灾害主要分布于慈利县、桑植县、石门县,地质灾害发育个数分别为 488 处、325 处、272 处,占比分别为 30.7%、20.5%、17.1%,其次是武陵源区、永定区、澧县,地质灾害发育个数分别为 145 处、156 处、109 处,占比分别为 9.1%、9.8%、6.9%。其他 5 县市地质灾害数量较少(表 4-2)。

表 4-2 澧水流域各行政区域地质灾害类型统计表

各类型地灾点统计		常德市					湘西自治州				张家界市	
地灾类型	总数(处)	鼎城区	津市市	澧县	临澧县	石门县	龙山县	永顺县	慈利县	桑植县	武陵源区	永定区
滑坡	1284	3	5	54	16	188	1	38	458	299	80	142
崩塌	123	0	0	16	0	8	0	2	13	17	60	7
泥石流	42	0	0	0	0	23	0	1	5	0	4	4
地裂缝	33	0	0	8	0	24	0	1	0	0	0	0
地面塌陷	104	0	0	31	21	29	1	2	12	4	1	3
地面沉降	1	0	0	0	1	0	0	0	0	5	0	0
合计	1587	3	5	109	38	272	2	44	488	325	145	156
占比(%)	100	0.2	0.3	6.9	2.4	17.1	0.1	2.8	30.7	20.5	9.1	9.8

(3)地质灾害与地层岩性的关系较紧密。地质灾害主要发育于第四纪松散堆积物、碎屑岩、碳酸盐岩石中。

(4)地质灾害与褶皱、断裂构造关系极为紧密。控制流域的主要断裂构造为慈利—保靖断裂,属江南断裂带西段,为扬子地块与雪峰构造带的边界断裂。控制流域的主要褶皱构造为桑植-石门复向斜,许多滑坡与断裂带有关,褶皱两翼是滑坡、崩塌的多发地段。经尹家溪图幅统计,受褶皱控制的灾害点共 58 处,与断裂构造有关的灾害有 7 处。

(5)人类工程经济活动如森林的过度砍伐、筑路修房削坡诱发了一定的地质灾害。

(五)划分了地质灾害易发区与危险性区

通过澧水流域地质灾害的形成条件、发育规律的研究，本着“以人为本”的指导思想，结合工作区的地形、地貌、地质构造、人类工程经济活动、地质灾害的发育分布现状、危害程度等，采用定性分析和定量评价，共圈定 1 个地质灾害高易发区，1 个地质灾害中易发区和 4 个地质灾害低易发区(表 4－3)。

表 4－3 澧水流域地质灾害易发性分区表

区		亚区		面积(km²)	占总面积比(%)	灾害个数(处)	灾害占比(%)	灾害密度(个/100km²)
代号	名称	代号	名称					
Ⅰ	地质灾害高易发区	I_1	磨市镇-慈利县-桑植县滑地质灾害高易发区	5544.19	36.20	1105	69.6	19.9
Ⅱ	地质灾害中易发区	II_2	壶瓶山镇-石门县地质灾害中易发区	2728.47	17.81	234	14.7	8.6
Ⅲ	地质灾害低易发区	III_1	龙潭坪镇-五道水镇-利福塔镇-温塘镇地质灾害低易发区	2589.92	16.91	61	3.8	2.4
		III_2	瑞塔铺镇-官池坪镇地质灾害低易发区	1240.08	8.10	67	4.2	5.4
		III_3	武陵源区地质灾害低易发区	400.49	2.61	8	0.5	2
		III_4	广福桥镇-临澧县-澧县地质灾害低易发区	2813.12	18.37	112	7.1	4

对尹家溪图幅进行了地质灾害危险性区划：地质灾害的趋势预测包括控制因素和影响因素两个层次，即现状是地质灾害演变的内部因素，而影响因素是它的外在条件。将二者叠加，作为地质灾害演变的危险程度，采用加权平均数学模型对地质灾害进行预测评估，将尹家溪图幅地质灾害危险性区划分为高危险区(A)、中危险区(B)和低危险区(C)3 个区。

(六)进行了地质灾害防治分区评价

针对尹家溪图幅区，根据地质灾害防治分区原则和防治目标相结合的方针，区内地质灾害形成的地质环境条件，地质灾害易发特征及地质灾害的类型、规模、危险性、危害程度、发展趋势等，结合当地国民经济建设和社会发展规划进行综合分析，划分出地质灾害重点防治区、次重点防治区和一般防治区，并进一步分成 6 个亚区。

(七)建立地质灾害调查信息系统

建立了尹家溪图幅区地面调查 58 个地质灾害点数据库，对下一步的防灾和国家重大工程的实施提供了基础资料。

总而言之，开展的澧水流域地质灾害调查评价工作意义重大，取得了丰硕的成果，工作手段比县市地质灾害调查丰富，工作精度明显提高，初步查明了灾害区地质环境背景条件、地质灾害的分布发育规律，建立了地质灾害数据库，健全了群专结合的地质灾害群测群防体系，建立了多手段结合的重大地质灾害体动态监测网络。

珠三角城市群重点地区 1∶5 万环境地质调查

承担单位：广东省地质调查院

项目负责人：支兵发

档案号：0933

工作周期：2009—2010 年

主要成果

（1）以生态环境地质调查、地下水污染调查评价、农业地质与生态地球化学调查成果资料及其他相关资料为基础，编制了珠江三角洲经济区 1∶25 万环境地质基础图系，包括城镇群协调发展规划示意图、主体功能区规划示意图、海洋功能区划图、卫星影像图、经济发展与城镇化进程图、土地利用现状图、地貌单元分区图、地质图、第四纪地质图、第四纪地质剖面图、活动性断裂与历史地震分布图、水文地质图、地下水水化学类型图、地下咸水分布图、环珠江口地区环境地质问题分布图等 16 幅。

（2）基本查明了本次工作区及周边气象、水文、地貌、区域地质、水文地质、工程地质条件，重点关注了新构造运动、岩溶发育的碳酸盐岩地层，软硬相间薄一中层状含膏盐红色碎屑岩岩组、软硬相间薄层状含煤碎屑岩岩组、淤泥类工程地质土组、易液化砂土工程地质土组等突出地质环境脆弱因素。

（3）基本查明了本次工作区及周边地下水资源、矿产资源、地质地貌旅游景观资源及土地利用状况。调查结果表明，本次工作区地下淡水补给资源量 $15.23\times10^8 m^3/a$；区内河砂和海砂等建筑砂料丰富，其他矿产资源种类稀少；区内地质地貌景观资源丰富，但大部分尚未得到开发；区内耕地持续减少，减少比例达 13.65%。

（4）基本查明了地面沉降、岩溶地面塌陷、崩塌、滑坡、水土污染、海岸变迁与海岸带环境地质问题，并进行了较为深入的研究。

基本查明了本次工作区软土空间分布特征，并首次开展了全新世、晚更新世软土的工程地质性质对比研究；基本查明地面沉降状况及影响，对地面沉降造成的经济损失进行了评估；研究了地面沉降成因，并进行了成因分类；提出了 7 种地面沉降模式及防治策略和措施。

基本查明了本次工作区岩溶地面塌陷状况、影响与危害；调查研究了溶地面塌陷发育的地质环境条件，包括地质构造、覆盖层岩性、结构、厚度及水文地质条件等；系统总结了岩溶地面塌陷的致塌因素和形成机制，致塌因素包括两大类 6 个亚类，形成机制分为失托增荷致塌机制、负压吸蚀与液爆致塌机制、机械贯穿致塌机制、地震与振动致塌机制、渗透潜蚀致塌机制和综合叠加致塌机制 6 种；提出了岩溶地面塌陷地质灾害防治对策。

基本查明了本次工作区崩塌、滑坡和不稳定斜坡现状及分布特征；基本查明了本次工作区风化壳类型及特征,风化壳类型包括岩浆岩类风化壳、变质岩类风化壳、碎屑岩类风化壳、红色岩类和碳酸盐岩类风化壳;较为系统地总结了崩塌的特征、形成条件和影响因素,滑坡的特征、形成机制,不稳定斜坡的特征、破坏机制及影响因素;提出了崩塌、滑坡地质灾害的防治措施。

采用层级阶梯评价方法对本次工作区地表水质量与污染进行了评价,结果表明几乎所调查的河涌地表水均受到了不同程度污染;对照地下水质量标准,本次工作区低丘、台地及其边缘地带有 1/10 的地下水属酸性水(pH<5.5),认为这可能与区域酸雨的影响有密切关系;采用层级阶梯评价方法对本次工作区地下水质量与污染进行了评价,结果表明,地下水质量总体较差,地下水污染问题突出,主要影响指标有汞、镍、氰化物、砷等;基本查明了本次工作区土壤重金属环境质量、土壤放射性环境质量特征,8 种土壤重金属元素环境质量总体较好,土壤放射性元素(Th、U)以四级、五级土壤质量为主;分析了水土污染成因,并提出了水土污染防治对策建议。

系统总结了珠三角地区海岸变迁研究进展;通过 3 个时相遥感地质解译,基本查明了 1998—2008 年海岸变迁特征,珠三角洲岸带岸线变化主要发生在广州南沙新区、深圳蛇口半岛、珠海唐家湾、高栏港、黄茅海、广海湾和惠州市大亚湾石化工业区,主要表现为因填海造地、围垦养殖、基础设施建设等导致岸线向海延伸;初步调查研究了海岸带环境地质问题,包括海岸淤积、海岸侵蚀、海域水体污染等。

(5)首次结合区域地下咸水分布特征,从地下水水化学、同位素角度对区域地下水咸水成因及影响因素、盐分来源、地下水动力学进行了系统研究。研究区地下咸水呈大面积分布($4000km^2$ 左右),主体赋存于退积层序普遍发育的第四系底部的孔隙含水层。地下水咸水含水层分布不连续,处于半封闭—封闭的状态;地下咸水水化学类型以 Cl - Na 为主,Cl^-、Na^+ 呈现随 TDS 升高而增大的趋势。从 TDS 与 $Na^+/(Na^+ + Ca^{2+})$、$Cl^-/(Cl^- + HCO_3^-)$来看,地下咸水水化学特征总体上与海水较为一致;地下咸水起源于古海水,主要形成于中全新世海侵期,与退积作用关系密切。地下咸水年龄主要在 7.4~5.9ka B. P. 之间。部分地段地下咸水形成过程中,可能受到了溶滤水的影响。地下咸水特别是高矿化地下咸水形成过程中,水循环交替慢,水动力条件不良;地下咸水中的盐分主要来源于古海水及海相沉积物,沉积压实、矿物溶解与离子交换等作用可能造成盐分的富集。

(6)开展了典型区段填海造地工程地质环境适宜性评价。建立珠江口地区陆域工程建设地质环境适宜性、近岸海域填海造地工程地质环境适宜性评价指标体系,并针对性建立了模糊数学模型。两套指标体系均包含地面稳定性、地基稳定性、构造稳定性 3 个层面。沿海陆地工程建设地质环境适宜性评价指标体系包含地面坡度、地面沉降、土壤侵蚀、土体稳定性、构造活动和地震烈度 6 个指标,海区填海造地工程地质环境适宜性评价指标体系包括海底坡度、水深、浅滩、土体稳定性、浅层气和活动断裂 6 个指标。

通过定性与定量相结合的方法,开展珠江口地区陆域工程建设地质环境适宜性评价及近岸海域填海造地工程地质环境适宜性评价。将陆域划分为工程建设地质环境适宜区、较适宜区、适宜性差区和不适宜区,将近岸海域划分为填海造地工程地质环境适宜区、较适宜区和适宜性差区。适宜和较适宜等级分布区域宜作为填海开发区,不适宜区宜作为自然保护区和功能保护区。

建立了珠江三角洲沿海地区风暴潮灾害易损性评估指标体系,包括社会经济指标、土地利用指标、生态环境指标、滨海构造物指标和承灾能力指标 5 类 22 个因子。

结合珠江三角洲沿海各区县实际情况，对风暴潮易损性评估结果进行了标准化分析，将风暴潮易损程度划分为5个等级，并对各个易损程度赋值评分，建立珠三角沿海地区风暴潮易损程度等级划分标准。评估结果表明，珠海市、番禺一南沙区和台山市风暴潮易损程度高，中山市、东莞市、惠阳区风暴潮易损程度较高，新会一蓬江一江海区、惠东县易损程度中等，深圳市易损程度较低，广州市区、顺德区易损程度最低。在此基础上，针对性提出了珠江三角洲沿海地区台风风暴潮防灾减灾对策。

(7)开展了珠三角重点地区工程建设适宜性地质环境质量、农业地质环境质量、居地质环境质量半定量评价与地质环境区划。以地面坡度、地面沉降、地面塌陷、水土流失、岩土体稳定性、构造活动、地震烈度为评价因子，经过专家打分和利用计算机进行分区图层叠加、属性分析、数据处理和自动成图的方法，对本区工程建设适宜性进行评价。结果表明，工程建设适宜性地质环境质量优等的分布面积1465.07km^2，面积占比20.86%；良好的分布面积1270.88km^2，面积占比18.09%；质量较差的分布面积2676.35km^2，面积占比38.10%；质量差的分布面积1612.14km^2，面积占比22.95%。

以地面坡度、水资源量、土壤类型、水土流失、地表水污染等作为农业地质环境质量评价因子，采用与工程建设适宜性地质环境质量评价相同的方法进行评价。结果表明，农业地质环境质量优等的分布面积1765.08km^2，面积占比25.13%；良好的分布面积3431.42km^2，面积占比48.85%；质量较差的分布面积1472.5km^2，面积占比20.96%；质量差的分布面积355.44km^2，面积占比5.06%。

以地面坡度、水资源量、地震烈度、人口密度、环境污染、地面沉降、地面塌陷等作为人居地质环境质量评价因子进行评价。评价结果表明，人居地质环境质量优等的分布面积1638.41km^2，面积占比23.32%；良好的分布面积3132.48km^2，面积占比44.47%；质量较差的分布面积1702.12km^2，面积占比24.23%；质量差的分布面积560.43km^2，面积占比7.98%。以优先开发区、一般开发区和限制开发区作为重点地区地质环境区划单元进行区划，区划结果表明，优先开发区面积3486.52km^2（工程建设优先开发区面积1052.27km^2、农业优先开发区面积1684.65km^2、人居优先开发区面积749.60km^2），面积占比49.63%；一般开发区面积1974.89km^2（工程建设优先开发区面积953.85km^2、农业优先开发区面积133.62km^2、人居优先开发区面积887.42km^2），面积占比28.12%；限制开发区面积1563.03km^2，面积占比22.25%。

(8)依据《重要经济区和城市群地质环境调查数据库指南》，基于重要经济区和城市群地质环境信息系统平台，建立了空间数据库。具体涉及外挂数据库、成果图件数据库、元数据库等。其中，外挂数据库包括野外综合调查、地质钻探、样品采集与测试、照片集等。其中，野外综合调查记录形式有记录本和表格，点性包括水文地质、地面沉降、地面塌陷、崩塌、滑坡、地表水污染、填海造地环境地质、海岸侵蚀、海岸淤积35种；地质钻探包括水文地质钻探、工程地质钻探和样品采集与测试水样、岩土样。录入调查点资料5988套，野外路线表1042张，水文地质钻探资料39套，工程地质钻探资料27套，地下水样品采集表151张，岩土样品采集表423张，水样测试数据151组，岩土测试数据423组。成果图件数据库包括城镇群协调发展规划示意图、主体功能区规划示意图、海洋功能区划图、卫星影像图、经济发展与城镇化进程图、土地利用现状图、地貌单元分区图、地质图、第四纪地质图、第四纪地质剖面图、活动性断裂与历史地震分布图、水文地质图、地下水水化学类型图、地下咸水分布图、环珠江口地区环境地质问题分布图等 16 幅 1∶25 万图件及新垦-沙井-宝安工作区环境地质问题分布图、唐家-平沙工作区环境地质问题分布图、台山-恩平工作区环境地质问题分布图、佛穗莞工作区环境地质问题分布图 4 幅 1∶5 万图件,共计 61 个图层。

长江中游城市群活动构造与地壳稳定性评价

承担单位:中国地质调查局武汉地质调查中心

项目负责人:陈州丰,邵长生,齐信

档案号:0943

工作周期:2011—2014 年

主要成果

(一)麻城-团风断裂带

(1)查明了盆地北东至南-北向右扭性断裂为主,应为新近纪(北)至早更新世(Qp_1)压性抬升期产物。

(2)通过调查、化探、物探、槽探查明了麻城-团风断裂带形态特征,平面上为较长、较平直北东向坚硬古断裂面与短小南东向裂隙组合而成的微带阶梯状断裂带。其北段陡立,倾向北西,向南逐步过渡到中倾北西;中段、北段断裂面深部延伸性好,长而平直的断裂面形态多见。

(3)冲口一道观河 1∶1 万追索提高了中段形态与活动性认识。认为断层面均为掩埋古断层三角面,由北向南变缓,无挽近错动。

(4)白垩系—古近系总体呈缓倾南东,与古断层面地层不整合;探槽揭露逆冲劈理表明浅表期盆地在海西期有显著东西向压性活动;勘探、槽探未发现中更新世以来显著活动特征。

(5)旧街以南断裂面延展性减弱,至淋山河等地消失,逐步被短小陡立断裂取代,显示巨大古断裂面形成期旧街以南应力衰减带。

(6)槽探揭示张性、压性两期劈理,证明麻城-团风断裂前第四纪张-压活动显著;白垩系—古近系形成后,古断裂面活动依然循以往破裂面发生,盆地内断裂则以右扭压性陡倾角为主。

(7)调查发现傅家兴湾附近、以南断裂上覆成片黄土垄岗,开挖面揭示大量第四系中更新统底砾石和网纹红土、晚更新统下蜀土、全新统碳质淤泥,剖面均无错动迹象,据此认为第四纪以来麻城-团风断裂并无脆性错断地表的活动。

(8)查清了前人所谓"断层角砾岩"的分布,蔡家林凹至旧街磨拉石成片发育,冲口、明山村等有所发育;分析认为均不是"断层角砾岩",系软硬岩体发育地段的古重力流堆积扇,主要为气候与岩性成因,与"东大别快速上升"的关联度不可靠。磨拉石的分布乃是麻城-团风断裂带中段软硬交替岩体特有的剥蚀现象,北段岩体坚硬剥蚀和堆积少,南段岩体软弱剥蚀后易风化迁移散失。

(9)相关年代学测试表明,麻城-团风断裂带最近一次错动地表的活动为 420～380ka,也即中更新世中期。之后再未发生错动地表的活动。1932 年黄土岗 6 级地震诱发了众多短小地表裂隙,但震中东侧十余千米处麻城-团风断裂带产状为陡倾甚至倾向东,认为平面位置相近不足以证明该地震为麻城一团风断裂主断面所致,应为次级断裂活动,且地表短小裂缝为松

散第四系对掩埋基岩面的耦合不均匀沉降响应，而非断裂错动所致。认为麻城-团风断裂微弱非一致性错动性活动对麻城、新洲、武汉等地社会发展、城镇规划影响小。

（二）九江-德安断裂带

（1）九江—瑞昌地区野外调查发现，数十条古老断裂露头上覆盖第四系中更新世以来地层，未发现基岩断裂错动第四系现象，认为古老断裂第四纪以来多活动微弱，不足以错动至地表。

（2）九江-德安断裂带存在地震和构造活动，但中更新世晚期以来未积累足以错动地表堆积体的一致性位移。

（3）综合分析了九江—瑞昌地区地震与构造的关系，提出了地震主要发生于软岩盖层与不平坦结晶基底界面附近，发震机理以分界面缓倾角滑脱运动为主，其次为该运动衍生的盖层破碎软岩适应性形变，认为该地区软岩盖层与破碎结晶基底结构与板块界线大断裂交会带应力场位置共同决定了该地区地震的频发特性及低烈度低破坏性。

（4）根据相关资料推测，断裂活动形式可能以往复式弹性活动和轻微深层破裂为主，可能遵循圣安德列斯断裂带帕克菲儿德段（parkfield 镇附近）的模式，即地壳由软弱或破碎岩体构成，存在持续形变和弱地震，但无破坏性中强地震。可以是 10～30 年周期性中强地震，但无强震。

（5）本区地震工作防灾重点不是基本烈度的校核，而是地震诱发岩溶塌陷次生灾害的管控，重点工作是查明盆地规划建设区掩埋可溶岩分布、岩溶程度与分布。

（6）九江-德安断裂带活动性弱，不构成重大建设安全隐患。

（三）丁家山-桂林桥-武宁山断裂带

（1）瑞昌调查、化探、物探、钻探、槽探表明，瑞昌盆地北侧北东向丁家山桂林桥-武宁山断裂带中更新世晚期活动强烈，顺断裂带诱发第四纪晚更新世之前破裂现象集中，分析认为其分布与该断裂呈大角度相交的次级断裂活动关联度高。

（2）丁家山-桂林桥-武宁山断裂露头测年显示，上覆红色碎石土和断层带红色风化角砾岩（热归零可靠）年龄为 28 万年、32 万年，与前人认定活动时代 38 万年吻合，应为最后的显著错动活动期。

（3）物探、化探异常显示，该断裂带在盆地区尚有多条隐伏次级断裂。

（4）断裂现今活动微弱，不足以构成重大直下型错动破坏隐患，对地区经济建设、社会发展影响微弱。

（四）九江—瑞昌地区基岩断裂

（1）九江—瑞昌基岩山区主要断裂带上覆第四系均无受构造带错动而延伸错断现象，认为晚更新世之后断裂带活动性弱，不足以切错地表。

（2）近区地震可能为 8～15km 深结晶基底滑脱及破碎岩体周期适应性形变所致，地震构造环境对比分析认为其震级超越 6 级历史地震可能性小，可进一步开展定量论证以指导建筑、经济、社会规划政策制定。

(五)九江—瑞昌地区第四系破裂现象

(1)九江—瑞昌地区发现第四系破裂现象数十处,裂隙上千条,为迄今对近区第四系破裂现象掌握数量最大、类型最全、记录最精细的一次工作,为本次工作任务的完成及后续地震研究、区域稳定、新构造、第四纪地貌及相互关系等研究奠定了坚实的实证基础。

(2)在充分的实证研究基础上,首次全面提出了第四系裂隙成因分类方案,为后续研究厘清了思路方向。研究认为,第四系破裂主要为中更新世晚期断裂构造活动导致的堆积体不同程度拉裂和错动,也有地层不均匀压密错动、古基岩面上覆盖层压密错动、地震震动致土体错动、古坡体自然失稳拉裂或错动等成因,不排除个别为前人所指冰碛推挤构造。

(3)本次研究以唯物论为指导,以初步厘清复杂的第四系断裂成因类型为例,摆脱了将第四系破裂与断裂构造关联、地震与重大灾害关联、活动断裂与灾害关联等形而上学和僵化思维,为第四系破裂现象、地震、活断层等研究提出了回归科学方法论的倡议。

(4)瑞昌调查、化探、物探、钻探、槽探表明,瑞昌盆地边缘断裂带中更新世晚期(网纹红土形成后)活动剧烈,顺断裂带诱发第四系断裂现象成群出现,同时认为与该断裂及与之大角度相交的次级断裂活动关联度高。

(六)九江—瑞昌地区地壳稳定性

(1)广泛持久存在的地震,其成因不应该是目力所及范围内断裂错动所致,认为源于本区15～20km深不平整结晶体与软弱盖层间滑脱作用相关,与岩体各处持续适应性形变相关。

(2)地震方面的防灾重点不应是直下型断裂错动灾害,在于震动诱发岩溶塌陷等。建议加强重点规划建设区可溶岩分布范围、类型、埋深、水文地质条件等情况的调查,让建筑物做到科学规划、提前避让致灾因子,科学管控灾害预期,编制防灾救灾预案。

(3)所编《麻城-团风断裂带分布图(1∶5万)》《九江-德安断裂带分布图(1∶5万)》《瑞昌地区断裂分布图(1∶5万)》《长江中游城市群活动断裂与地震分布图(1∶150万)》及报告所提建议可供规划、建设、防灾部门参考。

中南重点地区地下水污染调查评价

承担单位:中国地质调查局武汉地质调查中心

项目负责人:彭轲,何军,曾敏

档案号:0947

工作周期:2014年

主要成果

(1)中南地区有7个主要含水层。根据调查与收集资料分析,中南重点地区有松散岩孔隙含水层、碳酸盐岩类裂隙溶洞含水层、火山岩孔洞含水层、红层钙质砾岩类裂隙孔隙含水层、碎屑岩类构造裂隙含水层、变质碎屑岩类裂隙含水层和岩浆岩类裂隙含水层7个含水岩层。

(2)林地、耕地是工作区内主要土地类型。通过遥感解译、资料收集和调查访问,基本查明了中南重点地区土地利用现状。各地区土地利用结构差异较大,耕地、林地是工作区主要土地利用类型，耕地面积占总面积的36%，林地面积占总面积的50%。

(3)通过资料收集分析与调查相结合，基本查明了区内污染源分布，掌握了各片区地下水污染主要特征。区内污染源主要城市及周边工矿企业"三废"排放，即工业污染源引发的点状或线状污染，农业污染源主要为农药、化肥过量使用引发的面状污染及生活垃圾引发的点状污染。

(4)首次在中南地区将微量有机指标纳入地下水质量评价体系，全面评价了区域地下水质量。通过采样分析，采用综合评价方法对区域地下水质量开展全面评价。中南重点地区地下水质量普遍较差，40%的地下水可以直接饮用，60%的地下水稍加处理后可以作为生活饮用水。

(5)针对影响地下水质量的Ⅳ、Ⅴ类水影响因子及影响程度进行了分析。影响地下水质量各因子的影响程度由高至低依次为现场指标pH、浊度，无机常规指标的Mn、Al、NO_3^-、I^-、Fe、总硬度、溶解性总固体、SO_4^{2-}、Cl^-，无机毒理指标As、Pb、Hg、F^-及微量有机指标1,2-二氯丙烷和1,2-二氯乙烷。

江汉平原周边地下水能直接饮用的只占35%，64%的地下水需要处理或稍加处理才可以作为生活饮用水。影响地下水质量的主要因子为pH、浊度、Mn、Fe、总硬度、硝酸盐、亚硝酸盐、I^-等。

湘江中下游地区47%的地下水可以直接饮用，52%的地下水需处理后方可饮用。影响地下水质量主要因子为浊度、Mn、Fe、总硬度、硝酸盐、亚硝酸盐、I^-、溶解性总固体及As、Al等。

广西北部湾地区能直接饮用地下水只占28%，69%的地下水需处理后才能作为生活饮用水。影响水质量的因子主要为pH、浊度、Mn、硝酸盐、I^-、Al等。

雷琼地区43%的地下水可以直接饮用，56%的地下水需要处理才能饮用，影响地下水质量主要因子为pH、浊度、硝酸盐、Al、I^-等。

(6)采用层次分析法对中南地区地下水开展了污染评价。区内90%的浅层地下水未遭到或遭到轻度污染，主要污染影响指标为硝酸盐、碘化物、铅、汞、氟化物、砷及1,2-二氯丙烷和1,2-二氯乙烷等。

江汉平原周边地区76%的地下水未遭到污染，17%的地下水遭到轻度污染；污染指标主要为硝酸盐和碘化物。湘江中下游地区86%的地下水未遭到污染，8%的地下水受到轻度污染；主要污染指标为碘化物、氟化物、汞、铅、砷及1,2-二氯丙烷。广西北部湾地区76%的地下水未污染，9%的地下水遭到轻度污染；污染指标主要有碘化物、硝酸盐、铅、氟化物以及微量有机指标1,2-二氯丙烷、1,2-二氯乙烷。雷琼地区73%的地下水未受到污染，6.5%的地下水受到中度或重度污染；污染指标主要为碘化物、铅和硝酸盐。

(7)根据含水层结构、埋藏条件、水动力条件、地下水形成条件和人类活动对地下水产生的污染负荷等分析结果，开展了地下水防污性能评价和地下水污染风险评价，在此基础上，编制了污染物防治区划。

(8)根据地下水水质和污染现状，结合污染源分布特征，提出了地下水监测网络建议。

广东省矿山环境监测

承担单位:广东省地质调查院
项目负责人:王耿明
档案号:0953
工作周期:2012—2015 年
主要成果

(一)矿产资源规划执行情况

通过遥感调查完成矿产资源开发利用规划区 57 个,其中,重点开采区 5 个,鼓励开采区 9 个,限制开采区 2 个,禁止开采区 41 个。完成矿山生态环境治理规划区 16 个,其中重点治理区 8 个,一般治理区 8 个,规划区完成总体情况为 37%。

(二)矿产资源开发状况

1. 重点区矿产资源开发状况

通过遥感调查完成矿产资源开发状况遥感调查总计有各类开采点(面)1241 处,其中,合法开采点(面)407 处,关闭或废弃点(面)717 处,疑似违法开采点(面)117 处。

2. 全省矿产资源开发状况

2014 年广东省共有矿产开发点(面)1744 个,其中,合法开采矿山 1391 个,停产或关闭矿山 121 个,疑似违法开采矿山 232 个。矿产开发点(面)主要包括清远市、梅州市、肇庆市、韶关市、河源市,主要包括建筑用花岗岩、陶瓷土、水泥用灰岩、饰面用花岗岩等 80 个不同矿种。

3. 尾矿资源调查

2014 年广东省遥感调查尾矿库 65 个,其中,铁矿 37 个,铅锌矿 15 个,钨矿 8 个,铜矿 5 个。尾矿资源主要分布在清远市、韶关市、河源市和肇庆市。

(三)矿产卫片遥感解译

项目完成 2012—2014 年度矿产卫片遥感解译,提交矿产疑似违法图斑 764 个:2012 年度矿产疑似违法图斑 298 个,其中,疑似无证开采 277 个,疑似越界开采 21 个;2013 年度矿产疑似违法图斑 234 个,其中,疑似无证开采 212 个,疑似越界开采 21 个,擅自改变开采方式 1 个;2014 年度矿产疑似违法图斑 232 个,其中,疑似无证开采 231 个,疑似越界开采 1 个。

矿产疑似违法图斑集中分布区主要在 6 个地区:怀集—阳山地区、潮安—揭东地区、普宁—惠来地区、平远—蕉岭地区、河源北部地区、廉江北部地区。

(四)矿山地质环境问题

1. 矿山开采占地情况

2014 年度广东省矿山开发占地总计 $23\,913.84\times10^4\,m^2$,其中,采场占地 $10\,995.12\times$

10^4m^2，中转场地占地 $3497.43\times10^4m^2$，固体废弃物占地 $9131.03\times10^4m^2$，矿山建筑占地 $290.26\times10^4m^2$。重点工作区矿山开发占地合计 $8964.37\times10^4m^2$，占全省矿山开发占地的37%。

2. 矿山地质灾害

2014年广东省矿山地质灾害及其隐患总计198个，其中，崩塌18个，滑坡139个，泥石流34个，地面塌陷7个。重点工作区矿山地质灾害及其隐患55个，占全省矿山地质灾害及其隐患的28%。

3. 矿山环境污染

2014年遥感调查表明，广东省矿山环境污染中，矿山粉尘污染78个，矿山水体污染23个。矿山环境污染集中分布区主要有5个，分别为怀集县、英德市、罗定市、高要市、普宁市。

4. 圈定矿山地质环境问题区

通过矿山地质环境问题综合分析，圈定矿山地质环境问题区8个，分别为怀集铁矿、连南-阳山多金属矿、英德稀土矿、曲江-始兴钨矿、曲江大宝山铁多金属矿、连平大顶铁矿、德庆-广宁-高要陶瓷土和云浮硫铁矿。

5. 1∶5万矿山环境监测

在2014年全省矿山环境遥感调查基础上，完成曲江大宝山铁多金属矿、新丰瑶田稀土矿、云浮硫铁矿和封开金装金矿4个矿山环境问题区1∶5万矿山环境监测，合计面积为 $150km^2$。通过遥感监测和矿山环境评价，提出对策与建议。

6. 矿山地质环境评价

开展广东省矿山地质环境评价：全省划分了7个严重影响区，21个较严重影响区，26个一般影响区。

（五）矿山地质环境恢复治理（含复绿工程）

2014年广东省正在利用矿山面积 $14\,098\times10^4m^2$，废弃矿山面积 $9815.84\times10^4m^2$，矿山恢复治理面积 $754.64\times10^4m^2$；2014年广东省正在开采矿山恢复治理面积 $118.56\times10^4m^2$，关停或废弃矿山恢复治理面积 $636.08\times10^4m^2$；矿山环境恢复治理集中分布在清远市，占总数的55%，集中分布在稀土矿矿山，占总数的57%；矿山环境恢复治理主要分布在怀集、连南—阳山、清城、英德、东莞5个地区。

广东省"矿山复绿行动"的矿山226个，其中，2014年完成复绿矿山109个，未复绿矿山20个，正在复绿矿山97个。按治理年度，2012年有待治理矿山107个，其中，62个已复绿，33个正在复绿，12个未复绿；2013年有待复绿矿山9个，其中，4个已复绿，3个正在复绿，2个未复绿；2014年有待复绿矿山110个，其中，43个已复绿，61个正在复绿，6个未复绿。

江汉-洞庭平原地下水资源及其环境问题调查

承担单位:中国地质调查局武汉地质调查中心
项目负责人:胡光明,肖攀,喻望
档案号:0957
工作周期:2011—2014 年
主要成果

(一)构建江汉-洞庭平原第四系地层统一格架,为地下水含水层结构划定提供依据

通过江汉平原、洞庭盆地丘岗区(露头区)与平原区(覆盖区)第四纪地层对比分析,研究湖北、湖南两省第四系沉积特征、岩性特征与年代序列可知,江汉-洞庭盆地丘岗区(露头区)和平原区(覆盖区)的第四纪地层具有明确的可对比性。江汉盆地钻孔东荆河组下段和上段分别对应洞庭盆地钻孔的华田组与湘阴组,从厚度上看,东荆河组下段略厚于华田组,东荆河组上段略薄于湘阴组;从岩性特征来看,东荆河组下段与华田组略有不同,东荆河组上段与湘阴组则非常相似,呈现多期由粗到细的沉积旋回。江汉盆地钻孔江汉组对应洞庭盆地钻孔洞庭湖组,江汉组厚度比洞庭湖组厚度薄,两者岩性极其相似,所有钻孔中均在这一段出现了大量的砂砾石层,且两者均有穿时性。江汉盆地钻孔沙湖组和郭河组分别对应洞庭盆地钻孔安乡组和全新统,江汉盆地晚更新世以来沉积厚度明显大于洞庭盆地。

(二)构建江汉-洞庭平原水文地质模型,划定地下水系统结构

通过资料收集、结合野外实际调查分析,以系统的整体性、环境性、动态性与层次性为原则,将江汉洞庭平原划分为 2 个一级地下水系统:秦岭-汉水一级地下水系统(E03)和洞庭湖一级地下水系统(E04),以及 4 个二级地下水系统、17 个三级地下水系统和 14 个四级地下水系统。其中:①长江二级地下水系统(E03A)包括荆北地区支流三级地下水系统(E03A01)和四湖流域三级地下水系统(E03A02)2 个三级地下水系统,荆北地区支流三级地下水系统包括玛瑙河(E03A01A)、沮漳河(E03A01B)和内荆河(E03A01C)3 个四级地下水子系统;②汉江二级地下水系统(E03B)包括汉江夹道区(E03B01)、汉北地区(E03B02)、汉江干流区(E03B03)和汉江丘陵-湖沼区(E03B04)4 个三级地下水系统,其中,汉北地区三级地下水系统(E03B02)包括天门河(E03B02A)、钱场河(E03B02B)、皂市河(E03B02C)、小富水河(E03B02D)、大富水河(E03B02E)、府河(E03B02F)、寰水西部(E03B02H)和寰水东部(E03B02J)8 个四级地下水子系统;③西洞庭湖二级地下水系统(E04A)包括松滋河西部(E04A01)、松滋河(E04A02)、澧水地区(E04A03)和沅水地区(E04A04)4 个三级地下水系统,其中沅水地区三级地下水系统包括沅水(E04A04A)、向阳河(E04A04B)和木平湖(E04A04C)3 个四级地下水系统;④东洞庭湖平原二级地下水系统(E04B)包括藕池河(E04B01)、调弦河(E04B02)、桃花山(E04B03)、长江南岸(E04B04)、东洞庭湖(E04B05)、资江(E04B05)和湘江三级地下水系统(E04B05)7 个三级地下水系统。

(三)开展了江汉-洞庭平原地下水资源量计算,并进行地下水资源潜力评价

运用水均衡法,计算了江汉-洞庭平原地下水资源量,按行政区统计计算求得江汉-洞庭平原天然补给资源量为 $113.887\times10^8 m^3/a$,地下水开采资源为 $6.293\times10^8 m^3/a$,可开采资源为 $92.817\times10^8 m^3/a$,开采资源占可开采资源的 6.78%,而且各市县的开采资源与可开采资源的比值范围为 1.13%~54.34%,全区平均开采率仅为 6.78%。这说明所求得的各市县开采资源是有补给保证的,有较大开采空间。通过地下水开采利用现状调查,统计得到江汉-洞庭平原地下水资源开采潜力为 $86.524\times10^8 m^3/a$,最后依据地下水综合潜力系数与综合潜力模数值域范围,将江汉-洞庭平原划分为了无地下水潜力区、综合潜力一般区、综合潜力较大区与综合潜力大区,圈定江汉-洞庭平原地下水潜力等级范围。

(四)开展了江汉-洞庭平原数值模拟,进行了地表水-地下水水平衡分析

充分收集了江汉-洞庭平原气象、水文、地下水位监测及水文地质参数资料,运用 SWAT 模型建立了江汉-洞庭平原地表水概化模型,运用 MODFLOW 建立江汉-洞庭平原地下水流模型,通过运用 Fortran 语言自行编写程序建立地表水和地下水耦合模型,并针对江汉-洞庭平原自身水文地质特征对地表水-地下水耦合模型进行改进,开展了地表水、地下水耦合模拟计算,并对耦合模型进行识别和检验,证明了耦合模型对于江汉-洞庭平原地下水资源评价的可靠性。通过模拟 2010—2013 年结果分析了研究区内各部分水量的分配状况,4 年月平均降雨量为 95.46mm;地表径流量为 17.99mm,占降雨量的 18.85%;土壤对地下水补给量为 19.91mm,占降雨量的 20.86%,符合研究区的入渗系数经验值;侧向流量为 0.1mm,占降雨量的 0.11%;实际蒸散发量为 57.65mm,占降雨量的 60.39%;土壤水存储量变化量为−0.19mm,占降雨量的 0.20%。蒸散发是研究区水量的主要输出项,其次为土壤对地下水的补给量。同时,通过耦合模型开展了不同降雨条件下水文过程预测与水资源评价,土地利用变化条件下径流模拟研究,气候变化条件下径流模拟研究及极端气候条件下地下水动态预测工作,为江汉-洞庭平原地下水资源的开采与保护提供理论指导,充分发挥地下水资源最大效益。

(五)开展了江汉-洞庭平原地下水功能评价与区划

通过资料整理分析,构建了江汉-洞庭平原地下水功能评价体系,运用层次分析法分别进行了地下水资源功能、地下水生态功能与地下水地质环境功能评价。综合三者评价结果,依据地下水功能区划三级划分标准原则,将江汉-洞庭平原划分为地下水功能强区(G1)、地下水功能较强区(G2)、地下水功能一般区(G3)、地下水功能较弱区(G4)、地下水功能弱区(G5)五大功能区,并结合各自功能特点划分为若干功能亚区,明确各区的分布范围与功能特征,为江汉-洞庭平原地下水资源开发利用规划与功能布局提供有力依据。

(六)分析了江汉-洞庭平原主要水环境问题,提出地下水合理开发利用方案

通过环境地质问题调查及资料收集整理分析研究,发现江汉-洞庭平原主要环境地质问题有地面沉降、地下水位降落漏斗、地下水过量开采引起的水位下降及水资源衰竭,地表水、地下水污染,极端气候条件下地表水断流呈常态化,湖泊面积逐渐萎缩,功能退化等主要环境问题,并开展了环境地质综合评价,将全区的地质环境质量主要分为好、中等、较差和差 4 个等级,指导江汉-洞庭平原地下水资源开采利用,确保地下水资源可持续开发利用,有效预防因地下水开采导致水环境问题的频繁发生。同时,结合江汉-洞庭平原规划发展、地下水需求现状、地下水开采条件及地质环境质量等级等,在仙桃、天门、潜江、沙洋、应城、汉川、当阳、岳阳、常德与益阳等地划定出 12 个应急后备水源地,以满足后期供水规划需求,以及特殊气候条件下的应急供水,避免水环境问题突发,并对各水源地进行了水流场数值模拟运算,预测了开采量与对应水位变化规律,保证地下水资源得到合理持续开发利用。

三峡库区巴东段岸坡改造调查

承担单位:中国地质调查局武汉地质调查中心

项目负责人:黄波林

档案号:0960

工作周期:2014—2015 年

主要成果

(1)完成巴东县幅(1∶5 万)地质灾害补充调查 400km²,调查崩滑流等地质灾害点 167 个。调查区地质灾害以滑坡为主,发育滑坡 139 个,崩塌(危岩)10 个,不稳定斜坡 14 个,地面塌陷 3 个,泥石流 1 个。本次调查圈定了实体边界,更新了该图幅地质灾害数据。

(2)巴东县幅区域内地质灾害主要沿江河分布,其中,沿长江干流最为发育。二叠系巴东组二、三段为本区域内的易滑地层,大型滑坡发育机理复杂。采用定性的评价方法划分了巴东县幅地质灾害易发区,高易发区主要分布于巴东大斜坡、长江干流南岸打爪石一下坪沱区域、长江干流南岸西瀼坡—茶棚子区域、纸厂沟沟口一带,面积 47.2km²,占图幅总面积的 11.12%。采用层次分析法对东壤河重点区进行了危险性区划,高危险区主要分布于李家湾—雷家坪区域、周家坡—老虎包—宋家梁子区域、周家梁子—彭家屋场区域、岔沟—打卦石—谭家梁子区域,面积约 4.88km²。

(3)完成泄滩幅(1∶5 万)地质灾害补充调查 240km²,调查崩滑流等地质灾害点 204 个。调查区地质灾害以滑坡为主,发育滑坡 179 个,崩塌(危岩)6 个,不稳定斜坡 21 个。本次调查圈定了实体边界,更新了该图幅地质灾害数据。

(4)泄滩幅区域内地质灾害主要沿长江和归州河分布,在秭归向斜两翼最为发育。顺向岸坡和侏罗系桐竹园组、蓬莱镇组等易滑地层的发育造成区域内顺层滑坡较多。采用频率比模型法划分了泄滩幅地质灾害易发区,高易发区主要分布于长江两岸和卡子湾—严坪一带,面积 94.3km²。采用 TRIGRS 模型对归州河重点区进行了危险性区划,高危险区主要分布在归州

河左岸大坪一金家坝一带区域、渡水头滑坡区域、沙湾子一向家领一带区域、归州河右岸水田坝一马家湾一带区域、董家院子一带区域，面积约 5.52km^2。

(5)对巴东县王家咀-观音桥段灰岩、泥灰岩库岸和秭归县下店子至冉家湾段碎屑岩库岸进行了岸坡改造专项调查，调查面积约 26.6km^2。调查表明，三峡库区消落带塌岸类型主要为沿基覆界面滑移型塌岸、沿结构面基岩滑移塌岸、厚层堆积体滑移塌岸、浪坎型塌岸、基岩崩塌型塌岸、冲蚀磨蚀型 6 种类型。岸坡结构类型与塌岸类型的对应关系较为复杂。

(6)对巴东和秭归泄滩部分土质斜坡的野外调查统计表明，消落带稳定坡角的初步统计值为 20°～35°；成因类型不同，稳定坡角有所差异。岩质库岸的塌岸一般与岩性组合、岸坡结构、岩体结构有着密切关系。由于斜坡结构的差异，库岸改造的时间效应有较大差异，有的甚至长期处于改造状态。

(7)原位声波测试和室内大量物理、化学、力学测试表明干湿循环对岩(石)体造成了各方面的改变。消落带岩体物理改造主要以岩体质量下降、微裂隙和孔隙率的增大为主，其岩体质量会下降，耐崩解性和软化系数等水理性质会劣化。在矿物组成方面是以伊利石和长石含量轻微变化为主。随着干湿循环次数的增加，岩石饱和单轴抗压强度依次降低，变形模量也呈依次降低发展趋势。干湿循环 20 次后，抗压强度下降 15%～20%。

(8)塌岸改变了岸坡的结构，物理化学等微观改造引起的力学强度降低是微观改造引起岸坡宏观变化的主要路径。以典型岩质岸坡为例分析了消落带岸坡改造加速了斜坡不稳定进程，影响了斜坡失稳模式。以箭穿洞危岩体为例，调查了历年来基座岩体的劣化情况，30 次干湿循环试验表明饱和抗压强度下降 20.1%；岩体劣化造成危岩体将以压裂破坏失稳；箭穿洞危岩体失稳造成的涌浪灾害将影响约 15km 长的长江航道安全。

(9)建议加强岸坡改造区的调查研究，对危及整个斜坡安全的岸坡改造区进行防护治理。尤其加强三峡库区瞿塘峡吊嘴一带、巫峡口至横石溪背斜的左岸、穿箭峡至箭穿洞左岸一带、青石神女峰山脚至孔明碑左岸一带、板壁岩至黄岩窝右岸一带及巴东县银盆沟左岸一带、秭归盆地的泄滩至香溪河口左岸一带、西陵峡右岸梭子山和问天简危岩体一带等区域的岸坡改造调查。建议对这些区域开展大比例尺的调查、巡查和相关研究工作，研究岸坡改造对该区域斜坡长期稳定性的影响。

(10)三峡库区消落带岸坡改造是一个长期的过程，也必将对三峡库区斜坡稳定性造成深远影响。本项目仅对巴东县幅和泄滩幅部分消落带进行了重点调查，并未实现对所有重点区或强烈改造区的全覆盖，建议对库区消落带岸坡改造区域开展专门的长期监测、调查和研究工作，以支撑三峡库区防灾减灾工作。

(11)本项目调查研究时间较短，干湿循环试验周期不长，调查数据受到明显的时间制约，部分结论(例如稳定坡脚、力学参数下降率)可能只是靠近"正确值"。建议长期监测研究部分典型消落带改造区，以修正和完善部分结论。

第五章 地球化学、物探、遥感类

湖南新田县土地质量地球化学评估

承担单位:湖南省地质调查院

项目负责人:苏正伟,黄逢秋

档案号:0754

工作周期:2011—2013 年

主要成果

(1)新田县存在较大面积的天然富硒土壤。1∶5 万土地质量地球化学评估工作在新田县内圈定了富硒土壤 615km^2,占全县土地的 60.18%。

(2)研究发现新田县土壤中硒的主要来源为境内成土母岩或基岩风化母质,土壤中硒的含量一般都高于成土母岩中的含量,具有不同程度次生富集作用。在新田县泥盆纪—石炭纪岩石地层中硒的含量具有较高的地球化学背景分布,其中泥盆系黄公塘组地层硒元素含量最高,达 0.56×10^{-6}。综合分析认为,硒元素主要来自周边隆起构造带(华南隆起褶皱带及次级湘中阳明山-塔山东西向隆起构造带)中前泥盆纪(震旦纪、寒武纪、奥陶纪沉积地层)和原地地层风化成壤。

(3)新田县土壤环境质量良好。依据《绿色食品产地生态环境质量标准》(NY/T 391—2000)来划分新田县绿色食品产地的适宜性,50.33%的区域适宜开发 AA 级的绿色食品产地。土壤环境质量综合等级以清洁和尚清洁为主,两类所占的面积占总面积的 64%,主要分布在门楼下乡、金陵镇、冀村镇、茂家乡、大坪塘乡等乡镇。轻度污染的土壤占全区总面积的 23.33%,主要分布在新田县中西部地区及南部,即冷水井乡—龙泉镇—毛里乡—枧头镇—金盆圩乡—石羊镇—高山乡一带。中度、重度污染的土壤所占的比例为 12.67%,零星分布在新田县中西部地区及南部。

(4)对土壤、岩石、灌溉水、大气干湿沉降样品的综合分析表明,新田县土壤中的 As、Cd、Hg、Pb、Zn、Cu 等元素的主要来源为境内成土母岩或基岩风化母质,工农业对土壤环境造成的影响较低。

(5)在县内已有大量的天然富硒农产品(图 5-1、图 5-2)。水稻、大豆、红薯、辣椒、花生、油茶均存在较大比例的富硒样品。通过对比数据发现县内农作物富硒能力大小排序为:大豆>油茶>水稻>辣椒>花生>红薯>冬笋。

图 5－1　富硒农产品生产基地

图 5－2　富硒农产品

广东省典型市县级土地质量地球化学评估

承担单位:广东省地质调查院

项目负责人:游远航

档案号:0769

工作周期:2008—2010年

主要成果

(1)根据珠江三角洲经济区农业地质与生态地球化学调查和广东省珠江三角洲经济区土地质量地球化学评估成果,选择土壤硒含量高、粮食与蔬菜等农业经济发达的台山市西北部6个镇作为评估试点区。全面收集了评估区地质、地球化学、土壤类型、土地利用现状、农业种植现状等基础资料,并系统采集和分析了岩石、土壤、主要农作物、灌溉水、大气干湿沉降、土壤硒形态、土壤硒价态、土壤质地等各类介质样品约3600件,获得了6.8万个高质量的地球化学数据。

(2)完成了广东省典型市县级土地质量地球化学评估成果报告和系列成果图件。全面整理和分析了评估区土壤、大气干湿沉降、灌溉水和农作物等不同介质样品的营养有益、有害元素分析测试数据,编制了评估区表层土壤元素指标地球化学图20张,元素分级图20张,土壤环境质量图5张,土壤营养元素丰缺图4张,大气干湿沉降元素年通量分布图14张,土壤环境健康指标分等图8张,土壤养分指标分等图8张,土地质量地球化学评估图6张和应用成果图件3张,编写了《广东省典型市县级土地质量地球化学评估报告》和《广东省典型市县级土地质量地球化学评估图集》。

(3)以1∶25万多目标区域地球化学调查数据为依据,剖析了区域生态地球化学特征,并参照珠江三角洲经济区土地质量地球化学评估指标体系,合理地选择了市县级土地质量地球化学评估的测试指标。分析了土壤中As、Cd、Hg、N、P、K_2O等20项指标的地球化学特征,以及大气、灌溉水、主要农作物中Se、As、Cd、Pb等有益、有害元素分布特征;论述了成土母质、土壤质地、土地利用类型、人类生产活动等因素对元素地球化学分布和土地质量的影响。研究认为成土母质是影响土地质量的主要内部因素,大气干湿沉降则是影响土地质量的主要外部因素。

(4)按照《土地质量地球化学评估技术要求(试行)》(DD 2008—06),阐述了各类指标的空间分布与变异特征。在此基础上,进行了评估指标的筛选、隶属函数值的计算和指标权重赋值,构建了台山市县级土地质量地球化学评估体系,获得了台山市典型区域土壤养分状况、环境健康质量、土地质量地球化学综合分等、大气环境质量、灌溉水质量、农作物安全性、土地质量地球化学等级的系列评估成果。

(5)土地质量地球化学分等结果表明,评估区土地质量整体良好,良好及以上的土地占评估区面积的91.8%。其中,土壤环境健康质量以二等为主,占评估区面积的83.1%;土壤养分以二等为主,占57.4%。

采用全省可比模型评估,评估区土地质量整体良好,良好及以上的土地占评估区面积的94.5%。其中,土壤环境健康质量以二等为主,占评估区面积的63.7%;土壤养分以二等和三等为主，分别占 48.6%和 46.4%。

(6)系统对评估区富硒土壤资源进行了评价与分区。查明了评估区富硒土壤分布特征，分析了土壤等介质中硒含量特征及其影响因素，初步揭示了岩石—土壤—水体—大气—农作物间硒迁移转化规律。根据富硒土壤面积、硒有效度、土壤养分水平、土壤环境健康质量状况和生物效应，进行了富硒土壤分级，圈出富硒土壤资源区 8 处，面积达 165.2km²，为富硒土地资源利用提供了重要依据。

(7)以评估区土地质量地球化学等级为依据，结合农业种植情况和土地利用现状，提出了评估区富硒农产品种植、农业施肥、土壤污染治理、土地利用规划等建议，为当地农业生产、土地利用规划、土壤污染治理等提供了重要依据。

湖南省衡阳盆地北部地区多目标区域地球化学调查

承担单位：湖南省地质调查院

项目负责人：苏正伟，邓集余

档案号：0777

工作周期：2006—2008 年

主要成果

(1)系统地获得了表层和深层土壤两套地球化学数据，编制了基础地球化学和综合应用类化学图件，丰富了区内地球化学基础资料。项目系统获得了表层和深层土壤两套 54 种元素或指标的分析数据，数据的系统性、规范性、精度和质量都是工作区内前所未有的，具有极其重要的使用价值和深远意义。根据区域地球化学和异常查证资料，共编制了各类图件 136 张，其中，基础图件 5 张，地球化学图 108 张(含 pH 值分布图 2 张)，环境质量分类图 9 张，其他应用类图件 14 张，为地质找矿、生态环境保护、农业产业规划等工作提供了丰富的土壤地球化学基础资料。这套数据和图件系统地反映了衡阳盆地北部地区不同介质中元素的空间分布特征，可以为地学、农学、环境学、生态学等学科建立大信息量的、内涵丰富的研究平台，为该地区的经济建设、农业环境的发展和保护提供了可靠的基础性地球化学资料。

(2)确定了全区及不同子区的地球化学基准值，充实了区内地球化学基本参数。利用本次工作中采集的第二环境中的土壤-深层样(图 5－3)的分析结果，统计计算全区和区内不同子区的地球化学基准值，为地质找矿、土壤环境质量评价、土壤营养和有益元素的丰缺评价、土壤质量的综合评估及土壤学研究提供了基础性的可比资料。

(3)研究分析了区内植物营养和有益元素的丰缺状况，为农业施肥提供重要参考资料。本区选择有机碳、氮、磷、钾、硒、硫、铁、锰、铜、锌、硼、钼 12 种元素作为作物生长所必需营养及有益元素，按其元素含量高低，划分为严重缺乏、缺乏、相对缺乏、适度、富足和很富足 6 级丰缺级别，对全区土壤进行了丰缺状况评价。研究表明区内有机质、硼、铜、钾、氮、硫、锌等元素总量总体很富足，近期可适当少施该类肥料。湘乡市、衡东县、衡阳县的局部地区缺硼和锌，湘乡市以北和衡东县大浦以北等多个地区缺钾，在农业生产中应注意有针对性施用微量元素肥料。该研究为地方政府进行农业规划和农业种植结构调整，提供地球化学依据。

(4)调查发现区内土壤环境质量较差，以镉为主的超Ⅲ类土壤分布广泛，成为区内重要环

图 5-3　深层样采集野外现场照片

境问题。依照土壤环境质量标准，分别划分 8 项重金属元素的环境质量分类图和综合分类图，结果表明区内除铅和铬以外，其他 6 种重金属元素均存在Ⅲ类、超Ⅲ类土壤。其中，以镉的超Ⅲ类面积最大，镉的Ⅲ类、超Ⅲ类土壤总面积达 8695km²，占全区的 72.24%。综合分类Ⅲ类、超Ⅲ类土壤面积共 9138km²，占全区的 76.2%。而深层土壤中绝大部分为Ⅰ类、Ⅱ类洁净土壤，仅 16.8%为Ⅲ类、超Ⅲ类土壤。因此说明镉等重金属超三类土壤主要是由近期人为原因所引起，局部地段可能影响到深层土壤。在水口山二冶炼厂一定区域内已发现青椒等常见食物中镉、汞已超标，已进入人类食物链，可能已对居民健康产生了影响。因此，查明污染的主要原因、切断污染源是目前的主要任务，调查影响程度、研究防治对策迫在眉睫。

(5)区内主要土地利用类型受到重金属高含量的威胁，农业种植结构急需进行调整。工作区内土地利用类型以林地、耕地为主，两类土壤面积达 91.89km²。其中，林地中Ⅲ类、超Ⅲ类土壤占 80.62%；耕地中Ⅲ类、超Ⅲ类土壤占 71.85%；其他土地利用类型虽然总面积较少，但各土地类型中Ⅲ类、超Ⅲ类土壤占比在 50%～90%之间。由此看来，区内部分耕地是重金属高含量区，这些耕地，特别是大面积的水田和旱土等耕地，需要进行污染影响程度的评价，为土地用途改变、农业种植结构调整等重大决策提供依据。

(6)对矿产资源潜力进行了预测，提出了一批有找矿远景的地区。根据本次调查成果，结合成矿地质条件分析研究，划分了 4 个找矿远景区：湘乡市月山镇钨锡找矿远景区、双峰井字镇钨锡铅等多金属找矿远景区、衡南县法华山铜银矿远景区、衡东县山阳峰铅锌等多金属找矿远景区，为区内的地质找矿提供了重要的找矿远景区。

(7)查明了区内土壤碳密度和碳储量的特征，为区域碳储量和全球碳循环研究积累了宝贵的资料。项目利用调查取得表层、深层两套土壤中的有机碳、总碳含量数据，合理计算出土壤 0～20cm、0～100cm、0～180cm 的碳密度和碳储量，并分析了不同土壤类型、土地利用类型的碳密度、有机碳密度及碳储量和有机碳储量，丰富了碳密度和碳循环研究资料，为研究湖南省工农业生产对碳循环的影响，对比研究数十年来湖南省农业生产对土壤碳储量的增减影响，有效指导减少碳排放提供了基础地球化学资料。

覆盖区勘查地球物理与遥感新技术工作

承担单位：中国地质大学(武汉)地质调查研究院

项目负责人：陈建国，陈超

档案号：0838

工作周期：2011—2012年

主要成果

(1)开展了覆盖区物探、遥感数据处理与找矿信息提取的方法研究与总结。包括多尺度异常分解技术(小波分解、经验模式分解、广义多尺度分解)，线性构造信号提取技术(小波技术、多尺度分解小子域滤波、解析信号振幅、Theta比值法、Tilt梯度法、归一化标准差、归一化水平总梯度模等)、植被覆盖区遥感信息提取技术。

(2)收集与补充测定了对东天山、大兴安岭南段、武夷山覆盖区重点工作区(图5-4)物性数据。

(3)对东天山、大兴安岭南段、武夷山覆盖区重点工作区1∶50万～1∶20万尺度的重磁资料处理与解译，推断了隐伏构造与隐伏岩体。

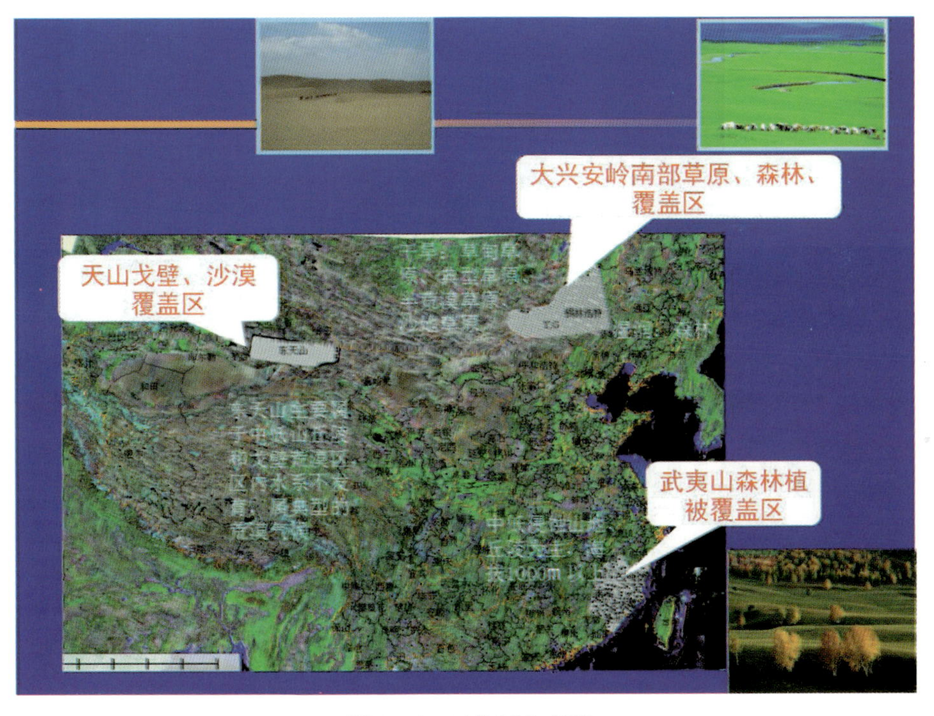

图5-4　工作区分布图

(4)对东天山、大兴安岭南段、武夷山覆盖区重点工作区ETM资料进行了覆盖类型构造解译与遥感蚀变信息提取。

(5)开展了东天山土屋—延东、雅满苏—东戈壁野外大比例尺物探测量工作(高精度磁测、大地电磁测量、瞬变电磁测量)。采集了野外地物波谱与 X 荧光光谱。

(6)对雅满苏—东戈壁、大兴安岭达来庙地区、武夷山大小矾山地区的大比例尺物探资料进行了推断解释。

取得的认识

(1)东天山戈壁覆盖景观特点:荒漠景观,盐碱化普遍发育(洼地中有较厚的盐壳)。地表砂砾干旱,接地条件不好,近地表低阻层屏蔽。对物探电法工作有影响,主要表现在接地条件不好,近地表低阻层屏蔽。解决方法为地表浇水,设置电极组、长电极等措施,或采用不接地电磁法(瞬变电磁法);戈壁覆盖对遥感工作的影响较大,可尝试雷达遥感,增强穿透能力。

(2)大兴安岭草原覆盖景观特点:草原覆盖,属剥蚀残丘地貌,地势较为平坦。大部分被第四系土层覆盖,地表富含水分较多,草地上分布有草地护栏铁丝网。对物探工作的影响有有利与不利两方面。有利方面是:地势较为平坦,可不考虑地形的影响,接地条件较好,对开展电法工作十分有利,可提高采集信号的信噪比;人口稀少,人文活动干扰较少。不利方面是:①围栏铁丝网,对于高精度磁测和激电方法构成一定的干扰。采取了尽量避开护栏铁丝网或使测线与其垂直穿过等措施,使干扰得到最大限度的回避和压制。即使如此,也仍然存在不同程度的干扰,在外业工作中记录铁丝网和护栏的实际位置,并在资料整理过程中实施对干扰的人工剔除。②在地下含盐碱高矿化度地区开展电法工作将出现低阻屏蔽,特别是激电测量时二次场信号微弱,影响观测信号信噪比。对此野外工作中采取加大供电电流、适当加大 MN 值、减小 AB 极距等措施。对于遥感工作由于草原覆盖,可采用 TVDI、植被遥感等间接手段来解释地下构造与蚀变信息。

(3)福建武夷山森林植被覆盖景观特点:森林覆盖,高差大。对物探工作影响主要表现在野外穿越条件差,大型电法设备开展工作难度大。地形的影响较大,需考虑地形改正。

广西苍梧社垌地区 1∶5 万区域地质综合调查

承担单位:广西壮族自治区地球物理勘察院

项目负责人:黎海龙

档案号:0845

工作周期:2012—2015 年

主要成果

(1)通过 2012 年至 2014 年的野外工作,全面完成了广西苍梧社垌地区 1∶5 万重力调查野外扫面面积 2824.8km²,重力物理点 18 040 个,测点分布均匀,每平方千米平均测点数为 6.4 个,布格重力异常总精度为 $\pm 0.111\times 10^{-5}\,m/s^2$。通过该项目的实施,取得了高质量的基础性重力调查资料。

(2)收集测区范围内物性剖面 24 条、标本 1259 块;另外,在工作区内补充采集了采石场及钻孔的物性样品,采样点 10 处,采集岩石 120 块,钻孔 9 个,收集和测定钻孔岩芯物性标本 1134 块。统计出 4 个地层及岩体的密度值,划分沉积岩两个密度层、一个密度界面及中酸性岩浆岩与围岩之间的密度差异。获得了研究区基础的物性资料,同时这些密度值差异为重力异常推断解释提供了重要的地球物理依据。

(3)以图幅为单位，编制1∶5万重力基础图件及实际材料图，并综合编制了苍梧社垌地区1∶5万重力调查成果推断图。取得了测区重要的基础重力图件。

(4)对测区重力场特征进行了较深入的分析，将测区划分为3个重力异常区[社垌—蚕村重力低异常区(A)、旺甫-魁村重力高异常区(B)和古龙镇-端村重力高异常区(C)]，构建了测区区域重力异常框架。对区域地质构造进行了初步划分，总体把测区构造划分为3个区：旺甫镇-山心北北东向构造区(Ⅰ)，社垌-大朗北东东向构造区(Ⅱ)，麒麟村-思旺北西向构造区(Ⅲ)。同时，进一步划分了8个局部构造区，反映了测区构造的基本展布特征、花岗岩区(带)侵入及断裂构造的分布形态。

(5)圈出了38处局部重力异常，包括重力低异常26处，重力高异常12处。其中推断中酸性岩体(隐伏半隐伏酸性花岗岩体)引起的重力低异常19处，新推断18处隐伏花岗岩体(带)，绘制了测区隐伏岩体顶界面等深图。对大型隐伏岩体浅部侵入岩体进行了探讨，如古龙-社山岩体浅部存在社山出露岩体和埋深约300m的玉坡隐伏岩体。大段-双垌大型隐伏花岗岩体包括北西向排列的两处岩体侵入区，顶部界面起伏较大，浅部上侵有8个岩株和出露的蚕村岩体。对主要局部重力异常进行了剖析、剖面反演、推断岩体埋深和界面起伏，探讨了区内局部重力异常与成矿的关系。

(6)建立了测区主要断裂构造格架；以重力成果为基础，结合地质、化探、地磁成果，区内划分了断裂16条，其中深断裂1条，基底断裂1条，浅断裂14条。论证了北东向的平浪-蚕村断裂带(F1)、同刀-端村断裂(F12)在区域上的展布特征及其控岩控矿特征，以及从重力的角度对地质构造分界进行了探讨。同时，对北东向的古道口-胡屋断裂带(F9)和北西向的针板坪-宝山村断裂(F16)的展布特征和控岩控矿特征进行论述。北东向和北西向两组断裂相互切割交错，控制区内隐伏岩浆岩带的分布，构成了测区的主体构造格架。

(7)利用小波多尺度分析方法，通过分析各阶小波细节中重力异常形态，对岩浆岩带、隐伏的大型岩浆岩体、中浅部的侵入岩在不同深度的形态、规模及关联性进行了探讨，认为古龙-社垌(古莫)和大段-双垌两处深部大型隐伏岩基为加里东期岩浆侵入的产物；同时，利用小波分析的各阶细节中串珠状、条带状等重力异常的分布特征，推断隐伏半隐伏断裂带的走向、规模及相互关系，为区域地质构造及成矿带的研究和下一步找矿提供重要参考。

(8)在深入分析重力场特征的基础上，结合地、化、遥资料，提出了甲1社垌-玉坡、甲2思委、甲3双垌-蚕村、乙2同刀、乙4古道口等10处找矿预测区，提出玉坡、蚕村、双垌3处找矿靶区。通过梧州社垌地区1∶5万重力调查成果报告的编写，从重力的角度对地质构造单元、局部构造进行了划分，推断了断裂构造，建立了北东向断裂和北西向断裂构成的构造格架，同时对区内的花岗岩区(带)的分布、走向、规模进行了探讨，讨论了大型隐伏花岗岩体中浅部的形态及特征，进行了相应的剖析和反演，提出了更具体的找矿有利区域；区内花岗岩体零星出露，其规律性隐瞒不清，通过本次重力工作，出露的花岗岩体和隐伏的花岗岩体成带状分布明显。总之，报告收集整理了测区地质、物、化、遥等地质成果，对重力异常的定性定量解释依据较为充分，成果推断可信度较高，圆满完成了重力调查任务及要求，为今后的地质工作提供了一份较好的成果资料。

钦杭成矿带湖南段 1∶5 万航空物探调查

承担单位:中国地质科学院地球物理地球化学勘查研究所
项目负责人:孟庆敏,崔志强,丁志强
档案号:0870
工作周期:2010—2014 年
主要成果

(一)高质量地完成了航空物探(磁/能谱)综合测量任务

项目设计测线 240 000km,实际完成测线 240 636km(其中,测线 231 795km,切割线 8841km),重复线 2299km,占下达任务工作量的 101.22%,超额完成了任务书下达的实物工作量。

项目共使用了 10 套直升机航空物探(磁/放)综合测量系统,主要指标值为全区测线测网疏密度(500±16)m,测线平均飞行高度 104.85m;航磁动噪声平均为 0.0591nT,调平后航磁总精度为±2.1073nT;航空伽马能谱分辨率下测平均 9.6%、上测平均 9.8%;晶体峰漂下测最大值 0.52 道,上测最大值 0.96 道;早晚基线总计数平均变化率为 5.571%。全部测量指标均达到设计和规范要求,获取了高质量的原始测量数据。

(二)绘制了蕴含丰富地质信息的基础图件及转换处理图件

本项目的航空物探数据处理工作量巨大,尤其是直升机的航空物探数据的精细调平工作,需要耗费大量的时间。为了加快这种大面积的航空物探数据处理速度,在原有调平理论的基础上,根据地理信息系统(GIS)原理,采用图形分层、图形动态显示、网格化二级检索及面向对象可视化软件开发等技术,实现了航磁、航空伽马能谱数据的人-机联合一维调平模块,基于 GIS 的航磁实测切割线网自动调平模块等。实践证明这些软件模块具有操作简便、界面友好、快速高效等优点,大大缩短了数据处理时间,提高成图效果(图 5-5)。

在完成数据处理的基础上,编绘了航磁、航空伽马能谱 5 个参数共 11 套基础图件;编制了航磁化极、延拓、方向导数图和航空伽马能谱比值图等处理转换图件 5 套。图件质量可靠,地质信息丰富,为航空物探综合解释打下了坚实的基础。

(三)完成了航磁、航空伽马能谱区域场的划分及解释

结合已有地质、物、化、探及区域重力资料,对航磁及航空伽马能谱的区域场特征划分并解释。航磁共划分 8 个大区,15 个小区;航空伽马能谱共划分 17 个小区。分别对各区的航磁或伽马能谱特征、地质特征、物性及区内重要的局部异常进行了详细论述。全面了解了该区的区域地球物理场特征。

(四)完成了航磁及航空伽马能谱异常挑选及推断解释

全区共挑选航磁局部异常 1343 个,其中包括新编异常 997 个,前人已编录异常 346 个;挑

图 5-5 航空物探(磁、伽马能谱)综合测量系统

选航空伽马能谱局部异常共 329 个,其中钾异常 127 处,铀异常 134 处,钍异常 68 处。对各异常的磁场或能谱特征、地质特征、化探特征进行了描述,并对每个异常进行了地物化综合推断、建议。

对局部异常进行了分类统计,航磁异常中有甲类异常 83 处(甲 1),乙类异常 1177 处(其中乙 1 类 94 处,乙 2 类 600 处,乙 3 类 483 处),丙类异常 16 处,丁类异常 67 处。航空伽马能谱异常中与钾异常已知矿对应的 11 处,与蚀变(热液蚀变、矿化蚀变、接触带蚀变)关系密切的 109 个,由花岗岩体引起的 4 个,性质不明 10 个,干扰异常 2 个。铀异常推断由已知矿引起 7 个,由地层岩层引起 42 个,花岗岩引起 18 个,与蚀变相关 58 个,性质不明 3 个,干扰异常 10 个。钍异常推断由已知矿引起 4 个,与蚀变相关 31 个,花岗岩体引起 18 个,性质不明 2 个,干扰异常 15 个。

这些局部异常中包括一大批具有找矿意义的异常,这些局部异常对今后的地质找矿工作具有重要的指导作用。特别应重视该乙类异常,以及甲类异常的进一步找矿工作。

(五)完成了航空物探综合岩性构造体填图

以先验地质为依据,根据已有的中小比例尺地质图,对全区的航空伽马能谱资料以地层为单位,进行统计分析,统计包括了总量、钾、铀、钍含量的均值、方差及变异系数。统计结果与实测物性结果基本一致,不同时代地层在航空伽马能谱资料中得到较好的反映,各时代地层之间具有一定的物性差异。同时,概括归纳了本区线性构造、环形构造、隐伏岩体的航磁及能谱解译标志。综合航磁及航空伽马能谱反映的地质信息,完成了全区的岩性构造填图。

全区共推断大小断裂 649 条。对其中规模较大,特征明显的 212 条进行了编号(F1—F212),圈出环形磁异常 39 个(C1—C39)。圈出隐伏岩体(或半隐伏)岩体共 117 个,其中隐伏岩体 58 个,有部分出露的半隐伏岩体 59 个。

综合航空磁测、航空伽马能谱及区域重力资料,全面系统地对区内深大断裂带进行了划分及论述。全区共推断深大断裂带 27 条,大部分与已有地质资料具有很好的对应,特别是北东向构造带与地质图吻合度很高。但近东西向、北西向和近南北向断裂带在各类地质图上表现不明显,多受后期改造和岩浆岩热液活动的影响,地质特征多被掩盖,表现为隐伏的构造带,在磁、重资料上则反映较明显。推断了钦杭结合带在区内的展布特征,并进行了详细论述。结合本次航磁资料、重力及地质资料综合分析,认为钦杭结合带在区内的南北主构造带分别为宜丰-醴陵-耒阳-新田-道县和新余-萍乡-炎陵-郴州-蓝山深部构造带,总体呈北东—北东东向展布。同时,又以萍乡为界,呈现出北东段和南西段明显不同的特征。

综合编制了本区的岩性构造图,推断的深大断裂带、圈定隐伏岩体等对本区进一步开展基础地质研究及矿产资源远景预测具有很强的参考价值。

(六)典型异常地面查证取得显著成果

根据项目进度,分 3 批进行了航磁、航空伽马能谱典型异常的查证工作。共查证航磁异常 35 处,航空伽马能谱异常 5 处。圈出了地磁异常 69 个,能谱测量异常 6 片。其中,航磁异常与近年来新发现(项目收集资料未显示)的已知多金属矿或铀矿对应的有 16 个,刚进入勘探阶段的矿产地 11 个,本次新发现矿化点 8 个,为下一步的资料解释及地面找矿工作奠定了基础。

较全面系统地完成了全区物性测量,共完成野外露头测量磁化率 5550 处,采集岩矿石磁性标本 1848 件,测量放射性总量、钾、铀、钍各 1701 处,室内测定密度标本 1680 件,磁性标本 1847 件。以地层单位和不同期次岩体为基础,完成了岩矿石(磁、能谱、密度)物性数据的整理和统计分析,系统地总结了全区个地层、岩体的物性变化规律,丰富了该地区物性基础资料。

(七)完成了全区多金属及放射性铀资源找矿远景区、找矿靶区预测

首先分类分析、归纳总结已知矿床(田)的地质、地球物理、地球化学特征。根据区域成矿规律,分别针对航磁及航空伽马能谱提取了针对多金属矿和铀矿的找矿信息。以航空物探资料为主,结合地质、地球化学及重力、遥感和部分地面物探资料,总结区内主要类型的金属矿地质-地球物理-地球化学找矿模式,以及放射性铀矿找矿模式。

对全区多金属及放射性铀矿进行了找矿远景预测。全区共划分钨锡铅锌等多金属找矿远景区 28 片,其中,一级远景区 9 片,二级远景区 7 片,三级远景区 12 片。针对放射性铀矿,区内划分铀找矿远景区 12 片,其中,一级远景区 3 片,二级远景区 4 片,三级远景区 5 片。对各远景区的地球物理特征、区域地质特征及化探特征进行了详细论述,综合分析了远景区的地质找矿前景。

综合航磁、航空伽马能谱及地质、化探等资料,在各级远景区内共圈出各类重点找矿靶区 52 个,其中,钨锡铅锌金铁铜等多金属重点找矿靶区 46 个,放射性铀找矿靶区 6 个。这些靶区所处地质构造环境对成矿条件非常有利,大部分有已知的较大型矿床或多个矿点、矿化点分布。在这些靶区内进一步开展地面找矿工作,发现新的矿床或扩大已知矿床规模的可能性大,应予以重视。

综上所述,在项目组成员的集体努力下,圆满地完成了既定目标任务。在岩浆岩、地质构造、钨锡铅锌金铁铜等多金属及放射性铀矿成矿预测等方面均取得了丰硕成果。成果对本区进一步开展基础地质研究及矿产资源远景预测具有很大的参考意义。

化探样品分析及质量信息管理平台研发及推广

承担单位：中国地质调查局武汉地质调查中心
项目负责人：邹棣华
档案号：0883
工作周期：2013—2014 年
主要成果

（1）原系统所确认的是实验室必须采用三级组织结构，即管理组→方法组→分析员，而部分实验室要求采用二级组织结构，即管理组→分析员。根据这一要求，系统新增 5 万多行程序代码，实现了二级与三级组织结构之间的兼容。对一个具体实验室，只需在系统初始化时指定其组织结构形式，即可实现不同的组织结构，使系统可适应不同规模大小的实验室。

（2）原系统不能实现对岩矿鉴定专业的管理，现已新增相关功能，可实现对与岩矿鉴定专业有关的光薄片鉴定、电子探针、X -光衍射、电镜、激光拉曼等方法的管理。

（3）完善了水分析专业的有关编程工作（如阴、阳离子平衡的计算及报告格式）。

（4）完善了密码设置方式。在保留密码盲样特征的前提下，设置了多种密码设置方式。①任意密码设置方式，即可在任一位置上插入一空号，在空号上插入指定的监控样或抽查样。②简化的抽查密码样的设置，系统设计了尾数抽查方式，如可指定送样顺序尾数为 1 和 6 的样品为密码抽查样，系统将把这些抽查密码样自动放到本批样品的最后面。③化探样分析密码自动设置功能。如对一个作业（如 100 个样品）可以分别指定要插入的外部监控样数、内部监控样数及密码抽查样数，系统将会自动随机在 100 个样品中插入所需监控样。密码抽查样则自动加到整批样品最后面。④一个密码监控样可以是由多个标准物质组合而成，如一个 Au 标样可以和一个水系沉积物标样组合成一个密码监控样，以保证一个监控样占用一个分析号的要求。

（5）针对各实验室不同的仪器设备配置，在本项目推广周期中通过对仪器厂家不同仪器类型输出文件格式的解析和编程，新增了大量新的仪器联机类型程序。这些程序作为本系统的积累和储备，也增强了的系统适应性。目前系统可适应以下厂家的各类仪器（表 5 - 1）。

表 5 - 1　系统可适应的各类仪器

仪器名称	仪器厂家
X -荧光光谱仪	帕纳科、理学
等离子体质谱仪（ICP - MS）	热电、PE
等离子体光谱仪（ICP - AES）	热电、PE、岛津、瓦里安
原子吸收光谱仪（AAS）	瓦里安、耶拿、PE、热电、日立
原子荧光谱仪（AFS）	海光、吉天
电子天平	赛多利斯、梅特勒
可见/紫外分光光度计	天美、热电
红外碳硫仪	崛场、利曼、力可

(6)增强了与通用办公软件兼容性。Geo-LIMS提供了与WORD、EXCEL等通用软件的接口。例如:用户可把作业指导书等WORD文档与系统连接,分析人员可直接在系统中调阅查询;系统可与EXCEL电子表格之间进行信息的拷贝、粘贴等操作,方便送样信息、外检样客户数据等信息输入;在很多界面中以表格形式表示的数据可以导出到EXCEL表格中,如汇总数据、质量参数、质量监控图、结果报告等,方便用户进一步特殊处理。

(7)界面更加友好。Geo-LIMS的操作界面类似于EXCEL电子表格,支持各种选取、拖拽、拷贝、粘贴等操作。操作者一般只需要用鼠标操作,极少要用到键盘和数字小键盘进行信息输入(除必要的原始送样信息和滴定体积等不能由仪器联机产生的数据外)。对单元格的数据溯源查询或增删、更改操作,系统大量采用左键双击和右键单击来调出菜单或所需功能,尽量减少窗体转换和翻页,用最小的鼠标移动距离来完成所需操作,为用户提供完美的操作体验。

(8)为适应复杂地质样品分析的需要,系统进一步完善了对多个测量数据增删、恢复操作的灵活性,删除或恢复的数据以特殊标记仍然保留在系统中,而结果数据和质量参数则实时联动。

(9)实现了比传统纸介质记录方式更完整的原始数据记录,实验室全体人员在系统中对数据的任何更改、增删操作均被系统记录,实现了原始数据变动情况的完整记录、标识显示及动态查询,且系统界面中的所有相关数据均实现了动态溯源链接。如在任一结果数据、质量参数数据的单元格上连续双击,即可迅速追溯到分析员的原始作业数据和原始数据变动情况。这一功能的重要性是不言而喻的,这是LIMS所要追求的终极目标之一。

(10)应推广单位要求,新增了可同时按"人、批号、组"工作进度查询功能模块,可在一个集成的界面里按不同需求了解工作状态,更加直观、人性化地对任务分配、接收、完成等工作现状和工作进度进行查询。此功能已在前期推广实验室进行全面的系统更新升级。

(11)新增化探分析中管理人员对作业(小批)直接进行质量审查模块。这个功能在大批量化探分析工作中,可更加直观地浏览分析人员的作业(小批)报告的质量状况,以对分析人员作业(小批)的质量情况作出更加及时的反应,实时对异常结果派出质量检查任务单,以加快任务完成的周期。

(12)系统新增了通用移动短信应用平台,可在任务下达、作业提交等流程节点自动或人工触发手机短信通知,或在催交报告或下达急件等必要情况下由系统发送短信。进一步改善了系统的交互性和及时性。应用户要求,此功能已在多家前期推广单位更新升级。

(13)进一步完善了化探样品分析的生产质量管理功能,采用可视化编程技术,对于原始数据的跟踪、检索及结果异常的查证更加方便,更加人性化。

(14)在对登录者操作活动和原始数据变动情况的完整记录、标识显示及动态查询功能上做了重大改进,可随时对大批量任务阶段性质量审核实时保存。

湘黔毗邻区金刚石原生矿远景区1∶2.5万航磁调查

承担单位:中国冶金地质总局地球物理勘查院

项目负责人:金世杰

档案号：0886

工作周期：2012—2014年

主要成果

（一）航空物探调查成果

（1）保质保量完成了测线37 050km，覆盖测区面积8667km^{2}的航磁测量任务，野外航磁数据的各项指标均优于设计要求，外业数据验收获得了优秀评价。

（2）提供了航磁ΔT等值线平面图和航磁ΔT剖面平面图等基础图件。基础图件反映出的异常信息丰富，质量可靠，为航空物探解释奠定了基础。

（3）进行了详细的野外物性测量工作，测量了3161个岩石物性点，采集并测量磁性标本312块，对区内36处异常进行了异常检查工作，对测区内的岩石物性及异常有了充分的认识。

（4）本次航磁测量共选编出航磁局部异常215处，其中，凤凰-吉首测区编选航磁异常85处，五强溪测区编写航磁异常130处。对其中的重点异常进行了分析和综合解释，提供了一些具有找矿意义的异常，对今后安排地质找矿工作具有重要的指导作用。

（二）地质及找矿研究成果

（1）对航磁资料进行了分区解释，就各区域磁场特征及地质特征进行分析，对局部异常解释和远景区的划分有指导意义。

（2）利用航磁资料对测区内的断裂进行了划分，共划分出了各类断裂93条，其中，凤凰-吉首测区36条，五强溪测区57条，对这些断裂的地质、地球物理特征和控岩、控矿作用进行了分析。

（3）在对区内磁场综合解释的基础上，对磁场反映的各类侵入岩体进行了划分，圈定了侵入岩体15处，其中，新推断钾镁煌斑岩、基性岩及火山岩共9处，这些新推断岩体对寻找金刚石原生矿具有重要地质意义。

（4）根据本次航磁测量所反映的航磁异常特征，结合区域地质、重力、化探资料，在测区内进行了金刚石原生矿找矿预测，划分出3处金刚石原生矿找矿远景区，其中，凤凰-吉首测区一级找矿远景区1处，五强溪测区一级找矿远景区和二级找矿远景区各1处。

（三）成果转化与人才培养成果

（1）与湖南省地质矿产勘查开发局413队在寻找钾镁煌斑岩型金刚石原生矿方面进行了深入的学习交流，与其合作开展了航磁异常检查工作。将本次航磁测量的阶段性成果与对方沟通交流，413队利用航磁测量的阶段性成果，对五强溪测区内的叶家山一带进行了立项，作为“湖南常德—会同地区金刚石调查评价”项目的续作项目开展工作。

（2）重视人才培养工作，支持和鼓励单位技术人员继续深造学习。本项目参考人员中有硕士研究生3名，目前都已获得硕士学位。同时返聘退休老专家，向年轻技术人员传授其多年航空物探工作的知识和经验，起到了以老带新的作用，为单位的长远发展提供人才保障。

区域化探方法技术研究与成果集成

承担单位:中国地质调查局武汉地质调查中心

项目负责人:陈希清,杨晓君

档案号:0888

工作周期:2010—2015 年

主要成果

(1)全面系统地收集了钦杭成矿带和武当-桐柏-大别成矿带的区域地球化学资料,为今后基础地质研究、矿产勘查及其他领域应用,提供了翔实、可靠的地球化学信息。

(2)以重要成矿带为单元,在系统的数据误差校正、分析处理基础上,对 39 种元素的各类地球化学参数进行了统计,进行了成矿带主要成矿元素区域分布特征与分带规律研究总结。

(3)编制了钦杭(西段)、武当-桐柏-大别成矿带内 39 个元素的地球化学图、单元素地球化学异常图、地球化学组合异常图、地球化学综合异常图、地球化学找矿预测图等系列地球化学图件,为成矿带基础地质、矿产资源勘查、找矿工作部署和农业、生态环境等领域等提供了基础资料。

(4)建立了钦杭成矿带(西段)金、铜、铅、锌、钨、锡等矿种的典型矿床地球化学找矿模型,为找矿预测提供了地球化学模型支撑。

(5)结合钦杭成矿带(西段)地质、构造和矿产特征,区域成矿规律等,在编制地球化学找矿预测图基础上,划分了铜、铅、锌、金、钨、锡、银及稀有、稀土等主攻矿种的地球化学找矿远景区 13 处,为成矿带地质找矿工作部署提供了地球化学依据。

(6)用类比法、面金属量法、曲线拟合法 3 种方法对钦杭成矿带(西段)金银、铜铅锌、钨锡矿分别进行了资源潜力地球化学评价,估算潜在资源量金银储量 44 411t,铜铅锌储量 6668×10^4t,钨锡矿储量为 947×10^4t。对成矿带内重要成矿远景区资源潜力也进行了相应评估。

(7)完成幕阜山岩体北缘横溪幅 1∶5 万水系沉积物测量 448km^2,圈定综合异常 12 处,其中以 Au 为主成矿元素的综合异常 9 处,与岩体有关的 WMo 综合异常 1 处,与寒武系黑色岩系有关的 MoAg 等矿产有关的综合异常 1 处,PbZnCuAg 综合异常 1 处,对部分综合异常进行了踏勘检查,为幕阜山岩体北缘综合地质找矿提供了地球化学线索。

(8)对中南地区 1∶5 万地球化学普查工作程度进行了系统梳理、评估,完善了大区化探工作程度图;组织召开《地球化学普查规范》培训及方法技术研讨会,为今后工作部署、新方法和新规范推广应用,保障 1∶5 万化探工作成效奠定了良好基础。

(9)对中南地区南岭、湘西-鄂西、武当-桐柏-大别、钦杭 4 个成矿带的区域化探项目进展、成果等进行了跟踪。

(10)出版专著 2 部。

区域地球物理调查成果集成与方法技术研究

承担单位:中国地质调查局武汉地质调查中心

项目负责人:罗士新

档案号:0901

工作周期:2010—2015年

主要成果

(1)系统收集了中南地区4个成矿带内区域重力及航磁数据,收集了各省、大区及成矿带岩矿石物性、地质、构造、矿产、地球物理研究报告和图件,收集了大区内的地学断面、大地电磁剖面、地震测深剖面等地球物理资料,完成了4个成矿带各7张区域地球物理基础图件。

(2)对4个成矿带的地球物理基础图件通过不同数据处理,结合地质资料,开展重磁分区和构造分区研究;推断了各成矿带内深部构造、断裂、岩浆岩、盆地等地质信息,编制了各成矿带综合推断解释图件(比例尺与各成矿带基础图件相同);分析了各成矿带部分或全部找矿远景区地球物理场特征,阐述了矿产与物探异常的关系,提出了一些有找矿意义的物探异常。

(3)对南岭成矿带重点研究了其重磁异常与岩体和成矿的关系,共圈定了42处隐伏岩体,圈定了12个成矿远景区,认为三都、三门和城步3个远景区可先行开展进一步工作。研究中指出区内中酸性岩浆岩与成矿关系密切,区域重力测量对圈定和发现中酸性岩体可起重要作用;航空磁测对发现岩体接触带有重要作用,同时对发现深部花岗岩岩基可发挥较好作用。另外,深部构造对成矿研究有一定意义,区内区域性低重异常指示的深部凹陷构造均与矿化集中区相对应。

(4)对钦杭成矿带(西段)重点研究了其大区的深部构造。结合地学断面和深地震剖面资料,推断中南大区莫霍面深度图,并对深部构造单元和深断裂做了系统的划分和推断;依据地球物理场特征和地质特点,提供了一种基于地球物理场的成矿带内地质构造分区方案,认为钦杭结合带西界和东界分别为西界为龙州—宾阳—象州—恭城—双牌—湘潭—修水—德安,东界为北海—梧州—连山—郴州—茶陵—萍乡—丰城。另外,该带内系统分析了各类岩体重磁异常特征,编制了钦杭成矿带(西段)重要岩体物探解析图册。

(5)对湘西-鄂西成矿带重点研究了其区内各不同层次深部构造和扬子型铅锌矿的重磁异常特征。结合深地震剖面资料推算了莫霍面深度图,利用重磁相关分析方法获得了基底构造特征,结合不同尺度滤波获得的各种重磁场信息,研究了带内不同层次的深部构造特征,对莫霍面、基底面的相对起伏和深大断裂做了大胆推断;认为"川中式"基底向东并没有尖灭,而是从巴东—鹤峰以东呈条带状进入江汉盆地;认为太行-武陵重力梯度不仅反映莫霍面由西向东抬升的陡变,同时基底和盖层也继承了莫霍面的变化;认为五峰-江口基底斜坡带是扬子型铅锌矿重要成矿区带;指出扬子型铅锌矿除了与赋矿地层、基底断裂密切相关外,还与深部穿壳构造有关。

(6)对武当-桐柏-大别成矿带(湖北段)重点研究了其中央造山带重磁场特征与深部构造特征,并对基性岩体及各类岩性构造特别是推覆构造和火山构造等典型异常详细解释和剖析。对研究区重磁异常特征进行分区,进而获取基于重磁异常的构造分区方案;认为青峰-襄广断裂只是造山带和扬子板块在地表的岩性界线,切割深度不大;对部分典型异常做了2.5D剖面拟合计算,推断其结构和性质;对区内找矿远景区的地球物理场特征分析中,提出应特别注意高磁高重同源异常的南华系耀岭河组与矿产的关系。

(7)各成矿带区域重磁异常特征与成矿关系各有不同:南岭和钦杭(西)成矿带矿产与中酸性侵入岩体(花岗岩类)有密切关系,岩体一般位于两组或多组区域性断裂交会部位,具有低重异常的特征;湘西-鄂西成矿带以扬子型铅锌矿为主,矿床产出与区域性断裂或断穹构造及背斜褶皱构造有关,一般位于区域重力梯度带上、剩余布格重力异常图上围绕背斜的近平行排列的长条状高重异常带和航磁异常处于宽缓正负磁异常过渡带上;武当-桐柏-大别成矿带(湖北段)矿种多、成矿类型多,重磁异常与成矿关系也很复杂。总的来说,与中酸性岩体有关的岩浆热液型矿床具有低重特征,与基性岩体有关的低品位磁铁矿、钛磁铁矿和黑色岩系层控改造型矿床则都具有高磁高重异常特征。

(8)系统分析了中南地区区域地球物理特征,结合现有地质、矿产、化探、遥感等资料,编写了中南地区区域地球物理调查成果集成报告。①对中南地区地质矿产、物化遥感工作程度进行梳理,对大区地球物理资料进行整理;②依据重磁异常特征开展重磁异常分区研究,并划分了大地构造单元;③推断了25条区域性深断裂,并分别分析其重磁场特征;④结合地学断面和深地震剖面资料,对中南地区地壳构造、莫霍面深度及变化等深部构造进行研究;⑤对中南地区4个成矿带研究成果进行整理和总结。

广东1∶5万马圩、播植圩幅高精度磁法测量

承担单位:湖南省地球物理地球化学勘查院

项目负责人:朱耕戎,宁进锡

档案号:0906

工作周期:2013—2015年

主要成果

(1)完成1∶5万马圩、播植圩幅高精度磁法测量956km²,完成1∶5万播植圩幅水系沉积物地球化学测量478km²,完成磁法剖面测量40km、土壤剖面测量20km。水系沉积物测量野外采集基本样品2259个,分析测试了Au、Ag、Cu、Pb、Zn、As、Sb、Bi、Hg、Cd、Sn、W、Mo、Cr、Ni、Co、F、La 18种元素;土壤测量野外采集基本样品1076个,分析测试了Au、Ag、Cu、Pb、Zn、As、Sb、Bi、Sn、W、Mo、La 12种元素;采集各类岩(矿)石物性标本449块,并进行了密度和磁性参数测定。

(2)水系沉积物样品分析各元素数据报出率均为96%以上,所用分析方法的检出限满足规范要求;元素分析的准确度符合规范要求;分析过程中的标样、重分样监控、密码抽查、异常点检查符合规范要求。从制图效果上看,不同时间、不同批次之间的分析结果均无明显系统台阶,分析质量可靠,可以利用。

(3)收集了工作区内1∶5万地质矿产资料、1∶20万区域重力资料、1∶20万航磁资料、1∶20万马圩幅化探资料、1∶5万播植圩幅化探资料,并进行了综合分析与研究。通过本项目工作,全区共计圈定了高精度磁测异常36处,水系沉积物综合异常24处;根据1∶5万水

系沉积物综合异常、高精度磁测异常、地质、矿产等成矿有利信息，推断岩体3处，推断断裂构造9处，划分了9处找矿远景区，为该区的进一步工作提供了丰富的地球物理、地球化学信息资料。24处水系沉积物综合异常中甲类异常5处、乙类异常15处、丙类异常4处；9处找矿远景区中，Ⅰ级找矿远景区2处，Ⅱ级找矿远景区4处，Ⅲ级找矿远景区3处。找矿意义较大的磁异常和水系沉积物异常有C1－3、C1－4、C2、C6、C15、C20、C35、AS21、AS16、AS7、AS8、AS10，其中，AS21异常元素组合最齐全，高、中、低温热液活动元素异常均有表现，热液活动时间长，是寻找金多金属矿的有利地段；AS8异常中W、Sn、Bi等高温元素异常组合良好，且W、Sn异常有3级浓度分带，对寻找钨锡多金属矿有一定意义。

（4）对大剑洞金Ⅰ级找远景区和葵坑金（银）Ⅰ级找远景区内的磁异常进行了二度半反演，从反演结果大致了解了矿（化）体在深部的赋存情况，为下一步地质找矿提供了依据。推断大剑洞金Ⅰ级找远景区内C1－3磁异常主要由多组不同方向的脉带状矿化蚀变带引起，隐伏的矿化蚀变带倾角约70°，顶部埋深较浅，倾向延深约400m，矿化蚀变带上方有较好的Au土壤异常，并有Ag、Mo、W弱异常显示；推断葵坑金（银）Ⅰ级找远景区内C35磁异常由隐伏的矿化蚀变带引起，矿化蚀变带倾向北西，倾角约70°，顶部埋深200～400m，倾向延深约800m，走向延伸大于1000m，该矿化蚀变带有土壤AuAg异常，可能形成金银矿体。

（5）认为德庆岩体与马王塘岩体在测区内是不相连的，德庆岩体北部超覆于奥陶纪地层之上，岩体底部存在与地层之间的接触带，岩体底部倾向南，倾角约35°，在岩体底部接触带可能产生蚀变作用，大剑洞金矿可能与这种矿化蚀变作用有关。认为凤村岩体范围内分布的大马山、匝村、云楼岗、四炉头、凤村、桂村等岩体总体是相连的，推断测区凤村岩体面积为314km^2，约是地表出露面积的2倍。

（6）测区震旦纪地层是全区元素最分散的地层，仅Bi、Sn两种元素呈较集中分布；从寒武纪到泥盆纪地层，大部分元素呈现出稳定的集中分布；第四纪地层呈集中分布的元素多于呈分散分布的元素，这种呈集中分布的元素应是周边花岗岩体及金银矿化体进行表生搬运迁移或吸附的结果。地层子区与花岗岩类子区的元素分布特征有着显著的不同，As、Cd、Co、Cr、Cu、Ni是花岗岩类体的特征贫乏元素，而它们在早生界代地层中均有较高的丰度。本区花岗岩元素含量普遍较低，只有少数元素丰度高于全区丰度，这与正常的重熔型有很大的差别，这可能指示本区花岗岩不是重熔形成，而是花岗岩化形成或同熔形成。测区内Ag、As、Au、Sb、Cu、W、Bi分布极不均匀，是测区的主要成矿元素。本区志留纪地层主要成矿元素Au、Ag、Sb、As等丰度高，特别是Au，是本区金矿的矿源层。

全国地表形变遥感地质调查

承担单位：杭州师范大学

项目负责人：张登荣，王洁

档案号：0921

工作周期：2011—2015年

主要成果

(一)完成了工作区 $7\times10^4km^2$ 范围内区域地表形变 InSAR 调查监测

共完成了3个SAR条带(合70 000km²),覆盖工作区15个市2012—2013年1个年度的地面沉降调查和监测,得到了整工作区和各地(市)行政区地表形变散点图、地表形变分布图,重点地区连续监测沉降序列图等。查明了工作区内沉降区域的空间分布和发展态势,发现了30多处年沉降量为5~30mm的沉降中心,统计出工作区2012—2013年沉降发生的范围和变化趋势。分析认为:①工作区(城区)地面沉降速率较快,尤以沿海地区和经济开发区为主,中小城市无明显的沉降漏斗;②山区地质比较稳定无明显的沉降现象。

(二)建立了工作区地表形变调查的工作方法和技术流程

对比并实验多种方法:常规D_InSAR、永久散射体(PS)方法、小基线距(SBAS)方法、相干点目标分析法(Interferometry Point Target Analysis,IPTA),评估实验结果,针对数据量少,研究区多云雨的特点,提出了一套适用于工作区的IPTA技术流程。

(三)提出了多幅图像相邻轨道的拼接方法

针对异轨重叠区内代表同一地物的PS点位置未能完全重合的问题,提出了区块法和插值法。利用这两种方法有效计算相邻轨道沉降速率差,通过改正该差异可以消除相邻轨道沉降速率差,从而获取相邻轨道间更加一致的地面沉降速率。

(四)开展了InSAR测量结果的野外调查与验证

完成了InSAR测量结果的实地勘验和调查验证,在实测地表形变数据缺乏的前提下,充分利用了野外调查结果、前期收集的工作区地表形变的相关资料及不同数据提取的结果,提出了结果精度验证的方法体系,验证方法较为完整,数据处理结果有较强的说服力。

(五)综合分析了地表形变调查结果

根据InSAR地表形变提取结果,总结了工作区形变特征、发育类型、分布范围、规模、险情等级等。阐明了不同地表形变类型发育的地质环境特点,分别分析了地表形变与地形地貌、岩土体类型、地质构造、地震、水系及人类工程活动等多方面因素之间的内在联系,揭示了各区域引发地表形变的诱导因素,为工作区地质灾害预报及国土资源环境管理工作提供可靠的基础数据和决策依据。

(六)完善制图方法,形成系列地表形变图件

针对大项目组对项目的技术要求,开展了InSAR测量结果的后处理与制图工作,形成了整个工作区地表形变散点图、整个工作区地表形变分布图、各行政区地表形变散点图和分布图、工作区地面沉降危险等级分布图。

(七)成果转换与应用服务

监测成果为工作区地质环境管理部门提供技术服务,用于地表形变防控和城市开发利用规划应用,为省区地表形变防治规划提供了重要的基础数据,提高了地表形变防治工作的针对性。

（八）人才培养与团队建设

项目开展过程中重视人才培养与队伍建设，先后培养博士生 3 名，硕士生 1 名，项目参与人员中有 1 人晋升副教授，形成了专业的 InSAR 地表形变监测研究团队，成为全国地表形变 InSAR 监测工作的重要力量。

湖南石门地区 1∶25 万区域重力调查

承担单位：湖南省地球物理地球化学勘查院

项目负责人：羊春华，李明陆

档案号：0937

工作周期：2012—2014 年

主要成果

（1）分析了重力异常与高程的相关性特征及其地质意义。指出地形是最新的构造特征，布格重力异常、自由空间重力异常与地形相关性越大，说明重力场包含的新生代构造信息越大，亦说明重力场与深部构造密切相关。现代地形特征正是历史上多期、多次构造运动结果的反映。编制的布格重力异常与高程之间的相关系数等值线图更加直观地反映了布格重力异常与高程在不同地质构造特征区的相关度，表明布格重力异常与高程的相关特征仅与地质构造有关，而与高程段无关。

（2）根据重磁异常特征和地质特征分析及两条重力剖面半定量反演结果，提高了局部重力异常地质起因定性解释的可靠性。

（3）按板块构造理论对本区地质构造单元进行了划分。据最新物探有关的区域地质构造研究成果，本区均属于一级构造单元扬子板块。对洞庭湖盆地的基底起伏形态进行了研究，划分了 9 个凸凹区，且通过对穿过洞庭盆地的剖面进行密度界面反演，清楚地反映了盆地内部的起伏结构。

（4）根据布格重力异常特征和各种位场转换异常特征，划出各级断裂共 66 条。其中，一级断裂 4 条，二级断裂 12 条，三级断裂 49 条；北东向组断裂 35 条，北西向组断裂 25 条，（近）东西向组断裂 4 条，（近）南北向组断裂 2 条。以北东向组规模较大，切割较深，认为切穿地壳断裂 3 条，切割基底断裂 9 条。一级断裂调整了部分断裂的位置，二级断裂新编了 7 条，绝大多数三级断裂为本次首次推断。

（5）在收集有关资料的基础上，结合本区地壳断面结构的反演成果，对洞庭盆地重力高的形成机制进行了进一步分析探讨，认为主要是由于中元古代高密度古火山锥型变质结晶基底隆起及莫霍面抬升所致。同时对洞庭盆地及其基底性质进行了描述，沅麻盆地是由白垩系至第三系（古近系＋新近系）内陆河-湖相沉积物构成的沉积盆地，其基底由元古宙和古生代浅变质岩构成。

（6）初步分析了莫霍面与现代地势的关系，认为湖南莫霍面起伏与地势起伏之间总体存在一种对应关系，但也存在局部差异性。本区即存在莫霍面深度与地形高程相关性较差的地段。这主要是由于地壳各期构造运动的相互制约，局部地区没有达到均衡状态，这也表明地壳运动还在继续,以求达到均衡状态。同时,还指出了莫霍面所具有的地质意义:揭示地壳的均衡状态,揭示深部构造的基本格局,控岩与控矿作用。

(7)根据本区均衡重力异常图所反映的均衡重力异常特征和地质地貌特征,在收集资料的基础上,对石门地区地壳均衡状态和引起均衡异常的因素进行了分析探讨,指出地壳的发展趋势是保持均衡补偿状态。但由于地球各种内、外动力作用,如剥蚀、沉积、构造断裂及冰川融化等,地壳的宏观均衡经常遭到局部的地区性的破坏,从而出现地区性失衡现象。地壳一旦出现失衡,势必导致均衡调整运动的产生,表现为新构造活动现象。从地质时间上看均衡调整是短暂发生的(10^3～10^5 年),所以均衡破坏引起的均衡异常可以当作新构造运动的直接标志。均衡异常往往包含 3 种因素:地壳失衡、地幔密度横向不均匀和地壳内部密度异常。

(8)在实测重力剖面的基础上,对本区地壳断面结构进行了 2.5D 可视化建模反演。地壳断面结构图反映出以下地质因素:①洞庭盆地红层厚度较大,其深部结晶基底隆起,莫霍面抬升;②本区中部巨型重力梯级带和重力低异常是由于存在华容岩体的侵入,而且岩体的深度较大,围岩老地层的密度较之很高,从而造成了巨量的物质亏损,形成了很大的剩余低重力异常;③幕阜山隆起带一带深部结晶基底与莫霍面存在陡坡和斜坡;④结晶基底与中—新元古界之间存在一个厚度较大的低密度(速度)层(韧性剪切带或构造滑脱层),主体埋深一般在 12km 左右。

(9)通过探讨了重力场(布格异常、局部异常)与成矿、控矿及矿产分布之间的关系,总结出本区地质-地球物理找矿的模式或者规律:大规模重力梯级带所反映的深大断裂(地壳断裂)控制了矿带的形成;中小规模重力梯级带或重力异常等值线扭曲变形所反映的基底断裂与盖层断裂则控制了矿床的形成;矿产主要与北东向或北北东向断裂有较为密切的关系;局部剩余异常所反映的构造隆起或凹陷或者两者结合部位则是找矿最有利的地段;酸性、中酸性侵入岩发育,地层发育较全,构造较为简单,有利于中低温—低温热液型矿产的成矿,矿产的产出主要受地层岩性和构造(褶皱、表层断裂)、侵入岩体与围岩蚀变等条件的控制。

(10)在收集资料的基础上,简要讨论了湖南省洞庭盆地油气藏的资源前景与油气藏赋存条件,对比了湖南省洞庭盆地与江汉盆地的油气成藏条件,分析了重力勘查工作对于寻找油气藏的作用及工作建议。

湖南腰陂—高陇地区 1∶5 万区域重力调查

承担单位:湖南省地质调查院

项目负责人::宋才见,郭磊

档案号:0938

工作周期:2012—2014 年

主要成果

(1)通过计算 9 个变密度布格异常,并分析重力异常与高程的相关性特征,可以看出:虽然中间层密度越大,线性相关性越好,镜像关系越明显,但密度越高异常值越大。如密度为 $2.73g/cm^3$,布格异常值就从 $-235.5\times10^{-5}m/s^2$ 变化到 $-462.8\times10^{-5}m/s^2$;而中间层密度小于 $2.67g/cm^3$ 的布格异常与高程的相关性为正相关,这不符合布格异常与高程的镜像关系特征。而且中间层密度≤2.65g/cm³ 的布格重力异常全部为正异常，中间层密度越低，异常值越大，如 2.61g/cm³ 的布格重力异常值就从 $129.7\times10^{-5}m/s^2$ 变化到 $340.7\times10^{-5}m/s^2$。因此，中间层密度取得过大或者过小都不适合本研究区地层结构特征和定性推断解释的需要。

编制的布格重力异常与高程之间的相关系数等值线图更加直观地反映了布格重力异常与高程在不同地质构造特征区的相关度。其地质意义表明重力场与深部构造密切相关，而与高程段无关，且负相关系数越大，说明地壳均衡状态越好。

(2)根据重磁异常特征和地质特征分析及 6 条重力剖面半定量反演结果，提高了局部重力异常地质起因定性解释的可靠性。

(3)按照表层地质特征、最新重力数据反映的重力场特征对本区地质构造单元进行了划分，等级为四级。据近几年湖南省开展的资源潜力评价重力专题研究成果，湖南省区域构造单元共分 3 级，分属扬子陆块和武夷-云开造山系 2 个一级构造单元，其分界线为茶陵-郴州-蓝山深大断裂。扬子陆块又划分为 3 个二级构造单元：上扬子古陆块、下扬子古陆块、湘桂裂谷带。本研究区主要处于一级构造单元分界线以北边缘，属于二级构造单元湘桂裂谷带之下的茶陵-桂阳凹陷三级构造单元。

(4)根据布格重力异常特征和各种位场转换异常特征，划出各级断裂共 19 条。其中，基底断裂 1 条，盖层断裂 18 条；北东向组断裂 11 条，北西向组断裂 8 条。以北东向组规模较大，切割较深，认为切割基底断裂 1 条。有 17 条断裂是重力首次推断的断裂。推断的 F1、F9、F13 断裂构成了本区四级构造单元的分界线，并且对锡田-邓阜仙复式花岗岩岩体有明显的控制作用。

(5)根据本区结晶基底反演成果，对茶陵盆地高径重力高的形成机制进行了分析，认为主要是由于中元古代高密度深变质结晶基底隆起所致。根据收集的湖南省地质调查院有关资料，对茶陵盆地(茶永盆地北东段)及其基底性质进行了描述：初步确定其是由白垩系红层构成的以北西边缘断裂(茶汉断裂)为主控盆伸展断裂的地堑式或半地堑式纵谷盆地。其基底由古生界浅变质岩构成。

根据盆地红层底界面反演成果，推断茶陵盆地底界埋深起伏变化主要在 0.3～1.5km 之间；根据可控源音频大地电磁测深成果，盆地厚度为 0.1～1.35km。这也就是整个茶永盆地剩余重力负异常带异常幅值和宽度都不是很大的主要因素。据湖南全省剩余重力异常图资料，整个茶永盆地剩余重力负异常带异常幅值一般为 $-2\times10^{-5}m/s^2$。本次根据下延 500m 分离的茶陵盆地剩余负异常一般也是为 $-2\times10^{-5}m/s^2$。

另外，黄头一带看起来是一个凹陷构造，但图 5-21 显示这一带白垩系红层很薄，其下部存在较大规模的隐伏花岗岩体，而且剖面重力异常中心与推断的隐伏岩体吻合较好，并且与红层凹陷中心有较大错位。从邓阜仙-锡田岩体及其隐伏部分的三维空间分布形态也可以看出黄头一带为一个突起的岩株，其重力异常应该是由花岗岩体引起。根据这些分析判断可知，黄头一带不应是一个凹陷构造。

根据 A-A1、C-C1、D-D1 剖面重力反演结果，茶陵盆地第四系厚度很薄，最厚处分别约为 112m、60m、58m。盆地白垩系红层底部有一定的起伏变化，基底有凹陷也有隆起。凹陷最深处距地表分别约为 1.64km、1.98km、0.78km、1.52km、1.596km、1.11km，隆起最浅处距地表约为 0.272km。

根据 110 线可控源测深二维电阻率反演推断，白垩系红层在盆地的北西侧沉积厚度较大，为 850～1150m，南东侧沉积厚度逐步变薄，约从 850m 降至 100m；白垩系红层与下部隐伏岩体没有完全直接接触，两者之间极有可能存在前白垩纪地层，但厚度不大。

根据 170 线可控源测深二维电阻率反演推断，盆地北西侧红层沉积厚度较大，为 1050～1350m，南东侧沉积厚度逐步由厚变薄，约从 1350m 降至 100m；白垩系红层与下部隐伏岩体没有直接接触，两者之间极有可能存在前白垩纪地层，且厚度较大。在西侧红层通过茶汉断裂与邓阜仙岩体接触。

根据重力剖面反演推断，茶陵盆地北侧红层与下部隐伏岩体之间存在石炭系、二叠系、泥盆系等，而南侧则为红层直接与下部隐伏岩体接触。

(6)根据 1∶5 万区域重力资料提取出来的局部重力异常和方向导数特征等，结合航磁、地质、化探等成果，定性识别与圈定锡田-邓阜仙半隐伏花岗岩岩体 1 处。其识别标志有：①布格异常显示为重力低，规模大，异常形态多样。异常与成矿关系十分密切。②在岩体内外接触带附近形成局部规模不等的磁性蚀变带。③岩体内外接触带 Sn、W、Bi、Mo、Cu、Pb、Zn 等元素异常发育，规模大，强度高，也就是有与岩体有关的化探指示元素异常。

岩体的形态研究实际上就是在定性解释的基础上，经数据处理、正反演计算等数学方法或实验方法求出地质体的大小、产状、空间位置、立体形状、相互间连接情况等要素的过程，亦即进行定量解释的过程，包括二维与三维形态研究。本次工作主要进行了 2.5D 可视化建模反演与三维物性反演两种模式。

剖面重力异常反演的目的主要有两个：一是了解邓阜仙半隐伏复式花岗岩体和锡田半隐伏复式花岗岩体的形态、产状、顶底面埋深及两者之间的连接情况、与围岩的接触关系等；二是了解茶陵盆地红层底面的起伏变化形态、红层与下部岩体隐伏部分的接触关系。据此对本研究区锡田-邓阜仙岩体断面结构形态进行了 2.5D 可视化建模反演。本次共编制了 6 幅反演断面结构图，基本上反映了锡田-邓阜仙岩体在纵向和横向上的分布及形态。白垩系红层盆地南北两侧的锡田花岗岩岩体、邓阜仙花岗岩岩体在深部是相连的，两者结合部位产状近乎直立，盆地深部隐伏岩体主要是锡田岩体的组成部分。

整个岩体以规模巨大的岩基产出，两侧出露的花岗岩是岩基的一部分，岩体底部起伏变化较大，岩基底部最深处位于垄上白垩系红层与邓阜仙岩体接触部位的下方深部，大约为 19.5km。邓阜仙岩体在两侧都存在隐伏部分。岩体西侧隐伏部分产状浅部较平缓，中部近乎直立，下部较陡并向内倾斜。东侧汉背地下岩体产状较陡，浅部超覆于泥盆系之上。锡田岩体哑铃柄两侧存在较大范围的隐伏部分，其中，西侧宽度约为 6.77km，东侧宽度约为 10.8km，岩体隐伏部分的边界与平面推断结果基本一致。西侧浅部隐伏部分产状较缓，往下呈直立状，底部向内倾斜。东侧岩体隐伏部分产状陡峻，顶面相对有比较大的起伏变化。

对邓阜仙复式岩体进行了 2.5D 反演，分离出汉背岩体(晚三叠世二长花岗岩)与八团岩体(晚侏罗世二长花岗岩)的空间形态。同时对锡田复式岩体的晚侏罗世二长花岗岩与晚三叠世二长花岗岩进行了形态分离，晚侏罗世二长花岗岩基本上呈岩入式与晚三叠世二长花岗岩相连，前者为补体，后者为主体。A—A′剖面与 B—B′剖面反演结果都表明，太和仙北部地下存在一个产状直立的隐伏岩株，结合窗口半径 $R=3$km 的剩余异常，以及湖南省地质矿产勘查开发局 416 队在太和仙北部、茶园一带已经发现了构造蚀变带型铅锌矿脉等资料，推断认为太和仙北部地下存在隐伏岩株的可能性很大。另外，初步推断锡田岩体西南部范罗仙、蔡家田东侧两处也可能存在隐伏岩株，与局部重力低异常基本对应。

根据收集到的测区年代地层密度及测定的岩矿石密度资料，反演出邓阜仙—锡田岩体及其隐伏部分的三维空间分布形态：白垩系沉积盖层之下存在隐伏岩体，即邓阜仙岩体与锡田岩体之间在深部是相连的，在火田—高陇一带岩体顶面埋深较浅，整体上看邓阜仙—锡田岩体上小下大，并且在腰陂东北存在一个岩突，往南西延伸。锡田岩体哑铃柄东西两侧岩面较陡，延伸复杂，为成矿有利部位。

(7)通过探讨了重力场(布格异常、局部异常)与成矿、控矿及矿产分布之间的关系，总结出本区地质-地球物理找矿的标志或者规律如下。较大规模重力梯级带所反映的深断裂(基底断裂)控制了矿田的形成；中小规模重力梯级带或重力异常等值线扭曲变形所反映的盖层断裂则控制了矿床的形成；北北东—北东向褶断带控制矿产的分布，而其伴生的次生断裂、层间破碎带、层间剥离、背斜轴部的虚脱空间及张扭裂隙带是矿体赋存的有利部位。局部剩余异常所反映的构造隆起或凹陷或者两者结合部位则是找矿最有利的地段；岩体周围的泥盆纪棋梓桥组和锡矿组灰岩是主要矿源层和赋矿层，特别是燕山期呈岩株、岩脉产出的花岗岩体是研究区找矿的标志。大理岩化、矽卡岩化、云英岩化与钨锡矿紧密相关，而硅化、黄铁矿化与铅锌矿关系密切。

岩体外接触带附近的局部航磁异常反映的围岩蚀变带是圈定矿区(矿床)的重要依据。当蚀变带处于凹陷区局部隆起的泥盆系矿源层，即为内生钨、锡、铅、锌多金属矿床成矿的最佳部位。区内邓阜仙及锡田花岗岩体内外接触带 Sn、W、Bi、Mo、Cu、Pb、Zn 等元素异常发育，规模大，强度高，且浓集中心明显。

根据研究区区域成矿条件、内生矿床的分布特征、成矿时间、找矿标志及重力场控岩控矿特征，将锡田-邓阜仙矿田区域成矿规律归纳总结如下：加里东运动以后，该矿田地段棋梓桥组和锡矿山组为第一个海侵程序的矿源层；印支运动以后，大量酸性岩浆沿茶陵-郴州基底断裂带侵入，形成酸性岩浆岩带，并有大量酸性岩体、岩株高侵位于含有矿源层的泥盆系中，形成内生矿床。因此，矿田内的多金属矿床主要分布在棋梓桥组和锡矿山组中。

(8)研究区位于扬子陆块与华夏陆块交接部位，南岭东西向构造-岩浆成矿带中段北缘，郴州-茶陵北东向钨锡多金属成矿带北东段，武功山加里东隆褶带与罗霄山海西—印支凹陷带接合部的转折处。区内地层出露较全，岩浆活动频繁强烈，褶皱与断裂构造发育，矿化蚀变类型多，成矿条件良好，找矿潜力较大。

在锡田岩体哑铃柄地段岩体内外接触带及岩体内的垄上、晒禾岭、桐木山、花里泉、荷树下、狗打栏等地发现了多处矿产地和有利矿化地段，显示出良好的找矿前景。又如通过开展整装勘查，在位于岩体外接触带的太和仙、茶园一带的寒武系岩层中发现了 10 条构造蚀变带型金铅锌矿脉。再就是近几年通过异常检查，在八团岩体与汉背岩体接触部位的鸡冠石一带，也发现了石英脉或构造蚀变岩型钨多金属矿脉 15 条，其中规模较大的矿脉 8 条。

在收集资料的基础上，根据区内已知成矿地质特征，内外生矿产的分布规律及物探、化探、重砂、遥感资料综合分析，圈定了锡田、邓阜仙 2 个成矿远景区；根据地层构造特征、控矿地质条件、主要矿种或矿床的成因类型等诸因素的相似性和差异性，结合物、化探和遥感异常特征，综合分析研究，优选并圈定了潞水、垄上-荷树下、麦子坑、金子岭、鸡冠石 5 个多金属找矿靶区。这些成果可以为今后进一步开展矿产勘查提供参考信息。

(9)根据研究区内重磁异常特征、区域化探异常特征、重砂异常特征及矿床、矿(化)点的分布情况，再结合近几年新发现的矿产分布情况，认为区内矿产在平面上的赋存位置主要是锡田-邓阜仙岩体内外接触带的凹陷处。

本次开展了异常查证工作的 130 线与 140、150 线,分别位于锡田岩体哑铃状细轴部位两侧,航磁局部正异常明显,呈环状分布在岩体外缘接触带部位。地磁异常强度升高,低缓背景场上叠加的局部正磁异常位于岩体与围岩接触带部位。因此,锡田岩体哑铃柄两侧是寻找矽卡岩型多金属矿的有利部位。另据湖南省地质矿产勘查开发局 416 队在锡田岩体东侧桐木山矿段碉堡山—黄沙冲一带施工的 ZK11601、ZK15801 钻孔资料,分别在岩体接触带附近见到较好的矽卡岩型钨、锡矿体,赋矿标高为 300～400m,往下即中粗粒黑云母花岗岩体。

据湖南省地质矿产勘查开发局 416 队在锡田岩体西侧垄上-圆树山矿段钻孔资料,垄上矿段的 21 - Ⅴ矿体主要为钨矿体,浅部为锡矿体,赋矿标高为 100～420m,并在距地表深 200～300m 的部位揭露到花岗岩体。

矿产在纵向上的赋存空间位置,除了地表以下第一成矿空间外,还应该有地表 600m 以下的第二成矿空间。如 190 线电阻率二维反演推断的成矿有利部位就在标高 300～700m 和 0～300m,最深处分别距地表 600～700m。该层位推断为泥盆系与隐伏岩体的接触层位,因底部岩浆侵入时发生了矿化蚀变,导致电阻率降低,可能存在厚度较稳定的矿(化)体,是成矿有利空间。其次根据 190 线桐木山磁异常二维视磁化率反演结果,其深部存在两个磁性体,其中 1 号磁性体顶深距地表约 60m,延伸深度达到 1400m 左右。

(10)根据重力剖面反演结果来看,茶园浅部寒武系之下存在一个小的局部岩突,太和仙北部寒武系之下也存在一个较大的岩株,这是有利于蚀变矿化的。湖南省地质矿产勘查开发局 416 队近几年通过开展整装勘查工作,在太和仙北部、茶园一带发现了较好的铅锌多金属矿,位于岩体外接触带,矿区无岩浆岩出露,该处已发现 10 条构造蚀变带型金铅锌矿脉。

棋脚岭寒武系下部距地表 1.35km 处存在一个较大的岩突,产状陡峻。汉背与棋脚岭一带岩体与泥盆系、寒武系之间的这种接触关系有利于矿化蚀变,汉背附近有名的湘东钨矿就位于这个接触带上。官子山两侧隐伏岩突距地表很浅,上覆泥盆系厚度约为 280m。锡田下部晚侏罗世花岗岩隐伏部分埋深也很浅,上覆泥盆系最厚处约为 264m。锡田西侧出露岩体很薄,最薄处约为 172m,最厚处约为 636m,其下部为泥盆系。甘棠-垄上岩体隐伏部分距地表很浅,上覆泥盆系厚度为 0～888m。这种岩体与泥盆系围岩的赋存关系,是很有利于矿化蚀变的,从锡田岩体哑铃柄及其两侧发现了较多的钨锡铅锌等矿床、矿脉、矿点就说明了这一点。

地质试验测试标准制修订——制定区域地球化学分析方法标准(34 个)

承担单位:湖北地质实验研究所

项目负责人:熊采华

档案号:0944

工作周期:2012—2013 年

主要成果

(1)收集、整理我国地矿、环保、农业、冶金、有色等行业 68 个元素或指标的分析方法。

(2)对收集到的分析方法进行系统研究,初步筛选出准确度高、精密度好的 68 个元素或指标的多种准备编入标准方法的后备分析方法。

(3)对筛选出后备分析方法的质量参数进行结合分析研究,对比各项参数,进行二次筛选。

(4)组织6～8家实验室,按制定的分析方法标准,进行精密度协作试验。

(5)编制土壤、水系沉积物样品中Ag、Al、As、Au、B、Be、Ba、Bi、Br、C、Corg、Ca、Cd、Ce、Cl、Cr、Co、Cu、F、Fe、Ga、Ge、Hg、I、K、La、Li、Mg、Mo、Mn、N、Na、Nb、Ni、P、Pb、Rb、S、Sb、Sc、Se、Si、Sn、Sr、Th、Ti、Tl、U、V、W、Y、Zn、Zr、pH、Pt、Pd、REE 68个元素或指标的分析方法标准文本及编制说明。

(6)对34个分析方法标准广泛征求生产单位、科研单位、教学单位、主管单位计20位专家和领导意见,对采纳、不采纳情况进行处理。

(7)按照采纳的意见逐条对标准进行修改,同时对不采纳的意见给出不采纳的理由,形成标准方法的送审稿。标准方法送审稿提交归口单位归口,送至标准化技术委员会评审,修改后形成标准方法报批稿,最后发布实施。

地质试验测试标准制修订——制定地球化学样品野外现场分析方法规程(7个)

承担单位:湖北地质实验研究所

项目负责人:熊采华

档案号:0945

工作周期:2012—2013年

主要成果

(1)通过野外现场分析方法的整理、比较和筛选,确定野外现场分析22项元素的推荐分析方法。

(2)研究土壤、水系沉积物等不同介质样品制备情况对X射线荧光分析的影响,比较X射线荧光仪不同测量模式对分析结果的影响,并同室内分析结果进行比较,确定分析方法和分析方法质量参数。

(3)将野外现场土壤和水系沉积物快速消解处理比色法分析结果同实验室现有准确分析方法结果进行比较,评价分析方法质量水平。

(4)将选择好的野外现场分析方法进行实验室间方法验证,对方法的适应性进行评价。

(5)编制地球化学样品野外现场分析方法规程。

(6)对7个分析方法规程广泛征求生产单位、科研单位、教学单位、主管单位计20位专家和领导意见,对采纳、不采纳情况进行处理。

(7)按照采纳的意见逐条对规程准进行修改,同时对不采纳的意见给出不采纳的理由,形成方法规程的送审稿。方法规程送审稿提交归口单位归口,送至标准化技术委员会评审,修改后形成方法规程报批稿,最后发布实施。

1∶25 万黔江幅区域重力调查

承担单位:湖北省地质调查院

项目负责人:马玄龙

档案号:0964

工作周期:2012—2014 年

主要成果

(1)根据剩余重力异常特征圈定了 46 个局部异常,其中,地层岩性类异常 44 个,盆地类异常 1 个,综合类异常 1 个。

(2)根据布格重力异常、剩余重力异常、重力导数异常并结合航磁异常,测区内按级别共划分基底断裂 2 条、盖层断裂 12 条。其中,盖层断裂又分为北西向断裂 4 条、北东向断裂 8 条。

(3)对测区的重力场进行了分区,并根据其分区特征对测区内的地质构造单元进行了四级划分,其中,一级大地构造单元 1 个,二级大地构造单元 2 个,三级大地构造单元 4 个。

(4)采用小波细节多尺度分析技术对测区内的深部基底最小埋深进行了反演。

(5)根据向上延拓重力场特征对区内的深部地质构造(基底)进行了分区。

(6)根据区域重力场特征,采用常密度单界面深度计算的 Parker 方法对测区的莫霍面进行了反演。

(7)根据测区上地壳的结构特征,利用 2.5D 重力异常可视化技术进行三维建模,对重力异常剖面进行了人机交互反演。

(8)根据重磁场特征,结合地质、化探资料,提出了两处成矿远景区。

第六章　基础研究与综合研究类

华南中部震旦纪—志留纪地层格架、岩相古地理与成矿关系

承担单位:中国地质调查局武汉地质调查中心

项目负责人:陈孝红

档案号:0735

工作周期:2011—2013 年

主要成果

(1)首次在陡山沱组二段顶部发现指示有机质燃烧的晕苯物质,并且发现该段地层碳同位素的负偏离与有机质燃烧关系密切,为分析碳同位素负偏离的形成及利用地外事件开展地层划分对比提供了新的依据。

(2)首次在陡山沱组二段顶部、灯影组白马沱段下部发现了两次碳同位素强烈负异常,并系统建立了华南埃迪卡拉系碳同位素地层学特征及其与生物和层序地层的对比关系。

(3)首次在神农架地区埃迪卡拉系中发现相当于 Gaskier 期的碳酸质角砾岩,为 Gaskiers 冰期在我国的确定及神农架地区构造古地理的研究提供了新的依据。

(4)以宜昌地区埃迪卡拉系剖面为基础,进一步厘定和完善了埃迪卡拉系内部年代系统,将埃迪卡拉系内部两统四分的方案,修改为三统七阶的年代地层划分方案。提出了每一个阶的划分标志、界线层型剖面,并与国外同期地层进行了对比,在进一步提升了埃迪卡拉系年代地层研究的精度,修订和完善我国南方埃迪卡拉系多重地层划分对比的同时,为参与全球埃迪卡拉系年代地层全球界线层型剖面和点的研究创造了条件。

(5)首次在宜昌埃迪卡拉系灯影组石板滩段上部发现典型的管状动物 *Cloudina* sp.,进一步确定了 *Sinotubulites* 化石组合的地层位置和组合特点及其与碳同位素组成变化的关系。在此基础上,以宜昌灯影峡剖面为层型,以 *Cloudina* 消失之后碳同位素强烈负异常为标志,重新厘定了寒武系的底界。以此标准所厘定的寒武系底界位于灯影组白马沱段下部。

(6)首次在峡东秭归青林口陡山沱组二段底部,晓峰埃迪卡拉系陡山沱组二段中部,秭归四溪埃迪卡拉系陡山沱组三段中部、上部,以及张家界田坪埃迪卡拉系陡山沱组顶部、沅陵岩屋潭陡山沱组等不同古地理部位的不同层位发现并识别出多次滑塌变形构造,在峡东灯影组石板滩段、湖南慈利溪口陡山沱组中部获得了风暴和地震沉积序列,在宜昌樟村坪陡山沱组下部,树崆坪陡山沱组陡山沱组中部、宜昌灯影峡灯影组蛤蟆井段顶部获得了海平面下降和陆上暴露的重要证据。据此,结合埃迪卡拉系年代地层系统的厘定,在区内埃迪卡拉系识别出陡山

沱组底部、下部、中部和上部及灯影组下部、中部和上部层序 7 个可以进行区域对比的层序,为埃迪卡拉系古地理格局的重建提供了新的资料。

(7)首次系统开展了宜昌黄花场奥陶系剖面高分辨率牙形石微区稀土元素含量变化和碳同位素组成变化及其古地理环境意义研究,建立了稀土元素含量变化和碳同位素组成变化与环境变化的关系。此外还系统研究了下中奥陶统界线附近的笔石化石,为奥陶系地层格架的建立和岩相古地理研究提供了新的资料。

(8)系统调查了华南加里东造山带盆地(湘中、赣南、桂北等地)上奥陶统深水笔石相的硅质岩(包括湘中烟溪组、赣南陇溪组、桂北升坪组)的地球化学特征及其环境意义,获得了区内早古生代最大海泛时期不存在大洋的证据,从而为华南奥陶纪古地理格局的重建奠定了坚实基础。

(9)首次在湖北宜昌王家湾志留系纱帽组上部砂岩(纱帽组第三段和第四段)、湖南桑植小溪沟小溪组下部和上部获得保存精美的几丁虫化石。此外,首次发现了湖北兴山建阳平龙马系组至罗惹坪组,湖南茅坪龙山新滩组、秀山组和回星哨组,桑植小溪溶溪组、回星哨组,重庆酉阳秀山组和贵州桐梓戴家沟石牛栏组的几丁虫化石,从而极大地提高了扬子地区志留系几丁虫序列划分对比的精度,改变了中扬子地区上 Landovery 统地层划分对比格局,为重建区内志留系古地理格局提供了新的依据。

(10)在中扬子地区志留系龙马溪组下段黑色岩系中获得重力流的重要证据,在溶溪组、小溪峪组获得“根土岩”证据。据此,结合几丁虫序列年代意义研究,厘定和完善了扬子地区志留系的层序地层格架,自下而上,将上扬子地区的志留系划分为 Ssq 1 龙马溪组下段下部层序,Ssq 2 龙马溪组下段上部和龙马溪组上段层序,Ssq 3 罗惹坪组(或小河坝组、石牛栏组)和溶溪组层序,Ssq 4 秀山组(或纱帽组)和回星哨组层序,Ssq 5 小溪峪组层序。

(11)开展了华南中部地区志留系以三级层序或体系域为单位的岩相古地理编图,据此,结合埃迪卡拉系层序古地理演化和寒武纪、奥陶纪岩相古地理修编,重建了华南中部地区构造古地理演化过程,为华南加里东造山带的形成和发展过程研究提供了新的资料。

(12)系统总结了区内埃迪卡拉系陡山沱组、寒武系水井沱组、奥陶系志留纪五峰组和龙马系组下部黑色页岩的古地理环境、有机地球化学特征及其对页岩气资源的制约,预测了页岩气有利区带。

恩施地区富硒石煤资源综合利用研究

承担单位:中国地质大学(武汉)

项目负责人:鲍征宇

档案号:0736

工作周期:2011—2012 年

主要成果

(一)建立了富硒石煤中硒的赋存形态分析方法

用逐级提取的方法研究了石煤样品中水溶态、可交换态、有机结合态和硫结合态硒化物及残渣态硒，分别占总硒含量的平均值为5%、5%、19%、13%、56%，主要以残渣态、有机结合态和硫/硒化物结合态硒为主，并采用加标回收方法对实验的准确度进行了考察，平均回收率在90%以上，回收率良好，满足准确度要求。

（二）研究了富硒石煤的淋滤特性

通过进行富硒石煤硒的淋滤实验研究，发现在模拟雨水（pH值为5～7）的条件下硒的淋出率为0.75%～0.80%；通过液固比实验发现，随着模拟雨水的冲洗，硒的淋出率越来越大。因此，在富硒石煤堆积现场必须采取相应措施防止雨水的长时间淋洗，以免对周围环境造成严重的污染。

（三）研究了富硒石煤的燃烧特性

项目组通过大量实验研究，获得了恩施富硒石煤典型组分的工业分析、元素分析和发热量等基础数据；通过对其燃烧特性进行研究（图6-1），表明与神华烟煤相比较，单独的恩施富硒石煤在锅炉中燃烧并不理想；采用烟煤与富硒石煤以不同的比例复配，并通过对这4种不同工况的混煤进行温度场分布、燃尽特性研究，发现当烟煤与富硒石煤比例为7∶3时，其燃烧性能较好，符合锅炉燃烧的要求。

图6-1　恩施石煤和神华烟煤在不同温度下获得的灰样

（四）获得了富硒石煤燃烧过程中硒的挥发行为

富硒石煤燃烧过程中，硒的挥发性随着温度的升高而增强。400℃时硒的挥发率达到46.35%，随温度升高挥发率增加；800℃时煤中的硒几乎挥发完全，达到98.62%；当温度达到900℃时，煤中的硒已彻底挥发，达到100%。

(五)筛选出了能高效吸附富硒石煤燃烧烟气中硒的吸附剂

通过对富硒石煤燃烧烟气中硒的吸附实验研究,表明不同纳米材料对氧化钙吸附硒效率的影响各异,其中钙基纳米氧化锌对硒的吸附率最高,其最大吸附率可达90.6%(项目设计的吸附率大于等于80%,达到并超出了预期技术指标),并探讨了钙基纳米氧化锌的吸附机理。

(六)研究了富硒石煤燃烧过程中钙基纳米氧化锌吸附剂对其他元素的吸附性能

恩施富硒石煤不仅富集大量的硒元素,同时还含有很多其他元素(如S、V、Cr、Be、As、Ni、Tl等),在富硒石煤燃烧过程中,这些元素会释放到大气中,对环境造成严重的污染。因此,必须控制富硒石煤燃烧过程中各种痕量有毒元素的释放,防止对环境造成污染。本项目在考察富硒石煤燃烧过程中其他痕量元素挥发行为的同时,主要探讨钙基纳米氧化锌吸附剂对这些元素的吸附性能。研究表明,钙基纳米氧化锌在高效吸附硒的同时,对硫和部分其他元素(As、Be、Ba、Cr、Ga、Ni、Tl、V)均有一定的吸附,其中在900℃时对V和Tl有较好的吸附,吸附量分别可达105.69μg/g和80.40μg/g。

(七)建立了硒的回收方法

采用亚硫酸钠还原法对钙基纳米氧化锌吸附产物进行了硒还原研究,优化了最佳还原回收条件,得到了红色的无定形态硒单质,富硒石煤中硒的回收率为63.72%(项目设计回收指标为大于等于60%)。最终提出了一种有效可行的恩施富硒石煤资源综合利用研究方案。

中南地区重大地质事件同位素年代学研究

承担单位:中国地质调查局武汉地质调查中心

项目负责人:陈富文,杨红梅,杜国民

档案号:0739

工作周期:2011—2013年

主要成果

(一)完善了Rb-Sr、Re-Os、Sm-Nd同位素定年方法,提高了其测试精度

(1)在初步建立的闪锌矿Rb-Sr同位素定年技术基础上,进一步改进与完善了Rb、Sr化学分离与纯化方法及热电离质谱分析技术,配制并标定了^{85}Rb和^{84}Sr稀释剂,使不同含量的样品与稀释剂混合比均能处于最佳稀释比范围之内。同时对Rb和Sr在闪锌矿中的赋存状态进行研究,进一步验证了所建方法的可靠性。

(2)在Re-Os样品化学制备方面,对黄铁矿样品开展了反王水、反王水+双氧水和三氧化铬+硫酸3种溶样介质溶样效果的对比条件试验。在流程空白控制方面,对试剂选用与纯

化、器皿清洗等方面进行了对比实验。在 Os 同位素质谱分析方面，开展了发射剂、点样方式、氧气通入量和真空还原的条件实验，据此进一步改进、完善了硫化物样品 Re－Os 同位素组成分析流程，对于 Os 含量大于 1ng/g 样品，其 Os 同位素比值测量精度达 1‰～5‰。

(3)为解决超基性岩的 Sm－Nd 分析难题，本项研究在原有 Sm－Nd 分析流程基础上，对高压密封不同酸溶方式进行了条件实验，最终确定采用王水、HNO_3＋HF 分步溶解方式，并成功用于黄陵庙湾橄榄岩的 Sm－Nd 同位素测定。

(二)获得一批重要的成岩成矿年龄，探讨了代表性矿床成因，为成矿规律研究提供了相关依据

(1)获得粤西圆珠顶铜钼矿床二长花岗斑岩锆石 SHRIMP U－Pb 年龄(154±2)Ma(95%可信度，*MSWD*＝0.75，*N*＝11)、辉钼矿 Re－Os 年龄(155±5)Ma，表明成岩成矿作用均发生于中侏罗世晚期，形成于陆内伸展环境。

(2)获得广东嵩溪银锑矿床石英 Rb－Sr 等时线年龄(139±8)Ma(*MSWD*＝0.22)，与石英斑岩年龄 137Ma(陈根文等，2008)在误差范围内完全一致，表明成矿作用与石英斑岩的侵入基本是同时的，均发生于晚侏罗世—早白垩世。

(3)获得湘南大坊银铅锌矿床猫儿岭花岗闪长斑岩体锆石 U－Pb 年龄(145±5)Ma(*MSWD*＝3.8)、腊树下深灰色和浅黄色花岗闪长斑岩锆石 U－Pb 年龄(146±4)Ma(*MSWD*＝0.44)和(142±5)Ma(*MSWD*＝0.64)、闪锌矿 Rb－Sr 等时线年龄(149.1±2.1)Ma(*MSWD*＝1.2)，四者在误差范围内一致，表明湖南大坊银铅锌矿区成矿与成岩是同时的。

(4)获得粤西庞西垌银金矿床六环岩体锆石 U－Pb 年龄(96±2)Ma(*MSWD*＝1.2)、矿化阶段石英 Rb－Sr 等时线年龄(93±11)Ma(*MSWD*＝5.7)，二者在误差范围内完全一致，指示燕山晚期的六环岩体的岩浆侵位活动为银金矿床的形成提供了热源和部分成矿热液，对中侏罗世晚期矿床的形成具有明显的控制作用。

(5)获得广东锡山钨锡矿床锡山岩体斑状花岗岩锆石 U－Pb 年龄(102.5±2.5)Ma、石英 Rb－Sr 等时线年龄(93±12)Ma，表明锡山岩体晚阶段形成的斑状花岗岩在时间和空间上与成矿作用有明显的耦合关系，成岩成矿作用发生在早白垩世晚期，是在南岭地区岩石圈于早白垩世晚期约 100Ma 伸展拉张的动力学背景下发生的。

(6)获得广东石菉铜矿床 2 件花岗闪长岩锆石年龄(106.7±1.4)Ma(*MSWD*＝4.4)和(104.1±2.0)Ma(*MSWD*＝6.0)，以及黄铁(铜)矿矿化的花岗闪长岩锆石 U－Pb 年龄(107.2±2.0)Ma(*MSWD*＝5.6)与石榴石 Sm－Nd 等时线年龄(108±11)Ma，四者在误差范围内一致，指示成岩成矿作用均发生于燕山晚期的早白垩世。

(7)获得广西大明山钨矿娟英岩化花岗斑岩锆石 U－Pb 年龄(99.8±1.0)Ma(*MSWD*＝0.70)，与已有辉钼矿 Re－Os 及白云母 Ar－Ar 年龄在误差范围内基本一致，表明大明山钨矿的成岩成矿时代均为燕山晚期的晚白垩世，为晚中生代岩石圈又一次大规模伸展背景下的产物。

(8)获得佛子冲铅锌矿六塘矿段 103 号矿体 2 件花岗岩和 207 号矿体花岗岩及 138 中段 21 号勘查线东翼 ZK138－21－1 花岗闪长岩锆石 U－Pb 年龄分别为(259.4±2.5)Ma、(259.8±2.3)Ma、(254.1±5.9)Ma、(253.8±5.0)Ma。同时获得 138 中段 21 号勘查线东翼 ZK138－21－1 花岗斑岩锆石年龄(99.4±1.2)Ma(*MSWD*＝2.9)，与闪锌矿 Rb－Sr 等时线

年龄(134.7±3.5)Ma(罗俊华等,2012)不一致。因此,该矿床的矿化时限与成因需进一步研究。

(9)获得湘西花垣李梅铅锌矿床闪锌矿溶液相+残渣相Rb-Sr等时线年龄(480±23)Ma和闪锌矿矿物+残渣相Rb-Sr等时线年龄(490±24)Ma,代表了该铅锌矿床的主成矿期,可能主要与区内加里东运动有关。

(10)对粤西天堂铜铅锌多金属矿床(约98Ma)、广西龙头山金矿床(约96Ma)、湘东北金矿(加里东期、印支期、燕山早期和燕山晚期四期成矿)、鄂东南铜金铁矿(约140Ma)、鄂西冰洞山铅锌矿(约508Ma)进行了文献总结。

(三)获得扬子陆核和神农架地区一批重要的岩浆岩U-Pb、Pb—Pb和Sm-Nd年龄,为探讨扬子陆核古元古代的构造演化、神农架地区与扬子陆核区于中—新元古代的相互关系提供了重要依据

(1)获得崆岭TTG片麻岩锆石U-Pb年龄(2621±32)Ma和(2042±27)Ma,分别代表其侵位和变质年龄。结合其高Si低Mg、$\varepsilon_{Hf}(t)$值(−14.49~2.08),认为其来自之前区域上广泛存在的中太古代(约3.0Ga至2.9Ga)地壳岩石的重熔,但源区可能存在不均一性。获得正长岩锆石U-Pb年龄(2653±8.2)Ma,表明在崆岭地区存在新太古代长英质岩浆作用。根据其高SiO_2 $w(SiO_2)$为64.91%~65.60%,低MgO、Cr和Ni等特点,认为其为基性岩浆底侵诱发下地壳熔融,壳源长英质岩浆混合后经结晶分异的产物,代表了地块拼合或者裂谷闭合后区域由挤压转为伸展环境,标志着造山作用的结束(Bonin,1990)。

(2)获得崆岭基性岩墙Pb—Pb等时线年龄(2210±65)Ma,暗示新太古代—古元古代时期扬子陆核区可能存在多期岩浆事件。其元素地球化学特征与$\varepsilon_{Nd}(t)$值(−0.1~4.8)指示上地壳混染与结晶分异过程在岩石形成过程中起了重要作用,该套岩石形成于陆相条件下。

(3)获得圈椅埫钾长花岗岩锆石U-Pb年龄(1822±46)Ma。结合其地球化学特征,认为崆岭地区圈椅埫钾长花岗岩和区域上广泛出露的TTG片麻岩可能为来自同一源区物质部分熔融的产物,而两套岩石组合不同的地球化学组成特征可能主要因为两者为不同时代(太古宙和古元古代)不同构造背景(陆内和后碰撞)下形成所致。

(4)获得黄陵庙湾蛇纹石化方辉橄榄岩Sm-Nd等时线年龄(1063±12)Ma,表明该蛇纹石化方辉橄榄岩为扬子克拉通格林威尔期岩浆作用产物,为庙湾蛇绿岩中的重要组成部分。结合其地球化学特征和$\varepsilon_{Nd}(t)$值(6.3~7.3)及区域上前人的工作,表明庙湾蛇绿岩中橄榄岩(图6-2)来源于亏损的软流圈地幔源区部分熔融,可能形成于类似大洋中脊的构造环境,表明扬子克拉通核部在中元古代末很可能存在古洋盆。综合已有成果认为,现今规模扬子陆块的形成可能经历了较为复杂的演化过程,在新元古代之前其可能经历了由次一级陆块相互拼接、增生的演化过程。

(5)获得黄陵侵入杂岩体及其暗色包体锆石U-Pb年龄,可大致分为三类:第一类为约950Ma;第二类为860~840Ma;第三类为约800Ma。前两类锆石解释为岩浆上升或侵位过程中捕获的锆石,而约800Ma的年龄解释为黄陵侵入杂岩体及其暗色包体的结晶年龄,说明寄主岩石和暗色包体形成年龄一致。结合其微量元素特征、包体的塑性变形特点和矿物特征,表明黄陵侵入杂岩体暗色包体都具有岩浆混合作用特征,很可能有高温偏基性的岩浆侵入。

(6)根据上述结果,结合前人在研究区进行的大量年代学研究,本研究提出有关扬子陆核

图 6-2　庙湾蛇绿岩、蛇纹石化橄榄岩野外(a)及薄片(b)照片

古元古代构造演化的初步设想：①2.13～2.04Ga，崆岭杂岩基底抬升遭受相对强烈的风化剥蚀作用，在其边缘沉积一套长英质、泥质碎屑岩(孔兹岩系)，覆盖于太古宙结晶基底之上；②2.04～1.94Ga，区域上发生岛弧俯冲-弧陆碰撞-陆陆碰撞过程，导致整个扬子陆核区发生麻粒岩相变质作用并同时发生普遍的混合岩化和局部同碰撞壳源花岗岩侵位；③1.85～

1.82Ga,以圈椅埫花岗岩为代表的后碰撞A型花岗岩及大量基性岩墙侵位,标志着区域上由碰撞挤压转为后碰撞拉张阶段,造山过程结束,扬子陆核进入暂时的相对稳定时期。这一过程与全球范围内2.1～1.8Ga的碰撞造山-裂解事件时间上具有一致性,这些事件被普遍认为与古元古代Columbia超大陆的聚合和裂解过程相关。

(7)对神农架群基性岩墙元素地球化学及Sr-Nd同位素特征研究表明,在新元古代早期神农架地区已由约1100Ma的大陆弧环境过渡到弧后拉张环境,且岩浆活动整体上显示了空间上由东向西迁移,时间上从晚中元古代到早新元古代的时空变化趋势。这些岩浆岩的这种时空变化很可能指示了板片回转导致了向西板片的俯冲后撤。

(8)通过收集、整理和对比扬子陆核(崆岭地区)和神农架地区中岩浆岩、两地区地层和其上覆新元古代沉积地层中的碎屑锆石的U-Pb同位素年龄与原位Hf同位素组成数据,指出崆岭高级变质地体并非神农架群沉积岩的物源区,神农架群地层的形成环境并非扬子陆核区西侧的中元古代晚期边缘盆地,而是分属相互独立的次一级陆块,中元古代末到新元古代初期的造山作用使得神农架微陆块和扬子陆核之间发生碰撞拼合,不仅使得西扬子陆块发生横向增生,且由于沿江南造山发生的东扬子陆块与华夏陆块之间的构造拼合,导致了统一华南克拉通的形成。

(9)对项目所获成岩成矿年龄和数据库中收录的所有年龄数据进行了整理、成图,并据此讨论了扬子克拉通前寒武纪基底年代学格架、太古宙地壳演化、古元古代构造演化、扬子陆核与神农架地块中—新元古代相互关系、新元古代岩浆事件,以及华南陆块显生宙加里东期、印支期和燕山期成岩成矿作用。

(四)获得云开地区高州2组花岗岩U-Pb年龄,探讨了其成因与构造背景

获得云开地体高州似片麻状二长花岗岩锆石U-Pb年龄(453.2±5.1)Ma,而似斑状二长花岗岩和紫苏花岗岩锆石U-Pb年龄为约435Ma。初步表明该区花岗岩可能大致分为两期。结合其元素地球化学特征和$\varepsilon_{Nd}(t)$值,可将云开高州地区花岗岩成因概括为晚奥陶世(约450Ma),云开地区古生代表壳岩系中成熟度不高的变质杂砂岩在相对高温(约800℃)条件下发生黑云母脱水部分熔融(Bi+Q+Pl=Opx+Gt+melt),形成大量强过铝质S型花岗质熔体,并形成含紫苏辉石、石榴石及斜长石的耐熔麻粒岩残余体;至早志留世(约435Ma),随着地壳进一步减薄,温度进一步提高(约850℃),使早期耐熔麻粒岩残余体也发生部分熔融,形成以相对低$(Na_2O+K_2O)/Al_2O_3$及TiO_2/MgO为特征的A型花岗岩。

(五)建立和更新了中南地区重大地质事件同位素年代学数据库

建立了地质体基本信息-成岩成矿年龄信息-测年样品与测试数据信息三级文件子系统。共采集各类地质体(包括矿床、侵入岩、火山岩、变质岩和蛇绿岩套)400多个,同位素年龄数据2300多条,分析数据20 000多条。建立了较为完善的数据库管理子系统,包括数据录入更新功能、数据库检索功能和数据输出功能等。建立了实用的辅助数据库,如系统中内置了4000多个省、市、县三级行政区代码和全国成矿区带及其编号。建立了较丰富的同位素年代学数据处理子系统,在成图后的图形修饰方面比Isoplot更为方便。较为系统地总结了同位素年代学文献中存在的数值修约与有效数据及数据处理问题,并提出了相关的建议。

南岭成矿带及整装勘查区重要金属矿床成矿规律研究与选区评价

承担单位：中国地质调查局武汉地质调查中心
项目负责人：付建明，程顺波，卢友月
档案号：0745
工作周期：2011—2013 年
主要成果

（一）地层古生物及沉积学

1. 重要生物化石层位与产地的发现

（1）右江地层区采获下泥盆统牙形刺、腕足类、珊瑚类化石，下石炭统巴平组杜内期、谢尔普霍夫期牙形刺化石，上二叠统领好组吴家坪期、长兴期的放射虫。

（2）在桂北震旦纪老堡组硅质岩中发现小壳化石（?），确定了寒武系的存在；在广西资源县地区奥陶系获得大量笔石，在中泥盆统跳马涧组中采集遗迹化石 8 属 12 种；在粤北坪石一带石蹬子组、帽子峰组采获大量珊瑚、腕足类化石。

（3）获得崇左地区南方洞穴中重要脊椎生物化石：渠吃洞咬合在一起的大熊猫颌骨，板咘村 1 号洞棒状骨骼、大型鹿类牙床和完整齿列。在渠坎村溶洞两层堆积物中均发现有化石，上层化石种类有猩猩、犀牛、猪、鹿、貘、猴、食肉类臼齿、大型食肉类犬齿等，下方发现猪、鹿、猩猩等牙齿化石。

2. 重要沉积相类型与特征岩性的确定

（1）在右江盆地发现下三叠统罗楼组底部的微生物岩、石炮组的蠕虫灰岩；在上二叠统领好组、下三叠统石炮组、中三叠统百逢组及兰木组中发现内波内潮汐等深水牵引流沉积；在桂北区台缘相区的早石炭世早期地层中发现了典型的沉积岩脉。

（2）在粤北坪石一带寒武纪地层发现属喷发沉积相火山岩，在泥盆纪杨溪组中新发现流纹质晶屑凝灰岩；百色上二叠统领好组顶部普遍存在一段单层较厚的沉凝灰岩。

（3）在湖南武冈、永州地区发现南华纪长安组自北西向南东由无或极薄（0～5m）→较厚（约 200m）→巨厚（约 3000m）→厚（470～800m）→较厚（167～240m）变化，确认南华纪长安期沿雪峰山叙浦-三江断裂存在一裂陷槽，表明板溪期至长安期裂隙槽位置显著东移。

（4）在桂北水口地区富禄乡富禄组中部发现一套厚 7～8m 的砾岩，在富禄组顶部发现一套厚大于 2m 的深灰色中薄层含铁-锰-磷质的含碳灰岩-泥岩-粉砂岩岩石组合，具滑塌构造。

综合研究项目划分了 9 种含矿沉积建造，总结了各建造的类型、岩性组合、层位、沉积环境及构造背景等。重点总结了泥盆纪台盆相间的古地理格局及其对含钨锡沉积建造的制约作用。

(二)岩石学方面

1. 建立完善成矿带侵入岩谱系序列

获得了较多高精度同位素测年数据,以最新的精确年龄和地球化学数据为基础,重新厘定了花岗岩的时代与侵入期次,系统总结岩浆岩的形成时代、岩石学、地球化学、成因、构造背景、成矿作用,完善了南岭地区侵入岩石谱系序列、时空分布和演化序列。

2. 新元古代花岗岩研究及其构造意义

研究发现新元古代花岗岩具有片麻状构造和过铝质特征的共性。西段岩体可归属于 S 型花岗岩,主要源自基底变沉积岩石的部分熔融,东段岩体为铝质 A 型花岗岩,源自还原性的长英质火成岩的部分熔融。初步提出了南岭地区新元古代"短期的地幔柱活动+长时限的俯冲"的构造模式。

获得湘西南城步地区新元古代火山岩和花岗岩锆石 SHRIMP U－Pb 年龄分别为(828±10)Ma 和(805.7±9.2)Ma,结合地球化学数据和区域地质资料,揭示出扬子陆块东南缘的连续岛弧增生过程:872～835Ma 期间为陆缘盆地;835～820Ma 期间俯冲造山,江南造山带形成基性—超基性岩和早阶段岛弧花岗闪长岩,东侧的城步地区为弧前盆地;820～810Ma 期间江南造山带发生弧-陆碰撞;810～800Ma 期间江南造山带进入后碰撞环境并形成晚阶段强过铝(黑云母)花岗岩,东侧城步地区因华南洋洋壳俯冲而形成新的岛弧;800Ma 后华南进入伸展裂陷盆地演化阶段。

3. 加里东期岩浆岩时空分布及其构造背景

通过南岭成矿带早古生代岩浆岩时空分布特征的总结,表明其形成时代主要集中于 425～460Ma,普遍发育镁铁质暗色包体,岩石化学组分复杂,揭示出早古生代花岗岩的源区具有多样性,可能分别源于变基性岩和变泥质岩的部分熔融,个别岩体具有异常高的 $\varepsilon Hf(t)$ 值(+7.3),可能是拆沉下地壳部分熔融形成的岩浆被地幔橄榄岩混染的同位素印记。通过对粤北龙川辉长辉绿岩的系统研究,显示其形成于中奥陶世(461Ma),具有钾玄岩的特征,可能源于 EMⅡ型富集地幔或交代地幔。研究认为广西运动在南岭成矿带的启动时间可能相对较晚,约 460Ma 可能代表了广西运动在研究区内启动时间的下限。

获得加里东期苗儿山岩体中粗粒斑状黑云母二长花岗岩锆石 SHRIMP U－Pb 年龄(428.5±3.8)Ma、细粒黑(二)云母二长花岗岩年龄(409±4)Ma,越城岭岩体细中—中细粒斑状黑云母二长花岗岩年龄有(436.6±4.8)Ma、(430.5±4.3)Ma(湖南省地质调查研究院)、452～457Ma[中国地质大学(武汉)]。获得江西遂川晚奥陶世坪市、社溪花岗岩 LA－ICP－MS 锆石 U－Pb 谐和年龄值 440～460Ma,属加里东期同造山晚期强过铝质 S 型花岗岩,岩浆物质主要来源于地壳。获得江西遂川沙地早志留世花岗岩 LA－ICP－MS 锆石 U－Pb 谐和年龄值(428±5.9)Ma。

获得江西遂川增坑辉长辉绿岩 LA－ICP－MS 锆石 U－Pb 谐和年龄值(422.8±1.8)Ma 及(421.7±2.2)Ma,首次在赣南地区确认存在晚志留纪基性岩,属造山后期伸展构造背景。

4. 印支期花岗岩及其构造背景研究

研究表明南岭成矿带早中生代花岗岩形成时代主要集中于 245～200Ma,大多数岩体具有 S 型花岗岩的特征,形成于陆壳加厚叠置的背景下,主要由变泥质岩源区部分熔融所形成,是后造山作用的产物。

获得湘西南地区印支期瓦屋塘岩体中—中细粒斑状黑云母二长花岗岩年龄为(216.45±2.4)Ma,细粒斑状黑云母花岗闪长岩年龄为(215.3±3.2)Ma。

获得龙川地区辉绿岩 SHRIMP 锆石 U-Pb 年龄(229.9±1.3)Ma,龙川地区辉绿岩是否是中、晚三叠世之交印支运动岩浆活动、构造热事件的表现,还有待深入研究。

5. 燕山期花岗岩系统总结与资源效应

厘定了桂北圆石山岩体为早侏罗世 A 型花岗岩,结合赣南、粤北地区同期双峰式侵入—火山岩等特征,认为南岭成矿带早侏罗世处于伸展机制下的构造环境,为特提斯构造域向太平洋构造域转换的响应,且东段更早(约 195Ma),西段则稍晚(约 179Ma)。

通过南岭成矿带晚中生代岩浆岩时空分布特征的总结,表明 165～150Ma 为岩浆活动高峰期,在 195～140Ma 时期,多期次双峰式火山(侵入)岩、A 型花岗岩、碱性玄武岩、钾质碱性岩和基性岩脉(墙群)等岩石组合的发育,认为研究区燕山期构造背景以伸展为主,辅以"短时限"或"局部地区"的挤压作用。

获得大东山岩体 SHRIMP 锆石 U-Pb 年龄,粗中粒斑状黑云母二长花岗岩为(151.0±1.5)Ma,细粒斑状黑云母二长花岗岩为(153.9±1.7)Ma 和(155.8±1.9)Ma,早白垩世伞洞组中的火山岩(脱玻化含石英晶屑玻屑凝灰岩)年龄为(186±4.2)Ma。初步认为岩体与 Sn、Cu、Pb、Zn 成矿作用关系密切,矿点或矿化点常见于岩体与石炭纪地层的内外接触带。

获得江西遂川柏岩、高湖垴花岗岩 LA-ICP-MS 锆石 U-Pb 谐和年龄值在 155～145Ma 之间,弹前花岗岩谐和年龄值为(144.5±3.7)Ma,属晚侏罗世及早白垩世。

获得桂西巴马—凤山—凌云一带的石英斑岩脉白云母 $^{40}Ar-^{39}Ar$ 高精度年龄:如在龙田地区发现产微细粒型金矿的石英斑岩脉,获得花岗斑岩白云母年龄(95.54±0.72)Ma;凤山弄黄北东向岩脉坪年龄为(95.59±0.68)Ma,相应的等时线年龄为(95.0±1.0)Ma;巴马北西向岩脉的坪年龄为(96.54±0.70)Ma,相应的等时线年龄为(95.91±1.1)Ma。都安保安煌斑岩墙群获得金云母(99.02±0.78)Ma 的年龄,代表了岩脉的侵位年龄,暗示该区晚白垩世(100～80Ma)发生了大规模的岩石圈伸展减薄事件,右江褶皱带燕山晚期花岗质岩浆活动与大规模的多金属成矿有关;与以卡林型金矿为代表的低温热液矿床可能有成因联系,对微细粒型金矿成矿地质背景、成矿时代和岩浆岩与成矿作用的认识及研究具有重要意义。

将南岭地区成矿岩体划分为铜铅锌成矿花岗岩、锡成矿花岗岩、钨成矿花岗岩和铌钽成矿花岗岩 4 类,系统总结了各类成矿岩体的岩石学及地球化学特征,认为锆石饱和温度、分异指数、稀土元素四分组效应指标及 Hf 同位素等参数对于区分不同成矿类型花岗岩具有重要的指示意义,共同指示了板内伸展的构造背景。

6. 燕山早期典型复式岩体中主体与补体的成因联系及成矿意义

确定千里山岩体中粒—等粒二云母花岗岩(补体)与粗粒似斑状黑云母花岗岩(主体)呈侵入接触关系。

诸广山-九峰岩体主要由印支期的中粗粒似斑状黑云母花岗岩和燕山期的中细粒二云母花岗岩,以及部分片麻状加里东期花岗岩组成。成矿年代学资料表明区内 U、W 等金属矿化主要发生在燕山期,这与区内岩浆的多次活化和成矿元素的逐步富集有关。

连阳岩体的主体形成时间为 145Ma,晚期补体岩浆岩体的形成时间为 102Ma,表明主体和补体形成于两次部分熔融事件。连阳岩体是以下地壳部分熔融为主,有少量幔源物质加入后形成的。

获得骑田岭岩体补体 LA-ICP-MS U-Pb 年龄分别为 156.4Ma、158Ma、160Ma,与前人研究的主体的形成年龄(163～155Ma)是一致的。通过微量元素 Rb-Sr 和 Rb-Ba 图解的模拟,以及稀土元素的模拟,表明补体不是主体分离结晶后的产物,也不是主体部分熔融的产物,而是一次新的部分熔融事件的产物。

获得姑婆山岩体的补体 LA-ICP-MS 锆石 U-Pb 谐和年龄(155.3±1.5)Ma,晚于前人研究的姑婆山主体的形成年龄(162Ma)。

(三)构造地质学方面

1. 对南岭成矿带大地构造格局的厘定

划分出 2 个一级、7 个二级和 11 个三级构造单元,以及 6 个构造层,认为扬子板块和华夏板块的边界大致位于衡阳—双牌—贵港—凭祥一线。结合大地构造演化特征,分 4 个阶段对大地构造演化与成矿作用进行了详述。总结了各阶段构造运动在区内的表现形式和特点及区域性控岩控矿构造特征。

确定加里东期主构造线全区具有统一性,为东西向。确定南岭成矿带东西向弧形构造带归属印支期构造,近南北向弧形构造带应该归属燕山早期构造系统;印支期串珠状穹隆,串珠状构造盆地是燕山早期褶皱叠加作用的结果。

2. 雪峰造山带大地构造演化研究

提供了钦杭结合带南西段雪峰期"残留洋盆"属性新证据。在重塑雪峰造山带新元古代中期构造演化历史基础上,根据地球物理探测资料显示的岩石圈韧性剪切带及其间的岩石圈增厚带,以及结晶基底时代、武陵期构造-岩相单元的时空配置、不同阶段构造线横向变化特征、南华纪—早古生代沉积的横向差异等,重新厘定了钦杭结合带湖南段构造边界的具体位置:北西边界自浏阳南桥往西至新化,再往南南西经隆回西面至苗儿山;南东边界自江西萍乡往南西进入湖南,经川口、常宁、双牌后进入广西。

对雪峰构造带南段绥宁-靖州段测制了详细的构造剖面,确定其为一块体分划性断裂:长安期为断陷盆地边界,加里东期为雪峰推覆构造根带与中带的分界,晚古生代为湘中盆地的西部边界。断裂以西块体相对强硬或不同壳层具刚性焊合,断裂以东块体(雪峰冲断带)相对软弱或不同壳层之间焊合较弱,因此,无论在伸展还是挤压构造事件中均具迥然不同的构造表现。

3. 重要断裂带的再研究

三江断裂带沿断裂发育宽 100m 的破碎带,带内构造透镜体、角砾岩、碎裂岩及少量石英脉发育,硅化较强烈;断层角砾岩成分为变质砂岩、泥质粉砂岩、碳质泥岩、灰岩,角砾粒径 3～15mm,分布不均匀,局部见石英脉穿插,岩石揉皱挠曲发育;带内局部见构造透镜体呈叠瓦状排列,指示为具逆冲特征。断裂北西西盘为青白口系拱洞组一段变质砂岩,其中近 100m 范围内见岩石硅化、劈理较强烈;南东东盘为泥盆系莲花山组砾岩、含砾中粗粒砂岩、泥岩及寒武系清溪组三段灰岩、泥质灰岩,局部灰岩呈透镜状并拉断(指示逆冲特征)、方解石脉发育,近断裂处岩石硅化、角砾岩化较强烈。同时通过野外地质填图发现,所见泥盆系莲花山组均呈条带状沿三江断裂展布，并被其切割破坏，表明该组段于三江断裂断陷活动时沉积，即为断陷盆地沉积产物。

茶陵-郴州断裂为一条基底断裂，该断裂总体走向约为北东30°，在北段沿走向弯曲成北东60°，倾向南东，倾角约为60°。断裂带宽50～150m，一般可由碎裂岩带、糜棱岩化带、硅化石英岩带组成，在潞水老虎塘断裂破碎带中可见有黄铁矿化带，黄铁矿呈不规则团块状，团块大小在0.1～0.5cm之间，表面多风化成褐铁矿，在褐铁矿中发现有铅铜矿化。确定茶陵-郴州断裂应该在印支运动以前就存在；在印支期，断裂表现为走滑特征；在早燕山期表现为左旋走滑特征；进入白垩纪以来，由于构造格局的转换，茶陵-郴州断裂表现为伸张构造。大致查明了茶陵-郴州断裂与岩浆岩、茶永盆地的相互关系。虽然，断裂带中的花岗岩的侵位方式表现为主动侵位，但是茶陵-郴州断裂还是对岩体的侵位起着控制作用。白垩纪以来，断裂的伸展活动控制着盆地的形成、发展，为同沉积断裂构造。

遂川-万安深断裂带在遂川北部浅构造层内表现为强烈切割了由泥盆—石炭系组成的向斜并控制着遂川盆地的形成、发展及加里东期、燕山期花岗岩的侵入，造成泥盆—石炭系组成的向斜支离破碎且地层缺失，使得遂川盆地仅存其北西翼。断裂带大致呈45°延伸，组成断裂带的各断裂延伸性好，单条主干断层延长达数十千米，宽度数米至数百米，大体呈带状平行展布。断层一般呈舒缓波状延展，断面多数倾向北西，少数倾向南东，倾角较陡，为50°～70°。断层一般表现为强烈硅化破碎，局部形成硅化带突出地表，挤压破碎明显，破碎带中常出现大小不等的构造透镜体及次棱角状至滚圆状角砾岩，一般具有定向排列，排列方向与挤压带大体平行。在南部横市井一带相对较深构造层内，花岗岩地区常表现为绿泥石化及钾长石化蚀变和糜棱岩化；变质岩区发育构造片岩，形成韧(脆)性变形带，在增坑一带变质岩区见志留纪晚期辉长辉绿岩呈北北东向贯入。

(四)成矿规律方面

(1)进一步完善了南岭地区花岗岩成因类型分类。对南岭成矿带11个找矿远景区进行了重新划分。初步建立南岭地区金属矿床空间数据库，涵盖了南岭地区重要固体矿产的特大型、大中型、小型矿床。研究认为，千里山岩体主要由粗粒似斑状花岗岩、中粒等粒花岗岩和细一等粒花岗岩三类岩石组成。其中粗粒似斑状花岗岩与中粒等粒花岗岩呈侵入接触关系，而不是前人认为的边缘相和中心相。野外关系表明钨锡钼铋矽卡岩矿体主要与中粒等粒花岗岩(主体)直接相关；铜锡矿化主要与石英斑岩岩脉或岩株(补体)有关。

(2)进一步明确了南岭地区钨锡多金属矿找矿方向：老矿山的深部及外围；进入岩基找矿(包含加里东期)；隐伏花岗岩分布区，特别是隐伏于泥盆纪碳酸盐岩中的燕山期成矿岩体，可能寻找到厚大矽卡岩型和变花岗岩型矿体；区域性不同方向构造带交会地带，如北西向与北东向强烈减薄带或北东向断裂；寒武系与泥盆系不整合面附近有望找到破碎带蚀变岩型(底砾岩型)钨锡矿；远离花岗岩岩体破碎带蚀变岩型钨锡矿的寻找。

(3)对湘东锡田钨锡多金属矿田的辉钼矿进行了Re-Os定年，探讨了年龄的地质意义。选取了该矿田山田云英岩-石英脉型锡多金属矿床和桐木山破碎带蚀变岩型锡多金属矿床，分别对两个辉钼矿样品进行了Re-Os法同位素定年，获得了(158.9±2.2)Ma和(160.2±3.2)Ma的模式年龄。

(4)系统总结了锡多金属的控矿因素、找矿标志和时空分布规律：南岭地区中生代印支期成矿作用不发育,燕山期成矿作用显著,可分为100～90Ma、140～130Ma、160～150Ma 3个阶段,其中,160～150Ma是区内成矿的高峰期。燕山期成矿作用在时间上能与花岗岩成岩时代较好地对应,反映了二者在时间上的一致性。在空间上,南岭中段锡矿集中分布在1带(北东向锡田-骑田岭-九嶷山-花山、姑婆山锡多金属成矿带)和4区(湖南大义山锡多金属成矿区、广西都庞岭锡多金属成矿区、粤北全南锡多金属成矿区、湖南桂东-江西崇(义)-(上)犹-(大)余锡多金属成矿区)。成矿集中区多属于中生代岩石圈减薄区内的强烈减薄区,也即位于古板块结合带、坳陷区与隆起区过渡带和深大断裂带附近。这些地方构造相对薄弱,有利于地幔物质的加入,有利于成矿。

(五)找矿方面

提交一批找矿靶区和远景地。锡田地区钨锡多金属矿取得了重大找矿突破,锡田矿区垄上、桐木山、晒禾岭、山田4个矿段主要矿体可估算资源量(332+333+334_1)Sn+WO_3 32.5×10^4t,达超大型规模。

广东英德金门-雪山嶂铜铁铅锌矿产远景调查发现20多处新矿点,较大规模的有4处,特别是在大镇远景区周屋-东山楼发现较大的金(银)矿脉,确定周屋(金门)铜金矿东部深延部位有较好的找矿前景,有远景的还有大龙银多金属矿点、东山楼金银矿点。综合研究确定,各异常检查区应主攻Au、Ag、Cu、Pb、Zn、Fe、Mn、W等矿种和断裂破碎带型、矽卡岩型为主的矿床类型。

对桂西地区铝土矿勘查进行了选区研究。初步研究认为,桂西地区堆积型铝土矿至少存在2个矿源层。2011年度新圈定东兰凤凰铝土矿和逻楼2处找矿靶区。对广西扶绥-崇左铝土矿调查评价,在柳桥-山圩铝土矿区发现24个矿体,资源量(333)808.8×10^4t。对南宁市延安矿区铝土矿评价,圈定堆积型铝土矿矿体9个,资源量(334_1)1615×10^4t。目前,扶绥—龙州地区已估算铝土矿资源量(332+333+334_1)8697.48×10^4t,进一步找矿潜力可观,为圆满完成整装勘查的目标任务打下了良好的基础。

湖南衡东—丫江桥地区铅锌矿远景调查过程中发现,石岗坳、板石岭、枣圆等地区是寻找张立岩式层控型铅锌矿床有利地区;杨梅冲、杨溪坳、周田寨、南冲、南港岭是寻找东岗山式裂控型铅锌矿床有利地区;白龙潭、老郑家湾、金子冲等矿区是寻找构造蚀变岩型金矿床有利靶区。其中,杨梅冲铅锌多金属矿矿区特点类似南岭地带石英脉型钨矿"五层楼"垂向分带结构,深部找矿潜力巨大,是寻找石英脉型钨锡矿有利地段。杨梅冲矿区施工钻探深部钻探ZK2001自38.45m至547m累计发现铅真厚152.42m,含锡钨铜矿化体,赋存于石英微一细脉带,钻孔内圈定锡钨铜工业矿体15个,厚0.51～3.69m,累计真厚28.94m(视厚111.82m)。WO_3品位单样最高0.84%,单矿体品位0.1～0.35%;Sn品位单样最高0.82%,单矿体品位0.2～0.56%;Cu品位单样最高1.42%,单矿体品位0.06～0.51%。另圈定锡钨铜低品位矿体7个,厚0.70～1.96m,累计真厚10.51m(视厚40.61m)。全孔累计矿(化)体总厚39.45m(视厚152.42m)。预测矿区资源量(333+334)WO_3 5.3×10^4t,Sn 8.8×10^4t,Cu 7.3×10^4t。

广东省乐昌市禾尚田地区多金属矿调查又有新的收获,新发现雪马田钨锡矿段。广东福田地区矿产远景调查初步划分大坪-根竹园铜铅锌铁多金属找矿远景区,进一步圈定大坪铜铅锌多金属找矿靶区、根竹园铅锌铁多金属找矿靶区两处找矿靶区。广西罗富地区发现尾马锌矿点、罗富锑矿点、石家村南锌锰矿点、拉烧银矿点等一批有价值且值得进一步详细工作的铅锌、银、金、锑、钒矿(化)点。

湖南坪宝地区铜铅锌多金属矿调查评价，圈出5个成矿有望区：三将军、张鸡铺、人民村-柳塘岭、呼家、共和村-南贡。湖南省邵阳市崇阳坪地区发现3处白钨矿点，其特征与区内近年发现的典型矿床——上茶山钨矿特征相似，找矿前景较好。湖南茶陵一宁冈地区新发现下湾毒砂矿化点、下湾高岭土矿点、联坑钼钨矿点16处矿(化)点。其中，联坑钼钨铜矿点、横岗铅锌矿点及石牛仙钨矿点3个矿点具有成为新的矿产地潜力。

湖南新田地区矿产远景调查新发现新田县知市坪锰矿点，龙珠重晶石矿点发现有4条重晶石矿脉，伍家铁矿初步估算矿石量652.8×10^4t，道塘锑多金属矿区新发现一条近南北向锑多金属矿体。

湖南省水口山一大义山地区铜铅锌锡多金属矿调查评价拖碧塘矿区发现3条含铷花岗斑岩脉，其中：①号花岗斑岩脉走向长2360m，工程控制铷矿脉长约590m，平均真厚度9.32m，Rb_2O平均品位0.121%；③号花岗斑岩脉走向长约2370m，工程控制铷矿脉长约805m，平均真厚度12.26m，Rb_2O平均品位0.145%；④号花岗斑岩脉走向延伸约2350m，工程控制铷矿脉长约1410m，平均真厚度7.36m，Rb_2O平均品位0.139%。估算Rb_2O资源量(334_1)矿石量1534.66×10^4t，Rb金属量20 952t，达到铷大型矿床规模的10倍，铌、钽、锂没有进行资源量估算。

湖南茶陵—宁岗地区矿产远景调查新发现下湾毒砂矿化点，下湾高岭土矿点，联坑钼钨矿点，自源重晶石矿化点，横岗铅锌矿点，鹫峰钾长石矿点，李家湾萤石矿点，上坳铅锌矿点，牛头坳、正冈里、白面石、平冈山、牛岗上、梨树洲稀土矿点，左基江热泉矿点，石牛仙钨矿点，仓田铅锌矿化点17处矿(化)点。

湖南铜山岭地区锡多金属矿远景调查新发现魏家钨多金属矿、响鼓石铅锌矿、韭菜岭钨锡矿、梅子窝锑矿4个矿产地，并对魏家钨多金属矿、响鼓石铅锌矿进行了中深部钻探验证，其中，魏家钨多金属矿施工的2个钻孔均见到了厚大的钨矿体，初步估算WO_3资源量(333+334)26×10^4t，取得了较好的找矿成果。

湖南上堡地区矿产远景调查新发现常宁县茶群村铜矿、茶潦村沉积型锰矿点、青松村锑矿点，取得良好找矿效果。

江西崇义—定南地区钨多金属矿远景调查在花坪坵地区新发现3条锡矿体，高垒矿区初步概算新增钨资源量12 000t。

中南地区矿产资源潜力评价

承担单位：中国地质调查局武汉地质调查中心

项目负责人：潘仲芳，魏道芳，谢新泉

档案号：0746

工作周期：2006—2013年

主要成果

(一)地质背景

(1)通过对地、物、化、遥等方面的资料综合分析认为:钦杭结合带的主体界线可从钦州—贺州—郴州—萍乡一带通过。其依据为:①沿该带西侧为一套陆内裂谷相组合,东侧为弧盆相组合;②布格重力异常图和区域重力异常图上该带两侧呈现明显不同的地球物理场特征,显示出一条呈北东向展布的重力梯度带;③区地航磁异常在该带的东侧为跳跃起伏的局部异常,而西侧为平缓的负异常,沿带呈串珠状分布一系列局部负异常,两侧磁场特征显示明显差异;④地球化学铬、镍、钴、铜等元素异常在该带西侧为高背景区,东侧为低背景区,呈现出明显不同的地球化学景观。

(2)以省级 1∶25 万建造构造图、1∶50 万大地构造相图沉积岩专题底图为基础,结合中南地区具体地质构造条件和沉积地质特征,划分出 109 种沉积岩建造组合,并进行了综合分析,归并出二级构造古地理单元 6 个、三级构造古地理单元 20 个、四级构造古地理单元 45 个。结合中南地区沉积岩出露范围、分布特点、沉积相及沉积岩相古地理格局,将中南地区划分为 4 个构造-地层大区、10 个构造-地层区、28 个构造-地层分区,构造-地层大区对应一级构造单元,构造-地层区对应二级构造单元,构造-地层分区对应三级构造单元。在此基础上,编制了中南地区沉积大地构造图,分新太古代—早青白口世、晚青白口世—志留纪、泥盆纪—中三叠世、晚三叠世—侏罗纪、白垩纪—第四纪 5 个发展阶段,详细论述了中南地区构造古地理演化过程和特征。

(3)以省级 1∶25 万建造构造图、1∶50 万大地构造相图火山岩专题底图为基础,对中南地区火山岩的时空分布、岩石构造组合和大地构造环境进行了系统分析总结,根据火山地层建造、火山作用等特征,划分出 3 个构造岩浆岩省、5 个火山构造岩浆岩带、18 个火山构造岩浆岩亚带,编制了中南地区火山岩大地构造图。

(4)以省级 1∶25 万建造构造图、1∶50 万大地构造相图侵入岩专题底图为基础,系统总结了中南地区岩浆岩的时空分布、岩石构造组合特征、构造岩浆旋回,探讨了不同时期不同大地构造单元岩浆活动规律,分析了不同时期、不同岩石构造组合所形成的大地构造背景,以此为基础,划分出 3 个构造岩浆岩省、8 个构造岩浆岩带、23 个构造岩浆岩亚带,编制了中南地区侵入岩大地构造图。

(5)以省级 1∶25 万建造构造图、1∶50 万大地构造相图变质岩专题底图为基础,对中南地区变质作用类型及时空分布进行了系统分析,将研究区内变质岩划分为 3 个变质域、9 个变质区、23 个变质带。对各区带的变质岩岩石构造组合进行了总结,共划分出 66 个变质岩岩石构造组合,归属 5 个变质相类、8 个变质相系,在此基础上,结合大地构造相特征和判别标志,确定岩石构造单元所属大地构造环境,编制了中南地区变质岩大地构造图。

(6)对中南地区大型变形构造的特征进行了系统总结,共划分出 43 个大型变形构造,分为挤压型构造、剪切型构造、拉张型构造、压剪型和其他构造 5 个大类,编制了中南地区大型变形构造图。

(7)采用大地构造相方法理论体系,在系统分析沉积作用、火山作用、侵入岩浆作用、变质作用、大型变形构造对大地构造环境的指示,综合物探、化探、遥感推断地质构造特征等内容的基础上,对中南地区地质构造演化(离散、汇聚、碰撞、造山过程)及其时间、空间与物质组成特征进行了研究,以主造山期作为优势大地构造相,划分出 4 个一级大地构造单元、9 个二级大地构造单元及35个三级大地构造单元，编制了中南地区大地构造图。系统总结了中南地区各三级大地构造单元的基本特征，分太古宙—古元古代古陆块形成、中元古代—早青白口世克拉通基底演化、晚青白口世—志留纪扬子盖层和华南陆块形成、泥盆纪—中三叠世陆内裂谷和造山、晚三叠世—第四纪陆内盆山演化5个阶段，对中南地区地质构造演化进行了论述。

(8)在总结含矿沉积建造、含矿火山岩岩石构造组合、含矿侵入岩岩石构造组合、含矿变质岩岩石构造组合，以及大型变形构造与成矿关系的基础上，全面分析了大地构造相与成矿的相互关系，总结了不同大地构造相的成矿类型和成矿规律，为成矿规律总结和成矿预测提供了可靠的基础地质资料。

(9)对中南境内一些重大基础地质问题提出了本项目的认识和解释。①将武当群时限确定为南华纪，为扬子北缘南华纪裂解活动的产物，该裂解活动大致分两个旋回，一直演化到晚志留世，且裂谷中央带由早至晚具由北向南迁移的特征。②以820Ma为界，将青白口纪分为早青白口世、晚青白口世，冷家溪群、四堡群或相当层位归属早青白口世，板溪群、高涧群、丹洲群或相当层位归属晚青白口世。③华夏(武夷—云开)地区不存在统一的陆块，而是以小地块和多岛弧盆系为特征，且岛弧-岛弧拼合或岛弧-地块拼合时间差别较大。④晋宁运动在扬子陆块东南缘以弧陆碰撞为主，扬子陆块与武夷-云开弧盆系之间存在残留洋，湘桂盆地就是在具洋壳-陆壳过渡性质的基底上发育而成的。扬子陆块与武夷-云开弧盆系最终的碰撞发生在奥陶—志留纪，是广西运动的结果。

(二)重力、磁法

1. 资料性汇总成果

全面地收集、整理了中南地区5省(区)长期以来的不同行业、部门取得的重磁数据与成果等资料。建立了中南地区重力数据库。厘清了中南地区重磁工作的现状，为将来相关工作打下了扎实基础。

对中南地区5省(区)潜力评价重、磁资料应用研究数据与成果进行了资料性汇总，建立了大区、成矿带、省级、预测工作区、典型矿床不同层次及不同尺度的科学的重、磁资料应用研究成果体系。

2. 重、磁资料应用图件编制

首次完成14张中南地区1∶150万主要的系列重、磁图件编制。这些图件不仅为本次潜力评价成矿规律、预测和地质背景研究所应用，也是大区层面规划部署及其他综合研究等所必备基础性图件。

(三)综合研究成果

1. 解释推断成果

对中南地区重磁场进行了分区，划分为9个异常区；推断了一级断裂4条、二级断裂33条、三级断裂342条。

根据重磁异常特征，中南地区共计圈定岩体536个。其中，隐伏岩体142个，半隐伏岩体222个，出露岩体172个，从推断隐伏、半隐伏岩体所占比例来看，中南地区存在巨大的找矿潜力。在推断岩体的基础上，中南地区共计圈定了岩浆岩带29个。其中，东西向岩浆岩带7个，北东向、北北东向岩浆岩带 13 个,北西向、北西西向岩浆岩带 8 个,近南北向岩浆岩带 1 个。

推断了沉积盆地 91 个,火山机构 211 个,大型推覆构造带 3 条,老地层 151 处,变质岩地层 77 处,磁性蚀变带 127 处,火山岩 125 处。

对重要的或与成矿密切相关的推断断层、岩体及盆地等地质构造进行了重力定量计算,通过 2.5D 定量反演计算,较详细地对重力推断地质构造进行了空间位置、赋存状态的拟合推断。

2. 成矿预测研究成果

分析评估了重磁资料应用在中南地区 19 个矿种成矿预测中的效果。针对应用效果较好的磁性铁矿,进行了资源定量预测。

总结了重磁资料在解决不同矿种、不同成因类型成矿地质背景问题中的应用效果和应用方法,为成矿预测及今后物探工作提供可借鉴的方法。

3. 重大地质问题探讨

利用重、磁资料对扬子陆块细分、钦杭成矿带在中南地区的行迹、中南地区深部地质构造等重大基础地质问题作了探索性研究。

(四)化探

(1)方法技术的创新与应用。矿产资源潜力评价的《化探资料应用技术要求》是化探课题组的技术规范。在前后共 7 年的实践中,化探资料应用的编图、解释、应用、建库等方法技术经反复打磨,日臻成熟,为本项目以及今后各项化探工作基于计算机技术的资料整理、成果解释与应用等提供了创新性的认识论和方法论。

(2)地球化学资料的收集与整理。中南大区矿产资源潜力评价化探资料应用的基础是地球化学资料的收集和整理。在项目实施的 7 年中,基本收集齐全各省地球化学测量工作的数据资料,不但基本满足了本项目的需要,而且从中发现了问题,提出了建议,为今后化探工作的进一步完善起到了重要的指导作用。

(3)大区级基础地球化学编图。在 5 省的省级地球化学基础图件的基础上,重新编制或汇总编制了大区的地球化学基础图件,为大区矿产资源地球化学预测评价和全国地球化学预测成果汇总打下了基础。

(4)典型矿床的成矿地球化学特征。大区开展了区内 5 省典型矿床地球化学研究成果的资料性汇总,各省针对不同预测矿种不同成因类型的典型矿床,揭示了成矿地球化学特征,为建立典型矿床成矿模型提供了不可或缺的信息资料,为“从已知到未知”的地质找矿工作提供了模型支撑。

(5)预测工作区的成矿地球化学预测。大区开展了区内五省预测工作区地球化学研究成果的资料性汇总,各省在预测工作区范围内,基于典型矿床的成矿地球化学特征,圈定了新的找矿预测区和找矿靶区,为矿产资源勘查选区、资源潜力预测评价提供了地球化学依据。

(6)单矿种的地球化学找矿预测。按预测矿种,在大区范围内进行了地球化学找矿预测系列图件编制和找矿预测区、找矿靶区的圈定,为认识全区地质成矿的地球化学特征、部署区域性勘查工作提供了基础资料。

(7)铜矿种资源潜力地球化学定量预测。基于各省铜矿种典型矿床地质地球化学研究,由专业科研院校汇总了铜矿种资源潜力的地球化学定量预测成果，提交了预测资源量，也为其他矿种资源潜力的地球化学定量预测提供了方法技术借鉴。

(8)系统总结了Ⅲ级成矿区带的地球化学特征。针对大区的19个Ⅲ级成矿区带，从元素地球化学分布、地球化学异常分布、相应矿种的地球化学预测成果等方面系统总结了个Ⅲ级成矿区带的地球化学特征，为丰富、完善Ⅲ级成矿区带地质矿产和物化遥自然重砂综合找矿信息提供了资料。

(9)地球化学信息的应用。基于多元素的地球化学资料，划分了地球化学景观，推断了地质构造，提取了地球化学预测信息，为不同地区化探方法选择、基础地质研究、其他专业课题研究等提供了依据，为老矿山接替资源勘查、矿产远景调查等项目的设立提供了支撑。

(10)地球化学人才的培养。项目前后历时近7年，大区及各省化探项目组成员自始至终参与了项目，既保证了项目工作质量，又培养了专业技术人才，为项目提交单位今后的地球化学工作储备了技术力量。

(五)遥感

(1)利用遥感影像的宏观特性对全区的总体构造格局进行了新的解译工作并取得了若干新认识。湖北省共解译出线要素3319条、遥感脆韧性变形构造要素37条、环要素274个。在此基础上，在全省国际标准分幅范围内进行色、块、带要素的解译，尝试对预测工作区和典型矿床进行近矿找矿标志要素的解译。

(2)在编制国际标准分幅遥感地质构造解译图基础上，对铁、铝、铜、铅、锌、钨、金、锑、稀土、磷、银、锰、钼、锡、硫、重晶石、萤石、硼18个矿种开展预测工作区遥感地质构造详细解译，对优势矿种的41个典型矿床开展精细解译，为典型矿床研究和成矿预测提供遥感依据。

(3)采用ETM＋数据进行遥感羟基铁染异常信息的提取，编制了1∶150万中南地区遥感异常组合图和遥感羟基铁染异常分布图，并把遥感异常信息运用到典型矿床研究和成矿预测中，为华南地区植被高覆盖区遥感羟基、铁染异常提取技术大规模应用提供参考。

(4)通过典型矿床遥感研究，分析矿田遥感地质矿产特征，为在典型矿床深部和外围找矿提供新思路。

(5)运用遥感技术对铁、铝、铜、铅、锌、钨、金、锑、稀土、磷、银、锰、钼、锡、硫、重晶石、萤石、硼18个矿种进行成矿规律研究，在此基础上开展遥感矿产预测，圈定了235个遥感最小预测区，其中，一级优选有利地段108个，二级优选有利地段95个，三级优选有利地段32个。

(6)尝试利用线性构造、环形构造和羟基铁染异常等信息的综合分析来开展遥感找矿靶区预测，在广东省范围内圈定了60个遥感找矿靶区，并通过找矿靶区特征分析，为下一步在靶区内寻找新的矿产地提供遥感线索。通过遥感找矿靶区优选，在广东省优选出10个找矿有利地段，其中4个优选有利地段有望实现找矿新突破，并提出遥感找矿建议。

(六)自然重砂

(1)在综合研究基础上，中南地区共圈定钨、锡、钼、锑、铜、铅、锌、金、银9类矿物自然重砂异常共3202处，其中，Ⅰ级异常565处；Ⅱ级异常694处；Ⅲ级异常1943处，为中南地区今后找矿工作部署提供了重要的矿物学资料。

(2)根据中南地区钨锡钼、铜铅锌、金银自然重砂矿物的空间展布趋势，结合成矿地质条件和矿床分布特征，充分考量区内自然重砂异常的空间分布特点和富集规律，同时综合考虑中南地区Ⅲ级成矿区(带)单元，共划分37个自然重砂异常区(带)，其中，钨锡钼矿物组合自然重砂异常区(带)17个，铜铅锌矿物组合自然重砂异常区(带)10个，金银矿物组合自然重砂异常区(带)10个，为中南地区区域成矿规律研究提供了有价值的自然重砂信息。

(3)综合整理中南各省(区)钨、锡、钼、锑、铜、铅、锌、金、银9个预测矿种共372个预测工作区自然重砂异常特征，为中南地区矿产预测提供了可靠且重要的自然重砂预测要素内容。

(4)在充分利用现有重砂矿物资料基础上，通过对中南地区钨、锡、钼、锑、铜、铅、锌、金、银等重要有色及贵金属矿种不同预测类型典型矿床成因类型、矿石矿物特征、矿物组合及自然重砂矿物特征综合研究分析，初步建立了中南地区主要矿床成因类型重砂矿物组合模式，确定了对预测矿种有指示意义的特征矿物组合，为提高自然重砂成果在矿产预测中的作用提供了科学依据。

(5)中南地区及各省(区)钨、锡、钼、铜、铅、锌、金、银、锑、稀土、铁、锰、磷、硫、重晶石、萤石不同预测矿种成果图件中，有色及贵金属矿种成果都被作为重要预测要素应用于本次矿产资源预测，为区内矿产资源潜力评价提供了可能的矿物学选项。

(6)从中南地区及各省(区)参与预测的钨、锡、钼、铜、铅、锌、金、银、锑、稀土、铁、锰、磷、硫、重晶石、萤石不同预测矿种不同预测类型中除对沉积型矿产铁、磷、沉积型钼矿、砂岩型铜矿预测效果较差外，对与岩浆岩、构造有关的矿产预测效果较好，在这类型成矿预测中，各预测工作区重砂均作为主要预测要素，尤以与岩浆岩有关的矿产(钨矿、锡矿等)预测效果最为显著。

(七)成矿规律

(1)对中南地区铁、铜、铝、铅、锌、锰、镍、钨、锡、金、钼、锑、稀土、银、硼、锂、磷、硫、萤石、重晶石20个潜力评价矿种矿产地资料进行了汇总研究，共计有矿床、矿点、矿化点4885处，对各矿产地的成矿时代、成因类型、规模等进行了清理与认定，厘定了中南地区重要矿种矿产地表，为成矿规律图的编制准备了基础数据。

(2)编制了中南地区单矿种成矿规律图、区域矿产图及区域成矿规律图，共21张。

(3)对中南地区19个矿种(组)进行了成矿规律汇总研究。系统总结了中南地区各单矿种的主要矿床类型及矿床式，选择汇编了典型矿床68个，通过对矿床形成环境、矿床特征、物化遥自然重砂异常特征研究，提取了典型矿床成矿要素，建立了典型矿床成矿模式，编制了典型矿床成矿要素图和成矿模式图。结合相关重砂、地球化学及地球物理成果信息，圈定了中南地区各单矿种(组)的找矿远景区898个。

(4)厘定了《中国成矿区带划分方案》，中南地区共涉及3个成矿省，20个Ⅲ级成矿带(其中又分出15个亚带)，共划分出68个Ⅳ级成矿区。总结了各Ⅲ级成矿带的成矿规律，建立了区域成矿模式，厘定了中南地区矿床成矿系列，包括20个矿床成矿系列，27个矿床成矿亚系列，编制了成矿谱系表。

(5)中南地区成矿规律汇总研究。对中南地区地层、火山岩、侵入岩、变质作用、区域性大断裂、大地构造相、地球物理场、地球化学场与成矿关系进行了研究，对矿床的时空分布规律进行了总结。

（八）矿产预测

（1）本次潜力评价对全区铁、铝、铜、铅、锌、钨、锑、稀土、磷、金、银、锰、钼、锡、硫、重晶石、萤石、硼、煤 19 个单矿种（组）的预测成果进行了成果汇总，共划分 191 个单矿种（组）预测类型。根据各省单矿种预测成果统计，全区共圈定最小预测区 9051 个，其中，A 类预测区 2577 个，B 类预测区 2355 个，C 类预测区 4119 个。

（2）对 19 个单矿种（组）进行了资源量预测，基本摸清了资源家底。

（九）数据库

1. 已建基础地质数据库进行了更新和维护

第一次全面、系统地对中南地区已建基础地质数据库进行了梳理和维护，完成中南地区十大类基础地质数据库的更新与维护工作（数据现势性到 2011 年底），为中南地区矿产资源潜力评价项目其他专题研究组提供了基础地质数据源。

2. 项目实施全过程 GIS 支持，培养了一批技术人才

本次矿产资源潜力评价首次全面、全流程应用 GIS 及计算机技术，建立了大量的地质、物、化、遥、重砂、矿产属性数据库，数据库建设标准化培养了一批兼具 GIS 知识和地质专业技能的技术人才，为项目实施过程中，提供了 GIS 技术支持。为其他专业组提供基础地质和地理底图数据支撑、数据模型支撑、辅助数据库建设软件支撑和人员技术培训等，指导其他专业组应用最新的数据模型开展成果数据库的建设工作，规范各专业图（库）的内容、属性结构和图层划分，使其符合数据模型的技术要求。

3. 协助各专业组完成属性数据库建设

协助成矿地质背景、成矿规律、物探、化探、遥感、自然重砂、矿产预测等课题组按全国矿产资源潜力评价数据模型的要求完成中南地区各专题研究组成果数据库建设，为中南地区的地质工作的开展提供了较详实的基础地质资料。

中南地区各省（区）综合信息集成组协助各省（区）成矿地质背景、成矿规律、物探、化探、遥感、自然重砂、矿产预测等课题组按全国矿产资源潜力评价数据模型的要求完成省级基础图件及属性库 1102 个和相关的 21 个矿种（组）的属性数据库建设。

4. 矿产资源潜力评价进行了资料性成果汇总

建立了汇总集成后的中南地区矿产资源潜力评价成果数据库运行环境，汇总中南地区省级矿产资源潜力评价成矿地质背景、成矿规律与矿产预测、重力、磁法、化探、遥感和自然重砂等各专题应用研究的数据库成果和相关文档资料，建成中南地区矿产资源潜力评价集成数据库 20 个，包括铁、铜、铝土矿、铅、锌、锰、镍、钨、锡、金、钼、锑、稀土、银、磷、硫、萤石、重晶石矿 20 个矿种潜力评价成果集成数据库，涵盖了所有 28 008 个省级专题成果图件及属性库。

汇总中南地区矿产资源潜力评价成矿地质背景、成矿规律与矿产预测、重力、磁法、化探、遥感和自然重砂等各专题应用研究的数据库成果和相关文档资料，建成中南地区潜力评价基础编图成果集成数据库 1 个，包括潜力评价各专题组的成果图件及属性库 242 个，成果报告 10 份。

5. 矿产资源潜力评价成果数据库建设

对项目实施过程中形成的大量成果资料进行了汇总，开展了矿产资源潜力评价成果集成数据库建设，为今后中南地区及各省(区)的矿产资源潜力评价属性数据库应用提供了源数据及相关的文档资料。

6. 开发了"矿产资源潜力评价成果数据管理系统"

系统主要实现了各类潜力评价工作基础数据及成果数据的快速导入；不同数据格式之间的转换及存储；空间数据地理坐标转换；数据表间逻辑关系的建立；图形数据与相关属性数据的动态操作与编辑；图形数据与数据库数据的关联操作；空间数据与相关属性数据的挂接；多方式数据查询与检索(向导式查询、关键字查询、空间范围查询、属性查询等)；成果图件裁剪、拼接，一体化成图；成果数据转出(通用数据表格式和 GIS 格式 MapGIS)等功能需求。

岩溶动力系统与碳循环

承担单位：中国地质科学院岩溶地质研究所

项目负责人：袁道先，曹建华

档案号：0747

工作周期：2009—2010 年

主要成果

(1)不同土地利用方式下，耕地、灌丛、次生林、草地、原始林碳酸盐岩的溶蚀速率分别为 4.02、7.0、40.0、20.0 和 63.5t/(km^2 · a)，揭示了植被的恢复、土地利用方式的改变对岩溶碳汇通量的影响。

(2)通过典型岩溶流域水量、水化学的动态监测，计算获得西南岩溶区岩溶碳汇通量为 10.59tC/(km^2 · a)到 27tC/(km^2 · a)，这一结果表明岩溶地质碳汇过程与陆地生态净碳汇通量处于同一数量级。

(3)对比研究岩溶区与非岩溶区土壤剖面中碳迁移特征，其结果提供了土壤/石灰岩界面上岩溶碳汇发生的证据，同时刻画了土壤有机碳、溶解有机碳的主要特征。

(4)深化了碳酸酐酶对岩溶作用的影响研究。岩溶区植物的 CA 酶活性高于非岩溶区，根系的 CA 酶高于叶；有较高根系 CA 活性的植物是荚迷、银杏，有较高叶片 CA 活性的植物是辛夷、檵木，根系生物量的增加和新陈代谢能力与其 CA 酶活性的大小具有对应的关系。

(5)桂林盘龙洞现代洞穴滴水监测结果显示：地表降水与洞穴空气 CO_2 之间的关系表现为正相关，在通常情况下具有近 3 个月的滞后效应，而暴雨效应产生的 CO_2 变化与暴雨后在洞穴中不仅产生快速滴一流水的暴雨响应相一致，仅滞后 4～8 个小时(图 6-3)；现代碳酸盐沉积量在年际尺度上，从 2008 年至 2010 年逐年呈阶梯状减少，其变化与降水量、滴率及 P_{CO_2} 等的变化趋势一致。

(6)首次尝试了利用贵州董哥洞 4 号石笋的替代指标，借助成熟的 CRAIG 等经验公式，恢复了 1200 年以来的大气 CO_2 变化格局：中世纪大暖期时间为 1200～500aBP，小冰期时间为 450～100aBP，大气 CO_2 浓度最高 470×10^{-6}，最低 370×10^{-6}，同时建立了 6040～4182aBP、1200aBP 西南季风气候变化时间序列。

图 6－3　暴雨的快速响应(a)和水土流失过程(b)

中南地区地质调查项目组织实施费(2013 年)

承担单位:中国地质调查局武汉地质调查中心

项目负责人:廖西蒙,李佳平

档案号:0748

工作周期:2013 年

主要成果

受中国地质调查局委托,武汉地质调查中心根据《中国地质调查局地质调查项目管理办法(试行)》的要求,履行地质调查工作项目运行管理的职责,包括立项论证与初审、组织设计编写与审查、质量监督与监管、经费监督检查、野外验收、成果总结与评估、成果报告评审、已完成地质调查项目经费使用情况总结报告审查、编制工作(技术、统计、财务)报告、地质调查技术和经济标准的推广与培训、地质调查预算标准动态评估研究、地质调查成果资料和项目管理业务基础建设等。

以财政部、国土资源部、中国地质调查局地质调查项目各项管理制度为指导,认真组织工作项目的实施,对中南地区地质调查项目进行了技术、经济管理,资料管理和质量监督工作,为区内地质调查项目的顺利开展提供了保障。

上扬子铅锌矿床与岩相古地理关系研究

承担单位:中国地质调查局武汉地质调查中心

项目负责人:汤朝阳,李堃

档案号:0749

工作周期:2011—2013 年

主要成果

(1)在总结鄂西湘西地区震旦(埃迪卡拉)系灯影组和湘西黔东地区寒武系清虚洞组地层特征的基础上,通过区域内岩石地层格架及含铅锌矿岩石组合的对比,完成了鄂湘黔地区震旦(埃迪卡拉)系灯影期岩相古地理图(1∶100万)和鄂湘黔地区寒武系黔东统都匀阶清虚洞期岩相古地理图(1∶100万)。

(2)建立了寒武系控矿岩相组合为浊积岩-中缓坡相藻灰岩微晶丘和鲕粒灰岩沉积(含矿层)-砾(粒)屑灰岩层,浊流层-藻礁(丘)体(或鲕粒层)-风暴层组合可作为找矿标志。

(3)通过C、H、O、S、Pb等稳定同位素研究,确定了典型矿床的S主要来源于地层中海相硫酸盐;Pb、Zn成矿物质来源较为复杂,以壳源为主;成矿流体中是一种高盐度的低温CO_2-H_2O-NaCl型热卤水,后期有大气水的加入;成矿流体中的C主要来源于碳酸盐围岩,是碳酸盐溶解作用形成的。

(4)有机质参与了铅锌成矿作用,古油藏中的油田卤水可能萃取了地层中的Pb、Zn成矿物质,并成为成矿物质迁移的载体,Pb、Zn成矿物质的沉淀可能与古油藏的破坏有关。

(5)应用地球化学块体理论与方法对湘西黔东地区内的Zn地球化学块体特征及Zn资源潜力进行了研究,花垣—铜仁—镇远地区、都匀—凯里地区、沅陵县董家河和沿河县三角塘这几个地区具有很大找矿潜力。

华南地史生物辐射期生态系统重建研究

承担单位:中国地质调查局武汉地质调查中心
项目负责人:程龙
档案号:0759
工作周期:2011—2013年
主要成果

(一)奥陶纪生物礁方面的进展

(1)通过综述中国奥陶纪生物礁材料,认为时限约45Ma的奥陶纪在古生代动物群辐射演化的背景下,低纬度的华南、塔里木、华北三大陆表海区长期维持海进状态,形成了大规模的碳酸盐岩台地和不同时空背景的各类生物礁。重要造礁生物门类的起源和在特定海区繁盛的时差是决定礁群落基本生态结构的历史因素,早奥陶世早期藻礁,早奥陶世晚期至中奥陶世*Calathium*-硬海绵-藻礁、苔藓虫礁,晚奥陶世珊瑚-层孔虫-藻礁诠释为幕式演替,特别是珊瑚-层孔虫-藻群落奠定了之后近100Ma动物格架礁最常见的生态范式,呈现出礁群落结构由简单到复杂的宏演化脉络。中国的实例基本吻合于全球奥陶纪生物礁的宏演化趋势,特殊之处表现为:①湘西张家界特马豆克早期南津关组和新疆巴楚达瑞威尔期一间房组的*Calathium*-藻礁分别定位成此类生物礁的先驱和孑遗;②中扬子区特马豆克晚期分乡组的苔藓虫礁为当时独有的类型;③珊瑚-层孔虫-藻礁的起始时间偏晚;④奥陶纪末冈瓦纳冰川初期扬子区西缘的藻礁是极端环境造礁的实例。

(2)通过详细野外调查和薄片鉴定,查明早奥陶世特马豆克晚期(分乡组及同期地层),后生动物占据了陆表海的远岸区，即鄂西地区造礁；钙质微生物岩在极浅水区的乌当和台缘带的石台都能生长形成叠层石礁，但在极浅水如桐梓一带由于水流能量过高而只能形成滩相；认为早奥陶世特马豆克末期—弗洛期(红花园组)，台地中心正常浅海环境以石海绵-瓶筐石等后生动物礁丘占优势，此类典型的硬底礁群落中虽然已出现诸如苔藓虫等先驱型模块性生物，但仍缺乏生产力更高的大型模块性生物(例如横板珊瑚和层孔虫)，于是未能进一步形成更大规模的礁体。台缘区常见大量微生物灰泥丘，席基底礁群落繁盛，沿水深梯度分别发育以水平纹层、穹隆状及指状(柱状)叠层石等不同形态为优势的灰泥丘，亦见共生(凝块石与叠层石)类型微生物岩。另外，近岸区以高能滩相沉积为特征，偶见瓶筐石等形成生物层，礁丘和灰泥丘都不甚发育。

(3)通过系统总结全球早—中奥陶世瓶筐石礁资料，认为瓶筐石(*Calathium*)与菌藻类、海绵以不等丰度地聚集共同组成时尚于早—中奥陶世期间浅海区常见的礁丘群落。早期阶段(特马道克期-弗洛早期)以瓶筐石-海绵-菌藻类礁群落为主，其后因海绵丰度减弱而逐渐演替为瓶筐石-菌藻群落，达瑞威尔期以瓶筐石为群落主体的礁丘分布已趋于局限，中奥陶世晚期伴随着珊瑚-层孔虫造礁群落的崛起，瓶筐石礁丘骤然衰减。控制瓶筐石礁丘群落演化的主要因素为温度，其生长区间为30～40℃，繁盛区间为32～37℃，高于现今珊瑚礁的生长和繁盛区间。

(二)海生爬行动物分布特征方面

(1)通过化石发掘和详细野外调查，查明了华南早三叠世海生爬行动物主要分布在湖北南漳至远安县一带下三叠统嘉陵江组三段顶部约30m厚的纹层状灰岩中，另外，在湖南桑植一带也有少量早三叠世海生爬行动物化石出现；查明了中三叠世安尼期海生爬行动物分布在云南贵州两省交界的盘县、普安至罗平一带的中三叠统关岭组二段中；查明了中三叠世拉丁期海生爬行动物主要分布在从云南罗平、富源至贵州兴义、兴仁和贞丰一带竹竿坡组下部；查明了晚三叠世海生爬行动物主要分布在贵州关岭南至云南罗平，东至广西隆林一带，分布范围最广。

(2)通过锆石SHRIMP U－Pb测年，得到早三叠世海生爬行动物生活的绝对年龄为(247.8±1.2)Ma，时代为早三叠世奥伦尼克期末期；通过锆石SHRIMP U－Pb测年，得到中三叠世海生爬行动物生活的绝对年龄为(240±2)Ma，时代为中三叠世拉丁期末期，并通过牙形石生物地层研究，确定了华南中晚三叠世的界线位置。

(三)脊椎动物系统分类方面

(1)发现一海生爬行动物新类型——奇特滤齿龙(图6－4)，其骨骼特征与以往发现的海生爬行动物存在较大差别，主要表现在：向下弯曲的吻部，密集的针状牙齿，奇特的泪骨形态，极高的神经棘，马蹄状远端指节等。

(2)发现了始鳍龙类1个新属和4个新种，分别是华毕富源龙、罗平似楯齿龙、三峡欧龙和青山滇东龙(图6－5)。

(3)发现了一龙龟类新属种——多腕板大头龙。

(4)发现了安顺龙类一幼年个体。

(5)发现了一系列鱼类新属种，并对以往发表的属种进行了系统厘定。

图6-4 奇特滤齿龙正型标本

图6-5 青山滇东龙正型标本

(四)海生爬行动物系统发育关系方面

(1)通过对奇特滤齿龙的支序系统学分析,发现其与鳍龙类具有更近的亲缘关系。

(2)通过对鳍龙类的支序系统学分析,完善了鳍龙类演化谱系,不仅重新确认了肿肋龙类的有效性,而且在华南发现的大部分始鳍龙类新属种均属于该类型;幻龙类仅包括欧龙和幻龙两个属。

(3)通过对海龙类的支序系统学分析,完善了海龙类演化谱系,而且发现华南的海龙类与西特提斯洋和东太平洋的类型具有较近的演化关系。

(4)通过对龙龟类支序系统学分析,不仅建立了龙龟类内群演化关系,而且发现龙龟类与鳍龙类具有较近的亲缘关系。

(五)脊椎动物演替规律方面

(1)通过对华南鳍龙类的分布及演化关系综合分析,并与全球鳍龙类对比,发现全球鳍龙类经历了起源—辐射—衰退—绝灭过程。

(2)通过对华南鱼龙类的分布及演化关系综合分析,并与全球鱼龙类对比,发现了鱼龙类经历了起源—辐射的过程。

(3)通过对华南海龙类的分布及演化关系综合分析,并与全球海龙类对比,发现了海龙类经历了起源—辐射的过程。

(4)通过对华南所有海生爬行动物综合分析,发现了在中晚三叠世之交存在一次明显绝灭事件,该绝灭事件主要对近岸始鳍龙类影响严重,鱼类也发现了相似的规律。

(六)生态环境特征方面

(1)在分析中扬子下三叠统嘉陵江组沉积环境的基础上,对比下扬子下三叠统南陵湖组和右江盆地下三叠统北泗组的沉积环境,讨论华南早三叠世海生爬行动物的生活环境。研究表明,中扬子广袤的潮坪环境适合于肿肋龙类(湖北汉江蜥、远安贵州龙)、湖北鳄类(南漳湖北鳄、孙氏南漳龙)和鱼龙类的混生,区别于下扬子缓坡环境中鱼龙类的发育和右江碳酸盐台地环境中纯信龙类的生存。埋葬特征分析表明,还原环境和低能量水体利于骨骼的保存。

(2)针对中—晚三叠世扬子台地的淹没事件,分析了黔西南贞丰挽澜中—上三叠统竹杆坡组的微相,并讨论了其沉积环境演变。采用 Flugel 标准微相的判别方法共识别出 9 种微相,包括纹层状黏结灰岩、微晶藻球粒灰岩、泥晶灰岩、含生物碎屑泥晶灰岩、棘皮泥晶灰岩、亮晶砂屑鲕粒生物碎屑灰岩、藻团块生物碎屑泥晶灰岩、含生物碎屑泥晶灰岩-P 和泥晶灰岩-P。9 种微相的有序组合和分布位置显示它们形成于快速的潮坪—台地边缘转变过程和漫长的深水陆棚及盆地环境。海平面变化分析显示,黔西南中—晚三叠世竹杆坡组沉积期的海平面变化不同于扬子台地主体,无论是二级旋回还是三级旋回都响应于全球海平面变化。

(3)通过系统采集和鉴定关岭新铺乡上三叠统小凹组中赋存的双壳类生态标本,发现 *Halobia kui* 在其中占绝对优势,*Halobiayandongensis*,*Halobiaplanicosta* 相对较少,而 *Plagiostoma* sp. 和 *Asoella* sp. 仅发现于"胆石"中。结合前人已有研究成果,认为关岭生物群的双壳类 *Halobia* 类群属于缺氧环境中的底栖群落,但其生活环境为水深 10m 左右、氧化-还原界面在水体-沉积物界面附近、水体能量较弱的海洋环境。

(4)微量和稀土元素的分析结果表明,竹杆坡组纹层灰岩段及小凹组处于缺氧环境,产兴义动物群及关岭生物群地层含氧量相对增加,而两生物群落之间竹杆坡组瘤状灰岩段主要为贫氧环境。黔西南—滇东地区水体的氧化还原状态主要受控于海水循环的受限程度。受风暴潮的影响,中三叠世晚期海水氧气含量出现短暂的增高,这是与兴义动物群相当的棘皮动物群在台地边缘繁盛的关键因素;而随后的缺氧环境则有利于生物保存形成化石库。中晚三叠世之交的海水含氧量的变化规律与生物群落的演替较为吻合,说明该时期海水含氧量的变化对生物演替具有一定控制作用。

(5)碳同位素分析结果显示,中扬子区的 Smithian - Spathian 界线正好位于大冶组-嘉陵江组岩石地层界线附近,中上扬子地区嘉陵江组底部普遍发育的岩溶角砾岩或许可以作为 S-S 界线的物理标志;与世界其他地区早三叠世碳同位素曲线对比表明南漳/远安动物群的地质时代应为 Spathian 亚阶最晚期。云贵交界地区中晚三叠世之交的碳同位素地层总体表现为 $\delta^{13}C$ 逐渐增加的背景下叠加一次强烈的负异常和一次弱的负漂移,与西特提斯地区其他剖面的碳同位素可以对比,因而可能代表了中晚三叠世之交整个古特提斯海洋的碳循环。兴义动物群层位正好位于强烈负偏的顶部,主要依赖于火山喷发物淋滤出的营养元素和组分,而关岭生物群对应弱的负偏之上的稳定区,是在稳定的海洋环境中繁衍生息的。

海南省重要地质遗迹调查

承担单位:海南省地质调查院
项目负责人:魏昌欣
档案号:0760
工作周期:2012—2014 年
主要成果

(一)调查海南省重要地质遗迹 80 处

调查海南省重要地质遗迹 80 处,其中,地层剖面类 12 处,重要化石产地类 1 处,重要岩矿石产地类 4 处,岩土体地貌类 16 处,水体地貌类 18 处,火山地貌类 12 处,海岸地貌类 15 处,地震遗迹类 1 处,其他地质灾害类 1 处。这些重要地质遗迹中,世界级地质遗迹 4 处,国家级地质遗迹 10 处,省级地质遗迹 66 处;在世界地质公园内 9 处,在省级地质公园内 12 处,不在地质公园 59 处。

(二)查明海南省地质遗迹的分布状况和规律

根据海南省地质遗迹调查结果,海南省地质遗迹资源主要分布在环岛沿海地质遗迹区、琼北火山岩台地地质遗迹区、琼中南山地丘陵地质遗迹区、西沙群岛地质遗迹区 4 个地质遗迹区,总计重要地质遗迹 87 处。

1. 环岛沿海地质遗迹区

环岛沿海地质遗迹区内的地质遗迹主要有地层剖面类 2 处,重要岩矿石产地类 1 处,岩土体地貌类 3 处,水体地貌类 4 处,火山地貌类 2 处,海岸地貌类 18 处,其他地质灾害类 1 处,总计重要地质遗迹 31 处。

2. 琼北火山岩台地地质遗迹区

琼北火山岩台地地质遗迹区内的地质遗迹主要有重要化石产地类 1 处,火山地貌类 9 处,地震遗迹类 1 处,总计重要地质遗迹 11 处。

3. 琼中南山地丘陵地质遗迹区

琼中南山地丘陵地质遗迹区内的地质遗迹主要有地层剖面类 10 处,重要岩矿石产地类 3

处，岩土体地貌类 13 处，水体地貌类 15 处，火山地貌类 1 处，总计重要地质遗迹 42 处。

4. 西沙群岛地质遗迹区

西沙群岛地质遗迹区内的地质遗迹主要有海岸地貌类 3 处，总计重要地质遗迹 3 处。

（三）确定海南省重要地质遗迹保护名录

按照中国地质调查局制定的地质遗迹分类，在专家鉴评咨询的基础上，确定海南省重要地质遗迹地层剖面类 12 处，重要化石产地类 1 处，重要岩矿石产地类 4 处，岩土体地貌类 16 处，水体地貌类 19 处，火山地貌类 12 处，海岸地貌类 21 处，地震遗迹类 1 处，其他地质灾害类 1 处，共计 87 处。这些海南省重要地质遗迹保护名录，是初步确定的，有待今后工作的不断补充和完善。

（四）海南省地质遗迹保护规划建议编制

海南省地质遗迹保护规划建议，规划建立海口东寨港国家级保护段、博鳌玉带滩国家级保护段、石碌铁矿国家级保护段 3 处，规划建立三亚大东海省级保护段和龙楼铜鼓岭保护段 2 处；规划建立三亚亚龙湾国家级保护点、叉河戈枕村组地层剖面国家级保护点、黄流峨文岭组地层剖面国家级保护点 3 处，规划建立海口西海岸海积地貌省级保护点、雅亮空列村组一大干村组地层剖面省级保护点、三亚落笔洞省级保护点、三亚天涯海角海蚀地貌省级保护点、中原白石岭碎屑岩地貌省级保护点、兴隆温泉省级保护点、八所鱼鳞洲省级保护点、王下皇帝洞省级保护点等 40 处地质遗迹省级保护点；已建立雷琼世界地质公园（海口园区）1 家，已建立或获得省级地质公园建设资格的有儋州石花水洞省级地质公园、儋州蓝洋观音岩省级地质公园、保亭七仙岭省级地质公园、万宁小海-东山岭省级地质公园、东方猕猴洞省级地质公园、白沙陨石坑生态省级地质公园等 6 家，建议建立地质公园的有海南省西海岸峨蔓湾国家级地质公园、屯昌羊角岭水晶矿国家级地质公园、保亭毛感国家级地质公园、西沙群岛国家级地质公园等 4 处。

（五）海南省地质遗迹管理数据库建设

根据中国地质调查局的要求，海南省地质遗迹信息数据库建设，采用计划项目“全国重要地质遗迹调查”提供的“地质遗迹数据库采集工具软件”，以“地质遗迹数据库采集工具软件”为平台，以地质遗迹点为基本建库单元，以本工作项目在野外地质遗迹调查和资料综合整理研究基础上填写的地质遗迹调查表、地质遗迹点信息采集表作为数据采集源，填制地质遗迹调查表、地质遗迹信息采集表、地质遗迹集中区信息表，建立了“海南省地质遗迹信息管理数据库”。建库目的就是要为全国地质遗迹保护管理工作服务，为国土资源管理部门行使管理地质遗迹的职能，以及为其他有关单位提供更加方便快捷的查询、更改、补充、完善等信息化服务。

（六）编绘海南省地质遗迹资源图及资源区划图

1. 编绘海南省地质遗迹资源图

经过组织专家鉴评将海南省地质遗迹根据其自然属性（科学性、观赏性、规模、完整性、稀有性、保存现状）和社会属性（通达性、安全性、可保护性）两方面，确定为世界级、国家级、省级地质遗迹;按照地质遗迹类型划分,分为基础地质大类(地层剖面类、重要化石产地类、重要岩矿石产地类)、地貌景观大类(岩土体地貌类、水体地貌类、火山地貌类、海岸地貌类)、地质灾害大类(地震遗迹类、其他地质灾害类,如地面沉降亚类)三大类地质遗迹表示在图面上。同时,把海南省已建立的世界级、省级地质公园及建议建立的国家级地质公园的分布、范围表示在图面上,可清晰地反映海南省重要地质遗迹及地质公园的分布情况。

2. 编绘海南省重要地质遗迹资源区划图

在海南省重要地质遗迹资源图的基础上,按地质遗迹出露分布所在的地貌单元、构造单元划分地质遗迹区、地质遗迹分区、地质遗迹小区 3 个层次,进行地质遗迹区划。地质遗迹区、分区、小区的划分,保证地质遗迹分布的空间区域连续性和完整性,以利于统筹保护规划与管理、合理开发与利用。海南省地质遗迹区划将海南省划分为环岛沿海地质遗迹区、琼北火山岩台地地质遗迹区、琼中南山地丘陵地质遗迹区、西沙群岛地质遗迹区 4 个地质遗迹区;每个地质遗迹区又划分为不同的地质遗迹分区,4 个地质遗迹区总计划分出 10 个地质遗迹分区;部分地质遗迹分区再进一步划分出地质遗迹小区,10 个地质遗迹分区总计划分出 13 个地质遗迹小区,从而编绘海南省重要地质遗迹资源区划图。

(七)本次调查新发现

海南省重要地质遗迹野外调查过程中,于海南省儋州市峨蔓镇峨蔓湾兵马角海蚀崖处发现我国唯一一处由海浪侵蚀而出露的火山颈(图 6-6、图 6-7),对研究第四纪火山活动具极高的科研价值。同时,通过资料收集,发现海南岛近岸岛屿及西沙群岛有众多重要地质遗迹有待调查、发现。

图 6-6　兵马角火山颈

图 6-7 冷凝边

扬子古大陆新元古代扬子东南缘中段裂谷盆地形成演化与资源效应

承担单位：湖南省地质调查院

项目负责人：黄建中，孙海清

档案号：0761

工作周期：2011—2013 年

主要成果

(1)通过对研究区所有 1∶5 万、1∶20 万和 1∶25 万区域地层资料的收集、综合，合理地划分了南华系岩石地层，依据沉积充填序列结构和分布及成因特点，将其划分为北、中、南 3 个地层区，分别建立了岩石地层系统并与区域相当层位进行了综合对比。该研究为扬子东南缘南华系的研究提供了第一性的原始资料。

(2)依据扬子陆块东南缘已确认的两次重要的构造运动(武陵运动、雪峰运动)形成的 2 个不整合界面所限定的一级沉积旋回特征，将南华系板溪期沉积划分为陆架沉积序列、海盆沉积序列，各自包含两个向上变细但各具特色的次级旋回。将南华冰期沉积划分为中下部、上部两个沉积旋回。依据沉积旋回特点，应用层序地层理论分析方法，对露头层序进行了概略研究、划分，在板溪期陆架沉积序列中初步识别出 4 个Ⅰ型层序界面、5 个Ⅱ型层序界面；海盆沉积序列内含有 3 个Ⅰ型层序界面、8 个Ⅱ型层序界面。南华冰期地层据其岩性组合特征，初步识别出 5 个Ⅰ型层序界面、2 个Ⅱ型层序界面。可以划分为 4 个三级沉积层序。通过层序地层的研究，认为南华冰期的底界应划在长安组之底，而不是以往认为的富禄组(渫水河组)之底，湘中北的富禄组是盆地沉积超覆所致。

(3)通过对相关层位中可供进行高精度同位素年龄测定的凝灰岩或侵入其中的火山岩、花岗岩的样品采集，采用锆石 U - Pb LA - ICP - MS、SHRIMP 法对比分析，确认研究区南华系底界沉积时限介于 828～814Ma 之间，盆地由汇聚转换为伸展裂解的时间点推定在 830Ma 左右，这与前人研究认为武陵运动结束于 835Ma 的结果相匹配，也符合盆地由南东往北西沉积依次超覆、时代变新的“楔状地层”模式。尤其是获得了南华冰期的起点时间为 764～751Ma，认为与澳大利亚南部新元古代 Sturtian 冰期的时限基本一致，可以对比。同时，依据本次所获数据及对前人资料的分析综合，合理地划分了内部年代界线，构建了南华系年代地层格架。

(4)系统地总结了陆缘裂谷发育期间的事件地层。①初步查明现地表出露的岩浆岩主要有 3 类：一是以英云闪长岩、花岗闪长岩、二长花岗岩组成的侵入岩体；二是以玄武岩、变玄武岩、斜长角闪岩等组成的火山岩类；三是由基性—超基性岩组成的次火山岩类。②裂谷盆地基底岩浆活动的时限为 862～751Ma，但年龄集中值在 830～820Ma 之间。岩石组合类似于太古代的 TTG 组合，属典型的Ⅰ型花岗岩。显示岛弧火山岩系地球化学特征，应为武陵运动弧陆碰撞形成，属于汇聚板块边缘俯冲带岩浆作用的产物。③南华纪板溪期初始裂谷基性火山岩形成于碰撞后伸展环境，裂谷充填期的酸性熔岩至南华冰期火山岩形成于陆内拉张环境，基性—超基性的次火山岩脉则代表火山活动接近尾声，均是大陆裂谷火山事件的产物。④在分析区内冰期地层基础上，合理地将其划分为早、晚两个冰期，早冰期为长安组，环江南造山带东南缘展布，受同期伸展断裂控制，沉积厚度巨大，以重力流沉积为特色。晚冰期为南沱(洪江)组，分布广泛，沉积厚度较小，沉积相类型复杂。依据两个冰期岩石组合特征、沉积相类型及其变化，划分为冰内、冰前、冰外 3 个沉积相带。

(5)依据岩石组合、岩相标志，合理地划分了盆地结构，归纳了盆地发展演化的构造模型，反演了沉积盆地古地理概貌，划分了岩相古地理单元。依据对沉积地层空间分布规律的分析，建立了盆地板溪期、南华冰期的沉积充填序列模型，编制了分时段的岩相古地理系列图件，为古大陆演化与矿产资源效应研究提供了基础资料。

(6)在多重地层划分、岩石地球化学分析、构造演化阶段划分等研究成果基础上，提出了扬子东南缘陆缘裂谷盆地形成的动力学机制，认为盆地的形成是在古大陆深部地质作用(地幔柱)下导致前期弧陆汇聚力减小、撤除，致使古大陆边缘伸展形成断阶式陆缘裂谷盆地，据此建立了盆地演化模式，为后续研究提供了探索性思路。

(7)初步总结了南华系含矿沉积建造，综合分析认为其含锰建造、含铁建造、含铜建造中赋存有具工业意义的矿体。同时，依据典型矿床特征，系统地归纳了铁、锰、铜、钨锑金矿等的成矿规律与找矿标志；指出在控盆构造作用下，沿构造活动区域特定岩性组合中多赋存热液叠加改造型铅锌矿，是中新生代成矿过程中不可忽视的成矿背景地质条件，为区域矿产资源预测提供了基础资料。

南岭地区岩浆岩成矿专属性研究

承担单位：中国地质科学院矿产资源研究所

项目负责人：王登红，陈振宇

档案号：0764

工作周期：2010—2012年

主要成果

(1)在全面搜集、整理、分析前人资料的基础上，以南岭东段(赣南闽西)9个1∶20万图幅(井冈山幅、兴国幅、宁化幅、赣州幅、于都幅、长汀幅、龙南幅、寻乌幅、上杭幅)范围为重点，借助最新的同位素定年技术，对包括弹前、清溪、鹅婆、淋洋、大坪、汤湖、湖南洞、良村、宝华山、长潭等在内84个含矿和不含矿的岩体进行了100件锆石样品的U-Pb同位素定年(包括SHRIMP U-Pb和LA-ICP-MS两种主要手段)，获得了1653个锆石颗粒的精确年龄，尝试性地开展同位素年龄的填图工作，修正或新增了大部分岩体的成岩时代，为深入研究南岭岩浆岩成矿的时代专属性奠定了基础。

(2)对南岭60个1∶20万图幅范围内的重点矿床开展了野外调查，采集了大量样品，并通过辉钼矿Re-Os法、云母Ar-Ar法、石英流体包裹体Rb-Sr等时线等测年方法，获得了一批重要矿床的成矿年龄资料，为成矿时代的精确厘定奠定了基础。

(3)在搜集前人资料的基础上，结合本次研究，编制了南岭地区岩浆岩成矿专属性研究的系列图件，包括钨锡矿、钼铋矿、铅锌矿、萤石、稀土、金、铀的岩浆岩成矿专属性图件。

(4)南岭地区矿产资源十分丰富，与岩浆岩的成因联系十分复杂，本次将主要矿种分为钨锡、钼铋、铅锌、金、铀、稀土、萤石等几个矿种组合，分别总结了与之具有成因联系的岩浆岩的岩石学、矿物学、岩石地球化学、同位素地球化学等方面的地质、地球化学特征，分析了二者之间的内在成因联系，总结了矿床和岩体的时空分布特征、成矿要素和找矿标志。

研究指出：

钨锡矿及与钨锡矿具有成因联系的岩浆岩主要形成于燕山期和印支期，广泛分布在南岭各地地区，岩性上主要以二长花岗岩为主，也可以是钾长花岗岩和花岗闪长岩，SiO_2含量普遍高于67%，AR>3，成锡岩体较成钨岩体具有更明显的幔源物质参与的特征，与钨锡有关岩体的稀土元素地球化学特征上具有强烈的Eu亏损。

南岭钼矿规模不如秦岭、大兴安岭和东天山等地，相关地岩体主要是面积不大的岩株，多与钨锡伴生，成矿时代以晚侏罗世最常见，但也可以早至加里东期起，晚到白垩纪晚期；岩性可以是钾长花岗岩、花岗斑岩、黑云母花岗岩、花岗闪长岩等，SiO_2的含量变化大(中酸性均有，58.04%～78.68%)；一般轻稀土富集但Eu的亏损可以很弱(如园岭寨)，也可以非常明显(如淘锡坑、黄沙坪)，说明钼实际上对于岩浆岩的成分专属性不是太显著。

跟稀土有关的花岗岩类空间分布广泛，时代不局限于燕山期，岩性变化也较大(本次发现井冈山幅中的东坑坳辉长岩是所有样品中稀土含量最高的)，除了$w(K_2O)>w(Na_2O)$的显著特征外，其他成矿岩体与非成矿岩体在主量元素特征上并无专属性区别，但稀土元素含量本身对于是否成矿具有决定性意义，含量越高越容易成矿；氟碳铈矿等碳酸盐矿物的存在对于离子吸附型稀土矿床的形成意义重大,而磷酸盐矿物的存在有助于形成稀土砂矿;对于离子吸附型矿床来说,含矿岩体不一定是成矿岩体,外生条件也很关键,因此,成矿专属性不等于找矿专属性。

南岭及周边地区铅锌矿广泛分布,跟花岗岩类具有显著的成矿关系,但有一部分铅锌矿尤其是独立的铅锌矿在空间专属性上显著性差一点,即远离岩体(如凡口、泗顶),而与钨锡钼铋共伴生的铅锌矿与花岗岩类具有显著的专属性(黄沙坪)。也正由于空间专属性的差异、成矿年代学资料的缺乏,导致了对产于地层中的铅锌矿究竟与岩浆岩有没有成因联系的争论,如何研究“层控型”铅锌矿也就成了成矿专属性研究的一大难题。本次研究表明,以广西大厂与锡共生的铅锌矿为代表,层控型铅锌矿同样可以是花岗岩类成矿作用的产物。与铅锌矿有关的花岗岩类成分变化大,$w(SiO_2)$变化于 63%~73%之间,$w(K_2O+Na_2O)$一般为(6%~8%),$w(K_2O)>w(Na_2O)$,与铜共伴生的铅锌矿往往对应于中酸性岩浆岩,而与钨锡钼铋共伴生的矿床对应于酸性岩。铅锌矿的找矿专属性比较显著,往往与小岩体对应关系明显,且分异指数越大的岩体找矿的可能性越大:对壳幔混合型岩体,分异指数 70~84 者有利于找矿,分异指数小于 66 者找矿可能性小;对于壳源重熔型岩体,分异指数 87~91 者有利于找矿,分异指数小于 83 者不利于找矿。另外,化探异常、重砂异常、岩体的铅锌背景值、岩体中造岩矿物(如长石、云母)中铅锌的微量元素含量等均可以作为找矿专属性的重要指标,背景值高、强度大、组合复杂的异常找矿成功率较高。

南岭金矿不是优势矿种,无论是矿产地的数量还是单个矿床的规模均无法与钨锡钼铋的地位相提并论,但金矿产地本身分布普遍,时代跨度也很大,岩浆岩的专属性最不明显。但无论是东段与武夷山成矿带交会部位的紫金山还是最西端的广西龙头山金矿,均显示独立金矿与次火山岩具有明显的专属性联系,成矿时代也以燕山期常见,岩浆岩成分比较复杂,但各个矿区常见双峰式侵入岩组合,即幔源岩浆活动可能对金矿形成具有贡献,如赣南独立金矿往往有煌斑岩、辉绿岩(如留龙),与铜共伴生者往往出现花岗闪长岩(如赣南的营前、闽西的紫金山)。岩浆岩的稀土元素地球化学特征可以较好地作为成矿专属性的指标,成金岩浆岩重稀土显著亏损,Eu 异常弱,可与成钨锡岩浆岩区分开。

铀是南岭优势矿产资源,与花岗岩类关系极为密切,但最显著的是空间专属性,而成岩成矿时差可以是比较大的;产铀岩体的时间跨度很大,早者如雪峰期的摩天岭岩体,晚者可以是燕山晚期甚至是喜马拉雅期的岩体,因此铀矿对于岩浆岩没有时代的专属性;产铀岩体和非铀岩体的对比研究,说明形成铀矿的岩浆岩的成分专属性也不是很显著,一般来说岩体的 U 含量及相关矿物的 U(包括锆石中的 U)含量可以作为成矿专属性的一个指标,高者易成矿,但找矿专属性不明显,如苗儿山复式岩体中的油麻岭、云头界等岩体均属于富铀岩体,但找矿效果欠佳。通过锆石 U-Pb 定年和同位素填图工作发现,锆石的 U、Th 含量及比值为研究铀矿成矿专属性提供了新的手段,但还需要深入研究。

南岭地区萤石与花岗岩类的空间专属性也是比较明显的,但有一部分矿体直接产于花岗岩体之中,成矿时代也晚于岩体,成岩成矿时差明显(如产于清溪岩体中的隆坪萤石矿及产于良村岩体中的一大批萤石矿),可能属于体中体成因。与萤石矿具有成因联系的岩浆岩无论是时代还是岩性和出露面积都变化很大,可以是大岩基也可以是小岩体,成分变化也比较大,总体上以高钾钙碱性系列的过铝质 S 型花岗岩更有利于萤石矿的形成,而 Mo 可以作为萤石找矿专属性的一个指标,Mo 含量高有利于找萤石矿。

对于综合矿种类型的矿床，即钨锡钼铋稀土稀有和铜铅锌金银两大类复合的矿床，往往对应于复合的岩浆活动，既有壳源也有幔源，因而其成矿专属性也具有复合特点，并且显示出复杂性、矛盾性和不确定性，即利用单一物质成分专属性指标难以区分矿种者需要注意多矿种共伴生。对于时代专属性，燕山晚期的岩浆岩或者某一区域范围内更晚期、晚阶段的岩浆岩具有更好的倾向性，无论是云南的个旧还是广西的大厂都是铜铅锌与锡共生的超大型矿床，其时代偏新，因而具有寻找超大型矿床的时代专属性。对于某一矿集区，最典型的如湘南骑田岭矿集区，分布于骑田岭岩基周边的小岩体(相对而言)，无论是黄沙坪岩体还是千里山岩体，都晚于骑田岭岩基主体部分。这说明无论是区域的还是局域的，岩浆岩的成矿专属性实际上也受到地壳演化成熟度、成矿物质聚集程度的宏观控制，地壳演化成熟度越高越有利于形成大型矿床和复杂矿种组合的矿床和高品位的矿床。因此，“大矿、好矿”可能也是具有成矿专属性的，但对于“大矿、好矿”专属性的认识不够深入，还需要深入研究。

(5)在对不同矿种组合成矿专属性研究的基础上，本次工作将岩浆岩的成矿专属性问题细化为岩浆岩成矿的物质专属性、空间专属性、时代专属性等具体问题，尤其是对时代专属性问题的研究较为深入。研究指出，虽然南岭大面积出露的花岗岩类对于钨锡、钼铋、稀土、稀有、放射性矿产资源的形成起到了关键性作用，即符合一般岩浆岩成矿的物质专属性规律，但对于每一个具体的岩体、具体的矿床来说，还受到构造专属性、地层专属性、岩性专属性、蚀变专属性等其他因素的综合制约，需要全面分析，因此也提出了“找矿专属性”的概念，并讨论了岩体剥蚀程度对于找矿专属性的影响。从钨锡钼铋到铅锌银的空间分带性有时候是不同成矿专属性的岩浆岩分别侵入、各自成矿造成的，有时候又可能是起源于同一岩浆房的岩浆连续结晶分异、系列演化的产物，在研究岩体剥蚀程度与找矿专属性问题时需要考虑到这一点，即对于序列演化的岩浆岩分布区，当地表出现含铅锌的小岩体时需要特别注意深部寻找钨锡钼铋，如广西的大厂矿田。

通过与阿尔泰、藏南等我国重要花岗岩带的初步对比，指出南岭花岗岩类具有更加富集硅和碱的特点，这可能是导致南岭矿种多、成矿强度大的一个原因。其中，碱质富集对于稀有金属的富集具有专属性，硅质富集对于钨锡钼铋具有专属性，而铁镁质对于铜铅锌的专属性有较明显的显示，但还需要进一步研究。

南岭燕山期典型复式岩体中补体与主体的成因联系及对成矿的意义

承担单位：北京大学

项目负责人：陈斌

档案号：0767

工作周期：2010—2012 年

主要成果

南岭地区 5 个典型复式岩体(千里山岩体、连阳岩体、九峰-储广岩体、姑婆山岩体和骑田岭岩体)系统的年代学、岩石学、地球化学、同位素研究表明，这些复式岩体中补体与主体不是分离结晶关系，而是多期岩浆事件的产物。南岭地区中生代复式岩体中的补体与成矿关系更为密切。

通过对南岭地区主要成钨、锡矿岩体的统计结果表明,成锡岩体(如姑婆山、香花岭、九嶷山、骑田岭南部岩体)都具有较高的钕同位素组成[$\varepsilon_{Nd}(t)>-7.5$],具有明显的地幔物质添加。而南岭地区主要的成钨岩体(如瑶岗仙、西华山、大吉山、骑田岭北部岩体)具有相对较低的钕同位素组成($\varepsilon_{Nd}(t)<-7.5$),这些成钨岩体的钕同位素组成接近华夏板块的古元古代基底的钕同位素组成,表明幔源物质贡献不明显。挥发分氟对岩浆演化及成矿元素的富集和迁移具有重要影响。对南岭地区不同成矿岩体挥发分氟的含量进行了统计,结果表明,以成锡为主的岩体含有较高含量的氟,而以成钨为主的岩体的氟含量则相对较低(但仍高于普通花岗岩)。因此,地幔物质(岩浆、挥发份等)贡献多少是控制南岭地区岩体成矿差异的根本原因。

通过南岭典型的复式岩体(主要是姑婆山、骑田岭和千里山)的系统研究,提出了新的成矿模式。

长江中游城市群地质环境调查信息系统和四维地质填图平台建设方法研究

承担单位:中国地质大学(武汉)

项目负责人:陈植华

档案号:0774

工作周期:2009—2010

主要成果

(一)研究开发了城市群地质环境调查信息管理系统

(1)根据城市群区域数据的多样性、多维性及异构性等特点,设计了能够对大数据量、多类型、多专业数据进行有效而统一的管理的数据库系统(图 6-8),同时对不同地质类型的数据进行了分类管理,使城市地质环境调查产生的大量数据和成果可以得到科学的组织和有效管理,方便用户查询与操作。

(2)所有数据均采用集中式管理模式,系统涉及的空间数据、影像数据、文档多媒体数据存储于 ACCESS、ORACLE 或 MS SQLSERVER 数据库管理系统。

(3)在现有地质环境调查数据库表结构的基础上,结合长江中游城市群地质环境调查项目实际进行了完善,保证数据的完整性、一致性和准确性。

(二)研究开发了城市群三维地质建模及可视化分析系统

(1)根据城市群地质环境调查目标内容和要求,开发了城市群三维地质建模及可视化分析系统,可以应用钻孔分层数据、剖面数据进行建模,也可综合利用这两类数据进行建模。在此基础上,开发了基于交叉折剖面的复杂地质体交互式建模功能,并为本项目的三维建模数据源指定数据格式标准。为建立三维工程地质结构模型、地下水(含水层)三维结构模型和岩溶发育三维结构模型做准备。

(2)开发了水文地质、工程地质三维地质属性建模系统。本项目开发的三维属性建模及可

图 6-8　系统登陆界面

视化系统的主要功能有:①三维地质体空间数据插值。三维地质体空间数据插值主要是基于空间统计学的属性插值。目前常用的几种空间探索方法主要有距离反比加权法、空间统计方法、多元空间统计方法等。其中,多元空间统计方法又包括了多种算法,如协同克里格法、因子克里格法等。②多约束属性建模。受不同地质过程作用,地质体中的各种物理量的空间变化规律很难用统一的数学模型描述,不同沉积环境下,其变化规律也不同。因此,属性建模时,系统提供考虑诸如沉积环境、断层等地质作用对属性插值的影响,对空间域进行相应的限定,在满足适用条件的局部范围内进行属性建模。③人机交互属性建模。受几何形态和空间展布状态的约束,地质体的属性常常具有空间突变、变异性强的特点,仅依靠数学的手段难以对它进行合理的定量化描述,地质工程师的专业经验是属性自动化建模方案的必要补充。系统具备人机交互的属性建模功能。

(3)开发了三维地质模型可视化分析系统。三维模型显示与分析模块主要有以下功能:①切割分析,包括平面切割、直线栅格切割、折线网格切割;②单元爆炸显示;③地下空间开发三维显示分析,包括基坑开挖漫游显示、隧道开挖漫游显示。

(三)研究开发了地质环境动态评价系统

根据项目目标任务,研究和初步开发了地下水资源动态评价、岩溶塌陷动态预测和地质环境功能区划等评价功能模块。

1. 地下水资源动态评价系统

研究开发了基于网格的建模方法和基于概念的地下水资源评价数值模型建模系统。前者思路是:确定模型类型—设置坐标系—网格化—设置参数;后者思路是:设置坐标系—基于GIS描述研究区水文地质条件(边界条件、初始条件、各种源汇项)等信息,然后网格化及网格节点或单元参数赋值。

1)基于网格的建模

基于网格的建模是指在网格剖分基础上,输入各种地下水系统数据,包括分层高程数据、研究区边界数据、统测水位数据、参数分区(大气降水入渗系数、蒸发强度分区、孔隙度渗透系数、储水系数、给水度等参数分区)、地表水体(河流、水库、湖泊等)、灌溉渠系、人工开采量分布等。该建模方法具有超大型网格数据编辑功能。三维网格系统可以显示和编辑网格属性、地下水水位等值线、资源量分布等地下水资源评价所需的各类信息。

2)基于概念模型的建模

在 GIS 平台下做出各种地下水系统相关图件,包括分层高程数据或等值线、研究区边界、统测水位数据或等值线、参数分区(大气降水入渗系数、蒸发强度分区、孔隙度渗透系数、储水系数、给水度等参数分区)、地表水体(河流、水库、湖泊等)、灌溉渠系、人工开采量分布等。

2. 岩溶塌陷易发性评价系统

在系统研究岩溶塌陷危险性影响因素和作用机理的基础上,采用模糊层次分析方法,考虑地下水位动态特征,开发了岩溶塌陷危险性综合评价系统,能够基于系统中地质环境调查空间信息数据库导入各影响因素信息,实现综合评价。

3. 地质环境综合评价及功能区划评价系统

通过总结分析地质环境综合评价和功能区划有关理论方法的国内外研究现状,根据地质环境综合评价及功能区划问题的复杂性和各地区各城市群的特殊性,开发了便于用户结合工作区实际特点的、方便灵活地添加影响要素的综合评价和功能区划系统。

扬子古大陆新元古代扬子北缘裂谷盆地形成演化与资源效应

承担单位:湖北省地质调查院

项目负责人:胡正祥,邱艳生

档案号:0783

工作周期:2011—2013 年

主要成果

(1)重新定义了扬子北缘"马槽园群"的地质意义,改写了扬子北缘元古宙构造演化历史。"马槽园群"形成于(1160±20)Ma,不属于先前认为的新元古代地层,而属于中元古代地层;与下伏神农架群整合接触,因此"神农运动"并不存在;"马槽园群"位于神农架群的近顶部,重新定义为冲刷充填(整合)沉积于神农架群大岩坪组之上,低角度不整合伏于晋宁运动后莲沱组之下的一套复成分砾岩、砂岩、粉砂岩，含多层火山岩，顶为白云岩的海相地层(图6-9)。微量元素比值分析表明，其物源为陆相并快速沉积于海相。它可能形成于大陆(夭折)裂谷，火山岩源自岩石圈地幔，经历了(夭折)裂谷盆地中碳酸盐台缘斜坡重力流沉积逐渐演化为混积陆棚，最后演化为碳酸盐局限台地的过程。

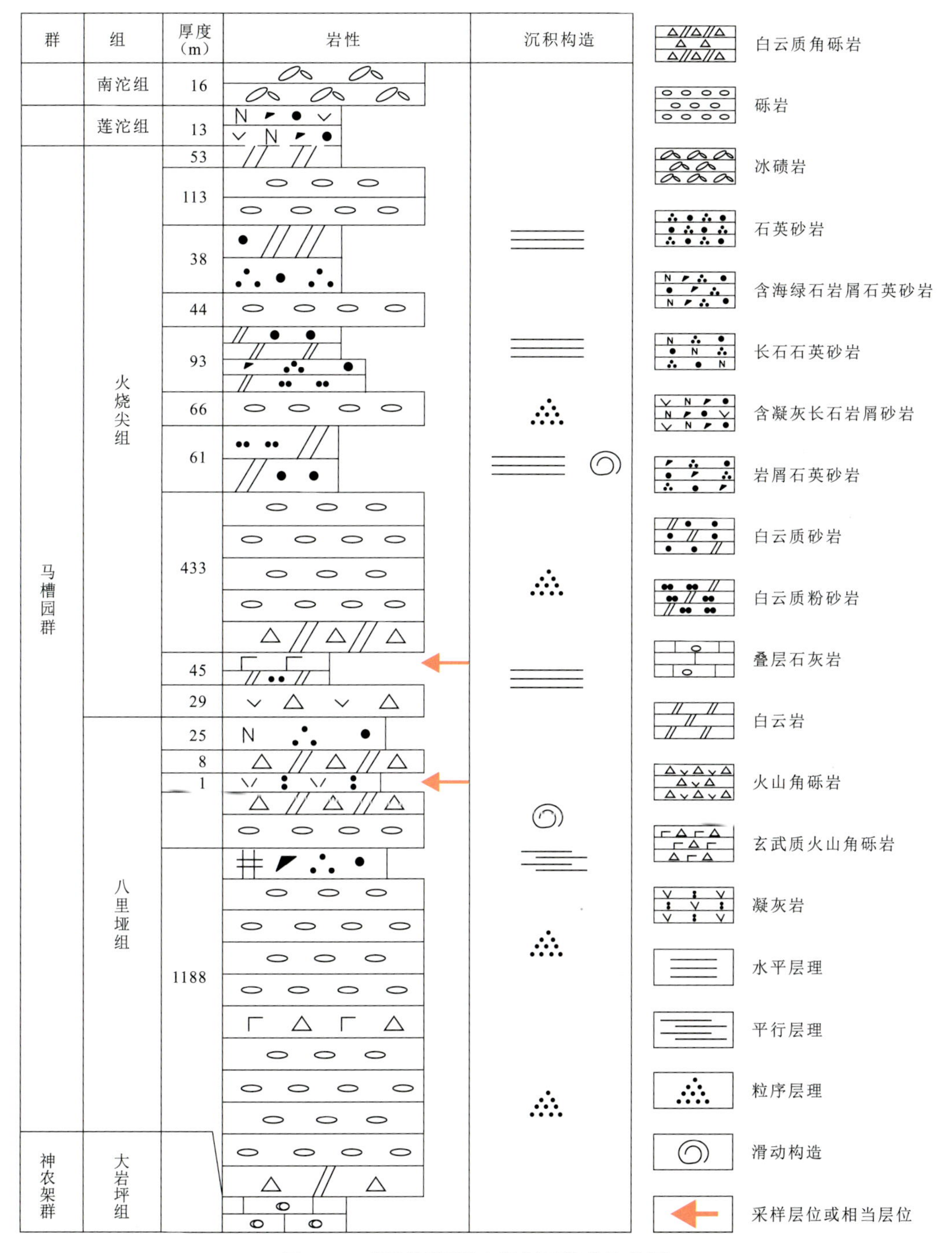

图6-9　“马槽园群”实测剖面简化柱状图

(2)扬子北缘新元古代南华纪(850～635Ma)处于罗迪尼亚(Rodinia)超大陆裂解初期至中期的裂谷盆地沉积环境,裂谷体下段发育青白口纪到南华纪砾岩、砂岩、板岩与中基性火山岩,裂谷体中段发育南华纪双峰式火山岩和移地滨岸环境的砾岩、砂岩、粉砂岩,裂谷体上段发育南华纪晚期两次冰期夹间冰期环境的冰碛岩,局部夹少量含菱锰矿碳质黏土岩,最后过渡到震旦纪裂谷盖陆表海环境碳酸盐岩的沉积。

(3)扬子北缘新元古代的花山群形成于(824±9)Ma,处于罗迪尼亚(Rodinia)超大陆裂解初期的大陆(边缘)裂谷,火山岩也源自岩石圈地幔,可能属大陆溢流玄武岩至洋中脊型玄武岩的过渡环境产物。

(4)扬子北缘新元古代(850～635Ma)古地理格局表现为东西向以陆地为主,从大陆洪积扇、冲积扇、河流环境等大陆环境,往南往北逐渐过渡到滨海、浅海等海洋环境,局部伴随火山喷发。

(5)扬子北缘新元古代(850～635Ma)矿产资源有花山群的金刚石矿、大塘坡组的锰矿、震旦纪的磷矿和铅锌矿。

南岭地区燕山期深部岩浆活动与大规模成矿复杂性研究

承担单位:中国地质大学(北京)

项目负责人:於崇文

档案号:0784

工作周期:2011—2013 年

主要成果

(1)南岭地区存在于华南地震波的低速带。卫星遥感环形构造、环状区域成矿分带及其两个成矿中心,以及(卫星重力场水平总梯度模所反映的)深部环状隐伏岩体 3 种环形构造的上、下垂向三重叠合呈现为具有共性的“目标斑图”(target pattern)形态。“目标斑图”的形成体现了孤子或自孤子的产生,而它在南岭地体中的出现则标志着南岭花岗岩带和南岭成矿带是华南中地壳原地重熔成岩、成矿的巨型自孤子(autosoliton)。

目标斑图式宏观结构的最终根源可能来自侏罗纪华南大陆逆时针旋转引发同步化顺时针反向对偶式旋转所导致的华南中生代花岗岩分布向东迁移的分带性。由此对于南岭地体的动力学属性提出了一种新认识。

(2)华南地区地球物理深部探测与低速带的测定证实了南岭花岗岩是由中地壳原地重熔而成,具有壳源成因;对于南岭花岗岩的成因,在我国首次提供了形、状一体的实体性佐证,具有划时代、里程碑的意义。同时,地壳部分熔融的热力学、动力学过程和岩石的各种本质属性揭示了南岭花岗岩作为在弱混沌动力学环境下产生的岩浆孤子(soliton)和孤波(solitary wave)的存在性,具有孤子的动力学属性和弱混沌、准规则相干结构的最典型、最纯粹的形式,并且它又可能成为地壳重熔大熔炉中的“成矿孵化器”和成矿物质的载体与输运通道。

(3)研究发现南岭地区成岩、成矿介质反应-扩散系统中的成矿-运矿元素的化学波发生时-空同步化(spatio - temporal synchonization)并通过相位动力学(phase dynamics)而形成自起步点向外,沿径向扩展的同心环状(二维)“目标斑图”式的区域成矿分带和两个相应的成矿中心，成为我国自1919年起近百年来对于华南金属成矿分带最新和定量化的表述。

（4）研究阐明了南岭成矿带内的矿床和矿集区是在中地壳通过陆壳重熔（由原岩部分熔融）形成，并非由地幔上涌而发生岩浆分异的产物。南岭地区大规模成矿的规律及其动力学机制是由于成矿系统的运动遵循"阵发-间歇性与多重分形串级动力学"（Bursts Intermittency and Multifractal Cascade Dynamics）的复杂系统发生、发展和演化的普遍性规律及自孤子的高度稳定性所致。

南岭成矿带基础地质综合研究

承担单位：中国地质调查局武汉地质调查中心
项目负责人：牛志军，王晓地
档案号：0787
工作周期：2010—2012年
主要成果

（一）地层学

（1）根据国际地层表（2011）和中国区域地层表（2012年试用稿）对南岭成矿带各时代岩石地层进行了划分与对比，对部分岩石地层序列（尤其是前泥盆系地层）进行了重新厘定，建立了研究区各时代多重地层划分对比的框架。

（2）按照大地构造4个演化阶段——中元古代至新元古代早期、新元古代中期至志留纪、泥盆纪至中三叠世、晚三叠世至第四纪，划分了南岭成矿带各时代地层分区，编制了主要地质时代岩相古地理简图。

（3）划分了南岭成矿带9种含矿沉积建造。系统总结了各沉积建造类型、岩性组合、层位、沉积环境和构造背景等，重点总结了泥盆纪台盆相间的古地理格局对含锡碳酸盐岩建造和含锡碎屑岩建造的制约作用。

（二）岩浆岩

（1）获得了一批高精度测年数据，LA－ICP－MS锆石U－Pb定年结果显示新寨（472Ma）、青州（464Ma、441Ma）、和平（434Ma）、子眉山（458Ma）、吴集（418.5Ma）等岩体形成于志留纪，将军庙（226Ma）、隘高（226Ma）、清溪（237Ma）等岩体形成于三叠纪，圆石山岩体形成于早侏罗世（179Ma），以最新的精确年龄和地球化学数据为基础，通过对新元古代、加里东期、印支期、燕山期岩浆岩的形成时代、岩石学、地球化学、成因、构造背景、成矿作用进行了系统总结，建立了研究区侵入岩精确年代格架和构造-岩浆事件序列。

（2）系统总结南岭成矿带新元古代花岗岩特征，研究发现其具有片麻状构造和过铝质特征的共性。地球化学特征显示，西段岩体可归属于S型花岗岩，主要源自基底变沉积岩石的部分熔融；东段岩体为铝质A型花岗岩，源自还原性的长英质火成岩的部分熔融。初步提出了南岭地区新元古代"短期的地幔柱活动＋长时限的俯冲"的构造模式。

（3）通过南岭成矿带早古生代岩浆岩时空分布特征的总结，表明其具有形成时代主要集中于460～425Ma、普遍发育镁铁质暗色包体、多以块状构造为主及变形程度弱、岩石化学组分复杂等特征，与武夷—云开地区同期花岗岩差异明显。通过对典型岩体的岩石学、矿物学和地球化学研究，表明早古生代花岗岩的源区具有多样性，可能分别源自变基性岩和变泥质岩的部分熔融，个别岩体具有异常高的$\varepsilon_{Hf}(t)$值(+7.3)，可能是拆沉下地壳部分熔融形成的岩浆被地幔橄榄岩混染的同位素印记。通过对粤北龙川辉长辉绿岩的年代学、岩石学、矿物学和地球化学特征的系统研究，显示其形成于中奥陶世(461Ma)，具有钾玄岩的特征，可能源自EMⅡ型富集地幔或交代地幔。在上述研究成果的基础上，认为广西运动在不同地区表现形式不同，在南岭成矿带的启动时间可能相对较晚(约460Ma)，可能代表了广西运动在研究区内启动时间的下限。

(4)通过南岭成矿带早中生代花岗岩时空分布特征的总结，表明其形成时代主要集中于245～200Ma，大多数岩体具有S型花岗岩的特征。通过对研究区典型岩体的研究，表明这些花岗质侵入体是在陆壳加厚叠置的背景下，主要由变泥质岩源区部分熔融所形成，是后造山作用的产物。

(5)根据年代学、岩石矿物学、地球化学等特征综合研究，厘定了桂北圆石山岩体为早侏罗世A型花岗岩，结合赣南、粤北地区同期双峰式侵入-火山岩等特征，认为南岭成矿带早侏罗世处于伸展机制下的构造环境，为特提斯构造域向太平洋构造域转换的响应，且东段更早(约195Ma)，西段则稍晚(约179Ma)。

(6)通过南岭成矿带晚中生代岩浆岩时空分布特征的总结，表明约165Ma至150Ma为岩浆活动高峰期，形成了独具特色的“南岭系列”花岗岩。约195Ma至140Ma时期，多期次双峰式火山(侵入)岩、A型花岗岩、碱性玄武岩、钾质碱性岩和基性岩脉(墙群)等岩石组合的发育，认为研究区燕山期构造背景以伸展为主，辅以“短时限”或“局部地区”的挤压作用。

(7)通过对研究区晚中生代不同成矿花岗岩特征的对比分析，将研究区成矿岩体划分为铜铅锌成矿花岗岩、锡成矿花岗岩、钨成矿花岗岩和铌钽成矿花岗岩4类，系统总结了各类成矿岩体的岩石学及地球化学特征，认为锆石饱和温度、分异指数、稀土元素四分组效应指标及Hf同位素等参数对于区分不同成矿类型花岗岩具有重要的指示意义，共同指示了板内伸展的构造背景。

(三)变质岩

系统地总结了南岭成矿带4种主要类型及各构造运动期的变质作用特征：四堡期、晋宁期、加里东期以区域变质作用为主，海西—印支期以局部区域变质作用为特点，燕山期主要是接触变质作用，动力变质岩各期均有出露。划分了区域变质作用有关的含矿建造。系统研究区内变质岩的变质矿物及矿物共生组合。初步总结与接触变质作用、接触交代变质作用、气-液变质作用、动力变质作用有关的矿床及形成机制。

(四)大地构造学

(1)在全面总结全区已有基础调查资料成果和重点区段解剖研究的基础上，将南岭成矿带划分为2个一级构造单元、7个二级构造单元和11个三级构造单元及6个构造层。厘定了南岭成矿带大地构造格局，认为扬子板块和华夏板块在新元古代(约820Ma)拼合成华南板块，自新元古代后进入板内演化阶段，尽管其间发生了裂解作用，早古生代的加里东运动和中生代的印支期运动均为陆内造山作用；初步认为两板块的边界大致位于衡阳—双牌—贵港—凭祥一线。

(2)结合大地构造演化特征，分4个阶段对大地构造阶段——中元古代至新元古代早期、新元古代中晚期—志留纪、泥盆纪—中三叠世和晚三叠世—新生代对大地构造演化进行了详述。4个阶段分别对应扬子板块和华夏板块新元古代的拼合、加里东运动的结束、印支运动的结束及印支运动之后包括燕山运动和喜马拉雅运动阶段。总结了各阶段构造运动在区内的表现形式和特点，并对各级构造单元特征进行了概述，为深入研究华南地区显生宙以来的构造演化特点提供了思路。

(3)确定加里东期主构造线全区具有统一性，为东西向。确定南岭成矿带东西向、近南北向两大弧形构造带的时代归属及构造盆地与穹隆构造的成因。研究表明，东西向弧形构造带归属印支期构造，近南北向弧形构造带应该归属燕山早期构造系统；弧形特征与这两期构造在形成的过程中，具有不均匀的滑移运动相关。印支期串珠状穹隆、串珠状构造盆地的呈现，是遭受到燕山早期褶皱叠加作用的结果，而由叠加褶皱作用形成的穹隆构造，是本区侵入岩体的主要控制构造。

(4)系统总结南岭成矿带区域性控岩控矿构造特征，详细研究了3种具体控岩构造、3种区域控岩构造、4种类型具体控矿构造。对南-昆褶断带、钦杭结合带区域控岩控矿构造带进行了剖析。

(五)数据更新及数字化编图

以最新的1∶25万和1∶5万区域地质调查研究成果为基础，编制以组为编图单元的南岭成矿带1∶50万地质矿产图、成矿背景图和构造纲要图。

钦杭成矿带(西段)基础地质调查综合研究

承担单位：中国地质调查局武汉地质调查中心
项目负责人：龙文国
档案号：0788
工作周期：2010—2012年
主要成果

(一)地层学

(1)根据国际地层表(2011)和中国区域地层表(2011年征求意见稿)资料对研究区各时代年代地层单位进行了划分与对比，并结合生物地层学研究进展，对本区各纪岩石地层单位进行了重新厘定；对部分岩石地层序列进行了清理与划分对比，尤其对新元古代青白口纪地层的时代归属进行了清理，建立了本区各时代多重地层划分对比的框架。

(2)厘定和完善了区内各时代地层分区系统，将研究区按照4个构造演化阶段进行地层划分，即中元古代至新元古代早期、新元古代晚期至志留纪、泥盆纪至中三叠世、晚三叠世至第四纪4个构造演化阶段，在此基础上进一步进行了三级划分(地层区、地层分区和地层小区)，编制了研究区中元古界—第四系岩石地层划分对比表。以系为单位,讨论了各地层区、分区内地层的分布特点,岩石地层单位的划分与对比和岩相古地理特征,并对各岩石地层单位的进行了描述。

(3)于海南岛西部抱板群中正片麻岩中获锆石U-Pb年龄为(1437±7)Ma,于云开地区天堂山岩群(原云开岩群下部)正片麻岩中获锆石U-Pb年龄为(970±32)Ma,可分别代表其原岩的形成年龄,从而为西部华夏地区前寒武纪结晶岩石的划分与对比、时代归属乃至大地构造格局与演化的研究提供新的资料。

(4)于海南岛西部石碌—大广坝地区原划归晚古生代的地层中首次发现双笔石类化石,为一套晚奥陶世—早志留世的古生物组合。此次晚奥陶世—早志留世的笔石组合的发现,对海南岛九所-陵水断裂以北地区早古生代地层的厘定、地层的划分与对比、地层区划的研究、大地构造格局的划分及演化的研究具重要意义。

(二)岩石学

(1)以近年来新获得的年代学和地球化学数据为基础,对区内中—新元古代、加里东期、海西—印支期、燕山期岩浆岩的形成时代、成因、构造背景、地球动力学机制进行了较深入的研究与总结,建立了研究区侵入岩精确年代格架和构造-岩浆事件序列。通过对一些标志性岩石或岩石组合的研究,对区域大地构造格局及构造演化特征提出了一些新的认识,对Rodinia超大陆、东冈瓦纳超大陆、Pangea超大陆的聚合和裂解事件在区内的构造-岩浆响应获得了一些新证据。

(2)通过对区内中—新元古代岩浆岩相关资料的总结与研究,认为钦杭结合带(西段)新元古代侵入岩主要集中在3个时段:1000Ma前、860～820Ma、820～740Ma;结合近年来获得的1000～800Ma残留或捕获锆石年龄,认为中—新元古代岩浆岩的形成为华夏地块与扬子地块的汇聚过程中不同时段的产物,分别对应于板块俯冲阶段(1050～820Ma)、后碰撞阶段(820～800Ma)、后造山-裂解阶段(785～630Ma)。

(3)认为湘东北文家市地区前青白口纪火山岩形成于岛弧环境、湘东北冷家溪群(益阳—浏阳)及桂北四堡群(下部局部夹基性—超基性岩,包括枕状玄武岩、橄辉岩-辉橄岩、辉绿岩、辉长岩和蛇纹石化橄榄岩)为一套中元古代末期—新元古代早期活动陆缘的浊积岩系夹火山岩岩石组合,共同构成了北东—北东东走向扬子东南缘的巨型中元古代—新元古代早期构造混杂岩带。

(4)区内早古生代岩浆岩属华南武夷-云开造山带的一部分,与加里东期华南板块陆内造山运动有关;湘桂粤地区出露的岩石组合以云开隆起区为代表,云开岩浆岩带加里东期构造岩浆活动是扬子地块与华夏地块间陆内挤压碰撞环境下,新元古代—早古生代构造薄弱带的挤压加厚重熔的产物。晚期基性侵入岩的形成标志着加里东期俯冲-碰撞造山作用的结束和伸展作用的开始。云开地区片麻状花岗岩类系统的岩石学及锆石U-Pb年代学研究表明,构造-岩浆热事件(深熔作用)的活跃时间主要介于440～420Ma间,云开造山带条带-眼球状深熔花岗质岩石普遍发育的近水平的透入性韧性-流变剪切变形-变质构造应主要是加里东晚期伸展变形变质作用的产物。

(5)海西—印支期侵入岩主要分布于琼桂粤湘地区,通过对华南海西—印支期岩浆岩时空分布和地球化学特征的深入系统研究,提出华南海西—印支期的构造-岩浆旋回是同一次造山构造热事件连续演化的产物，系太平洋板块西向俯冲及印支地块北东向与华南板块碰撞联合作用的综合效应，是 Pangea 超大陆聚合过程的一部分。以湘南地区为代表的华南板块内部的花岗岩类岩体及酸性—中酸性斑岩体主要属后造山花岗岩类（POG）和大陆弧花岗岩类（CAG），形成于主要受太平洋板块俯冲作用的活动大陆边缘背景，印支运动的挤压造山以后的区域拉伸、走滑断裂活化作用诱发岩浆岩活动形成这些大陆弧和后造山花岗岩类。以海南岛为代表的华南板块边缘的侵入岩类则记录了多板块碰撞的全过程，可分为岛弧、同碰撞、后碰撞、后造山等几个阶段，与太平洋板块西向俯冲及印支地块与华南板块的碰撞共同作用有关。燕山期岩浆作用表现为形成于多期板内伸展环境，应属受控于太平洋板块俯冲作用的效应的产物。

（三）变质岩

系统地总结了研究区区域变质岩、动力变质岩、接触变质岩、气-液变质岩和混合岩的变质作用时代、岩石类型及其分布规律。研究了区内变质岩的变质矿物及矿物共生组合，通过变质相和变质作用的研究，划分了部分时代的区域变质相带。探讨了区域变质岩和动力变质的变质作用类型，建立区内变形变质作用的演化系列，为大地构造演化提供了依据。

（四）大地构造学

（1）确定研究区大地构造格架主要由扬子地块、华夏地块及二者之间的江南造山带组成。扬子地块和华夏地块在新元古代（约 820Ma）拼合成华南板块，随后虽然发生了裂解，但一直无新的洋壳出现，华南地区自新元古代后进入板内演化阶段，早古生代的加里东运动和中生代的印支期运动均为陆内造山作用。

（2）提出研究区大地构造演化基本上可概括为 4 个大阶段：中元古代—新元古代早期阶段，古陆核和陆块的形成，新元古代早期华夏地块与扬子地块间的洋壳向北俯冲而消失，二者逐渐发生拼合；加里东期阶段，晋宁期拼合的华南板块发生裂解，但裂而不解，无新的洋壳出现，始于中奥陶世的加里东运动为板内造山作用，形成以云开和雪峰为代表的构造带；海西-印支期阶段，特提斯洋的打开和东延使华南部分地区仍然处于特提斯构造演化阶段，华南板块南西缘与印支-南海地块之间的洋（海）盆发生俯冲-增生碰撞造山，古太平洋板块向北西俯冲，二者的远程效应使得华南板块内部发生强烈的构造变形，奠定了华南大地构造的基本格局；燕山一喜马拉雅期阶段，中三叠世印支运动结束之后，整个华南地区从海相沉积为主转入陆相沉积为主，并进入濒太平洋和特提斯构造复合演化过程，形成以伸展为主，伸展、挤压交替的板内构造演化阶段。

（3）结合区内及区域上大地构造演化特征，分 4 个阶段对区内大地构造单元进行了划分：前南华纪（820Ma 前）、南华纪—志留纪（820～420Ma）、泥盆纪—中三叠世（420～220Ma）和晚三叠世一新生代（220Ma 至今）。4 个阶段分别对应扬子板块和华夏板块新元古代的拼合（约 820Ma）、加里东运动的结束（约 420Ma）、印支运动的结束（约 220Ma）及印支运动之后包括燕山运动和喜马拉雅运动阶段。总结了各阶段构造运动在区内的表现形式和特点，并对各级构造单元特征进行了概述，为深入研究显生宙以来的构造演化特点提供了新的资料与思路。

（4）云开地区结晶基底岩石中存在大量 Grenville 期（1350～900Ma）锆石，其中部分晶形较好，属岩浆结晶锆石，且从华夏地块南部往北具 Grenville 期锆石减少，晋宁期锆石（880～

820Ma)逐渐增多趋势。暗示华夏地块东南存在一由南东向北西推进的 Grenvillian 造山事件,和(或)在华夏地块内部存在略晚于 Grenville 期的构造-岩浆事件。

(5)系统收集、分析、研究与总结了研究区地表(或近地表)脆韧性断裂等主要构造形迹的形态、规模、产状、力学性质等,建立起了研究区的中浅层次构造格架。

(6)收集与分析总结了区域上物性和区域重力场特征,对 3 个重力高异常区和 3 个航磁 ΔT 异常区特征进行了描述;总结了华南上扬子区、中扬子区、下扬子区、钦杭结合带、华夏地块的深部岩石圈特征。

(五)数据更新及数字化编图

以中南各省区编制的 1∶50 万地质为基础,结合最新的 1∶25 万和 1∶5 万区域地质调查研究成果,编制和完成了《1∶100 万地质图》《1∶100 万岩浆岩及相关矿产分布图》《1∶100 万构造地质图》。

黄陵周缘新元古代沉积盆地演化及重要含矿层对比研究

承担单位:中国地质大学(武汉)地质调查研究院
项目负责人:童金南
档案号:0789
工作周期:2010—2013 年
主要成果

(一)地层对比研究方面

(1)以具有国际埃迪卡拉纪年代地层划分和对比参照意义,并作为中国震旦纪年代地层划分对比标准的峡东地区地层序列为标准,将黄陵隆起及其周缘同期地层对比到同一个年代地层标尺上,建立了区域新元古代地层对比格架。尤其是对该时期各项研究工作所依托的基本岩石地层单位在黄陵隆起及其周缘地区的时空对比关系,进行了精细厘定,提出各组、段地层在区域上的相变关系,为后续各项基础研究和深入科学探索奠定了坚实的基础。

(2)在对研究程度较高的峡东地区新元古代地层区域调查研究的基础上,本项目新发现了本区域出露最为完整而连续的新元古代地层剖面,即青林口剖面(图 6-10)。对该剖面进行了系统细致的地层学、沉积学、分子地球化学和稳定同位素地层化学等研究。其中碳同位素研究结果表明,本区埃迪卡拉纪曾出现 6 次明显的碳同位素负偏,在区域内可以进行一定范围的对比,因此它可能代表了较浅水碳酸盐相区较完整的碳同位素演变历程,可以作为全球同期碳同位素研究的参照标志。

(3)参照震旦系(埃迪卡拉系)层型剖面所在地陡山沱组岩石地层划分特征,对黄陵北缘含磷矿床地区一些较完整的陡山沱组剖面进行了详细的岩石地层和层序地层研究,提出了该地区陡山沱组新划分对比方案。陡山沱组仍划分为 4 个岩性段:第一段为“盖帽白云岩”;第二段由黑色页岩-灰白色厚层状白云岩-深灰色薄层白云岩和磷块岩-灰黑色薄层状含硅质结核白云岩组成;第三段以灰-灰白色中薄层状白云岩夹薄层页岩组成;第四段以深灰色-灰黑色薄

图 6－10　青林口剖面柱状图和部分野外露头照片(图例略)

a. 莲沱组与下伏黄陵岩体接触关系；b. 莲沱组与南沱组接触界线；c. 南沱组中部页岩段；d. 陡山沱组第二段顶部硅质结核；e. 陡山沱组第三段中部暴露面；f. 陡山沱组第三段上部扁平砾石状白云岩；g. 灯影组石板滩段文德带藻化石；h. 灯影组白马沱段顶部遗迹化石；箭头指向化石；虚线为暴露面界线；实线为岩性界线

层状白云岩为主。这 4 个岩性段基本可以与峡东地区相应地层进行对比,为区域地层格架的建立奠定了良好基础。将樟村坪地区陡山沱组划分为两个半层序,SQ1 的底界面为"盖帽白云岩"的底界,SQ1 与 SQ2 的界面为陡山沱组第二段第二亚段的顶界面,SQ2 与 SQ3 的界面为陡山沱组第三段与第四段的界面。

(4)通过两个钻孔岩芯的高精度碳同位素研究,首次建立了黄陵北缘的完整的埃迪卡拉纪碳同位素曲线,共发现 6 次明显的碳同位素负偏和 1 次明显的碳同位素降低,因数据来自于整个华南较浅水的区域,因此对于揭示新元古代大气 CO_2 的变化具有重要意义;

(5)首次在黄陵西缘地区建立完整的新元古代地层格架,发育南沱组、陡山沱组和灯影组,其中陡山沱组可以划分为 4 个岩性段,灯影组可以划分为 3 个岩性段,并利用陡山沱组第二段上部发育的大量硅质结核,获得大量的微体化石,丰富了该时期的化石资料,对于揭示早期生命的演化具有重要意义。

(二)沉积相、古地理和古环境方面

(1)通过黄陵北缘两个连续完整的钻孔岩芯的高分辨率岩石微相研究,揭示了新元古代沉积环境的演变历程。鄂西樟村坪地区新元古代一直处于浅水区,水深变化不大,可能存在 3 次小规模的海侵-海退旋回。

(2)在黄陵周缘新元古代整体地层对比框架下,通过大量的实测剖面资料,分别重建了莲沱组、南沱组、陡山沱组第一段、陡山沱组第二段第一亚段、陡山沱组第二段第二亚段、陡山沱组第二段第三亚段、陡山沱组第二段第四亚段、陡山沱组第三段下部、陡山沱组第三段上部、陡山沱组第四段、灯影组蛤蟆井段、灯影组石板滩段和灯影组白马沱段的古地理。

(3)通过对 ZK407 钻孔的 CaO、MgO、SiO_2、Mn、Sr、P_2O_5、TOC,NAVS 含量及 Mg/Ca、Mn/Sr、C/S 比值变化等进行分析,显示出埃迪卡拉纪(尤其是陡山沱组时期)海洋的环境波动非常剧烈。

(4)利用受陆源输入影响较小的灯影组地层样品对 Mn 的形态进行分析,探讨埃迪卡拉纪末期海洋的氧化还原状态的变化。结果显示,在灯影组石板滩段末期 2+价态的 Mn 与总 Mn 的比值出现明显的下降,而且在白马沱段整体保持较为稳定,这说明在石板滩段末期可能发生了一次明显的大气充氧事件,而该事件可能为寒武纪生命大爆炸提供氧气来源。

(5)通过对 ZK407 钻孔剖面草莓状黄铁矿大小统计研究,发现埃迪卡拉系海洋浅水区的海水的氧化还原状态要比现有的模型中假定状态复杂得多,浅水区海水的氧化还原状态发生多次的明显变化,特别是在陡山沱组第二段中部和第三段,缺氧硫化的区域已经扩张到了浅水区域。

(6)对黄陵周缘 9 个陡山沱组第四段地层剖面进行铁组分分析,结果显示在浅水碳酸盐台地相海水显示为稳定的缺氧铁化环境。在台内凹盆上部的 4 个剖面中,乡儿湾剖面显示从铁化向硫化环境的转变,麻溪剖面显示了硫化—铁化的波动变化,百果园和南岩剖面都显示了缺氧铁化—氧化的波动变化;而在台内凹盆下部,九曲脑剖面显示了缺氧硫化的环境,青林口和芝麻坪剖面都显示硫化—铁化的波动变化。

(7)通过 ZK407 钻孔剖面碳酸盐晶格硫(CAS)的研究,获得 88 个可靠的数据结果,而整体偏正的硫同位素值说明埃迪卡拉纪海洋以缺氧环境为主,硫酸盐还原作用比较强烈;陡山沱组时期硫同位素的频繁波动变化,指示着同时期海水硫酸盐浓度较低,同时也反映了海水氧化还原条件不太稳定。

（三）磷矿研究方面

（1）通过对黄陵周缘新元古代含磷层的调查研究，磷矿层的纵向赋存层位主要分为 6 个，其中，陡山沱组内部有 4 个，灯影组蛤蟆井段顶部和白马沱段顶部各有 1 个。而高精度的碳同位素研究表明，区域内的含磷层与碳同位素的异常变化存在耦合关系，即碳同位素的降低或负偏往往对应着区域内的成磷层，因此碳同位素的异常变化或可以作为磷矿层的一个指示指标来指导磷矿找矿。

（2）通过对 ZK407、ZK312 钻孔剖面和铺子河露头剖面磷矿层的大量连续切片研究，发现大量的微体古生物化石，包括可能的球状动物胚胎、大型具刺疑源类、多细胞藻类、球状和丝状蓝藻等。新化石资料与湖北峡东地区陡山沱组硅化生物群下组合和贵州瓮安生物群的微化石组合面貌相似，含化石层位相当。在前人化石研究中，绝大多数化石材料来自于硅质结核或硅质条带，也有部分直接来自于碳酸盐岩石中，但后者一般保存较差而不易研究。本次研究在磷块岩中获得这些丰富的化石材料，这是一个新的重要进展。这一研究不仅进一步丰富了这一关键地质时期的化石材料，而且为陡山沱组地层对比和区域沉积古地理分析提供了新的依据。

（3）通过对磷矿层样品的草莓状黄铁矿大小统计研究，显示了贫氧的海水化学条件。而磷矿层中保存了大量丰富的疑源类和微体藻类化石，指示了这些早期微体生物的起源和发展与当时海洋表层的贫氧或弱氧化状态相关，同时，也反映了磷矿的形成与贫氧的海水化学条件有关。

（4）磷的来源对于认识磷矿的形成机制具有重要的作用，本项目通过大量的锶同位素研究，发现磷矿层与锶同位素 $^{87}Sr/^{86}Sr$ 的正偏相对应，这是陆源风化加强的标志，反映了磷矿床的形成与陆源风化作用的增强有关，而磷的来源可能为陆源风化。

（5）通过探讨磷矿与生物、古地理、古环境和陆源风化的关系，本项目得出磷矿的成因模式为：陆源风化的加强使得陆架盆地内海水的磷和硫得以增加，磷的增加有利于生物的繁盛和有机碳的埋藏，而硫的增加有利于有机碳的分解并将磷释放到海水中。在氧化还原条件的控制下，磷只能在氧化还原界面之上的陆架盆地两端得以沉积。

海南岛北部火山岩地区风化淋滤型褐铁矿、铝（钴）土矿及伴生矿产资源综合利用研究与潜力评价

承担单位：海南省地质调查院

项目负责人：傅杨荣，张家友

档案号：0792

工作周期：2011—2013 年

主要成果

（1）区域风化淋滤型矿产具有分带性，以王五-文教断裂带为界，北侧以多文组火山岩风化形成褐铁矿为代表，南侧以蓬莱—居丁—南阳一带第三纪石马村组—石门沟组形成铝（钴）矿为代表。

(2)火山岩风化壳组成矿物中,铁质矿物有褐铁矿、针铁矿、赤铁矿、磁铁矿、钛铁矿等,铝质矿物有三水铝石、高岭石、伊利石等,伴生含钴、镍、铜、钒等有价金属的硬锰矿、软锰矿等矿物。这些矿物风化剖面上具有垂直分带性,在不同地区可形成具有工业价值的矿体。

褐铁矿主要分布于临高、澄迈接壤地带(临澄褐铁矿)和海口、文昌等受地形控制的地区,顶部被 1m 左右厚的红土覆盖或出露地表,矿层平均厚 0.8m,最厚者 2.05m,以褐铁矿为主,呈块状、粒状或蜂窝状构造,现保有储量 6837.4×10^4t,远景储量超过 1×10^8t。

铝土矿主要分布于南矿带的文昌蓬莱地区,厚度 0.5m 左右,表层红土厚度 1~2m,含矿率 400kg/m^3 左右,主要矿物以三水铝石为主,储量 2233×10^4t,达到大型规模。

钴土矿常与铝土矿、褐铁矿共伴生在一起,厚度一般为 0.3~3m,含矿率 3~10kg/m^3,平均 8.97kg/m^3;钴矿石含钴品位 1%~2%,平均 1.61%,伴生铜、镍,无有害元素。钴金属量 8878t,现可利用的金属钴储量为 4170t。

部分地区铝土矿底部全风化层伴有稀土矿,稀土总量高达 2932.08×10^{-6},$\Sigma_{LREE}/\Sigma_{HREE}$ 为 3.26,达到了风化壳型稀土含量的工业品位。

(3)本地区火山岩风化淋滤型矿产具有“矿量巨大、水热丰富、构造稳定、风化强烈、埋藏较浅”等特点。新生代大规模火山岩提供成矿物质;成矿时代新,成矿潜力大;矿体产于红土风化壳的顶部或上部;矿种分布具有时空分带性等。主要影响因素有成矿母岩岩性、时代不同、微地形地貌和气候条件。

(4)褐铁矿中铁品位 37.68%,以褐铁矿为主,少量赤铁矿、磁铁矿、钛铁矿等。褐铁矿结晶差,粒度细小,常与黏土矿物混杂相嵌,分选困难,影响铁的回收率和铁精矿质量。

铝土矿中 Al_2O_3 含量 40%左右,以三水铝石形式存在。三水铝石与针铁矿、高岭石在晶体结构上混杂镶嵌,三水铝石中常常含有不等量的针铁矿、高岭石等矿物,影响铝土矿精矿的质量,进而影响铝土矿的利用。

钴土矿主要赋存于 1~3cm 左右的水锰矿结核中,平均品位 1.5%,伴生有镍、铜、钒等金属元素。钴土矿与铝土矿混杂在一起,在采矿和洗矿过程中无法分离,应把钴土矿与铝土矿合并对待,而不是作为一个独立的矿种。

(5)强磁选、重选、反浮选及磁化焙烧-磁选等选矿试验表明,仅磁化焙烧-磁选工艺可利用该资源,磁化焙烧-磁选工艺可获得 TFe 品位为 53.58%,回收率为 73.90%的铁精矿;通过反浮选脱硅精矿-絮凝、磁化焙烧-磁选-絮凝及磁化焙烧-磁选-反浮选脱硅联合工艺探索能否利用该资源,试验结果表明,磁化焙烧-磁选-絮凝联合工艺可获得 TFe 品位 55.16%,回收率达 64.45%的铁精矿。就选矿过程来看,本区域褐铁矿是可以被利用的。

(6)本区域风化壳各层超出土壤环境质量二级标准,符合三级土壤质量标准,主要是由 Cr、Ni 等亲铁族元素含量高造成的,属自然成因来源。褐铁矿区表面红土层较薄,以旱地、林地和园地为主,长势差,属于急需铲除表面铁质盖层进行地质环境整治的区域;铝土矿、钴土矿区红土层盖层较厚,地表大量种植经济作物,制约矿业开发。

(7)褐铁矿层顶部和底部主要以 Al、Fe、Si 等元素组成的赭石、黏土矿物,具有粒度小、黏性大的特点,是组成土壤成分的重要土体资源,宜采取松土、掺砂、改土、培肥等方式改变耕作层的土壤结构,进行土体再造和地力提升,配合复垦、土地整治等工程进行生态恢复、作物种植,实现土地与资源的协同开发。

(8)矿石选冶技术、土地政策是制约区域矿产资源开发尤其是褐铁矿资源开发的难题。提出以政府为主导，采用灵活用地方式，政府配套资金、项目进行生态恢复与土地综合整治，实现矿产资源、土地资源和生态环境的综合开发，实现资源开发、政府和当地居民的三方共赢。

湘西—鄂西成矿带基础地质调查综合研究

承担单位：中国地质调查局武汉地质调查中心
项目负责人：彭练红
档案号：0812
工作周期：2010年1月—2012年12月
主要成果

（一）基础地质研究

（1）总结了研究区主要地质构造过程：①晋宁期，华北板块与扬子板块发生俯冲碰撞，研究区的武当岩群就是这一时期弧后盆地火山-沉积产物，而华夏板块则由南东向北西与扬子板块发生俯冲碰撞；②加里东运动，在秦岭—大别地区，主要表现为张裂，而在雪峰山地区，则表现为陆内造山；③印支期运动主要表现为华北板块沿秦岭—大别一线与扬子板块的俯冲碰撞作用有关；④燕山期为特提斯构造域向滨太平洋构造域的构造体制转换，形成了多向汇聚构造体系，主要表现为雪峰山—鄂西—川东地区形成北东向弧形薄皮滑脱逆冲推覆构造，大巴山—大洪山地区形成北西向弧形薄皮滑脱构造；⑤喜马拉雅期构造运动特征主要表现为由南向北的逆冲推覆，形成一系列的宽缓褶皱和逆断裂，并以推覆体或飞来峰的形式逆冲于白垩纪红层之上。

（2）厘定了湘西—鄂西成矿带大地构造格局，划分出2个一级、7个二级和17个三级构造单元。

（3）以大地构造演化阶段为基础，按4个演化阶段（新太古代—青白口纪、南华纪—志留纪、泥盆纪—中三叠世、晚三叠世—第四纪）划分地层分区，并以最新的国际地层表和中国地层表为指南，重新厘定了研究区岩石地层序列。

（4）划分了湘西—鄂西成矿带11种成矿沉积建造，总结了各建造的类型、岩性组合、层位、沉积环境及构造背景等。

（5）系统总结研究区岩浆岩的时空分布及岩石类型，建立了黄陵地区新元古代侵入岩岩石序列，探讨了其构造环境。

（6）系统总结了研究区内变质岩的岩石类型及其分布规律。对区域变质岩进行了原岩恢复及变质相和变质作用的研究，并研究了测区变形变质与构造作用的关系。

（7）提出沿扬子陆块陆核区的黄陵地块与神农架地块间存在近南北向的古元古代晚期—新元古代早期古构造结合带；加里东期及印支—燕山期造山事件使其活化，驱动的流体沿古构造薄弱带的迁移是鄂西—湘西Pb-Zn成矿带形成的主导因素，该结合带在空间上与湘西—鄂西Pb-Zn成矿带吻合，指示成矿作用的发生与该深部构造关系密切。

（8）以板块理论为指导，充分考虑大地构造背景，从几何学（平面、剖面）、运动学、流变学、年代学等方面，全面探讨了湘西—鄂西地区滑脱构造特点、构造变形过程等，将研究区划分为雪峰山滑脱构造系统和大巴山滑脱构造系统，并详细论述了滑脱构造的地质构造特征。

(9)根据周家溪群发现的斑脱岩中测得的锆石 U－Pb 年龄为 442Ma,结合岩相古地理编图与分析,认为周家溪群属于加里东期华夏地块向扬子地块仰冲形成的前陆复理石沉积。

(10)对区调项目成果进行及时跟踪、总结。

(11)编制了湘西—鄂西成矿带 1∶50 万地质图、1∶50 万湘西—鄂西成矿带成矿地质背景图等基础图件。

(二)数据更新及数字化编图

(1)为全面掌握湘西—鄂西成矿带正在实施的 1∶5 万、1∶25 万区域地质矿产调查等项目工作进展情况,编绘了 1∶5 万、1∶25 万区域地质调查项目工作程度图。对湘西—鄂西成矿带已部署区域地质调查项目实施的进展情况,以及已结束项目成果数据进行了收集和追踪,为数据库的维护和更新提供了可靠的数据来源。

(2)编制和完成了《湘西—鄂西成矿带 1∶50 万地质图》《湘西—鄂西成矿带 1∶50 万成矿背景图》《湘西—鄂西成矿带地层的划分对比表》《湘西—鄂西成矿带岩相古地理图》《湘西—鄂西成矿带基础地质综合研究报告》。

地质调查工作部署研究

承担单位:中国地质调查局武汉地质调查中心

项目负责人:陈富文

档案号:0829

工作周期:2007—2010 年

预期成果

(一)基础地质调查

完成了中南地区基础地质调查综合研究报告及各工作项目系列成果报告,中南地区基础地质调查项目成果系列图件,中南地区区域地质图空间数据库,成果文字、图件和图像数据光盘。

(二)矿产资源调查评价

探求一批铜、铅锌、钨锡钼、铁锰铝、金银铀资源量;圈定一批物化探综合异常,新发现一批矿产地。

(三)水工环地质调查

1. 重要经济区(城市群)

(1)长江中游城市群。完成了长江中游城市群地质环境调查与区划综合研究报告,重大环境地质问题对策研究报告,武汉城市圈地质环境调查与区划报告及相关图件,典型区四维地质填图报告、重大环境地质问题专题评价报告,长株潭城市群地质环境调查与区划报告及相关图件，重大环境地质问题专题评价报告，昌九工业走廊（环鄱阳湖）地质环境调查与区划报告及相关图件，重大环境地质问题专题评价报告，长江中游城市群地区活动断裂与区域地壳稳定性评价报告及图件。

（2）珠江三角洲。完成了珠江三角洲经济区城市群地质环境调查与区划报告及相关图件，重大环境地质问题专题评价报告，珠江三角洲经济区海岸带地质环境调查评价报告及相关图件，珠江三角洲经济区岩溶塌陷地质灾害调查评价报告及图件，珠三角地区北西向断裂活动调查评价报告及图件，珠江三角洲经济区重大地质环境问题与对策研究报告。

（3）北部湾经济区。完成了北部湾经济区环境地质调查评价与区划报告及相关图件，重大环境地质问题专题评价报告，北部湾经济区海岸带地质环境调查评价报告及相关图件，北部湾经济区断裂活动性调查报告及图件，北部湾经济区地质环境综合调查评价与区划综合研究报告及相关图件。

（4）海南国际旅游岛。完成了海南国际旅游岛地质环境调查与区划报告及相关图件，重大环境地质问题专题评价报告，海南国际旅游岛断裂活动性调查评价报告及图件，海南岛地热资源和浅层地热能调查评价及重点地区地下水资源调查评价报告，海南国际旅游岛海岸带环境地质调查评价及相关图件，海南国际旅游岛地质环境保障与对策研究报告及相关图件。

2. 生态环境脆弱区

（1）地质灾害高发区。提交了 82 个县地质灾害详细调查报告，以县（市）为单位编写。完成了湘鄂桂山区地质灾害详细调查综合研究报告和专题报告；对 82 个县重点地质灾害点进行勘查，并提交报告；以县为单元提交的主要图件有实际材料图、工程地质条件图、地质灾害遥感解译图、地质灾害分布图、地质灾害易发区划图、地质灾害危险性区划图、地质灾害防治区划图；建立了 82 个县地质灾害详细调查信息系统。

（2）重要矿集区矿山环境地质动态调查。完成了湘南地区矿山环境地质动态调查报告和相关图件、粤北地区矿山环境地质动态调查报告和相关图件、桂北地区矿山环境地质动态调查报告和相关图件、鄂东南地区矿山环境地质动态调查报告和相关图件、中南地区矿山环境地质调查综合研究报告和相关图件。

（四）科学研究

（1）初步建立了中南地区板块构造格架，完善了区域地壳演化成果。

（2）完善了中南地区多重地层划分与对比，解决了若干重大疑难地层时代归属及形成环境问题等。

（3）初步明确了花岗岩形成的大地构造背景及其与成矿的关系，探索了华南大陆地壳生长机制。

（4）新建金属硫化物测年技术，同时拓展了多元同位素示踪技术的应用领域。

（5）总结了扬子区三叠纪海生爬行动物多样性特点、重大生物演化事件及其与古地理和古环境演化的关系。

（五）地质工作信息化建设

建立了中南地区实测剖面数据库和中南地区实测剖面检索浏览系统，编制了 1∶250 万中南地区实测剖面分布图及中南地区地质调查项目原始资料图文数字化工作报告。

华南地区重要地质遗迹调查(广东)

承担单位:广东省地质调查院
项目负责人:李东红
档案号:0837
工作周期:2012—2014 年
主要成果

(一)调查广东省重要地质遗迹 169 处并开展专题研究

完成地质遗迹点调查或地质遗迹资料收集共 169 处,其中,基础地质大类共 80 处,包括地层剖面 16 处,岩石剖面 15 处,构造剖面 10 处,重要化石产地 17 处,重要岩矿石产地 22 处;地貌景观大类共 84 处,包括岩土体地貌 35 处,水体地貌 19 处,海岸地貌 18 处,火山地貌 9 处,构造地貌 3 处;地质灾害大类 5 处,包括地质灾害遗迹 4 处,地震遗迹 1 处。这些重要地质遗迹中,世界级地质遗迹 3 处,国家级地质遗迹 40 处,省级地质遗迹 115 处,省级以下地质遗迹 11 处;在世界地质公园内 7 处,国家地质公园(含矿山公园)内 24 处,在省级地质公园内 3 处,不在地质公园 135 处。编写 2 份专题报告:《粤东北丹霞地貌重点工作区调查报告》和《广东省碎屑岩地貌重点工作区调查报告》。

(二)查明广东省地质遗迹的分布状况

根据广东省地质遗迹调查结果,广东省地质遗迹资源主要分布在粤北山地地质遗迹区、粤东山地丘陵地质遗迹区、粤西山地地质遗迹区、粤西平原台地地质遗迹区和粤中丘陵平原地质遗迹区 5 处,总计重要地质遗迹 169 处。

1. 粤北山地地质遗迹区

粤北山地地质遗迹区内的地质遗迹主要有地层剖面类 12 处,岩石剖面类 2 处,构造剖面类 3 处,重要化石产地类 9 处,重要岩矿石产地类 4 处,岩土体地貌类 14 处,水体地貌类 3 处,构造地貌类 1 处,总计重要地质遗迹 48 处。

2. 粤东山地丘陵地质遗迹区

粤东山地丘陵地质遗迹区内的地质遗迹主要有岩石剖面类 6 处,重要化石产地类 4 处,重要岩矿石产地 4 处,岩土体地貌类 7 处,火山地貌类 2 处,水体地貌类 6 处,海岸地貌类 8 处,总计重要地质遗迹 37 处。

3. 粤西山地地质遗迹区

粤西山地地质遗迹区内的地质遗迹主要有地层剖面类 1 处,岩石剖面类 5 处,构造剖面类 1 处,重要化石产地类 3 处,重要岩矿石产地类 6 处,岩土体地貌类 6 处,水体地貌类 1 处,总计重要地质遗迹 23 处。

4. 粤西平原台地地质遗迹区

粤西平原台地地质遗迹区内的地质遗迹主要有地层剖面类 2 处,岩石剖面类 1 处,重要岩矿石产地类 1 处，火山地貌类 4 处，海岸地貌类 2 处，地震遗迹类 1 处，总计重要地质遗迹 11 处。

5. 粤中丘陵平原地质遗迹区

粤中丘陵平原地质遗迹区内的地质遗迹主要有地层剖面类 1 处，岩石剖面类 1 处，构造剖面类 6 处，重要化石产地类 1 处，重要岩矿石产地类 7 处，岩土体地貌类 8 处，火山地貌类 3 处，水体地貌类 9 处，海岸地貌类 8 处，构造地貌类 2 处，地质灾害遗迹类 4 处，总计重要地质遗迹 50 处。

（三）确定广东省重要地质遗迹保护名录

广东省重要地质遗迹保护名录，按照中国地质调查局制定的地质遗迹分类，在专家鉴评咨询的基础上，确定广东省重要地质遗迹地层剖面类 16 处，岩石剖面类 15 处，构造剖面类 10 处，重要化石产地类 17 处，重要岩矿石产地类 22 处，岩土体地貌类 35 处，火山地貌类 9 处，水体地貌类 20 处，海岸地貌类 18 处，构造地貌类 3 处，地震遗迹类 1 处，其他地质灾害类 4 处，总计 170 处。这些广东省重要地质遗迹保护名录，是初步确定的，有待今后工作的不断补充和完善。

（四）编绘广东省重要地质遗迹资源图、遗迹资源区划图

1. 编绘广东省地质遗迹资源图

经专家组评鉴，将广东省地质遗迹根据自然属性（包括科学性、观赏性、规模、完整性、稀有性、保存现状）和社会属性（通达性、安全性、可保护性）两方面，确定为世界级、国家级、省级和省级以下地质遗迹（图 6－11～图 6－16）；按照地质遗迹类型划分，分为基础地质大类（地层剖面类、岩石剖面类、重要化石产地类、重要岩矿石产地类）、地貌景观大类（岩土体地貌类、水体地貌类、火山地貌类、海岸地貌类）和地质灾害大类（地震遗迹类、其他地质灾害类，如地面沉降亚类）三大类。

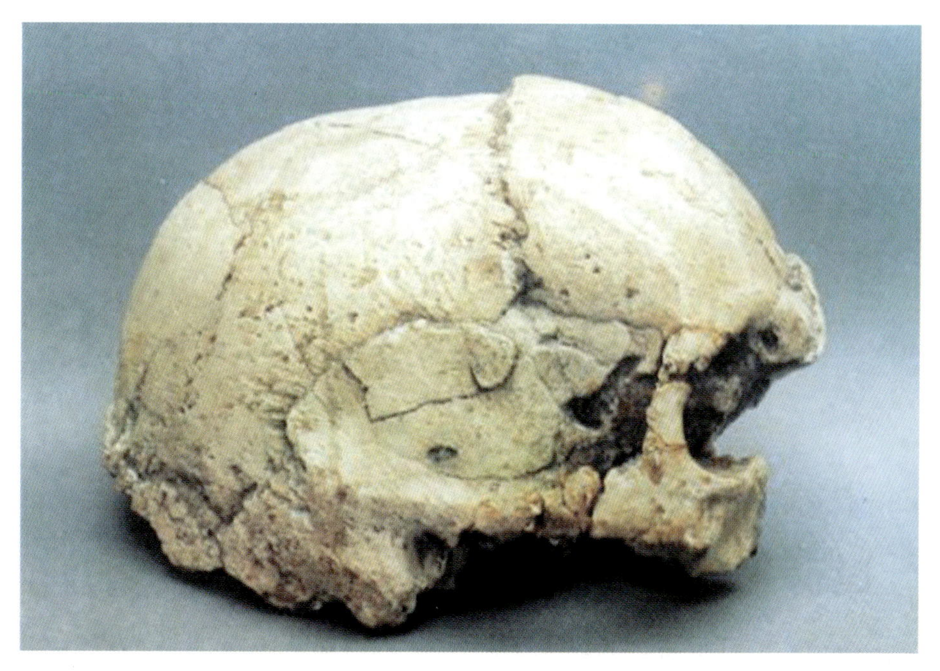

图 6－11　黄岩洞出土的古人类颅（遗迹评价：国家级）

图 6-12　河源市恐龙蛋(遗迹评价:世界级)

图 6-13　茂名金塘油页岩矿产地(遗迹评价:省级)

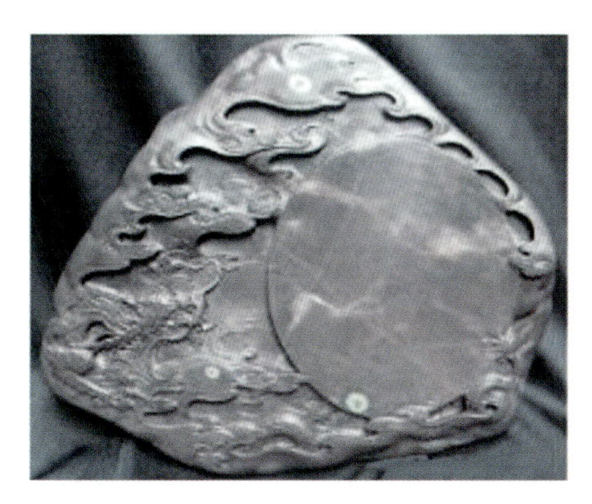

图 6-14 肇庆端砚(遗迹评价:国家级)

图 6-15 南海西樵山古采石遗址(遗迹评价:省级)

图 6-16 乐昌金鸡岭丹霞地貌一字峰(遗迹评价:国家级)

2. 编绘广东省重要地质遗迹资源区划图

在广东省重要地质遗迹资源图的基础上，按地质遗迹出露分布所在的地貌单元、构造单元划分地质遗迹区、地质遗迹分区、地质遗迹小区 3 个层次，进行地质遗迹区划。地质遗迹区、分区、小区的划分，保证地质遗迹分布的空间区域连续性和完整性，以利于统筹保护规划与管理、合理开发与利用。广东省地质遗迹区划将广东省划分为粤北山地地质遗迹区(Ⅰ)，粤东山地丘陵地质遗迹区(Ⅱ)，粤西山地地质遗迹区(Ⅲ)，粤西平原台地地质遗迹区(Ⅳ)和粤中丘陵平原地质遗迹区(Ⅴ)；每个地质遗迹区又划分为不同的地质遗迹分区，5 个地质遗迹区总计划分出 17 个地质遗迹分区；部分地质遗迹分区再进一步划分出地质遗迹小区，10 个地质遗迹分区总计划分出 28 个地质遗迹小区。在此基础上编绘了广东省重要地质遗迹资源区划图。

(五)编制了广东省重要地质遗迹保护规划建议及地质遗迹保护规划图

根据地质遗迹保护规划指导思想、规划方法，编制了广东省地质遗迹保护规划建议，规划建立地质遗迹保护点共 41 处，其中，河源恐龙动物群世界级保护点 1 处，乳源大峡谷国家级保护点、丰顺地热国家级保护点、饶平海山海滩岩国家级保护点、肇庆广宁玉国家级保护点共 4 处，天子岭腕足类化石省级保护点等省级遗迹保护点共 33 处，增城新塘海蚀地貌市县级保护点等遗迹保护点共 3 处。规划建立地质遗迹保护段 18 处，有佛山脊椎动物化石国家级保护段、肇庆端砚国家级保护段、乐昌大赛坝组地层剖面省级保护段等，共保护地质遗迹 50 处。已建立雷琼世界地质公园湖光岩园区和广东丹霞山世界地质公园 2 家。已建立或获得国家级地质公园(矿山公园)共 12 家，分别为广东阳山国家地质公园、广东封开国家地质公园、广东佛山西樵山国家地质公园、广东阳春国家地质公园、广东恩平地热国家地质公园、广东深圳大鹏半岛国家地质公园、广东韶关芙蓉山国家矿山公园、广东曲江大宝山国家矿山公园、广东仁化凡口国家矿山公园、广东梅州五华白石嶂国家矿山公园、广东深圳鹏茜国家矿山公园和广东深圳凤凰山国家矿山公园。已获建立资格的省级地质公园 4 家，分别为广州增城省级地质公园、广东乐昌金鸡岭省级地质公园、广东平远五指石省级地质公园和广东饶平青岚省级地质公园。规划建立国家界地质公园 3 家，分别为广东曲江狮子岩国家级地质公园、广东南雄国家级地质公园、广东番禺国家级地质公园。规划建立省级地质公园 5 家，分别为广东英德省级地质公园、广东连州省级地质公园、广东南澳省级地质公园、广东阳西省级地质公园和广东汕尾红海湾省级地质公园。

(六)广东省地质遗迹管理数据库建设

根据中国地质调查局的要求，广东省地质遗迹信息数据库建设，采用计划项目“全国重要地质遗迹调查”提供的“地质遗迹数据库采集工具软件”，以“地质遗迹数据库采集工具软件”为平台，以地质遗迹点为基本建库单元，以本工作项目在野外地质遗迹调查和资料综合整理研究基础上填写的地质遗迹调查表、地质遗迹点信息采集表作为数据采集源，填制地质遗迹调查表、地质遗迹信息采集表、地质遗迹集中区信息表，建立了“广东省地质遗迹信息管理数据库”。建库目的就是要为全国地质遗迹保护管理工作服务，为国土资源管理部门行使管理地质遗迹的职能，以及其他有关单位提供更加方便快捷的查询、更改、补充、完善等信息化服务。

（七）科研方面

一方面，将阳西沙扒混合岩剖面确定为重要的变质岩剖面，剖面上混合岩在上、花岗岩在下，且上部的混合岩自上而下变质程度增强。地学界普遍认为，混合岩为地壳深部物质经高级变质作用（混合岩化）之产物，定位于地壳深部；而花岗岩为中下地壳深物质近部分熔融（或混合岩化）所产生的熔体（或浅色体）侵入至异地（上地壳）定位固结而成，因此（原地）混合岩与花岗岩应具有不同的定位深度，即二者在空间位置上不可能存在交集。而广东阳西沙扒剖面揭露的地质现象并非如此。因此，该露头为花岗岩（包括混合岩）成因学研究提供了一个难得的重要窗口。

另一方面，选择 3 个重要地质遗迹点进行高精度 U－Pb 年代学研究，获得大顶矽卡岩型铁矿床富矿花岗岩年龄为 176.9～174.3Ma，表明与大顶铁矿床成矿有关的花岗岩为燕山早期，而非印支期或燕山中期。共发表学术论文 3 篇。

长江中游武汉城市群三维地质调查

承担单位：中国地质调查局武汉地质调查中心
项目负责人：鄢道平
档案号：0839
工作周期：2012—2014 年
主要成果

（一）基础地质

（1）完成了 1∶5 万横店镇幅、茅庙集幅区域地质调查工作工作区范围内 1∶5 万横店镇幅、茅庙集幅区域范围尚未开展 1∶5 万区域地质调查工作，项目组按 1∶5 万区域地质调查规范开展了相应的区域地质调查工作，完成了 1∶5 万横店镇幅、茅庙集幅区调查成果报告，编制了 1∶5 万横店镇幅、茅庙集幅地质图、第四系地质图、基岩地质图、地貌分区图等。

（2）开展武汉地区阳逻组砾石层研究，并对其古地理环境进行了重建。在野外调查工作的基础上，利用 SPSS 软件对阳逻砾石层剖面中重矿物数据进行了聚类分析，可将所有重矿物样品分为两组。其中，PM7 至 PM13 号剖面上部样品均出现了与其他样品差异较为明显的特征，在聚类分析中聚类为第二组。这预示着这些样品所对应的沉积物可能与第一组样品所对应的沉积物的源区不同。同时，对长江、汉江、府河、滠水、倒水、举水等河流的沉积物样品进行了重矿物分析，认为来自府河和长江的冲洪积物组成的本地区第四纪早期的沉积物。在这些沉积物之上，堆积了大别山南麓河流包括滠水河、倒水河、举水河所形成的冲积扇，这些大别山南麓的河流对本地区的古地貌格局产生了较大的影响。与此同时，在长江南部地区发育少量小型冲洪积扇。根据 ESR 测年的结果，我们推测长江、府河、滠水河、倒水河、举水河等河流组成的长江中游地区一个巨大的水系网络在中更新世早期已经形成。沉积物组成以长江府河所携带而来的中、细颗粒沉积物和滠水河、倒水河、举水河从大别山地区所携带来的冲洪积物为主。在中更新世之后，砾石层的发育规模明显缩小，武汉的地貌格局受现今长江的影响逐渐变大,在晚更新世时期,沿江发育大量的风成沙丘、岗地。进入全新世后,由于海平面上升,造成河流侵蚀基准面也随之抬高,水流流速降低,河流所携带的泥沙大量沉积在武汉地区,并沿江淤积出大量洼地、湖泊。河流的形态也由早中更新世时期的辫状河为主,发展成顺直河道。

(3)查明了调查区隐伏断裂构造分布及活动特征。查明了盖层区和盆地区构造的基本特征,并重视对隐伏构造的分析研究。盖层区(武汉台褶带北缘)构造主要形成于印支期与燕山期,前者以褶皱为主,构成近东西向线状褶皱,测区南北褶皱样式具明显差别;后者以断裂活动为主,形成规模宏大的北北东向脆性断裂组。分别从盆地基底、控盆构造、盆内构造及盆地演化等几个方面对盆地区构造进行了总结;充分利用遥感、物探等资料编制了测区构造纲要图,查明了调查区隐伏断裂构造分布及活动特征。

(4)查明了襄广断裂在调查区的地表特征及其对盆地的控制作用。通过野外调查、地球物理、遥感、钻探等多种手段,对隐伏襄广断裂进行了重点研究,首次在丰荷山一带发现了襄广断裂南部边界的地表露头断裂带特征,尤其是丰荷山北西采坑剖面上显示的破碎带、硅化带特征。发现茅庙集幅和横店镇幅范围内白垩纪—古近纪盆地为北西西走向单断式盆地,盆地南部边界为襄广断裂带青山断裂所控制,为断陷边界;盆地北缘为超覆边界,由北西西向至北北西方向扩展延伸。

(5)于调查区内首次发现玄武岩。在黄陂谌家岗木兰500kV变电站发现了疑似第四纪玄武岩,为小型玄武岩喷出火山口,主要发育有公安寨组同时期多次喷发并溢流的玄武岩,并在寅田村阳逻组砾石层底部发现舌状玄武岩透镜体,阳逻组砾石层中样品的ESR年龄为(824±80)ka,证明有可能在第四纪时期受襄广断裂带影响新构造活动较为强烈。

(二)水文地质和工程地质

(1)开展了调查区的水文地质和工程地质补充调查工作,对1∶5万横店镇幅、茅庙集幅、汉阳县幅、武汉市幅、金口镇幅和武昌县幅的工程地质图和水文地质图进行了修编,并编写了相应的1∶5万水文地质和工程地质图件说明书。

(2)开展了城市供水水源地调查,并评价了水源地防污性能,保障了城市水源地的安全。水是生命之源,水资源安全也是城市安全的重要保障,有着“百湖之城”之称的武汉市面临着地表水体日益萎缩、水质日趋恶化的严峻问题。如2010年8月,白沙洲水厂受到污染,超过150万居民用水安全受到威胁;2013年3月,府河大面积死鱼,原因之一就是府河水受到污染;2014年8月,武汉市白沙洲等三大水厂取水口受到污染等。作为应急水源的地下水承担着更重要的角色。本次工作进一步将武汉市划分为七大供水源区,初步查明了各大供水源区水源地地下水资源量,同时对地下水资源量最为丰富东西湖区进行了地下水防污性能评价,绘制了防污性能分区图,指导了水源地保护工作。

(3)重新厘定了武汉地区水文地质工程地质标准层,建立了标准化分层格式。武汉地区地质条件相对复杂,第四系地层沉因类型多样,沉积间断也大,加之从事水文地质工程地质勘察行业的单位较多,而武汉市一直以来没有形成统一的分层标准,导致了各种勘察资料相互利用难度较大,造成了很大程度的重复工作和极大的资源浪费。建立的分层标准还规范了水文地质工程地质勘察资料整理、汇交格式,为勘察资料资源共享和奠定了良好的基础,使已有地质成果能更好地服务于城市建设。

（三）环境地质

(1)基本查明了武汉可溶岩分布和岩溶发育特征，为评价岩溶对城市地质环境安全的影响奠定了基础。通过调查发现，武汉地区隐伏可溶岩总体呈近东西向条带状分布，局部地区由于受构造影响岩溶条带发生折曲，条带宽度一般为0.2～2km，最宽可达8km，隐伏可溶岩分布总面积约756km²，占区内面积的28%。受构造和地形控制，隐伏可溶岩主要位于向斜核部，少数位于向斜翼部，可溶岩地层主要为下三叠中统嘉陵江组($T_{1-2}j$)白云质灰岩、灰岩夹白云岩和下三叠统大冶组(T_1d)灰岩，下二叠统栖霞组(P_1q)燧石结核灰岩，上石炭统船山组(C_2c)厚层灰岩、球粒状灰岩，黄龙组(C_2h)厚层状白云岩、灰岩，下石炭统和洲组(C_1h)黏土岩夹灰岩。区内由北至南主要有5条隐伏岩溶条带。

武汉地区的岩溶地面塌陷形成的基本条件主要有3个方面，即上覆土层具“上黏下砂”二元结构；下伏基岩为可溶性碳酸盐岩且浅部岩溶发育；孔隙水与岩溶水水力联系密切。研究区内岩溶地面塌陷的诱发因素主要可分为自然因素和人为因素。自然因素主要包括降雨、地表水入渗和地下水位季节性波动等，人为因素主要为抽排地下水及可溶岩分布区内其他工程建设活动。岩溶塌陷的产生，实际上是土洞的致塌力大于抗塌力的结果。当形成岩溶塌陷的基本条件——岩溶、地下水动力条件及土洞等具备且发展到一定阶段时，在内外营力作用下，致塌力超过抗塌力即产生塌陷。地下水位季节性波动、降雨、工程建设活动等外动力因子对地面塌陷的形成主要是通过潜蚀、真空吸蚀、渗压及重力等动力作用来体现。

(2)开展武汉地区湖泊消退情况调查，分析武汉地区湖泊消退的主要原因，为武汉市湖泊整治提供科学支撑。项目组通过对不同时期(4期)的地形图中湖泊面积参数进行提取，同时结合工作区2011年遥感影像数据中湖泊面积，得出工作区主要湖泊面积的不同时期的变化情况。对整个工作区来说，1965年至2011工作区内湖泊总面积由343.2km²减少至248.7km²，减少了95.2km²，减少27.8%。在20世纪60年代和70年代间，工作区湖泊面积呈现一个急剧下降的过程，这与在此期间武汉市有一次比较明显的填湖造田和围湖造塘运动一致。20世纪70年代至2000年左右，是武汉市湖泊面积保持相对稳定的一个时期，此阶段武汉市一方面尚未开始大规模的城市建设，另一方面工程建设用地充足。2000年以后，由于武汉市城市建设的加速发展，特别是工程建设和房地产开发等的需要，开始了一次大规模的填湖造地、向湖泊借地的运动，武汉地区的湖泊面积又进入一个快速减少的时期。

通过对现场调查情况分析，造成武汉地区湖泊消退的主要原因有：①湖泊的淤积；②围湖造田、造塘；③工程建设填湖。武汉地区湖泊面积的不断消退，会导致城区、乡村及农田排水不畅，城区洪涝灾害加剧，郊区灌溉引水及居民生活用水困难。大量河湖的消退，使地区拦截降雨径流的能力显著减弱，蓄积径流量降低，从而造成非汛期对地下水资源的补给量减少，同时地表水资源数量的减少和污染，必将会导致大量采集利用地下水资源，引起地区地下资源的恶化、地面沉陷。武汉地区大量河湖的减少，必然带来地区蓄水量的减少，周围空气的湿度相应降低，会一定程度上造成区域环境的改变。

（四）城市三维地质数据库和建模

建立了武汉地区城市地质数据库。以三维地质建模与可视化分析系统作为工作平台，建立了武汉地区城市地质数据库。该系统提供三维地质填图的钻孔、剖面、地质图、文本资料等数据编辑录入、高效存储管理、可视化、查询、修改、后期维护等功能。武汉地区城市地质数据库由原始数据、过程数据和最终建模成果数据 3 部分组成。收集的数据中包括 1963 年、1973 年、1990 年和 2000 年 4 年的武汉地区 6 个图幅的地形图数据、物探资料、工程勘察剖面、各个重点地区的勘察报告、钻孔、自然经济地理 6 个部分。每部分都涉及 MapGIS、PDF、WORD、EXCEL 等文件格式(图 6－17)。

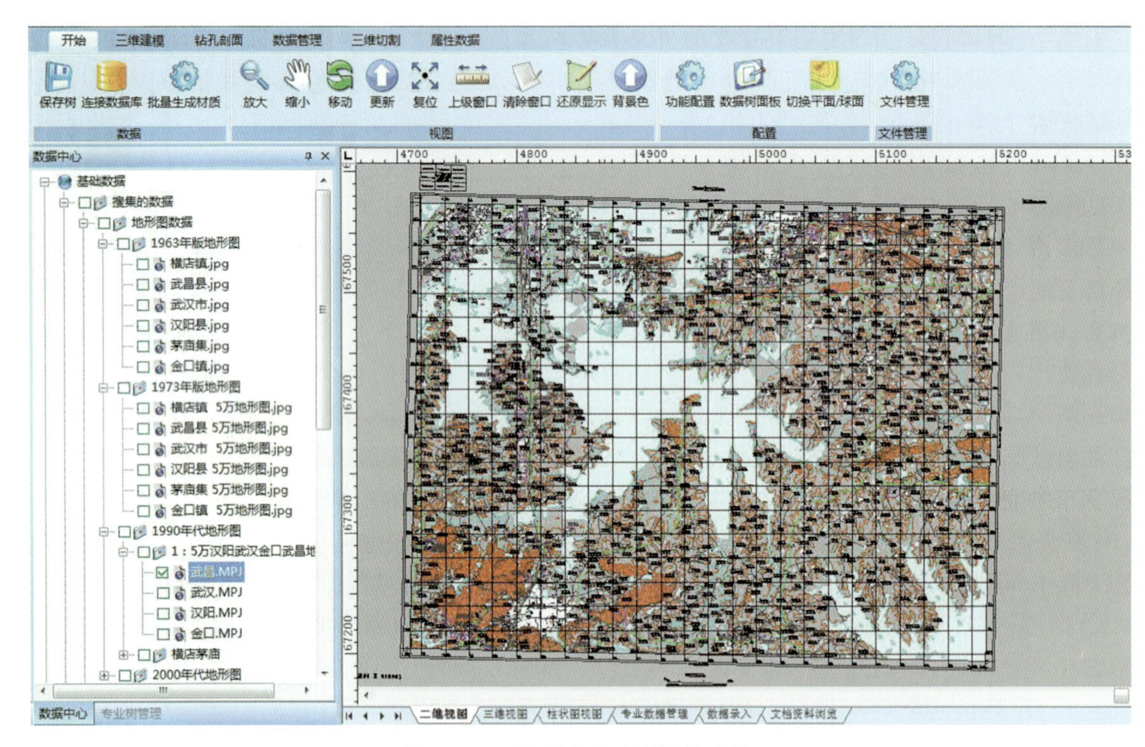

图 6－17　数据库中地形图的查询

项目组工作成果包括工程地质、实验测试数据、物探、武汉地区的各个要素类的遥感解译、钻孔 5 个部分的数据。每部分都涉及 MapGIS、PDF、WORD、EXCEL 等文件格式。最终成果-建模数据分为编制的图件、75 条剖面、第四系和基岩等高线 3 类数据。其中,图件包括《1∶5 万的武汉地区地质图数据》《1∶5 万武汉地区基岩地质图》《1∶5 万武汉地区第四纪地貌地质图》《1∶5 万武汉地区地质矿产图》《1∶5 万武汉地区工程地质图》《1∶5 万武汉地区水文地质图》《1∶10 万武汉地区水源地分布区图》《1∶10 万武汉地区地质灾害危险性分区图》《1∶5 万武汉地区土地利用遥感解译图附图》《1965—2011 年武汉地区水系变迁图》《1965—2011 年武汉地区城市发展变迁图》11 幅图。

(五)应用与服务

(1)建成了武汉地区三维可视化城市地质信息管理与服务系统,促进了“数字城市”建设。以数据库技术、GIS 技术、三维可视化技术及计算机网络技术为基础,建立了基于 MapGIS K9 软件平台,集成多专业多学科数据信息的武汉地区三维可视化城市地质信息管理与服务系统,实现武汉地区城市地质数据→城市地质信息→城市地质知识→城市发展价值转换的信息化、网络化、可视化城市地质管理与服务。武汉地区三维可视化城市地质信息管理与服务系统从软件的功能角度进行划分，可将整个系统划分为数据管理与维护子系统、分析评价与三维可视化建模子系统、Web 发布子系统等 3 个层次体系。

系统收集和集成了包括各类钻孔和测试资料在内的 50 年来不同时代、不同部门取得的区域地质、工程地质、水文地质、地球化学调查、环境地质和地质灾害、地质资源、地球物理探查、遥感地质及基础地理等资料，建立了武汉地区城市地质数据库。通过城市地质数据管理与维护子系统，实现了城市地质数据的有效管理，可以面向数据管理维护人员提供基础地理空间数据、各专题属性数据、成果图件、文档资料等各类资料的数据库管理维护及操作监测，为开展城市地质研究和进行城市资源与环境承载力评价、城市用地评价、地下空间资源评估与地下空间开发适宜性评价奠定了基础。

(2)总结了武汉地区城市三维地质调查方法，为浅覆盖区开展城市地质三维调查工作提供借鉴。结合工作实践，工作方法重点阐明了武汉地区城市三维基础地质调查方法、三维水文地质调查方法和三维工程地质调查方法，并对调查精度要求作了相关探索。对遥感解译和物探方法在城市三维地质调查过程中的应用进行了阐述。工作方法详细论述了武汉城市三维地质调查、三维地质模型和三维地质数据库的建设过程及标准要求，可为其他浅覆盖地区的城市三维地质建模工作提供实践经验。

长江中游武汉城市群三维地质调查(基础地质部分)

承担单位:湖北省地质调查院

项目负责人:胡正祥，田望学，霍炬

档案号:0851

工作周期:2012—2014 年

主要成果

项目取得的成果包括基础地质、工程地质、水文地质、环境地质、数据库、三维地质模型及模型应用与服务等方面。

(一)基础地质

(1)完成了 1∶5 万横店镇幅、茅庙集幅区域地质调查工作。工作区范围内 1∶5 万横店镇幅、茅庙集幅区域范围尚未开展 1∶5 万区域地质调查工作，项目组按 1∶5 万区域地质调查规范开展了相应的区域地质调查工作，完成了 1∶5 万横店镇幅、茅庙集幅区调查成果报告，编制了 1∶5 万横店镇幅、茅庙集幅地质图、第四系地质图、基岩地质图、地貌分区图等。

(2)开展武汉地区阳逻组砾石层研究，并对其古地理环境进行了重建。在野外调查工作的基础上，利用 SPSS 软件对阳逻砾石层剖面中重矿物数据进行了聚类分析，可将所有重矿物样品分为两组。其中，PM7 至 PM13 号剖面上部样品均出现了与其他样品差异较为明显的特征，在聚类分析中聚类为第二组。这预示着这些样品所对应的沉积物可能与第一组样品所对应的沉积物的源区不同。同时，对长江、汉江、府河、滠水、倒水、举水等河流的沉积物样品进行

了重矿物分析，认为来自府河和长江的冲洪积物组成了本地区第四纪早期的沉积物。在这些沉积物之上，堆积了大别山南麓河流包括滠水河、倒水河、举水河所形成的冲积扇，这些大别山南麓的河流对本地区的古地貌格局产生了较大的影响。与此同时，在长江南部地区发育少量小型冲洪积扇。根据 ESR 测年的结果，我们推测长江、府河、滠水河、倒水河、举水河等河流组成的长江中游地区一个巨大的水系网络在中更新世早期已经形成。沉积物组成以长江府河所携带而来的中、细颗粒沉积物和滠水河、倒水河、举水河从大别山地区所携带来的冲洪积物为主。在中更新世之后，砾石层的发育规模明显缩小，武汉的地貌格局受现今长江的影响逐渐变大，在晚更新世时期，沿江发育大量的风成沙丘、岗地。进入全新世后，由于海平面上升，造成河流侵蚀基准面也随之抬高，水流流速降低，河流所携带的泥沙大量沉积在武汉地区，并沿江淤积出大量洼地、湖泊。河流的形态也由早中更新世时期的辫状河为主，发展成顺直河道。

(3)查明了调查区隐伏断裂构造分布及活动特征。查明了盖层区和盆地区构造的基本特征，并重视对隐伏构造的分析研究。盖层区(武汉台褶带北缘)构造主要形成于印支期与燕山期，前者以褶皱为主，构成近东西向线状褶皱，测区南北褶皱样式具明显差别；后者以断裂活动为主，形成规模宏大的北北东向脆性断裂组。分别从盆地基底、控盆构造、盆内构造及盆地演化等几个方面对盆地区构造进行了总结；充分利用遥感、物探等资料编制了测区构造纲要图，查明了调查区隐伏断裂构造分布及活动特征。

(4)查明了襄广断裂在调查区的地表特征及其对盆地的控制作用。通过野外调查、地球物理、遥感、钻探等多种手段，对隐伏襄广断裂进行了重点研究，首次在丰荷山一带发现了襄广断裂南部边界的地表露头断裂带特征，尤其是丰荷山北西采坑剖面上显示的破碎带、硅化带特征。发现茅庙集幅和横店镇幅范围内白垩纪—古近纪盆地为北西西走向单断式盆地，盆地南部边界为襄广断裂带青山断裂所控制，为断陷边界；盆地北缘为超覆边界，由北西西向至北北西方向扩展延伸。

(5)于调查区内首次发现玄武岩。在黄陂谌家岗木兰 500kV 变电站发现了疑似第四纪玄武岩，为小型玄武岩喷出火山口，主要发育有公安寨组同时期多次喷发并溢流的玄武岩，并在寅田村阳逻组砾石层底部发现舌状玄武岩透镜体，阳逻组砾石层中样品的 ESR 年龄为(824±80)ka，证明有可能在第四纪时期受襄广断裂带影响新构造活动较为强烈。

(二)城市三维地质数据库和建模

建立了武汉地区城市地质数据库。以三维地质建模与可视化分析系统作为工作平台，建立了武汉地区城市地质数据库。该系统提供三维地质填图的钻孔、剖面、地质图、文本资料等数据编辑录入、高效存储管理、可视化、查询、修改、后期维护等功能。武汉地区城市地质数据库由原始数据、过程数据和最终建模成果数据 3 部分组成。收集的数据中包括 1963 年、1973 年、1990 年和 2000 年 4 年的武汉地区 6 个图幅的地形图数据、物探资料、工程勘察剖面、各个重点地区的勘察报告、钻孔、自然经济地理 6 个部分。每部分都涉及 MapGIS、PDF、WORD、EXCEL 等文件格式。

项目组工作成果包括工程地质、实验测试数据、物探、武汉地区的各个要素类的遥感解译、钻孔 5 个部分的数据，每部分都涉及 MapGIS、PDF、WORD、EXCEL 等文件格式。最终成果-建模数据分为编制的图件、75 条剖面、第四系和基岩等高线三类数据。其中图件包括 1∶50 000 的武汉地区地质图数据、1∶50 000 武汉地区基岩地质图、1∶50 000 武汉地区第四纪地貌地质图、1∶50 000武汉地区地质矿产图、1∶50 000武汉地区工程地质图、1∶50 000武汉地区水文地质图、1∶100 000武汉地区水源地分布区图、1∶100 000武汉地区地质灾害危险性分区图、1∶50 000武汉地区土地利用遥感解译图附图、1965—2011年武汉地区水系变迁图、1965—2011年武汉地区城市发展变迁图11幅图。

（三）应用与服务

（1）建成了武汉地区三维可视化城市地质信息管理与服务系统，促进了"数字城市"建设。以数据库技术、GIS技术、三维可视化技术及计算机网络技术为基础，建立了基于MapGISK9软件平台，集成多专业多学科数据信息的武汉地区三维可视化城市地质信息管理与服务系统，实现武汉地区城市地质数据→城市地质信息→城市地质知识→城市发展价值转换的信息化、网络化、可视化城市地质管理与服务。武汉地区三维可视化城市地质信息管理与服务系统从软件的功能角度进行划分，可将整个系统划分为数据管理与维护子系统、分析评价与三维可视化建模子系统、Web发布子系统等3个层次体系。

系统收集和集成了包括各类钻孔和测试资料在内的50年来不同时代、不同部门取得的区域地质、工程地质、水文地质、地球化学调查、环境地质和地质灾害、地质资源、地球物理探查、遥感地质及基础地理等资料，建立了武汉地区城市地质数据库。通过城市地质数据管理与维护子系统，实现了城市地质数据的有效管理，可以面向数据管理维护人员提供基础地理空间数据、各专题属性数据、成果图件、文档资料等各类资料的数据库管理维护及操作监测，为开展城市地质研究和进行城市资源与环境承载力评价、城市用地评价、地下空间资源评估与地下空间开发适宜性评价奠定了基础。

（2）总结了武汉地区城市三维地质调查方法，为浅覆盖区开展城市地质三维调查工作提供借鉴。结合工作实践，工作方法重点阐明了武汉地区城市三维基础地质调查方法、三维水文地质调查方法和三维工程地质调查方法，并对调查精度要求作了相关探索。对遥感解译和物探方法在城市三维地质调查过程中的应用进行了阐述。工作方法详细论述了武汉城市三维地质调查、三维地质模型和三维地质数据库的建设过程及标准要求，可为其他浅覆盖地区的城市三维地质建模工作提供实践经验。

中南地区地质调查项目组织实施费（2014年）

承担单位：中国地质调查局武汉地质调查中心

项目负责人：廖西蒙，李佳平，杨晓君

档案号：0854

工作周期：2014年

主要成果

本项目2014年的工作任务是：受中国地质调查局委托，组织中南地区地质矿产调查评价专项项目技术和经济的日常管理、检查与监管工作；组织、管理辖区内技术和经济监审专家工作；组织有关技术和经济标准的推广工作；健全完善地质调查成果资料管理、地质信息服务及项目管理的业务基础建设，提高地质调查项目管理水平和能力。

通过 1 年的工作,组织完成了中南地区 2015 年 4 个工程 6 个项目 21 个新开子项目立项论证工作、2 个工程 5 个项目 97 个子项目的续作考核;组织完成了 2014 年 8 个项目 9 个标段竞争性选择提交单位工作;组织完成了 2014 年 5 个计划项目 114 个项目的设计审查工作、设计复核和审批工作;完成质量检查项目 22 个、经费使用情况检查 8 个;组织完成野外验收项目 33 个、成果报告审查 32 个、经费使用情况总结报告审查 50 个;按时按质完成了技术、经费决算、统计报表审查、汇总和上报工作;组织完成了中南地区地质成果总结和评估工作、中南地区地质调查预算标准跟踪评估工作;组织完成了中南地区 2013 年竞争性选择地质调查项目提交单位工作;开展了中南地区技术、经济培训工作,接受地质成果资料 107 份。项目经费 700 万元,使用情况良好,各项费用支出所占比例和项目管理实际工作情况相适应,支出较合理。提交项目成果报告 1 份。全文约 15.4 万字,表格 13 个,附工作表 1 套。

中南地区地质资料信息服务集群化示范

承担单位:中国地质调查局武汉地质调查中心

项目负责人:万勇泉,王江立

档案号:0857

工作周期:2013—2014 年

主要成果

(1)本项目首先通过部署智能 DNS 解决了南北互通问题,再通过部署反向代理实现访问请求在多个 Web 服务网站服务器上的合理分配,利用 Windows 的 DFS 分布式文件系统实现网站配置文件和静态页面的同步更新,采用 MySQL 数据库自身的 Replication 功能和北京一武汉已有的 10MB 数字电路专线实现了后台数据库的异地分布、负载均衡、备份和高可用。经测试,系统整体运行状态良好,实现了全国地质资料目录数据的异地容灾备份,实现了目录服务中心的负载均衡,达到了试验目的。

(2)提出了差分备份、增量备份、完全备份和快照相结合的数据备份与负载均衡策略。

(3)提出了新增、流通和回溯 3 种情况下地质资料目录数据采集的流程。

(4)开发了地质资料案卷级和文件级目录数据的采集工具。

(5)从地质调查的成果资料、原始资料和实物资料 3 个大类出发,按区域地质调查、矿产资源、水工环地质、物化遥地质调查、信息技术与技术方法、综合研究等专业类别,分别建立案卷级和文件级的目录数据的标准模板(样表)。

(6)试点采集案卷级目录数据 600 条,文件级目录数据 30 000 条。

(7)公开发表论文 1 篇。

(8)培养了人才、锻炼了队伍。通过项目组织实施、分工合作,使得信息技术人员研究掌握了新技术的应用,资料管理人员提高了对地质资料档案认识和管理的能力。

南岭西段与锡矿有关花岗岩成因及壳幔相互作用研究

承担单位：中国地质科学院矿产资源研究所
项目负责人：郭春丽
档案号：0858
工作周期：2012—2014 年
主要成果

根据项目最初的设计，该项目选择钦-杭和南岭成矿带交会部位的 6 个不同时代、不同成因类型与典型锡矿田（床）有关的成矿母岩为解剖对象，拟解决与锡矿有关花岗岩类尚存争议的 4 个科学问题：①高分异花岗岩的成因类型如何划分；②花岗岩成岩过程中壳幔相互作用的方式和程度；③南岭地区中生代钨、锡矿空间分布的差异性；④南岭西段印支期花岗岩成岩成矿特征。

在项目实施过程中，以野外观察为先导，以实验分析相配合；注重点上研究和面上调查的密切结合；着重花岗岩的成因类型划分和地幔物质对成岩成矿作用的参与和贡献这两个关键问题进行深入研究。本次研究应用了 SIMS 锆石 U－Pb 和 O 同位素分析、TIMS 锆石 U－Pb 同位素分析、LA－MC－ICP－MS 锆石 Lu－Hf 同位素分析、BrF_5 矿物 O 同位素分析等国内先进的测试技术。项目组对锡田、王仙岭、千里山、九嶷山、花山、姑婆山岩体的地质特征和成因进行了详细解剖；总结了南岭西段晚侏罗世与锡矿有关花岗岩类的特征，并与南岭东段与钨矿有关花岗岩类进行了对比；总结和对比了钦杭成矿带中侏罗世与斑岩-矽卡岩-热液脉状铜金多金属矿有关的钙碱性花岗闪长岩类和晚侏罗世与云英岩-石英脉-矽卡岩钨锡多金属矿有关的碱性花岗岩类的特征；总结了华南印支期花岗岩类的岩石特征、成因类型和构造动力学背景；总结了晚侏罗世花岗岩类的成因类型。总之，本项目组完成了计划的工作量，并达到了预期目标。

重要示范区带区域成矿系统研究

承担单位：中国地质大学（北京）
项目负责人：王建平，刘家军
档案号：0860
工作周期：2010—2012 年
主要成果

运用活动论、系统论与历史观，以成矿系统理论为指导，严格按照项目设计开展工作，对大兴安岭中南段、华北地台北缘中西段和东天山地区的区域成矿背景、典型矿床特征、主要控矿因素等进行了较为系统深入的研究，初步建立相关典型矿床的成矿模型和找矿模式，深化了区域成矿规律的认识，取得了一系列新的成果和认识。

(一)大兴安岭地区

1. 区域地质背景演化

大兴安岭中南段区域地壳演化可分为前中生代变质海相火山一沉积岩基底、中生代早—中期陆相火山岩盖层和中生代晚期—新生代伸展构造 3 个阶段。前中生代时期,华北陆台和西伯利亚板块之间经历了长期、多阶段的俯冲和碰撞,以大规模的岛弧体系发育和陆缘增生为特征;至二叠纪末期,随着古亚洲洋沿着索伦缝合带的最后消失,华北克拉通与西伯利亚板块成为统一的整体,形成巨型中亚造山带;从此之后进入了碰撞后地壳演化阶段。中生代该区进入滨西太平洋大陆边缘强烈活动阶段,构造活动以强烈的断块活动为特征,出现大规模的钙碱性中酸性火山喷发、中基性—中酸性花岗岩类的侵入及强烈的铜多金属成矿作用。

2. 区域成矿系统分析

从区域地质构造演化和控矿因素的角度分析,大兴安岭南段发育 5 个重要成矿系统,即①海西期与二叠纪火山沉积作用有关的海底喷流型铅锌银铜锡铁成矿系统;②海西晚期岩浆热液有关金铜钼成矿系统;③燕山期与陆相火山侵入杂岩有关的矽卡岩型铅锌银铜钼锡铁成矿系统;④燕山晚期岩浆热液一斑岩型铜钼成矿系统;⑤燕山期火山一次火山热液银铅锌多金属矿床。值得指出的是,许多矿床具有两期成矿叠加改造的复杂特征。

根据区域成矿规律、成矿地质条件和已有的物化探异常分析,大兴安岭南段北东向晚古生代增生造山带主要有热液脉型、矽卡岩型、斑岩型、海底喷流沉积和爆破角砾岩型矿床,以前三者最为重要。

3. 典型成矿系统

斑岩型铜钼成矿系统——以哈什吐钼矿床为例:哈什吐钼矿床是近年来在大兴安岭中段地区新发现的矿床,矿体产出于花岗岩体内。包裹体研究表明包裹体类型主要为液体包裹体(Ⅰa 型)、气体包裹体(Ⅰb 型)、含子晶包裹体(Ⅰc 型)及熔融包裹体(Ⅱ型)构成。不同类型包裹体共存产出表明这些包裹体大都经历了流体沸腾作用。包裹体均一测温表明流体包裹体均一温度主要变化于 250～500℃之间,熔融包裹体均一温度集中变化于 750～950℃之间。计算得到流体盐度、压力和密度变化范围分别为 $w(NaCl)$1%～49%、5～100MPa、0.7～1.1g/cm^3。包裹体研究表明哈什吐钼矿床成矿流体为一种高温、高盐度、高压力、中高密度、高氧逸度且含一定量 CO_2 的流体,该流体可归属为 $H_2O-NaCl-CO_2-(SO_4^{2-})$体系。硫化物的 $\delta^{34}S_{V-CDT}$ 变化范围为 0.4‰～3.8‰,计算得到成矿流体的 $\delta^{34}s_{H_2S}$ 变化范围为 1.1‰～4.7‰,硫同位素组成表明成矿作用与深部岩浆作用有密切的联系。矿床成矿流体演化过程发生流体沸腾和混合作用,显著的减压沸腾作用是造成成矿体系发生大量硫化物沉淀的主要机制。

火山-次火山热液银铅锌成矿系统——以边家大院银多金属矿床为例:边家大院是一个典型的热液脉型银多金属矿床。基于稳定同位素 C、H、O、S 和放射性 Pb 同位素的测试和分析,对边家大院银多金属矿床成矿流体及物质来源进行示踪。同位素测试结果表明:成矿流体中水的 δD 值为 138.5‰～111.7‰,$\delta^{18}O$ 值为 8.85‰～9.38‰,表明成矿流体为岩浆水与大气降水的混合物。热液方解石 $\delta^{13}C_{PDB}$ 值为 7.7‰～2.67‰,$\delta^{18}O$ 为 0.41‰～6.03‰,表明热液矿物方解石是 2 个阶段成矿作用的产物,成矿早阶段流体与岩浆水特征相似,碳主要来源于岩浆,成矿晚阶段流体具有大气降水的特征。边家大院银多金属矿床矿石硫化物 $\delta^{34}S$ 值为

0.76‰～4.4‰，显示银铅锌矿体的形成与岩浆作用密切相关，硫主要来自岩浆源。矿石样品$^{208}Pb/^{204}Pb$值介于38.1～38.634之间，$^{207}Pb/^{204}Pb$值介于15.518～15.681之间，$^{206}Pb/^{204}Pb$值介于18.1551～8.284之间，表明成矿与岩浆作用关系密切，成矿流体中铅主要来自深源岩浆。成矿作用的发生是在一种总硫浓度比较低的平衡体系中进行的。边家大院银多金属矿床的成因类型属于火山-次火山热液脉状银多金属矿床。

矽卡岩型铁锡成矿系统——以黄岗梁铁锡矿床为例：内蒙古黄岗梁铁锡矿是一个典型的矽卡岩型多金属矿床。为了精确厘定该矿床的成岩、成矿时代，对与成矿关系密切的花岗岩进行了锆石LA-ICP-MS U-Pb年代学研究，结合矿石中辉钼矿的Re-Os等时线年龄对该矿床形成的地球动力学背景进行了深入的探讨。花岗岩锆石LA-ICP-MS年代学研究表明花岗岩的结晶年龄为(139.96±0.87)Ma，是早白垩世岩浆活动的产物。矿床辉钼矿Re-Os等时线年龄为(134.9±5.2)Ma，成岩和成矿时代在误差范围内基本一致。成岩和成矿均为燕山期大规模中酸性岩浆活动的产物。综合矿床地质特征、成岩成矿时代和区域构造演化，认为黄岗梁铁锡矿床形成于大兴安岭成矿带140Ma左右的锡多金属成矿高峰期，矿床形成于由全面的挤压向伸展过渡阶段的构造背景。

似斑岩型钨钼多金属成矿系统——以乌日尼图矿床为例：乌日尼图是一个大型钨钼多金属矿床，矿体主要产于燕山期花岗岩体的内外接触带附近，浅部以脉状矿化为主，深部细粒花岗岩见浸染状矿化。LA-ICP-MS锆石U-Pb定年测得深部隐伏花岗岩体成岩年龄为139Ma，表明其形成时代为早白垩世，为燕山运动晚期的产物。成矿流体显示了中—低温、中—低盐度和较低密度的流体特征，属中浅成矿压力和深度。成矿流体属于H_2O-NaCl-CO_2体系且具有岩浆水和大气降水混合的特征。硫铅同位素显示其主要来源于岩浆，碳氧同位素分析表明，方解石是两个阶段成矿作用的产物，早期成矿流体中碳主要来源于岩浆，成矿作用后期有大气降水的加入。成矿流体沿构造及围岩裂隙侵入过程中，发生了不混溶或沸腾作用，并在成矿后期与大气降水发生混合作用，致使成矿流体系统的物理化学条件发生变化，引起成矿流体中W、Mo等络合物分解，在合适的空间析出、沉淀和富集，最终形成乌日尼图钨钼矿床。

(二)北缘中西段

1. 区域地质背景演化

华北克拉通是我国最大、最古老的陆块，其北缘具有复杂的大地构造演化历史。始太古代—古元古代(3800～1800Ma)为克拉通基底形成演化阶段(任纪舜等，1990)，该基底主要由大面积的新太古代TTG片麻岩及表壳岩系组成(李江海等，2006)。中—新元古代(1800～800Ma)为克拉通坳拉槽发展阶段。在克拉通基底上形成了呈近东西向展布的巨大坳拉谷系，包括白云鄂博—渣尔泰裂谷系、燕辽裂谷系和辽吉裂谷系(崔盛芹等，2000)。新元古代—古生代(800～250Ma)为华北陆块北部克拉通盖层发育阶段及其以北陆缘造山阶段(崔盛芹等，2000)或古亚洲洋边缘演化阶段(沈保丰等，2001)。华北克拉通北部处于稳定的大陆及陆表海环境，形成克拉通盖层沉积；而华北克拉通以北的兴蒙—吉黑褶皱系则以陆缘俯冲—碰撞造山为主，形成了近东西向展布的巨大造山带，于古生代末期与西伯利亚古陆拼合成规模巨大的古欧亚大陆板块。中生代(250～110Ma)华北克拉通北缘处于典型的陆内造山环境，形成中生代大陆内部(板内)造山带(崔盛芹等，2000；沈保丰等，2001)。

2. 区域成矿系统分析

根据区域地质历史演化进程,该区主要成矿地质事件可根据如下:①中元古代与大陆边缘裂谷(超大陆裂解)有关的矿床(白云鄂博/狼山渣尔泰 SEDEX 矿床);②与大洋壳俯冲阶段及弧陆碰撞有关的成矿:白乃庙 Cu-Au 矿(古生代,445~395Ma);③与古亚洲洋最终碰撞拼合有关的成矿:浩尧尔忽洞金矿、朱拉扎嘎金矿等(P_2—T 期间,280~230Ma);④与太平洋俯冲有关的燕山期岩浆活动的成矿(190~130Ma)。

根据现研究区域成矿地质背景、研究工作进展及现有勘查成果,认为该区成矿系统资源潜力由大到小依次为中元古代喷流沉积铜铅锌硫成矿系统、与海西期碰撞造山有关的金成矿系统、燕山期岩浆活动有关成矿系统、古生代壳俯冲阶段及弧陆碰撞有关的金铜成矿系统。

3. 典型成矿系统

中元古代喷流沉积成矿系统:此成矿系统主要包括东升庙、炭窑口、霍各乞、甲生盘等一系列大型—超大型 Zn、Pb、Cu、Fe 多金属硫化物矿床,构成华北地台北缘西段重要的热水喷流-沉积成矿带。矿床均产出于渣尔泰山群(包括习称的狼山群)火山沉积建造内,此成矿系统的发育主要受控于3个因素:地层层位与岩性、同生断裂及同沉积期火山活动。①矿体全部产在狼山群第二岩组中,第一岩组和第三岩组都不含矿体。最主要的控矿岩性是白云石大理岩(白云岩)类、碳质千枚岩(碳质板岩)类、碳质千枚状片岩类。它们代表易于导致金属硫化物聚集的海底还原环境。②通过反复观察与研究后确认,狼山—渣尔泰山裂陷槽(或称裂谷系)在中元古代沉积过程中,同生断层活动发育,尤其是在容矿岩组沉积期内,同生断层活动频繁:层间砾岩、滑塌堆积岩和角砾状矿石发育,角砾成分多样,并与下伏地层的岩性相同。③同沉积期火山活动:在东升庙和炭窑口附近发现"双峰式"火山岩的存在,地层中火山岩有稳定的产出层位,矿体都产于火山岩夹层的上部地层中。综合研究认为,该成矿系统是介于 SEDEX 型与 VMS 型之间(但靠近 SEDEX 型矿床一侧)的过渡型成矿系统。

黑色岩系中金成矿系统:华北地台北缘黑色岩系主要包括渣尔泰山群中的阿古鲁沟组,白云鄂博群中的尖山组和比鲁特组。其中产有朱拉扎嘎金矿、浩尧尔忽洞金矿等大型金矿床和比鲁特、布龙土等小型矿床和矿点。本次研究重点对浩尧尔忽洞金矿进行了较深入的研究,硫同位素特征显硫主要来源于中元古代黑色岩系;碳同位素指示碳主要源于黑色岩系中有机碳热解作用;氢氧同位素研究显示,成矿流体主要来自建造水,但有部分岩浆水的参与。通过矿床中伟晶状石英脉中黑云母 Ar-Ar 年龄测定,获得坪年龄为(267.4±2)Ma,与(270.1±2.5)Ma 的等时线年龄接近,暗示金成矿可能与海西期构造-岩浆活动有关。成矿系统控制要素包括:黑色岩系为金成矿的矿源层提供了成矿物质;东西向构造为成矿流体活动和矿质沉淀提供了空间场所;海西期构造-岩浆活动为成矿提供了能量并最终导致了金矿的形成。

(三)东天山地区

1. 区域地质历史演化

东天山处在西伯利亚陆块和塔里木陆块之间,海西晚期造山,基本地质过程和环境表现为:区域中—新元古界变质基底在中天山(库鲁克塔格、星星峡等地)零星出露;早古生代伴随古亚洲洋的发生和发展,研究区成为介于西伯利亚和塔里木两个古陆块之间的大洋,其中散布有库鲁克塔格、卡瓦布拉克、星星峡、阿尔泰等微陆块,并在南北两个陆块边缘开始出现大洋板块的俯冲和侧向增生；晚古生代发育陆缘弧和岛弧，岩浆喷出和侵入活动强烈，两大陆块因显著的边缘增生而彼此靠近，大致在石炭纪末基本完成了陆—陆碰撞造山过程；二叠纪及其后主体进入陆内演化时期，陆内俯冲、走滑和伸展等转换构造作用明显，伴随岩浆过程和多个前陆山间盆地的形成；新生代演化为准平原化的荒漠戈壁。

2. 区域成矿系统分析

从区域地质构造演化的角度分析，东天山发育4个重要成矿系统，即①古老地壳中沉积—变质作用相关Fe成矿系统；②古生代洋—陆俯冲背景中火山作用相关Cu-Mo-Fe-Au成矿系统；③古生代晚期陆-陆碰撞后伸展背景中构造-岩浆作用相关Cu-Ni-Fe-Co-V-Ti成矿系统；④二叠—三叠纪造山期后构造转换背景中大型韧性—脆性构造变形作用相关Au-Cu-Pb-Zn-Ag成矿系统。

从东天山区域成矿和地质建造、构造发育特点、近年找矿工作进展以及物化探资料，初步分析认为该区域成矿和找矿潜力较大的成矿作用类型依次为：①火山岩型铁钴矿；②造山型金铜矿；③岩浆型铜镍矿；④斑岩型铜钼矿；⑤MVT铅锌矿；⑥VMS型铜多金属矿；⑦浅成低温热液型金矿等。

3. 典型成矿系统

前寒武纪结晶基底内铁成矿系统：以天湖铁矿为代表东天山前寒武纪结晶基底内成矿作用主要以沉积变质为主，早前寒武纪的天山地区处于原始古陆形成及克拉通化阶段，地壳厚度不大，铁质来源丰富，本阶段形成的含铁建造及沉积变质铁矿床是天山铁矿形成的物质基础。铁矿多受层控，成因上多与变质岩系受混合花岗岩化的叠加改造有关。因此，寻找该类矿床，主攻地区是出露的前寒武—震旦纪基底地壳区。

火山岩型铁成矿系统：东天山与火山岩有关的铁矿主要产于晚古生代觉罗塔格岛弧带、北山裂谷带中，分别以雅满苏、磁海铁矿为代表。

(1)磁海铁矿成矿过程可分为富铁矿浆贯入和岩浆期后热液交代过程，规模以前者为主，矿区以辉绿岩为主的基性岩地球化学特征与塔里木二叠纪大火成岩省火山岩、东天山二叠纪基性岩等对比显示，它们具有相似的地球化学性质。结合前人研究成果推测，磁海基性岩可能起源于受控于深部地幔柱活动，铁成矿于二叠纪地幔柱背景下。根据所测成矿前辉绿岩锆石U-Pb年龄及来自于文献中的晚于磁铁矿的黄铁矿Re-Os年龄推断，磁海铁矿的成矿时代为263.8～262Ma。

(2)雅满苏铁矿成矿过程可分为火山喷溢沉积阶段和火山热液叠加改造阶段。在喷溢沉积阶段，主要形成似层状、透镜状高品位矿体。在热液交代富集成矿阶段，先是碱质交代(主要为钠长石化)，产生硅化、透辉石化、阳起石化，经过热液作用后，改变了原矿源层的基本面貌，生成的矿体有三类情况：一是呈层状、似层状、透镜状产在流纹质凝灰岩中，即在矿源层中富集，并保留了某些沉积特征；二是呈透镜状、囊状、不规则状产于挤压破碎带中，矿体仍产于矿源层内，但沿着构造有利部位富集；三是矿体远离矿源层，沿节理，裂隙充填，矿体呈透镜状、脉状等。

火山岩型铁矿大都是“两期成矿”。早期阶段形成矿源层或喷溢形成贫铁矿或矿浆喷溢形成富铁矿；第二阶段是热液交代富集成矿阶段，先是碱质交代，带入钾钠并带出铁，产生硅化、透辉石化、阳起石化。新疆古生代地壳演化的拉张型过渡阶段形成的岩浆型被动陆缘(裂陷槽),特别是近陆侧,尤其是在火山岩厚度大、喷发指数大,次火山岩分布广,蚀变强烈的火山活动中心地带,为铁矿形成有利地质构造环境。

斑岩型铜成矿系统:以土屋一延东斑岩铜矿为代表,其矿体主要赋存于两套含矿斑岩系统,一是中性斑岩系统包括次火山相的闪长玢岩(约80%);二是酸性斑岩系统包括浅成侵入岩的斜长花岗斑岩(约20%)。实测SHIRIMP锆石U-Pb年龄,Re-Os同位素年龄及前人的资料显示,矿床成矿时代为晚石炭世;矿区火山岩、次火山岩和浅成侵入岩形成于岛弧环境,可能是洋壳部分熔融形成的中基性岩浆喷发,晚期有幔源岩浆侵入,在火山通道及火山机构断裂系中形成包括闪长玢岩和斜长花岗斑岩的含矿岩体。

岩浆型铜镍硫化物成矿系统:东天山铜镍硫化物矿床的形成需要较长且较为稳定的有利于岩浆分异熔离的地质环境,如克拉通地区,其次为造山带碰撞后的张弛断裂带;成矿时间为海西晚期汇聚作用结束,出现了具有反弹性质的张弛应力场,来自于上地幔的基性—超基性岩浆沿大断裂及次级断裂侵位;含矿岩体大多为多次侵入的复式岩体,成矿以就地熔离为主。

造山型金成矿系统:喜迎金矿成矿模式可以概括为4个演化阶段,赋矿地层和部分矿源层的形成、流体循环和活化迁移、减压降温和富集沉淀、表生淋滤和次生富集。该类型金矿成矿机制可概括为:晚石炭世区域韧性剪切带产生动力变质热液顺剪切带发生循环,萃取含金地层中金属元素进入流体,在应力松弛条件下,热液体中的金在近东西向张裂带富集成矿。二叠纪同构造岩体残余热液中的铜多金属矿液贯入再次张开的矿化带中,形成多金属矿化叠加。

覆盖区矿产综合预测与示范验证

承担单位:中国地质大学(武汉)地质调查研究院
项目负责人:夏庆霖,汪新庆,陈志军
档案号:0861
工作周期:2010—2012年
主要成果

(一)聚焦覆盖区矿产预测科学问题,确定主攻矿床类型及重点工作区

聚焦"如何有效降低覆盖区矿产预测的重大不确定性""矿床模型向勘查模型高效合理转化""覆盖区深部'诊断性'找矿信息识别与提取"等科学问题,并根据示范研究区覆盖类型、地质构造背景、矿床特征、数据资料基础和有限目标原则,厘定了天山、大兴安岭南段和武夷山覆盖区综合预测与评价的重要成矿系统和主攻矿床类型。其中,天山戈壁沙漠覆盖区划分了2个重点工作区和三大成矿系统,即东天山与古生代洋-陆俯冲背景中火山作用有关的铜钼铁金成矿系统(以斑岩型铜钼矿和海相火山岩型铁矿为主攻矿床类型,兼顾VMS型铜矿、热液型金矿等类型)和与古生代晚期陆一陆碰撞后伸展背景中构造-岩浆作用有关铜镍铁钴钒钛成矿系统(以岩浆熔离型铜镍矿为主攻矿床类型,兼顾岩浆结晶分异型铁钒钛矿、矿浆贯入-热液交代充填型铁钴矿等),西天山与晚古生代岩浆活动有关的铁铜金成矿系统(以海相火山热液型铁铜矿为主攻矿床类型,兼顾接触交代型、斑岩型等);大兴安岭南段草原覆盖区着重评价2个

重点工作区及两大成矿系统，即沙麦—朝不楞地区与海西晚期岩浆侵入杂岩有关的和与燕山期陆相火山侵入杂岩有关的铅锌银铜钨钼锡铁成矿系统（以矽卡岩型铁多金属矿为主攻矿床类型），达来庙地区与燕山期陆相火山侵入杂岩有关的浅成热液型斑岩型铜钼成矿系统（以斑岩型和似斑岩型铜钼矿为主攻矿床类型）。武夷山植被覆盖区着重评价1个重点工作区及两大成矿系统，即闽西南地区与燕山晚期斑岩-潜火山作用有关的铜钼金银铅锌钨锡成矿系统（以斑岩型铜矿和火山-次火山热液型铜金矿为主攻矿床类型）、与推覆构造有关的铁铅锌成矿系统（以层控矽卡岩型多金属矿为主攻矿床类型）。

（二）覆盖类型分区及覆盖层地球化学性质研究

将陆地的覆盖区类型划分为地理覆盖和地质覆盖，前者包括植被（草原、森林、人工植被）、水体（湖泊、河流、冰川、积雪）等亚类，后者包括第四系松散堆积物（戈壁、沙漠、黄土、红土、冲积物、洪积物、残坡积物）、推覆体、火山岩、沉积盖层等亚类。利用TM数据合成新疆天山戈壁沙漠覆盖区、内蒙古大兴安岭南段草原覆盖区和福建武夷山植被覆盖区的遥感数字影像图，结合GDEM和STRM数字高程数据，采用监督分类模型对研究区的地理覆盖类型进行了快速分区。在东天山划分了3种主要覆盖亚类，即戈壁覆盖（40.4％）、沙漠覆盖（11.5％）、盐碱地覆盖（13％），约占研究区总面积的65％；在大兴安岭南段划分了2种主要覆盖亚类，即牧草覆盖（66.2％）、荒漠覆盖（9.6％），约占研究区总面积的76％；在福建省划分了3种主要覆盖亚类，即针叶林覆盖（36.5％）、阔叶林覆盖（31.1％）、人工植被覆盖（14.1％），约占研究区总面积的82％。

为了更好地了解覆盖层中成矿元素及伴生元素的垂向变化特征，项目组选取了矿体上方垂直土壤剖面（P6）和远离矿体上方垂直土壤剖面（P3）进行对比研究，各元素含量经标准化处理后做图发现，成矿元素和伴生元素在矿体上方土壤垂直剖面中呈双层分布或在柱状图上呈"C"形分布模式，而在远离矿体上方土壤垂直剖面中各元素含量分布随深度变化关系不明显。同时，利用钻孔岩芯研究覆盖层元素垂向变化特征，如对大排北ZK2001钻孔57.5m风化层岩芯进行系统取样、重矿物分离与鉴定、电子探针和PXRF测量，发现Fe元素等在覆盖层中部相对富集，Mo、Pb等元素在上部相对富集，而Zn、Mn等元素在覆盖层下部相对富集；对迪彦钦阿木钼矿ZK9703钻孔110m第四系松散覆盖层岩芯从下往上按1m间距进行系统取样，然后运用便携式X射线荧光光谱仪进行测量，并发现Cu、Mo、W、Pb等元素含量总体上呈逐渐降低的趋势，且Cu和W在距地表60～65m处出现仅次于85～110m处的第二个峰值，W的高值区出现于距地表90～110m处，Pb的最高值则出现在距地表65m附近。

（三）覆盖区矿产综合预测示范与勘查工作部署建议

系统搜集和整理了新疆和内蒙古4个示范研究区1∶20万及福建1个示范研究区1∶5万地质、矿产、化探、航磁、重力等基础地学数据和资料，以及TM、ETM、STRM、GDEM等遥感和数字高程数据，并对重点工作区的地质、矿产、地球物理、地球化学、遥感影像数据进行数据格式转化和空间配准，在数据模型的指导下，建立了覆盖区基础地学空间数据库。在研究不同类型覆盖层对矿产勘查影响机制的基础上，以半覆盖区出露的地质条件为约束，利用非线性模型（如C-A多重分形模型、S-A多重分形模型、局部奇异性指数$\Delta\alpha$等）和空间分析技术（如空间主成分分析等），对区域重力、航磁和化探中常量元素组分进行综合处理，提取覆盖区隐蔽矿化信息，并推断解译覆盖区隐伏成矿要素。①利用局部奇异性原理，对水系沉积物微量元素地球化学数据进行处理，获得的综合化探异常除对已知矿床有较好的指示意义之外，还显示出其他一些具有找矿前景的异常地段；②利用非线性模型(S－A模型、空间主成分分析等)，对区域重力、航磁和水系沉积物常量元素地球化学数据进行处理，推断的中酸性岩体分布不但与出露岩体在空间上较好吻合，而且有效识别和提取了可能存在的隐伏岩体，从而解决了与中酸性岩浆活动有关的热液型矿床的一项重要成矿要素的空间位置推测与表达问题。以主攻矿种和矿床类型空间分布及化探、物探等区域勘查数据能否支撑综合信息定量预测工作为原则，划分了重点工作区，如东天山、达来庙、沙麦-朝不楞、闽西南等。利用"隐伏中酸性岩体推断-接触带或热液蚀变带推断-成矿元素富集区识别"三位一体要素匹配法对草原覆盖区接触交代型铁多金属矿进行了预测，利用模糊证据权法对草原覆盖区热液型钼多金属矿和戈壁沙漠覆盖区斑岩型铜钼矿及海相火山岩型铁矿进行了预测，利用空间加权的主成分分析法对戈壁覆盖区岩浆熔离型铜镍矿和冰雪覆盖区火山岩型铁矿进行了预测，利用基于关键地质过程的预测法和随机森林法分别对植被覆盖区的层控矽卡岩型铁矿和浅成低温热液型及斑岩型金铜钼矿进行了预测，均取得了较好的效果，共圈定A级找矿远景区30个、B级找矿远景区42个、C级找矿远景区30个。通过综合预测和选区研究，确定了12个具有代表性的找矿远景地段：内蒙古大兴安岭南段草原覆盖区D2、SK3，新疆东天山沙漠戈壁覆盖区库姆塔格北、雅山、白石头、乱石头东、赤湖、东戈壁外围，福建武夷山植被及推覆体覆盖区大排北、大小矾山、小湖、洋坑。提出优先部署的勘查区建议18个，可近期部署勘查区建议17个。

(四)野外示范验证

在内蒙古、新疆和福建3个省(自治区)地调院课题组的配合下，与成矿背景项目组和物探项目组密切配合，对覆盖区具有代表性的找矿远景地段开展了进一步的大比例尺(1∶2.5万～1∶1万)野外地质矿产调查和地球化学及地球物理测量，并对一批具有代表性的物化探异常和综合信息推断解译地质体进行了初步查证，发现了蚀变带18条、矿体12个、矿化体10个。例如，在东戈壁钼矿外围，发现了1条矽卡岩化蚀变带及2条硅化带；在库姆塔格北选区发现4个矿化蚀变带，进一步圈定金矿体1个、铜矿(化)体1个、钒钛磁铁矿体3个；对赤湖、小白石头等地的AS7、AS14、AS17异常查证中均发现孔雀石化和硅化等蚀变；在乱石头东发现蚀变带2条、金矿体1个；在小湖发现铅锌矿体3个、铁矿体1个；在小矾山发现金矿化3处；在洋坑发现铅矿化脉2条，等等。在此基础上，部署实施了3个验证科学钻：①在内蒙古达来庙的洪根尼呼都格(D2)选区布置了ZK101成矿要素验证科学钻，2012年8月28日开钻，至9月26日结束，终孔深度543.6m，揭露第四系松散覆盖层厚度约76m，76～543m主要为一套气孔状和致密状中基性陆相火山岩，见绿泥石化和碳酸岩化，在480～540m处裂隙增多，并出现少量石英细脉和黄铁矿细脉，后因岩石过于破碎多次埋钻无法继续钻进而终孔。该钻虽未揭露推测侵入岩体或矿化，但证实了地表未出现的基性火山岩的存在及其对物探(EH4和精磁测量)推断解译的影响。②在新疆东天山的库北选区实施了ZK1－3成矿要素验证科学钻(图6－18)，2012年10月18日开钻，至11月20日结束，终孔深度650.3m，揭露戈壁覆盖层厚度约5m，主要岩性为玄武质凝灰岩、细碧岩。其中，在42～75m的玄武质凝灰岩具强硅化，局部细石英脉中见星点状方铅矿、闪锌矿、辉钼矿；474～618m的玄武质凝灰岩具强硅化，局部细石英脉中见黄铁矿、黄铜矿。③在福建龙岩的大排北选区施工的ZK2001成矿要素验证科学钻，2012 年 11 月 9 日开钻，至 2013 年 2 月 20 日结束，揭露松散覆盖层厚度 57.8m，主要岩性为下二叠统文笔山组(P_1w)泥岩、栖霞组(P_1q)灰岩等。在距地表 851m 处打到磁铁矿体，单层视厚度近 2m；在 1029 处下打到 20 余米厚的矽卡岩型铅锌铁矿体；在 1067m 揭露了中细粒花岗岩，于 1079.36m 终孔。这些钻探验证工作可为覆盖区矿产预测、推断成矿要素查证、岩石物性参数获取等提供直接支持和帮助。由此可见，非线性理论与方法在覆盖区找矿信息提取中具有较好效果。

图 6-18　沙漠覆盖区库北选区物探异常及成矿要素验证科学钻 ZK1-3 现场

(五)覆盖区矿产综合预测有效方法组合与技术流程探索

在典型覆盖区矿产预测评价的基础上,集思广益,初步总结和提炼出覆盖区矿产综合预测技术流程,提出“多学科融合与交叉、科学创新与服务找矿实践相结合、野外探测与室内研究相结合、宏观观测与微观分析相结合、传统地质方法与非线性理论相结合、矿调手段与科研思维相结合”的总体思路和“加强地质研究、深化成矿系统、类比与求异结合、重视综合信息、突出非线性方法、快速缩小靶区、实施工程验证”的关键技术环节。

根据覆盖区矿产综合预测与示范验证的研究探索和经验教训,提出覆盖区找矿必须坚持三大原则,即“循序渐进,分步实施”原则、“综合研究,多学科融合”原则和“大胆探索,敢于验证”原则。具体实施可借鉴以下技术方法及工作流程。

(1)充分利用1∶20万和1∶5万区域地质、地球物理、地球化学等数据和资料,重视对现有数据的二次开发,深化区域成矿背景和成矿规律研究;利用遥感数字影像处理技术与取样分析相结合,加强覆盖类型和覆盖层特征研究;运用非线性新方法与传统地质研究手段相结合,推断解译隐伏成矿要素,识别提取弱、小、隐蔽及深层次找矿信息;在此基础上,建立综合信息找矿模型,利用“隐伏中酸性岩体推断-接触带或热液蚀变带推断-成矿元素富集区识别”三位一体要素匹配法、模糊证据权法、空间加权的主成分分析法,基于关键地质过程的预测法、随机森林法等,开展覆盖区矿产综合预测,快速圈定找矿远景区,并进行甄别和优选。尤其是要素匹配法、模糊证据权法和空间主成分分析法,在覆盖区矿产预测中既实用,又便于操作。

(2)选择重点验证地段或可能的找矿突破地段,布置1∶2.5万或1∶1万地质填图、土壤化探和高精度磁测,并辅以1∶5000或1∶2000地质-物探-化探剖面测量,以降低覆盖层的影响,逐步缩小找矿靶区。此阶段应注重常规方法的有效组合及新方法新技术的试验和应用,如大比例尺地质草测、汽车浅钻取样、金属活动态测量、植物地球化学、热释汞测量、瞬变电磁、双频激电、AMT/CSAMT测量、高光谱遥感等。

(3)进一步开展多学科综合研究,应避免与已知矿床的简单对比,而深入探索覆盖层下伏地质体空间结构特征及变异性;利用路线调查、槽探等手段探查物化探异常和成矿要素,追索蚀变矿化空间展布。在此基础上,确定孔位对深部隐伏成矿要素或矿化实施钻探验证。

(4)覆盖区矿产预测的不确定性较大,必须科学把握覆盖区找矿工作的特色,注重对覆盖区成矿-勘查系统的深入研究。以内生金属矿床为例,其成矿-勘查系统包括原生矿化蚀变系统、覆盖层元素迁移系统和地表异常系统,这三大系统的相互关联是提高覆盖区成矿-勘查地质认识水平、开展覆盖区矿产定量预测评价的核心内容。此外,还应高度重视找矿-预测模型建立、弱矿化信息识别与提取等研究。

(5)提出了第四系岩性填图、全新统Qh-rbb层和Qh-rcl层角粒地球化学测量、高光谱蚀变信息提取等新方法,并在覆盖区示范验证中进行了初步实践。经过对本次圈定的覆盖区成矿远景地段的示范验证,获得了宝贵的经验教训,总结了针对戈壁沙漠覆盖区风成沙和盐碱层下找矿、草原覆盖区全新统松散堆积物下找矿和第四系玄武岩下找矿、植被覆盖区推覆体下找矿和火山岩下找矿的不同方法组合与技术流程。

(六)覆盖区矿产预测数据模型建立与计算机辅助编图软件研发

结合本体建模思想、面向对象分析技术、空间数据库建库方法等技术方法,以四级专业谱系为基础，对本项目中所涉及到的内容在四级专业谱系上进行了扩充，形成了针对覆盖区矿产综合预测项目的五级专业划分体系及特征分类，其中专业划分为3个专业组，在统一的标准及要求下分别建立子模型，最后整合统一成一个总模型。总模型包括地质背景子模型、遥感子模型、物探子模型、化探子模型、成矿规律子模型、成矿预测子模型等6个子模型。这6个子模型可以说既是一个相对独立的子模型，也是一个相互联系的整体，各模型之间有着引用或被引用及相互协调等关系，因此由各子模型到总模型也是一个比较复杂的整合统一修改再到整合统一这样一个反复的过程，在这过程中要不断协调统一各子模型的内容。针对覆盖区矿产综合预测工作的特点，依据《覆盖区矿产综合预测工作指南与技术要求》，细化并建立了覆盖区矿产综合预测数据模型。为了进一步提高编图工作效率，项目组还以数据字典为核心，依据数据标准和模型，设计并研发覆盖区矿产综合预测计算机辅助编图软件。该软件目前具备MapGIS输入编辑子系统的所有图形编辑功能，并增加了格式刷、绘制表格、生成责任签等辅助绘图功能，显著地提高了制图效率。

（七）成果发表与学术交流

项目组成功召开了"东天山戈壁沙漠覆盖区矿产预测与验证技术研讨暨现场交流会""武夷山植被覆盖区矿产预测与验证技术研讨暨现场交流会""覆盖区矿产综合预测专题图件编制工作会"等大型会议，组织覆盖区矿产预测技术与找矿方法学术交流。此外，还积极参加了"全国覆盖区矿产综合预测暨地学信息学术讨论会""第十三届全国数学地质与地学信息学术研讨会""第十二届全国矿床会议"等重要学术会议，并在会上作报告和交流覆盖区矿产综合预测与验证研究成果。项目组成员2010—2013年发表学术论文18篇，其中SCI收录4篇、EI收录5篇。依托该项目完成硕士学位论文5篇、本科生毕业设计（论文）11篇。

地质环境综合评价与区划技术方法研究

承担单位：中国地质大学（武汉）地质调查研究院
项目负责人：甘义群
档案号：0862
工作周期：2012—2014年
主要成果

（一）解析了国土规划与地质环境之间的相互关系

1. 地质环境区划的概念和内涵

在总结前人研究的基础上，给出了地质环境区划的概念：在揭示地质环境本身的组分与结构特征及其空间分异规律的基础上，结合人类社会一经济活动的类型与强度，按照一定的准则，对地质环境进行空间分区。地质环境区划离不开对地质环境的研究，要研究好地质环境，相关背景资料的获取是前提，而地质环境的评价则是关键和核心。

2. 国土规划与地质环境的相互关系

国土规划主要考虑国土开发适宜性、现有开发密度和发展潜力，从地质环境角度研究国土规划应该聚焦于“开发适宜性”。国土规划与地质环境相互关系研究的出发点在于国土规划对地质环境的需求上,这是后续评价和区划目标确定的依据,而地质环境条件对国土开发建设的制约因素研究则是后续评价指标等级划分的基础。国土规划与地质环境相互关系研究的落脚点放在地质环境的主要组成要素:水、土、岩、生 4 个方面,相应的评价指标也主要是在这 4 个方面来选取。

(二)构建了不同层次地质环境综合评价与区划方法体系

(1)“经济区”层次地质环境综合评价与区划方法体系经济区层次的评价与区划工作比较宏观,强调指导意义。因此该层次首先进行不同类型的地质环境评价,包括地质灾害易发性评价、工程地质稳定性评价、地质环境问题评价、地下水开采潜力评价和地下水防污性能评价 5 个方面。进而对各类地质环境评价的结果进行分析,再综合区域规划中的相关要求,遵循的一定的区划原则:将地质灾害高易发区、工程地质不稳定区、地质环境问题严重分布区及自然保护、风景名胜等区域直接划分为禁止开发区;地质灾害一般易发区、工程地质一般稳定区、地质环境问题一般分布区、地下水开采潜力低以及地下水防污性能差的区域划分为限制开发区;将区域内主要大型城市的主城区均划分为优化开发区;上述区域以外的地区划分为重点开发区。经济区层次的区划结果可为后续经济区规划、后备水源地等工作提供宏观层次的相关依据。

(2)“主要城市”层次地质环境综合评价与区划方法体系相比经济区层次而言,主要城市层次的地质环境评价与区划工作则十分细致,强调可操作性,并体现了“功能(或用途)”的概念。具体评价与区划分三级进行:一级区划是以地质环境问题为导向的规划管制属性分类,将地质灾害易发性评价结果与城市规划管制属性的要求相结合,将研究区划分为“禁建区(或保护区)”“限建区”“适建区”和“已建区”;二级区划是由地质环境功能为导向的区划,根据不同功能用地地质环境适宜性评价结果,进一步将“适建区”划分为居住用地区、工业仓储区、农业种植区和生态用地区;最后综合两级区划结果,按照一定的区划原则,将整个研究区划分为中心城区、工业用地区、农业用地区和生态用地区。三级区划是由地下空间开发地质环境适宜性评价为基础的地下空间开发区划,将“已建区(或中心城区)”划分为多种功能类型。该层次评价与区划工作的主要目的是为城市规划和重要基础设施的布局及其相关建设提供安全保障依据。

(3)方法研究。与此同时,项目还系统研究了“评价单元划分、评价因子信息获取、定权方法、评价数学模型”等内容,并列出了多种方法供选择使用。进而,针对具体的研究对象(经济区或主要城市),构建了不同层次的评价指标体系,以及各评价因子的性状数据划分标准,可为相关的评价提供方法支撑。

(三)开展了不同层次地质环境综合评价与区划示范研究

1. 武汉市地质环境综合评价与区划示范研究

结合武汉市现有规划,从地质环境角度出发,对武汉市进行了地质环境综合区划的示范研究,其评价与区划结果如下。

(1)武汉市各功能用地规划应尽量避开地质灾害或地质环境问题评价的高易发区,优先选择适建区。例如,中南轧钢厂一洪山青菱乡属于岩溶地面塌陷地质灾害高易发区,应避免工程建设;黄陂北部低山丘陵区、新洲旧街-将军山丘陵区及汉南纱帽-江夏乌龙泉属于滑坡、崩塌等地质灾害中易发区,作为限建区要科学合理地引导开发建设行为,城市建设用地选择应尽可能避让。

(2)武汉市“适建区”总体条件较好，已经规划为“重点镇”“中心镇”和“一般镇”的区域均可划定为“居住用地区”；除部分漫滩、低丘不宜进行工业建设外，大部分平地都适合工业及仓储用地；除部分垅岗地区地下水资源贫乏，环境水文地质问题较发育，大部分地区较适宜进行农业活动。按照现状取优的原则，工业用地区面积 955km^2，占总面积的 11.2%；农业用地区面积 2764km^2，占总面积的 32.3%。

(3)将武汉市地质环境综合区划结果和武汉市土地利用分区对比分析，结果显示：武汉市地质环境综合区划结果中，从面积占比来看，生态用地区面积较规划中比例有所上升，工农业用地区面积有所下降。基于地质环境安全角度，划分出一些工农业不适宜区，导致适合工农业的用地有所减少；而在禁建区和限建区增加了地质灾害易发程度，且工农业用地不适宜区均被划分到生态用地，因此生态用地区面积有所增加。此外，基于武汉市地质环境综合区划结果，重点针对城镇发展和区域重大基础设施建设，从地质安全考虑提出适宜性建议。

(4)武汉市“已建区”地下空间开发地质环境适宜区主要分布于武昌的中东部、汉口的西北、汉江以南及汉阳区的西南部。这些区域地形平坦，地势较高，土体均质性好，地下水埋深较大，岩土体承载力高，压缩性低，无软土及活动断裂分布，适合地下空间开发。较适宜区分布于汉口大部、武昌的西北一带。这些地区以黏土为主，软土厚度不大，岩土体承载力一般，中等压缩性，砂层中的孔隙水具有承压性，水量较大，而且部分地区建有高层建筑物，建筑物密度很大，较不适宜区分布于汉阳的中部和武昌南部一带及东湖湖区，前两个地区主要受隐伏岩溶的影响，岩溶塌陷易发性较高，东湖湖区周边地势低洼，软土层较厚。不适宜区分布于江汉区局部、白沙洲大桥以北的地区及长江水域范围。其中，位于江汉区的不适宜区主要受超过 15m 的巨厚软土层控制，白沙洲地区的不适宜区则主要是受隐伏岩溶塌陷的影响，该地区隐伏灰岩埋深小于 30m，裂隙岩溶水丰富，浅层孔隙水与地表水较强的水力联系；长江水域考虑施工的困难性属于评价中的敏感因子区，不适合进行地下空间的开发利用。结合武汉市主城区地下空间适宜性分区和武汉市主城区用地规划将“已建区”地下空间分为地下公共服务设施、地下交通设施、地下防灾设施、生产储存设施、地下市政基础设施 6 类。

2. 武汉城市圈示范评价

在开展国土规划与地质环境相互作用机制研究的基础上，根据评价与区划方法研究中提出的 5 类评价(地质灾害易发性评价、工程地质稳定性评价、地质环境问题评价、地下水开采潜力评价和地下水防污性能评价)分别开展单项评价，进而根据各单项评价选取评价指标进行量化，逐一划分为 3 个评价等级。最后，按照一定的区划原则，将武汉城市圈划分为禁止开发区(或生态保护区)、限制开发区、优化开发区和重点开发区。评价结果表明：武汉城市圈优化开发区包括武汉中心城区、黄石市中心城区和鄂州市的鄂城区 3 个部分，该区域地质特征是地质环境条件较好，已有开发密度高，开发潜力受限制，是武汉城市圈核心层。重点开发区包含范围较大，主要分布在优化开发区的周边及南部平原地区，该区域的地质环境条件良好，基本不存在地质灾害或地质环境问题，工程稳定性好，但其开发密度和现有开发强度不高，是武汉城市圈城镇化空间拓展的重点建设区域。限制开发区主要分布在武汉城市圈的南北两端和西部地区，以岗地、丘陵地形为主，主要特征为存在一定的地质环境问题，地下水开采潜力低且防污性能差，无论开发强度如何，均不适合大规模工业化城镇化开发，但可以进行与自身条件相适应的适度开发。禁止开发区主要分布在武汉城市圈南北外围的低山丘陵地带以及平原地带零星分布,该区域从地质环境的角度而言,为地质环境问题或地质灾害高易发区,工程地质稳定性较差;从“开发”角度看,目前其资源环境容量、社会经济发展水平均不能达到可持续发展的要求。此外,该区还包括自然保护区和风景名胜区等。

武夷山植被覆盖区成矿地质背景研究与成矿要素综合推断

承担单位:中国地质大学(北京)

项目负责人:张达

档案号:0863

工作周期:2010—2012 年

主要成果

(1)全面总结了武夷山植被覆盖区地质、地球物理、地球化学、遥感及科研成果,收集了相关数据。分析了与植被覆盖区找矿预测存在的基础地质问题,认为武夷山植被覆盖区新元古代、晚古生代及晚中生代构造岩浆演化及与成矿相关的成矿要素时空分布特征是制约覆盖区找矿的重要基础地质问题。

(2)系统分析了武夷山成矿带覆盖类型及分布特征,指出该区植被、构造、火山岩及“红层”是该区覆盖的主要类型。重点厘定了晚古生代盆地及中生代火山岩区植被覆盖的组成、厚度、结构等方面的差异,及其对找矿的影响。

(3)通过开展新元古代、晚古生代及中生代构造成矿背景研究,指出了新元古代弧裂谷及双峰式火山作用是海底火山喷流沉积铅锌多金属矿床的成矿构造背景,晚古生代陆内拗陷和碎屑岩及碳酸盐岩沉积作用是铁多金属矿床赋矿层位形成背景,晚中生代活动大陆边缘挤压-伸展构造格局分别为铁、铜多金属矿床的重要成矿背景。

(4)重点分析了中生代与马坑式铁多金属矿床、紫金山式铜金矿床相关的构造变形及岩浆岩等成矿要素。指出马坑式铁多金属矿床位于中侏罗世以来的推覆构造界面以下的层间滑脱带内;铁多金属矿床的形成与 130Ma 左右及 150Ma 左右的花岗侵入岩关系密切;平和大小矾山一带与晚中生代火山-次火山热液型银金多金属矿床相关的斑岩体的时代及岩性特征与紫金山矿田 110Ma 左右成矿岩体特征相似。在上述研究的基础上,总结了紫金山铜金矿床、钟腾铜钼矿床成矿模式,修正了马坑铁矿床、汤泉铁矿床成矿模式,建立了大排铁多金属矿床、潘田铁矿床、洛阳铁矿床、高星铁矿床、阳山铁矿床、矾山银多金属矿床成矿模式。

(5)在成矿地质背景研究的基础上,通过典型矿床研究,综合分析了武夷山植被覆盖区成矿规律。厘定了与晚古生代海相碳酸盐岩有关的层控矽卡岩型铁多金属矿及与中生代火山盆地边缘低温热液型铜金矿及斑岩型铜(钼)多金属矿床成矿类型、成矿要素。指出不同矿床类型成矿要素与成矿的关联度,为非线性综合异常处理提供重要合理的关联性参考指标。

(6)在区域构造演化及成矿地质背景研究的基础上,利用武夷山植被覆盖区不同比例尺地质、地球物理、地球化学、遥感等数据资料,分别开展全区 1∶20 万马坑外围、潘田—剑斗一带及大小矾山一带 1∶5 万非线性异常提取及成矿要素综合推断。

(7)利用峰岩式铅锌矿床、紫金山式铜金矿床、马坑式铁矿床找矿模型,通过武夷山植被覆盖区 1∶20 万地质、地球物理、地球化学及遥感数据开展非线性处理及综合异常信息提取,综合推断了研究区主要成矿要素，并开展了成矿远景区划分，初步获得区域 18 个成矿远景区。

(8)开展了 1∶5 万马坑式铁矿床综合异常提取及成矿要素综合推断，分析了马坑矿床、大排矿床、洛阳矿床及潘田矿床成矿要素，并编制了成矿要素综合推断图。在此基础上在马坑外围、潘田—剑斗一带、大小矾山一带分别提取出 5 个、4 个及 4 个成矿远景区。

(9)在 1∶5 万成矿要素综合推断的基础上，选取大排北及小矾山一带开展 1∶1 万重点区段成矿要素综合推断。在大排北部进行 1∶1 万高精度磁测，在小矾山一带开展原生晕测量工作。综合编制了 1∶1 万综合推断图件并开展了覆盖区找矿预测。

(10)结合大排北部重点预测区赋矿地层、控矿构造展布规律，根据磁测及重磁剖面特征，以及控矿要素探查项目示范研究成果，在正负磁异常结合部位(永定县培丰镇大排村游屋附近)开展钻孔验证工作(ZK2001)。验证钻孔于 550m 深度揭露 P_1q(栖霞组)/P_1w(文笔山组)推覆构造界面；近 850m 深度揭露 P_1w(文笔山组)/$C_{2+3}+P_1q$(中上石炭统—下二叠统栖霞组)滑脱构造界面，同时在该界面附近获得约 1.7m 的铅锌矿化层位；850～1014m 灰岩地层发生强烈的大理岩化，局部见多层矽卡岩；1014～1054m 间为铅锌矿(以锌为主)及磁铁矿含矿段，其中高品位的铅锌矿及磁铁矿层累积厚度约 15m，品位 Pb+Zn 大于 5%，最高达 15%，部分 TFe 达 26%。

(11)依托项目发表论文 27 篇，其中 SCI 检索论文 4 篇，EI 论文 4 篇，核心期刊论文 15 篇。培养博士生 5 名、硕士生 10 名。

黔江及邻区油气地质地球物理调查及地层对比研究

承担单位：中国地质调查局武汉地质调查中心

项目负责人：李旭兵，张淼

档案号：0866

工作周期：2011 年

主要成果

(1)重点调查研究区震旦系灯影组地层岩性、厚度、分布特征，分析了研究区埃迪卡拉系灯影组碳酸盐岩台地-台地边缘相沉积展布特征，并建立了相应的沉积模式。

(2)通过调查工作区埃迪卡拉系—志留系主要的烃源岩、储集岩和盖层地层的岩性特征、分布范围及沉积特征。较系统地分析了区内埃迪卡拉系—志留系生储盖组合、圈闭发育特征，并对区内盖层、断裂、水文地质等油气保存条件和油气保存单元进行了初步综合研究。

(3)调查测试认为埃迪卡拉系灯影组底部普遍存在的碳同位素正异常，顶部普遍存在的碳同位素负异常，可分别作为其与下部陡山沱组、上部寒武系界线划分的重要地球化学依据。

(4)调查分析了区内埃迪卡拉系陡山沱组页岩气资源条件，并对陡山沱组页岩气资源有利分布区进行了初步分析评价。

(5)发表研究论文。项目组 2011 年发表研究论文 6 篇。

李旭兵，陈绵琨，刘安，等．雪峰山西测埃迪卡拉系陡山沱组页岩气成藏体系评价[J]．石油实验地质，2014，36(2)：188－192.

李旭兵，刘安，危凯，等．雪峰山西侧地区埃迪卡拉系灯影组碳酸盐岩储集特征及分布

[J]. 地质通报,2012,31(11):1872-1877.

李旭兵,刘安,王传尚,等,雪峰山西侧地区寒武系娄山关组碳酸盐岩储层特征研究[J]. 石油实验地质,2012,34(2):153-157.

李旭兵,曾雄伟,王传尚,等. 东吴运动的沉积学响应——以湘鄂西及邻区二叠系茅口组顶部不整合面为例[J]. 地层学杂志,2011,35(3):299-304.

王传尚,李旭兵,白云山,等. 湖南永顺地区寒武系 Spice 及其地层对比意义[J]. 中国地质,2011,38(6):1138-1143.

王传尚,李旭兵,白云山,等. 湘西地区埃迪卡拉系斜坡相区层序地层划分与对比[J]. 地质通报,2011,30(10):1538-1546.

长江中游武汉城市群三维地质调查(水工环综合)

承担单位:湖北省地质环境总站

项目负责人:徐贵来,韩德村

档案号:0881

工作周期:2012—2014年

主要成果

(一)水文地质和工程地质

(1)开展了调查区的水文地质和工程地质补充调查工作,对1∶5万横店镇幅、茅庙集幅、汉阳县幅、武汉市幅、金口镇幅和武昌县幅的工程地质图和水文地质图进行了修编,并编写了相应的1∶5万水文地质和工程地质图件说明书。

(2)开展了城市供水水源地调查,并评价了水源地防污性能,保障了城市水源地安全。水是生命之源,水资源安全也是城市安全的重要保障,有着“百湖之城”的武汉市整面临着地表水体日益萎缩、水质日趋恶化的严峻问题。如2010年8月,白沙洲水厂受到污染,超过150万居民用水安全受到威胁;2013年3月,府河大面积死鱼,原因之一就是府河水受到污染;2014年8月,武汉市白沙洲等三大水厂取水口受到污染等。作为应急水源的地下水承担着更重要的角色。本次工作进一步将武汉市划分为七大供水源区,初步查明了各大供水源区水源地地下水资源量,同时对地下水资源量最为丰富东西湖区进行了地下水防污性能评价,绘制了防污性能分区图(图6-21),指导了水源地保护工作。

(3)厘定了武汉市水文地质工程地质标准层,建立了标准化分层格式。武汉市地质条件相对复杂,第四系地层沉因类型多样,沉积间断也大,加之从事水文地质工程地质勘察行业较多,而武汉市一直以来没有形成统一的分层标准,导致了各种勘察资料相互利用难度较大,造成了很大程度的重复工作和极大的资源浪费。建立的分层标准也规范了水文地质工程地质勘察资料整理、汇交格式,为勘察资料资源共享和奠定了良好的基础,使得已有地质成果能更好的服务于城市建设。

(二)环境地质

基本查明了武汉可溶岩分布和岩溶发育特征,为评价岩溶对城市地质环境安全的影响奠定了基础。

通过调查发现,武汉地区隐伏可溶岩总体呈近东西向条带状分布,局部地区由于受构造影响岩溶条带发生折曲,条带宽度一般为0.2～2km,最宽可达8km,隐伏可溶岩分布总面积约756km²,占区内面积28%。受构造和地形控制,隐伏可溶岩主要位于向斜核部,少数位于向斜翼部,可溶岩地层主要为下三叠中统嘉陵江组($T_{1-2}j$)白云质灰岩、灰岩夹白云岩和下统大冶组(T_1d)灰岩,下二叠统栖霞组(P_1q)燧石结核灰岩,上石炭统船山组(C_2c)厚层灰岩、球粒状灰岩,黄龙组(C_2h)厚层状白云岩、灰岩,下石炭统和洲组(C_1h)黏土岩夹灰岩。区内由北至南主要有5条隐伏岩溶条带。

武汉地区的岩溶地面塌陷形成的基本条件主要有3个方面,即上覆土层具“上黏下砂”二元结构;下伏基岩为可溶性碳酸盐岩且浅部岩溶发育;孔隙水与岩溶水水力联系密切。研究区内岩溶地面塌陷的诱发因素主要可分为自然因素和人为因素。自然因素主要包括降雨、地表水入渗和地下水位季节性波动等,人为因素主要为抽排地下水及可溶岩分布区内其他工程建设活动。岩溶塌陷的产生,实际上是土洞的致塌力大于抗塌力的结果。当形成岩溶塌陷的基本条件——岩溶、地下水动力条件及土洞等具备且发展到一定阶段时,在内外营力作用下,致塌力超过抗塌力即产生塌陷。地下水位季节性波动、降雨、工程建设活动等外动力因子对地面塌陷的形成主要是通过潜蚀、真空吸蚀、渗压以及重力等动力作用来体现。

(三)城市三维地质数据库和建模

基于武汉中地公司的MapGIS K9平台,基于交互式分区建模方法构建了调查区1∶5万的三维基础地质模型,并建立了武汉地区的城市三维地质数据库。

(四)应用与服务

(1)建成了武汉地区三维可视化城市地质信息管理与服务系统,促进了“数字城市”建设。以数据库技术、GIS技术、三维可视化技术及计算机网络技术为基础,建立了基于MapGIS K9软件平台,集成多专业多学科海量信息的武汉地区三维可视化城市地质信息管理与服务系统,实现武汉地区城市地质数据→城市地质信息→城市地质知识→城市发展价值转换的信息化、网络化、可视化城市地质管理与服务。

武汉地区三维可视化城市地质信息管理与服务系统从软件的功能角度进行划分,可将整个系统划分为数据管理与维护子系统、分析评价与三维可视化建模子系统、Web发布子系统等3个层次体系。系统收集和集成了包括各类钻孔和测试资料在内的50年来不同时代、不同部门取得的区域地质、工程地质、水文地质、地球化学调查、环境地质和地质灾害、地质资源、地球物理探查、遥感地质及基础地理等资料,建立了广州市城市地质数据库。通过城市地质数据管理与维护子系统,实现了城市地质数据的有效管理,可以面向数据管理维护人员提供基础地理空间数据、各专题属性数据、成果图件、文档资料等各类资料的数据库管理维护及操作监测,为开展城市地质研究和进行城市资源与环境承载力评价、城市用地评价、地下空间资源评估与地下空间开发适宜性评价奠定了基础。通过分析评价与三维可视化建模子系统,可以开展基于 3DGIS 的城市地质数据分析,通过三维可视化方式模拟与表达城市地质体和地质现象,在三维环境下进行城市地质信息的可视化分析研究。在 B/S 环境下运行 Web 发布子系统,可以进行内部数据共享和社会化数据信息服务。

(2)总结了武汉地区城市三维地质调查方法,为浅覆盖区城市地质三维调查工作提供技术支撑。结合工作实践,工作方法重点阐明了武汉地区城市三维基础地质调查方法、三维水文地质调查方法和三维工程地质调查方法,并对调查精度要求作了相关规定。对遥感解译和物探方法在城市三维地质调查过程中的应用进行了阐述。工作方法详细论述了武汉城市三维地质调查、三维地质模型和三维地质数据库的建设过程及标准要求,可为其他类似武汉地区的城市三维地质建模工作提供技术指导。

琼桂二叠纪疑难地层区区域地质专项调查

承担单位:中国地质大学(武汉)

项目负责人:何卫红,张克信

档案号:0882

工作周期:2012—2014 年

主要成果

1)通过对凭祥—东门一带二叠纪地层岩性组合、古生物面貌、沉积特征等进行深入研究,基本查明了广西凭祥-东门构造带展布的地层时代和空间分布。

(1)鉴定出牙形石 5 属 18 种,蜓类 13 属 36 种,放射虫 38 属 79 种,腕足类 15 属 21 种,双壳类 8 属 11 种;划分牙形石带 6 个,蜓带 8 个,放射虫带 4 个。

(2)对宁明板董附近二叠纪地层进行了地质调查,将"四大寨组"中的灰岩和火成岩进行了分解,将火成岩命名为"板董火山岩"。对东门—柳桥附近大隆组地层中的硅质岩和与沉积型锰矿相关的锰质灰岩进行了分解,锰质灰岩在东门—柳桥附近主要有 2 层。

2)通过对钦防地区石梯水库和石夹水库晚古生代地层剖面构造变形分析,放射虫化石系统鉴定,初步厘清了钦防一带的二叠纪地层和古生物时空分布特征。认为钦防地区晚古生代的地层由不同时代的构造岩片组成,时代跨度从早石炭世—晚二叠世。

(1)对钦防地区晚古生代地层各构造岩片的时代进行了厘定,包括早石炭世至晚二叠世地层,而且主要为 *Pseudoalbaillella globasa* 延限带和 *Albaillella xiaodongensis* 延限带的地层,前者的时代为中二叠世(Guadalupian)早期或者茅口期早期,后者为早二叠世(Cisuralian)期或者栖霞期。

(2)通过野外构造样式的仔细观察研究及室内地层时代恢复,剔除构造效应产生的地层重复,计算出钦防地区石炭纪至二叠纪地层的原始沉积厚度为 120 余米。地层重复率为 84%。

(3)钦防地区晚古生代地层剖面变形强烈,地层多次褶皱,以同斜紧闭褶皱为特征,构造岩片之间以逆冲断层相隔,大多数断层向东或者向北逆冲,充分体现了造山带地层变形的特征。

3)通过详细的岩石地层、生物地层研究,建立了广西疑难地层区(即广西西南部和南部)二叠纪综合地层对比格架,基本完成琼桂区域生物地层格架及其区域对比。

4)通过生物古地理、沉积学等的研究,对广西西南部二叠纪提出了比较独特的认识。凭祥

-东门构造带为裂谷环境。裂谷作用从西向东相继发生，并逐渐减弱，到东门附近为裂陷盆地。该裂谷盆地是华南大陆西南缘的盆地，向西和古特提斯洋连通。

5)通过古生物、沉积学和碎屑锆石等综合研究，认为早古生代以前扬子板块和华夏板块独立演化，二者之间有华南洋相隔(钦防属于华南洋的一部分)；早古生代末，华南洋关闭，钦防洋盆逐渐萎缩，形成前陆盆地；从泥盆纪开始，钦防盆地重新拉张，形成小洋盆，钦防洋盆属于古特提斯洋的一部分，是古特提斯哀牢山洋盆向东南方向延伸形成的分支洋盆，一直延续到二叠纪末(甚至可能到三叠纪)。早古生代末，钦防地区是华南造山带洋陆转换的重要构造区；晚古生代，钦防地区是古特提斯洋演化的构造区之一。二叠纪，海南西部和华南大陆相邻，和古特提斯洋及其岛弧演化相关。

6)发表研究论文6篇。

He W H, Shi G R, Zhang Y, et al. Systematics and palaeoecology of Changhsingian(Late Permian) Ambocoeliidae brachiopods from South China and implications for the end-Permian mass extinction[J]. *Alcheringa*, 2012, 36: 515—530.

Lei Y, Servais T, Feng Q L, et al. Latest Permian acritarchs from South China and the Micrhystridium/Veryhachium complex revisited[J], *Palynology*, 2013, 37: 25—344.

He W H, Shi G R, Zhang Y, et al. Changhsingian(latest Permian) deep—water brachiopod fauna from South China[J], *Journal of Systematic Palaeontology*, 2014, 12(8): 907—960

张克信，童金南，赖旭龙，等. 地层单位与全球界线层型——概念、术语、有关规定与研究实例[J]，地质科技情报，2012，31(5)：23—42.

何卫红，唐婷婷，乐明亮，等. 华南南华纪—二叠纪沉积大地构造演化[J]，地球科学，2014，39(8)：929—953.

何卫红，张克信，吴顺宝，等. 二叠纪末扬子海盆及其周缘动物群的特征和古地理、古构造启示[J]，地球科学，2015，40：275—289.

金钉子剖面调查

承担单位：中国地质调查局武汉地质调查中心

项目负责人：汪啸风，张卫东，张淼

档案号：0887

工作周期：2012—2014年

主要成果

(一)电子专题片拍摄

由北京弘扬知光文化传播有限公司协作完成10部“金钉子剖面”电子科普系列专辑的制作，最终形成《寻找“金钉子”》系列光盘，并已全部在中央电视台十套“地理中国”栏目中播出。系列专题片共10集，每一集介绍一颗金钉子。采用现场考察、实地拍摄和专家访谈相结合的手段，并适当添加动画效果，按每个金钉子的不同特点，选择有针对性、典型性、特殊性的角度

进行拍摄制作,播出后引起了强烈的社会反响,起到了很好的科普效果。

完成并在中央电视台《地理中国》栏目播放10颗金钉子剖面的专题片:浙江常山黄泥塘金钉子(意外发现)、浙江长兴煤山共两颗金钉子(长兴的秘密)、湖南花垣排碧金钉子[湖南金钉子(下)]、湖南古丈金钉子[湖南金钉子(上)]、湖北宜昌王家湾金钉子(王家湾迷案)、湖北宜昌黄花场金钉子(黄花场的秘密)、广西柳州蓬莱滩金钉子(蓬莱滩寻梦)、广西柳州碰冲(梳妆岭下的秘密)和浙江江山碓边(碓边村寻金)。

(二)编写与出版专著《嵌在岩石中的一颗金钉子》

我国所取得的10枚金钉子研究成果,多用外文发表在国外的杂志上,很多地质从业者并没能真正理解其内涵。为满足和适应地质调查工作的需要,以黄花场大坪阶为试点,用中文编写出版专著《嵌在岩石中的一颗金钉子》。该书图文并茂,除了收纳研究黄花场剖面所发表过的论文,还包括2004年和2007年分别提交给国际地层委员会奥陶系分会和国际地层委员会的建议和最终研究报告,2005年提交给全国地层委员会的报告,有关大坪阶的建议和论述,以及国际地层委员会和国际地质科学联合会执行局正式批准和认定中国湖北宜昌黄花场剖面为全球中奥陶统,并命名为"大坪阶"的正式批文等资料。

(三)编写与出版报告文学集《"金钉子"报告文学》

通过采访研究每个金钉子的专家,根据每颗金钉子的特点,进行文案策划,确定编写重点和侧重点,明确不同"金钉子"的特别阅读点,邀请中国国土资源作家协会成员撰写"金钉子"报告文学。描述了几代地质工作者为"金钉子"的发现、科学研究和最终确定所付出的艰辛劳动,其间发生的动人故事;采用尽量通俗的语言讲述了"金钉子"的意义、科学价值和社会价值。

(四)编写与出版专著《中国的全球界线层型》

与中国科学院南京古生物研究所合作,编写了《中国的全球界线层型》。介绍迄今被国际地层委员会和国际地科联批准的、在中国建立的10枚"金钉子",以展示中国地层古生物学家近20年来在地层学领域所取得的优秀成果。内容包括各"金钉子"剖面的地理位置、岩石特征、生物内容和地层分布、化学地层特征、关键化石及其产出点位、确定年代地层单位的首要和辅助定界手段及标准,各"金钉子"所属地质时代和所确定的年代地层单位的等级(系、统、阶)等科学内容;结合文字内容,配以丰富的照片资料,反映"金钉子"剖面的全貌、重要地层层段出露情况、关键化石和"金钉子"剖面永久性标志等内涵,介绍各"金钉子"剖面的主要研究人员。

(五)1∶5万区域地质专题调查

2014年优选黄花场(图6-19)和王家湾两颗金钉子所在的长江三峡宜昌地区开展1∶5万区域地质专题调查,开展了路线调查、剖面实测,并采集了化石标本。该地区是我国开展地质研究较早、研究程度较高的地区之一,也是我国地层学研究的热点和重点地区。长江中上游分界处的峡东长江南、北两岸,有"川鄂咽喉""三峡门户"之称。行政区划属湖北省宜昌市夷陵区、西陵区、伍家岗区、秭归县。三峡专用高速公路横贯调查区,长江沿岸水陆并通,主要乡镇均已通车,交通较为便利。本次区域地质专题调查的目的是通过进一步的调查研究,寻找可替代剖面,以便开展后层型的研究工作,同时可供各类人员采集并研究其中的岩石和化石。

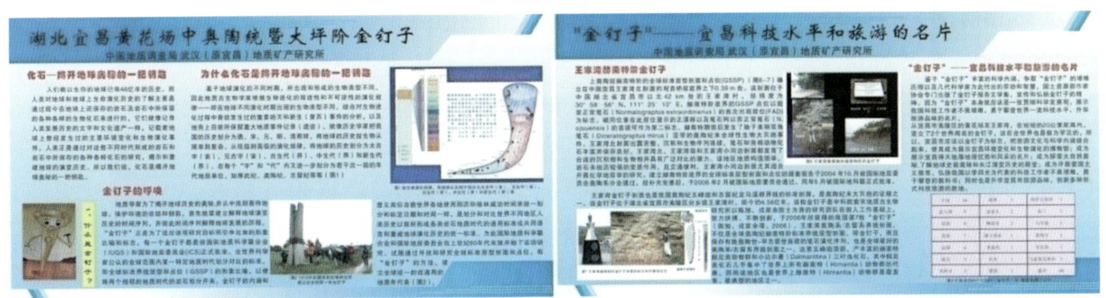

图 6-19 黄花场科普展示橱窗

幕阜山岩体北缘1∶5万区域地质综合调查

承担单位：中国地质调查局武汉地质调查中心

项目负责人：刘磊

档案号：0904

工作周期：2012—2014 年

主要成果

（一）地球物理方面

（1）对工作区内的临湘县幅、横溪幅、大沙坪幅、白洋田幅、北港幅北半幅、通城北半幅进行了1∶5万重力扫面工作，测点分布大致均匀，平均密度约为6.5点/km^2，布格异常总精度为

$0.054\times10^{-5}m/s^2$,符合设计与规范要求,成果数据可供各方应用。

(2)系统收集了幕阜山地区的航磁数据,收集了幕阜山地区已有的 1∶5 万地质矿产调查报告及图件,分析了测区内地球物理场特征,按图幅编制了 1∶5 万布格重力图件及航磁图件等基础图件。

(3)对测区内的地球物理基础图件进行了处理解释,结合地质资料,共推断断裂 34 条,其中隐伏断裂 24 条,半隐伏断裂 10 条;圈定局部异常 8 个,与成矿有密切关系的隐伏岩体 5 个,分别是云溪-长冲源隐伏岩体、临湘隐伏岩体、王禾村隐伏岩体、白里畈-明星村隐伏岩体、新桥村-宝林村隐伏岩体。对这些隐伏岩体进行了 2.5D 及三维自动反演计算,计算出了隐伏岩体的在深部的大致形态,并绘制了隐伏岩体不同深度的切片图。

(4)根据重磁资料结合地质资料,认为幕阜山岩体的根部在工作区的东部地区。对东部地区的幕阜山岩体做了三维反演计算。认清了幕阜山岩体在地下的展布形态。

(5)根据综合资料资料详细地划分了幕阜山岩体北缘区域岩体接触带的范围与形态。在前人研究的基础上,重新划分了找矿远景区的范围,为幕阜山地区深部找矿提供了重要力信息。

(二)地球化学方面

(1)对横溪幅(H49E016023)开展 1∶5 万水系沉积物测量(局部以土壤组合样品代替),实际控制面积 $448.92km^2$,采集水系沉积物样品 1792 件,平均密度 4.32 点/km^2;采集土壤组合样品 84 件,平均密度 4.5 点/km^2;采集水系沉积物重复样品 40 件,占样品总数的 2.13%。对所有样品进行了 Au、Ag、Cu、Pb、Zn、As、Sb、Bi、Hg、Cd、W、Sn、Mo、Cr、Ni、Co、F、La 等 18 种元素的分析测试。野外工作各环节和样品分析测试质量控制经严格检查验收,均达优良级,质量符合《地球化学普查规范》(行标报批稿)的要求,其成果数据可供各方应用。

(2)编制了测区 Au 等 18 个元素的系列地球化学图件(采样点位图(含分析数据)、单元素地球化学图、单元异常图、组合异常图、综合异常图和地球化学找矿预测图)共计 25 幅。

(3)在系统统计分析全区和不同地质子区地球化学元素含量、分布特征的基础上,探讨了主要成矿元素的分布和富集规律,并据元素在地球化学图上展示的起伏势态,可将测区划分为 3 个地球化学区、8 个地球化学小区,并对每个地球化学(小)区的地球化学特征进行了详细总结说明。

(4)圈定综合异常 12 处,对所有综合异常均进行了踏勘性检查;对杉树坡 AuAgMo 异常(HS07)、药姑山林场 AuW 异常(HS06)和大茶园 AuSbW 异常(HS04)开展了较为详细的异常查证。重点对区内 Au 异常的成因和金矿的产出规律进行了研究分析。

(5)结合前人及本次异常检查成果,联系区内地质、地球化学背景及成矿规律,对图幅内异常进行了分类、排序,对重点异常进行了合理解释与评价。在全面总结、科学分析的基础上,划分出 6 个找矿远景区,分别是月形湾-黑石坡钼银找矿远景区、新塘坡-荆竹冲-桂竹源金锑找矿远景区、阴堪岭-药姑山金找矿远景区、白石坑金钨找矿远景区、忠防铅锌找矿远景区、龙形一西冲钨钼铋找矿远景区。对各远景区找矿方向和前景进行了初步讨论,为下一步矿产普查工作部署提供了完整的基础资料。

(三)综合地质调查

(1)根据地球物理及地球化学资料,选取地球物理与地球化学特征有利的部位进行了专项地质调查修测,分别是高峰村-幸福村区域和长冲源-上屋冲区域。对这两个区域内的地球物理与地球化学异常的有利部位进行了实地勘查,在前人研究的基础上,重新绘制了区域地质矿产图。

(2)综合了地球物理与地球化学资料,结合地质情况对地球物理与地球化学推断的找矿远景区进行了梳理筛选,重新划分了找矿远景区。

中部地区矿产资源勘查开采动态调查评价

承担单位:中国地质调查局发展研究中心

项目负责人:谢国刚,靳松,易继宁(2014 年),张福良,靳松,马骋(2013 年)

档案号:0912

工作周期:2013—2015 年

主要成果

2013 年主要的成果如下。

(1)参与《全国矿产资源勘查调查动态监测指标体系制定(建议稿)》制定的工作,并在湖北省选取 10 个探矿权开展试点,并依据试点成果情况对指标体系提出了完善建议。

(2)通过与湖北省国土资源厅、湖北省土地规划勘测院(外协单位)沟通协商,确定了湖北省探矿权调查模式。

(3)系统收集湖北省探矿权数据(内含 495 宗探矿权、探矿权人、地勘单位等相关数据),并建成湖北省矿产资源勘查调查数据库。

(4)对调查数据进行汇总、整理,全面分析了湖北省探矿权相关信息,总结探矿权管理中存在的问题并提出建议。

2014 年主要成果如下。

(1)参与《全国矿产资源开采调查动态监测指标体系制定(建议稿)》制定的工作,并在湖北省选取 10 个采矿权开展试点。依据试点情况成果提出指标体系完善建议。

(2)通过与湖北省国土资源厅、外协单位湖北省土地规划勘测院(外协单位)沟通协商,确定了湖北省采矿权调查模式。

(3)系统收集湖北省采矿权(内含 4237 宗采矿权、采矿权人、矿山企业、矿业用地、采矿成本等相关数据),并建成湖北省矿产资源开采调查数据库。

(4)通过全面系统分析已有调查数据成果,提出湖北省矿业权出让、布局、管理等方面问题,并提出矿业权管理相关建议。

(5)汇总项目成果,编制中部地区矿产资源勘查开采动态调查评价项目成果报告。

全国重要矿物岩石和化石调查

承担单位:中国地质调查局武汉地质调查中心
项目负责人:宋芳,陈荣
档案号:0916
工作周期:2014 年
主要成果

(一)开展重要矿物岩石和化石区域地质调查工作

重要矿物岩石和化石的观赏性长时间以来受到较多的关注,对其文化、审美、收藏等方面已有较为成熟的研究,但其地质属性长时间以来只开展了零散、模糊的研究,作为一种资源的分布、与区域地质背景之间的关系研究尚未有系统总结。

本项目工作中,选择了观赏石资源较为丰富的建始地区,开展 1∶5 万区域地质调查。在调查过程中,尤其关注区域上分布广泛的几类重要矿物岩石和化石原石层位及资源的分布情况,对分布规律做了初步的整理。

(二)完成“两论”的编写工作

中国历代赏石文化论著浩如烟海,对其开展的总结少之又少,基于前期项目“全国重要矿物岩石和化石资源调查与编图”完成了《中华赏石文化史论》及《中国历代石谱概论》的初稿。但由于观赏石研究综合性强、资料整理工作量大等原因,初稿中有部分问题各章节编写人员认识不一、使用图片模糊、资料来源不明,尚未达到出版要求。本项目工作过程中,在中国观赏石协会等单位的大力支持下,组织专家对“两论”初稿进行了修改。

(三)开展了《中国观赏石图谱》的编撰工作

重要矿物岩石和化石以其具备的观赏、收藏、科学、经济价值,逐步受到大众的喜爱。近年来,市面上出版的观赏石读物种类繁多、数以百计,有单一文字版、图片版,也有图文并茂版,因主编多为个人或藏馆或地方协会,出版内容以个人、藏馆和地方观赏石为主,其深度、广度均有局限。在“赏石艺术”已获批准正式列入国家级非物质文化遗产代表性项目名录后,延伸“全国重要矿物岩石和化石资源调查与编图”工作项目,“开展赏石文化研究,编制相关论著(《中国观赏石图谱》)”,传承、弘扬、普及观赏石文化艺术更显其时代意义。

在中国观赏石协会的大力支持下,项目对《中国观赏石图谱》的编撰开展了一系列的工作。通过多级的遴选,选定了 800 方入谱精品石,并经过多次专家讨论明确了《中国观赏石图谱》的编撰内容。

上扬子地块埃迪卡拉纪—早寒武世微生物岩与铅锌矿成矿关系

承担单位:中国地质调查局武汉地质调查中心

项目负责人:王建坡

档案号:0958

工作周期:2014 年

主要成果

(1)通过对湖北长阳两河口 ZK04 钻孔的埃迪卡拉系陡山沱组碳酸盐岩进行详细的碳氧同位素分析,识别了 4 次明显的 $\delta^{13}C$ 负偏离,分别位于陡山沱组一段、二段中上部、二段上部和三段上部至四段。其中,第 1、2 和 4 次 $\delta^{13}C$ 负偏离在峡东地区其他剖面能够很好地对应,具有重要的区域和全球地层对比意义。在第 1 次 $\delta^{13}C$ 正偏离区域内并未发现明显的 $\delta^{13}C$ 负偏,分析认为“WANCE 事件”可能仅代表了峡东部分地区一次短暂的 $\delta^{13}C$ 降低事件。第 3 次 $\delta^{13}C$ 负偏离表现最为显著,然而在除秭归泗溪和青林口以外的其他地区未见报道,可能是由于水体较浅的区域发生了地层缺失未能保存此次 $\delta^{13}C$ 负偏离。长阳 ZK04 孔陡山沱顶部的第 4 次 $\delta^{13}C$ 负偏离表现较弱,考虑到陡山沱组四段的黑色页岩较少发育,推测长阳两河口地区在陡山沱晚期处于水体相对较浅的台内拗陷边缘。“DOUNCE”可能是地史时期最大的一次全球性碳同位素负偏离事件,它与大型具刺疑源类化石群和埃迪卡拉生物群的发展演化有着紧密的联系,对于全球埃迪卡拉纪统级地层对比具有重要的意义。

(2)初步对埃迪卡拉系灯影组和下寒武统天河板组-石龙洞组进行层序地层划分对比。灯影组层序地层划分以湖北鹤峰白果坪剖面为对象,共见有 3 个Ⅲ级层序(SQ3～SQ5),SQ3 相当于陡山沱组陡四段—灯影组底部,以 HST 为优势体系域,由灯影组底部的中层状含砾砂屑白云岩、叠层石白云岩、鲕粒云岩构成;SQ4 相当于灯影组中部,显示 H 型层序样式,以 HST 为优势体系域,由斜层理常见的含砂屑粉晶白云岩、灰白色厚层状粉晶含砾砂屑白云岩和中—厚层微晶白云岩构成;SQ5 相当于灯影组上部,仍属 H 型层序样式,优势体系域为 HST,主要发育退积-加积序列的岩石组合,以中—厚层微晶白云岩为主,以含厚层状含砂屑粉晶白云岩、藻纹层白云岩、叠层石白云岩为特征,该层序划分方案具有良好的可对比性。天河板组-石龙洞组层序地层划分以湖北宜昌兆吉坪、重庆石柱马武、秀山羊石坑和湖南石门杨家坪剖面为对象,可划分为 3 个Ⅲ级层序(SQ1—SQ3),SQ1 相当于天河板组中下部的薄层泥质条带灰岩和泥晶灰岩,以及金顶山组和杷榔组上部的灰岩与泥页岩的交互沉积;SQ2 相当于天河板组上部的瘤状灰岩,石龙洞组下部的粉晶白云岩,以及清虚洞组下部的豹纹灰岩、泥质条带灰岩和泥晶灰岩;SQ3 相当于石龙洞组上部的鲕粒白云岩和角砾白云岩,清虚洞组上部的泥晶灰岩和白云岩。

(3)初步对埃迪卡拉系陡山沱组、灯影组,下寒武统天河板组、石龙洞组沉积期的岩相古地理进行了恢复,认为这 4 个时期研究区主要发育潮坪相、浅水陆棚相、深水陆棚相、混积陆棚相和盆地相沉积。潮坪相以石龙洞组为代表;浅水陆棚相以天河板组和清虚洞组为代表;深水陆棚相以杷榔组为代表;混积陆棚相以金顶山组为代表;盆地相则主要为一套黑色碳质页岩,代表如金家洞组、小烟溪组等。生物礁相和滩相沉积仅发现于局部地区的浅水陆棚相内,未形成大范围的台缘礁滩相带。

(4)在总结埃迪卡拉系陡山沱组和灯影组叠层石的基础上,初步描述湖北鹤峰白果坪灯影组剖面中发现的叠层石,主要为3套。下部叠层石以丘状和穹隆状为特征,高度十几厘米至几十厘米不等,主要由菌藻类黏结藻团粒、砂屑形成;中部叠层石呈不规则层纹状,厚几厘米,由泥晶白云岩和微-粉晶白云岩形成的暗-亮交互层形成,层纹常断裂;上部叠层石高1m左右,丘柱状,由泥晶白云岩和微晶白云岩形成的暗-亮交互层形成(图6-20)。

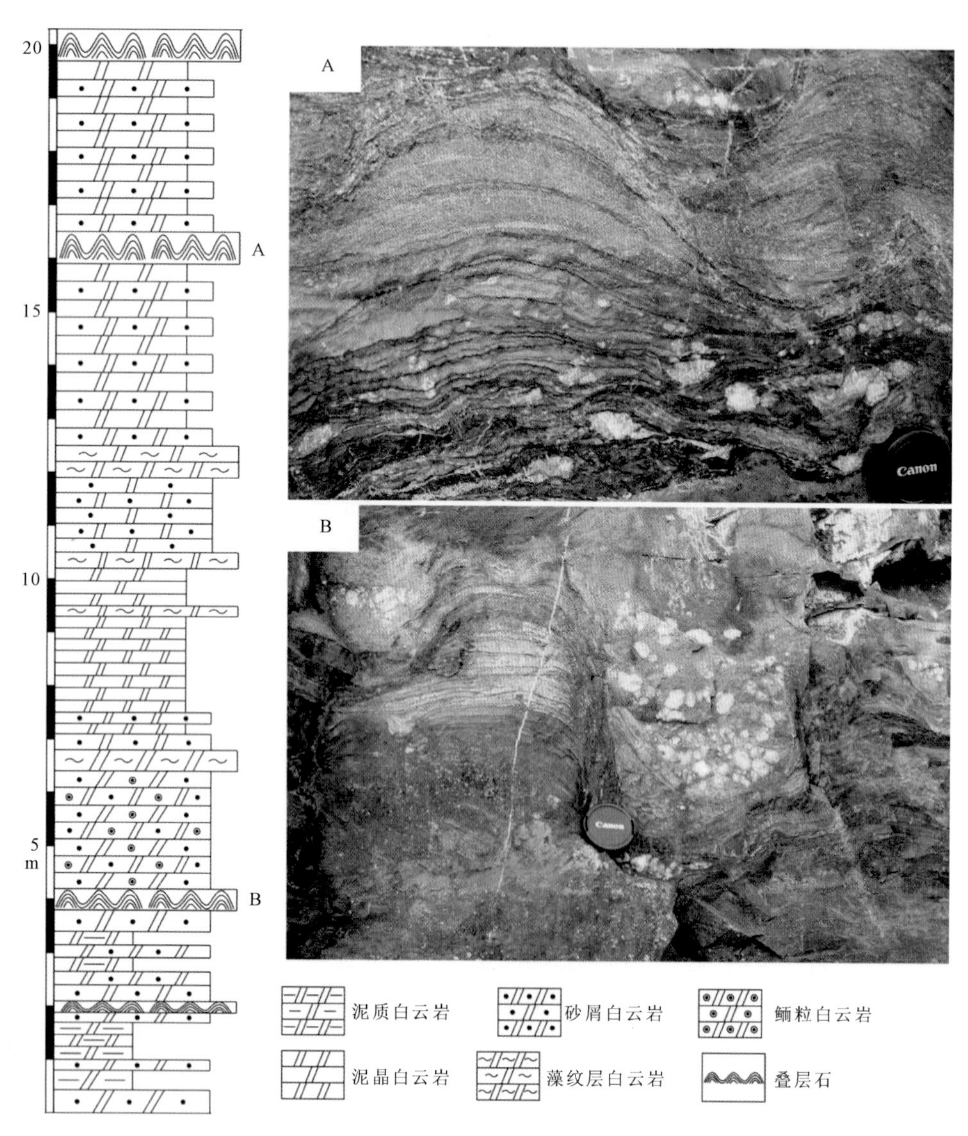

图6-20　鹤峰白果坪埃迪卡拉系灯影组下部叠层石

注:A、B分别对应柱状图的发育位置。

(5)对湖北鹤峰白果坪灯影组中发育的硅质岩通过地化手段进行成因分析,发现其属于正常的海水沉积(生物沉积)之上叠加了热液沉积的因素,并且热液活动在进入寒武系沉积之后明显得到了加强。其中,赋存于下部和中部叠层石中的硅质条带被初步认定为生物成因硅质岩。发表中文核心刊物论文1篇。

广东省三稀资源现状和潜力分析

承担单位:广东省地质调查院
项目负责人:胡耀国,窦磊,黄华谷
档案号:0959
工作周期:2012—2015年
主要成果

(一)基本摸清资源家底

广东省稀土矿床类型丰富和资源巨大,但查明资源储量极少,离子吸附型稀土矿资源丰富并富有世界少有的离子吸附型重稀土,具有离子吸附型稀土矿 2700×10^4t 以上的前景。其中,钇族稀土(HREO)具有 1000×10^4t 的前景;稀有矿产资源以铌钽矿为主,找矿潜力大;稀散元素矿产资源主要分布在一些大中型矿床中。同时,项目组对稀有、稀土、稀散元素矿产资源的开发利用概况、矿床成因类型和成矿特征等进行了总结。

(二)找矿工作取得突破性进展

1. 发现两种新的矿床类型

(1)灰岩风化壳型钨锡铷离子吸附型稀土共生矿床(乐昌禾尚田)。
(2)花岗岩风化壳型铌钽离子吸附型稀土共生矿床(龙门永汉和连州谭岭)。

2. 新发现6处稀有稀土矿产地

(1)乐昌禾尚田钨锡铷稀土矿,矿产规模中型,其中铷矿为大型。
(2)龙门永汉铌钽稀土矿,铌钽矿为特大型,稀土为中型以上。
(3)翁源热水重稀土矿,矿床远景规模大型以上。
(4)大埔高陂重稀土矿,矿床远景规模大型以上。
(5)南雄南亩轻稀土矿,矿床远景规模大型以上。
(6)紫金中坝轻稀土矿,矿床远景规模大型以上。

3. 新发现离子吸附型稀土矿点11处

重稀土矿点1处,连州谭岭。

轻稀土矿点10处:①德庆马圩;②德庆新圩;③郁南平台;④天露山1;⑤天露山2;⑥信宜合水;⑦信宜新宝;⑧信宜镇隆;⑨高州潭头;⑩化州宝圩。

4. 新增资源量

(1)铌钽资源量(333+334):$(Nb,Ta)_2O_5$ 资源量为24302.87t,其中,Nb_2O_5 为

22 384.62t,Ta_2O_5 为 1918.25t(龙门永汉)。

(2)资源量(333+334):HREO 为 35 048.11t(大埔高陂),LREO 为 100 062.58t(乐昌禾尚田和龙门永汉)。

(3)新增 Rb_2O 资源量(333+334)7780.33t(乐昌禾尚田)。

(三)综合研究成果

研究了广东省离子吸附型重稀土矿的成矿规律;总结了稀有、稀土、稀散矿产资源的产出特征以及矿床类型;划分了稀有稀土元素矿产资源重要成矿区带;将相关研究成果在核心期刊发表了学术论文 4 篇。

(四)服务于矿证管理,完成矿证管理部门要求的工作

根据矿证管理的要求,编写了 4 个矿业权调查报告;调查广东离子吸附型稀土矿的开发利用情况,对 9 个典型开采区开展野外实地调查,并在新丰来石稀土开采区域开展遥感解译 $100km^2$,调查解译区 2010 年至 2012 年期间稀土开采位置、开采范围、开采状况等;编写了《广东省国家第二批稀土规划区选区和设置研究》专报,计算了到 2030 年广东高速公路建设将压覆的稀土资源量,对广东省划分国家稀土规划区和稀土压覆资源利用提出建议。

(五)人才培养

子项目的开展,培养了一批年轻骨干,一些成员获得新的荣誉和职称。

(六)提出下一步工作建议

根据国民经济发展的需要和广东地区稀有、稀土、稀散资源实际情况,结合本次调查成果,提出下一步开展稀有、稀土、稀散工作应以铌钽和离子吸附型重稀土为主攻矿种,以化探中出现铌钽稀土等元素异常套合较好的早白垩纪岩株作为主要勘查目标,提出可供进一步勘查的9 个重点地区,即连州地区、仁化地区、翁源地区、乳源地区、蕉岭地区、河源地区、兴宁地区、惠东地区和大埔地区。

长江中游江汉-洞庭平原国土资源综合监测研究

承担单位:中国地质大学(武汉)地质调查研究院

项目负责人:唐仲华

档案号:0962

工作周期:2011—2014 年

主要成果

(一)江汉-洞庭平原国土资源及地质环境特征

在对江汉-洞庭平原土地利用、地下水、地质灾害、水土地质环境、生态地质环境、矿山地质环境等国土资源及环境调查监测成果进行总结集成的基础上,深入分析了该地区国土资源开

发与地质环境变化特征，主要表现在以下几个方面。

(1)江汉-洞庭平原土地利用以农田为主，近20年来，城市发展迅速，建筑用地逐年增加。

(2)江汉-洞庭平原地表水分布广泛，地下水资源丰富，地下水埋深浅，地表水—地下水相互作用密切，地下水位变化幅度不大，但由于南水北调中线工程、三峡工程等的影响，部分地带地下水位朝降低方向发展；该地区地下水质朝劣质化方向发展，有害元素超标个数及超标率有所增加，有机污染、重金属污染日趋严重。

(3)江汉-洞庭平原地质灾害主要有岩溶塌陷、地面沉降、河道坡岸等，岩溶塌陷主要受人工干扰作用，特别是建筑施工引起的岩溶塌陷比较多发。

(4)土壤环境质量特点：局部地区(湘江流域、汉江下游等)朝劣质化发展。冷浸田发展特点：严重程度有所缓解，其理化性质与高产田有较大区别，在四湖地区仍发育广泛，对水稻生长产生严重影响。

(5)河流湖泊湿地：四湖总干渠、湖泊等污染越来越严重。

(6)江汉-洞庭平原主要矿山有云应膏矿、江汉油田、平原边缘采石场和益阳地区铁矿等，产生的主要矿山地质环境问题是地面塌陷、水土污染、地表植被破坏、局部水土流失。

(二)国土资源及地质环境综合监测指标体系

以计划项目提出的综合监测指标为基础，结合江汉-洞庭平原特点，建立了江汉-洞庭平原国土资源综合监测指标体系。

1. 综合监测工作区划

由于工作区属于农业生产区，故在工作区范围内划分出城镇发展区、工矿开发区、生态保护区后，其余地区则作为农业生产区。城镇发展区：以县级以上居民点分布区为主体，共划分有以武汉城市圈、长株潭城市群为代表的31个城镇发展区。工矿开发区：以工作区内查明的矿产资源开发利用区、水电、道路铁路工程建设区为主体，共划分有云梦高盐矿区、西部大中型采石场区、三峡工程影响辐射区、京广高铁京港澳高速公路分布区等区域。生态保护区：以工作区内大江大河及湖泊分布区为主体，共划分长江、汉江、洞庭湖及四水、四湖地区为代表的生态保护区。

2. 监测指标的确定

(1)农业开发区：监测对象有耕地(耕地增加面积、耕地减少面积)、未利用地(包括湿地、荒草地、盐渍化土地、裸草地等增加或减少面积)、浅表层水土地质环境、农田土壤环境(土壤质量物理化学指标)和冷浸田规模数量及改造治理面积等指标。

(2)城镇发展区监测对象有建设用地、绿化用地、地下水环境、突发性地质灾害、缓变性地质灾害、浅表层水土环境等。

(3)工矿开发区监测对象有地下水环境、突发性地质灾害、缓变性地质灾害、浅表层水土环境等。

(4)生态保护区监测对象有林地、草地、河湖湿地生态环境及其周边地下水环境、地质遗迹等。

3. 综合监测评价指标体系

(1)水土地质环境综合监测与评价体系(4个一级指标、13个二级指标、34个三级指标)。

(2)冷浸田适宜性评价指标体系(立地条件、土壤理化性质、土壤养分状况、社会经济效益)。

(3)农业地质监测评价体系(地形地貌、土壤地球化学、人为作用等)。

(4)综合监测与评价体系(以工作指南为基础,结合工作区特点,筛选提取,包括4个一级指标、19个二级指标、61个三级指标)。

(三)江汉-洞庭平原国土资源综合监测网络优化

(1)区域水质监测网点优化。对于区域控制点的确定,将工作区进行网格剖分,每个网格内最靠近中心点作为该网格的区域控制点,确定区域水质监测点网,区域优化监测点共有105个。

(2)区域水位监测网点优化具体优化。思路为在已有监测长观孔比较密的地区,对长观孔进行抽稀,在长观孔比较稀疏的地区用统测点进行加密,形成的区域监测网点能反映区域地下水位的变化规律。

(3)重点土壤(河湖、交通道路、城镇人口密集区等)监测网点优化。对工作区河道周边土壤相关重金属浓度从上游到下游变化较大,需在上、中、下游及大中型城市周边布设监测点;垂直于主要交通干路方向,土壤元素浓度变化较大,需要加密相关监测点;城镇人口密集分布区可以根据两个年度测试结果,布置监测点。重点土壤监测优化点共有56个。

(4)重点水质监测网点优化。城镇人口密集区水质监测点需选取最靠近居民居住地的水点作为采样监测点,在大型河流湖泊周边选择地下水-地表水交换频繁的地域加密监测取样点。重点水质监测点共有79个。

(5)重点水位监测网点优化。尽可能在长观点比较密集的城镇或河流及交通沿线进行筛选,满足既不与区域水位监测点重合,也不与问题监测点重合的要求。

(6)水土地质环境问题监测点优化。主要的水土地质环境问题:水土地球化学异常与污染、冷浸田监测等。针对工作区主要水土地质环境问题监测优化点共有76个。

(四)江汉-洞庭平原国土资源健康水平综合评价

以江汉-洞庭平原水土地质环境为对象,水土地质环境处于亚健康水平,在一定程度上能反映江汉平原其整体水土地质环境综合状况。

(五)制定了江汉-洞庭平原国土资源综合监测工作指南

以计划项目指南为基础,增加冷浸田监测的相关指标及冷浸田监测网的内容,生态保护区中增加地下水-地表水联动的相关指标等。

(六)建立了国土资源综合监测信息管理系统

(1)建立了江汉-洞庭平原国土资源综合监测数据库。以计划项目信息系统建设思想为指导,结合江汉-洞庭平原特点,开发了一套适合江汉-洞庭平原国土资源综合监测的信息管理系统。系统数据库分为3个层次,分别为基础数据、解释成果数据和模型数据。其中,基础数据层又分为原始资料数据库和基础空间数据库;基础空间数据库由地理底图库、影像库和元数据库组成。数据库按专业分成8个数据库:社会经济数据库、自然地理数据库、基础地质数据库、土地利用监测数据库、地下水监测数据库、地质灾害（缓变、突变）监测数据库、生态地质环境和矿山地质环境监测数据库；模型资料数据库由建模资料数据库和三维模型资料数据库构成。

（2）研发了国土资源综合监测成果可视化分析系统.根据江汉-洞庭平原国土资源综合监测信息资料特点，研究开发了江汉-洞庭平原国土资源综合监测四维信息可视化管理分析系统，实现三维空间信息和时间动态信息的可视化分析。

（3）研发了国土资源综合评价模型库。针对江汉-洞庭平原土地利用和主要环境地质问题，综合评价主要有以下几个应用系统：①国土资源健康指数计算模型；②多要素耦合模拟预测模型；③地面沉降模拟预测模型，系统建模需求主要围绕地面沉降动态模拟及预测，包括建立松散土层力学参数随应力应变模型、地下水开采及地表动静荷载作用下的地下水流动及介质变形模型、地面沉降全耦合模型和地面沉降分析评价；④岩溶塌陷模拟预测模型。系统建模需求主要围绕岩溶塌陷形成需要动力条件，包括地下水的流动、地下水位的变动、地表水或雨水入渗、诸如地震或其他外荷载的动力扰动影响分析和评价。

长江中游江汉-洞庭平原国土资源监测成果集成与评价

承担单位：中国地质大学（武汉）地质调查研究院
项目负责人：唐仲华
档案号：0963
工作周期：2010 年
主要成果

（一）江汉-洞庭平原国土资源及地质环境特征

对江汉-洞庭平原土地利用、地下水、地质灾害、水土地质环境、生态地质环境、矿山地质环境等国土资源及环境调查监测成果进行总结集成的基础上，深入分析了该地区国土资源开发与地质环境变化特征，主要表现在以下几个方面：

（1）江汉-洞庭平原土地利用以农田为主，近 20 年来，城市发展迅速，建筑用地逐年增加。

（2）江汉-洞庭平原地表水分布广泛，地下水资源丰富，地下水埋深浅，地表水一地下水相互作用密切，地下水位变化幅度不大，但由于南水北调中线工程、三峡工程等的影响，部分地带地下水位朝降低方向发展；该地区地下水质朝劣质化方向发展，有害元素超标个数及超标率有所增加，有机污染、重金属污染日趋严重；

（3）江汉-洞庭平原地质灾害主要有岩溶塌陷、地面沉降、河道坡岸等，岩溶塌陷主要受人工干扰作用，特别是建筑施工引起的岩溶塌陷比较多发。

（4）土壤环境质量特点：局部地区（湘江流域、汉江下游等）朝劣质化发展；冷浸田发展特点：严重程度有所缓解，其理化性质与高产田有较大区别，在四湖地区仍发育广泛，对水稻生长产生严重影响；

（5）河流湖泊湿地：四湖总干渠、湖泊等污染越来越严重；

（6）江汉-洞庭平原主要矿山有云应膏矿、江汉油田、平原边缘采石场等，益阳地区铁矿等，产生的主要矿山地质环境问题是地面塌陷、水土污染、地表植被破坏、局部水土流失。

(二)国土资源及地质环境综合监测指标体系

以计划项目提出的综合监测指标为基础,结合江汉-洞庭平原特点,建立了江汉-洞庭平原国土资源综合监测指标体系。

1. 综合监测工作区划

由于工作区属于农业生产区,故在工作区范围内划分出城镇发展区、工矿开发区、生态保护区后,其余地区则作为农业生产区。城镇发展区:以县级以上居民点分布区为主体,共划分有以武汉城市圈、长株潭城市群为代表的 31 个城镇发展区。工矿开发区:以工作区内查明的矿产资源开发利用区、水电、道路铁路工程建设区为主体,共划分有云梦高盐矿区、西部大中型采石场区、三峡工程影响辐射区、京广高铁京港澳高速公路分布区等区域。生态保护区:以工作区内大江大河及湖泊分布区为主体,共划分长江、汉江、洞庭湖及四水、四湖地区为代表的生态保护区。

2. 监测指标的确定

(1)农业开发区:监测对象有耕地(耕地增加面积、耕地减少面积)、未利用地(包括湿地、荒草地、盐渍化土地、裸草地等增加或减少面积)、浅表层水土地质环境、农田土壤环境(土壤质量物理化学指标)和冷浸田规模数量及改造治理面积等指标。

(2)城镇发展区监测对象有建设用地、绿化用地、地下水环境、突发性地质灾害、缓变性地质灾害、浅表层水土环境等。

(3)工矿开发区监测对象有地下水环境、突发性地质灾害、缓变性地质灾害、浅表层水土环境等。

(4)生态保护区监测对象有林地、草地、河湖湿地生态环境及其周边地下水环境、地质遗迹等。

3. 综合监测评价指标体系

(1)水土地质环境综合监测与评价体系(4 个一级指标、13 个二级指标、34 个三级指标);

(2)冷浸田适宜性评价指标体系(立地条件、土壤理化性质、土壤养分状况、社会经济效益);

(3)农业地质监测评价体系(地形地貌、土壤地球化学、人为作用等);

(4)综合监测与评价体系(以工作指南为基础,结合工作区特点,筛选提取,包括 4 个一级指标、19 个二级指标、61 个三级指标)。

(三)江汉-洞庭平原国土资源综合监测网络优化

(1)区域水质监测网点优化对于区域控制点的确定,将工作区进行网格剖分,每个网格内最靠近中心点作为该网格的区域控制点,确定区域水质监测点网,区域优化监测点共有 105 个。

(2)区域水位监测网点优化具体优化思路为在已有监测长观孔比较密的地区,对长观孔进行抽稀,在长观孔比较稀疏的地区用统测点进行加密,形成的区域监测网点能反映区域地下水位的变化规律。

(3)重点土壤(河湖、交通道路、城镇人口密集区等)监测网点优化对工作区河道周边土壤相关重金属浓度从上游到下游变化较大，需在上、中、下游以及大中型城市周边布设监测点；对垂直于主要交通干路方向，土壤元素浓度变化较大，需要加密相关监测点；城镇人口密集分布区可以根据两个年度测试结果，布置监测点。重点土壤监测优化点共有 56 个。

(4)重点水质监测网点优化城镇人口密集区水质监测点需选取最靠近居民居住地的水点作为采样监测点，在大型河流湖泊周边选择地下水一地表水交换频繁的地域加密监测取样点。重点水质监测点共有 79 个。

(5)重点水位监测网点优化尽可能在长观点比较密集的城镇或河流及交通沿线进行筛选，满足既不与区域水位监测点重合，也不与问题监测点重合的要求。

(6)水土地质环境问题监测点优化主要的水土地质环境问题：水土地球化学异常与污染、冷浸田监测等。针对工作区主要水土地质环境问题监测优化点共有 76 个。

参考文献

白云山,王强,苗凤彬,等.湘中坳陷页岩气资源远景调查成果报告[R],2015,12.

柏道远,钟响,黄文义,等.湖南1∶25万武冈市,永州市幅区域地质调查报告[R],2013,4.

鲍征宇,帅琴,严森,等.恩施地区富硒石煤资源综合利用研究报告[R],2014.6.

常宏,谭建民,韩会卿,等.清江流域地质灾害详细调查成果集成报告[R],2015,12.

陈斌,马星华,王志强.南岭燕山期典型复式岩体中补体与主体的成因联系及其对成矿的意义成果报告[R],2015,4.

陈渡平,李纲,陈帅奇,等.湖南1∶5万隆头镇、普戎、里耶、保靖县幅区域地质调查[R],2014,12.

陈端赋,陈长江,龚述清,等.湖南新田地区矿产远景调查[R],2014,5.

陈富文,潘仲芳,魏道芳,等.地质调查工作部署研究(武汉地调中心)成果报告[R],2011,4.

陈慧川,梁武,董娜,等.广东省主要城市环境地质调查评价报告[R],2011,5.

陈加伟,王东晓,张学忠,等.河南桐柏北部地区矿产地质调查成果报告[R],2016,6.

陈建国,陈超,肖凡,等.覆盖区勘查地球物理与遥感新技术工作项目成果报告[R],2015,12.

陈健明,丁新民,周荣洲,等.湖南省涟源市岛石-渡头塘煤炭资源调查评价报告[R],2014,12.

陈健明,周荣洲,陈文斌,等.湘西古丈-吉首-凤凰碳沥青资源调查评价报告[R],2015,12.

陈双喜,赵信文,黄长生,等.珠江三角洲晚第四纪地质环境演化及现代过程研究报告[R],2015,12.

陈素暖,符明俊,李攀,等.海南国际旅游岛北部地下水资源潜力调查评价报告[R],2015,12.

陈文伦,蒋勇辉,魏建设,等.广西三江地区矿产远景调查成果报告[R],2015,6.

陈悟丰,朱仁祥,刘少勇,等.湖南省花垣县排吾矿区铅锌矿普查报告[R],2014,6.

陈希清,杨晓君,曾春芳,等.区域化探方法技术研究与成果集成(武汉地质调查中心)成果报告[R],2015,10.

陈孝红,张保民,周鹏,等.华南中部震旦纪—志留纪地层格架,岩相古地理与成矿关系成果报告[R],2014,6.

陈孝红,张国涛,胡亚,等.中南地区页岩气形成地质背景与富集条件综合评价成果报告[R],2015,12.

陈植华,唐仲华,胡成,等.长江中游城市群地质环境调查信息系统和四维地质填图平台建设方法研究报告[R],2014,12.

陈州丰,齐信,邵长生,等.长江中游城市群活动构造与地壳稳定性评价成果报告[R],2016,6.

成先海,汪实,丘岸鹏,等.广东英德金门一雪山嶂铜铁铅锌矿产远景调查报告[R],2014,10.

程龙,王建坡,曾雄伟.华南地史生物辐射期生态系统重建研究报告[R],2015,7.

崔放,罗世新,易志军,等.南岭地区钨锡多金属矿找矿靶区优选与验证成果报告[R],2015,12.

崔森,邹先武,夏杰,等.湖北天宝一陕西鱼肚河地区铅锌多金属矿远景评价成果报告[R],2016,5.

崔志强,孟庆敏,高卫东,等.钦杭成矿带湖南段1∶5万航空物探调查成果报告[R],2016,5.

戴平云,赵武强,于玉帅,等.湖南新晃—贵州铜仁地区矿产地质调查报告[R],2015,7.

邓飞,吴小辉,肖思明,等.广东1∶5万凤岗圩、北市、古水、江屯圩幅区调报告[R],2015,7.

邓集余,苏正伟,黄逢秋,等.湖南省衡阳盆地北部地区多目标区域地球化学调查报告[R],2013,9.

邓卓辉,彭兆金,李晨,等.广东福田地区矿产远景调查成果报告[R],2015,12.

邱文，李瑞，陈俊锋，等．广东 1∶5 万明山嶂煤矿、高陂圩、砂田圩、潭江圩等幅区域地质矿产调查[R]，2016，1.

董好刚，黎义勇，黄长生，等．珠三角地区北西向活动断裂调查评价报告[R]，2015，4.

杜云，田磊，郭爱民，等．湖南上堡地区矿产远景调查成果报告[R]，2016，3.

段建良，唐攀科，唐晓明，等．广东龙川县金石嶂地区银铅锌矿远景调查报告[R]，2014，7.

段其发，曹亮，周云，等．湖南花垣-凤凰铅锌矿整装勘查区综合研究与扬子型铅锌矿选区评价成果报告[R]，2016，1.

方喜林，万传杰，李光顺，等．湖北恩施高罗地区 1∶5 万大集场幅、宣恩县幅、咸丰县幅、高罗幅矿产远景调查报告[R]，2016，3.

符平礼，黎海龙，吕根息，等．广西苍梧社垌地区 1∶5 万区域地质综合调查成果报告[R]，2015，6.

符气鑫，洪彪、林亚分，等．海南王下-白沙金铜多金属矿产远景调查报告[R]，2014，12.

付建明，程顺波，卢友月，等．南岭成矿带及整装勘查区重要金属矿床成矿规律研究与选区评价报告[R]，2014，11.

甘义群，周爱国，童欣，等．地质环境综合评价与区划技术方法研究[R]，2016，1.

高俊华，吕冰洁，刘立，等．湖南省矿山环境监测成果报告[R]，2015，12.

高先念，肖明顺，周敏，等．湖北省鄂州市鄂城岩体深部铁矿战略性勘查报告[R]，2015，6.

高小卫，向文帅，吴秀荣，等．印度尼西亚中苏门答腊岛铜金等多金属矿产成矿规律研究成果报告[R]，2016，3.

高洋，陈伯恒，周蒙，等．湖北黄石、大冶矿区矿山地质环境动态调查与评估报告[R]，2010，12.

龚志愚，罗红，罗凡，等．湖北 1∶5 万骡坪、平阳坝、南阳镇、兴山县(西)幅区域地质矿产调查[R]，2016，1.

官军，胡在龙，云平，等．海南 1∶5 万番阳幅，五指山幅，营盘村幅，乘坡幅区域地质调查报告[R]，2013，8.

管友飞，唐攀科，郝玉军，等．湖南省沅陵县大金坪地区矿产质调查报告[R]，2016，1.

郭春丽，侯可军，吴胜华．南岭西段与锡矿有关花岗岩成因及壳幔相互作用研究[R]，2015，12.

郭远飞，石覃剑，刘庆超，等．2012—2013 年广西壮族自治区矿山地质环境调查报告[R]，2014，11.

韩德村，郑金龙，徐贵来，等．长江中游武汉城市群三维地质调查(水工环综合)成果报告[R]，2015，8.

韩志明，廖传华，杜世俊，等．海南省矿产资源集中开采区矿山地质环境调查成果报告[R]，2012，12.

何仁亮，金朝，罗华，等．湖北省 1∶5 万木瓜河、寺坪、马桥、欧家店、峠峪幅区域地质调查报告[R]，2013，12.

何卫红，张克信，杨廷禄．琼桂二叠纪疑难地层区区域地质专项调查成果报告[R]，2015，7.

何文熹，崔放，徐宏根，等．湖北省矿山环境监测成果报告[R]，2015，2.

何愿，蒋力，刘丽，等．广西壮族自治区柳州市城市环境地质调查评价报告[R]，2010，12.

胡光明，肖攀，喻望，等．江汉-洞庭平原地下水资源及其环境问题调查评价成果报告[R]，2016，4.

黄波林，刘广宁，王世昌，等．三峡库区高陡岸坡成灾机理研究报告[R]，2015，1.

黄波林，王世昌，刘广宁，等．三峡库区巴东段岸坡改造调查报告[R]，2016，11.

黄长生，董好刚，周建伟，等．珠江三角洲经济区重大环境地质问题与对策研究报告[R]，2015，4.

黄逢秋，苏正伟，刘显丽，等．湖南新田县土地质量地球化学评估成果报告[R]，2014，7.

黄圭成，夏金龙，丁丽雪．鄂东南地区岩浆演化与成矿作用的关系[R]，2015，8.

黄建中，孙海清，罗来，等．扬子古大陆新元古代扬子东南缘中段裂谷盆地形成演化与资源效应成果报告[R]，2014，5

黄玲玲，欧阳正平，徐子东，等．海南省主要城市浅层地温能开发区 1∶5 万水文地质调查成果报告[R]，2015，5.

黄锡强,覃洪锋,梁国科,等.广西 1∶5 万龙岸圩(东)、融水、浮石圩、黄金镇(东)、和睦、大良街幅区域地质调查[R],2013,12.

黄祥林,陆刚,吴立河,等.广西 1∶50000 下塘幅、龙川幅、百色市幅、坤圩幅区域地质调查[R],2014,9.

霍炬,杜小锋,胡万强,等.长江中游武汉城市群三维地质调查成果报告(基础地质部分)[R],2015,9.

揭江,魏凤英,王双,等.珠江三角洲地区地面沉降调查报告[R],2015,11.

金世杰,王牧,王隽人,等.湘黔毗邻区金刚石原生矿远景区 1∶25000 航磁调查成果报告[R],2016,4.

靳松,谢国刚,张福良,等.中部地区矿产资源勘查开采动态调查评价成果报告[R],2015,12.

寇晓虎,骆满生,季军良,等.广西 1∶5 万梅溪、窑市、江头村、资源县、龙水、黄沙河幅区调报告[R],2015,8.

匡华,黄景孟,李正华,等.湖北兴山坛子岭铅锌矿调查评价报告[R],2015,2.

赖润宁,赵子宁,李广宁,等.广西 1∶5 万那丽圩、那思圩、西场糖厂、西场、合浦县、高德幅区域地质调查[R],2014,8.

黎清华,何军,刘怀庆,等.北部湾经济区地质环境综合调查评价与区划综合研究报告[R],2013,12.

李出安,严成文,张献河,等.广东 1∶5 万大坡圩、广平圩、郁南县、建城幅区域地质调查报告[R],2014,6.

李广宁,谢凌锋,李锦诚,等.广西 1∶5 万贵台圩、小董、陆屋圩、大寺镇、大垌圩、平吉墟幅区域地质调查报告[R],2013,11.

李宏卫,林小明,黄建桦,等.华南地区重要地质遗迹调查(广东)成果报告[R],2015,8.

李佳平,李梦迪,廖西蒙,等.中南地区地质调查项目组织实施费 2014 年度工作报告[R],2015,6.

李开,符策锐,洪彪,等.海南保亭同安岭—尖峰岭地区铜金矿远景调查报告[R],2011,12.

李逵,闫举生,连志鹏,等.长江上游宜昌-江津段卜庄河流域环境工程地质调查报告[R],2014,3.

李明,伏永朋,吴吉民,等.长江上游宜昌-江津段梅溪河流域环境工程地质调查报告[R],2014,3.

李明陆,叶颖颖,羊春华,等.湖南石门地区 1∶25 万区域重力调查报告[R],2015,11.

李森,郝麟,罗先新,等.广东中坝地区矿产远景调查报告[R],2016,5.

李旭兵,刘安,李继涛,等.黔江及邻区油气地质地球物理调查及地层对比研究成果报告[R],2015,12.

李旭兵,刘安,李继涛,等.桑植-石门及邻区页岩气地质综合调查及地层对比成果报告[R],2015,12.

李源,彭汉泉,刘峰,等.湖北嘉鱼—蒲圻地区矿产远景调查[R],2015,10.

李泽泓,凌跃新,熊延旺,等.湖南 1∶5 万万民岗、桑植县、龙寨镇、茅岗幅区域地质矿产调查[R],2015,7.

李智民,彭正华,刘云彪,等.湖北清江流域重大滑坡成灾机理研究报告[R],2015,1.

李钟枢,王兴明,邵上,等.广东省仁化县—和平县铀矿远景调查成果报告[R],2015,9.

梁波,陈小祥,刘立军,等.广东城口—油山地区铀矿远景调查报告[R],2014,7.

廖青海,黄桂强,朱炳光,等.广西靖西龙邦锰矿远景调查成果报告[R],2014,10.

廖西蒙,李佳平,魏道芳.中南地区地质调查项目组织实施费 2013 年度工作报告,2014,7.

廖小华,姚巍,罗贤贵,等.广东 1∶5 万隘子公社、坝仔公社、翁城、翁源县、连平县幅区域地质调查报告[R],2016,3.

廖媛,李伟,谭伟,等.湖北省地热资源现状调查评价与区划报告[R],2015,8.

廖振威,何卫军,梁保定,等.广西壮族自治区矿山环境监测成果报告[R],2015,11.

林杰藩,陈玉川,丁培华,等.广东宋桂地区矿产远景调查报告[R],2014,11.

刘安,危凯,李海,等.武陵-湘鄂西页岩气资源调查评价项目成果报告[R],2015,12.

刘成林,徐海明,王春连,等.江陵古近纪盐盆地富钾卤水调查评价项目成果报告[R],2015,12.

刘成新,杨成,万俊,等.湖北 1∶5 万水坪、竹山县、蔡家坝、峪口幅区域地质矿产调查报告[R],2016,1.

刘怀庆,黎清华,沈传波,等.北部湾经济区断裂活动性调查成果报告[R],2016,1.

刘辉东,邵小阳,唐福贵,等.广东1∶5万坪石镇、沙坪乡、乐昌县、乳阳林业局、桂头镇幅区域地质调查报告[R],2014,5.

刘俊安,吴昌雄,熊意林,等.广西罗富地区矿产远景调查报告[R],2013,12.

刘磊,陈希清,刘慧,等.幕阜山岩体北缘1∶5万区域地质综合调查成果报告[R],2015,10月

刘丽,李春玲,蒋力,等.广西壮族自治区北海市城市环境地质调查报告[R],2010,6.

刘声凯,吕英娟,周锦忠,等.湖南重点岩溶流域水文地质及环境地质调查——湘西澧水流域成果报告(澧水干流和南源地区)[R],2012,11.

刘胜,黄诚,詹华思,等.广西钦杭成矿带西段博白县、六万山幅1∶50000区域地质矿产调查[R],2016,9.

刘伟,梁恩云,黄乐清,等.湖南1∶5万召市镇、红岩溪镇、咱果坪、洗车河幅区域地质矿产调查[R],2015,9.

刘星,魏华林,董义方,等.湖北白河口-东溪矿产远景调查报告[R],2015,8.

龙文国,周岱,王磊,等.钦杭成矿带(西段)基础地质调查综合研究报告[R],2013,8.

龙文华,卿展晖,李文辉,等.广东省矿山地质环境调查成果报告[R],2014,11.

龙西亭,皮建高,孙锡良,等.湖南省主要城市浅层地温能调查评价成果报告[R],2015,12.

卢杰,匡经水,周文光,等.广西十万大山地区煤炭资源调查评价报告[R],2015,12.

陆刚,黄祥林,李文强,等.广西1∶250000南丹县幅区域地质调查报告[R],2013,12.

罗华彪,熊皋松,郭闯,等.湖南省水口山—大义山地区铜铅锌锡多金属矿调查评价成果报告[R],2016,3.

罗士新,刘慧,刘磊,等.区域地球物理调查成果集成与方法技术研究(武汉地质调查中心)成果报告[R],2015,11.

马爱军,杨少辉,陈迪,等.湖南省1∶5万腰陂、高陇、茶陵县、宁冈幅区域地质调查报告[R],2013,3.

马铁球,陈俊,李彬,等.湖南省1∶25万株洲市幅区域地质调查报告[R],2013,9.

马玄龙.1∶25万黔江幅区域重力调查成果报告[R],2016,5.

蒙彦,雷明堂,贾龙,等.珠江三角洲地区岩溶塌陷地质灾害调查报告[R],2016,1.

宁钧陶,何恒程,段阳杰,等.湖南文家市地区矿产远景调查报告[R],2014,6.

牛志军,王晓地,贾小辉,等.南岭成矿带基础地质综合研究报告[R],2013,7.

欧阳志侠,林玮鹏,田云,等.广东阳春地区矿产远景调查[R],2016,5.

潘仲芳,魏道芳,谢新泉,等.中南地区矿产资源潜力评价报告[R],2013,10.

彭轲,何军,王宁涛,等.中南重点地区地下水污染调查评价成果报告[R],2016,1.

彭练红,魏运许,徐大良,等.湘西—鄂西成矿带基础地质调查综合研究项目成果报告[R],2013,8.

彭松青,陈启亮,张小强,等.湖南幕阜山地区铜金钨多金属矿产远景调查报告[R],2014,6.

皮建高,龙西亭,刘长明,等.长沙市浅层地温能调查评价报告[R],2013.6.

邱军强,王波华,陈有明,等.安徽北淮阳地区成矿规律与资源潜力调查[R],2016,3.

邱艳生,杨青雄,胡正祥,等.扬子古大陆新元古代扬子北缘裂谷盆地形成演化与资源效应研究报告[R],2014,12.

邵小阳、罗锡宜、闫亚鹏,等.广西1∶5万桃川镇、麦岭、源口、福利幅区域地质矿产调查成果报告[R],2015,10.

石先滨,杜小峰,杨清富,等.湖北1∶5万秦口幅、房县幅、土城幅、西蒿坪幅、上龛幅、松香坪幅区域地质调查报告[R],2013,12.

宋才见,叶颖颖,郭磊,等.湖南腰陂—高陇地区1∶5万区域重力调查报告[R],2015,11.

宋芳,陈荣,牛志军,等.全国重要矿物岩石和化调查成果报告[R],2015,12.

孙自永,周爱国,龙翔,等.矿山环境综合调查与评价成果报告[R],2016,5.

覃政教,姜光辉,郭芳,等.西南岩溶石山地区重大环境地质问题及对策研究报告[R],2010,9.

谭佳良,王珍英,徐定芳,等.湖南省澧水流域地质灾害调查评价阶段成果报告[R],2015,10.

谭佳良,赵祈溶,宋厚园,等.湖南省地热资源调查评价与区划成果报告[R],2015,5.

谭仕敏,刘邦定,陈剑锋,等.湖南茶陵—宁岗地区矿产远景调查报告[R],2015,4.

汤朝阳,李堃,金世超,等.上扬子铅锌矿床与岩相古地理关系研究报告[R],2014,6.

唐建忠,刘国忠,信栋林,等.湖南桑植-石门铅锌钼镍钒矿调查评价报告[R],2014,12.

唐兴敏.地质试验测试标准制修订——制定地球化学样品野外现场分析方法规程(7 个)成果报告[R],2013,12.

唐兴敏.地质试验测试标准制修订——制定区域地球化学分析方法标准(34 个)成果报告[R],2013,12.

唐仲华,宁立波,王军霞,等.长江中游江汉-洞庭平原国土资源监测成果集成与评价报告[R],2015,11.

唐仲华,宁立波,王军霞,等.长江中游江汉-洞庭平原国土资源综合监测研究报告[R],2015,11.

唐专红,张能,李玉坤,等.广西 1∶50000 水口,林溪,龙额乡,良口幅区域地质调查报告[R],2013,12.

童金南,安志辉.黄陵周缘新元古代沉积盆地演化及重要含矿层对比研究报告[R],2014,7.

涂兵,王令占,田洋,等.广西 1∶5 万南乡、上程、广东 1∶5 万福堂圩、小三江幅区域地质矿产调查[R],2016,1.

万勇泉,王江立,李鑫,等.中南地区地质资料信息服务集群化示范成果报告[R],2015,12.

王爱国,鲍晓明,闫峻,等.武当—桐柏—大别地区(安徽段)成矿规律及选区研究成果报告[R],2015,12.

王传尚,李志宏,彭中勤,等.湘黔桂地区海西—印支期盆地演化及其对油气资源的制约成果报告[R],2014,8.

王传尚,彭中勤,李志宏,等.桂中坳陷页岩气资源远景调查成果报告[R],2015,12.

王登红,陈振宇,黄凡,等.南岭地区岩浆岩成矿专属性研究报告[R],2013,6.

王耿明,朱俊凤,张源,等.广东省矿山环境监测成果报告[R],2015,10.

王华,尹红,张辉,等.扬子地台金刚石找矿方向研究与异常查证成果报告[R],2013,3.

王建平,刘家军,薛春纪,等.重要示范区带区域成矿系统研究成果报告[R],2015,12.

王建坡,周鹏,危凯.上扬子地块埃迪卡拉纪—早寒武世微生物岩与铅锌矿成矿关系成果报告[R],2016,7.

王文庆,胡国闯,张龙臣,等.河南省唐河县周庵—社旗县地区矿产地质调查[R],2016,8.

王先辉,何江南,杨俊,等.湖南 1∶25 万怀化市幅,邵阳市幅区域地质调查报告[R],2014,1.

王新宇,刘名朝,石伟民,等.广西罗富地区矿产远景调查报告[R],2013,12.

魏克涛,刘冬勤,李喆明,等.湖北大冶铜山口地区铜多金属矿远景调查报告[R],2015,8.

文健,薛桂澄,阮明,等.海南省地热资源现状调查评价与区划成果报告[R],2016,1.

吴波,冯稳,翁茂芝,等.湖北省 1∶5 万宋埠幅、新洲县幅、淋山河幅、团风镇幅区域地质调查报告[R],2015,2.

吴慈华,周宁,陈保立,等.湖北马尾沟岩溶流域水文地质及环境地质调查报告[R],2014,3.

吴吉民,李明,闫举生,等.长江上游宜昌-江津段汤溪河流域环境工程地质调查报告[R],2014,3.

吴南川,周念峰,邓亮明,等.湖南宜章地区矿产远景调查报告[R],2016,3.

吴天生,罗立营,李小林,等.广西扶绥—崇左地区铝土矿调查评价报告[R],2014,11.

吴育波,邢增富,岑锐,等.海南大母岭—雅亮地区金钼多金属矿调查评价成果报告[R],2015,12.

吴志华,王勇,丁正宇,等.湖南衡东—丫江桥地区铅锌矿远景调查报告[R],2014,6.

夏庆霖,汪新庆,陈志军,等.覆盖区矿产综合预测与示范验证工作项目成果报告[R],2015,12.

向萌,张权绪,万学斌,等.湖北长阳曾家墩地区铅锌矿远景调查报告[R],2014,8.

肖惠良,陈乐柱,范飞鹏,等.广东始兴南山坑—良源地区钨锡多金属矿评价成果报告[R],2016,6.

肖惠良,范飞鹏,陈乐柱,等.江西竹山—广东澄江地区钨锡多金属矿产远景调查成果报告[R],2016,6.

谢先明，任伟灿，罗杰，等.广东1∶5万太平镇幅、容奇镇幅、榄边幅环境地质调查联测报告[R]，2015，12.

谢叶彩，商建林，龙桂，等.广东1∶5万厚街圩、小榄镇、容奇镇、太平镇幅区调成果报告[R]，2015，12.

熊意林，张小波，胡尚军，等.湖北大冶-阳新铜金矿整装勘查区综合研究及铁山地区矿产远景调查报告[R]，2015，9.

徐德明，张鲲，胡军，等.钦杭成矿带西段资源远景调查评价成果报告[R]，2016，8.

徐德明，张鲲，蔺志永，等.钦杭成矿带（西段）重要金属矿床成矿规律及找矿方向研究[R]，2015，8月

许华，倪战旭，潘艺文，等.广西1∶25万贵县幅区域地质调查成果报告[R]，2013，12.

许华，倪战旭，潘艺文，等.广西1∶50000大宣圩、平南、桂平县东、木乐幅区域地质调查[R]，2014，9.

许强.三峡工程水库塌岸预测及监测预报成果报告[R]，2015，12.

鄢道平，田望学，韩德村，等.长江中游武汉城市群三维地质调查成果报告[R]，2015，9.

闫举生，李明，吴吉民，等.长江上游宜昌-江津段长滩河流域环境工程地质调查报告[R]，2014，5.

晏成，马文富，杨富强，等.广西藤县地区矿产地质调查报告[R]，2016，3.

杨大欢，郭敏，余德延，等.广东始兴地区矿产远景调查报告[R]，2010.1.

杨红梅，杜国民，邱啸飞，等.中南地区重大地质事件同位素年代学研究报告[R]，2014，11.

杨齐智，吴清生，钟江临，等.湖南坪宝地区铜铅锌多金属矿调查评价报告[R]，2014，10.

杨森，周神波，张红波，等.西南岩溶地区1∶5万水文地质环境地质调查（重庆：宜居幅、丁市幅）成果报告[R]，2016，4.

杨绍祥，杨霆，余冰，等.湖南狮子山—茶田地区铅锌矿远景调查成果报告[R]，2015，7.

杨志刚，国吉安，欧栋，等.海南省昌江县石碌铁矿外围1∶5万区域地质综合调查成果报告[R]，2016，1.

叶有乐，黄赤新，杨拓，等.广西大黎地区矿产远景调查成果报告[R]，2015，12.

易志军，宁进锡，屈利军，等.广东1∶5万马圩、播植圩幅高精度磁法测量成果报告[R]，2015，10.

游远航，刘子宁，罗思亮，等.广东省典型市县级土地质量地球化学评估报告[R]，2011，10.

余凤鸣，王磊，邢宇，等.赣南矿山环境变化遥感动态分析成果报告[R]，2015，12.

於崇文，刘天佑，刘永顺，等.南岭地区燕山期深部岩浆活动与大规模成矿复杂性研究报告[R]，2014，6.

袁道先，曹建华，张美良，等.岩溶动力系统与碳循环成果报告[R]，2011，12.

袁勤敏，林义华，袁海军，等.海南1∶5万加来市、多文市、儋县、中兴镇幅区域地质调查[R]，2015，10.

云平，周进波，龚丹，等.海南省重要地质遗迹调查报告[R]，2014，10.

曾桂华，蔡维，郭锦，等.湖南茶陵太和仙-鸡冠石锡多金属矿远景调查报告[R]，2013，9.

曾桂华，张洋，朱浩峰，等.湖南茶陵锡田整装勘查区锡多金属矿调查评价与综合研究报告[R]，2015，12.

曾建康，樊昂君，沈小华，等.湖南花垣阿拉—锦和地区矿产远景调查成果报告[R]，2014，10.

曾土荣，梁向阳，田春艳，等.广东省地热资源现状调查评价与区划报告[R]，2015，6.

张达，吴淦国，狄永军，等.武夷山植被覆盖区成矿地质背景研究与成矿要素综合推断成果报告[R]，2015，12.

张登荣，王嘉芃，王洁，等.全国地表形变遥感地质调查项目成果报告[R]，2015，11.

张耿，李锦诚，谢凌锋，等.广西1∶50000大录圩、大直圩、那梭圩（北）、防城区（北）幅区域地质调查报告[R]，2013，12.

张家友，傅杨荣，杨奕，等.海南岛北部火山岩地区风化淋滤型褐铁矿，铝（钴）土矿及伴生矿产资源综合利用研究与潜力评价综合研究报告[R]，2014，5.

张建新，邢旭东，许联芳，等.长珠潭资源环境承载力综合评价与区划成果报告[R]，2013，6.

张金林，王维，吕玲，等.2012—2013年湖北省矿山地质环境调查报告[R]，2014，11.

张进富，肖冬贵，林碧海，等.湖南紫云山地区矿产远景调查成果报告[R]，2015，10.

张淼，汪啸风，曾雄伟.金钉子剖面调查成果报告[R]，2015，12.

张启连,梁裕平,吴天生,等.桂西整装勘查区铝土矿成因与富集规律研究报告[R],2015,1.

张启连,王瑞湖,邓军,等.桂西地区铝土矿勘查选区研究报告[R],2014,5.

张清平,张杰,方群红,等.湖北省宜昌市雾渡河-殷家坪石墨资源调查评价成果报告[R],2015,7.

张伟,吴远明,邸文,等.广东省三稀资源现状和潜力分析子项目成果报告[R],2016,5.

张晓阳,彭云益,熊延旺,等.湖南1:万花垣县、古丈县、麻栗场、溪马镇、禾库、夺希幅区域地质调查报告[R],2013.3.

张旭,李雄伟,邓杰,等.湖北省1:5万通城县幅,月田幅,陈家坝幅区域地质调查报告[R],2013,12.

张志,王少军,张国丽,等.湖北省矿山环境监测成果报告[R],2015,10.

张志壮,李志超,江佳琳,等.海南省矿山环境监测成果报告[R],2015,11.

赵帆,秦志辉,徐伟,等.广西龙州地区铝土矿调查评价报告[R],2014,5.

赵帆,秦志辉,徐伟,等.湖北通城地区铜金钨多金属矿产远景调查报告[R],2015,2.

支兵发,姜守俊,姚普,等.珠三角城市群重点地区1:5万环境地质调查报告[R],2015,12.

周光辉,戴长华,梅金华,等.2012—2013年湖南省矿山地质环境调查报告[R],2014,11.

周国发,孙兴庭,郑国东,等.广西大瑶山东侧铜多金属矿产远景调查报告[R],2015,11.

周进波,黄武轩,刘兵,等.海南岛活动断裂与区域地壳稳定性调查评价报告[R],2015,1.

周宁,吴慈华,刘家阔,等.湖北清江源岩溶流域地下水勘查与开发示范成果报告[R],2012,12.

周向辉,李朋,张翔阳,等.湖北省1:5万高店子幅、野三关幅、清太坪幅、枝柘坪幅区域地质调查报告[R],2015,2.

朱明占,冯民豪,孙恺,等.广西主要城市浅层地温能开发区1:5万水文地质调查报告[R],2015,10.

朱明占,梁礼革,陈永鹏,等.广西壮族自治区地热资源调查评价与区划报告[R],2015,6.

卓伟华,邓飞,吴小辉,等.广西1:25万梧州市幅区域地质调查报告[R],2013,10.

邹棣华,何启生,杨小丽.化探样品分析及质量信息管理平台研发及推广成果报告[R],2015,12.

高小卫,吴秀荣,杨振强.苏门答腊(印度尼西亚)的火山岩及其地球化学-构造环境判别[J].华南地质与矿产,2012,28(2):107-113.